U0283232

国家科学技术学术著作出版基金项目

深埋围岩损伤演化理论与工程实践

中国电建集团华东勘测设计研究院有限公司

张春生　刘宁　褚卫江　张传庆　严鹏　著

·北京·

内 容 提 要

本书是在锦屏二级水电站深埋水工隧洞工程建设实践的基础上，全面总结了与深埋围岩损伤相关的试验方案、理论方法、监测测试、现场应用等方面的研究成果，主要介绍了深埋岩石力学特性与损伤特征、深埋围岩损伤演化规律与描述方法、深埋围岩开挖损伤区支护优化设计与安全性评价方法等方面的内容。

本书着重强调理论和实践的结合，可为其他类型深埋地下工程建设提供启示和借鉴，也可作为水利水电、交通、矿山、国防等行业从事地下工程研究的科研人员及工程技术人员的学习教材。

图书在版编目（CIP）数据

深埋围岩损伤演化理论与工程实践 / 张春生等著. -- 北京 : 中国水利水电出版社, 2020.5
ISBN 978-7-5170-8494-5

Ⅰ. ①深… Ⅱ. ①张… Ⅲ. ①深埋隧道－水工隧洞－围岩－破损机理 Ⅳ. ①TV672

中国版本图书馆CIP数据核字(2020)第051593号

书　　名	**深埋围岩损伤演化理论与工程实践** SHENMAI WEIYAN SUNSHANG YANHUA LILUN YU GONGCHENG SHIJIAN
作　　者	中国电建集团华东勘测设计研究院有限公司 张春生　刘宁　褚卫江　张传庆　严鹏　著
出版发行	中国水利水电出版社 （北京市海淀区玉渊潭南路1号D座　100038） 网址：www.waterpub.com.cn E-mail：sales@waterpub.com.cn 电话：（010）68367658（营销中心）
经　　售	北京科水图书销售中心（零售） 电话：（010）88383994、63202643、68545874 全国各地新华书店和相关出版物销售网点
排　　版	中国水利水电出版社微机排版中心
印　　刷	北京印匠彩色印刷有限公司
规　　格	184mm×260mm　16开本　26.75印张　651千字
版　　次	2020年5月第1版　2020年5月第1次印刷
定　　价	**258.00**元

前　　言

21世纪是隧洞及地下空间大发展的时代，深埋也是地下工程发展的必然趋势，而目前我国深埋地下工程领域从理论到实践都尚处于起步阶段，出现的一系列不同于以往浅埋工程认识的岩石力学问题已经超出了现有规范范畴和工程经验，其工程难度和研究难度可想而知。这给深埋工程的建设提出了严峻的考验，迫切需要方法更新和技术支撑，但目前我国仍然缺乏相应的工程经验和技术手段。

近年来，西气东输、南水北调、西电东送以及高速公路和高速铁路等国家重点工程的相继开工，大量的深埋地下工程需要建设，其突出特点是埋深大、地质条件复杂、地应力水平高，应力与岩体强度之间的矛盾尖锐；在修建过程中难免会出现围岩损伤问题，建设难度和成本也会随之增加，并且在深埋条件下损伤具有显著的时间扩展效应，支护的可靠性和工程的安全性受到严峻的考验。虽然目前对于围岩损伤的工程危害有了初步的认识，但对于围岩内部复杂的力学机理和现场检测方法仍缺乏深入的研究。

本书以目前世界上埋深最大、开挖规模最大的锦屏二级水电站深埋水工隧洞工程建设实践为基础，通过室内试验、现场原位试验、理论分析及数值模拟等研究，揭示了深部围岩损伤的内在力学机理和演化过程，建立了不同条件下围岩损伤分区判据，提出了现场围岩的损伤程度和损伤深度评价方法，明确了开挖方式、时间效应、尺寸效应、结构面等对开挖损伤区的实际影响，揭示了围岩物理、力学及水理性质下降与围岩损伤之间的关系，最终形成了一套系统的深埋围岩损伤研究方法，对深埋条件下岩体力学特性的研究具有重要的理论意义，同时对深埋地下工程的优化设计和安全施工具有重大的应用价值。

本书主要从试验设计、理论研究、数值分析、现场测试、现场应用等方面对深埋围岩损伤问题进行了深入的探讨，主要内容大体上可以分为三个部分：一是深埋岩石力学特性与损伤特征；二是深埋围岩损伤演化规律与特征描述；三是深埋围岩开挖损伤区监测分析与支护优化。具体内容包括11章：第1章为绪论，主要介绍围岩损伤问题的研究意义与现状；第2章为深埋岩石力学特性，帮助读者认识岩石力学特性从浅埋过渡到深埋的演化规律；第3章为深埋岩石损伤特征检测与试验方法，深入了解岩石的损伤特征；第4章为深埋围岩损伤演化的时间效应，介绍了岩石在高应力下的时效破裂特性和强度特征；第5章至第7章为深埋围岩损伤演化机理研究、现场原位试验和开挖损伤区声波检测与解译，此三章从理论和现场测试方面深入剖析了深埋隧洞围岩损伤机理和演化过程，介绍了损伤程度测试方法和评价方法，帮助读者了解现场岩体和室内岩石损伤特征的不同之处；第8章为深埋围岩安全性态的监测与测试，介绍了深埋隧洞工程建设过程中围岩损伤的监测和测试方法；第9章为钻爆法和TBM开挖对围岩损伤区影响对比分析，主要介绍了开挖方式对围岩损伤的影响；第10章从应对围岩损伤的角度，讨论了深埋隧洞围岩的支护对策；最后第11章为总结与展望。

在本书编写过程中，雅砻江流域水电开发有限公司、中国科学院武汉岩土力学研究所、浙江中科依泰斯卡岩石工程研发有限公司提供了相关成果，给予了大力支持和帮助，在此表示衷心的感谢！

本书是作者对深埋围岩损伤问题的粗浅理解，受作者知识结构、认识水平与工程实践经验的限制，书中难免存在错误或不完善之处，恳请读者批评指正！

作者

2020年1月

目　录

前言

绪　论

1.1 研究意义

随着我国经济建设的蓬勃发展，复杂地质条件下的基础设施建设也不断增多，特别是近年来出现了大量深埋地下工程，而长大隧洞和大型地下洞室群常常是这些工程的关键控制性部位，决定着整个工程的成败。深埋地下工程的突出特点是埋深大、地质条件复杂、地应力水平高，给工程建设带来了极大的挑战。例如锦屏二级水电站，其中由 4 条引水隧洞、1 条排水洞和 2 条辅助洞组成的深埋隧洞群是迄今为止世界上埋深最大、规模最大的水工隧洞工程，隧洞群埋深为 1500～2000m，最大埋深达到 2525m。相当可观的自重应力加上构造作用，使锦屏二级引水隧洞（简称锦屏隧洞）赋存于强烈的高地应力环境中，最大主应力超过 70MPa。隧洞赋存岩石的单轴抗压强度为 120MPa，强度应力比约为 1.7，属于极高应力条件，地应力与岩体强度之间的矛盾势必非常尖锐，围岩将不可避免地发生损伤，形成开挖损伤区（Excavation Damage Zone，EDZ）。相对于浅埋工程而言，开挖损伤区的存在使围岩内部物质结构、力学行为和工程响应都发生了根本性变化，已经不能简单套用浅埋工程的经验认识。开挖损伤区的存在还将导致岩体强度降低，岩体中初始裂纹或者节理面张开，从而增大了岩体的渗透性。开挖损伤区内岩体裂隙的发育促成了导水通道的形成，为地下水的流动提供了可能，外水内渗、内水或化学物质外渗等将对环境和周围其他工程产生严重影响，同时也对围岩稳定及施工人员、设备的安全造成一定的威胁。

开挖损伤区内围岩损伤可以导致岩体力学特性发生不可恢复的变化，因此，围岩损伤可以被定义为围岩力学和水力学特性出现的一些永久性变化。这些变化可以被定量测试，如可见裂纹形态和数量、可见破坏形态、波速变化、地下水渗透性变化、透气性变化等的测试与描述。其中，波速测试因其适用范围广、可判读性高、易于操作、测试精度高等优点，已经成为目前开挖损伤区检测的主要手段。

锦屏二级水电站引（4）13＋801 断面的相关测试分析成果可以为开挖损伤区的研究提供一定的指示意义。图 1－1（a）为声波测试结果，其典型特点是断面上低波速带形态呈不对称状，以北侧拱肩一带最大，达到 5.2m，而南侧边墙和拱肩一带仅 1.6～2.2m。图 1－1（b）的数值分析结果显示出应力集中对于开挖损伤区深度和范围的影响，但根据周边类似断面的测试成果，该断面北侧拱肩的低波速区深度明显要大于其他断面，而南侧边墙和拱肩则相对正常。

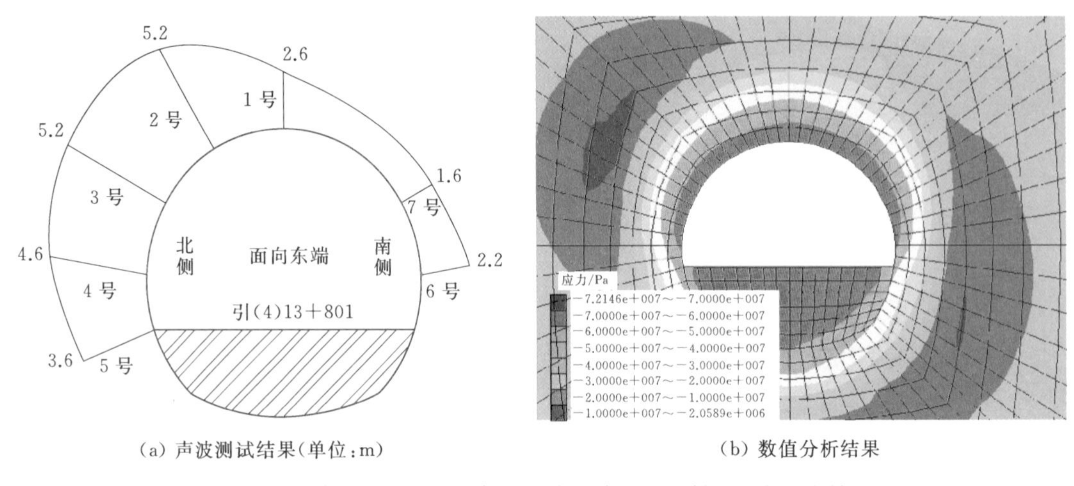

(a) 声波测试结果(单位:m)　　(b) 数值分析结果

图 1-1　引（4）13+801 断面声波测试成果及断面应力分布情况

图 1-2 表示了引（4）13+801 断面北侧边墙下部结构面和破裂发育特征。可见，与隧洞轴线大角度相交的 NNE 向层面占据主导位置，从表面上看，破裂也多顺层面发育，这与经验认识中破裂与开挖面大致平行的特征形成区别，意味着在北侧边墙围岩中层面对破裂损伤的影响增强。不过，层面或许可以成为浅层破裂损伤的控制因素，但并不是导致破裂损伤区增大的控制性因素，否则南侧边墙的低波速带深度也应比较大。该断面附近没有发现与隧洞轴线小角度相交的 NEE 或 NWW 向节理发育，不过，在该断面附近可以观察到 NEE 向陡倾节理，图 1-3 表示了该断面结构面出露情况。

图 1-2　引（4）13+801 断面北侧边墙下部结构面和破裂发育特征

图 1-4 表示了北侧拱肩 3 号钻孔内 4.2～4.6m 深度段的成像结果，与钻孔交角较大的破裂面清晰可见，其中一部分小破裂内充填了白色物质（方解石），白色方解石充填物指示了其构造成因而非应力成因，结合该洞段的基本地质条件，初步判断该组结构面为 NEE 向节理，成像结果还清楚地显示了该节理附近发育的伴生小破裂，这些都可以影响到波速测试结果。

图 1-3 引（4）13+801 断面北侧边墙下部结构面出露情况

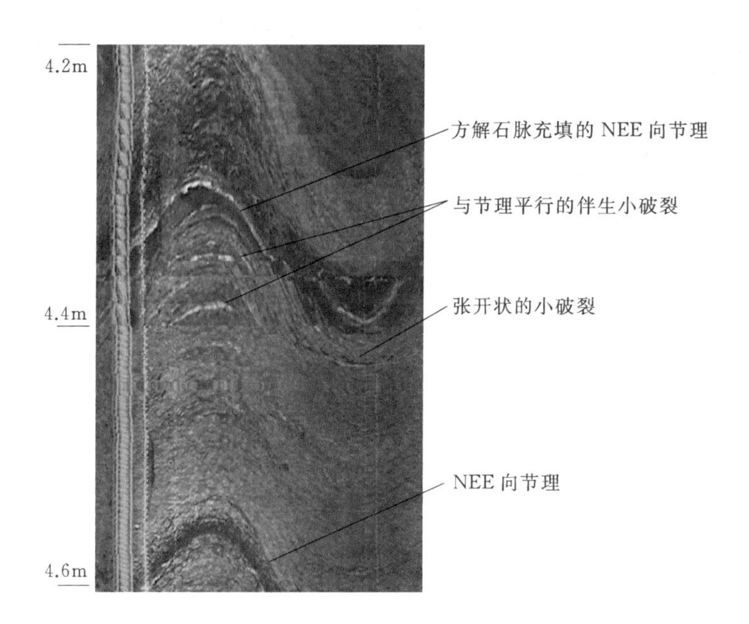

图 1-4 北侧拱肩 3 号钻孔成像结果（孔深 4.2～4.6m 段）

不过，南侧孔成像资料也揭示了 NEE 向节理，但 6 号孔内肉眼可辨的破裂区深度不超过 1.2m，且围岩状态显著好于北侧的 2 号、3 号孔。考虑到南侧低波速带深度相对不大的测试结果，这很可能预示着北侧拱肩受力条件（应力集中区）起着重要作用。

钻孔成像资料还可以帮助揭露破裂区的分布，如图 1-5 左图所示，3 号钻孔大于 1.8m 深度的围岩完整性良好，而小于 1.8m 深度的围岩结构特征发生了明显变化，围岩破裂发育，根据肉眼观察可见完整性明显降低，故可初步判断位于北侧拱肩略偏下的 3 号孔破裂区深度约为 1.8m。结合图 1-1 可知，1.8～5.2m 深度的围岩存在损伤现象。

位于北侧拱肩的 2 号孔破裂区深度约为 2.6m，但图 1-1 中低波速区深度达到了

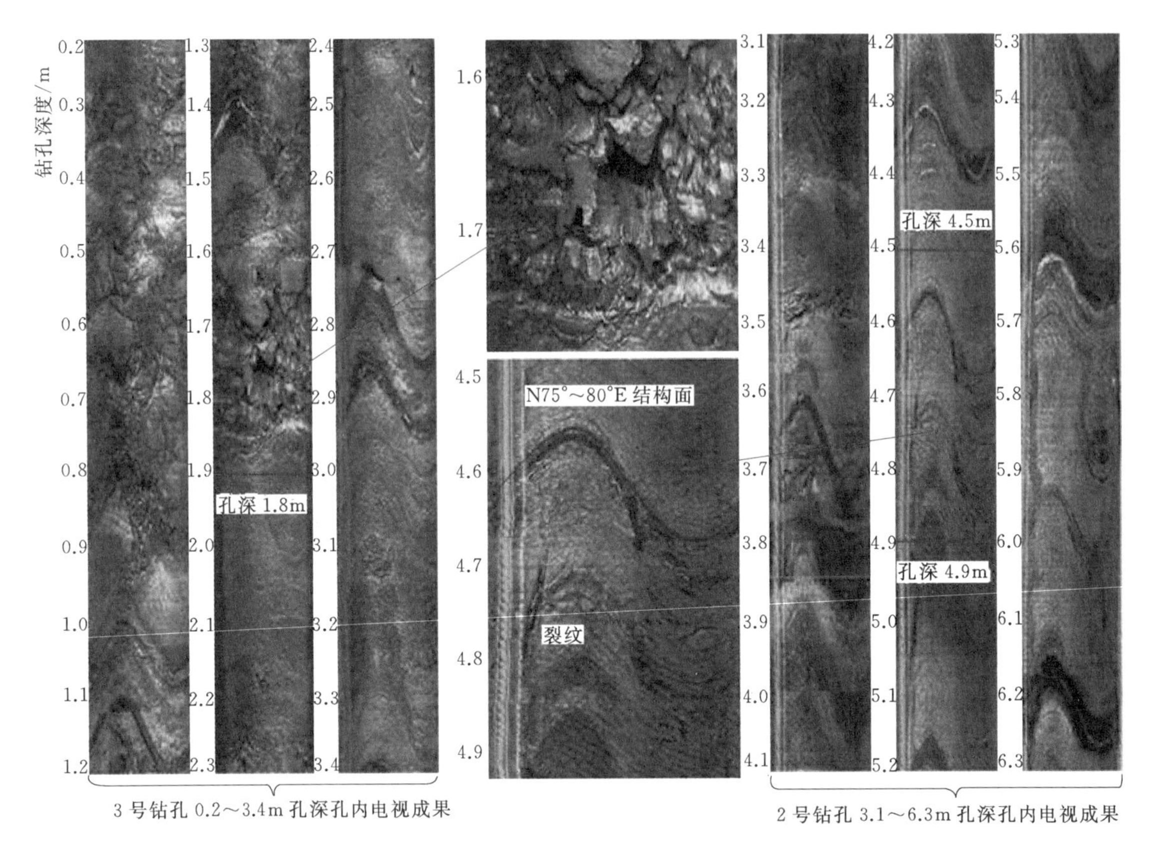

图 1-5 引（4）13+801 断面孔内电视情况

5.2m，意味着更深部位的围岩状态也出现显著变化。其中图 1-5 中右图为 2 号钻孔 3.1~6.3m 深度范围内的围岩状况，除 NEE 向节理发育以外，难以观察到围岩结构特征的明显变化。如前所述，该深度围岩波速变化很可能是这些结构面及其伴生破裂影响的结果，也可能是这些破裂在应力集中区扩展以后的结果。根据钻孔电视揭示的结果，NEE 向结构面在南北两侧边墙发育程度相当，因此，两侧边墙低波速带的差异不排除受到具体结构面性质和受力状态差别的影响。

根据上述分析可以得到以下启示：

（1）应力集中区与开挖损伤区具有很好的关联性和指向性，应力分布对开挖损伤区的分布特征具有重要影响，研究开挖损伤区首先必须认识和解决好应力问题。

（2）常用的连续介质力学方法，例如 FLAC，其获得的低应力区或屈服区在洞周均匀分布，但对损伤程度的变化很难进行描述，也就无法真实再现开挖损伤区的细部特征。

（3）肉眼观察状态良好的围岩，内部仍可能存在损伤现象，这种损伤是可以借助于监测仪器发现的。

（4）目前工程中常用的声波和声发射（acoustic emission，AE）方法都可以满足损伤区测试或监测的要求，但工程中通常可资利用的结果只有低波速带的深度和声发射事件分布，并未建立起围岩物理状态与应力状态之间的对应关系和相应判据，也就无法区分损伤区和破裂区之间的界限。

(5) 受到高应力和围岩结构面组合条件的影响，围岩状态可能发生变化，结构面对损伤区的影响不容忽视。

(6) 节理对围岩损伤区的产生和扩展具有一定的影响，但通常并不是决定性因素，目前对于节理的模拟多采用连续等效方法，常常不能合理反映节理对损伤区的真实影响。

以上分析只是对锦屏隧洞的一个典型断面展开，但可以帮助我们更加清晰地认识损伤区的存在及损伤区对工程的影响。

另外，锦屏大理岩具有脆—延转换特性，即在靠近开挖面低围压条件下表现出脆性破坏。

可以预见，随着工程埋深的增加，地质条件的恶化，应力与岩体强度的矛盾将更加尖锐，围岩的损伤程度将进一步加剧，并且已经证明损伤具有显著的时间效应，支护的可靠性和工程的安全性将受到严峻的考验。虽然目前对于围岩损伤的工程危害有了初步的认识，但对于其复杂的力学机理和现场工作方法仍缺乏深入研究。本书拟通过室内试验、现场原位试验、理论分析及数值模拟等手段，研究深埋围岩开挖损伤区的复杂特性，揭示深部围岩损伤的内在力学机理和演化过程，建立不同条件下围岩损伤分区判据，评价现场围岩的损伤程度和损伤深度，明确开挖方式、时间效应、尺寸效应、结构面等对开挖损伤区的实际影响，通过现场原位试验建立围岩物理、力学及水理性质下降与开挖损伤区之间的关系，最终形成深埋围岩开挖损伤区的工程安全评价方法。

1.2 研究现状

近几十年来，随着地下工程埋深的增加，开挖过程中围岩会出现损伤，损伤的存在及其对工程稳定性的影响已经引起国内外学者的高度关注，在围岩损伤机理及其演变规律、损伤的描述方法、损伤的影响因素、损伤的工程安全评价方法等相关领域进行了大量开创性和卓有成效的研究，为本研究的顺利开展提供了有益的工作经验[1]。

1.2.1 围岩损伤机理及其演变规律

众多的工程实践表明，损伤是应力水平与岩体强度矛盾产生的结果。为能对围岩开挖损伤演化过程有更加整体的把握，有必要先了解开挖作用下不同位置围岩的损伤演变规律及围岩结构性状的改变特征。

早在 20 世纪 60 年代中期，Hoek 等一些学者就开始了脆性岩石损伤特性的研究工作[2]，经过几十年的发展，特别是随着测试技术的不断进步，对脆性岩石内部的破裂特征有了新的认识[3]。如图 1-6 所示，脆性岩石的应力应变曲线可以分为四个阶段：Ⅰ—裂纹闭合阶段；Ⅱ—弹性阶段；Ⅲ—裂纹稳定扩展阶段；Ⅳ—裂纹非稳定扩展阶段。其中阶段Ⅱ对应的上限应力值为启裂强度 σ_{ci}，大约为 40% 的岩石单轴抗压强度 σ_c($\sigma_c=\sigma_f=$ UCS)，在压缩过程中基本不会出现声发射现象，即不会出现新的破裂。在阶段Ⅲ对应的应力水平称为损伤强度 σ_{cd}，大约为 80% 的单轴抗压强度，此时开始出现反向体积应变，预示着裂纹萌生和扩展形成的体积超过了压缩形成的弹性变形。随着加载的持续，裂纹将不断扩展并最终导致破坏。

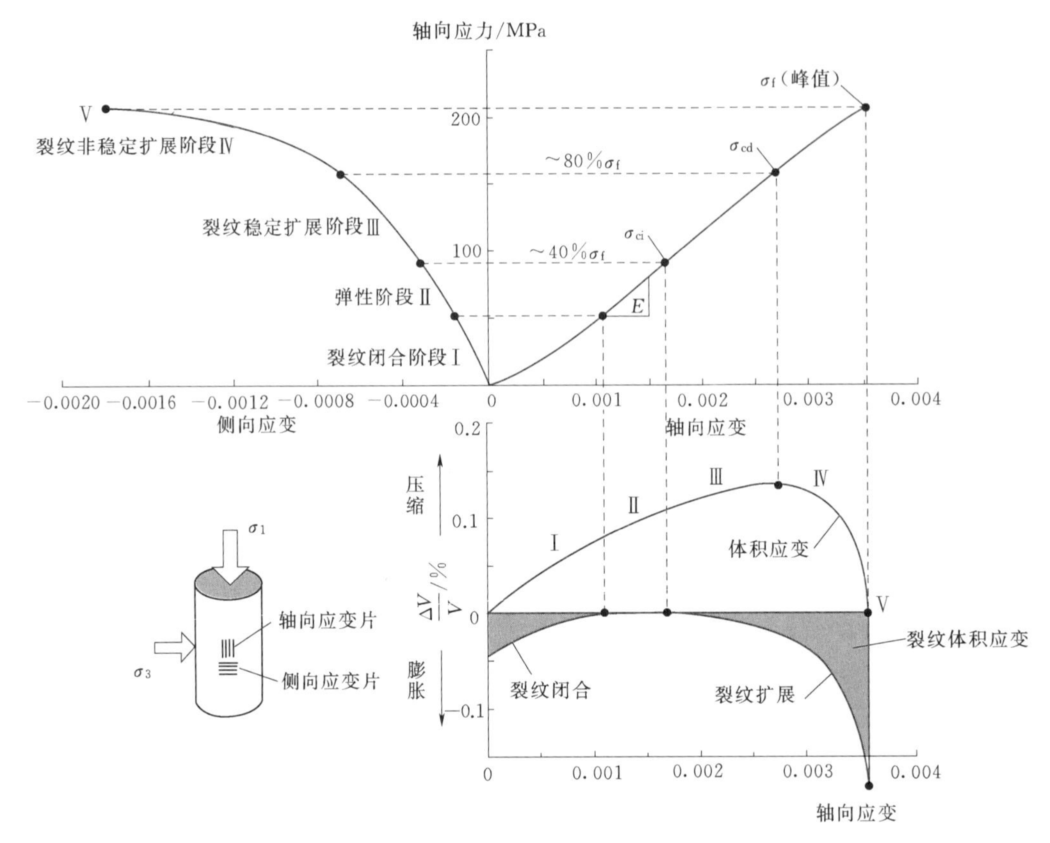

图1-6 脆性岩石压缩过程中各阶段划分示意图

由此可见，岩石损伤的基本力学特性实际上取决于岩石内部裂纹所处的发展状态[4-7]。Martin提出了峰后岩体参数变化的CWFS（黏聚力减小及摩擦角增大，Cohesion Weakening and Friction Strengthening）描述，从机理上说明了深埋脆性岩体破坏过程中力学特性的变化：硬岩破裂后，黏聚力减小，而摩擦角增大。造成这种现象的原因之一是岩石在荷载作用下的（微）破裂特性[4]。葛修润利用RMT试验机研究了脆性岩石发生疲劳破坏时的变形量受岩石应力-应变全过程曲线控制的规律，并通过采用实时X射线CT扫描的新试验方法，从细观层面上研究岩石结构演变和裂纹萌生、扩展直到破坏的全过程，为深入认识岩石内在的损伤演化机制提供了一种新的试验手段[8]。曹广祝等通过螺旋CT机以及与其配套的实时三轴加载和渗透压力设备对砂岩进行了各种应力状态下的应变特性试验，并结合CT图像和CT数的分析，判断出了砂岩的应变特性及破坏模式[9]。陈四利等通过对几种岩性岩石在化学腐蚀下单轴压缩破裂过程的细观力学试验，探讨了不同化学溶液对几种岩性岩石单轴抗压强度的腐蚀效应，获得了裂纹扩展过程的显微与全场图像，分析了在化学腐蚀下岩石的细观破裂特征和腐蚀机理，从而为岩石化学损伤力学模型的建立和岩体工程的长期稳定性评价提供了科学依据[10]。

上述研究多是针对裂隙岩体力学行为而开展的，没有涉及现场围岩的损伤机理及演化过程，且已有的模型需要过多的参数，不便于工程直接应用。在工程实践中，高应力作用下的围岩损伤是不同应力条件下围岩状态的直接体现，为了实现对隧洞围岩开挖损伤的整体把握，有必要洞悉开挖作用下隧洞围岩不同位置处的损伤演变规律，以及围岩结构性状的改变特征。围岩开挖损伤机理研究主要关注围岩应力重分布导致的围岩状态改变及损伤特征。开挖损伤机理研究是一项极具挑战性的工作，必须建立在对岩体基本力学特征的深刻把握上。

大规模采矿技术项目（Mass Mining Technology Project）中，深埋矿山巷道开挖过程中围岩损伤机理及其演变规律的研究对深埋隧洞相关问题的认识具有很好的借鉴意义[11]。图1-7直观地描述了隧洞围岩开挖损伤分区及损伤演变机理，红色线条表示肉眼可见或不可见的损伤裂纹。

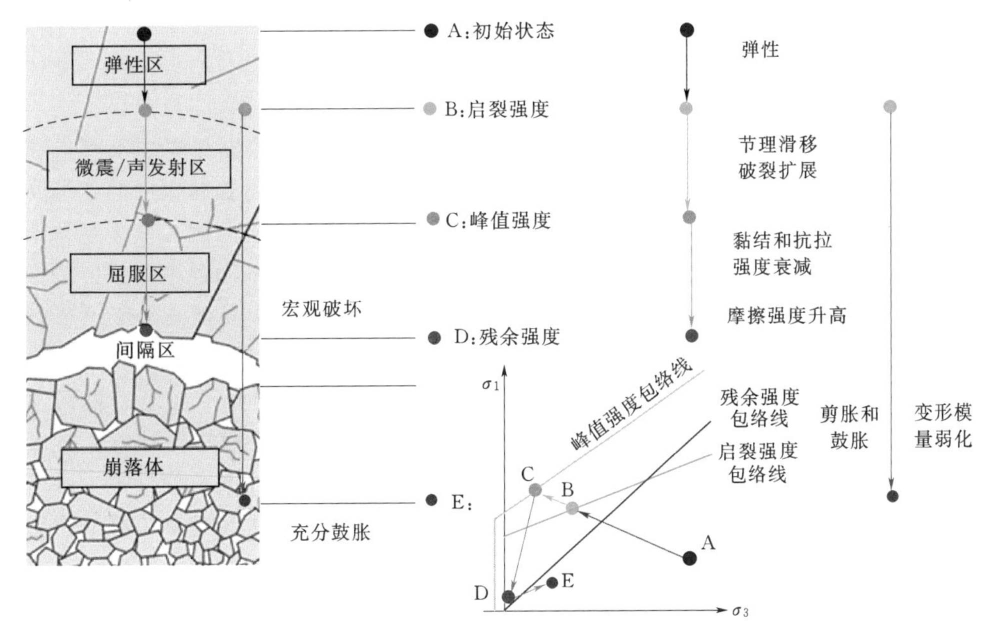

图1-7 隧洞围岩开挖损伤分区及损伤演变机理[11]

如图1-7所示，左图表示在高应力作用下MMT工程根据围岩状态将围岩划分为四个分区，右图则体现不同分区内围岩在历史上曾经经历的应力路径以及将来可能存在的演化趋势。具体可以表述为以下方面：

（1）弹性区。线弹性响应区域，对应于围岩应力水平自应力集中向原岩状态的过渡阶段。围岩内部无应力型损伤扩展，在应力路径空间内，表现为应力水平尚未达到启裂强度包络线的A—B段。

（2）微震区。应力集中区，伴随出现一系列微震事件，围岩内部损伤稳定发展，属于连续-非连续阶段的范畴，该区域的划分依据是应力水平超过启裂强度，达到原位裂隙屈服强度，致使裂纹产生错动变形、岩块内部损伤积累、裂纹沿结构面尖端追踪扩展的结果。该阶段强调损伤的发展过程对应于应力路径空间的B—C段。

（3）屈服区。属于峰后非线性行为，是损伤裂纹扩展累积、应力水平达到强度极限并形成宏观破坏带的最终结果。按照破坏带是否已经构成潜在屈服区域的变形边界条件，该区域还可以细分为屈服区和破坏区，对于脆性岩体而言，两者在现实中的表现形式不同，如是否已经产生片帮、剥落等应力型破坏，锦屏隧洞现实条件下进行的块体破坏深度统计工作即反映了破坏区特征。应该说，这是关于屈服和破坏的一般性认识。该区域对应于应力路径空间的C—D段。

（4）开挖区。围岩中被人工挖除的部分。

除开挖区外，弹性区、微震区和屈服区构成了围岩在损伤演化过程中随应力水平变化的可能存在形式，这里强调了围岩损伤演化的过程或者时间性特点，即围岩在损伤演化过程中，在应力驱动作用下，围岩具有从当前状态向下一状态演变的趋势，如弹性区→微震区→屈服区这一普遍性演变过程。应力型损伤被定义为应力作用下围岩弱化的不可逆过程，这一过程构成了损伤对围岩状态的影响实质。

1.2.2 损伤的描述方法

关于损伤的描述方法，20世纪90年代中期以前，几乎所有数值计算结果都与现场揭露的现象相距甚远，在当时的条件下，其原因包括两个方面：一是普遍应用的连续介质力学方法很难针对岩体的非线性行为进行准确描述；二是能模拟破裂问题的非连续力学岩石力学方法还没有诞生。因此，有关学者针对开挖损伤区的特点，采用各种等效方法推导了裂隙岩体的本构关系，如Sitharam、Horri、Cai、孙建生、朱维申等建立了断续节理岩体的本构方程[12-16]。Lemaitre、谢和平、于广明、李术才、陶振宇、杨更社等利用损伤和断裂力学理论从岩体材料微观的组织结构特征探讨了损伤机理，建立了相应的损伤本构模型[17-22]。Cook、Kemeny、李术才、陈卫忠、徐靖南、朱维申和张强勇等结合岩体工程的基本特点，从功的互等定理出发，推导了多裂隙岩体的本构关系及其数值模拟方法，并由此建立了多裂隙岩体的损伤演化方程和强度准则，并应用于若干大型地下工程的稳定分析中，取得了较好的评价效果[23-29]。但上述研究成果大多采用宏观等效的方法进行求解和分析工程问题，针对开挖损伤区的真实演化过程及其对工程岩体稳定性影响的研究成果相对较少。基于断裂力学和损伤力学等连续体假设的分析方法，在解决裂纹启裂、扩展、贯通进而形成岩体的宏观断裂问题上遇到了方法上的严重挑战。尤其是随着工程复杂性的增加，本构关系日趋复杂，很难将其直接应用于工程实践中。因此，这类问题的研究首先要解决描述方法的问题。

在总结了加拿大URL（Underground Research Laboratory）的相关研究成果以后，Fairhurst对脆性岩石的基本力学特性和相应的研究方法进行了概括[30]，如图1-8所示。图中右上角三轴图的纵轴为荷载，两条横轴中的一条为变形，荷载-变形关系构成了传统的岩体本构关系。在三轴图中还存在一条轴线，即时间轴，它显示岩体的荷载-变形关系不是一成不变的，而是随时间变化，即岩体特性随时间变化。

图1-8中左图是经典的荷载-变形关系曲线，它是图1-8右上图的一个切面。根据这一经典曲线，Fairhurst将脆性岩体特性和相应的研究方法做如下总结：

①区，线弹性响应，岩体力学行为在连续力学定义的范畴内，因此可以采用连续介质力学方法进行分析。

②区，非线性阶段的开始，属于裂纹稳定增长的结果，属于损伤力学范畴。从②区到

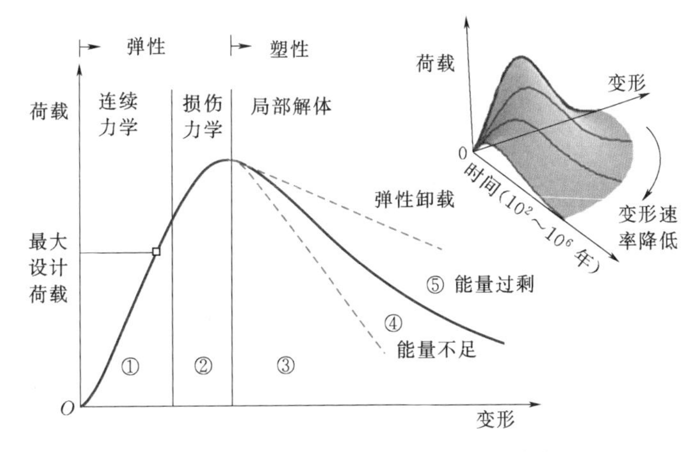

图 1-8 完整的岩石荷载-变形曲线[30]

③区的划分标志是裂纹增长到裂纹的相互作用，即裂纹发展到一定密度以后的结果。

③区，破坏阶段，局部化破坏和解体阶段。所谓局部化是指应力分布和损伤的不均匀性，损伤出现相互作用并开始形成宏观破裂面时影响了局部应力分布，使得破坏在某些特定位置产生。这一阶段岩体的非连续介质力学特性得到充分展现，当需要深化研究围岩在这一阶段的力学行为和工程响应时，需要采用非连续介质力学手段。

④区和⑤区：主要反映了不同的能量释放水平导致的现场不同表现形式。

一些研究人员也试图采用连续介质力学方法来描述岩体非连续破坏的上述这些特点，常见的思路是将连续介质力学方法计算程序中的单元划分得很细，并在单元边界引入节理单元的概念。单从结果的表现形式看，虽能获得裂纹和裂纹扩展效应，但这两种方法有内在的不同。从某种程度上讲，连续介质力学方法描述非连续介质力学问题时不得不采取一些间接方式处理破裂导致的一些复杂力学行为，并在描述岩土体一些机理性问题时存在不可避免的缺陷，尤其是深埋工程，其特点反映在强烈非线性、非线性非连续以及破裂三个主要方面。

上述对于围岩损伤研究方法的认识已经得到了普遍的接受，但具体到应用环节，连续性数值分析方法尽管并没有失去现实应用的可能性，也必须建立在某些假设的基础上，如岩体进入非线性阶段的程度相对不高，即岩体的非线性特征尚未得到充分体现时。但就围岩损伤问题的复杂本质而言，连续性方法仍然摆脱不了其尝试以间接方式描述围岩力学特征的问题，在应用上具有相当大的弊端。随着分析方法研究的深入和相应软件开发工作的发展，能够直观模拟破裂问题的岩石力学非连续方法成为围岩损伤问题研究的首选。

1.2.3 损伤的影响因素

影响围岩损伤的基本因素为围岩应力状态和岩体特性，前者除受到岩体地应力场条件的制约外，还与其他因素相关，断面形态和尺寸、开挖方式、开挖时间、结构面、渗流、温度等，都是影响围岩开挖损伤区的重要因素。肖建清等基于松动圈的现场测试结果，研究了声波波速沿孔深的变化规律以及爆破施工对于松动圈的影响[31]。唐春安等应用有限元数值分析系统 RFPA，对软弱夹层影响下的深埋地下洞室围岩损伤演化过程进行了模拟分析，重点研究了软弱夹层的展布位置、地应力大小对洞室围岩开挖损伤区模式的影响[32]。陈明等采用数值分析及现场检测的方法研究了锦屏二级引水隧洞岩体爆破开挖损伤特性，研究结果表明，引水隧洞开挖引起的围岩应力重分布是围岩损伤的主要原因，爆炸荷载和应力重分布的耦合作用将增大引水隧洞围岩开挖损伤区范围[33]。胡大伟等采用温度-应力-渗流耦合的岩石力学试验系统进行不同静水压力下大理岩峰后非线性渗流试验，证明了在围岩开挖扰动区中，围岩应力和裂隙水压力将会显著影响其渗流性质[34]。

上述研究已经涉及爆破对于开挖损伤区的影响，但缺少 TBM 与钻爆法两种不同掘进方式对于开挖损伤区影响的对比。钻爆法施工以后会在隧洞周边一定深度（一般为数十厘米）范围内形成一个爆破损伤区，即在爆破后的瞬间围岩内即产生一个损伤区。围岩爆破损伤带的作用具有两重性，即一方面减缓了表层围岩发生剧烈型破坏的风险，另一方面也加强了围岩缓和型破坏的程度，爆破损伤区岩体承载力降低使得这一区域的围岩积累高应力的能力有所降低。采用 TBM 掘进时，破岩过程对洞壁围岩的扰动较小，能量逐步释放，持续时间也比较长，因此是一个缓慢平稳的准静态卸载过程。在钻爆法开挖过程中，除爆炸荷载的冲击效应外，伴随爆破过程发生的地应力卸荷是一个动态过程。因此，两种开挖方式对于损伤区的影响是不相同的[35-36]。

脆性岩体在高应力作用下的破裂具有时间效应，而损伤区是形成破裂的必经阶段，必然同样具有时间效应，也就是说损伤区深度和损伤程度是随时间动态演化的[37-38]。在加拿大 URL 的 MBE（Mine-by Experiment）试验洞中，在应力集中区内掌子面后 1m 左右片帮开始逐渐出现并向外扩展。在图 1-9 中描述了这种破裂随时间发展的过程[39]，最后形成的顶板 V 形破坏区域的尖端到隧洞中心的距离大约是 1.3 倍的洞径。研究和工程实践表明，由于损伤的细观特征，只有破裂损伤发展到后期、围岩特性显著恶化以后才转化为宏观破坏，当地应力条件和岩体条件具备产生损伤和损伤扩展的条件时，单纯依靠工程措施很难控制损伤的产生，只能通过研究损伤演化过程及损伤的时间效应，以避免次生灾害的发生[40-43]。

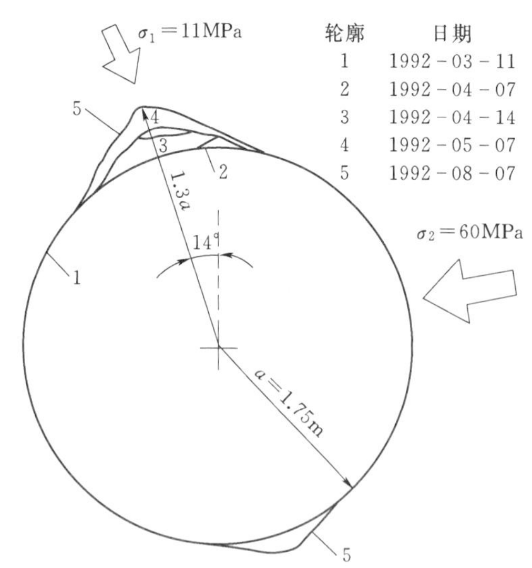

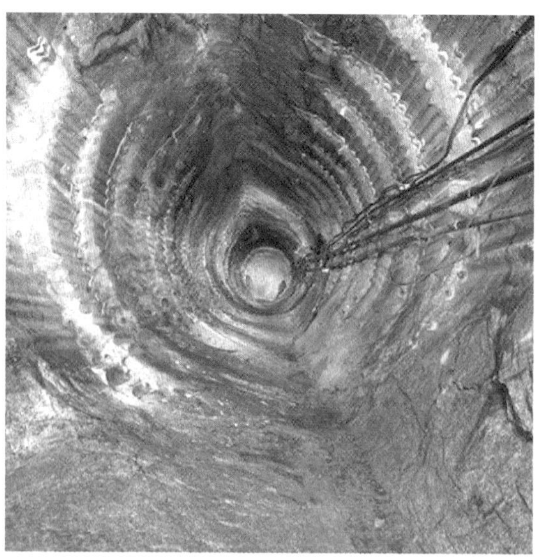

图 1-9 加拿大 MBE 试验洞 V 形破坏区发展过程[39]

深埋条件下结构面的作用总体上因为围压水平的提高得到抑制，但具体作用呈现两极分化的特征：不良受力条件下的不利影响更突出，而良好受力条件下甚至可以起到抑制围岩破裂的作用。因此，在深埋条件下结构面的作用和表现方式出现了新的变化，这种变化主要取决于结构面的受力条件。也就是说，判断结构面对围岩损伤的作用不能单单考察结构面之间的组合和临空条件，更需要考察结构面与围岩应力状态的关系。而以往关于围岩的损伤分析中一般将结构面作为岩体的一个组被均化处理，这种处理方式可以满足对围岩损伤区一般分布特征的了解，但如果需要考察断面上围岩损伤区的具体分布特征时，则需要对结构面的影响进行专门研究。

在深埋条件下，围岩应力集中区的绝对应力水平基本不受隧洞开挖断面尺寸的影响，但应力集中区的位置与开挖断面的尺寸有关（图1-10）。以锦屏二级水电站辅助洞、排水洞和引水隧洞为例，尺寸较大的引水隧洞开挖以后浅部围岩应力水平更低一些，使得引水隧洞浅部围岩中受结构面控制的块体破坏更普遍。特别是这些部位的岩体在掘进过程中位于掌子面附近时曾经受过高应力的作用，导致围岩损伤，使得引水隧洞结构面和破裂构成的结构面应力组合型破坏比辅助洞和排水洞更普遍。可以看出，尺寸效应对于围岩损伤区内的影响是客观存在的，但是上面的分析仅是简单应力特征的分析，并没有涉及损伤区内部的演化过程，还是没有解决以下几个问题：①裂隙网络的描述和生成技术；②原生裂隙在压缩过程中的扩展行为；③高应力破裂的萌生和发展；④微破裂向宏观破裂的转变。直到2005年，美国工程院Peter Cundall院士提出了综合岩体技术（Synthetic Rock Mass，SRM，图1-11），促进了上述4个技术问题的解决，这是现阶段可以直接描述大尺度岩体强度的重要方法，包括岩体强度各向异性和尺寸效应等[44-46]。

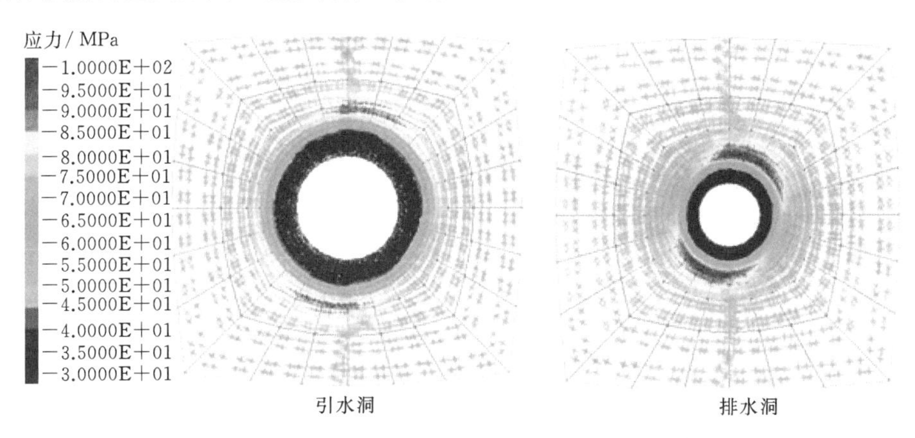

图1-10 相同埋深下锦屏二级引水隧洞和排水洞围岩应力分布

1.2.4 工程安全性评价方法

损伤对围岩状态的直接影响是裂纹扩展，最终结果是造成岩体性状的改变。概括来说，损伤演变反映了围岩的弱化过程，体现在强度丧失和内部构造特征改变对围岩物理力学属性的影响。损伤演化过程伴随着围岩变形模量的逐渐退化。目前常用的损伤检测方法多集中在室内检测技术上，通过声发射、CT、电磁辐射、电子脉冲、电镜扫描等手段评

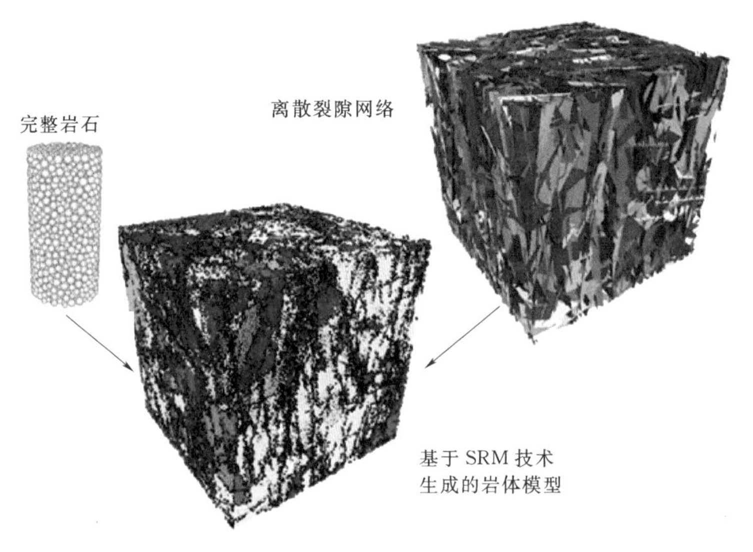

图1-11 综合岩体技术[46]

价岩石的损伤程度[47-54]。但现场围岩的条件远比室内条件复杂，所获得的结论很难直接套用于现场，无法对开挖损伤区内岩体的物理力学性质及其所处的应力状态进行合理评估，也无法捕捉到开挖损伤区孕育发展的全过程。损伤区一般位于相对较深的部位，被定义为岩体特性（如波速和渗透指标）渐变到原岩状态的过渡地段，这些变化被认为是应力变化的结果。近年来发展起来的声发射、声波等测试手段虽然能够帮助评价开挖损伤区的范围，不过到目前为止，还不清楚声波波速降低和损伤程度之间的对应关系，也没有建立起现场声发射事件活跃性与应力状态之间的关系。

在地下工程的设计过程中，把握岩体在开挖过程中的反应至关重要。为了达到这个目的，加拿大原子能机构（AECL）规划了URL。在过去的几十年中，AECL在URL中针对岩体开挖响应进行了大量的研究[55-58]，其中MBE试验洞是URL在420m水平下开挖的最主要的隧洞（图1-12)，在隧洞掌子面前方安装仪器以监测隧洞的开挖响应，仪器包括应变计、收敛计、三向应力计以及声发射和微震监测系统。通过预先安装这些仪器能够全程监测开挖过程中围岩的响应，主要成果包括：促进了人们对掌子面附近岩体力学行为的基础认识，包括短期力学行为和长期力学行为；发展了适用于工程现场的工具和设备来监测岩体的变化特征，明确了岩体条件，在满足现场实际条件下模拟开挖响应过程；形成了包括岩体描述方法、现场监测、数值模拟的综合性设计方法和工程反分析方法，预测岩体在长期和短期条件下的性质变化。现场原位试验洞成为目前国际上岩石力学问题研究最前沿的手段，同时也是验证设计理念和技术方法的最佳场所，可以全面了解隧洞开挖过程中的围岩变形特征、围岩破损特征、围岩应力变化等全部环节的开挖响应，可以通过布置针对性的监测方案，深入了解围岩内部的力学特征和损伤演化机制，为建立开挖损伤区的安全评价方法提供最基础的参考数据。目前国际上已经完成39座地下试验场的建设，除加拿大的URL外，还有瑞典的HRL（Hard Rock Laboratory)、瑞士的Mont Terri、美国的Yucca Mountain以及韩国的KAERI等[59-67]。

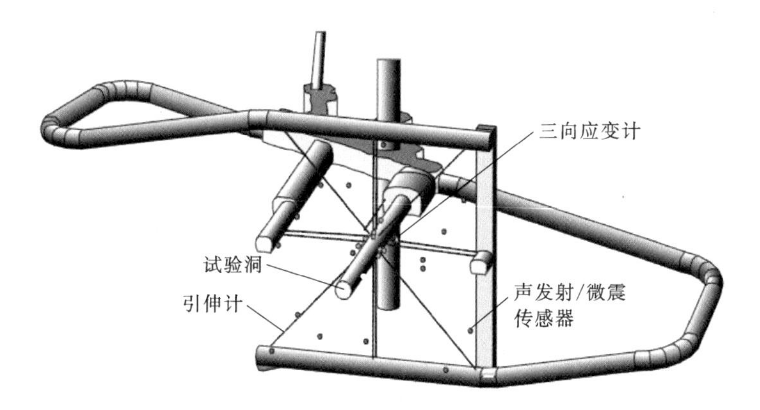

图 1-12 MBE 试验洞监测仪器布置[36]

综上所述，目前对于深部围岩开挖损伤区的研究已经有了相当多的研究成果，但是对于开挖损伤区产生的力学机理及演化规律尚没有认识清楚，开挖损伤区的描述方法尚未充分反映出岩体的非线性特征，围岩破裂问题尚不能直观模拟，掘进方法、时间、结构面、尺寸效应对于开挖损伤区的影响尚未引起重视，缺少必要的技术手段来建立开挖损伤区的工程安全评价方法，这些均是目前深埋岩石力学领域的普遍问题。因此，迫切需要通过系统的研究来解决深埋围岩开挖损伤区特性及其工程含义的问题，为深埋地下岩石工程的设计、施工及运行安全提供新的分析和设计方法。

1.3 研究主要内容

本书主要内容大体上可以分为四个部分：一是损伤的诱发力学机理及演化规律；二是损伤的非线性特征描述方法；三是损伤的影响因素研究；四是损伤的现场测试方法和工程安全评价方法。

1.3.1 损伤的力学机理及演化规律研究

该项研究内容是基础性的，目的是了解深部围岩损伤区形成的深层次力学机理及损伤区的演化过程，根据系统的监测数据判别损伤区的破坏程度，建立合理的损伤区分区依据和强度判据。主要包括以下方面内容：

（1）利用 CT 扫描、声波、声发射结合加载过程中得到的应力-应变曲线，综合分析确定不同围压条件下小尺度岩块所对应的特征强度，包括启裂强度（σ_{ci}）、损伤强度（σ_{cd}）、峰值强度 σ_f($\sigma_f=\sigma_c=$UCS)和残余强度。

（2）将岩块尺度的特征强度转换为符合 Hoek-Brown（简写为 HB）强度准则要求的主应力空间表达方式，并与现场实际监测成果相互验证，形成现场大尺度岩体的损伤区强度判据。

（3）将此强度判据程序化，结合现场的精细地质描述以及声波、应力、变形和声发射等监测数据，综合分析损伤区的演化规律和损伤程度分区特征，解译不同监测技术所对应的现场围岩真实损伤程度，帮助建立起工程中可用的检测手段，为支护优化设计提供最可靠的依据。

1.3.2 损伤的非线性特征描述方法

损伤机理的深入认识是解决问题的一个方面，具体到应用环节，围岩损伤的合理描述对所具体采用的力学方法提出了严格的要求，即必须尽可能真实地反映围岩力学特征，需要重点解决以下内容：

（1）建立能够合理表达深埋岩体启裂强度、峰值强度和残余强度这三个重要力学指标的力学判据，对损伤区内部的力学演化机制进行更深层次的分析，明确不同损伤程度所对应的力学状态。

（2）建立能够表达损伤累积过程的非连续性描述方法，反映出围岩性状变化过程中强度的退化过程，揭示损伤致使岩体强度退化的内在原因，评价不同损伤类型在损伤演化过程中所起的作用。

（3）借助非连续力学方法的优势描述围岩损伤区复杂的细部特征，如损伤局部化现象和损伤程度，评价损伤区内围岩的真实承载能力，结合现场监测的解译成果对不同位置处的损伤程度做出合理分区。

1.3.3 损伤的影响因素研究

影响损伤的基本因素为围岩应力状态和岩体特性，前者除受到岩体地应力场条件的制约外，开挖方式、时间、结构面、尺寸效应等都是影响开挖损伤区的重要因素，并且这些因素还将影响围岩破坏的现场表现形式，因此有必要进行深入研究。

（1）研究钻爆法和 TBM 两种不同开挖方式下损伤的孕育过程，揭示不同卸载速率下损伤区内部能量释放规律，评价爆破损伤区对于围岩状态的作用效果，建立不同岩体和地应力条件下开挖方式对损伤区影响的评价方法，帮助现场确定合适的开挖方法。

（2）通过损伤累积试验研究驱动应力比、时间与应力损伤之间的内在关系，建立应力、时间和损伤三者之间的表达关系，在非连续方法的基础上开发出能合理描述其中力学机理的本构模型，通过现场实际监测数据确定在现场条件下模型的相关参数。

（3）通过结构面分布现场调查和针对性的专项测试，在准确把握岩体本构模型和力学参数的基础上，系统考察结构面对应力场分布、围岩变形、应力路径、弹性应变能、能量释放率等指标的影响程度，明确结构面对损伤区影响的作用机制。

1.3.4 损伤围岩的现场测试方法和工程安全评价方法

开挖损伤区内围岩力学和水力学特性将出现一些永久性的变化，这些变化是应力变化的结果，可以借助于试验和仪器进行定量测试，为开挖损伤区的工程安全评价提供必要的手段。为建立起工程可用的损伤区工程安全评价方法，需要解决以下问题：

（1）在现场核心部位布置原位试验洞，监测开挖过程中围岩的应力变化、位移变化以及破裂损伤演化过程。其中应力变化可以采用空心包体应力计、锚杆应力计监测，位移变化可以利用多点位移计、光栅光纤监测仪器获得，破裂损伤则主要利用声发射和声波测试，具体的破裂状态还可以利用钻孔成像技术进一步确定。

（2）利用已经建立的本构模型和强度判据，结合原位试验的监测成果，研究声波波速降低和损伤程度之间的对应关系以及现场声发射事件活跃性与应力状态之间的关系，正确区分损伤区、破裂区和破坏区，为支护优化设计提供参考依据。

（3）在已经获得损伤区力学机理、描述方法、影响因素和监测方法认识的基础上，综合判定开挖损伤区不同深度处围岩的物理力学特性，根据损伤区特性开展开挖损伤区控制研究，提出切实可行的优化设计措施，建立满足工程实际需要的安全评价方法。

1.4 主要依托工程介绍

本书的研究主要依托于锦屏二级水电站工程。该工程位于四川省凉山彝族自治州木里、盐源、冕宁三县交界处的雅砻江干流锦屏大河湾上，是雅砻江干流上的重要梯级电站，也是国家“西电东送”和“川电外送”战略的关键性工程之一。其上游紧接具有年调节水库的龙头梯级锦屏一级水电站，下游依次为官地、二滩和桐子林水电站。

锦屏二级水电站工程规模巨大，开发河段内河谷深切、滩多流急、不通航，沿江人烟稀少、耕地分散，无重要城镇和工矿企业，工程开发任务为发电。锦屏二级水电站利用雅砻江卡拉至江口下游河段150km长大河湾的天然落差，通过长约17km的引水隧洞，截弯取直（图1-13），获得水头约310m。电站总装机容量4800MW，单机容量600MW，额定水头288m，多年平均发电量242.3亿kW·h，保证出力1972MW，年利用小时数为5048h，是雅砻江上水头最高、装机规模最大的水电站。

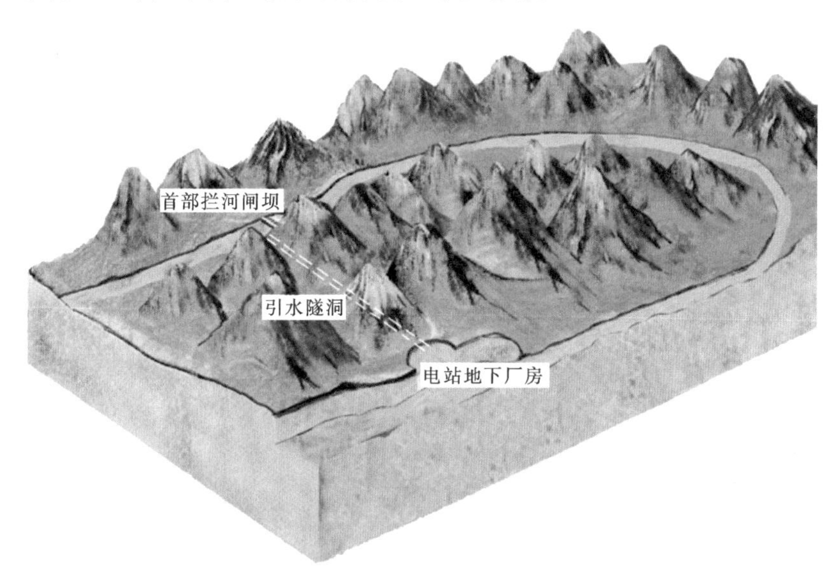

图1-13 锦屏二级水电站截弯取直开发方式示意图

电站枢纽主要由首部低闸、引水系统、尾部地下厂房等建筑物组成（图1-14）。首部拦河闸坝位于雅砻江锦屏大河湾西端的猫猫滩，最大坝高34m，上距锦屏一级坝址7.5km。闸址以上流域面积10.3万km^2，多年平均流量1230m^3/s。水库正常蓄水位1646m，死水位1640m，日调节库容496万m^3。电站进水口位于闸址上游2.9km处的景峰桥。首部枢纽采用闸坝与进水口相分离的布置方案。地下发电厂房位于雅砻江锦屏大河湾东端的大水沟。引水洞线自景峰桥至大水沟，采用“四洞八机”布置，引水隧洞共四条。引水发电系统三维效果见图 1-15。引水隧洞沿线上覆岩体一般埋深 1500～2000m，最大埋深 2525m，具有埋深大、洞线长、洞径大的特点，为世界上规模最大、埋深最大的水工隧洞洞室群工程（图 1-16）。

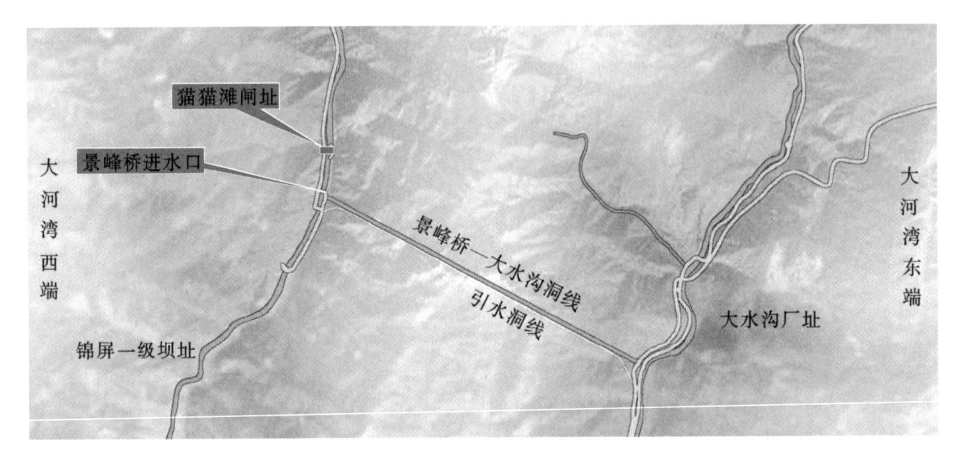

图 1-14 电站枢纽总体平面布置图

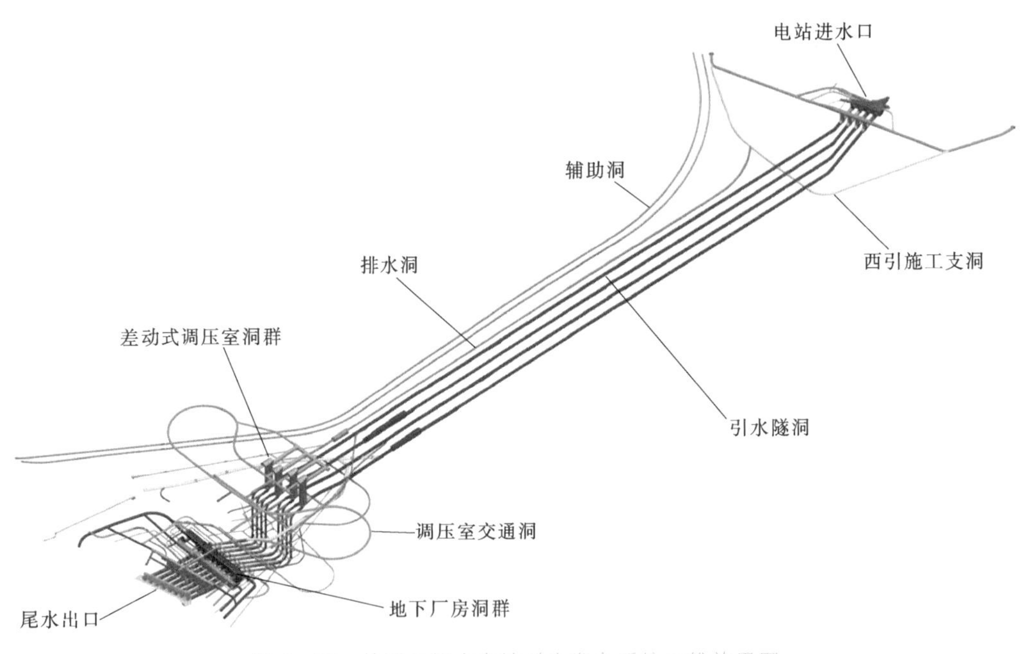

图 1-15 锦屏二级水电站引水发电系统三维效果图

引水隧洞区从东到西分别穿越盐塘组大理岩（T_2y）、白山组大理岩（T_2b）、三叠系上统砂板岩（T_3）、杂谷脑组大理岩（T_2z）、三叠系下统绿泥石片岩和变质中细砂岩（T_1）等地层（图 1-17）。岩层陡倾，其走向与主构造线方向一致。从展布的地质构造形迹看，工程区处于近东西向（NWW～SEE）应力场控制之下，形成一系列近南北向

图 1-16 锦屏二级引水隧洞布置图

展布的紧密复式褶皱和高倾角的压性或压扭性断裂，并伴有 NWW 向张性或张扭性断层，且东部地区断裂较西部地区发育，北部地区较南部地区发育，规模较大；东部的褶皱大多向西倾倒，而西部地区扭曲、揉皱现象表现得比较明显。

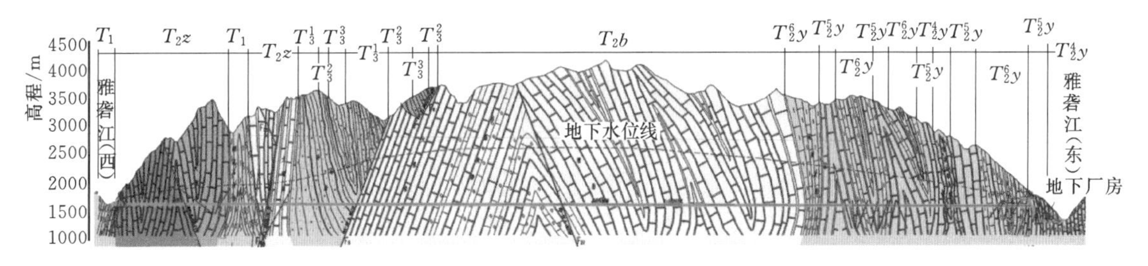

图 1-17 锦屏二级引水隧洞地质剖面图

锦屏工程区长期以来地壳急剧抬升，雅砻江急剧下切，山高、谷深，坡陡。地貌上属地形急剧变化地带，因此，原储存于深处的大量能量，在地壳迅速抬升后，虽经剥蚀作用使部分能量释放，但残余部分很难释放殆尽，因而该区是地应力相对集中地区，有较充沛的弹性能储备。从区域上说，工程区位于川藏交界处，临近主要的构造带，构造应力强度较高，从长探洞和辅助洞施工过程中出现岩爆这一事实说明，锦屏工程区有较高的地应力，地应力的释放将导致围岩破损，从而影响围岩的稳定性。

锦屏辅助洞最大埋深为 2375m，引水隧洞最大埋深为 2525m，在埋深 2525m 条件下的自重主应力值为 69.94MPa。前期在长探洞内不同洞深采用了多种测试手段，如孔径法、孔壁法、室内 AE 法、水压致裂法和收敛变形反分析等，进行了大量地应力的量测和分析。技施阶段主要在辅助洞不同埋深部位采用水压致裂法进行地应力测试。引水线路区沿线地应力在最大埋深一带实测的第一最大主应力量值一般为 64.69～75.85MPa，局部可达 113.87MPa。引水系统揭露的岩体主要为大理岩，岩石平均饱和单轴抗压强度为 65～90MPa，抗拉强度为 3～6MPa，围岩强度应力比大多小于 2，属于极高应力条件。

隧洞工程区沿线最大主应力、中间主应力和最小主应力整体上随埋深增加而增加，递增关系呈非线性，局部地应力值因地层、构造关系而偏小。最大主应力方向总体为S18°E～S69.8°E，东、西两岸坡的最大主应力倾角基本随埋深增加而增大，地应力从岸坡局部应力状态转变为以垂直为主的自重应力状态，但中部岩体埋深大，地应力状态较复杂。

高地应力及复杂的地质条件形成了锦屏二级引水隧洞洞群工程区复杂和恶劣的外在客观环境条件，这在国内外尚不多见，缺乏相关可供借鉴的先例和工程经验，给引水隧洞的设计和施工提出了巨大的挑战。在采矿工程中，南非的矿山开采深度已经超过了4km，在欧洲阿尔卑斯山脉底部，交通隧洞的埋深超过了2km，但我国地下工程的埋深一般都不大，矿山的埋深基本都在1km深度以内。尽管近年来出现了一些深埋交通隧洞工程，但总体上，我国地下工程的设计经验基本上是建立在浅埋工程实践经验的基础上，而深埋问题与浅埋问题相比存在着显著的差别，这些差别体现在从获取基本地质条件和力学参数的分析思路和方法手段，到工程设计的基本理念和方案措施等整个工程的设计过程。与深埋矿山工程技术发达的一些国家（例如加拿大、南非）相比，我国岩体工程涉及深部工程实践并不多，深埋工程实践经验的积累相对较少，当工程由浅埋条件变为深埋条件时，过去所积累的经验和认识是否存在偏差，是否可行，就成为在进行深埋地下工程实践中必须面对的一个基本问题。

因此，需要重新认识深埋条件下围岩的基本力学特征。本书借鉴国际上其他领域内深埋工程的研究经验，以锦屏二级深埋隧洞工程为依托，总结近几十年来深埋地下工程设计理念和经验教训，深刻认识深埋工程特点，提高研究和认识水平，将在锦屏二级深埋隧洞工程中获得的认识和经验总结提炼出来，为类似工程提供借鉴和技术支撑。

深埋岩石损伤特征与力学特性

2.1 概述

损伤与岩石的力学特性密切相关，因此，研究损伤问题前，首先需要了解深埋岩石的力学特性。岩石的力学特性是一个平常而又复杂的问题：平常，是因为几乎任何岩石工程建设中都会涉及这个问题；复杂，是因为它始终是国际岩石力学研究的热点之一。

虽然岩石基本力学特性的研究是一个非常理论化的问题，事实也是如此，但它却决定了对工程开挖响应的认识和应对方法的设计。本着理论服务实践的宗旨，本章对该理论问题的叙述力图结合实践，从工程角度看待和理解岩石力学特性。

在锦屏二级引水隧洞施工前的前期工作中，围绕深埋岩石特性进行了大量的试验和科学研究工作。应该说，前期试验工作的重点是围绕高围压、卸荷及高水压力条件下大理岩力学特性的研究。为设计工作配套的围岩稳定研究中涉及岩石力学特性的概念，侧重于两个环节的问题：一是深埋高围压条件下强度准则和强度参数取值；二是破坏后非线性行为的描述方法。

（1）在高应力环境中钻孔取芯时岩石芯样的损伤问题已经得到学者较多的关注，由常规方法取芯制作试样得到的岩石单轴抗压强度可能低于现场岩石的实际强度，据此进行围岩稳定性判断和支护设计必然会导致一定的偏差。因此，如何改进钻孔取芯技术，更为准确地获得岩石的实际强度是本章的重点研究内容。

（2）硬脆性岩石的破裂特性和强度特征是认识现场围岩破裂破坏现象的基础，也是进行工程设计的重要依据，科学的计算分析和检测方法对于准确确定岩石特征强度至关重要，本章拟从岩石的特征强度与其破裂特征的关系入手建立特征强度的确定方法。

本章首先介绍了深埋岩石特征强度的基本概念和描述方法，然后给出了岩石特征强度的确定方法和无损取样技术，最后通过室内试验获得了锦屏大理岩的特征强度和破坏特征。

2.2 岩石特征强度

岩石力学是一门应用型的学科，各种数值方法是工具和手段，服务于现场围岩破坏现象和测试数据的深化认识和理论升华。高质量的室内试验数据和现场原位试验数据仍然是认识问题的基础和出发点。但由于试验技术和成本的制约，目前还无法对数米甚至数十米尺度的岩体开展直接的三轴试验并获得不同围压下的强度包络线。一般通过数值模拟这种间接方法分析大体积岩体的强度，间接方法的应用需要解决三个核心问题：①岩体裂隙网络如何生成；②原生裂隙在压缩过程中如何扩展；③高应力破裂如何萌生和发展。针对上述问题，2005 年，美国工程院 Peter Cundall 院士提出了综合岩体模型（SRM），这是现阶段可以直接描述大体积岩体强度（包括岩体强度各向异性和尺寸效应）的重要方法。

深埋岩石强度涉及微裂纹扩展状态与应力状态之间关系的描述，为了更精细地刻画峰前和峰后强度，本节详细介绍深埋岩石特征强度的基本概念[68-70]。

2.2.1 启裂强度

当某一点的应力状态超过启裂强度时，岩石中的原生微裂纹就会发生扩展，启裂强度通常小于 0.5 倍的峰值强度，并且是一种稳定状态的描述：即保持荷载不变，裂纹一般不再扩展。小尺度岩块和大体积岩体都有启裂强度，岩块压缩过程中的声发射监测可以帮助确定小尺度试验的启裂强度，基于现场隧洞开挖对围岩所监测的声发射试验数据，借助于反分析方法，可以获得大尺度岩体的启裂强度[71-75]。Holcomb 和 Martin（1985）通过加拿大 URL 的 Lac du Bonnet 花岗岩在不同围压下三轴压缩试验过程的声发射监测，获得的岩块启裂强度为 $\sigma_1=0.4\sigma_c+(1.5\sim2.0)\sigma_3$，其中 σ_c 为单轴抗压强度；随后 Pestman 和 Van Munster（1996）获得的 Lac du Bonnet 启裂强度为 $\sigma_1=70\text{MPa}+(1.5\sim2.0)\sigma_3$。加载过程中，当达到启裂强度时，岩块中的裂纹长度和岩石矿物颗粒的尺度接近。通过对 URL 一系列原位试验的深入分析，Martin 获得原位大体积 Lac du Bonnet 岩体的启裂强度为 $\sigma_1\approx\sigma_3+70\sim75\text{MPa}$。

2.2.2 片帮强度

片帮（spalling）和板状剥落（slabing）是完整性较好的岩体在高应力条件下最普遍的两种破坏形式，属于低围压下原生裂隙或微裂隙扩展导致的宏观破坏模式。按照目前国际上普遍的观点，这两种破坏属于张性破坏。要理解这两种破坏模式的产生机制需要思考以下两个问题：

（1）三向受压应力状态下为什么会产生张性裂纹？围岩完整性较好的硬岩隧洞开挖后，洞壁附近的岩体在径向发生卸荷，但总体上仍处于三向受压状态，按照连续介质的观点，三向受压的应力状态在任何方向上均不存在拉应力，那么如何解释片帮这种张性破坏。

（2）片帮的方向为什么大部分都平行于开挖面？围岩中的原生裂隙可以是各个方向的，隧洞开挖后这些原生裂隙的扩展方向一般均顺着开挖面的方向扩展，似乎与原生裂隙本身的方向性关系不大。

在连续介质力学领域，应力的概念是定义在小立方体上的，即表征体积单元 REV（Representative Elementary Volume），连续介质中的 REV 可以无限小，成为一个点。现实世界中的岩体总是包含着丰富的宏观、细观和微观结构，在不同尺度下看到的是不同现象，因此实际的应力总是与 REV 的尺度直接相关。以开挖后的隧洞为例，如果以几十厘米或 1m 的尺度去统计应力，那么这部分围岩的确是处于三向受压状态。如果将尺度缩小到包含一条裂隙的尺度，比如片帮的发展长度是 10cm，现在要研究片帮裂缝两侧平均 1cm 尺度的应力，显然此时的应力和 1m 尺度的应力完全是两个概念。一些精密的室内压缩试验表明，无损岩样（不含初始裂纹）在压缩过程中其初始裂纹的扩展一般总是从矿物颗粒和胶结物的界面产生，属于张性破坏。图 2－1 中描述的即是这种压致拉的破坏模式。一些界面之所以在压应力的条件下受拉，根本原因与矿物颗粒的不规则形状有关。显然，如果不考虑岩石的细观结构，仅从连续介质的角度去思考问题，就无法得出这种压致拉的认识。以连续介质力学理论为基础的有限元方法和有限差分方法缺乏反映这种压致拉的理论基础，因此无法直接模拟相应的力学机制。

PFC 方法采用颗粒的集合体来替代实际固体材料，可以在细观尺度反映压致拉的力学机制。图 2－1（c）是单纯压应力作用下中间两个圆球之间的张拉破坏模式，当然这种模式与图 2－1（a）和（b）中的矿物颗粒界面的张拉破坏有区别，但 PFC 方法可以采用 cluster 技术将一部分颗粒之间的黏结加强，以模拟矿物的形状和分布，从而达到直接模拟界面破坏的目的。

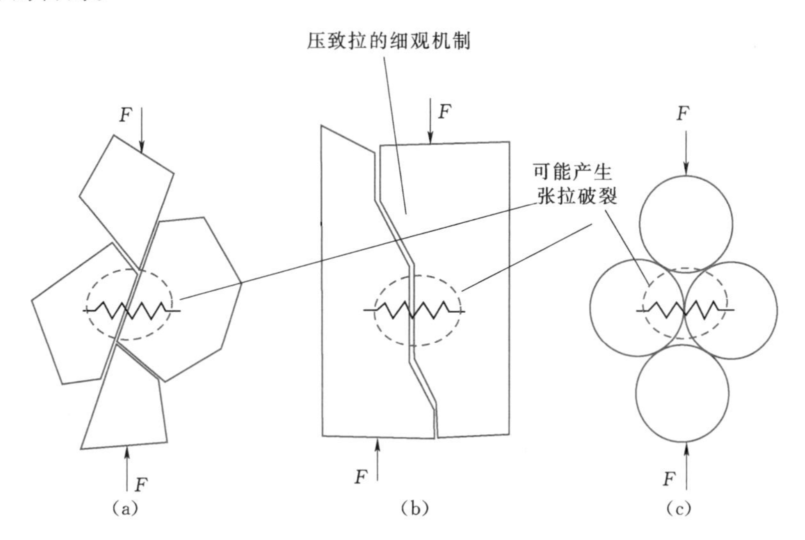

图 2－1　压致拉的细观机制和 PFC 对压致拉细观效应的反映

上述细观尺度的这种压致拉的破坏模式一般归结为“岩石非均质”引起的张性破坏，即矿物颗粒形状和尺度的差异。Diederichs 用 PFC 所做的平面压缩试验很好地说明了上述岩石非均质导致的压致拉破坏。为消除试样形状的影响，取一块正方形试样进行加载试验：侧向施加 5MPa 的压应力，轴向施加 100MPa 的压应力。按照连续介质的观点，此试样可看作是 REV 内部应力分布均一，且处处等于施加的荷载[76-77]。

图 2－2 是采用 PFC 方法模拟的结果，图 2－2（b）是最小主应力的等值线图，其中灰色部分是拉应力区域，最大达到 5MPa，岩石非均质所导致的应力非均一得到了很好的体现。这些成果基本上很好地解释了三向受压状态下的张性破坏机制，并且展示了 PFC 在数值模拟压致拉方面的优势[77]。

另外一个问题是片帮破坏的方向性。含原生裂纹的岩块，先施加围压然后再施加轴向压力直至裂纹发生扩展，裂纹扩展的方向具有一定的规律：开始扩展时其扩展方向垂直于原生裂纹平面，扩展一定长度后裂纹扩展方向与轴向压力的方向平行；裂纹扩展的长度与

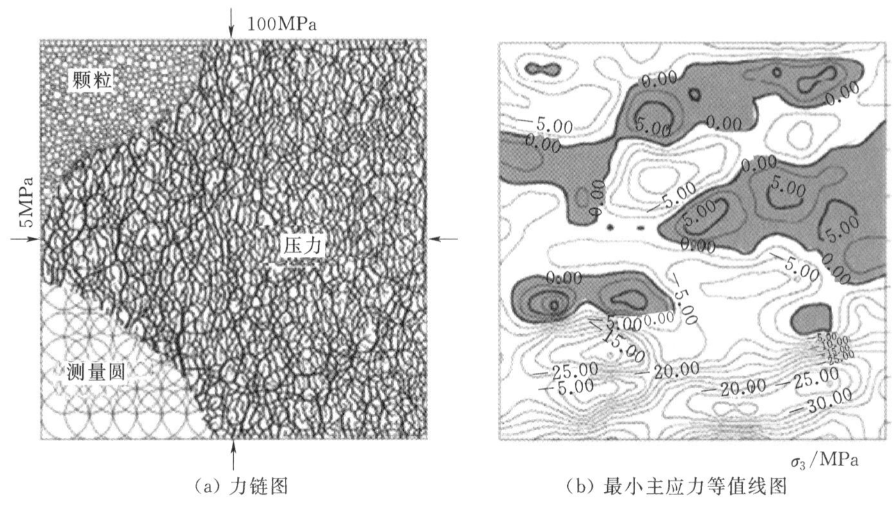

(a) 力链图　　(b) 最小主应力等值线图

图 2-2 PFC 方法再现处于二向受压状态岩样中的拉应力区域[77]

轴向压力/围压的比值相关：比值越大，裂纹扩展的长度越长。

图 2-3 是片帮强度的表述以及锦屏引水隧洞现场的破坏实例，图中最左侧的 A、B、C、D 分别对应着从缓和到严重的不同级别的裂纹扩展，以围岩大、小主应力的比值作为度量标准，即 A、B、C、D 这 4 条线段的斜率越大裂纹扩展的长度越长。隧洞开挖后，从洞壁向围岩内部的围压（σ_3）总是呈增加趋势，而切向压力的变化规律要稍微复杂一些，在一定深度，σ_1/σ_3 的比值会不断减小至裂纹发生扩展的阈值，相应地，片帮的发展也总是向内部发育到这个特定的深度而停止。

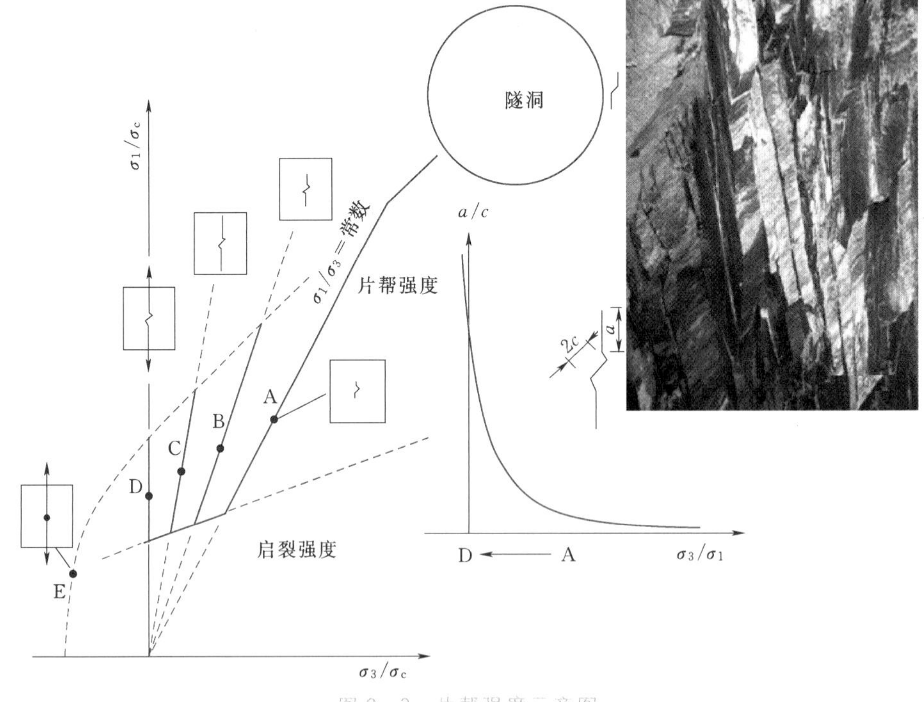

图 2-3 片帮强度示意图

室内试验可以帮助理解片帮破坏的方向性，并且由此得出片帮强度的表达式，加拿大URL花岗岩的研究表明其片帮强度 $\sigma_1/\sigma_3=10\sim20$。片帮强度可以通过预置裂纹岩块的三轴压缩试验获得，并通过现场的片帮破坏深度进行反演校核。

Cundall 和 Potyondy 基于 PFC 开发了 Smooth joint 技术，可以很好地模拟原生裂纹的扩展行为[44-45]。图 2-4（a）是 PFC 模拟的含宏观裂纹的锦屏大理岩的常规三轴压缩试验结果，岩块尺寸为 50mm×100mm，与实际试验的尺寸相匹配，岩块的 PFC 细观参数根据试验成果反演获得。完整岩块的细观参数可以确保数值模拟的单轴抗压强度是 140MPa，并且数值模拟中不同围压下的峰值强度与试验成果相一致，换言之，PFC 通过一系列标定工作最终确保颗粒的集合体与实际岩块在宏观力学性质上具有一致性。

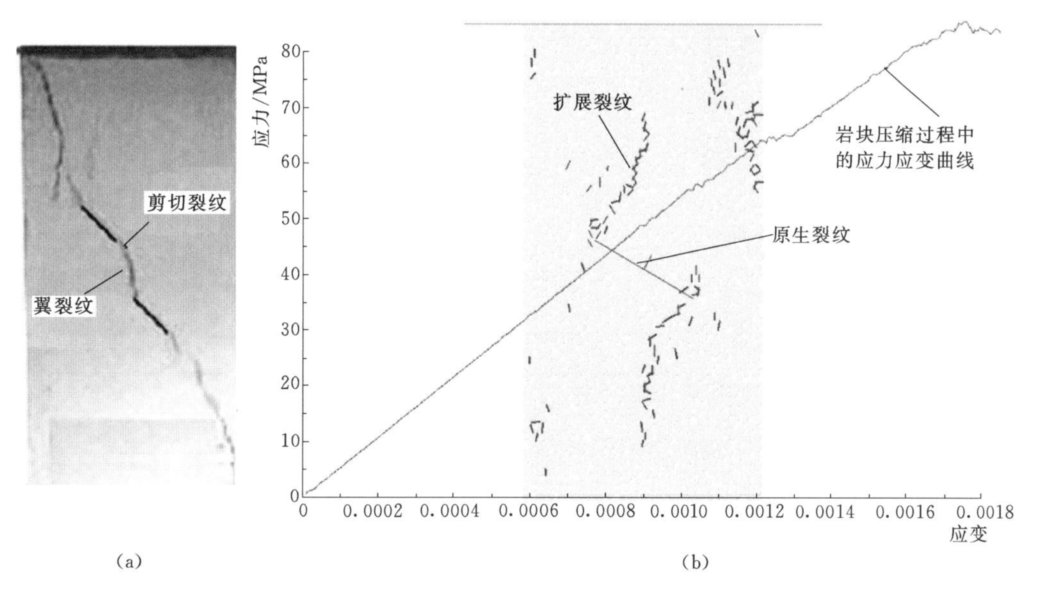

图 2-4 PFC 方法模拟的原生裂纹扩展

随机选取一条宏观原生裂纹进行模拟。以图 2-4 为例，其原生裂纹倾角为 30°，迹长 16mm，采用 Smooth joint 技术模拟在岩块压缩过程中的力学行为，原生裂纹扩展后的图像以及压缩过程中岩块应力-应变曲线如图 2-4（b）所示。由图可以看到，含裂纹岩样的单轴抗压强度仅 80MPa，远低于完整岩块的单轴抗压强度，裂纹扩展的规律与试验较为一致，首先沿着裂纹面法向扩展 5～6mm，然后垂直扩展，即沿平行于主应力的方向扩展。

图 2-4 给出的是裂纹扩展的最终状态，为了更直观地了解裂纹扩展的过程，图 2-5 给出了压缩过程中不同阶段裂纹扩展形态的描述。轴向压力达到 35MPa［0.25UCS，UCS（Uniaxial Compression Strength）为单轴压缩强度，UCS$=\sigma_c=\sigma_f$］时，原生裂纹端部开始扩展，图 2-5 中第 2 幅图对应此状态；轴向压力增大至 60MPa（0.42UCS）时，法向裂纹扩展完毕，此时岩块还能继续承载，但后续裂纹扩展是一种不稳定状态，即裂纹的方向平行于最大主应力方向，第 3 幅图对应此状态；后续的裂纹扩展对轴向应力极为敏感，轴向压力稍微增加即可对应着裂纹的大规模快速扩展，第 4 幅、第 5 幅、第 6 幅图即是这种快速扩展行为的展现。

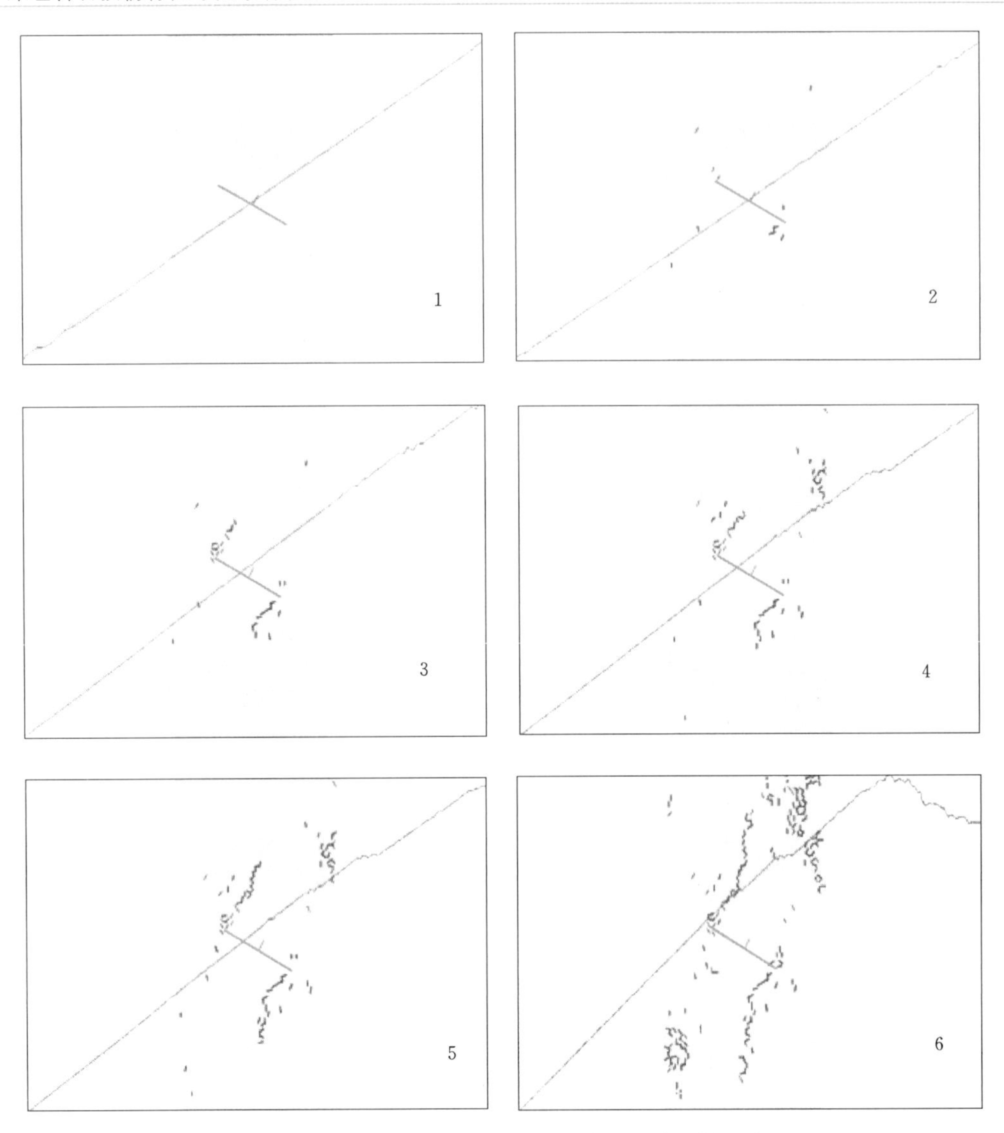

图 2-5 含单条裂纹的试样在压缩过程中裂纹扩展过程

含多条裂纹的岩样，在压缩过程中裂纹扩展的规律仍然以单条裂纹的扩展模式为基础，受裂纹空间关系的影响，其表现形式具有多样化的特征。图 2-6 是两条裂纹空间位置的差异所引起的不同岩桥贯通模式。

PFC 软件中 Smooth joint 技术具备了模拟 3 种岩桥贯通模式的能力，图 2-7 是两条裂纹的端部近似处于同一垂线上的情形，岩桥按照图 2-6 中模式 2 贯通。

高应力的破坏描述涉及裂纹扩展机制的描述，新的试验技术和先进的数值方法都是研究手段，二者缺一不可。

2.2.3 长期强度

硬岩隧洞的高应力破坏往往具有随时间不断发展的特点，以片帮破坏为例，完整性较

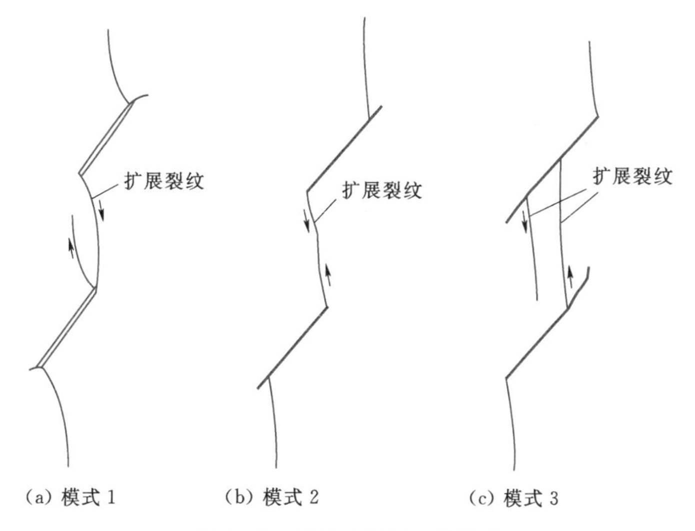

图 2-6 岩桥贯通的 3 种模式

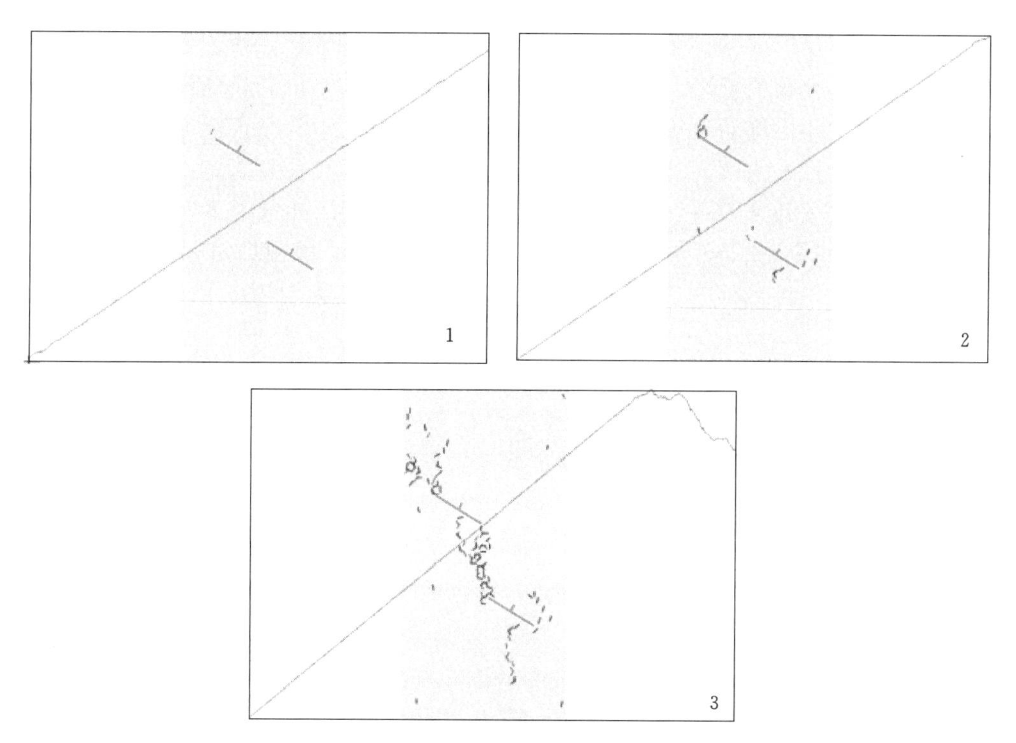

图 2-7 含两条裂纹的试样在压缩过程中裂纹扩展过程

好的洞段开挖后一般数小时至数天内即可出现浅层片帮，在随后的数周甚至数月内片帮深度不断发展，最终趋于稳定。片帮最终发展的深度取决于地应力特征和岩体强度。

以加拿大 URL 的花岗岩试验洞为例，刚开挖仅可以观察到薄纸一样的片帮，1 个月后片帮不断发展形成深度为 0.3m 的 V 形凹坑，5 个月后片帮深度最终稳定至 0.5m，即随后几年尚未观察到破裂继续发展（图 2-8）。

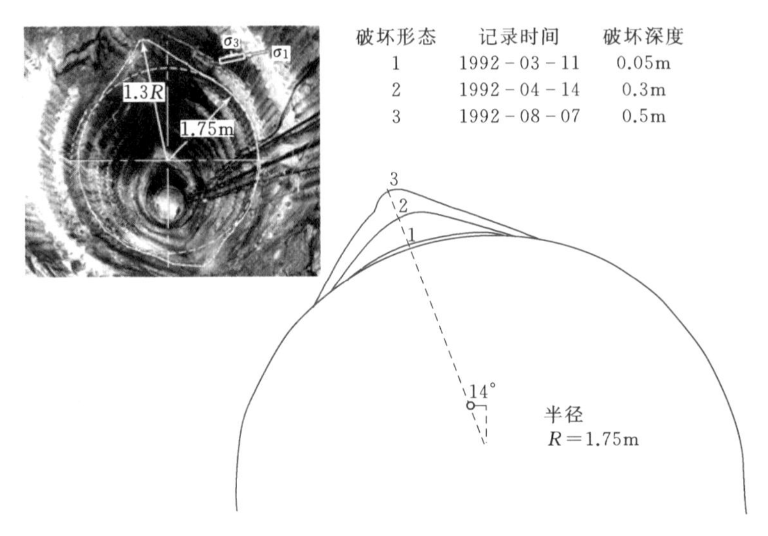

图 2-8 加拿大 URL 的 V 形破坏随时间发展的规律[78]

上述围岩破坏随时间推移而发展，涉及岩体强度的时间效应，换言之，岩体的短期强度和长期强度存在显著的差别。岩体强度的时间效应对小尺度的岩块同样成立，并且与传统的认识相一致，小尺度的岩块试验成果仍然是理解大尺度岩体长期强度的工作基础。以最简单的单轴压缩试验为例，常规试验方法的加载过程相对比较短暂，一般仅数分钟。因此得到的峰值强度实际上只是一个短期强度。对加拿大 URL 的 Lac du Bonnet 花岗岩来说，在单轴压缩过程中维持约 0.8UCS 的荷载，试样在数小时内即可形成宏观破坏。因此，可以认为单轴压缩条件下 Lac du Bonnet 花岗岩的长期强度为 0.8UCS，该数值也被称为裂纹非稳定扩展强度 σ_{cd}。从细观角度来看，在此应力水平上岩石内裂纹非常发育，裂纹尺寸与间距处于同一个数量级。

如何确定岩块在不同围压条件下的长期强度是一项具有挑战性的工作，Lau 和 Chandler（2004）提出了两种方法用于测定有围压条件下岩石的长期强度[78]。

图 2-9 是不同围压条件下 Lac du Bonnet 花岗岩强度随时间变化的试验曲线，横坐标

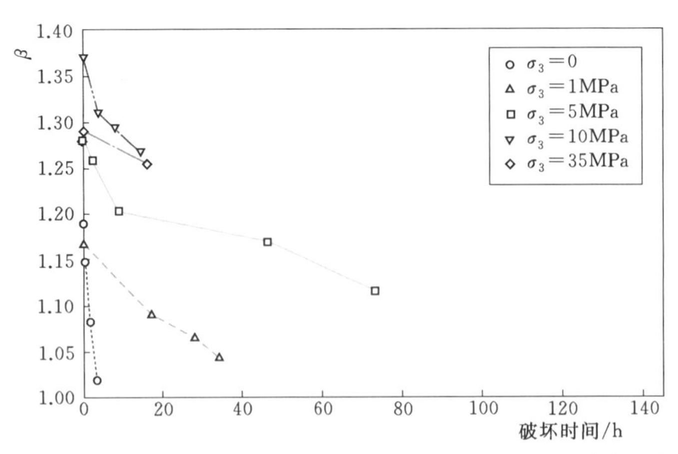

图 2-9 加拿大 URL 的 Lac du Bonnet 花岗岩强度随时间变化的试验曲线[78]

是时间，单位为小时，纵坐标 β 表示岩样破坏时的长期强度 σ_{cp} 与裂纹非稳定扩展强度 σ_{cd} 之间的比值，即 $\beta=\sigma_{cp}/\sigma_{cd}$，图中的点是岩块发生破坏时所对应的时间和 β。从图 2-9 中可以看到单轴状态下岩块的长期强度 σ_{cp} 与 σ_{cd} 非常接近，随着围压升高，β 增大，并且裂纹逐步扩展形成宏观破坏所需的时间增长：围压 1MPa 时需要接近 40 小时才能达到最终的宏观破坏；围压 5MPa 时所需的时间延长至 80 小时[78]。

长期强度测试对试验方法和时间资源的耗费都有较高的要求，以围压 5MPa 的测试成果为例，5 个试样共需要 140 小时的试验时间，可以推断随着轴向荷载的降低，岩块达到破坏将需要更长的持续时间，比如施加的轴向荷载设置为 σ_{cd}，可能需要 100 小时以上裂纹才会最终扩展形成宏观破坏。

图 2-10 的测试数据表明：不同围压下试样的长期强度均大于 σ_{cd}，并且试验持续时间越长，所测得的强度越接近 σ_{cd}。基于上面的试验结果，一些学者建议将 σ_{cd} 替代 Hoek-Brown 包络线中的峰值强度，从而获得岩体不同围压条件下长期强度的估计。

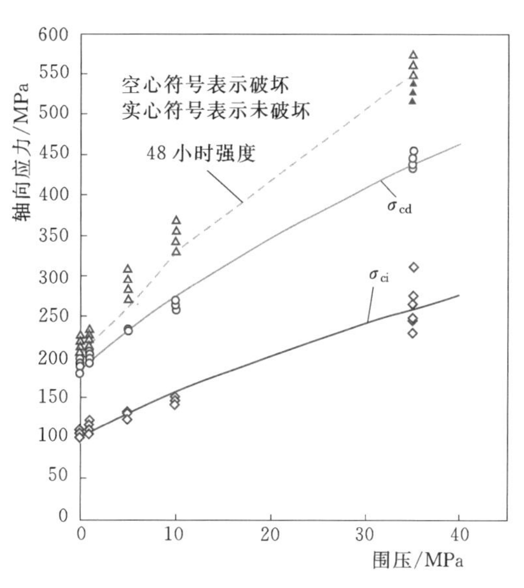

图 2-10 短期（48 小时）强度、长期强度、启裂强度三者之间的关系[78]

图 2-10 是 Lac du Bonnet 花岗岩启裂强度 σ_{ci}、长期强度 σ_{cd} 和 48 小时强度的包络线[78]，显然启裂强度最低，其次为长期强度，然后是 48 小时强度，常规的峰值强度要高于这三条包络线。因此，用 σ_{cd} 代入 Hoek-Brown 方程获得的强度包络线不会高估围岩的实际长期强度，如果需要更为精确的长期强度描述，那么还需要做大量的试验工作。

连续介质力学发展了一些经典的流变模型，比如 Burgers 模型、Kelvin 模型、西原模型等。这些模型可以描述岩石变形的时间效应，但无法描述裂纹扩展对岩石强度的时间效应。Potyondy 基于 PFC 软件开发了 PSC（parallel-bonded stress corrosion）模型，用于描述裂纹扩展对岩石强度的时间效应[79]。图 2-11 是用 PSC 标定室内试验成果的曲线，横坐标是长期强度与峰值强度的比值 σ_{cd}/σ_c，纵坐标是破坏时间 T 的对数，图中的散点是试验数据，曲线是数值模拟的结果，可以看到 PSC 可以较为准确地反映岩块强度随着时间的推移而不断降低的过程。

2.2.4 残余强度

深埋地下工程的洞周浅表层岩体一般都会发生不同形式的高应力破坏，从岩石强度角度来理解，就是这部分围岩在应力调整过程中发生屈服破坏，不同程度地进入到峰后阶段甚至残余强度阶段。因此，高应力条件下岩石力学研究的一个重要任务是确定岩石屈服破坏后的力学行为。

岩块尺度的残余强度可以通过试样在不同围压下的三轴试验数据拟合得到，图 2-12

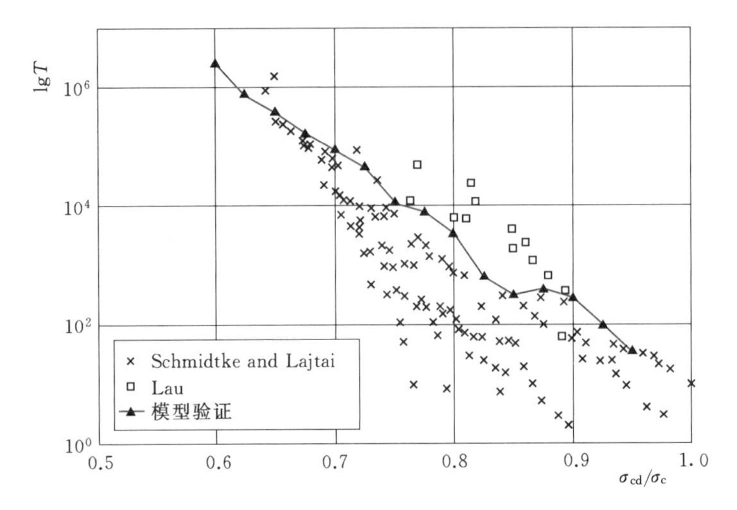

图 2-11 PSC 模型对强度-时间效应的描述和验证[79]

即是通过锦屏白山组大理岩的室内常规三轴试验拟合的峰值强度和残余强度包络线。图中右侧是部分白山组大理岩在不同围压下的应力-应变曲线（这里仅取围压 4MPa、30MPa 和 50MPa 作为示例），将峰值点的围压和峰值强度在主应力平面上表达即可获得左图中的红色散点，同样的方法可以获得蓝色表达的残余强度散点。

Mohr-Coulomb（MC）强度方程可以表达为

$$\sigma_1=\frac{1+\sin\varphi}{1-\sin\varphi}\sigma_3+\frac{2C\cos\varphi}{1-\sin\varphi} \tag{2-1}$$

式中：σ_1 和 σ_3 分别为最大主应力和最小主应力；φ 为内摩擦角；C 为黏聚力。

在主应力平面上，Mohr-Coulomb 强度方程是一种线性关系，采用这种线性关系拟合峰值强度和残余强度散点可以获得峰值内摩擦角、峰值黏聚力以及残余摩擦角和残余黏聚力。

Mohr-Coulomb 强度方程式中$\frac{1+\sin\varphi}{1-\sin\varphi}$代表了线段的斜率，内摩擦角 φ 越大，线段的斜率也越大；$\frac{2C\cos\varphi}{1-\sin\varphi}$代表线段在纵坐标上的截距，黏聚力 C 越大，线段的截距也越大。从锦屏白山组大理岩的试验成果可见，岩块到达残余强度后，内摩擦角增大而黏聚力减小。

图 2-12 中试验散点也可以用 Hoek-Brown 强度方程进行拟合，在主应力平面上 Hoek-Brown 强度包络线是非线性的曲线。

$$\sigma_1=\sigma_3+\sigma_c\left(m_b\frac{\sigma_3}{\sigma_c}+s\right)^a \tag{2-2}$$

式中：σ_c为岩块单轴抗压强度；m_b、s 和 a 为岩体参数，s 一般取 0.5，m_b 和 s 是根据岩体质量（GSI 评分）折减得到，对于完整岩石（即 GSI=100 的情形），$m_b=m_i$，$s=1$。

现有试验成果揭示出岩块和岩体的强度包络线并非严格意义的直线，而是曲线。针对 Mohr-Coulomb 线性方程无法描述岩体强度包络线的非线性问题，Hoek 于 20 世纪 80 年代提出了 Hoek-Brown 强度方程，并在随后的 20 多年中不断完善，解决了黏聚力和内摩

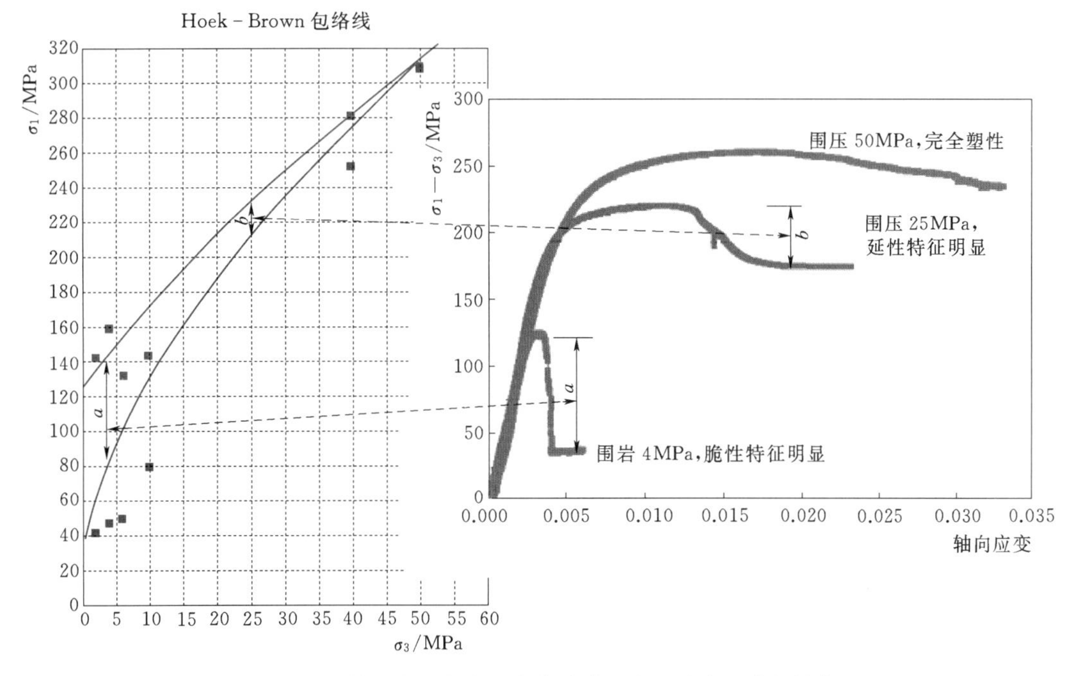

图 2－12 锦屏白山组大理岩的峰值强度和残余强度包络线

擦角随围压变化的描述[80]。

加拿大 URL 对 Lac du Bonnet 花岗岩的强度特征开展了深入细致的研究工作，作为重要研究成果之一，Hajiabdolmajid 等提出了峰后岩体参数变化的 CWFS 模型[81]。该模型从深埋脆性岩体的破坏机理出发，描述岩体破坏过程中力学参数的演化规律：硬岩屈服后，黏聚力减小，而内摩擦角增大。CWFS 模型是基于 Mohr－Coulomb 强度的峰后力学特性描述，由于对深埋地下工程，Hoek－Brown 强度有更好的适应性。因此，基于硬脆性岩石破坏机理及峰后力学性质变化规律的认识，一些学者提出了基于 Hoek－Brown 强度的峰后岩石力学参数描述方法，即 DISL（Damage Initiation Spalling Limit）模型。CWFS 模型和 DISL 模型的岩体参数取值都可以再现 URL 的 V 形脆性破坏。

2.3 特征强度的确定方法

2.3.1 特征强度的力学意义

根据不同应力水平下岩石内部裂纹的压密、扩展、连接和贯通的不同状态，岩石的应力-应变曲线一般可以分为四个阶段：Ⅰ—裂纹闭合阶段；Ⅱ—弹性阶段；Ⅲ—裂纹稳定扩展阶段；Ⅳ—裂纹非稳定扩展阶段，如图 2－13 所示。

（1）裂纹闭合阶段：岩石的应力-应变曲线呈现上凹，其斜率逐渐增大，岩样的刚度逐渐增加，这主要是由于在外载荷作用下，岩样内部裂隙、裂纹、孔洞等初始缺陷闭合的

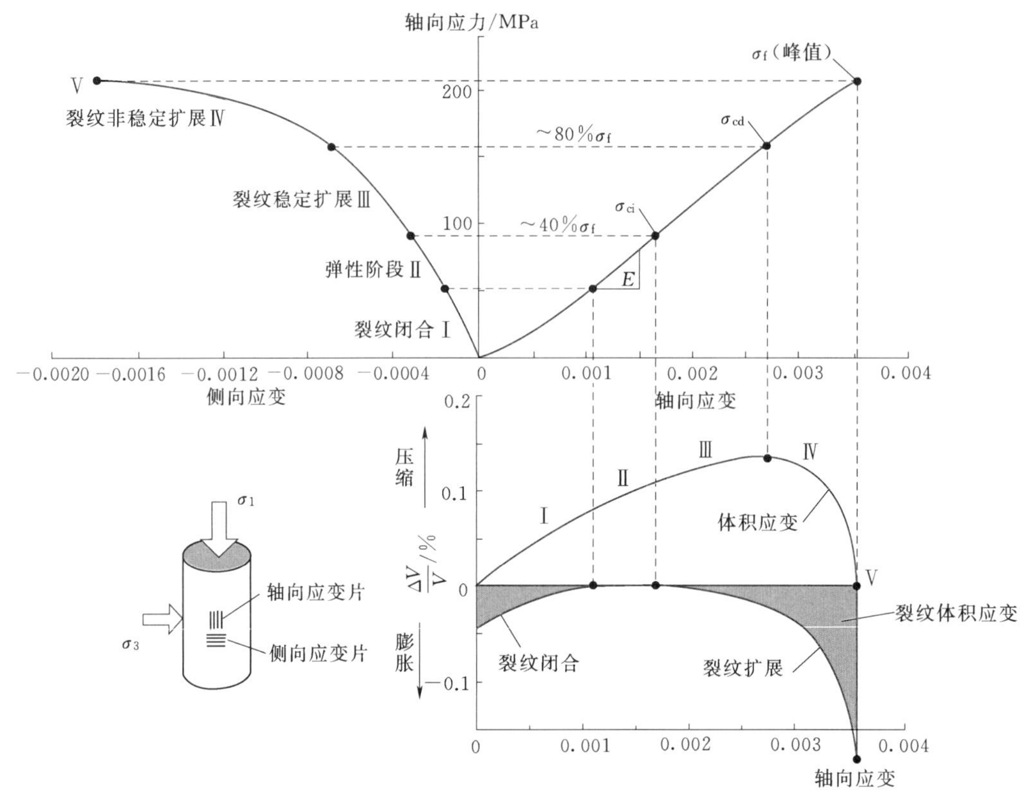

图 2-13 花岗岩单轴压缩过程中各阶段的划分示意图

缘故，因而岩样初期加载出现非线性变形。

(2) 弹性阶段：轴向应力和轴向应变的关系近似呈线性关系，变形主要为弹性变形，但也包含有少量不可恢复的塑性变形，应力应变关系近似服从虎克定律。在这一阶段，裂隙面闭合后相互间的摩擦力抑制了相互错动，从而使得变形主要为弹性。本阶段横向应变随着轴向应变的增大近似呈抛物线形增加。

(3) 裂纹稳定扩展阶段：应力-应变曲线开始偏离上一阶段的直线段，但仍然可以视为直线。随着载荷的增加，岩样内部也产生较多微细观裂隙，在这些微细观裂隙两端会产生应力集中，并由此而产生新的微细观裂隙或裂隙进一步扩展；当应力保持不变时，微裂纹停止发展。由于出现了微破裂，岩石体积压缩速率减缓，而轴向应变速率和侧向应变速率均有所提高。在这一阶段开始出现扩容现象。

(4) 裂纹非稳定扩展阶段：轴向应变曲线斜率逐渐变缓，裂隙由随机分布逐渐向宏观裂纹过渡。在此阶段内，微裂纹的发展出现了质的变化，由于破裂过程中所造成的应力集中现象显著，即使施加的应力保持不变，微裂纹仍会不断累积发展。通常某些最薄弱环节首先破坏，应力重分布的结果又引起次薄弱环节破坏，如此进行下去，直到发生整体破坏。在岩样非线性变形的过程中发生了裂隙面之间的滑移，从而使得横向应变的变化速率明显高于轴向应变。这一阶段由于裂纹的密集、扩展和会合，岩样发生塑性变形，若承载断面上材料强度差异较大，则应力峰值附近的变形也将较为显著；若承载断面上材料强度差异不大，则应力峰值附近应该成为一个尖点。此阶段，岩样体积膨胀，轴向应变速率和侧向应变速率均加速增大。轴向应力与轴向应变曲线呈非线性关系，但横向应变与轴向应变却大致呈线性关系。

(5) 峰后破坏阶段：岩石内部的微破裂面发展为贯通性破坏面，岩体强度迅速减弱。岩样应力-应变曲线的斜率为负值。此时，由于宏观裂纹带的形成，岩石的承载骨架总体已经破坏，岩样主要依靠裂隙面之间的摩擦力来承载，而且内部能够承载的有效面积也随着裂纹的扩展而逐渐减小，因而其承载能力越来越低。

在岩石变形破坏演化的不同阶段，岩石内部微破裂发育尺度、密集程度和发展方式不同，且这种内部结构的发展演化具有一定的规律性，其与岩石强度具有对应性，因此，岩石特征强度与岩石变形破坏过程密切相关，是岩石的重要强度特性。

岩石的特征强度包括闭合强度 σ_{cc}、启裂强度 σ_{ci}、损伤强度 σ_{cd} 和峰值强度 σ_f。其中，闭合强度是试验过程中岩样原生裂隙或取样损伤产生裂隙在较低应力水平下闭合的行为，峰值强度是一个岩石力学基本强度，故本书只重点讨论启裂强度和损伤强度的试验及确定方法。

较多文献介绍了三轴压缩过程中各特征强度的确定方法，原则上仅仅通过应力、轴向应变、侧向应变数据即可以完全确定 σ_{ci} 和 σ_{cd}，但受试验成果离散性的影响，这些方法不一定总能取得令人满意的效果。

结晶岩的基本力学特性实际上取决于岩石受力时内部裂纹的发展状况，显然，轴向应力及声发射事件数、轴向应力及横向应变对岩石压缩过程中破裂发展状态更敏感，更具指示意义。也就是说，如果需要了解大理岩是否发生破裂以及破裂对岩石基本力学特性的影响，需要在试验过程中增加横向应变和声发射的测试。

图 2-14 表示了结晶岩压缩试验过程中轴向应力（纵坐标）与轴向应变（横坐标正向方向）和横向应变（横坐标负向方向）之间的关系，其中最右侧的曲线表示压缩过程中声发射累计事件数。即右侧的应力-轴向应变和左侧的应力-横向应变关系曲线。岩样中一个破裂的产生对应一个声发射事件，因此，声发射累计事件数表示了岩石试样在压缩过程中累积破裂数。试验结果显示，岩样的应力-应变关系曲线与岩石受压过程的破裂特性密切相关。

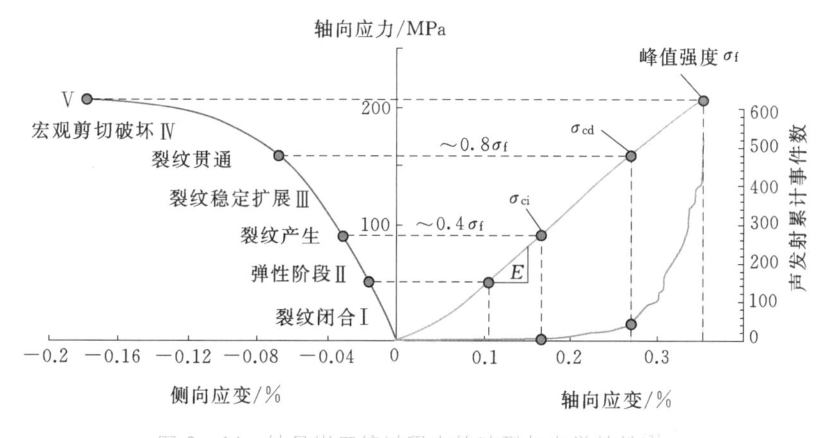

图 2-14 结晶岩压缩过程中的破裂与力学特性[3]

由此可见，利用声发射结合应力-应变曲线来研究岩石破裂特征与特征强度之间的对应关系，是建立岩石特征强度确定方法的可行途径。

2.3.2 启裂强度的确定方法

许多学者开展了广泛的脆性岩石破坏的室内试验，证明了采样频率在200～2000kHz之间的声发射测试对于捕捉岩石破坏的特征点非常敏感也非常有效[82-85]。这是因为声发射事件发生率和岩石非弹性应变之间具有良好的对应关系，因此，声发射监测可以捕捉岩样中裂纹的启裂和扩展，如图2-14所示。

图2-15给出了深埋花岗闪长岩在单轴压缩过程中的声发射数据，岩样取自加拿大URL位于420m埋深处的隧洞。岩块微裂纹开始发生扩展时的阈值 σ_{ci} 以及非稳定扩展时的阈值 σ_{cd} 都对应声发射次数的陡增，比较容易从图上得到确认。

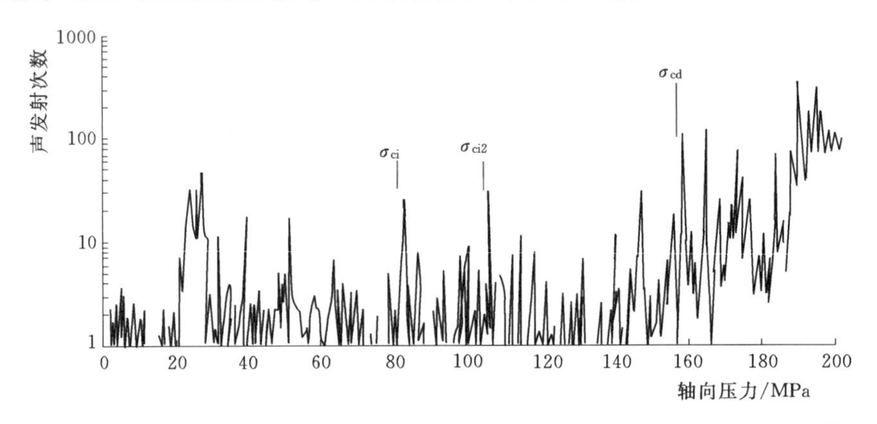

图2-15 420m深度的URL花岗闪长岩在单轴压缩过程中的声发射试验成果[4]

另外，根据裂纹的体积密度也可以确定 σ_{ci}，该方法由Martin（1993）提出，在加拿大URL花岗闪长岩的研究中进行了应用。在单轴压缩过程中，微裂纹体积经历3个阶段[4]：

（1）单位裂纹体积减小，对应微裂纹被压密的阶段。

（2）单位裂纹体积保持不变，对应着微裂纹被压密但裂纹还未发生扩展的阶段。

（3）单位裂纹体积增大，对应着微裂纹开始扩展的阶段。

裂纹体积应变 ε_{V_crack} 作为裂纹体积变化的度量可以用来确定 σ_{ci}，具体实施过程中假定岩块基质的压缩是弹性的，在给定轴向压力下，基质的体积应变可根据基质的弹性模量和泊松比求出。裂纹的体积应变等于岩块的总体积应变减去基质体积应变，总体积应变 ε_V 由MTS试验测出的轴向应变 ε_{axial} 和侧向应变 $\varepsilon_{lateral}$ 求出，具体计算公式如下：

$$\varepsilon_{V\_crack}=\varepsilon_V-\varepsilon_{V\_elastic}=(\varepsilon_{axial}+2\varepsilon_{lateral})-\frac{1-2\nu}{E}\sigma_{axial} \tag{2-3}$$

2.3.3 损伤强度的确定方法

损伤强度 σ_{cd} 是微裂纹发生非稳定扩展的阈值，对应着体积应变曲线上的拐点，如图2-16所示，从拐点开始岩块的体积由压缩变形转为体积膨胀，也就是扩容。

另外，上面提到的声发射监测也是确定损伤强度 σ_{cd} 的有效方法之一。试验中可通过体积应变曲线结合声发射试验数据确定σ_{cd}，两者互为参考，可以提高精度和可信度。

图 2－16 给出了岩样单轴压缩试验过程中各个阶段所对应的裂纹启裂及扩展过程的示意图。

根据图 2－17，岩样破裂后，内部结构发生改变，裂隙的存在势必影响声波的传播，因此，在岩样加载过程中开展声波测试，也是一种捕捉岩样损伤强度σ_{cd}的方法。

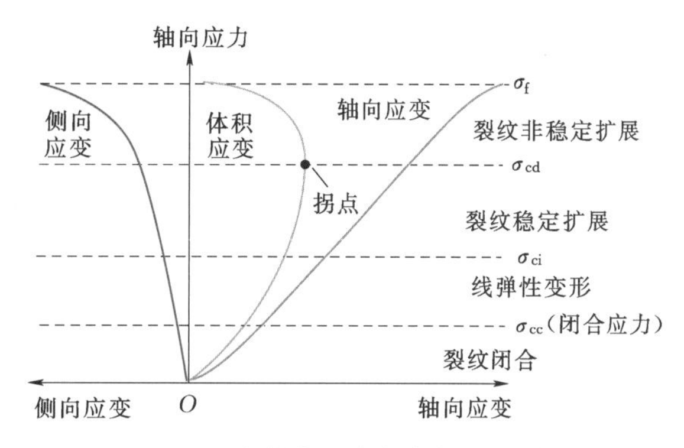

图 2－16 根据体积应变确定σ_{cd}示意图

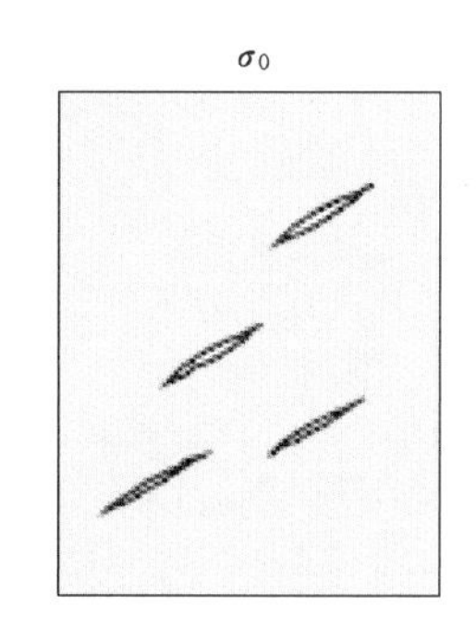

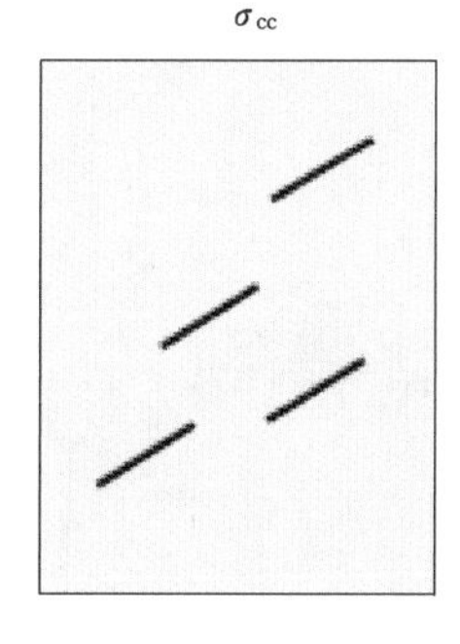

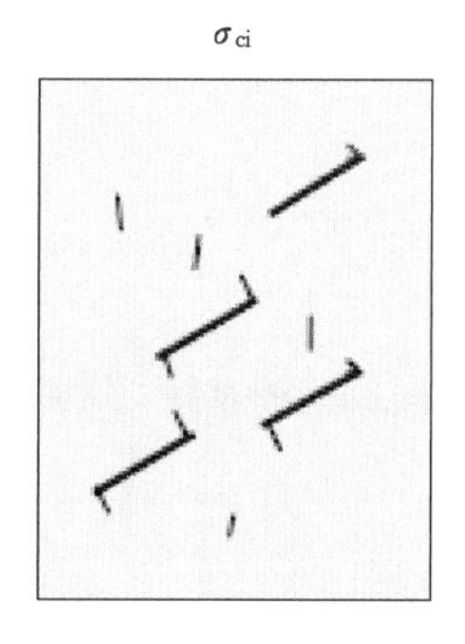

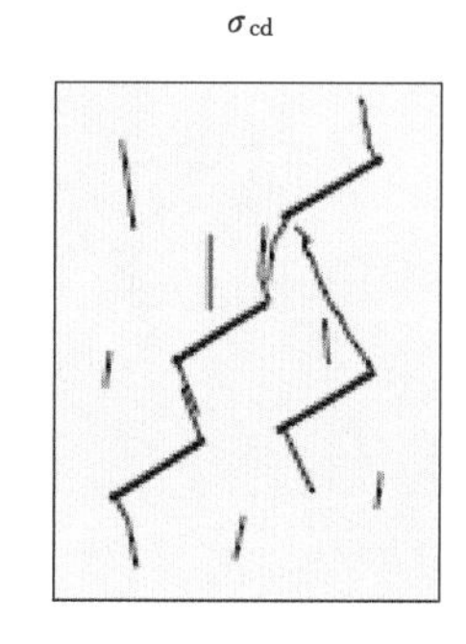

图 2－17 岩样单轴压缩过程中裂纹情况

除了上面介绍的方法外，通过体积应变曲线也可以确定损伤强度。通过体积应变曲线可以计算岩石的体积应变刚度，根据体积应变刚度的变化曲线可以将岩石的脆性破坏过程划分为裂纹闭合、线弹性、裂纹稳定扩展和非稳定扩展四个阶段。四个阶段可以通过以下方法区分：裂纹闭合阶段体积应变刚度具有一定波动性，裂纹闭合阶段和线弹性阶段以体积应变刚度曲线斜率出现小的变化作为分界点，线弹性阶段体积应变刚度曲线呈非常好的线性，之后的裂纹稳定扩展阶段的体积应变刚度曲线不规则、出现很大波动，体积应变刚度为 0 的位置即裂纹非稳定扩展的起始点，即损伤强度。

通过 Eberhardt 建议的方法[86]，选取花岗岩为研究对象，做出其体积应变刚度曲线，如图 2－18 所示。由于整个加载过程中采集的数据较多（1000 多个），分图（a）为每隔 10 个点、分图（b）为每隔 5 个点取一个体积应变和对应的轴向应力计算的体积应变刚度曲线。比较分图（a）和（b）可知，不同的取值间隔对体积应变刚度曲线的形态影响较大：取值间隔越大，曲线的波动性越小；取值间隔越小，曲线波动性越大。不同的曲线形态对启裂强度和损伤强度的取值具有较大的影响。由曲线波动较小的分图（a）可知，仅通过曲线很难区分花岗岩的启裂强度，因为区分不同阶段的特征并不明显，根据体积应变刚度的定义，其取 0 的位置也就是体积应变曲线拐点位置，因此通过裂纹应变模型法提出的以体积应变曲线拐点处的应力值作为损伤强度更简单、更方便。

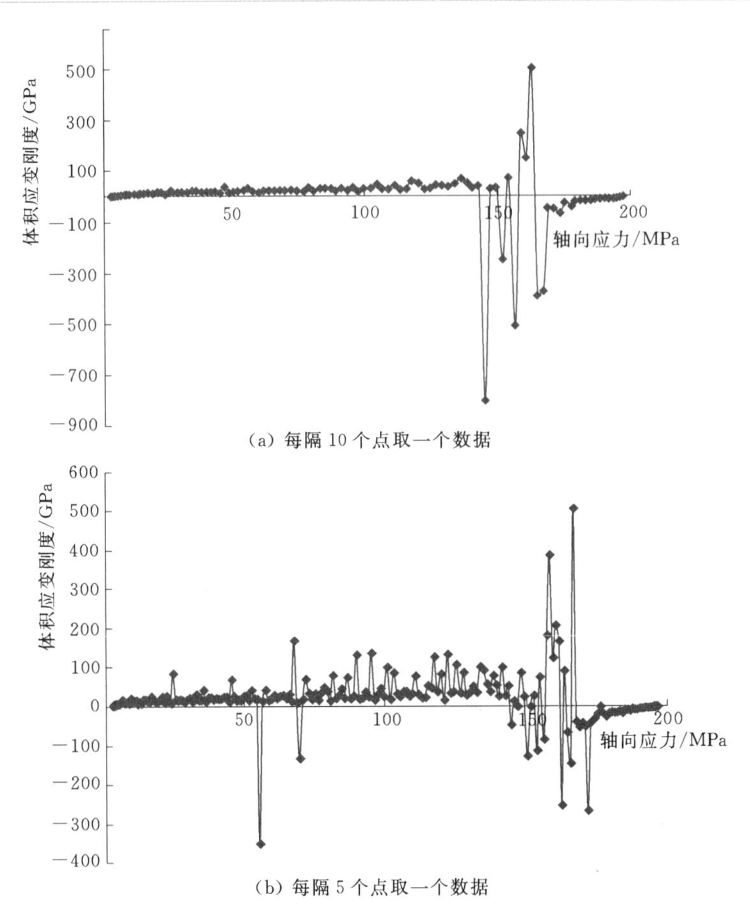

图2-18 花岗岩体积应变刚度随轴向应力的变化曲线图

2.4 深埋岩石无损取样方法

岩石在现场钻孔取芯过程中会发生损伤是岩石力学领域普遍认可的结论，利用岩石损伤记忆特性进行地应力分析即是建立在这一认识基础上的。利用损伤试样进行强度试验，得到的结果将无法代表现场岩石的强度特性，由此将带来围岩稳定性评价上的一系列偏差问题。在开展深埋岩石特征强度试验之前，本节介绍一种新的深部岩石无损取样方法，该方法的核心理念即为应力有效解除。

首先，由于大理岩强度相对于岩浆岩较低，而初始条件下所处的地应力水平则相对更高一些，取样过程可能导致岩石损伤，这就要求在取样和试验环节均进行相应的改进，尽可能获得原状条件下的岩石样本。其次，是在整个室内试验过程中需要对岩样损伤情况进行检测，希望能够获得现实中岩石的实际强度，为设计工作提供可靠的信息资料。

由此可见，如何获得深埋原状岩样成为需要解决的一个现实问题，解决这一问题的途径有以下几种：

（1）二次套钻采样技术。计算结果揭示的岩芯损伤是从表面向核部发展，因此，在埋深相对不大的情况下，采用大口径的钻孔获得岩芯以后再进行二次套钻可望避免深埋钻进导致的损伤。

（2）用浅埋样代替深埋样。这种方法要求浅埋样与深埋样至少处于同一地层的相同岩性段，但现实中可能仍然存在缺乏足够可比性的问题，即浅埋样试验结果能否反映深埋原状岩石的力学特性问题。

（3）无损取样技术。这是针对锦屏深埋隧洞现实条件和要求提出的专项技术，这里仅介绍这一方法的技术细节。

在上述三种方法中，前两者都有一定的局限性，套钻适合于钻进过程中岩芯损伤相对不严重的情形，否则对钻进要求过高而难于实施，而第二种方法显得有些间接，并不是真实的深埋岩样。

第三种方法的力学原理与套钻相同，即解除被采样区岩体的应力，但这种解除过程是可控的和逐渐的，从力学原理来讲，就是通过控制被采样区岩体应力解除过程或应力路径的方式，控制屈服区的范围，最终达到维持岩石完整性的目的，类似于在工程中通过改变开挖方式来维持围岩稳定。

图 2-19 表示了无损取样技术现场应用的实施布置，即在被采样区周边布置若干钻孔，然后对周边孔按一定顺序逐一造孔，在钻孔过程中达到控制被采样区岩体应力变化路径的方式，避免出现岩芯损伤破坏，从而实现无损取样。

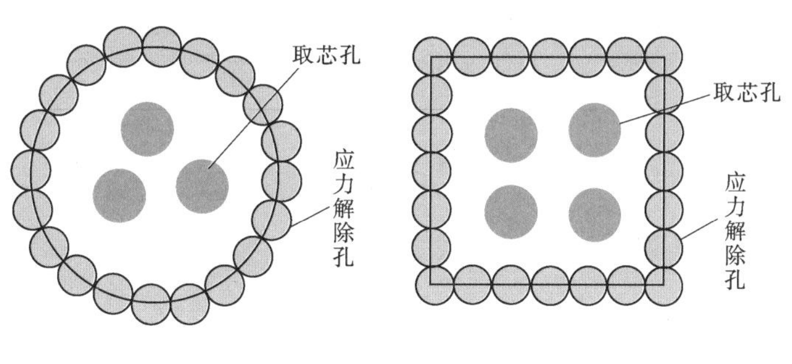

图 2-19 深埋条件下岩石无损取样方法实施布置示意图

在实际实施过程中，为尽量减少周边孔数量，可以对解除孔布置方式、数目、和孔径等进行优化。

锦屏引水隧洞中最终采用的应力解除孔布置方案如图 2-20 所示。应力解除孔（Y孔）14 个，孔径 110mm，孔深 11m，呈圆形布置（半径 50cm），孔中心间距 22.3cm，相邻两孔间岩壁厚 11.3cm。取芯孔 5 个，孔径也为 110mm（经与试验方沟通，需要采用直径为 90mm 的岩样，故做此改变），其中中心孔（E 孔）深 19m，5～15m 深段取无损岩样；其余 4 个取芯孔（A～D 孔）布置在以 E 孔中心为圆心、半径为 20cm 的圆周上，孔深 15m，取芯段深度为 5～15m。

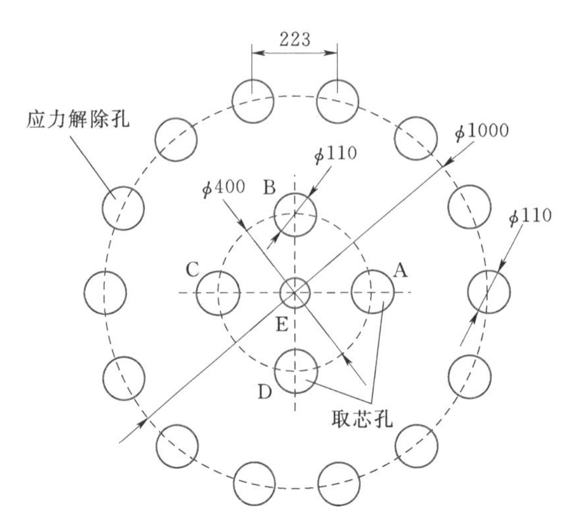

图 2-20 应力解除钻孔平面布置图（单位：mm）

2.5 深埋岩石特征强度试验

本节选取典型硬岩作为研究对象，通过单轴压缩获得岩石破坏全过程的应力-应变（轴向应变、侧向应变）曲线，通过声发射获得从开始加载到岩石发生宏观破坏的声发射撞击率、能量率，门槛值设定为45dB。声发射参数中，超过门槛值并使某一通道获取数据的任何信号称之为一个撞击，撞击率则是单位时间声发射探头接收到的撞击个数。每个声发射信号的能量是指信号的波形图与时间轴围成图形的面积，是一个相对概念。能量率则是单位时间内发出的能量。

2.5.1 大理岩变形破坏特征

图 2-21 为锦屏盐塘组大理岩的典型应力-应变曲线，由图可见：

第一阶段，即裂纹闭合阶段，在应力作用下，岩样中的裂纹闭合，在大理岩中出现声发射活动，即第一个声发射活跃期，此时轴向变形转为非线性，而侧向变形保持线性，岩石处于体积压缩状态，即裂纹体积应变不断减小。

第二阶段，即线弹性阶段，岩样在闭合应力作用下初始裂缝完成闭合，没有新的裂纹产生，没有或者仅有极少的声发射活动，是处于裂纹启裂前的平静期，此时轴向变形为线性，侧向变形为线性，岩石仍处于压缩状态，裂纹体积应变减小到零，并保持到第三阶段开始。

第三阶段，即裂纹稳定扩展阶段，该阶段涉及的一个关键问题就是裂纹的启裂和扩展问题。在这一阶段，岩石内部的裂纹是稳定扩展的，也就是说应力不持续增加，裂纹就不会扩展，岩石也不会因此出现破坏，导致强度降低。但岩石裂纹的启裂应力 σ_{ci} 并不容易获得。鉴于此，Martin 在研究 Lac du Bonnet 花岗岩时，提出利用图 2-15 结合声发射的方法来确定，获得花岗岩的启裂应力是 $\sigma_{ci}=0.4\sigma_f$。同样的，本次试验也借助上述的方法，

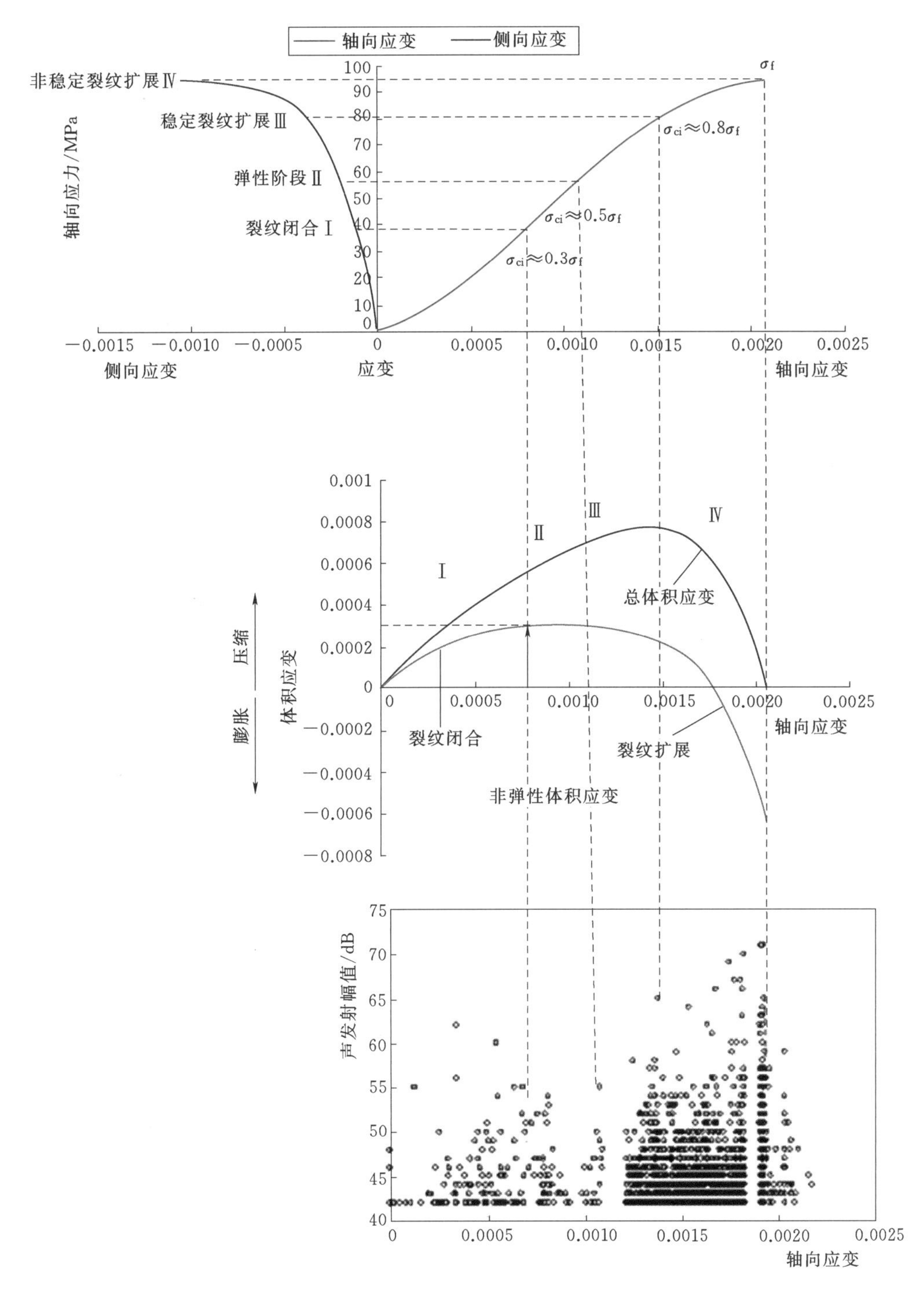

图 2-21 锦屏盐塘组大理岩的典型应力-应变曲线

确定的 $\sigma_{ci}=0.5\sigma_f$。在这一阶段，当应力持续增加超过启裂应力 σ_{ci}时，就意味着第一平静期的结束和第二个声发射活跃期的开始。此时轴向变形为线性，侧向变形为非线性，岩石开始出现扩容，即裂纹体积应变开始增加。这也意味着裂纹启裂应力 σ_{ci}同时为岩石扩容的起始应力。

第四阶段，即裂纹非稳定扩展阶段。在这一阶段，当应力持续增加、超过裂纹失稳扩展应力 σ_{cd}时，岩石中的裂缝相互贯通，开始出现不可逆变形，岩石的声发射减弱或者消失，出现破坏前的第二平静期，此时轴向变形为非线性，应变呈现硬化，侧向变形也为非线性，岩石出现显著的扩容，裂纹非稳定扩展应力也就是体积应变的拐点，裂纹体积应变加速增加。非稳定扩展应力 σ_{cd}标志着裂纹的非稳定扩展和不可逆变形的形成。当应力超过 σ_{cd}后，即使在恒定的荷载作用下，岩石也会在一定的时间后发生破坏，所以非稳定扩展应力 σ_{cd}也被视为岩石的长期强度。Martin 获得 Lac du Bonnet 花岗岩的非稳定扩展应力 $\sigma_{cd}=0.8\sigma_f$，和本次试验测得的结果相差不大。

第五阶段，即峰后破坏阶段，此时应力到达峰值强度并开始降低，轴向变形向下弯曲并呈非线性发展，岩石依旧处于扩容状态，宏观裂缝导致岩石断裂破坏或者承载力降低，出现声发射活动峰值，岩石破坏。

从上述分析中可以看出，裂纹启裂应力即启裂强度 σ_{ci}、非稳定扩展应力即损伤强度 σ_{cd}以及峰值强度 σ_f 这三个特征强度在研究岩石内部裂纹扩展规律中具有重要作用。

2.5.2 损伤对岩石强度的影响

采用本章 2.3 节介绍的无损取样方法，本研究分别采用无损和常规方法获得直径为 90mm 的岩芯，加工成直径（ϕ50mm、ϕ70mm、ϕ90mm）的岩石试样开展单轴压缩试验，并配合开展了声波和声发射监测，得到的试验结果如表 2-1～表 2-3 和图 2-22～图 2-24 所示。采用 2.4.2 小节和 2.4.3 小节介绍的方法确定了裂纹体积应变拐点和岩样体积应变拐点。

由表 2-3 可见，各个直径岩样中无损取样的单轴强度均要稍微大于常规取样的平均单轴强度，而且标准样和 ϕ70mm 岩样相差较为明显，而 ϕ90mm 岩样则相差不大，这意味着岩样的取样损伤大部分发生在岩样的外圈。

Martin 对直径为 33～300mm 的 53 个花岗岩试件的应力-应变曲线进行了分析研究（图 2-25）[3]，认为除峰值强度具有明显的尺寸效应外，其他两个特征应力参数（即启

表 2-1　　单轴压缩试验结果

岩样尺寸（直径）/mm	岩样编号	σ_f /MPa	σ_{ci}/σ_f		σ_{cd}/σ_f		
			裂纹体积应变拐点	声发射测试	岩样体积应变拐点	声波测试	声发射测试
50	D25-2	95.2	0.47	0.26	0.81	0.89	0.79
50	D28	107.6	0.42	0.22	0.89	0.9	0.84
50	D30	96.5	0.47	0.31	0.7	0.85	0.81
50	D31	95.8	0.42	0.46	0.86	0.86	0.79
50	D35	96.9	0.44	0.36	0.85	0.83	0.88
50	Y3-2	96.3	0.54	0.42	0.91	0.85	0.83
50	Y4-2	95.4	0.52	0.35	0.82	0.86	0.71

续表

岩样尺寸(直径)/mm	岩样编号	σ_f /MPa	σ_{ci}/σ_f		σ_{cd}/σ_f		
			裂纹体积应变拐点	声发射测试	岩样体积应变拐点	声波测试	声发射测试
70	C4	90.9	0.77	0.33	0.83	0.88	0.73
70	C26	92.9	0.48	0.43	0.83	0.91	0.8
70	C27	79.7	0.5	0.45	0.91	0.94	0.9
70	Y8-3-1	57.8	0.61	0.48	0.74	0.9	0.87
70	Y8-3-2	96.6	0.52	0.43	0.83	0.78	0.88
70	Y9-2-2	91.9	0.54	0.46	0.86	0.86	0.78
90	C27d	92.6	0.59	0.47	0.96	0.81	0.83
90	C4d	70.29	0.46	0.53	0.93	0.9	0.91
90	Y7-3-1	65.37	0.46	0.58	0.97	0.92	0.92
90	Y7-3-2	96.89	0.41	0.41	0.89	0.75	0.72

注 1. 表中 σ_f 代表单轴抗压强度，σ_{ci} 代表启裂强度，σ_{cd} 代表损伤强度。

2. 表中 Y 代表有损样，C、D 代表无损样钻孔标号。

表 2-2 特征应力平均值

岩样尺寸(直径)/mm	类型	σ_f /MPa	σ_{ci}/MPa		σ_{cd}/MPa		
			裂纹体积应变拐点	声发射测试	岩样体积应变拐点	声波测试	声发射测试
ϕ50	无损样	98.40	43.3	31.5	80.7	85.6	80.7
	有损样	95.85	50.8	36.4	83.4	82.4	73.8
ϕ70	无损样	87.83	51.8	35.1	75.5	79.9	71.1
	有损样	82.10	46	37.8	66.5	69.8	69
ϕ90	无损样	81.45	42.4	43.2	76.6	69.2	70.9
	有损样	81.13	35.7	40.6	75.5	68.1	66.5

表 2-3 特征应力与单轴强度比值的平均值

岩样尺寸(直径)/mm	类型	σ_f /MPa	σ_{ci}/σ_f		σ_{cd}/σ_f		
			裂纹体积应变拐点	声发射测试	岩样体积应变拐点	声波测试	声发射测试
ϕ50	无损样	98.40	0.44	0.32	0.82	0.87	0.82
	有损样	95.85	0.53	0.38	0.87	0.86	0.77
ϕ70	无损样	87.83	0.59	0.40	0.86	0.91	0.81
	有损样	82.10	0.56	0.46	0.81	0.85	0.84
ϕ90	无损样	81.45	0.52	0.53	0.94	0.85	0.87
	有损样	81.13	0.44	0.50	0.93	0.84	0.82

裂强度和损伤强度）均不受尺寸效应的影响。在本次试验中，不同尺寸岩样的特征应力也并没有表现出随尺寸变化的规律。但无损取样的特征应力要低于有损取样的相应值，而标准样的差别最小，说明标准样受到取样损伤影响较小。

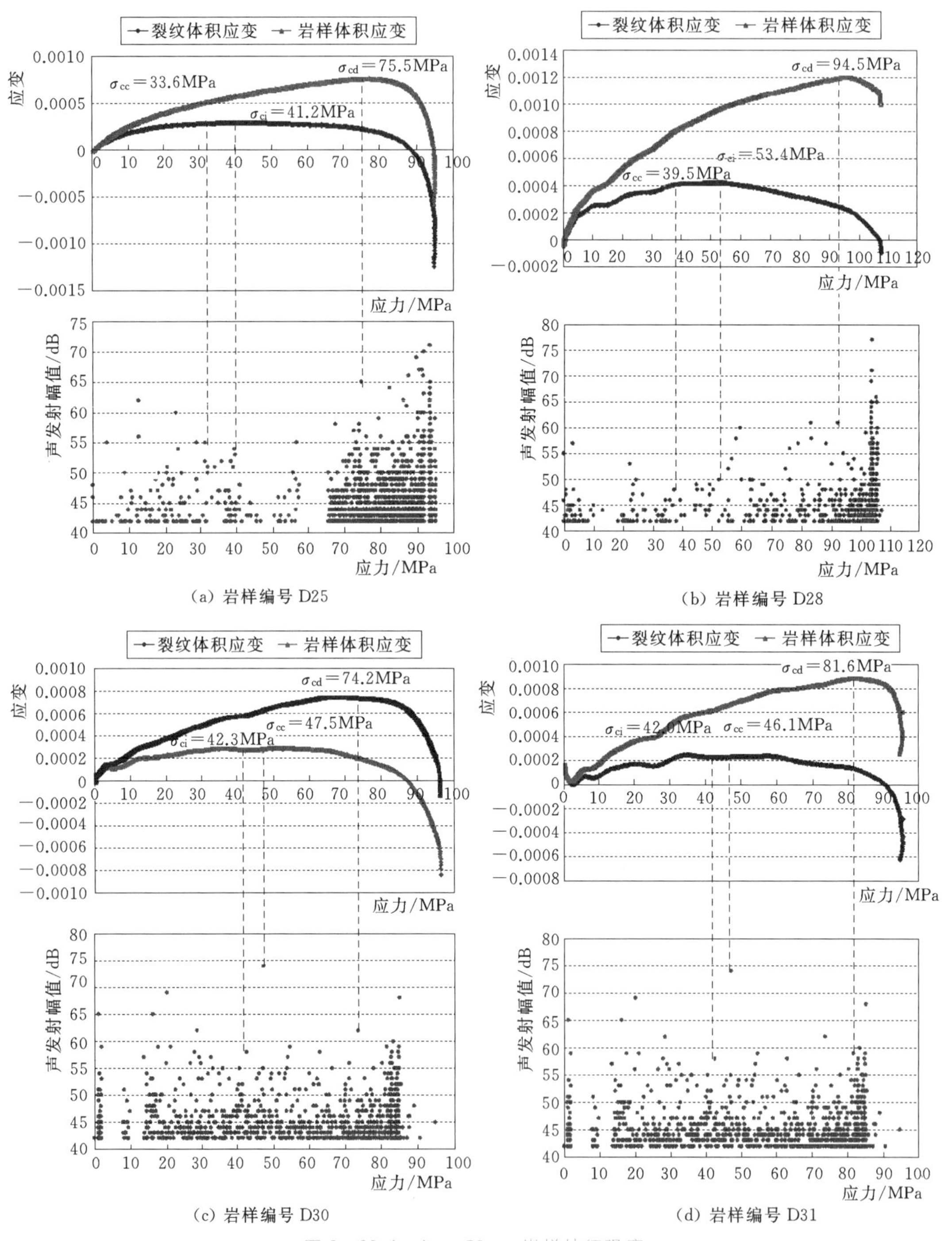

(a) 岩样编号 D25

(b) 岩样编号 D28

(c) 岩样编号 D30

(d) 岩样编号 D31

图 2-22（一） φ50mm 岩样特征强度

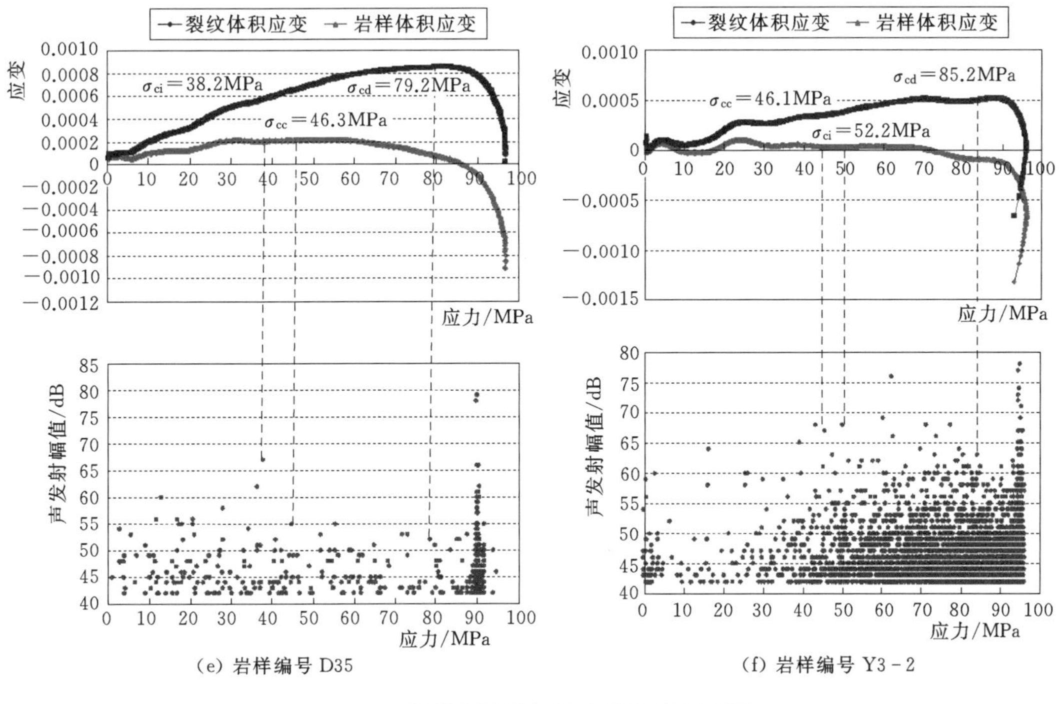

(e) 岩样编号 D35

(f) 岩样编号 Y3-2

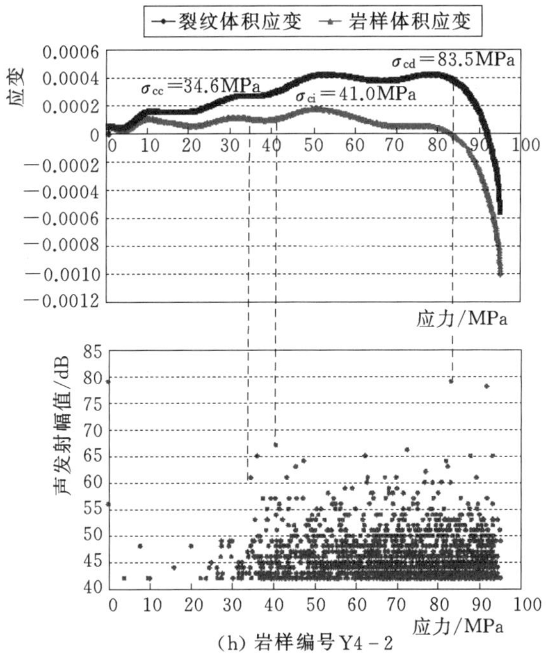

(h) 岩样编号 Y4-2

图 2-22（二） ϕ50mm 岩样特征强度

从图 2-23 可以看到，对于标准岩样，无损取样的启裂强度与峰值强度的比值比常规取样值要低，而 ϕ70mm 和 ϕ90mm 两种规格的岩样却没有明显的规律，但总体上其值都大于标准样的启裂强度与峰值强度的比值。由于标准岩样和 ϕ70mm 都是 ϕ90mm 通过套

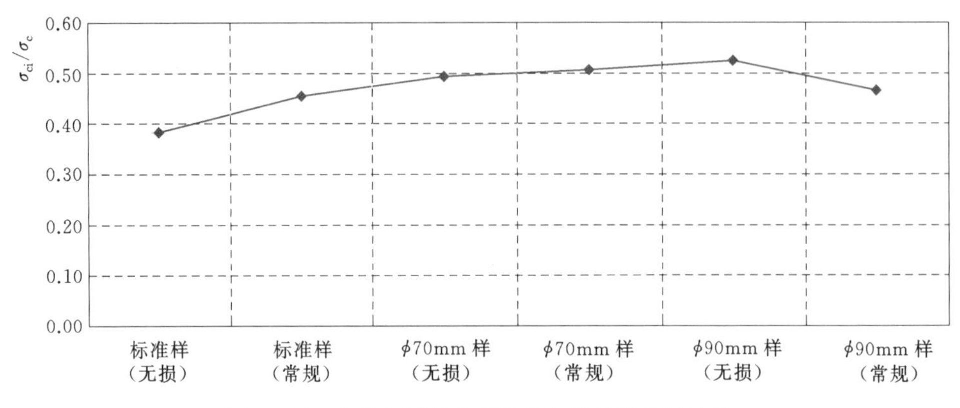

图 2-23 各类型岩样启裂强度与峰值强度的比值

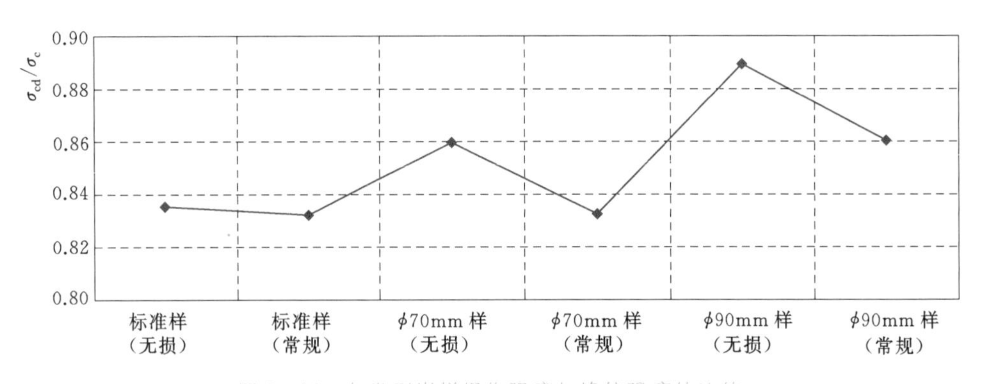

图 2-24 各类型岩样损伤强度与峰值强度的比值

钻获得，因此可以认为即便存在初始取样损伤，小直径岩样的损伤程度都要偏低，因而造成大直径岩样的启裂强度与峰值强度的比值偏高。

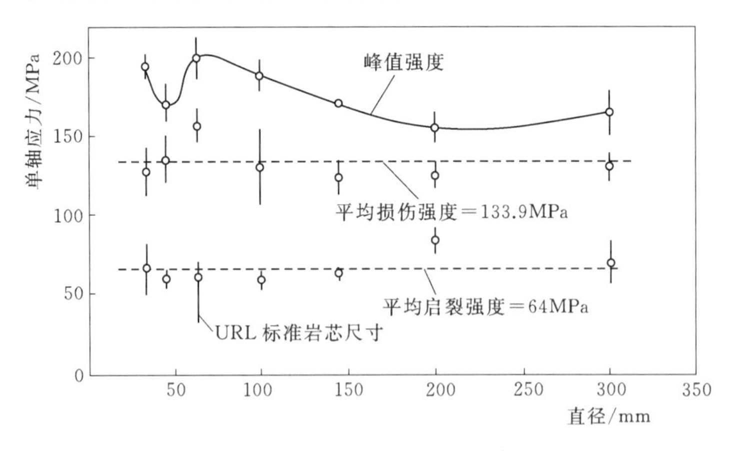

图 2-25 Martin 的试验结果[19]

对于各类型岩样的损伤强度与峰值强度的比值，从图 2-24 可以看到，三种直径条件下，无损取样的损伤强度与峰值强度的比值均要大于常规取样，而对标准样，二者的差别最小，说明标准样受到取样损伤影响较小。

2.5.3 典型岩石的特征强度分析

大理岩和花岗岩为典型的硬脆岩石，岩石强度高、脆性强，峰前非弹性变形小，峰后在极短时间内强度迅速降低到0。

图2-26～图2-28分别为大理岩的轴向应力-应变曲线和对应的能量率、撞击率，以及体积应变、裂纹体积应变曲线。

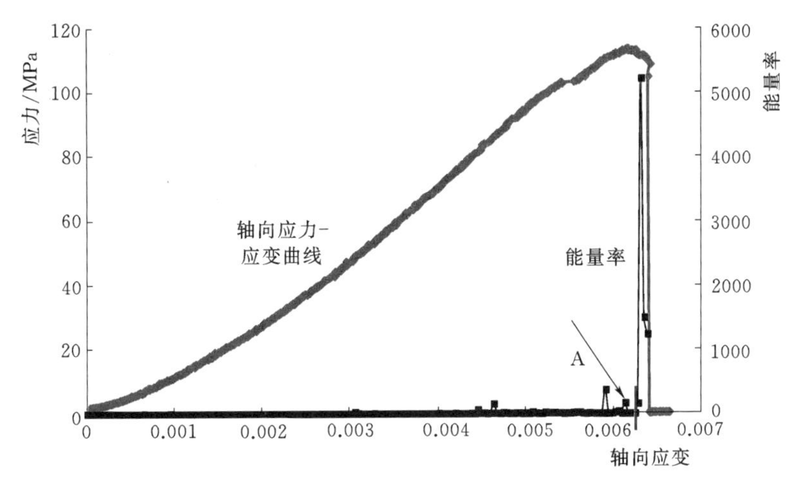

图2-26 大理岩轴向应力-应变曲线和对应的能量率变化图

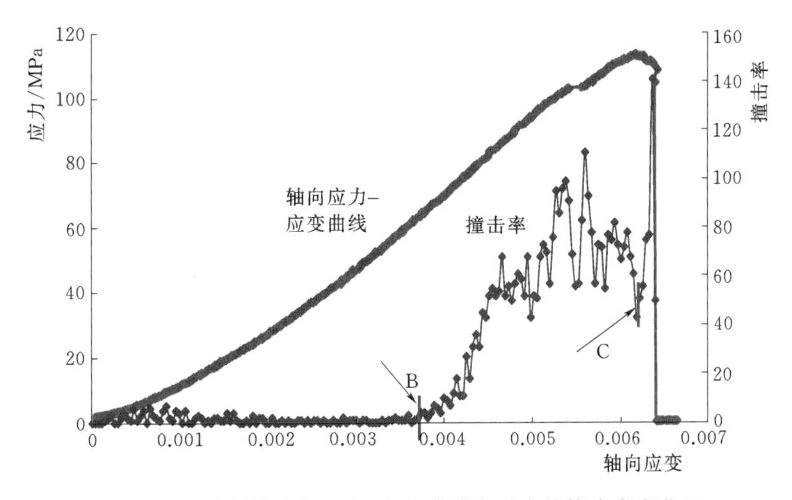

图2-27 大理岩轴向应力-应变曲线和对应的撞击率变化图

由图2-26可知，在大理岩达到峰值强度之前，能量率几乎没有什么变化，维持在接近于0的水平上，当接近峰值强度的时候，能量率瞬间增大，达到极值，而在这之前，能量率变化曲线并没有明显的拐点或增大点，因此，通过此能量率演化曲线无法识别大理岩的裂纹启裂强度和损伤强度。

由图2-27可知，撞击率随轴向应变（时间）的演化曲线有两个明显的拐点，从开始加载至B点撞击率几乎不变，维持在很低的水平上，从B点开始出现明显增加，之后一

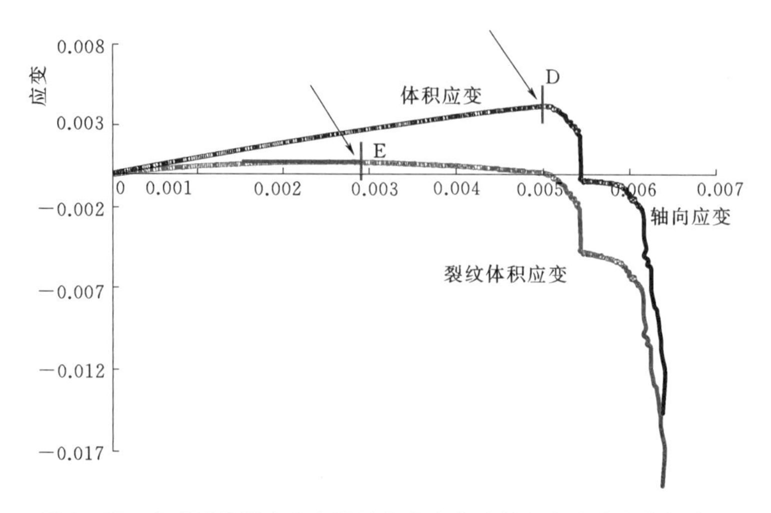

图 2-28 大理岩体积应变和裂纹体积应变随轴向应变的变化规律图

直在增加，并最终维持在接近恒定的状态。到达第二个弯折点 C 后，伴随着岩石峰值强度的到来，C 点撞击率出现突增。B 点对应的应力水平为 71MPa，C 点则接近峰值强度。通过图 2-28 中的裂纹应变模型获得的裂纹启裂强度和损伤强度分别为 44MPa 和 96MPa，分别约为 0.39UCS 和 0.85UCS。可见通过声发射撞击率曲线可以获得一个强度值，该值大于通过裂纹应变模型计算的启裂强度而小于损伤强度。

图 2-29～图 2-31 为花岗岩的轴向应力-应变曲线和对应的能量率变化、撞击率变化以及体积应变和裂纹体积应变随轴向应变的变化规律。由图 2-29 和图 2-30 可见，花岗岩的能量率和撞击率与大理岩具有相似的变化特征，能量率只在接近峰值强度的时候瞬间增大到最大值，在这之前的一段时间内曲线没有出现弯折点，因此，无法根据能量率的变化划分裂纹启裂强度和损伤强度；撞击率曲线在加载中间段出现弯折点 b，拐点之前撞击率数值维持在较低水平，拐点之后逐渐增加，拐点 b 处对应的强度值为 95MPa，而通过图 2-31 中的裂纹应变模型计算的裂纹启裂强度和损伤强度值分别于 92MPa 和 160MPa，分别约为 0.46UCS 和 0.81UCS。可见对于本次研究的花岗岩，通过声发射撞击率曲线获

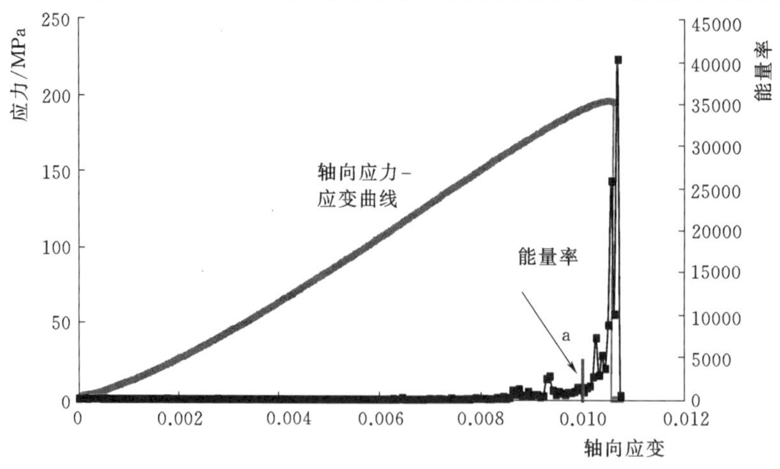

图 2-29 花岗岩轴向应力-应变曲线和对应的能量率变化图

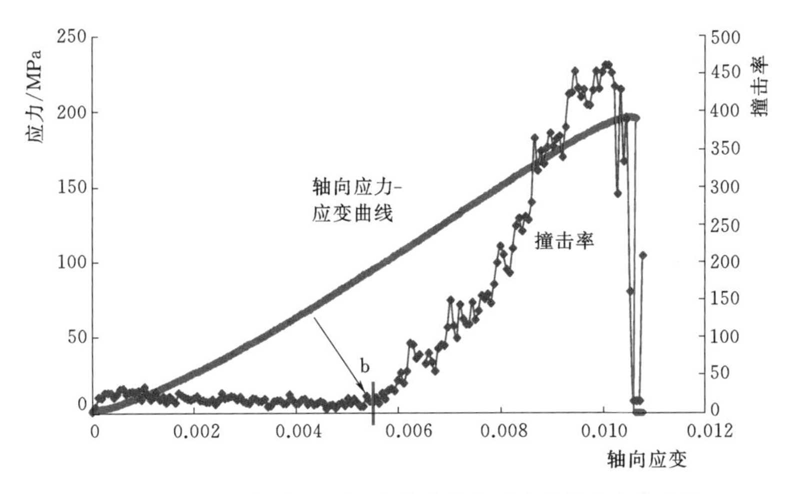

图 2-30 花岗岩轴向应力-应变曲线和对应的撞击率变化图

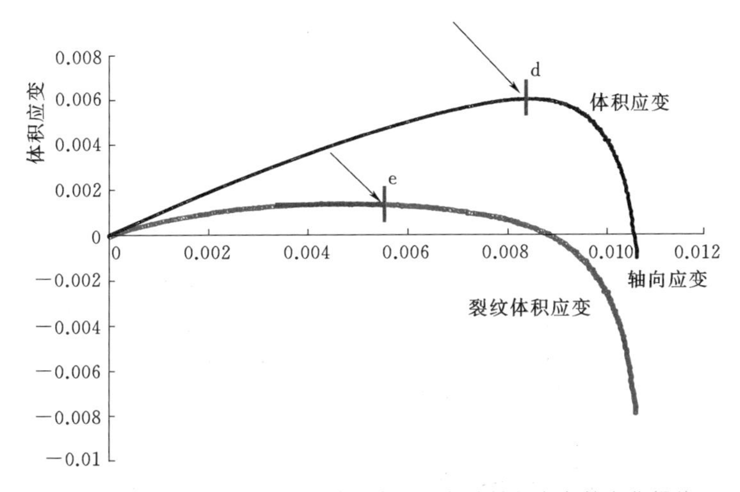

图 2-31 花岗岩体积应变和裂纹体积应变随轴向应变的变化规律图

得强度值与花岗岩的裂纹启裂强度非常接近。

通过以上分析可知，裂纹应变模型法计算岩石的启裂强度和损伤强度物理意义明确，操作简便，而通过声发射参数演化曲线来计算则存在一些问题。首先，能量率只在岩石破坏瞬间急剧增加，即能量率曲线在整个加载过程中只出现一个弯折点 A(a)，该点对应的应力水平非常接近岩石的峰值强度，因此无法利用该指标划分岩石压缩的不同阶段；无论花岗岩还是大理岩，撞击率曲线具有相似的规律性，均在加载中段出现拐弯点，拐弯点前撞击率维持在低水平上，拐点后则不断升高，大理岩撞击率曲线拐点对应的应力值介于通过裂纹应变模型法计算的启裂强度和损伤强度之间，花岗岩的撞击率曲线拐点对应的应力则接近启裂强度。另外，大理岩的撞击率曲线在接近应力峰值时出现突增达到最大，而花岗岩的则从拐弯点一直缓慢增大到峰值。可见，虽然可以从岩石的撞击率曲线获得一个具有某种意义的强度值［对应 B(b)］，但该强度值与通过裂纹应变模型计算的启裂强度或损伤强度并不能完全对应。

从声发射撞击率的物理意义来说，岩石内部发生微破裂、裂纹滑移或晶粒错动等，如果发出的冲击波能够被传感器接收到，则就是一个撞击事件，因此，撞击率反映了岩石内部破裂成核、扩展的过程，即记录了岩石内部的损伤演化过程，所以弯折点 B(b) 可以作为岩石内部损伤出现的阈值，这一点之前岩石内部损伤很小或没有损伤，之后损伤出现并加剧增加。但通过统计不同岩石类材料的撞击率曲线发现，曲线的形态随机性较大，加载中段拐弯点出现的位置比较随机，临近峰值强度时的突增点有的曲线比较明显，有的则不明显甚至没有。声发射撞击率可以作为一种定性或者半定量的辅助手段来研究岩石的渐进破坏过程，但通过声发射撞击率准确定量获得岩石的裂纹启裂强度和损伤强度难度较大。因为撞击率曲线弯折点之后的很多撞击都是小能量事件，这可通过能量率和撞击率曲线对比看出，这些小能量事件可能是岩石内部产生的，也可能是外部噪声产生的（如界面摩擦等）。另外，撞击率还受岩石本身结构、组成等的影响。

目前，国内外对三轴条件下岩石特征强度的研究不多，本节基于锦屏大理岩三轴试验成果，试图在此问题上做些探索。

由于目前国内尚不具备完善的围压条件下声发射监测技术，普遍将声发射探头直接固定在 MTS 的推杆或围压室外壁上，如图 2－32 所示。在本次试验中也尝试了这种方法，但效果并不好，测得的声发射信号很少，且不能与应力-应变曲线很好地对应。因此，在 2.5.6 节中尝试采用通过分析不同围压下岩样应力-应变曲线的方法来确定不同围压下岩石的特征强度。

图 2－32　声发射监测（探头安装在推杆上）

根据上文的分析，从体积应变 ε_V 中减去弹性体积应变 ε_{eV} 就可以得到能反映岩石受力过程中裂纹闭合与张开的裂纹体积应变 ε_{cV} 的曲线。在本次试验中试着利用上述方法整理了三轴试验数据，如图 2－33 所示，得到围压为 8MPa 下锦屏大理岩的闭合应力（强度）为 31MPa，启裂应力（强度）为 53.8MPa。

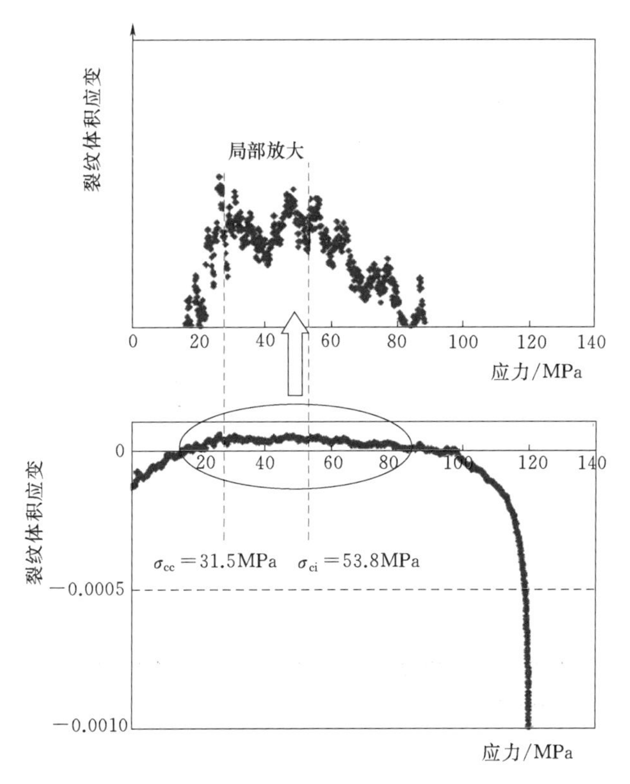

图 2-33 8MPa 围压下的闭合应力和启裂应力确定

损伤强度 σ_{cd} 对应于体积应变开始恢复时的应力，因此确定 σ_{cd} 的关键在于准确地确定体积应变恢复点。三轴条件下锦屏大理岩的体积应变-轴向应变曲线如图 2-34 所示。如直接利用这一曲线，则该点的确定带有较大的随意性。为准确确定体积应变恢复点，Eberhardt 建议可采用相对体积应变刚度的方法，相对体积刚度为 0 的点即为体积应变恢复点（图 2-34）[86]，具体步骤如下：

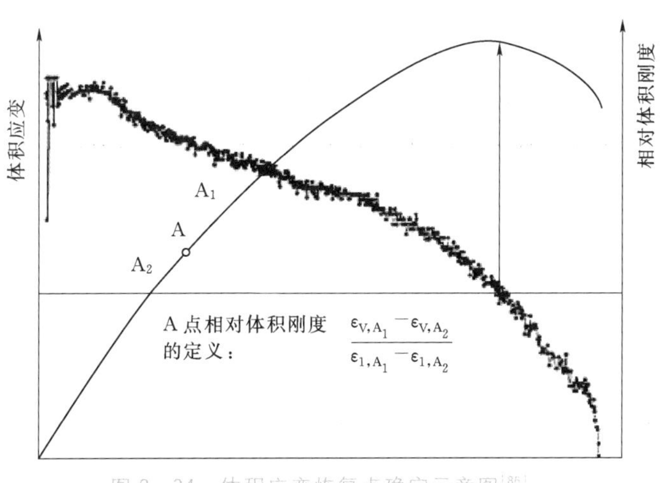

图 2-34 体积应变恢复点确定示意图[86]

（1）经试算发现，A_1 与 A_2 之间的数据点个数取为数据点总数的 5%～10%时，相对体积刚度曲线能较为准确地反映体积应变曲线的变化趋势。

（2）对 A_1 与 A_2 之间的数据对（ε_1，ε_V）采用最小二乘法进行数据拟合，所得直线的斜率即为 A 点所对应的相对体积刚度值。

（3）对每一数据点重复步骤（2）即得到相对体积刚度曲线；相对体积刚度为 0 时所对应的点即为体积应变恢复点。

采用此方法获得不同围压下大理岩的损伤强度见图 2-35。

2.5.4 围压对特征强度的影响

利用试验曲线结合上述方法，可以得到不同围压下的特征强度，见表 2-4。其中单轴条件下的 σ_{cc}/σ_f 大于三轴条件下的 σ_{cc}/σ_f。由于围压的关系，偏压施加之前大部分裂缝已经闭合，导致试验分析得出的闭合应力偏小。从图 2-36 可以看出，各特征应力值与围压呈明显的线性关系。

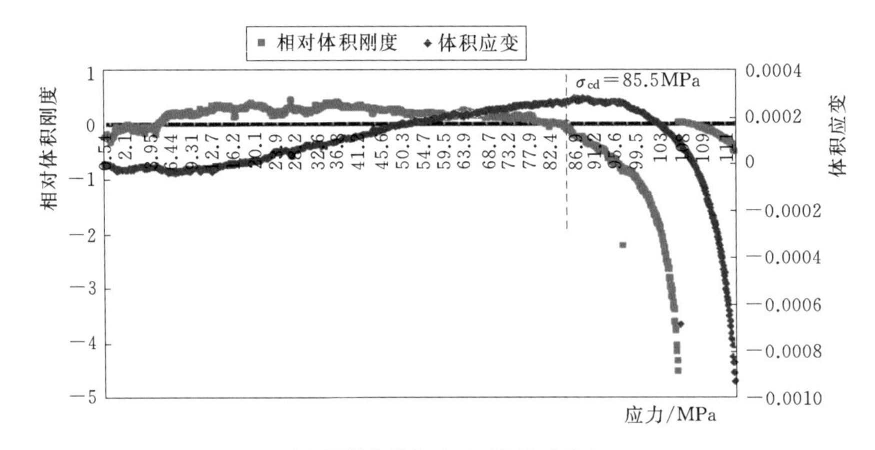

(a) 岩样编号 D12-1（围压 5MPa）

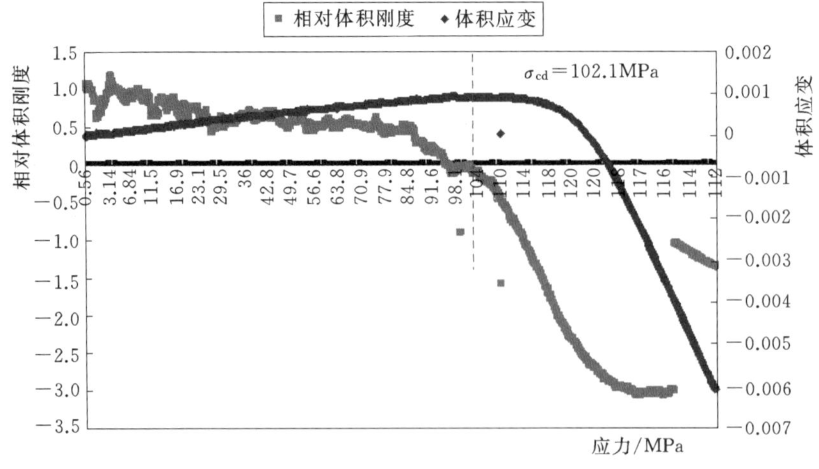

(b) 岩样编号 D12-2（围压 8MPa）

图 2-35（一） 不同围压条件下的损伤应力

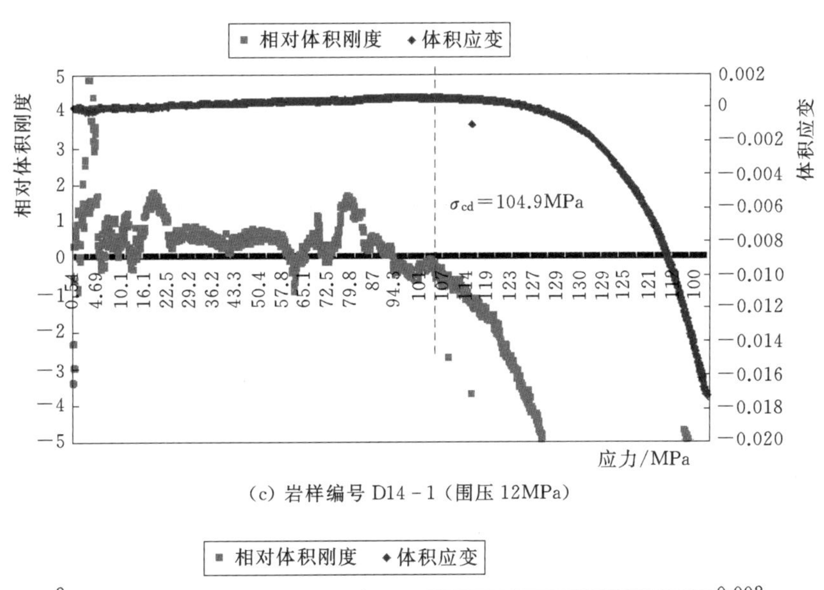

(c) 岩样编号 D14-1（围压 12MPa）

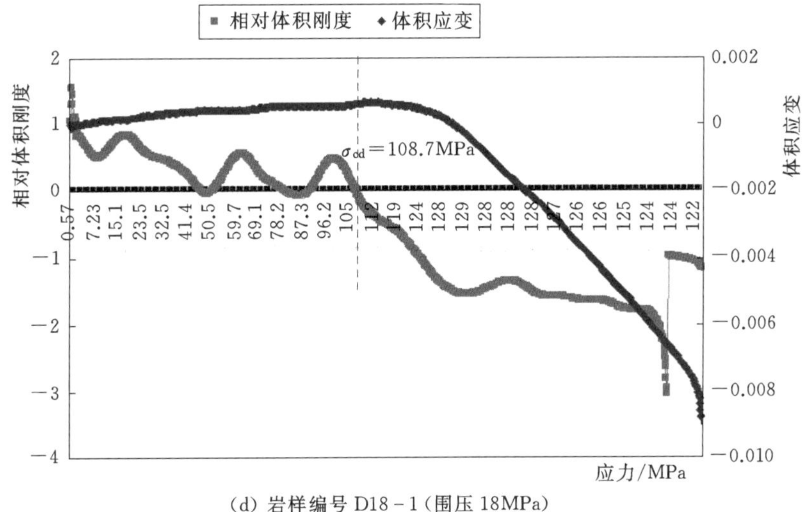

(d) 岩样编号 D18-1（围压 18MPa）

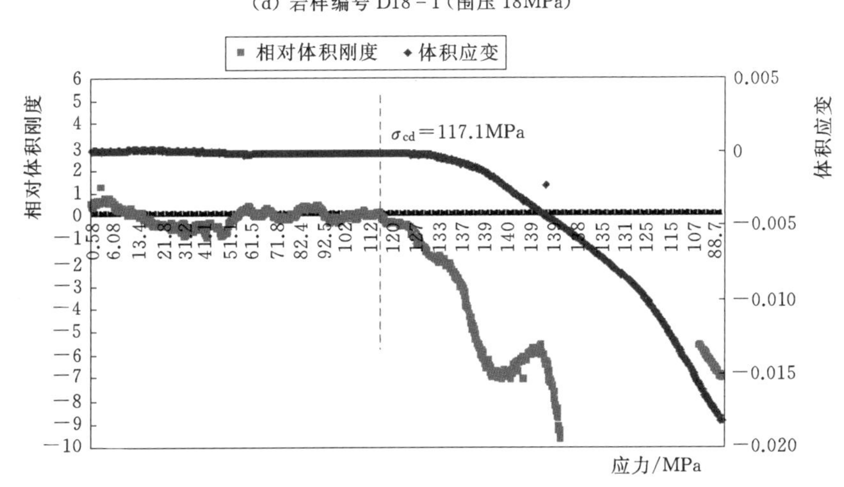

(e) 岩样编号 D18-3（围压 35MPa）

图 2-35（二） 不同围压条件下的损伤应力

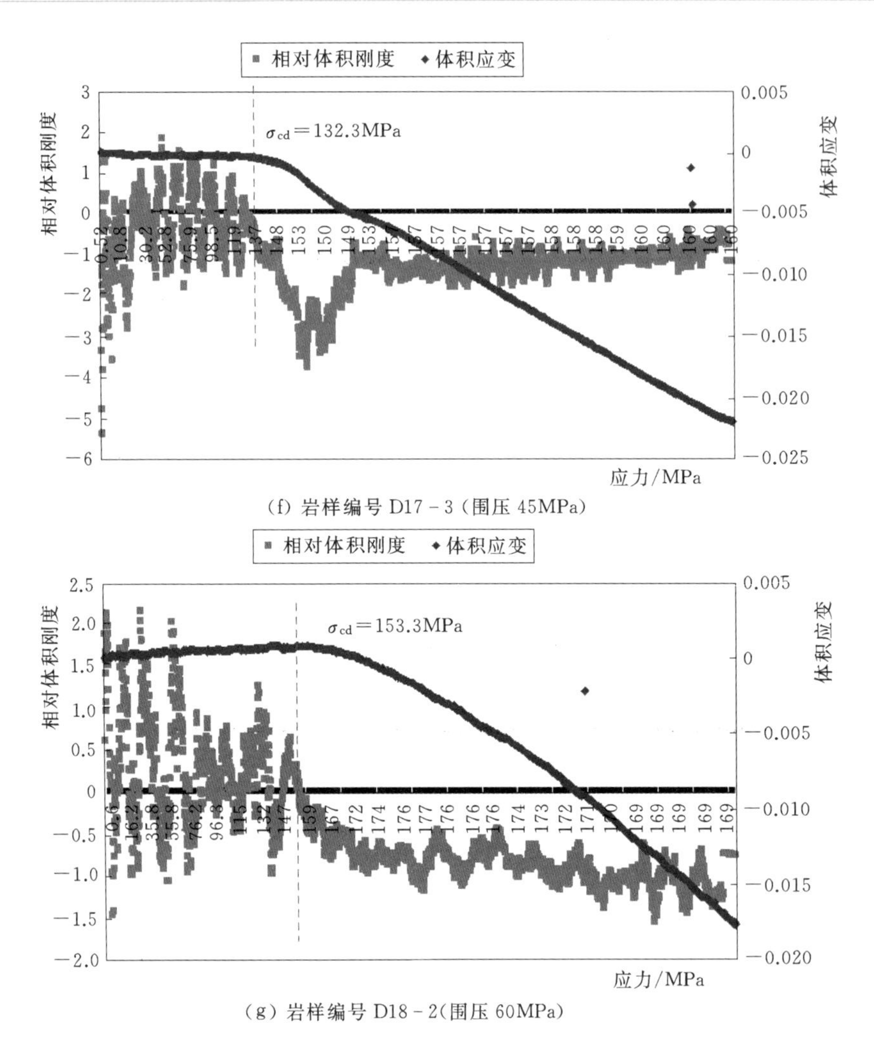

图 2-35（三） 不同围压条件下的损伤应力

表 2-4 不同围压下的特征应力

岩样编号	σ_3 /MPa	σ_f /MPa	σ_{cc} /MPa	σ_{ci} /MPa	σ_{cd} /MPa	σ_{cc}/σ_f	σ_{ci}/σ_f	σ_{cd}/σ_f
D25	0.00	95.20	33.60	41.20	75.50	0.35	0.43	0.79
D28	0.00	107.60	39.50	53.40	94.50	0.37	0.50	0.88
D30	0.00	96.50	42.30	47.50	74.20	0.44	0.49	0.77
D31	0.00	95.80	42.00	46.10	81.60	0.44	0.48	0.85
D35	0.00	96.90	38.20	46.30	79.20	0.39	0.48	0.82
D12-1	5.00	115.90	35.40	45.90	85.50	0.31	0.40	0.74
D12-2	8.00	128.50	31.50	53.80	102.10	0.25	0.42	0.79
D14-1	12.00	142.10	42.20	58.20	104.90	0.30	0.41	0.74

续表

岩样编号	σ_3 /MPa	σ_f /MPa	σ_{cc} /MPa	σ_{ci} /MPa	σ_{cd} /MPa	σ_{cc}/σ_f	σ_{ci}/σ_f	σ_{cd}/σ_f
D18-1	18.00	146.70	45.80	63.50	108.70	0.31	0.43	0.74
D17-2	25.00	159.10	49.30	72.30	111.50	0.31	0.45	0.70
D18-3	35.00	174.60	54.70	82.60	117.10	0.31	0.47	0.67
D17-3	45.00	205.40	59.10	95.40	132.30	0.29	0.46	0.64
D18-2	60.00	236.90	65.80	110.50	153.30	0.28	0.47	0.65

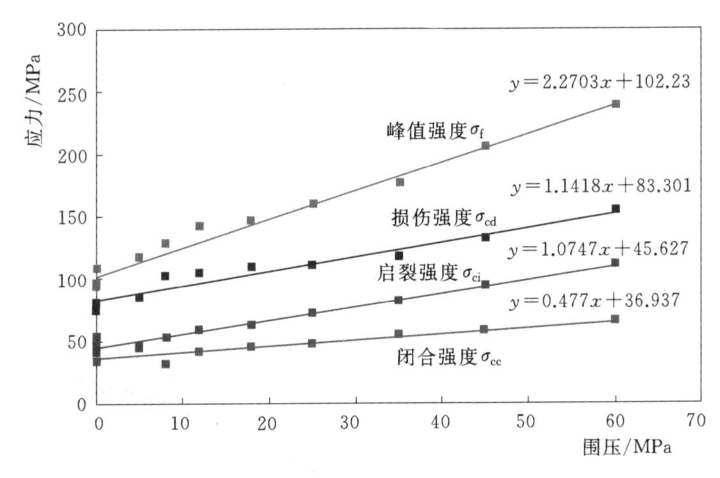

图 2-36 特征强度随围压的变化曲线

2.6 深埋岩石变形破坏特征分析

2.6.1 变形特征

应力-应变曲线反映了岩石的重要力学变形特性，经历了裂缝压密闭合、弹性变形、裂缝开裂扩展、裂纹非稳定扩展到峰后破坏至少 5 个阶段，尤其是在单轴应力状态下，这 5 个阶段表现最为显著；随着围压的增加，其中的峰前压密闭合段逐渐消失，峰后变形由脆性向延性转换。

从这些典型曲线的形态上看，单轴曲线表现为非稳定的变形破坏。按照 Cook 提出的能量观点，在此种状态下进行深埋岩体的开挖，在围岩中产生的破坏同样是非稳定且剧烈的，此时围岩体内所聚集的弹性能大于破坏时所释放的能量，就存在发生岩爆等脆性破坏的可能。

三轴压缩试验同单轴压缩试验一样，同样存在变形的 5 个阶段：压密阶段、表观线弹性阶段、裂纹稳定扩展阶段、裂纹非稳定扩展阶段和破坏阶段。大理岩是一种微观不均质体，含有各种各样的天然缺陷（如微孔隙、裂隙、层理、节理等），在每一级围压下，在开始施加轴向压力时，内部缺陷被压密，部分孔隙裂隙闭合，岩样中的孔隙比减小，应力-

应变曲线下凹；但在较大的围压作用下，岩样中的微缺陷已在很大程度上被压密闭合，轴向加载时初始压密阶段显得不明显。继续增加轴向载荷，岩样稳定承载，表现为相对明显的线弹性。之后，增加轴向应力，变形继续增加，岩样中已有的裂隙开始扩展并且会有新的裂隙生成，随着应力增加，裂隙的数量及尺度逐步增加，大量的裂隙开始连接贯通，并沿一定结构面发生剪切滑移，岩样进入裂纹非稳定扩展阶段。当达到峰值强度后，岩样随即发生突发性破坏而失去承载能力。

由图 2-37 可见，大理岩偏应力-轴向应变曲线的斜率随着围压的增大而变大，说明其弹性模量随围压的增加而增大。在围压较小时，弹性模量随围压增加而增大的幅度也较大；当围压达到一定程度后，弹性模量增加的幅度降低。弹性模量与围压有关，原因可能是与围压对裂纹的作用有关：当围压较小时，裂纹闭合，岩石内部变形受裂纹变形的影响，裂纹之间的摩擦力受围压的影响而增大，阻止了裂纹变形的进一步发展，导致弹性模量的增大；当围压增大到一定程度，裂纹之间已经紧密闭合，再增加围压对其摩擦力的影响很小，弹性模量的增加幅度也随之减小。

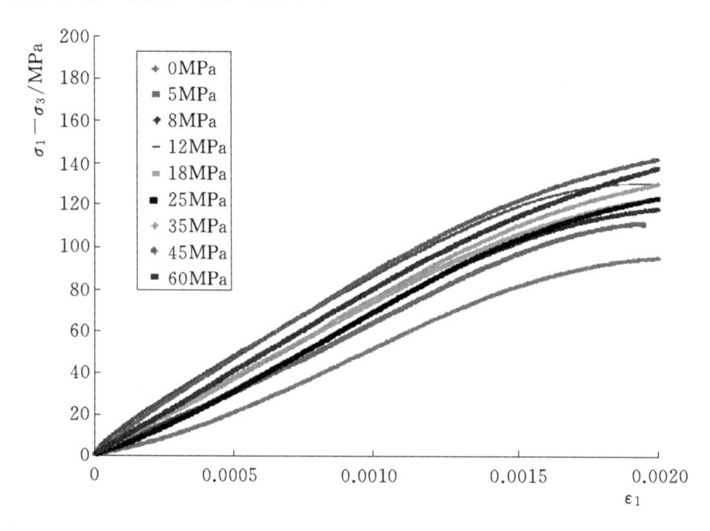

图 2-37 不同围压下偏应力-轴向应变曲线

2.6.2 扩容特征

与金属材料不同，在荷载作用下，岩石在破坏之前会产生显著的不可逆体积膨胀，这一现象称为岩石的扩容现象。扩容是岩石的一个非常重要的性质，对深入研究岩石强度的时间效应、揭示脆性岩石在高地应力作用下破坏的力学机理有着重要的意义。

由图 2-38 所示的体积应变曲线可见，大理岩的扩容可以分为三个阶段：

(1) 体积压缩变形阶段（Ⅰ区域）。体积应变在这一阶段内随应力增加而呈非线性变化，轴向压缩应变大于侧向应变，出现体积压缩变形。

(2) 弹性变形阶段（Ⅱ区域）。在这一阶段内，随着应力的增加，岩石的体积应变呈线性减小，主要表现为体积的弹性性质。

(3) 体积扩容阶段（Ⅲ区域）。当外力持续增加，岩样的体积不是减小而是大幅度增

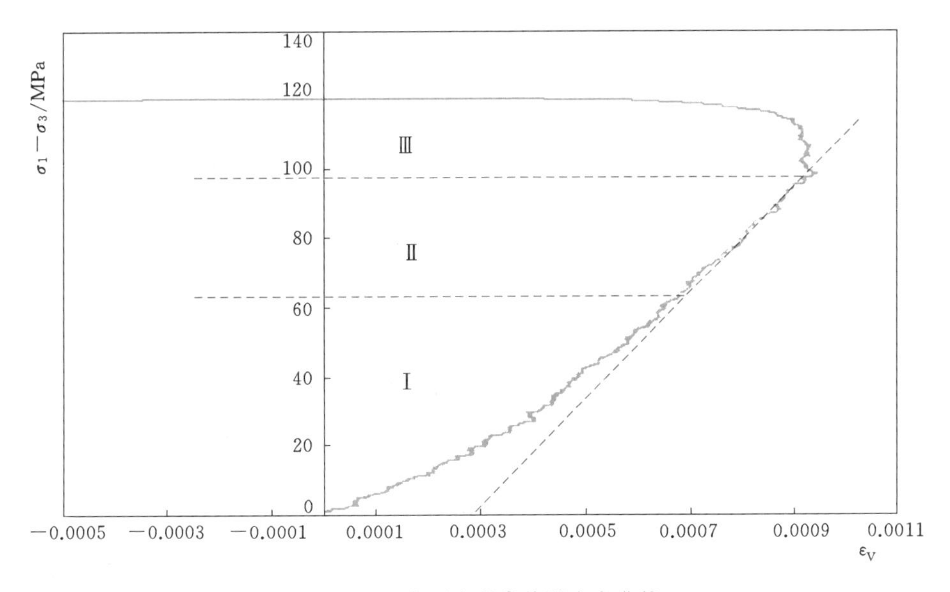

图 2-38 典型大理岩体积应变曲线

加，且增长速率越来越大，最终将导致岩样的破坏。

2.6.3 破坏特征

观察单轴、三轴试验后岩石试样的断裂面，可以发现：单轴压缩状态下深部大理岩的破裂面并不平整，但较为光滑，没有明显的摩擦滑移痕迹，中部表现为纯粹的张性破裂，但其端部的破坏形式较为复杂，既有张性破裂，也有压剪性破裂，这是由岩样端部效应造成的（图 2-39）。三轴应力状态下，岩样的破裂面存在明显的强烈摩擦滑移作用留下的白色粉末（图 2-40），而且随着围压的增大，岩石的破裂面由不规则逐步变得规则平整，由张性破坏到张剪破坏，再逐步到剪切破坏。

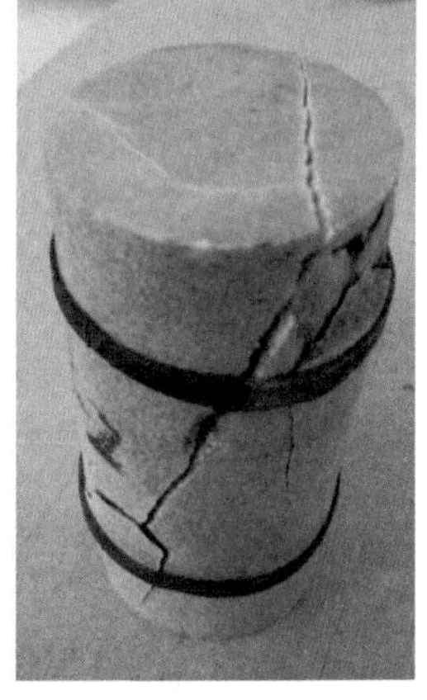

图 2-39 单轴应力状态下不同的岩样端部破坏照片

深埋大理岩的破坏模式和本身的强度有很大的关系，这也从侧面反映了内部细观结构的不同（图 2-41）。在单轴或者低围压下，岩石呈脆性特征，当岩样完整性好、强度较高时，以剪切破坏为主；随着岩样本身材料黏聚力的降低，延性特征逐渐明显，破坏时多出现一个或两个共轭的断裂面；随着延性特征的进一步加强，此时破坏没有明显的破裂面，岩样出现“鼓状”形态，在岩样中部呈现出密集均匀分布的共轭滑移线。

由图 2-42 可见，在三轴应力条件下，大理岩在低围压与高围压时基本均为宏观单一断面的剪切破坏。对岩样宏观断口的观察发现，低围压时破裂面比较粗糙，但随着围压的

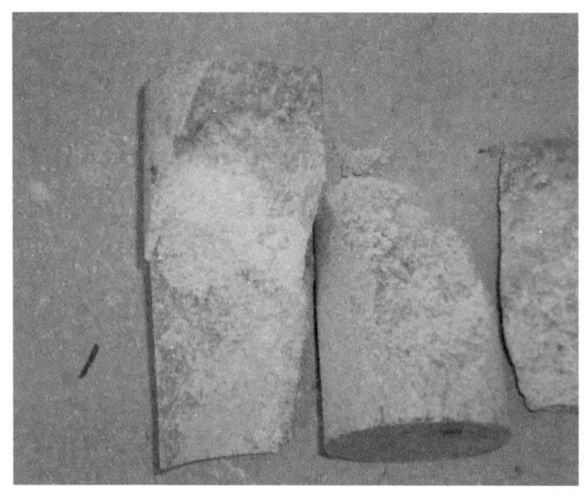

图 2-40 三轴应力状态下岩样破裂面存在明显的摩擦痕迹

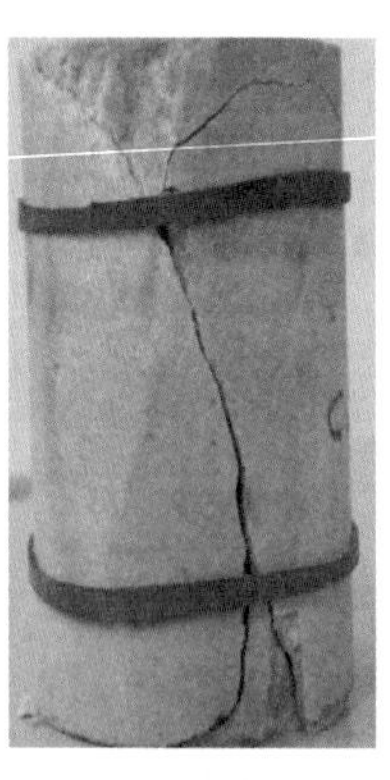
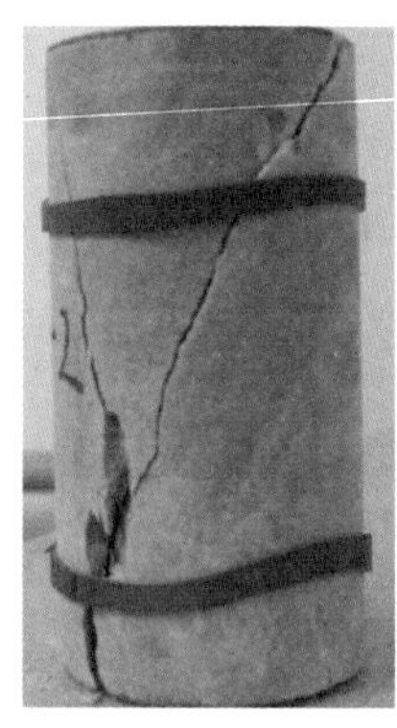
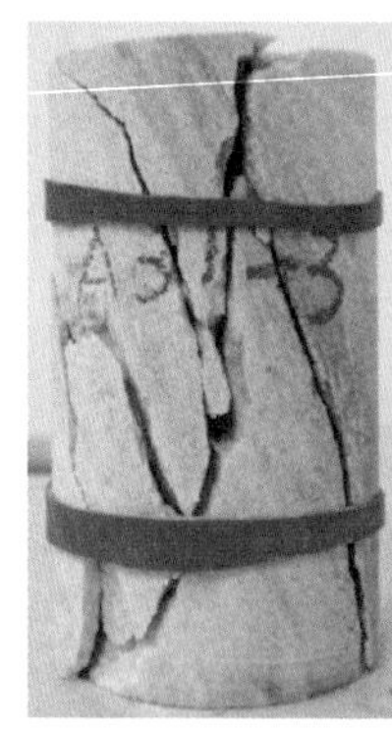
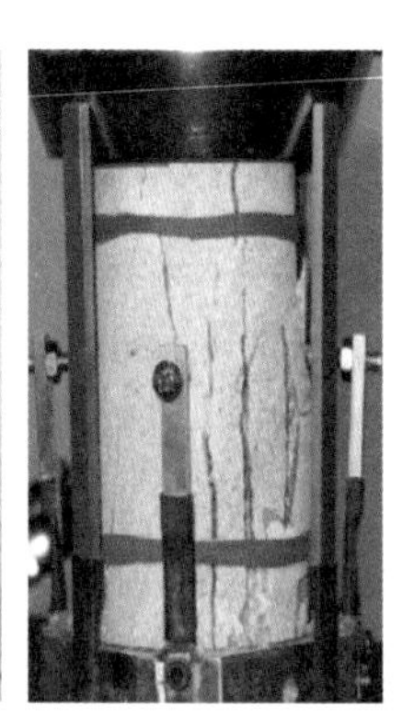

图 2-41 单轴或低围压下大理岩典型的破坏形态

增加，岩石的主控破裂面与最大主应力的夹角有增加的趋势，而且其破裂面也越来越平整。剪切破裂面上附有强烈摩擦作用产生的粉末，表明在破坏过程中明显存在裂纹的扩展与滑移。这说明随着围压的不断增加，岩样从脆性状态向塑性状态转化。

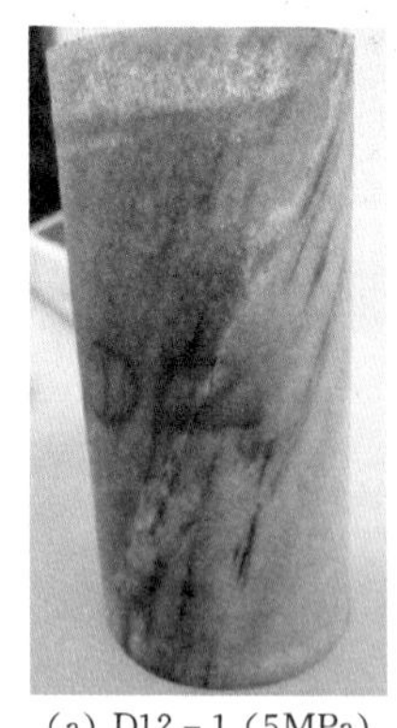
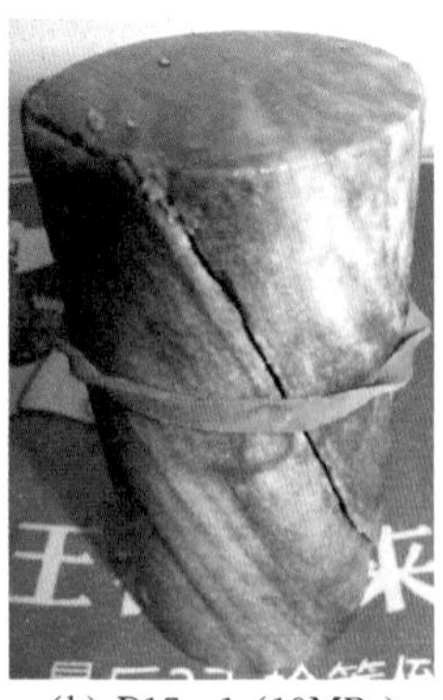
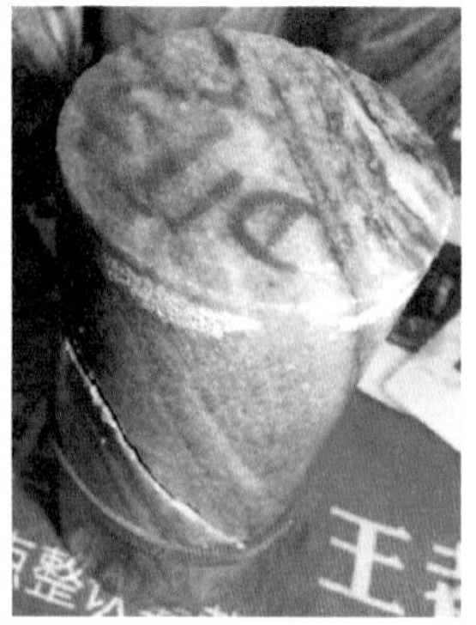

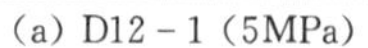

(a) D12-1 (5MPa)　(b) D17-1 (18MPa)　(c) D17-3 (45MPa)

图 2-42 不同围压下大理岩的瞬时破裂形态

2.7 深埋岩石力学特性与描述方法

高应力环境下开挖卸荷，硬脆性岩体（石）将表现出复杂的力学特性，控制着岩体加卸荷力学响应和变形破坏机制，是高应力下硬岩开挖诱发工程灾害（岩爆、片帮甚至应力控制型塌方）的研究基础。揭示高应力下硬脆性岩体的力学特性，是深部岩体工程和力学研究的最根本问题。高应力下开挖卸荷，岩体应力重分布将导致围岩内原有裂隙张开和新裂纹的产生。岩体高应力诱发破裂是高应力加卸荷环境下围岩最本质的力学行为，它影响围岩变形和强度特性的变化过程，控制力学参数的演化规律，最终决定了岩体的破坏形式和破坏特征。如锦屏辅助洞和引水隧洞开挖过程中，完整围岩表现出剥落、岩爆等典型的脆性破坏特征；而Ⅲ类围岩的变形破坏特性明显不同，虽然其承载能力比完整性好的Ⅱ类围岩低，但变形延性特点显著，在高应力下破裂体胀，滞后破坏较发育，这类岩体很少发生岩爆，但随破裂的发展易造成大范围的塌方。为了能够正确估计和认知开挖卸荷后岩体破坏特征和形式，亟需开展岩体（石）的材料性质和力学特性的研究。本节以锦屏大理岩为主要研究对象，分析锦屏深埋隧洞大理岩力学特性和开挖力学响应特征，揭示高应力硬岩的破裂演化规律和变形破坏机制。

2.7.1 大理岩的基本力学特性与工程意义

大理岩的基本力学特性是指大理岩在外荷（压缩）作用下表现出的应力-应变关系。

早在 1970 年，Fairhurst 等发表了大理岩基本力学特性的研究成果，如图 2-46 所示，大理岩的应力-应变关系曲线形态与围压存在明显的关系，图中标识的数字即为大理岩压缩试验时的围压。

当围压等于 0，即进行单轴压缩试验时，当压力增加到大约 130MPa 的水平时岩石取得峰值强度，即单轴抗压强度，对应的轴向应变为 0.002；此后的试验过程中经历了快速的压力降低，在接近 0.003 的轴向应变水平下岩样的强度降低到残余值水平（<20MPa），在大约 0.001 的轴向应变水平下岩石的承载力从大约 130MPa 降低到不足 20MPa，显示了一种快速衰减，表现出典型的脆性特征。

当围压在 3.45～27.6MPa 之间变化时，试验结果显示，试样的最大压应力水平不断增大，并且一个重要特点是轴向压力达到峰值以后并不马上降低，但此时岩样不断被压缩，（在图 2-44 中表现为轴向压力可以维持一段时间），当轴向应变增大到一定程度以后，轴向应力才开始降低。当围压为 3.45MPa 和 6.9MPa 时，岩样强度达到峰值以后的降低速率与单轴压缩时基本相当，但残余强度显著增高；而围压水平达到 13.8MPa 和 20.7MPa 时，峰值应力可以维持相当长一段时间。

岩样在达到峰值应力水平时强度不迅速衰减的特征显示了大理岩所具备的延性特性，试验结果显示，随着围压增高，延性特征增强：当围压在 6.9MPa 以下时，处于脆—延状态，而当围压达到 13.8～20.7MPa 的水平时，延性特征十分突出，逐渐表现出理想塑性特征。

当围压进一步增大以后，如达到 27.6MPa 以上的水平时，在超过 0.6%的轴向应变水平内，岩石的峰值应力降低很少或基本不降低，当围压为 48.3MPa 时，峰值应力以后

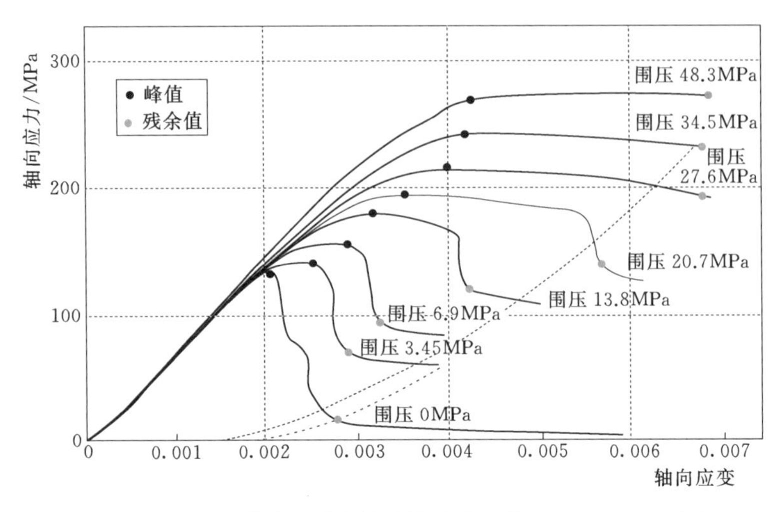

图 2-43 大理岩基本力学特性试验成果（据 Fairhurst 等，1970）

的曲线形态基本表现为理想塑性特征，即高围压条件下，大理岩表现出很强的塑性特性。

可见，随着围压增加，大理岩表现出脆—延—塑转换的力学特性，并且出现转换的围压水平并不高，脆—延转换在几兆帕的围压水平内即可以实现，延—塑转换的围压水平在 40MPa 左右。锦屏深埋隧洞围岩的围压水平可以比较容易地达到脆—延—塑转换的量级。因此，即便是在岩体非常完整（与岩块相同）的理想情况下，隧洞开挖以后距离洞壁不同部位的围岩可以具有不同的力学特性。

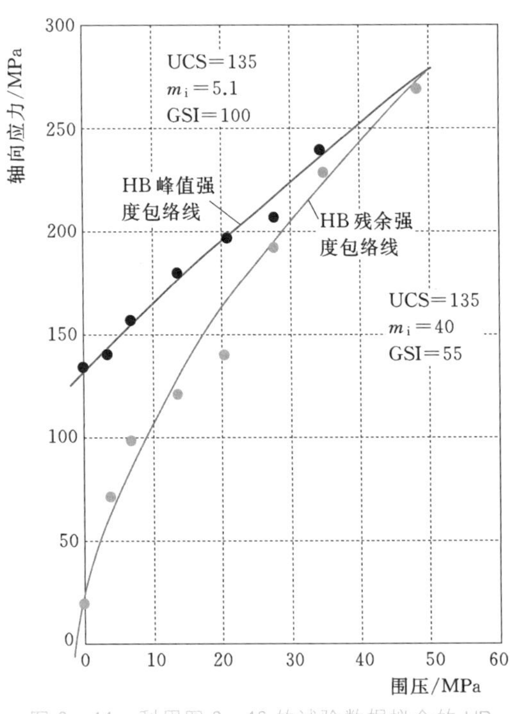

图 2-44 利用图 2-46 的试验数据拟合的 HB 峰值和残余强度包络线

图 2-43 中的曲线由 Fairhurst 等给出，在这些曲线上大致标出了岩石在不同围压水平下的峰值强度和残余强度：当围压等于零时，峰值强度和残余强度之差最大；当围压增大时，它们的差值减小；当围压增大到 48.3MPa 时，二者基本相同，差值接近于零。

把图 2-43 试验曲线中的特征点（峰值强度和残余强度）分别在 $\sigma_3-\sigma_1$ 坐标系下利用 HB 强度准则进行拟合，获得的曲线形态如图 2-44 所示。对如何拟合残余强度包络线有不同的理解，这里不予讨论。需要注意的是大理岩峰值强度和残余强度的差值随围压的变化情况，图 2-44 清楚地显示，二者的差别随围压的增大不断减小，当围压达到 48MPa 水平时，二者几乎完全一致。

试验结果同时显示，当围压为零时，

岩石发生破坏（取得峰值强度）时对应的轴向应变很小，为0.2%，这意味着岩石破坏前发生的变形很小。取得峰值强度以后的（塑性）应变相对要大得多，达到0.4%，在现实中表现为隧洞开挖以后表面围岩破坏前的变形一般不大，变形主要是围岩屈服破坏以后的表现形式。

大理岩的脆性特征仅当围压水平比较低时才得到表现，这也就是说，在锦屏深埋大理岩洞段，围岩的脆性破坏如片帮和岩爆等的发生也是有条件的，主要集中在洞周开挖面附近一带围压水平相对较低的部位。因此，了解和利用好隧洞开挖以后围岩的围压分布和变化的时空特性后进行工程设计，充分体现了对锦屏特定条件下围岩条件最本质的把握，也是科学进行优化设计的最重要的理论基础之一。

围压较高时岩石表现出的延性特征表明此时围岩比在低围压时具有更好的承载力，意味着距离洞壁远一些的深部围岩比表面围岩具有更好的承载力，这种承载力除了来自围压增大导致的峰值强度增高以外，还得益于一定程度的围岩延性变形和岩体强度的保持。由此可见，用及时的支护来维持围岩的围压水平，非常有利于发挥岩体延性特征对承载力和自稳能力的贡献。

显然，锦屏大理岩是否具备类似的特性是工程关心的问题。为深化认识锦屏大理岩的力学特性，本研究于2008年在辅助洞A洞东端距离11号横通洞45m的部位进行钻孔取样和室内补充岩石试验，取样位置埋深超过2000m，位于白山组大理岩。现场共布置了3个取样孔，进行了三组岩样的室内三轴试验，其中一组试样的试验结果如图2-45所示：当围压在2～8MPa之间时，岩石存在比较明显的延性特征；当围压增加到40MPa时，在1%的轴向应变水平内，岩石的塑性特征非常显著。也就是说，与Fairhurst等（1970）的研究成果一致，锦屏白山组大理岩同样存在脆—延—塑转换特征。

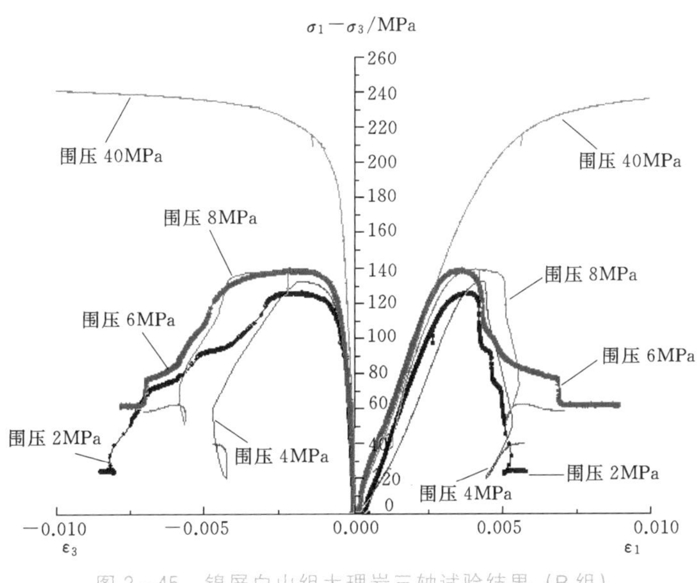

图2-45 锦屏白山组大理岩三轴试验结果（B组）

试验中同时整理了这三组岩样三轴试验的峰值强度和残余强度，其中A组和B组试样的试验结果列入表2-5，C组因成功完成试验的样本不多，故省去不予考虑。

把表 2-5 中的试验数据放到 $\sigma_3-\sigma_1$ 坐标系以后的试验成果如图 2-46 所示，与上面的试验成果相比，A 组试样的分散性相对较大，而 B 组试样围压水平缺乏连续性，因此按 HB 强度准则进行拟合时的精度受到影响。不过，这并不影响基本结论，即随着围压增大，峰值强度与残余强度的差值不断减小，这在 B 组试样中得到清楚的反映。

表 2-5　A 组和 B 组大理岩试样三轴试验峰值强度和残余强度

组	编号	围压/MPa	峰值强度/MPa	残余强度/MPa
A	A46-1	2	143	42
	A46-2	4	125	38
	A19-1	6	169	69
	A19-2	8	166	75
	A19-3	10	174	90
	A19-4	15	193	115
	A20	20	172	125
	A23-1	30	249	203
B	B27	2	127	25
	B29	4	135	24
	B33	6	143	67
	B	8	146	59
	A22	40	281	252

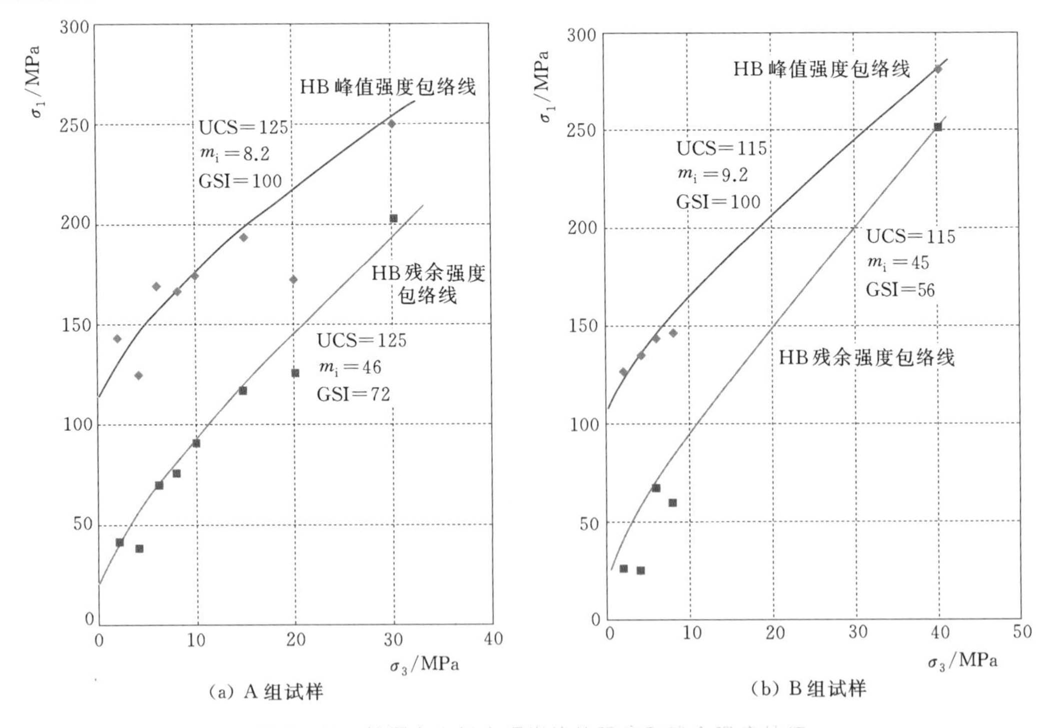

图 2-46　锦屏白山组大理岩峰值强度和残余强度特征

图 2-44 和图 2-46 都显示了残余强度包络线的斜率增大，截距大幅降低，在 HB 准则中可以简单地认为是 m_i 显著增大而 GSI 降低，在 MC 准则中则对应于摩擦强度提高而黏结强度显著降低。

图 2-47 是把所有三轴试验结果通过应力圆的方式在剪应力-正应力坐标系下利用 MC 强度准则进行拟合的结果，其中分图（a）表示了峰值强度，这些试样的峰值 MC 强度参数为 $C_f=32.6$MPa、$\varphi_f=35.2°$，对应的残余强度为 $C_r=4.6$MPa、$\varphi_r=45.0°$，黏结强度降低而摩擦强度升高的特性十分典型。

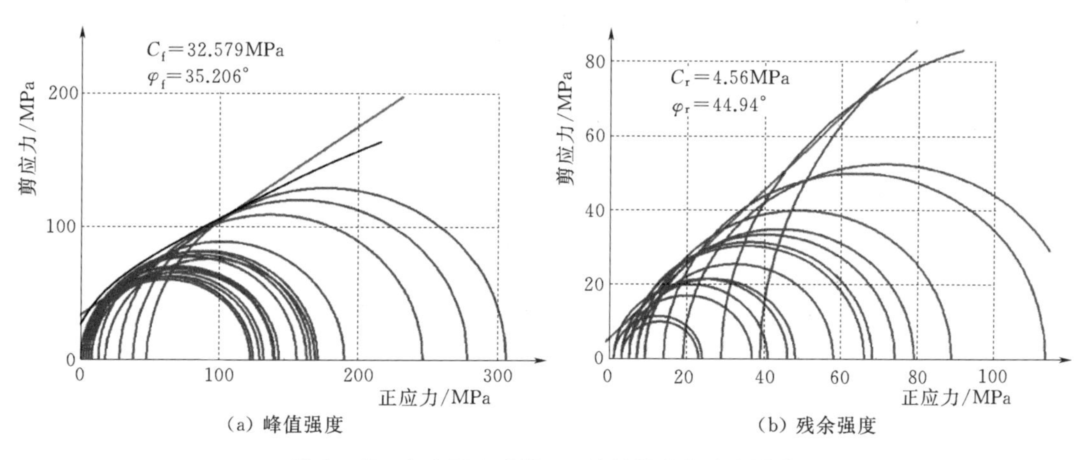

图 2-47 白山组大理岩 MC 峰值强度和残余强度

2.7.2 大理岩力学特性和破裂特性描述

在了解大理岩具备的脆—延—塑特性以后，一项重要的工作就是采用力学方程描述这种关系，并且这种力学方程要能够借助某种手段如数值计算程序以实现工程应用。显然这是一项复杂的工作，不仅是因为基础理论环节的困难，而且还需要保证良好的可靠性，即需要大量试验和实践验证，以保证工程应用的可靠性。

Fairhurst 等在 1970 年完成对大理岩脆—延—塑特性的研究以后，随着岩石力学理论和计算机技术的发展，Peter Cundall 于 2003 年完成了能够描述大理岩这种复杂本构关系的连续介质力学本构模型（即 BPD 模型，brittle - ductile - plastic）的开发和验证工作，并投入到工程应用之中。本研究对于大理岩脆—延—塑特性的描述直接引用了 Peter Cundall 的研究成果，工作重点是确定其中的力学参数，使其符合锦屏的现场实际。

所开发的 BDP 模型采用 FLAC 3D 程序模拟室内三轴试验过程，所得结果如图2-48所示：当围压从 2MPa 增加到 6MPa 和 8MPa 时，模型很好地反映了脆—延转换特性；而当模型中的围压增加到 30MPa 时，根据事先的设定，模型很好地模拟出了塑性特征。

2.7.3 大理岩特性的细观非连续描述

上述对岩石力学特性的描述中侧重了岩石力学特性随围压的转换关系，但忽略了岩石加压过程的破裂特性，因此也无法描述岩石的破裂行为，Peter Cundall 等在 20 世纪 90 年代提出的 PFC 方法可以同时描述大理岩脆—延—塑转换和破裂行为两个方面的特性。

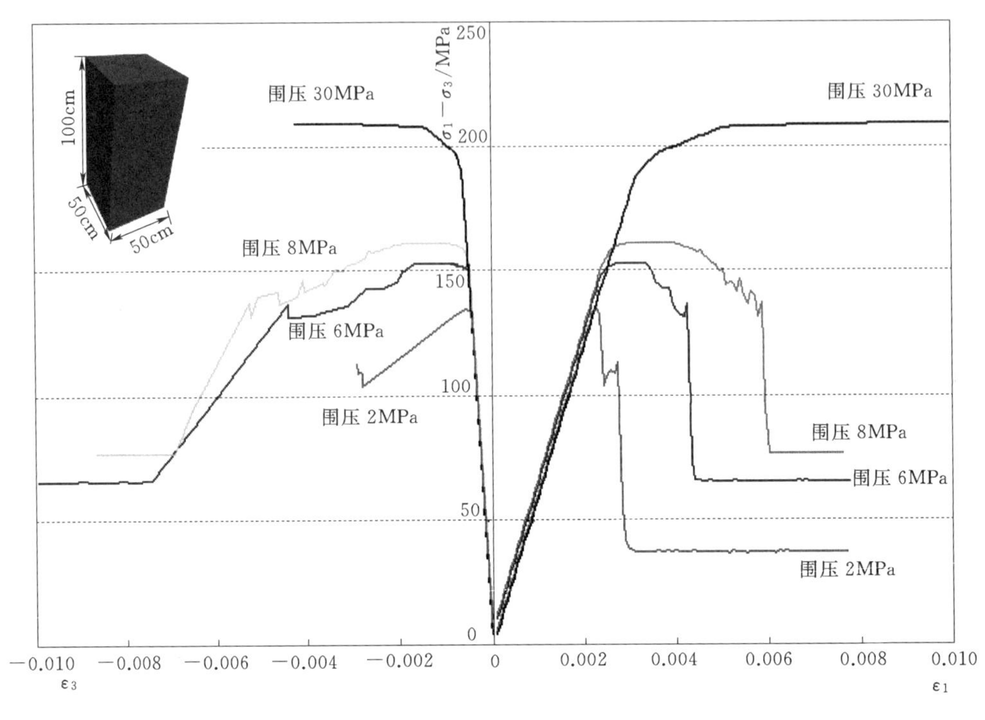

图 2-48　大理岩脆—延—塑转换特性的数值试验模拟结果

图 2-49 表示了采用 PFC 方法进行岩石三轴压缩数值试验获得的结果，其中上部图线为不同围压条件的应力-应变关系曲线，随围压增高，岩石的脆—延—塑转换特性得到了反映。而下图为这些不同围压条件下试样在完成试验以后裂纹的分布，即这些应力-应变关系曲线是外荷作用下岩石试样内部裂纹不同扩展方式和扩展程度作用的结果。

获得上述结果输入的参数与常规的理解有很大差别，由于岩石试样是采用“水泥拌砂粒”的方式模拟，输入的参数包括砂粒的参数和水泥的参数，需要的参数如下：

（1）砂粒：密度、颗粒级配、弹性模量、法向和切向刚度比、摩擦系数。

（2）水泥：弹性模量、法向/切向刚度比、摩擦系数、抗压强度（平均值和方差）、剪切强度（平均值和方差）。

这种“水泥拌砂粒”的合成物质的力学特性完全取决于砂粒和水泥的参数和配合比，现实中获得满足要求的成果（应力-应变关系曲线）时需要不断调整砂粒和水泥的参数以及配合比，因此这项工作可能是一个非常不确定的漫长过程。

从本质上讲，2.7.2 小节的模拟方式建立在连续力学方法的基础上，即忽略对破裂特性的直接模拟，相对而言思路上要常规化一些，但过程比较复杂。本小节所述 PFC 方法则属于非连续介质力学方法，岩石的本构曲线不是通过直接“赋值”的方式实现，而是通过“调配”物质组成和配合比的方式自动获得，因此更从本质上说明问题，且特别建立了大理岩破裂特性和脆—延—塑特征之间的内在关系，具有从本质上描述问题的能力。但这种方法的缺点是，不论是准备工作还是计算过程都可能非常冗长耗时，工作量很大，大型计算往往还受到常规服务器计算机能力的限制。

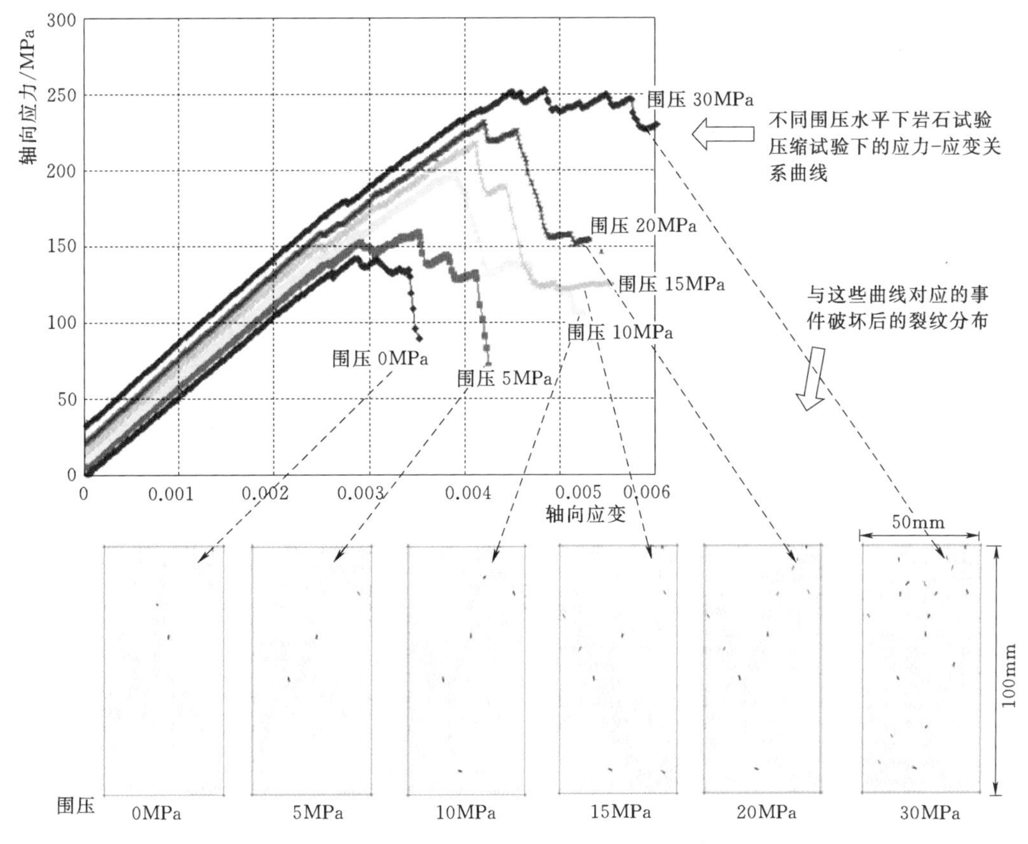

图 2-49　同时反映大理岩脆—延—塑转换和破裂特性的 PFC 数值试验成果

显然，不论采用哪一种描述方式，确定大理岩的本构特性和强度准则所需要的参数与常规条件下一般岩石相比有着很大的差别，即相关力学参数远远超出了常规范畴，但确定这些参数的试验方法并没有特殊要求，不论采用哪种方式，都是以常规室内试验成果为依据，从这一点上讲，它与传统的方法不存在本质性差别。

2.8　本章小结

损伤与岩体的力学特性密切相关，因此研究损伤问题前，首先需要了解深埋岩体力学特性。本章对岩体力学特性进行了深化研究，即从工程角度看待和理解岩体力学特性。在锦屏二级引水隧洞施工过程中，围绕深埋岩体特性进行了大量的试验和科学研究工作，对设计工作配套的围岩稳定研究中涉及的岩体力学特性进行了重点研究，侧重针对两个环节的问题：一是深埋高围压条件下岩体强度准则和强度参数取值；二是破坏后非线性行为的描述方法。

针对第一个问题，为了合理确定岩石的特征强度，利用声发射、声波监测配合应力-应变曲线共同确定。三轴条件下的启裂强度由裂纹体积应变曲线确定，而损伤强度则利用相对体积刚度对应于体积应变的恢复点来确定。

针对第二个问题，采用脆—延—塑转换模型成功解决了描述过程中的关键技术性难题，实现了对于大理岩的力学特性描述。高应力条件下，隧洞开挖后围岩最普遍的高应力破坏形式是各种各样的破裂行为，采用本构模型的连续方法无法直接描述围岩产生裂纹的过程，只能通过应力路径或塑性区间接地判断岩石的损伤区域，因此本节在连续分析方法的基础上采用非连续方法 PFC 对大理岩力学行为进行了直接模拟，直观地展现了岩石破裂特征。

深埋岩石损伤特征检测与试验方法

3.1 岩石损伤特征检测

3.1.1 损伤检测方法简介

岩石损伤的检测分直接检测法和间接检测法。直接检测法中最直接的方法就是用金相学的方法直接检测岩石中各种损伤缺陷的数目、形状大小、分布形态、方位取向、裂纹特性以及各类损伤缺陷所占的比例。间接检测法就是通过一定的物理假设去建立岩石的宏观物理量与损伤变量之间的关系[87-92]。

1. 物理量与等效量的检测方法

这种方法是一种间接检测岩石损伤的方法，主要是通过一定的假设建立岩石材料物理量（如密度、弹性模量、超声波速、塑性响应力等）与损伤变量 D 之间的关系，分别称为密度变化检测法、弹性模量下降法、超声波检测法、循环塑性响应法。

2. 声发射检测技术

声发射检测技术的主要特点就是利用声发射的衰减变化情况来评价岩石内的损伤情况，声发射给出的信息较为丰富，如：累计发射数 N，声发射率 AER，声发射波幅 A，声发射能量 E 和声发射时间 T。但目前这些信息在岩石损伤检测中尚未得到充分利用，若能进一步建立岩石在不同损伤扩展段应力、应变和声发射定量指标的关系，进而和岩石损伤变量联系起来，就有可能扩大声发射技术在岩石损伤检测中的应用范围。

3. 扫描电镜检测技术

扫描电镜（Scanning Electron Microscopy，SEM）的出现为进一步从微观上弄清楚岩石材料的损伤机理提供了有力的工具，自从 Sprunt 和 Brace 将扫描电镜技术引入岩石损伤检测研究以来，已有许多这方面的研究报道。

扫描电镜或光学显微镜检测的缺陷是试件太小、切片扰动、单轴加载、加载太小、单一观测断面和力学机制不明确等。

4. CT 扫描技术

计算机层析成像（Computerized Tomography，CT）技术是一门新兴的研究岩石力学的实验技术，CT 扫描技术在岩石无损探测以及实时探测岩石在不同受载条件下内部裂纹的变化状况方面有着不可比拟的优点。

近年来，许多研究者应用 X 射线 CT 扫描技术对岩石的破裂过程进行了研究，自从

Withjack 在 20 世纪 80 年代后期将计算机 CT 扫描技术应用在地质材料特性研究方面以来，CT 扫描技术便开始广泛应用于地学和岩土工程领域的研究。

综上所述，扫描电子显微镜（SEM）首先观测到细观裂纹一般萌生在岩石缺陷部位，其扩展受附近缺陷和矿物颗粒的影响，分辨率高；缺点是试样体积太小（长度只有几厘米），矿物颗粒效应明显，且只能实时观测到试样表面的变化。声发射是材料或结构在动态过程中产生的应力波传播现象，有关的主要成果是查明了声发射震源在变形开始时随机分布于样本之中，随后向最终破裂面集中，AE 密集区与扩容区具有良好的对应关系；缺点是利用 AE 频率、振幅等指标与岩石裂纹参数难以建立定量联系，且研究岩石裂纹演化过程具有不确定性。

CT 检测的优势是可以进行多层断面观测，加载荷载大，可采用国际标准圆柱形试样，可以立体成像。目前国内外已有的岩石损伤 CT 检测工作存在的缺陷是：先在试验机上做宏观试验，在试验进行到一定阶段时终止试验，然后将试件放在 CT 机上扫描，显然卸载对 CT 试验结果有明显的影响，而且无法将宏观试验过程连续进行，也无法对裂纹演化情况进行实时扫描。

因此，拟采用岩样 CT 扫描技术与岩样声发射监测相结合的方法来确定岩样的初始损伤范围及其程度，具体步骤如下：

（1）采用医用 CT 对所取得的原始岩样进行 CT 扫描，每个岩样从顶部到底部均匀间隔选取 5～10 个扫描横断面，获得原始岩样不同横断面上的 CT 数分布。

（2）对每个断面上的 CT 数分布按同心圆（如图 3-1 所示，一般 3～4 个）从内到外进行统计，统计参数包括统计每个同心圆内的 CT 数平均值、CT 数方差和 CT 数在圆面上的分布形态（主要是指尖峰个数），再根据各同心圆内 CT 数平均值的大小及其 CT 数方差的大小，初步确定原始岩样的损伤范围及相对损伤程度。

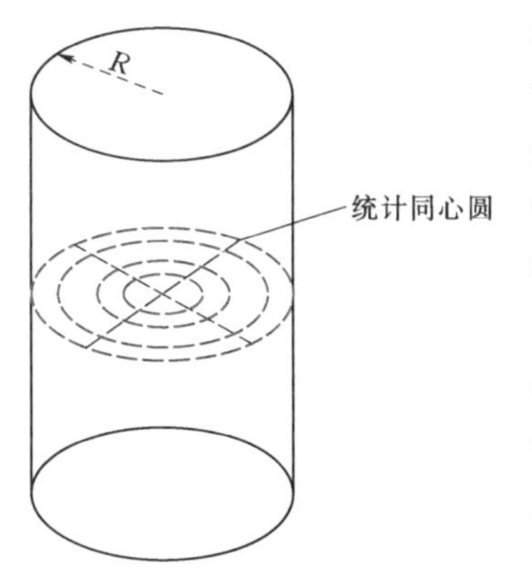

图 3-1 岩样 CT 数分布同心圆统计方法示意图

（3）根据 CT 扫描统计的结果，将原始岩样进行套钻，制取一系列直径较小的岩样，所套取岩样的直径要均匀分布成一个系列，各级直径大小相差 10～20mm 为宜，岩样的高径比均须保持为 2∶1，套取岩样的数量控制在 3～4 个。

（4）对套钻所获得的系列岩样进行单轴压缩试验，试验同时进行岩样声发射检测，通过应力-应变曲线和声发射检测结果，综合判定岩样的损伤强度（σ_{cd}），求得岩样损伤强度与其单轴抗压强度（σ_f）的比值（σ_{cd}/σ_f）。该比值的大小反映了岩样的损伤程度，结合 CT 扫描的结果，即可判定原始岩样的取样损伤程度及范围。

3.1.2 声波检测

3.1.2.1 岩样制备及检测方法

为了判定无损取样和常规取样所获得芯样的初始损伤程度及范围，共制作 5 组 26 只大样，其中3组为无损样（图3-2），2组为常规样。

图3-2 预备实验制样完成的无损岩样（ϕ90cm×180cm）

岩样制作完成后，为了解岩样的基本情况，对岩样进行了轴向P波、侧向P波、横向S波波速测试。为了使测试过程中声波和声发射探头（后续单轴压缩试验）的底部可以和岩样良好接触，将圆柱岩样的四周打磨出4个小平台，具体如图3-3所示。

声波检测采用的声波探头及声波仪如图3-4所示，检测时横向波、纵向波采用相同的频率（10^7Hz）。

预备试验岩样的声波检测内容包括轴向P波，横向两个方向的P波和S波（每个岩样两个断面），检测过程如图3-5所示。

图3-3 加工后岩样

(a) P波探头

(b) S波探头

图3-4（一） 声波探头及非金属声波检测仪

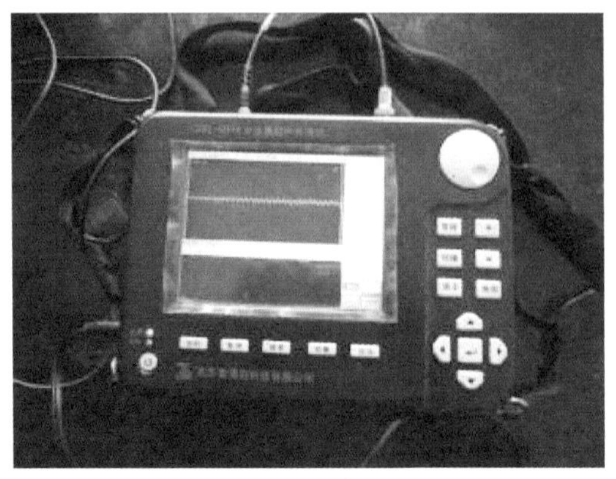

(c) 声波仪

图 3-4(二) 声波探头及非金属声波检测仪

(a) 轴向声波检测

(b) 横向 P 波检测

(c) 横向 S 波检测

图 3-5 岩样轴向声波检测过程

3.1.2.2 岩样声波检测结果分析

如图 3-6 所示，通过检测获得了 1—1 和 2—2 方向的 P 波速和 S 波速度，以及 0—0 方向（轴向）的 P 波速度。

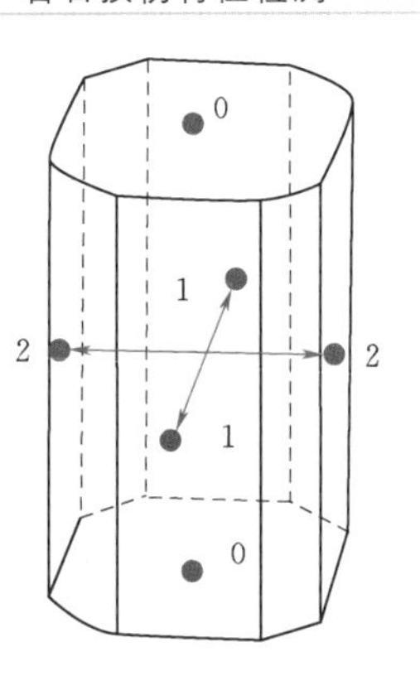

图 3-6 岩样声波速度检测方向示意图

将预备试验岩样按图 2-14 中的 D 孔、C 孔和外围应力解除孔分组，并求各组的平均值，具体数值见表 3-1 和图 3-7。

从表 3-1 和图 3-7 可见，无损取样的 D 孔和 C 孔中，岩样的平均声波速度表现出一定的规律性，即岩样轴向 P 波速度明显大于两个横向的 P 波速度，而两侧方向的横向 P 波速度也有明显的差距，显示出岩样明显的各向异性；而常规取样孔（外围应力解除孔）中岩样三个方向的 P 波速度差异不明显。声波速度值方面，D 孔岩样偏低，比应力解除孔岩样的声波速度都低。

表 3-1 岩样平均声波速度值

岩样分组	平均声波速度/(m/s)				
	轴向 V_P	侧向 V_{P1}	侧向 V_{P2}	侧向 V_{S1}	侧向 V_{S2}
D 孔岩样（6 只）	5755.29	5516.85	5355.81	3032.63	3058.37
C 孔岩样（9 只）	6050.49	5800.69	5579.75	3302.00	3194.43
应力解除孔岩样（11 只）	5783.07	5791.31	5813.81	3217.37	3186.73

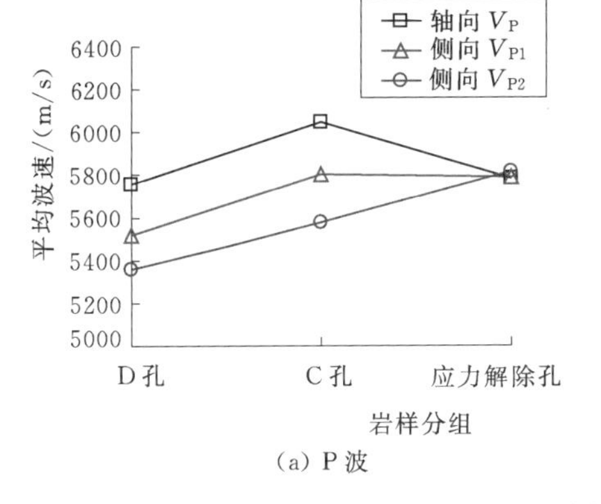

(a) P 波

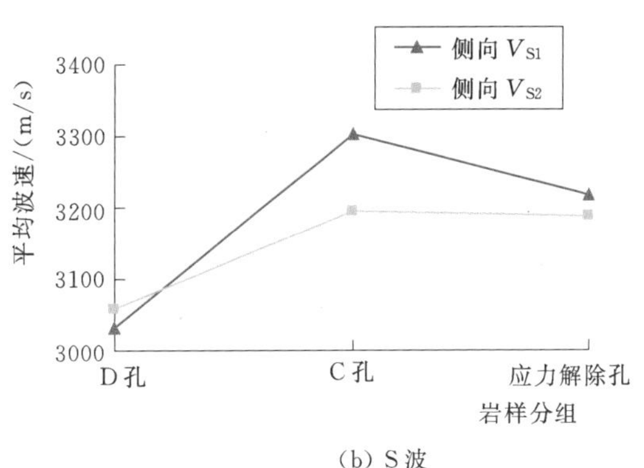

(b) S 波

图 3-7 岩样平均声波速度对比

岩样的 S 波速度也表现出类似的规律，其中 C 孔最为明显。综合 P 波和 S 波的检测结论，可以认为岩样中裂纹发育的优势方向应该是平行于轴线的，这是因为横向 P 波速度对轴向裂纹较为敏感（横向 S 波则对径向敏感），且轴向 P 波速度大于横向 P 波速度。

图 3-8 给出了各个岩样三个方向的声波速度情况。

从图 3-8 仍然可以看到，D 孔、C 孔岩样具有较为明显的各向异性，而外围应力解除孔中岩样（相当于常规取样）则较为均一。

3.1.2.3 取芯孔声波检测结果

为了与岩样声波检测的结果进行对比，本研究特地在现场取芯完成后，对图 2-14 中内圈 5 个无损取样孔孔壁进行了声波检测。

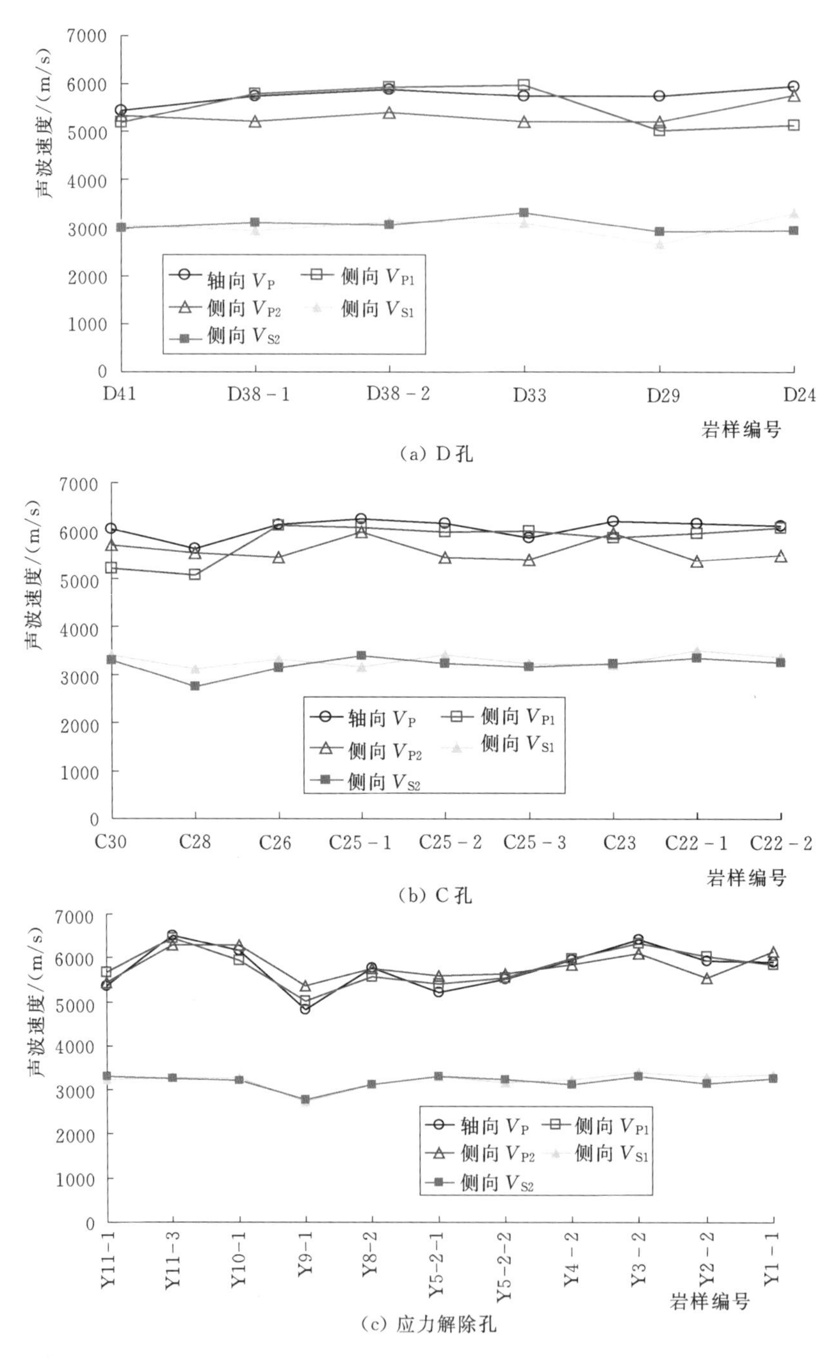

(a) D孔

(b) C孔

(c) 应力解除孔

图 3-8 预备试验岩样声波速度实测值

图 3-9 给出了内圈 A～E 孔的声波速度沿孔深的分布图，从图中可以看到，孔口 2m 以内岩体声波速度明显低于其他部位，这是受试验洞开挖影响的区域；孔口 2m 以内，全孔波速变化较为平稳，平均波速在 6000m/s 以上，表明取芯段具有较好的完整性。

相应地也进行了图 2-14 中 6 个外围应力解除孔的声波检测，它们的声波速度沿孔深的分布与内圈 5 个无损取样孔类似，只是波速沿孔深分布的离散性稍微增大。表 3-2 和图 3-10 给出了无损取样孔和应力解除孔声波速的对比情况。

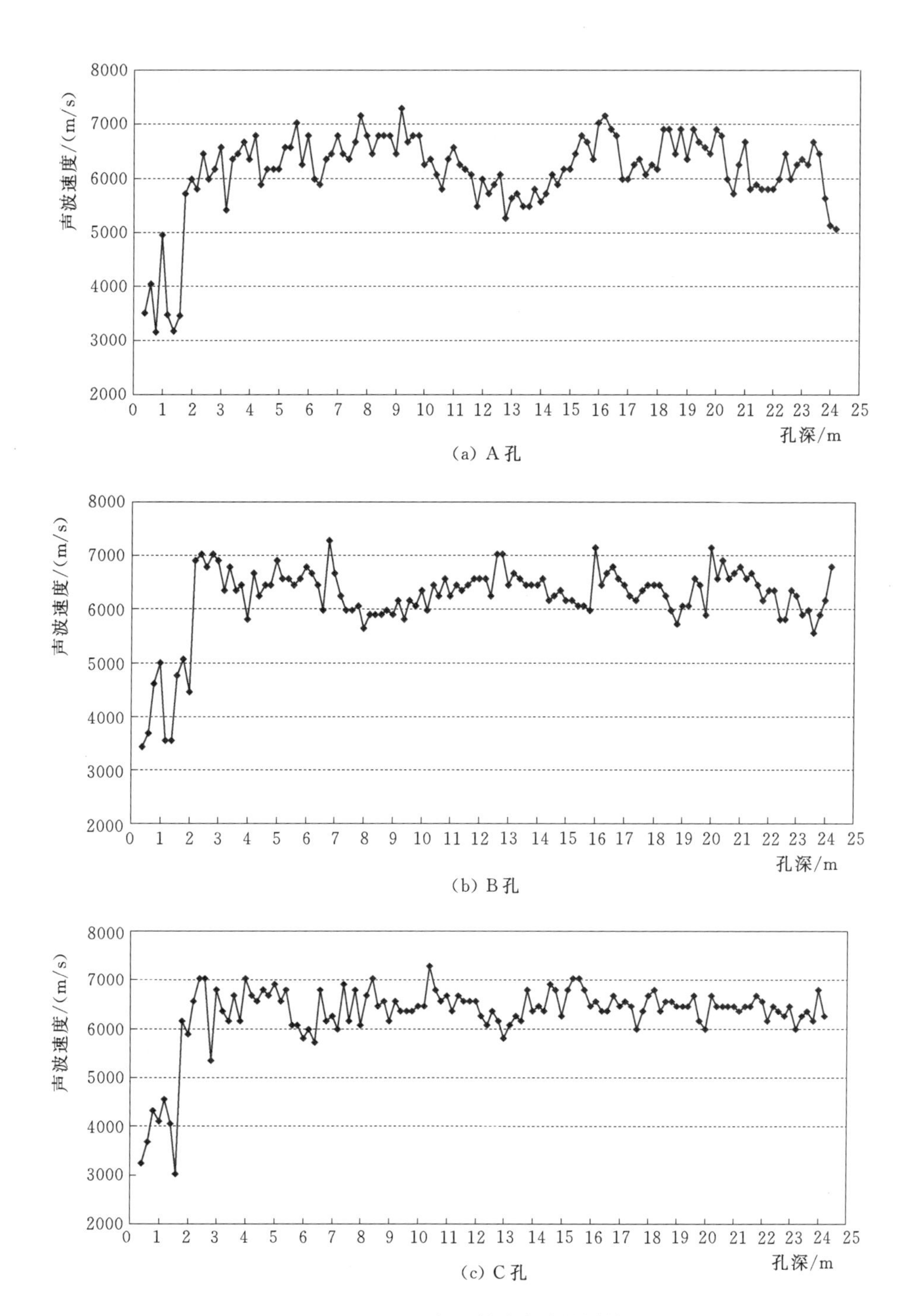

图 3-9 (一) 无损取样孔声波检测结果

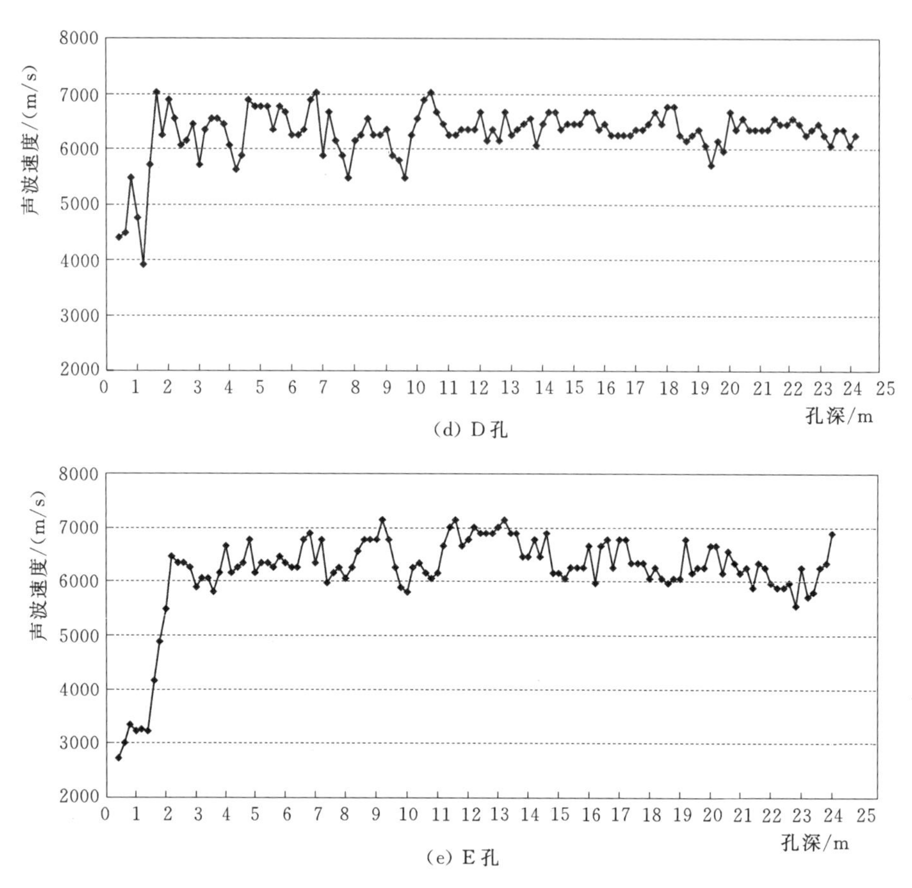

(d) D孔

(e) E孔

图3-9(二) 无损取样孔声波检测结果

表3-2 无损取样孔和应力解除孔声波速度测值对比

孔号	各区间声波测点数						平均声波速度/(m/s)
	<5000m/s	5000～5500m/s	5500～6000m/s	6000～6500m/s	6500～7000m/s	>7000m/s	
A	7	6	29	42	30	5	6124.99
B	8	1	22	51	30	7	6203.57
C	7	1	9	55	40	7	6291.45
D	4	3	10	69	30	3	6289.13
E	8	1	15	59	30	6	6178.00
Y2	7	0	13	40	40	14	6357.58
Y4	7	5	27	29	28	18	6191.46
Y7	8	3	17	48	23	15	6183.16
Y10	10	1	15	40	27	21	6206.84
Y13	5	5	38	35	21	10	6136.36
Y16	5	9	33	34	30	3	6093.67

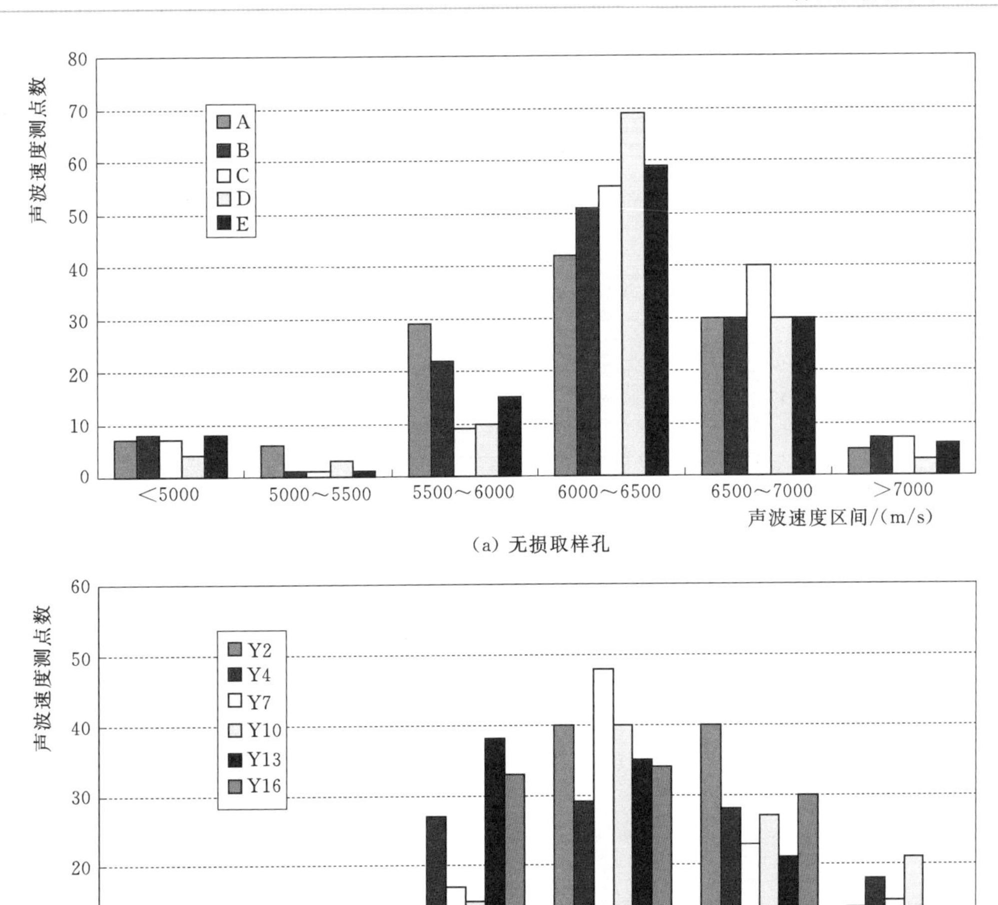

(a) 无损取样孔

(b) 外圈应力解除孔

图 3-10 无损取样孔和应力解除孔声波测值对比

从表 3-2 和图 3-10 可以看到，五个无损取样孔孔壁声波速度要稍高于外圈应力解除孔的平均声波速度；从声波速度测值的分布来看，无损取样孔的声波速度测值大多集中在 6000～7000m/s 之间，相比之下，外圈应力解除孔的声波速度测值的分布范围要稍广，离散性更大。由于无损取样孔和应力解除孔分布在直径约 1m 的大岩柱内，所不同的是钻孔的顺序，因此，上述检测结果也从一定程度上说明了无损取样对于取样区域应力解除的效果。

表 3-3 给出了无损取样孔和应力解除孔孔壁波速和相应位置所取岩芯的声波速度值对比，可以发现，孔壁的声波速度值普遍要比相应位置岩芯的轴向 P 波速度大，差值在 300～900m/s 之间，且无损取样孔和外圈的应力解除孔并没有明显的差别。

造成这个差异的原因大致可以归纳为以下两点：

(1) 室内进行岩样的声波检测时，虽然使用了和现场声波检测相同频率段的声波激励

表 3-3 孔壁波速和相应位置岩芯波速的比较

序号	岩样编号	孔深/m		岩芯波速/(m/s)	孔壁波速/(m/s)	差值/(m/s)
		起始	终止			
1	D41	19.8	20.03	5450.45	6328.67	878.22
2	D38-1	18.8	19.3	5742.86	6220.00	477.14
3	D38-2	18.8	19.3	5889.61	6220.00	330.39
4	D33	16.83	17.05	5753.99	6299.50	545.51
5	D29	13.87	14.17	5748.01	6393.33	645.33
6	D24	12.2	12.45	5946.84	6219.00	272.16
7	C30	11.91	12.21	6023.33	6454.67	431.33
8	C28	11.17	11.55	5621.45	6524.33	902.88
9	C26	10.42	10.82	6126.28	6870.00	743.72
10	C25-1	9.72	10.42	6229.17	6575.00	345.83
11	C25-2	9.72	10.42	6151.20	6575.00	423.80
12	C25-3	9.72	10.42	5854.84	6575.00	720.16
13	C23	9.28	9.56	6186.21	6418.33	232.13
14	C22-1	8.7	9.23	6151.20	6430.00	278.80
15	C22-2	8.7	9.23	6110.74	6430.00	319.26
16	Y11-1	6.35	6.68	5367.16	—	—
17	Y11-3	6.35	6.68	6516.25	—	—
18	Y10-1	10.26	10.61	6178.69	6363.67	184.97
19	Y9-1	6.56	6.86	4820.11	—	—
20	Y8-2	11.64	11.96	5774.60	—	—
21	Y5-2-1	17	17.4	5209.91	—	—
22	Y5-2-2	17	17.4	5516.62	—	—
23	Y4-2	6.06	6.36	5953.95	6709.67	755.72
24	Y3-2	9.97	10.37	6414.29	—	—
25	Y2-2	19.92	20.32	5944.44	6312.67	368.22
26	Y1-1	4.65	4.97	5917.76	—	—

源，但其应力已经完全释放，而现场孔壁仍然处于较高的地应力状态中，因此，孔壁波速要高于相应位置所取得的岩芯的波速。

（2）在地应力较高的条件下，不论是无损取样孔，或是应力解除孔，所取岩芯都存在一定的损伤，但要确定损伤的程度还需要开展进一步的研究。

3.1.2.4 小结

通过对无损取样、常规取样岩芯及取样孔孔壁的声波检测结果进行对比分析，可知：

（1）无损取样所获得岩样轴向P波速度明显大于两个横向的P波速度，而两个方向的横向P波速度也有明显的差距，显示出岩样明显的各向异性；而常规取样孔（外围应力解除孔）中岩样三个方向的P波速度差异不明显。综合P波和S波的检测结论，可以认为岩样中的裂纹发育的优势方向应该是平行于轴线的。

(2) 无损取样孔和常规取样孔孔壁的声波速度大小及分布均相差不大，但常规取样孔声波速度的离散性稍大。

(3) 由于取样损伤及检测时岩芯脱离了原应力环境、卸荷比较明显，因此现场检测的孔壁波速要高于相应位置所取得的岩芯的波速。

3.1.3 CT扫描方法

3.1.3.1 CT扫描系统及分析方法

对25只直径为90mm的岩样进行了CT扫描（图3-11）。试验中计算机断面X射线检测采用德国西门子公司生产的Sensation 40型医用螺旋CT机，空间分辨率40层。

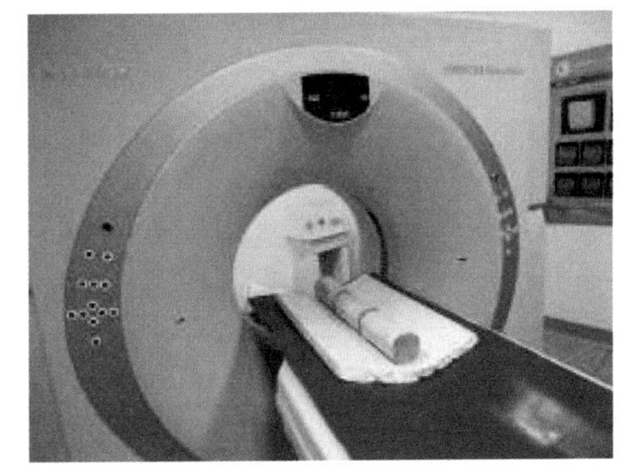

图3-11 岩样CT扫描

CT技术的基本原理是X射线穿透被检测材料，不同波长的X射线的穿透能力不同，而不同的材料对同一波长X射线的吸收能力也不同。

在CT检测中，常将材料某点对X射线的吸收系数作为定量分析的CT数，只要对比图像重建后的CT数，就可判断材料断面各部位的损伤缺陷情况。岩石CT图像反映岩石各部位对X射线吸收程度的大小，本质是一幅数字图像，每一像素点的值即为CT数。CT数大小在CT图像上由灰度表示。根据CT物理原理，CT数与对应的岩石密度成正比，CT图像的亮色表示岩石高密度区，暗色表示岩石低密度区。

由于岩石中的矿物组成、结构、构造不均一，造成各部位密度不同，而密度与X射线吸收系数成正比，因此CT图像也可以看作岩石扫描断面密度分布图。对于较为均匀的岩石样品来说，除非含有裂隙或层理，一般来说，通过一幅CT图像观测到的密度信息难以反映细观结构特点。如果对样品同一层位在不同应力状态的多幅CT图像进行比较，就可以得出细观结构的演化信息。岩石内部一定区域内微孔洞、微裂纹的活动必然引起该区域密度的变化；反之，岩石内部一定区域密度的异常变化也可反映本区域微孔洞、微裂纹活动的集合效应，这就是利用CT图像进行岩石细观裂纹观测的原理。

除了CT图像分析外，更重要的是CT数的定量分析，因为CT数的均值、方差及扫描截面内CT数的分布规律更能反映岩石材料损伤的本质特性。CT数的定量分析进一步把CT数和岩石损伤变量联系起来，为定量分析奠定了基础。

CT检测的突出特点就是能进行多方位检测，除了岩石材料横截面损伤检测外，还可以进行纵截面或斜截面的损伤检测，能方便地研究损伤分布的各向异性特征。图3-12以岩样Y9-1为例给出了岩样的基本情况及扫描后的图像处理情况，在岩样已有初始裂缝的情况下，CT图片可很清晰地显示裂纹的方位，若没有明显的裂缝，则只能通过CT数

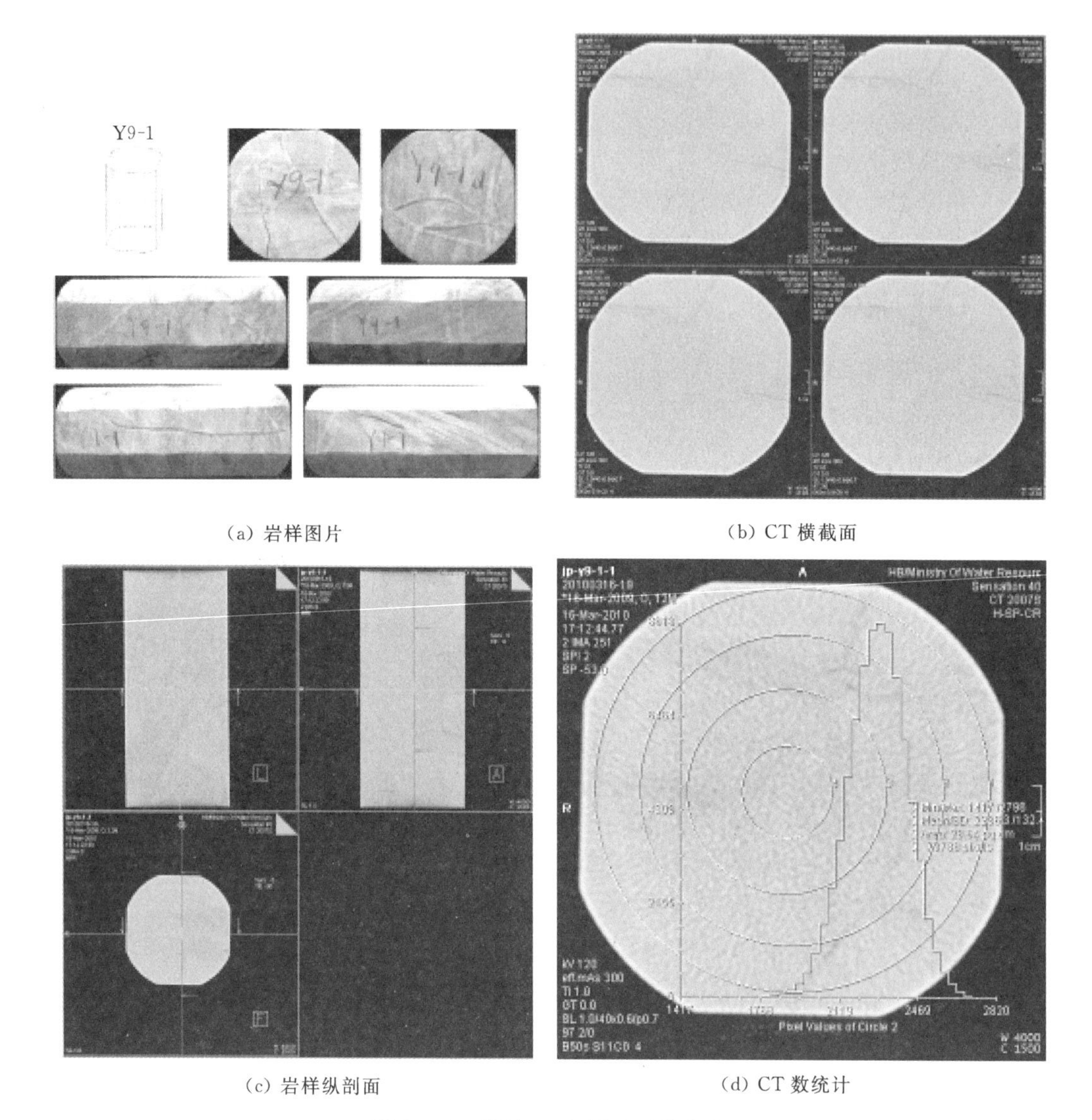

(a) 岩样图片　(b) CT 横截面

(c) 岩样纵剖面　(d) CT 数统计

图 3-12　岩样 CT 扫描后图像处理

从平均意义上反映岩样的损伤。

为了从 CT 图像中提取有关岩石结构演化的信息，首先必须了解 X 射线岩石 CT 图像的特点。与人体 CT 图像相比，岩石密度大，CT 数均值更高，但方差很小。CT 图像研究的目的是研究图像结构特点与 CT 数分布的关系，其方法是分区统计 CT 图像每个区域内的 CT 数分布规律。杨更社等采用图像整体 CT 数统计方法着重分析了岩石 CT 图像的 CT 数分布特征[93]，发现无裂纹时 CT 数直方图呈现单峰曲线特点，有裂纹或空洞发育时直方图呈现多峰曲线特点，如图 3-13 所示。

结合以上研究成果，制定了如图 3-14 所示的统计方案，统计的主要指标有各同心圆上的 CT 数平均值、CT 数的方差及其峰值的个数等，每个岩样统计 10 个断面，每个断面 4 个同心圆。

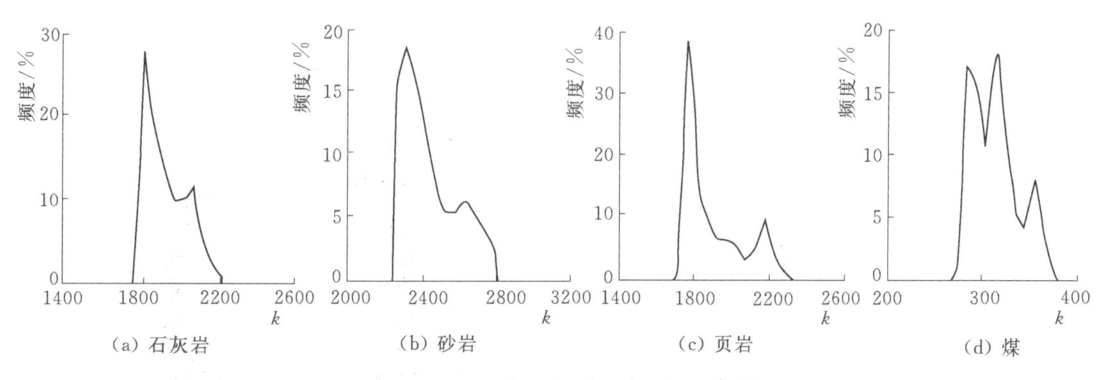

图 3-13 不同岩石的 CT 数分布情况[93]

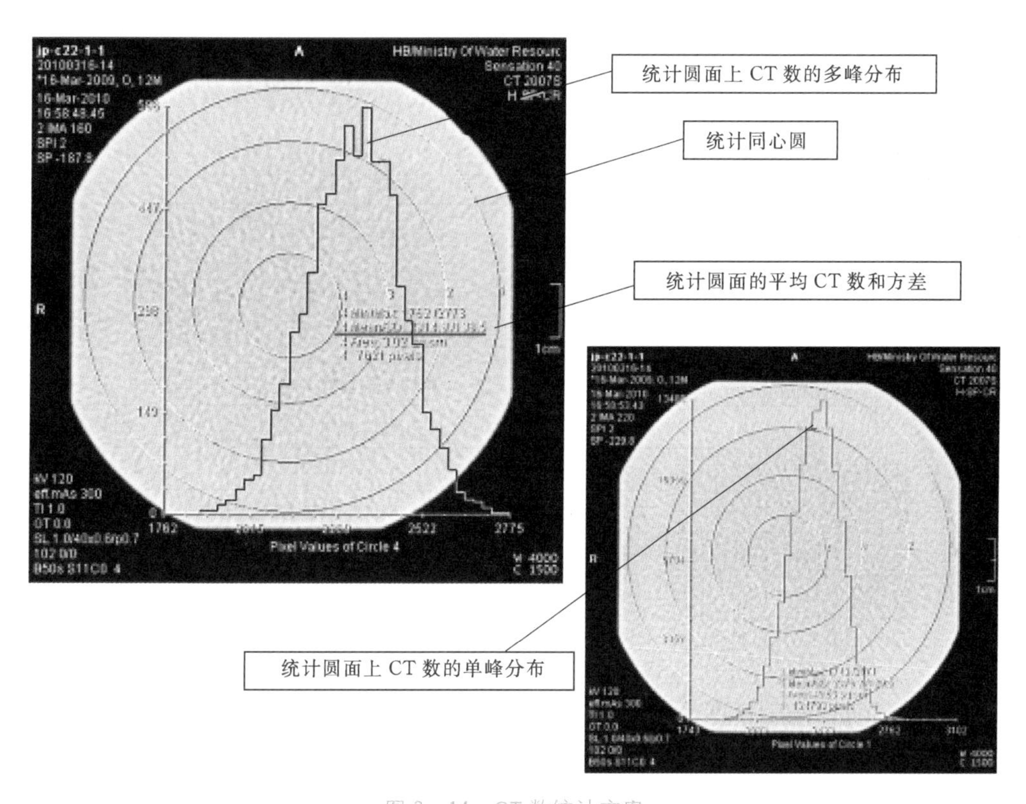

图 3-14 CT 数统计方案

统计时，每个断面单独统计，然后取每个岩样 10 个断面上各统计参数的平均值（图 3-15）作为此岩样的代表统计值，具体见表 3-4～表 3-6（其中 cir1～cir4 的面积分别为 $49cm^2$、$28cm^2$、$12cm^2$ 和 $3cm^2$，对应直径依次为 7.9cm、5.97cm、3.91cm 和 1.95cm）。

3.1.3.2 平均 CT 数分布分析

图 3-16 给出了 C 孔、D 孔和 Y 孔三孔中各岩样不同同心圆内 CT 数平均值的分布情况。

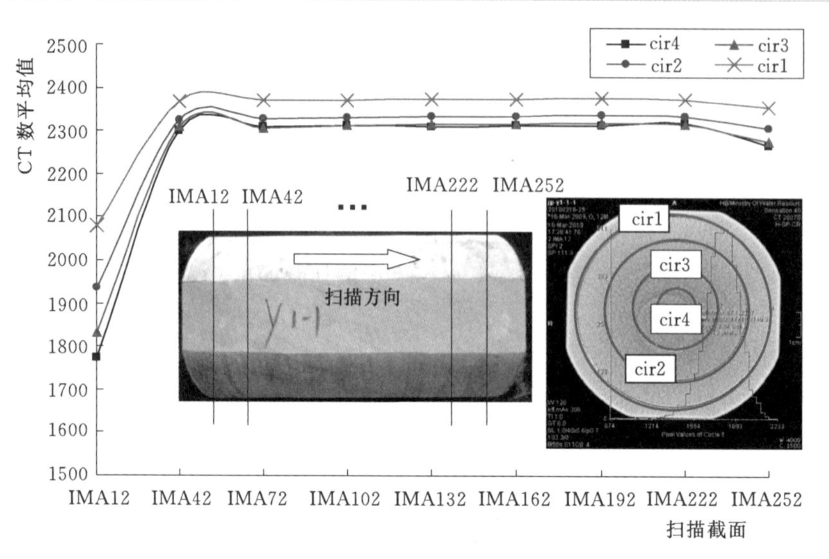

图 3-15 岩样 CT 数统计断面（岩样编号 JP-y1-1）

表 3-4 预备试验 C 孔岩样 CT 数统计

序号	岩样编号	外圈（cir1）			中圈（cir2）			次内圈（cir3）			内圈（cir4）		
		CT 数	方差	尖峰个数	CT 数	方差	尖峰个数	CT 数	方差	尖峰个数	CT 数	方差	尖峰个数
1	JP-C22-1-1	2371.49	128.55	1.00	2331.95	127.66	1.13	2311.43	133.45	1.50	2307.81	138.09	1.88
2	JP-C22-2-1	2374.68	134.54	1.25	2334.01	130.53	1.38	2313.09	137.51	1.38	2308.49	142.36	2.13
3	JP-C23-1	2368.80	129.01	1.25	2324.38	129.21	1.13	2306.45	136.21	1.38	2301.95	139.98	2.13
4	JP-C25-1-1	2372.00	132.84	1.13	2328.71	130.60	1.00	2308.36	137.14	1.00	2299.41	141.74	2.13
5	JP-C25-2-1	2375.90	128.93	1.25	2331.71	127.51	1.25	2313.60	134.98	1.50	2309.98	139.50	2.25
6	JP-C25-3-1	2368.66	127.98	1.00	2328.26	126.43	1.25	2306.65	132.89	1.50	2294.45	136.39	2.13
7	JP-C26-1-1	2376.11	129.95	1.13	2331.18	125.78	1.38	2306.74	129.64	1.25	2298.44	133.70	2.00
8	JP-C28-1	2371.04	128.76	1.00	2331.60	128.30	1.13	2309.15	134.00	1.38	2304.26	139.24	2.25
9	JP-C30-1	2373.56	128.93	1.13	2333.34	126.50	1.13	2311.86	131.06	1.29	2311.53	133.54	1.75

表 3-5 预备试验 D 孔岩样 CT 数统计

序号	岩样编号	外圈（cir1）			中圈（cir2）			次内圈（cir3）			内圈（cir4）		
		CT 数	方差	尖峰个数	CT 数	方差	尖峰个数	CT 数	方差	尖峰个数	CT 数	方差	尖峰个数
1	JP-D24-1	2372.71	129.66	1.13	2328.00	130.50	1.50	2308.84	133.79	1.25	2301.89	138.15	1.88
2	JP-D29-1	2336.83	140.48	1.13	2290.66	130.50	1.25	2268.71	143.06	1.13	2261.05	148.31	2.25
3	JP-D33-1-1	2372.96	127.76	1.00	2330.38	130.50	1.50	2312.45	134.03	1.50	2303.49	138.86	2.50
4	JP-D38-1-1	2377.04	131.45	1.00	2336.28	131.50	1.00	2315.49	137.54	1.38	2311.06	142.70	2.25
5	JP-D38-2-1	2380.10	128.05	1.25	2339.53	131.50	1.25	2318.58	132.85	1.38	2308.64	137.94	2.13
6	JP-D41-1	2375.13	195.59	1.11	2334.22	206.72	1.33	2314.46	218.38	1.44	2310.03	224.17	2.78

表 3-6 预备试验 Y 孔岩样 CT 数统计

序号	岩样编号	外圈（cir1）			中圈（cir2）			次内圈（cir3）			内圈（cir4）		
		CT 数	方差	尖峰个数	CT 数	方差	尖峰个数	CT 数	方差	尖峰个数	CT 数	方差	尖峰个数
1	JP-Y1-1-1	2338.49	140.68	1.56	2285.62	206.72	1.33	2256.62	136.36	1.22	2246.07	139.33	2.11
2	JP-Y2-2-1	2296.29	137.59	1.22	2282.36	143.02	1.67	2238.20	131.29	1.33	2222.14	133.49	1.78
3	JP-Y3-2-1	2336.78	145.00	1.67	2280.09	136.33	1.44	2239.99	137.34	1.75	2236.13	143.52	2.33
4	JP-Y4-2-1	2353.97	132.37	1.89	2303.71	126.91	1.22	2280.08	131.03	1.78	2268.06	136.96	2.11
5	JP-Y5-1-1	2354.80	131.14	1.33	2299.02	120.54	1.44	2268.53	121.70	1.67	2249.77	126.37	2.67
6	JP-Y5-2-1	2346.34	129.64	1.57	2291.23	121.44	1.29	2263.49	122.53	1.14	2252.69	127.71	2.43
7	JP-Y8-2-1	2358.14	134.22	1.33	2300.68	129.60	1.11	2280.03	130.94	1.78	2274.81	135.80	2.11
8	JP-Y9-1-1	2327.17	139.77	1.33	2280.41	134.75	1.22	2252.83	135.39	1.44	2247.78	136.87	2.22
9	JP-Y10-1-1	2354.38	134.71	1.33	2304.31	126.44	1.22	2273.90	128.78	1.67	2263.93	133.13	1.89
10	JP-Y11-1-1	2322.58	153.46	1.67	2269.03	137.26	1.11	2241.86	134.58	1.22	2231.58	138.27	1.78
11	JP-Y11-3-1	2357.54	135.68	1.33	2305.64	129.37	1.33	2280.60	132.89	1.33	2267.96	139.67	2.00

图 3-16 中横坐标代表各组岩样的编号。可以看到，除个别岩样外（JP-D29-1），C 孔和 D 孔各同心圆上的 CT 数平均值都要明显大于 Y 孔岩样，且从 C、D 两孔中所取得各个岩样的 CT 数平均值相差不大，而 Y 孔中所取得的岩样则波动很大，表明岩样个体差别较大，这说明无损取样 C、D 两孔中的岩样初始损伤的程度明显比 Y 孔岩样低。

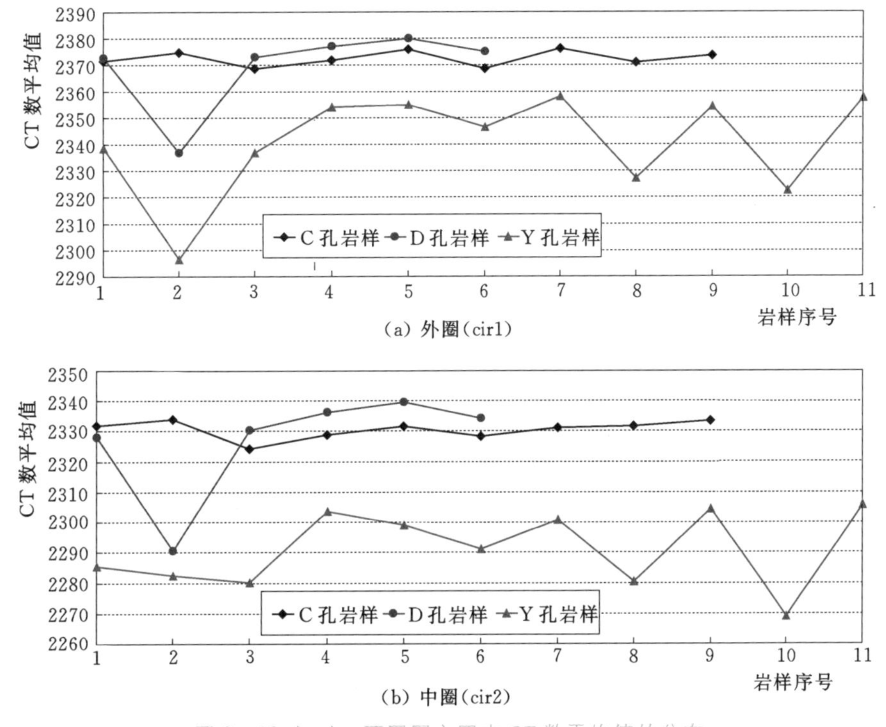

图 3-16（一） 不同同心圆内 CT 数平均值的分布

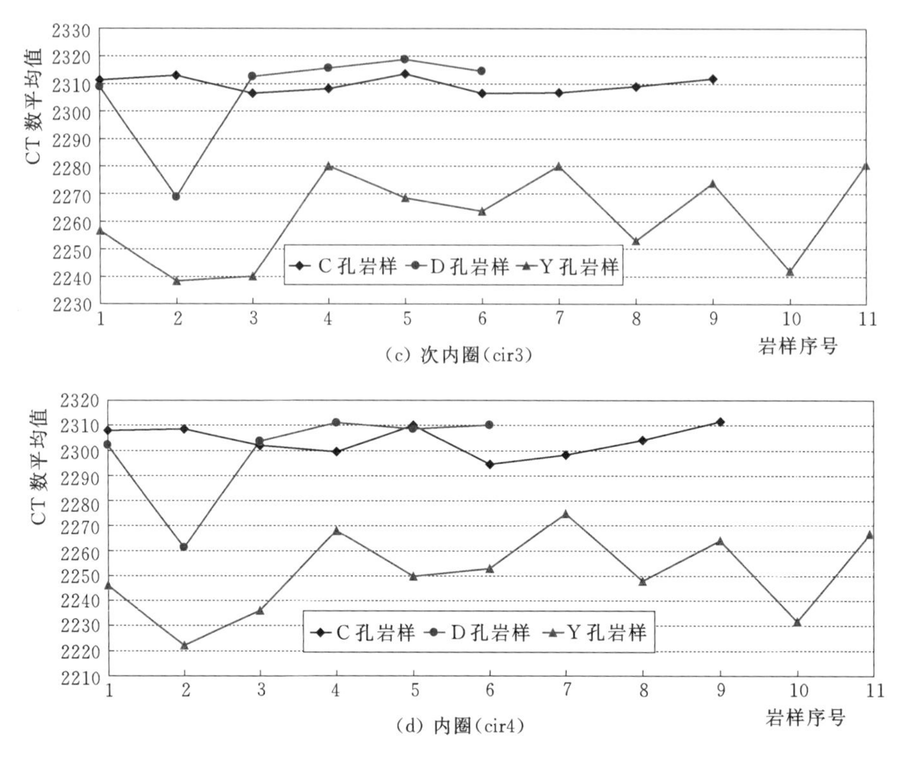

(c) 次内圈(cir3)

(d) 内圈(cir4)

图 3-16（二） 不同同心圆内 CT 数平均值的分布

另外，岩样的内圈和次内圈也表现出和外圈、中圈类似的规律，说明 Y 孔岩样受到了较为严重的取样损伤，且并没有表现出由外而内损伤程度逐渐降低的趋势。

试验结果统计中并没有给出同一个岩样由内而外四个同心圆面内 CT 数平均值的比较关系，这是因为 X 射线在由内而外穿过岩样时，其衰减不仅与岩样的密度有关，也与其传播的距离有关，因此，岩样内圈的 CT 数总是低于外圈的 CT 数平均值，因此不便于比较。

3.1.3.3 CT 数方差分析

岩样 CT 数分布的方差越大，则损伤越严重。本次试验中 26 个岩样的 CT 数方差统计如图 3-17 所示。

从图 3-17 可以看到，除个别岩样（JP-D41-1 和 JP-Y1-1-1）外，三组岩样的 CT 数在各个同心圆上分布的方差值相差不大；Y 孔岩样外圈（cir1）的方差较 C、D 两孔稍大。

3.1.3.4 CT 数尖峰个数分析

图 3-18 给出了各同心圆上 CT 数分布的尖峰个数的统计值，杨更社等发现无裂纹时 CT 数直方图呈现单峰曲线特点，而有裂纹或空洞发育时直方图呈现多峰曲线特点。

从图 3-18 可以看到，在最外圈，Y 孔岩样（即常规取样）CT 数分布的尖峰个数明显要大于 C、D 两孔，而 C、D 两孔岩样则相差不大；而对于中圈、次内圈和内圈，三个孔内岩样 CT 数分布的尖峰个数相差不大，这说明无损取样孔次内圈（cir3）以外的岩石受取样损伤较为显著。

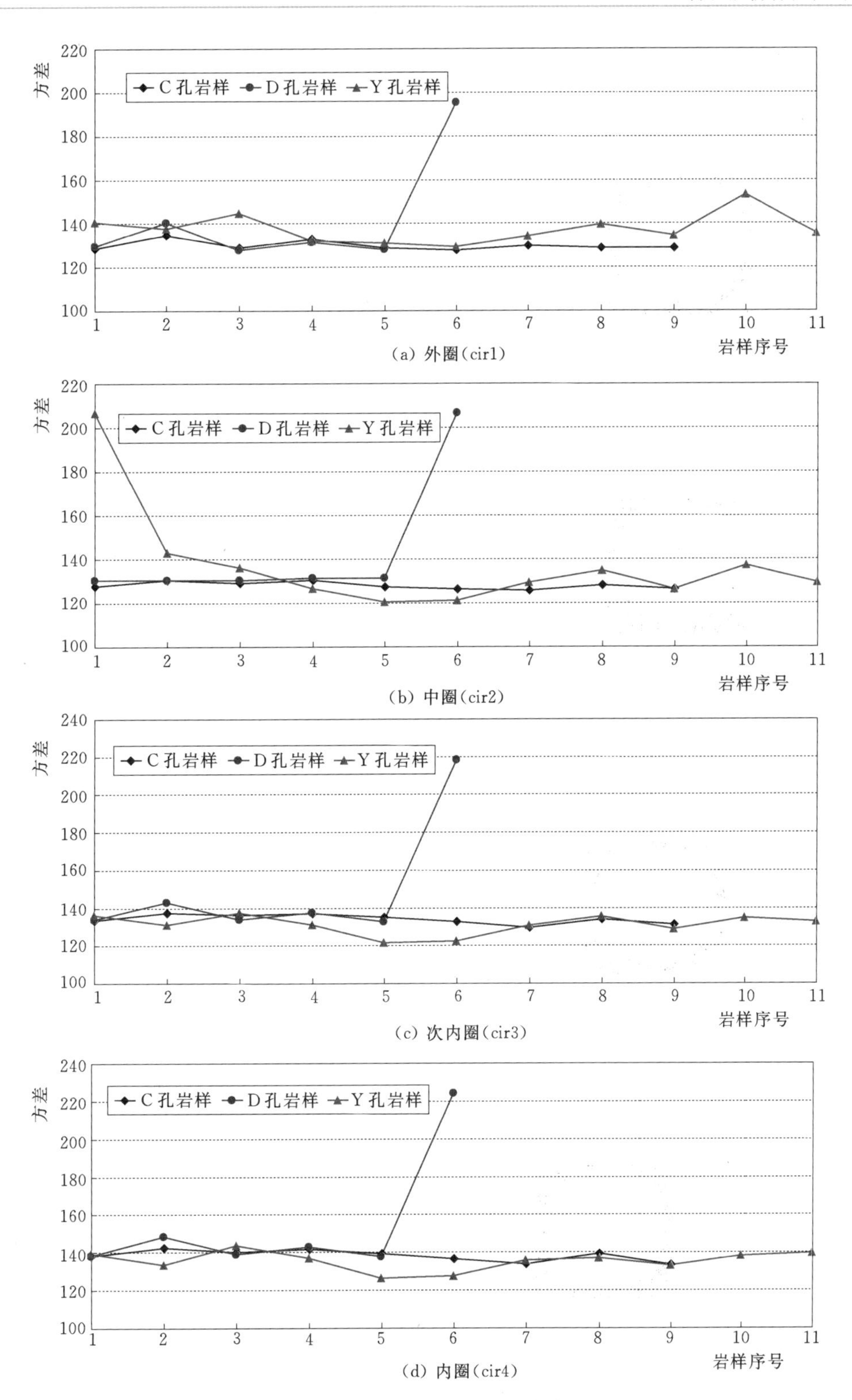

图 3-17 不同同心圆内 CT 数方差

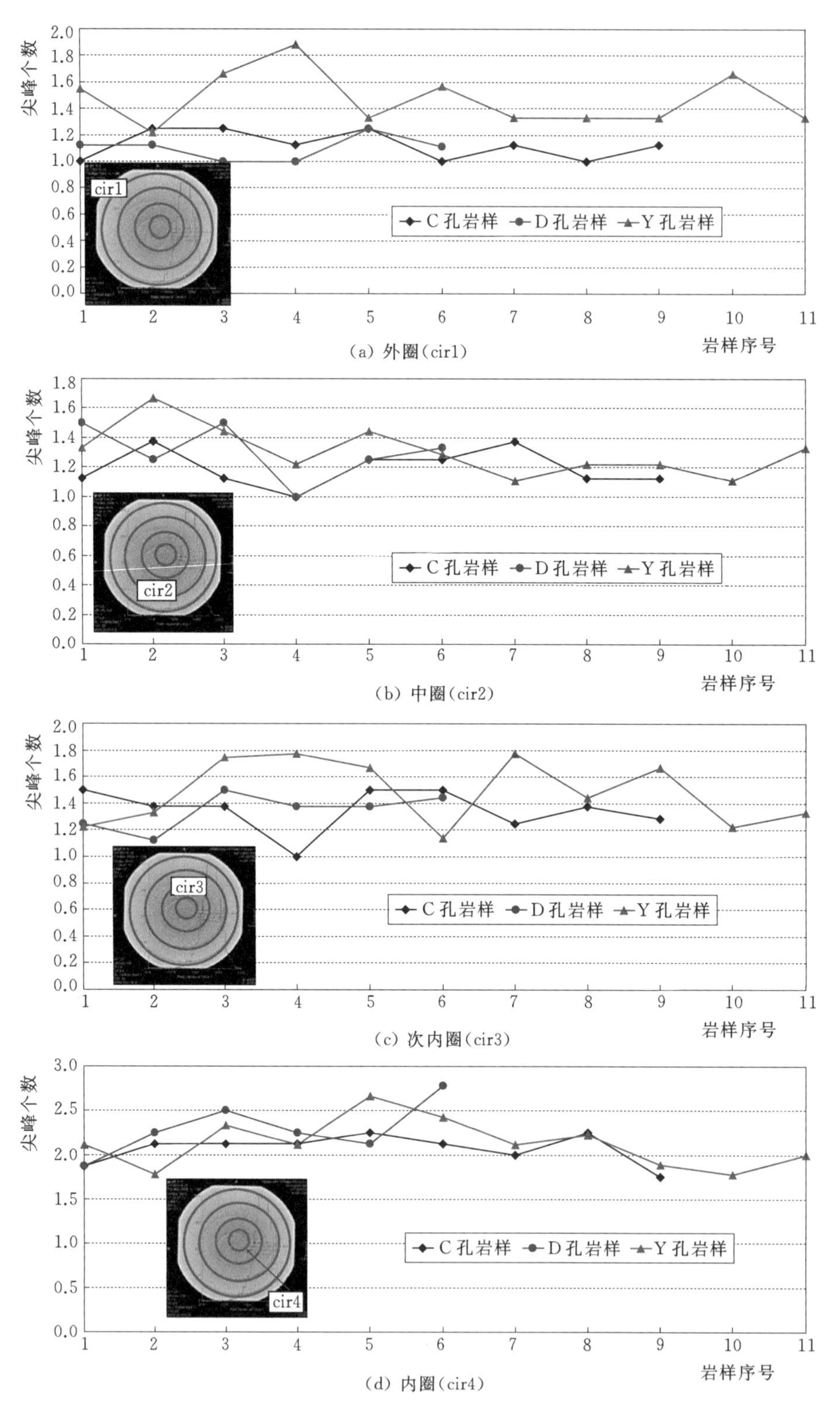

图3-18 不同同心圆内CT数分布的尖峰个数

3.1.3.5 小结

通过对无损取样和常规取样所获得岩样进行CT扫描分析，可以得到以下结论：

(1) 无损取样岩芯在断面各同心圆上的CT数平均值都要明显大于应力解除孔（Y孔）岩样，且从C、D两孔（无损取样）中所取得的各个岩样CT数平均值相差不大，而Y孔中所取得的岩样则波动很大，表明岩样个体差别较大，这说明无损取样C、D两孔中的岩样初始损伤的程度明显比Y孔岩样低。另外，岩样的内圈和次内圈也表现出和外圈、中圈类似的规律，说明Y孔岩样整个都受到了较为严重的取样损伤，但并没有表现出由外而内损伤程度逐渐降低的趋势。

(2) 无损取样和常规取样岩芯在各个同心圆上CT数方差值相差不大。

(3) 在最外圈，Y孔岩样（即常规取样）CT数分布的尖峰个数明显要大于C、D两孔，而C、D两孔岩样则相差不大；而对于中圈、次内圈和内圈，三个孔内岩样CT数分布的尖峰个数相差不大，这说明无损取样孔次内圈（cir3）以外的岩石受取样损伤较为显著。

综上所述，通过对无损取样孔和常规取样孔所取得的岩样的CT扫描和分析，可以认为，岩样次内圈（即cir3，岩样中心直径5.97cm）以内的部分受取样损伤的影响较少。

3.1.4 声发射测试方法

该方法是通过在单轴压缩试验过程中进行声发射监测。试验系统如图3-19所示。

(a) 测试系统构成

(b) 声发射监测仪

图3-19 声发射监测系统

进行试验的3个岩样的试验结果见表3-7、图3-20和图3-21。

表3-7 单轴试验结果

序号	岩样编号	单轴强度/MPa	是否匹配横向声波
1	D38-2	90	否
2	D24	100	是
3	Y11-3	84	否

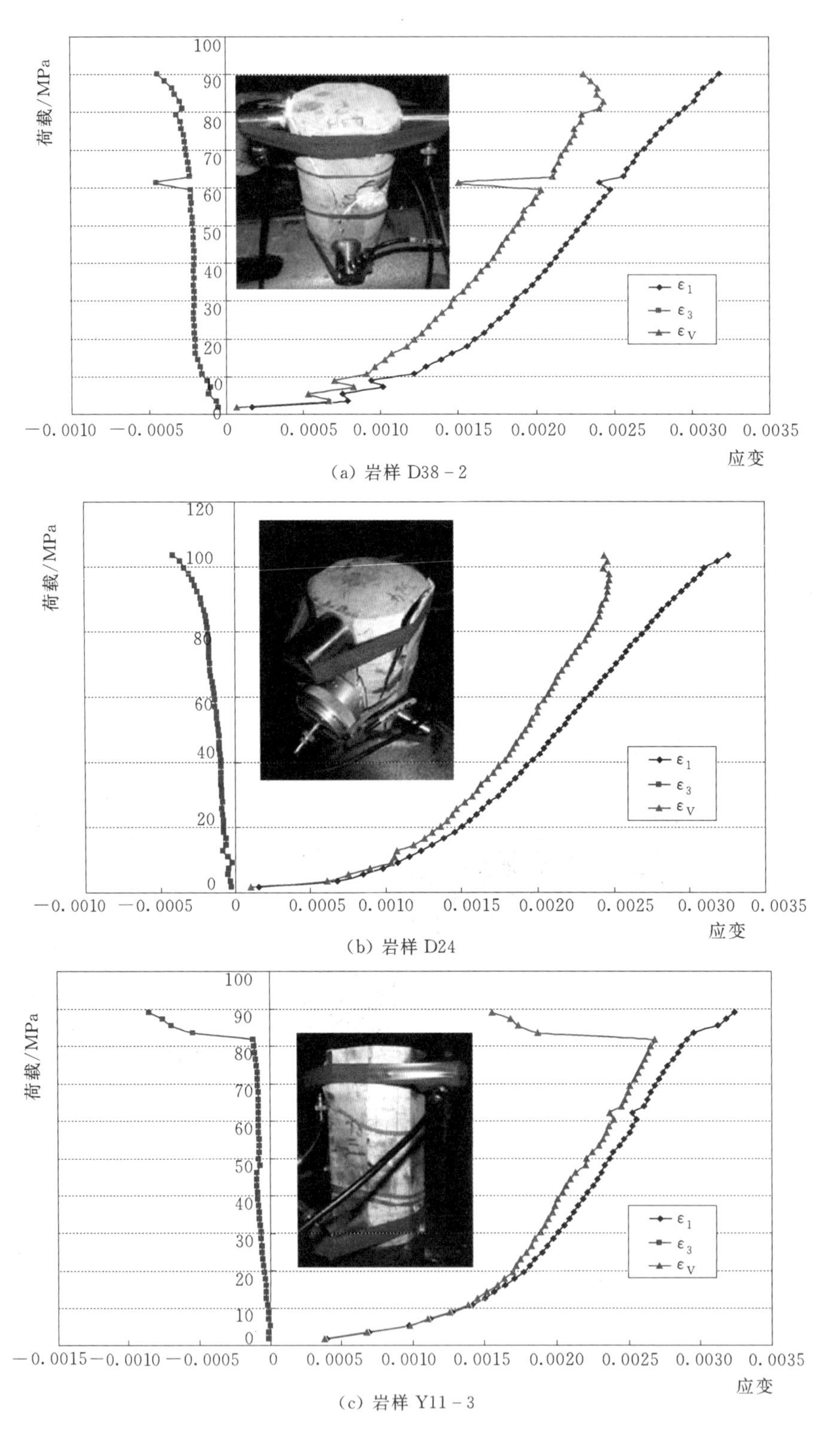

(a) 岩样 D38-2

(b) 岩样 D24

(c) 岩样 Y11-3

图 3-20 单轴压缩曲线

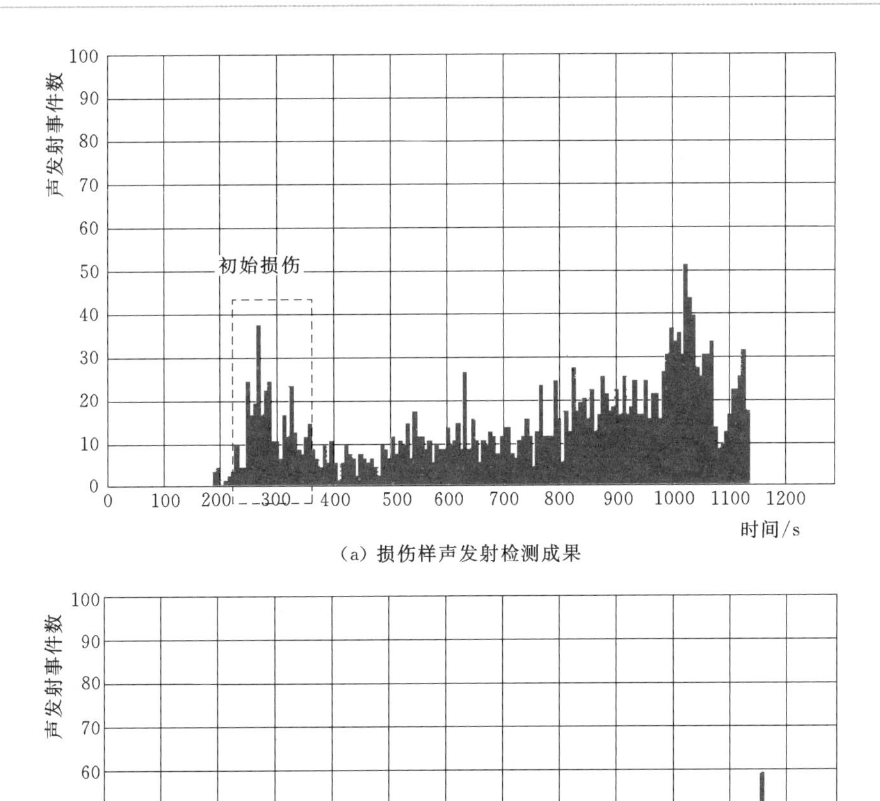

(a) 损伤样声发射检测成果

(b) 无损样声发射检测成果

图 3-21 岩样声发射检测成果及定位

根据图 3-21 的声发射检测成果，可以看出损伤样在压缩前期声发射信号激增，证明了初始损伤的存在；而利用无损取样技术获得的岩芯，前期则比较平静，基本消除了由于卸荷对岩芯造成的初始损伤，保证了后期试验结果的准确性。

3.2 岩石损伤程度试验

3.2.1 试验背景

根据对大理岩的试验研究成果（图 2-46），在 6～8MPa 以下的围压水平下，大理岩岩块表现出明显的脆性特征，围压的增加使得延性特征增加，当围压增加到更高如 40MPa 时，岩块出现接近理想弹塑性变化的特征。也就是说，隧洞开挖以后表层一定深度的大理岩表现出脆性特征，深部围岩为理想弹塑性特征，二者之间的围岩以延性特征为主。大理岩的延性特征使得一定范围内的屈服围岩的强度衰减相对较小，这维持了围岩的总体承载能力。

本研究拟采用现场声波检测法进行围岩损伤程度的检测，依据检测所得波速沿钻孔的分布来判断围岩的现实状态。

一般来讲，受荷过程中，岩石内裂缝扩展导致其发生损伤，继而引起围岩声波传播特性的变化（一般指波速降低）。因此，如果不考虑部分原岩完整性差使波速必然降低的情况，可以假设岩体声波特性降低是围岩损伤作用的结果。为了证明这一假设，以2号引水隧洞引（2）13＋085断面的现场声波检测结果（图3－22）为原型进行了数值计算，结果如图3－23所示。

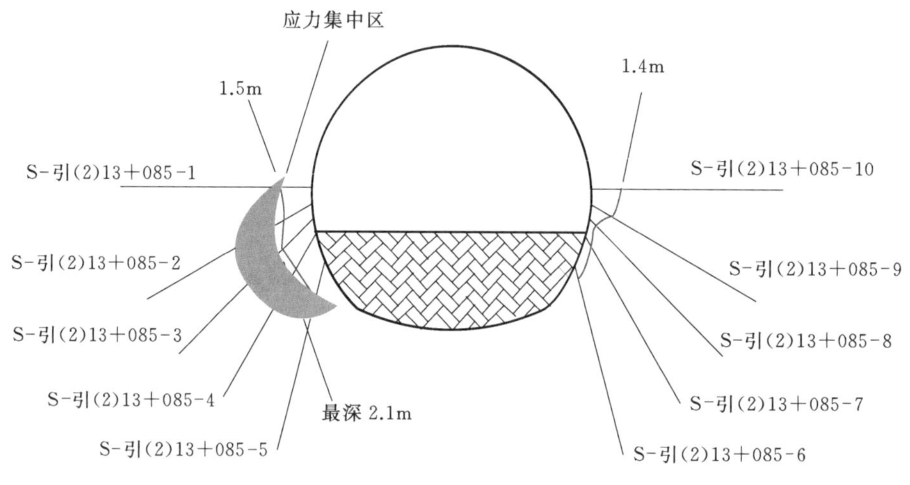

图3－22　引（2）13＋085断面声波检测结果

图3－23给出了左侧拱脚1.5m、2.0m和3.0m埋深处开挖以后围岩应力变化路径，其中1.5m埋深处应力经历了一个最大和最小主应力均降低（其中最小主应力变化更为突出）的过程，并在最小主应力为6MPa左右时屈服（与最上面的峰值强度包络线相交），继而急剧降低、进入张拉破坏区。显然，这种应力变化特点和屈服时对应的围压水平说明了围岩的脆性破坏特征，对应于现场应力节理等脆性破裂可能达到的深度。

在2.0m埋深处的应力路径经历了一个围压降低但屈服前最大主应力突然升高（应力集中）的变化过程，屈服时对应的围压水平为10MPa左右，此后经历一个最大主应力显著衰减的过程。这种围压环境下围岩不具备明显的脆性特征，现场也一般不出现脆性破裂现象。由于屈服时的应力状态显著高于大理岩的启裂强度包络线而对应围压环境的围岩不具备脆性特征，分析认为，这种条件下的围岩屈服标志着内部裂纹扩展影响到围岩特性，并导致波速降低。

在上述研究的基础上，通过在室内岩石力学试验全过程中系统地增加岩样声波检测，获得与岩样应力-应变全过程相对应的岩石声波速度曲线，建立岩样不同应力应变状态与声波速度的关系，并与现场声波检测结合，判定开挖损伤区内岩体的性质，其原理如图3－24所示。

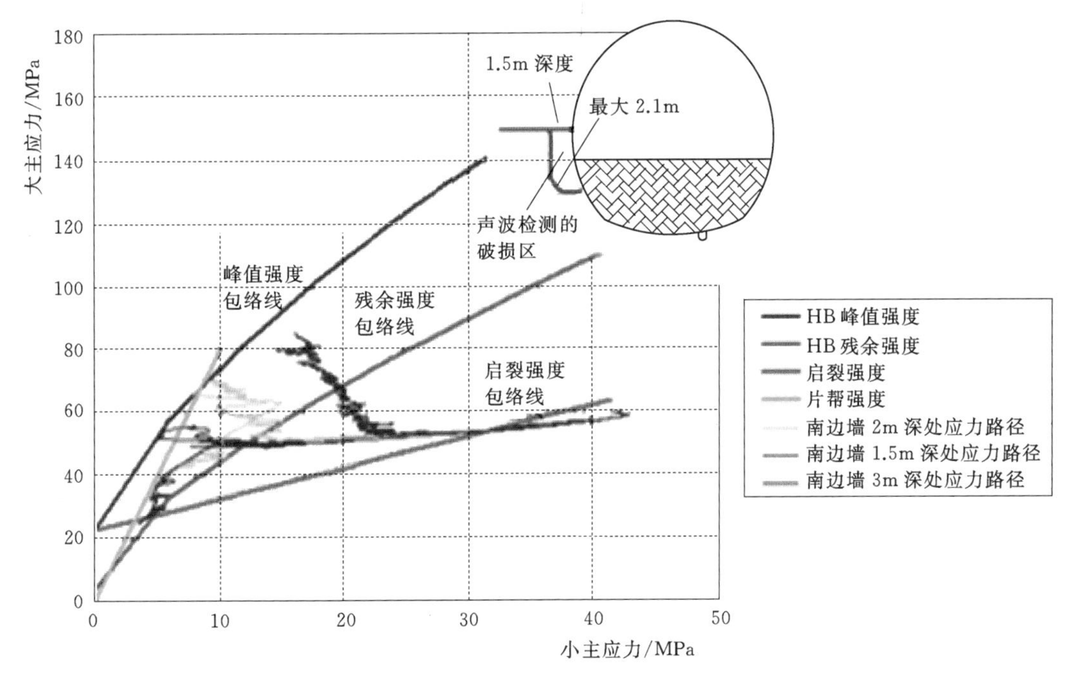

图 3-23　2 号引水隧洞上台阶开挖以后低波速带分布特征的数值模拟

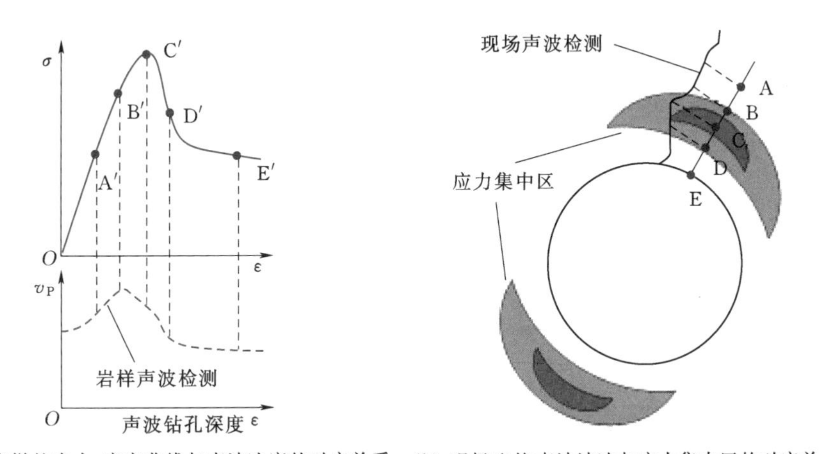

(a) 岩样的应力-应变曲线与声波速度的对应关系　(b) 现场岩体声波波速与应力集中区的对应关系

图 3-24　岩体声学特性和力学特性的对应关系

图 3-24（a）是室内岩石力学试验时，岩样的应力-应变曲线和岩样纵波速度的对应关系，A′、B′、C′、D′和 E′点分别对应岩样的弹性阶段、比例极限、极限强度、跌落阶段和峰后强度阶段，和岩样的声波曲线对应，则可获得不同应力阶段（即岩样不同损伤程度）岩样的声波速度变化。

图 3-24（b）则是现场岩体声波波速和应力集中区的对应关系，A～E 点也对应了围岩的不同损伤程度，和图 3-24（a）不同的是，现场围岩中的 A～E 点均对应着不同的围压水平。

因此，通过开展不同围压下的岩样加载、卸载全过程声波检测，可以明确不同应力状态下峰后岩样的波速降；另外，考虑到岩体客观存在的初始损伤及不同深度处围岩的不同损伤程度，本节开展了循环加卸载试验，人为造成岩样的初始损伤，并用声波速度标定其损伤程度，再进行不同应力状态下的加载破坏试验，以获得不同损伤程度下不同应力状态围岩的峰后波速降。

3.2.2 试验方案

根据目前国际岩石力学界对脆性岩体的认识，当应力水平超过了岩石启裂强度后，岩石内即有可能出现新的损伤从而影响到岩石的力学特性。图 3-25 是加拿大 URL 的 Lac du Bonnet 花岗岩循环加载试验的结果[40]，20 组花岗岩的平均单轴抗压强度为 206.9MPa，损伤强度 σ_{cd} 为 156MPa（75%σ_f），启裂强度 σ_{ci} 为 81.5MPa（39%σ_f）；加载过程的最大荷载不超过 156MPa。

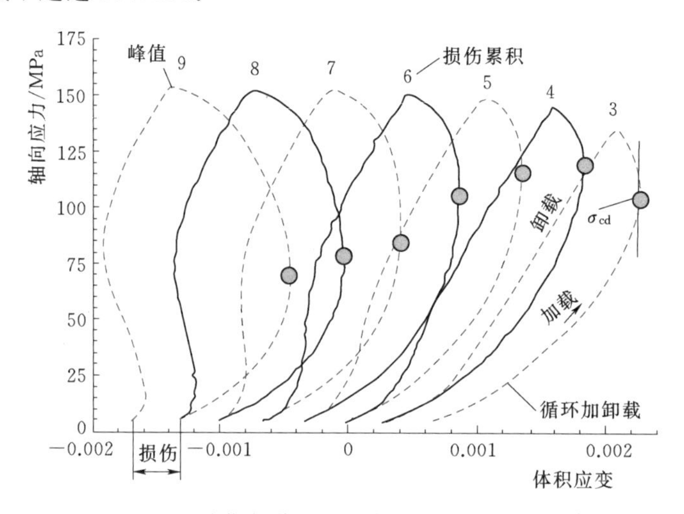

图 3-25 先期加载损伤对岩体损伤强度的影响[40]

图 3-25 中横坐标为体积应变，加载曲线中体积应变最大的部位对应的轴向应力即为损伤强度 σ_{cd}，随着加卸载循环的增加，岩石的损伤强度不断降低。可见，当应力水平超过了岩石的启裂强度以后，岩体内新出现的损伤会影响岩石的力学特性。

本研究无损取样三轴试验借鉴了上述试验方法，具体如下：

（1）首先通过无损取样技术获得消除了取样损伤的无损样。

（2）然后通过如图 3-25 所示的单轴循环加卸载方法对岩样进行预损，循环的最大荷载以超过岩样的启裂强度 σ_{ci} 而不超过损伤强度 σ_{cd} 为宜。预损循环的次数初步取为 3 次、6 次和 9 次三个层次，以获得不同损伤程度的岩样。

（3）预损前后对每个岩样分别进行声波检测，用声波速度的降低率来标定不同循环次数下岩样的不同损伤程度。

（4）利用预损的岩样进行三轴试验，围压依次取为 0MPa、2MPa、4MPa、6MPa、8MPa、10MPa、12MPa、16MPa、25MPa、35MPa 和 50MPa，比较不同损伤程度下大理岩的力学特性。

试验共进行三轴试验21组（表3-8），每组3个样，共需岩样63个。

表3-8　　循环加卸载试验

试验内容	试验方式	试验组数	备　注
循环加、卸载损伤试验	单轴循环加卸载和常规三轴加载	21	先按预定次数进行单轴循环加卸载，此过程中对岩样进行声发射监测和横向P波测试，然后利用人为损伤岩样进行单轴、三轴加载试验；加卸循环次数为3次、6次和9次，围压依次为0MPa、2MPa、4MPa、6MPa、8MPa、10MPa、12MPa、16MPa、25MPa、35MPa和50MPa

注　三轴试验时，需在油缸外监测声发射。

根据试验需要，并考虑一定的富裕度，本环节试验总共制备了82个直径为50mm的标准样。这些试样均利用现场无损取样获得的直径90mm的试样套钻得到，可很大程度上消除取样损伤。本次三轴试验全部试样如图3-26所示。

图3-26　锦屏大理岩三轴试验岩样

这批岩样分别取自图2-14所示的A、B、C、D四个无损取样孔，其中A孔22个，B孔21个，C孔20个，D孔19个，初步对岩样进行了轴向横波检测，结果如图3-27所示。

从图3-27可以看到，四个取样孔所得的岩样纵波、横波速度较为平均，除个别岩样外，其余波动不大。根据此结果，为简便起见，本次试验将A孔岩样作为3次循环损伤样，B孔岩样作为6次循环损伤样，C孔岩样作为9次循环损伤样。

3.2.3　岩样预损

根据试验流程，对无损岩样进行预损，并用声波速度的降低率来标定损伤程度。对A孔、B孔和C孔岩样分别进行了循环加卸载损伤试验（实际进行了66个岩样的预损，留下22个岩样作为0次预损的对比），如图3-28所示。

3.2.3.1　预损程序及实施过程

根据《水电水利工程岩石试验规程》（DL/T 5368—2007），岩样的加载速率为0.05MPa/s，也就是大约0.1kN/s，这样加载到80kN（即约40MPa）一次就需要800s，约13min，卸载如果也按照这个速率，再加上岩样加到40MPa后稳压5min，则完成一个岩样的3次、6次、9次循环加卸载分别需要32min、64min和96min，而每种循环类型均需21个岩样，总共将需要66～70h，需要试验机在没有任何故障和任何其他任务的条件下满负荷工作约10个工作日。考虑到时间因素，对循环加卸载试验过程进行了简化：加卸载速率提高到0.5MPa/s，加压到40MPa以后稳压1min，3次循环加卸载荷载曲线如图3-29所示。

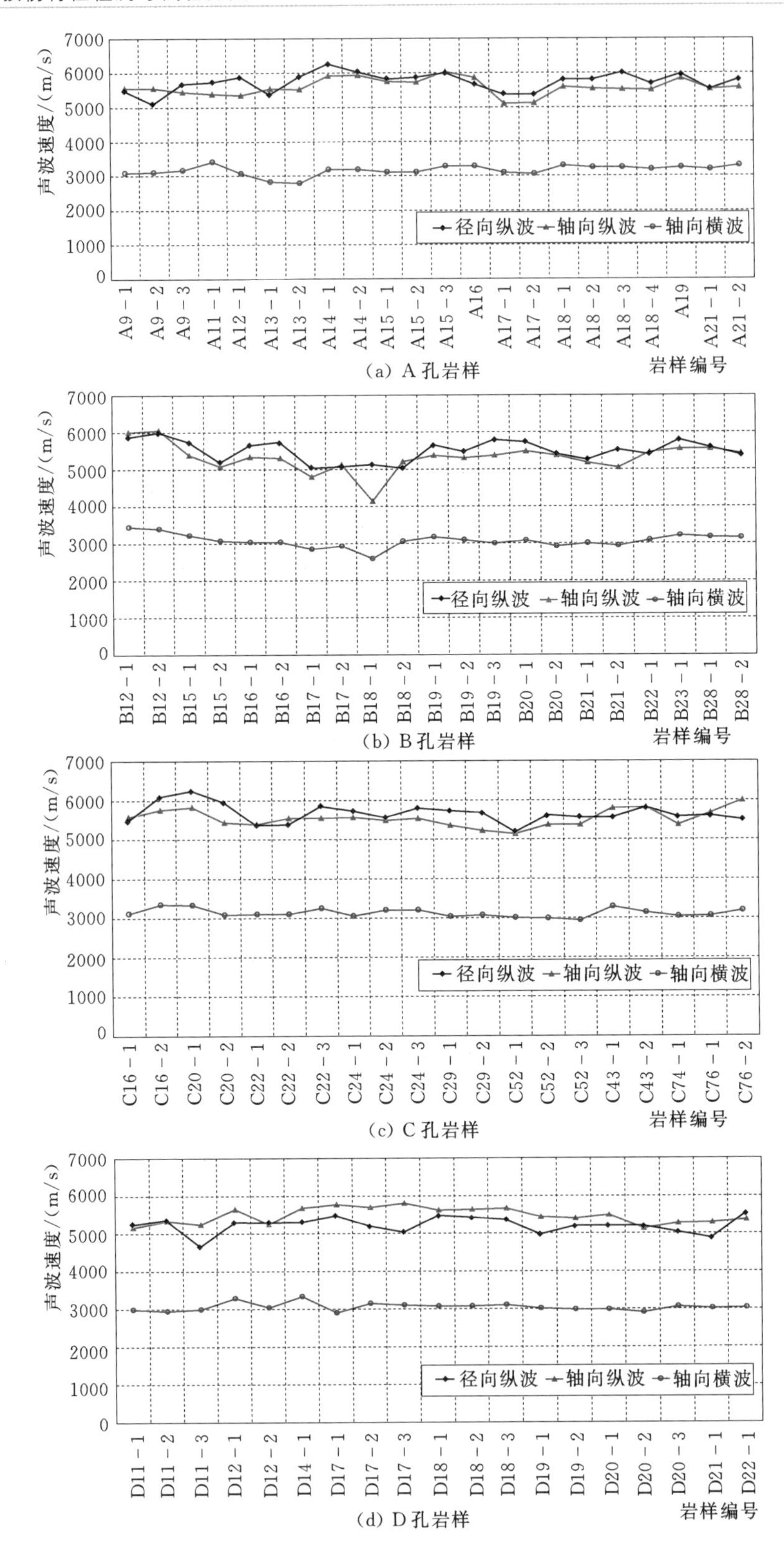

图3-27　岩样初始声波速度检测结果

为了进一步提高效率，对6次和9次循环（包括部分3次循环）又进行了简化，即将加载到峰值后的稳压时间减到40s，将加压峰值升到100kN（即45MPa），卸载速率提高到1MPa/s，荷载曲线如图3-30所示。简化后，一个岩样的3次、6次和9次循环加卸载预损过程分别需时9min、15min和23min，预损过程岩样的应力-应变曲线如图3-31所示（A、B和C组各取1个样为例）。

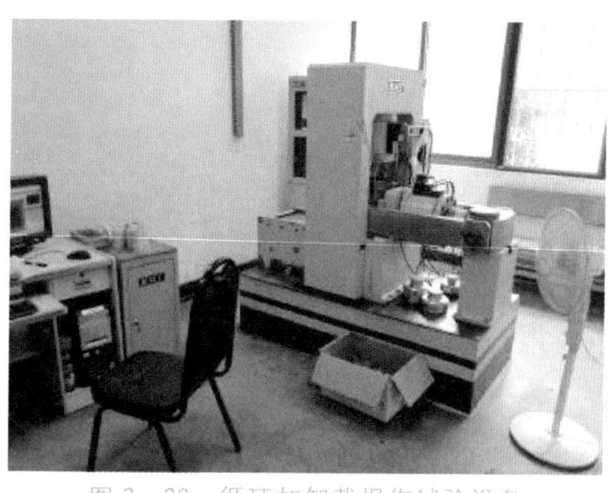

图3-28 循环加卸载损伤试验设备

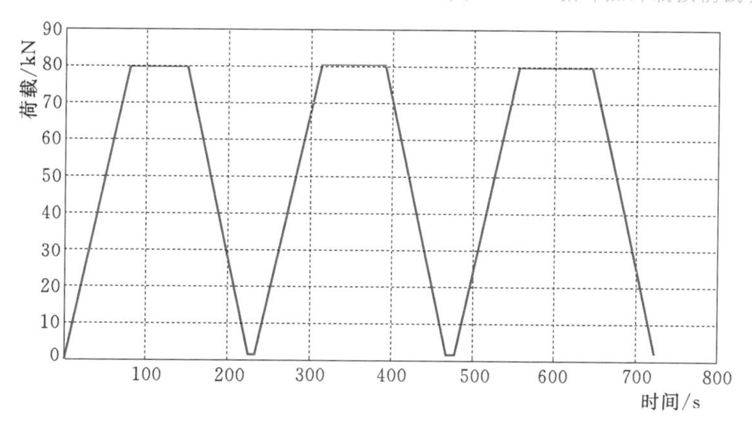

图3-29 3次循环加卸载荷载曲线

从图3-31可以得到以下结论：

（1）岩样主要的塑性变形都发生在第一个循环，此后的若干个循环加卸载曲线出现重叠现象，表明在第一个循环中岩样主要是处于一个横向裂纹轴向压密的过程。

（2）岩样加载到40MPa左右，加卸载曲线正好过了压密段和线弹性阶段，表明此次加卸载试验所采用的加载峰值40MPa是合理的。

3.2.3.2 预损后岩样声波检测

对预损后的岩样进行了声波检测，内容与预损前相同，即包括岩样轴向、径向纵波检测和轴向横波检测，检测结果如图3-32和图3-33所示。另外，加卸载过程中岩样A14-2破坏，故没有计入。

从图3-32、图3-33可以看到，岩样经过循环加卸载损伤后，轴向纵波速度与加卸载（即预损）前相比没有太大的变化，而径向纵波和轴向横波速度则明显降低，且加卸载循环次数越多，降低的幅度越大。这与前期对岩样裂纹在荷载作用下扩展的推测是一致的，即轴向循环加卸载后，岩样的裂纹主要沿轴向扩展。这时，试样轴向纵波速度与轴向扩展的裂纹相平行，故对轴向纵波速度没有影响，而对横波速度有影响；在径向，轴向裂纹对纵波和横波均影响明显。预损前后岩样声波速度的变化率具体见表3-9和图3-34。

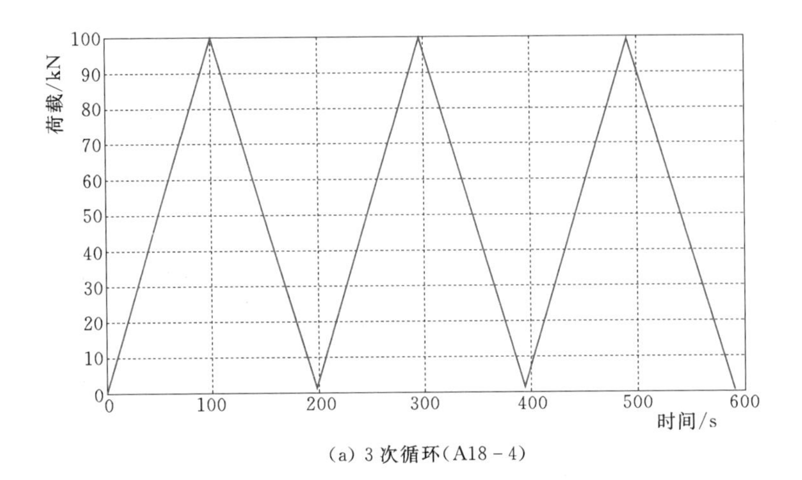

(a) 3 次循环(A18-4)

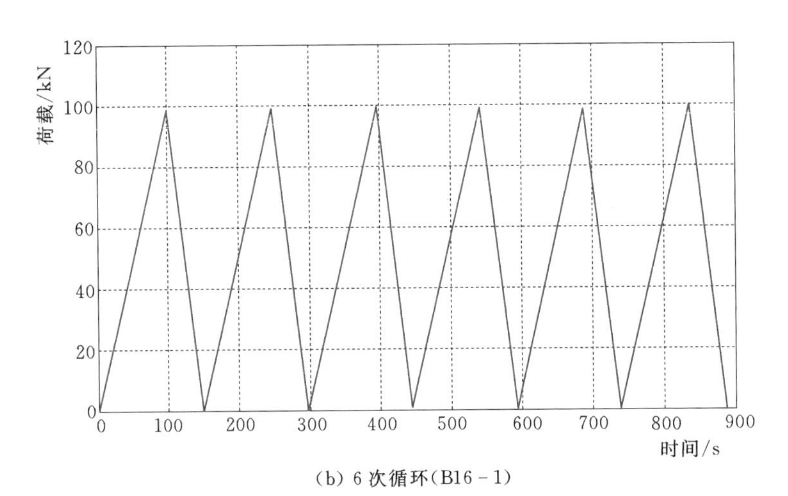

(b) 6 次循环(B16-1)

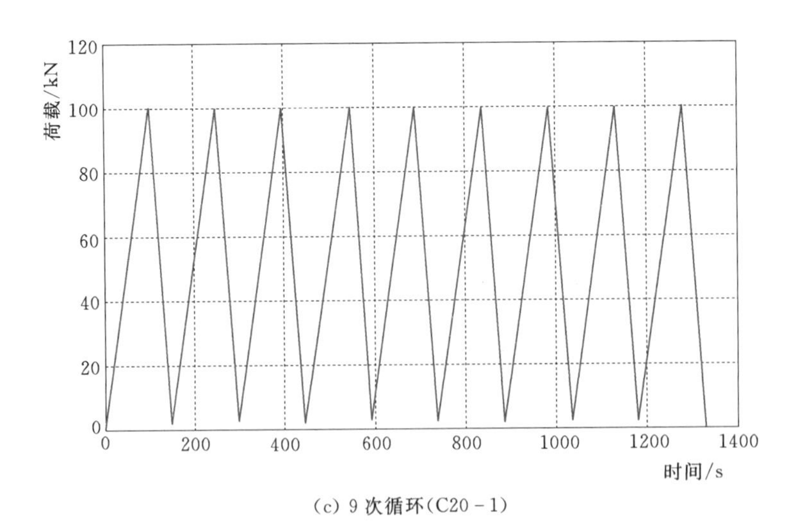

(c) 9 次循环(C20-1)

图 3-30 简化后的循环加卸载荷载曲线

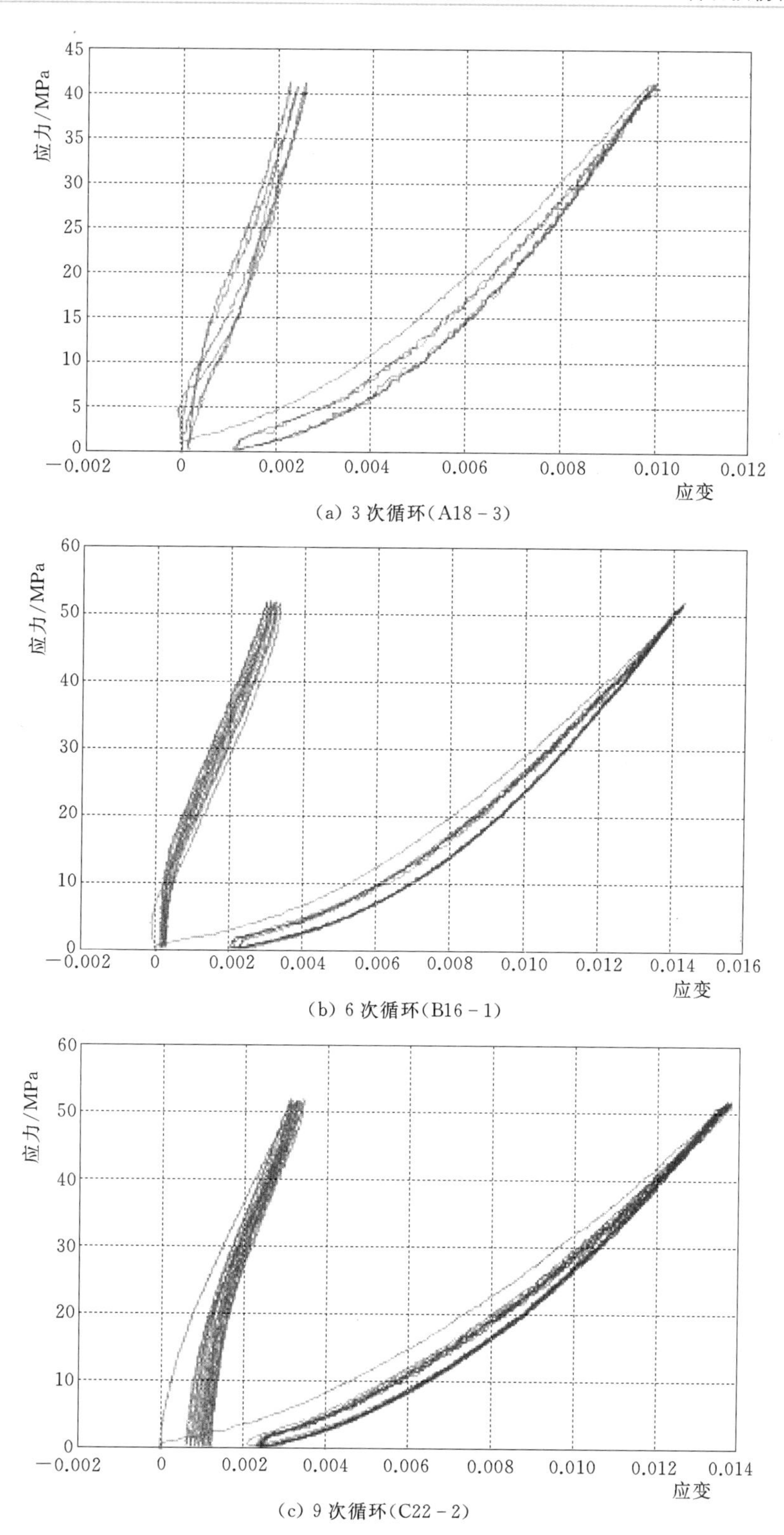

图3-31 循环加卸载荷载试验曲线

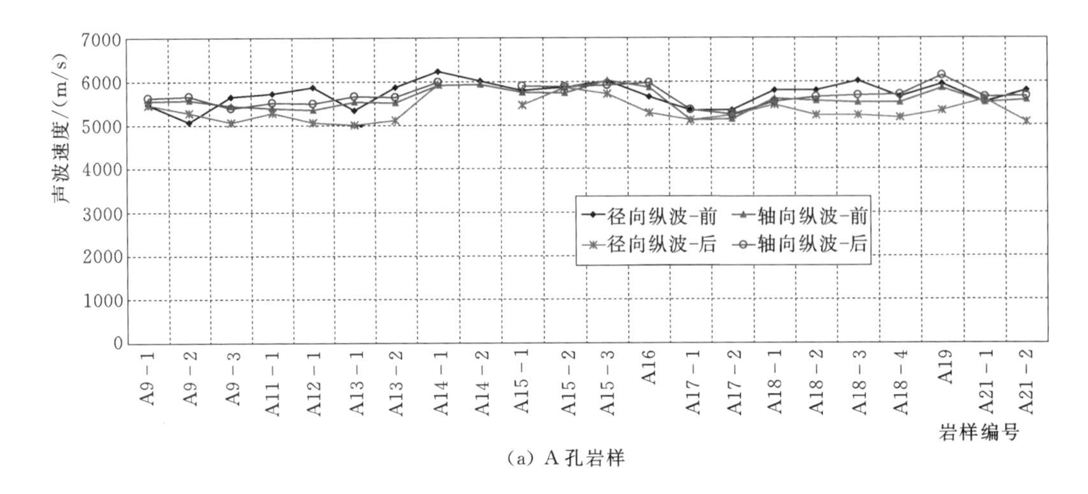

(a) A孔岩样

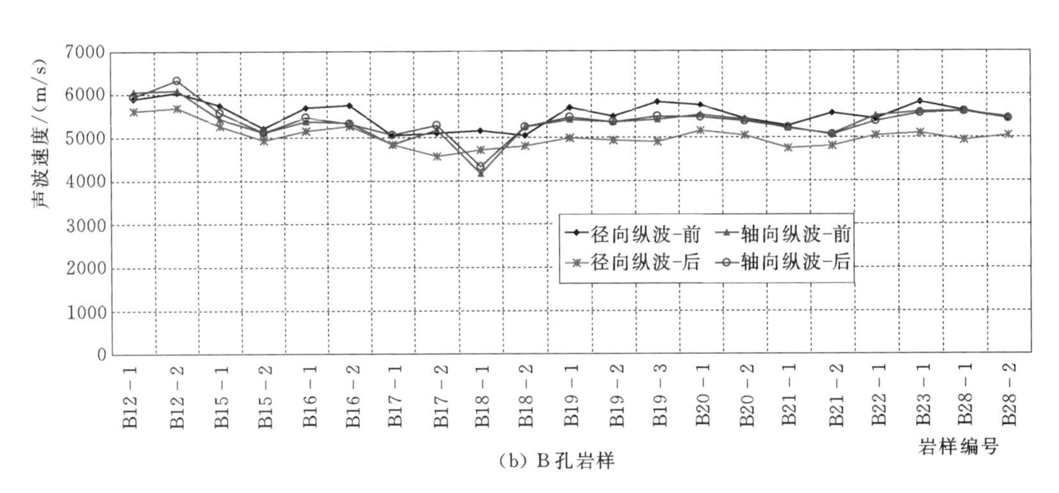

(b) B孔岩样

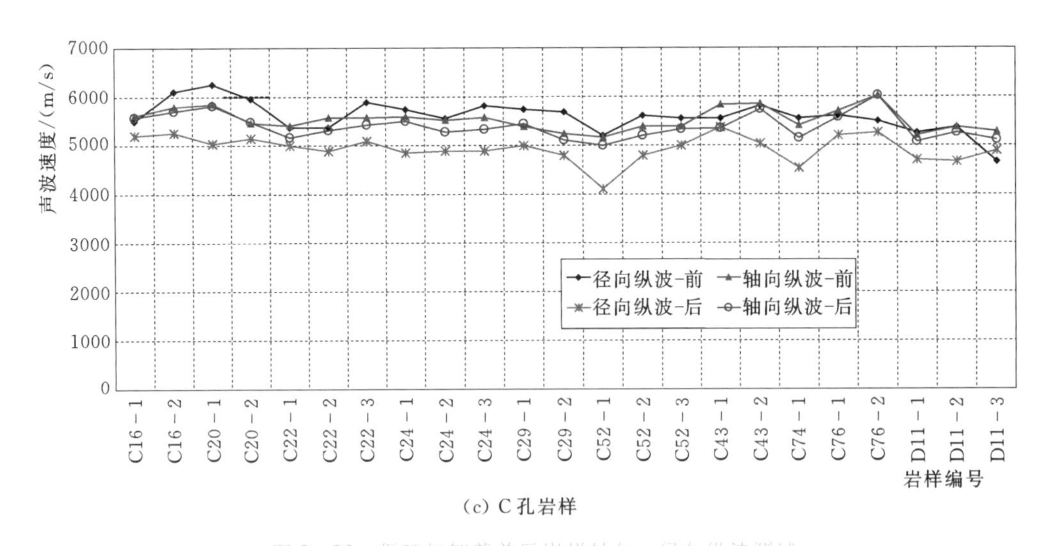

(c) C孔岩样

图3-32 循环加卸载前后岩样轴向、径向纵波测试

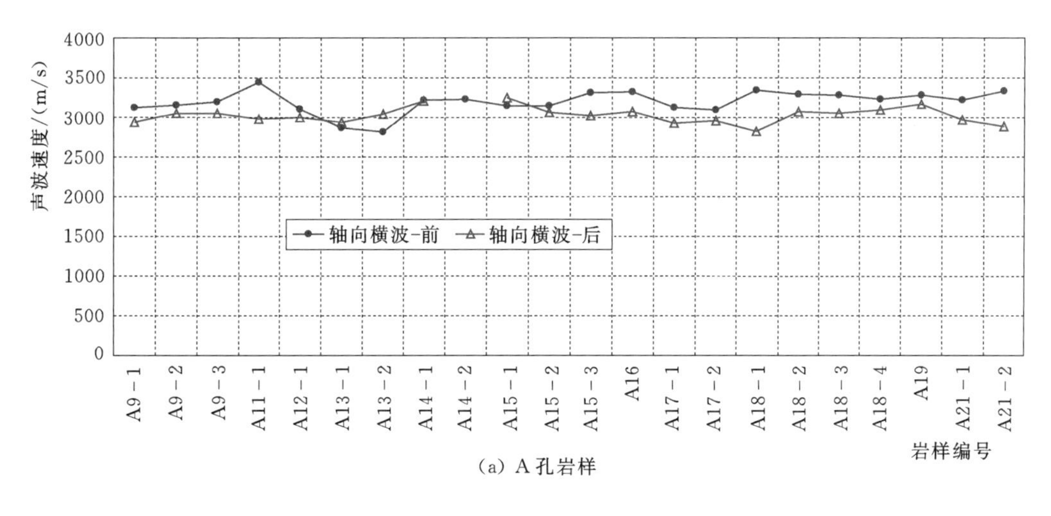

(a) A孔岩样

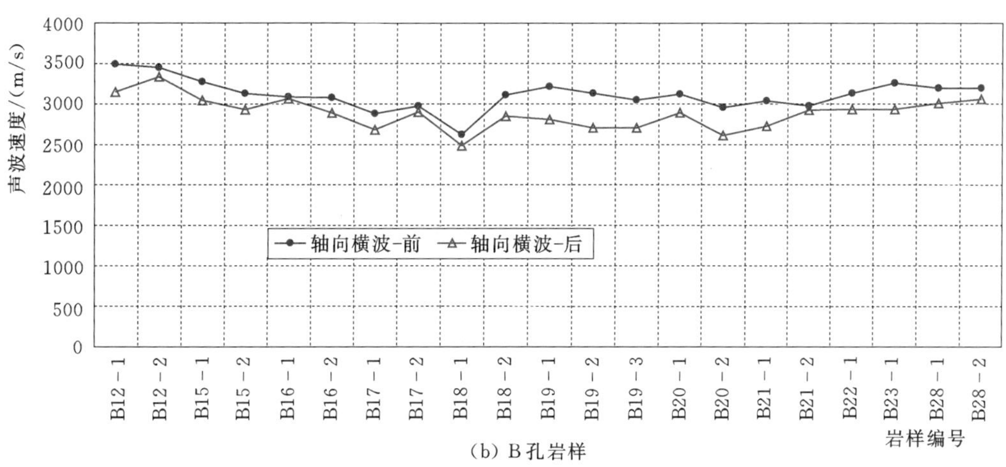

(b) B孔岩样

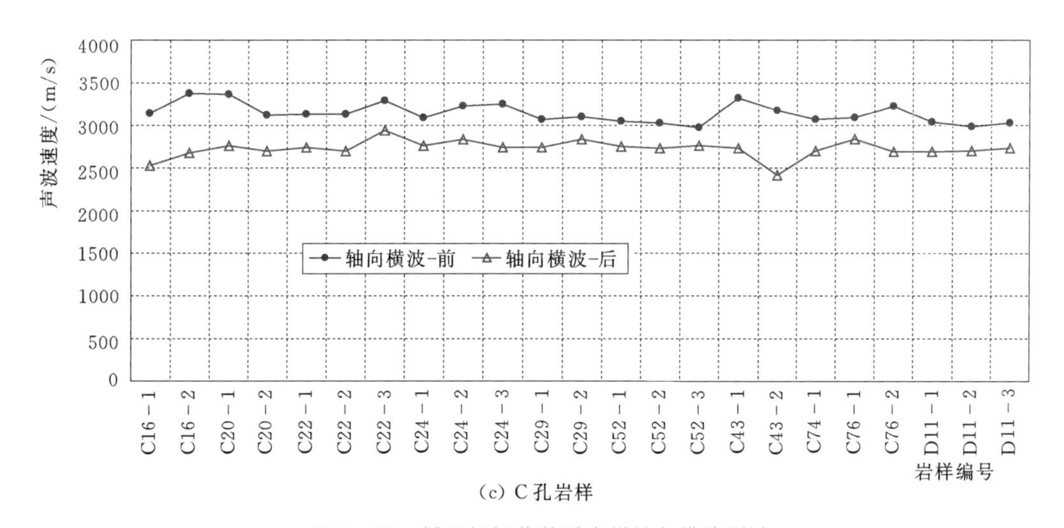

(c) C孔岩样

图3-33　循环加卸载前后岩样轴向横波测试

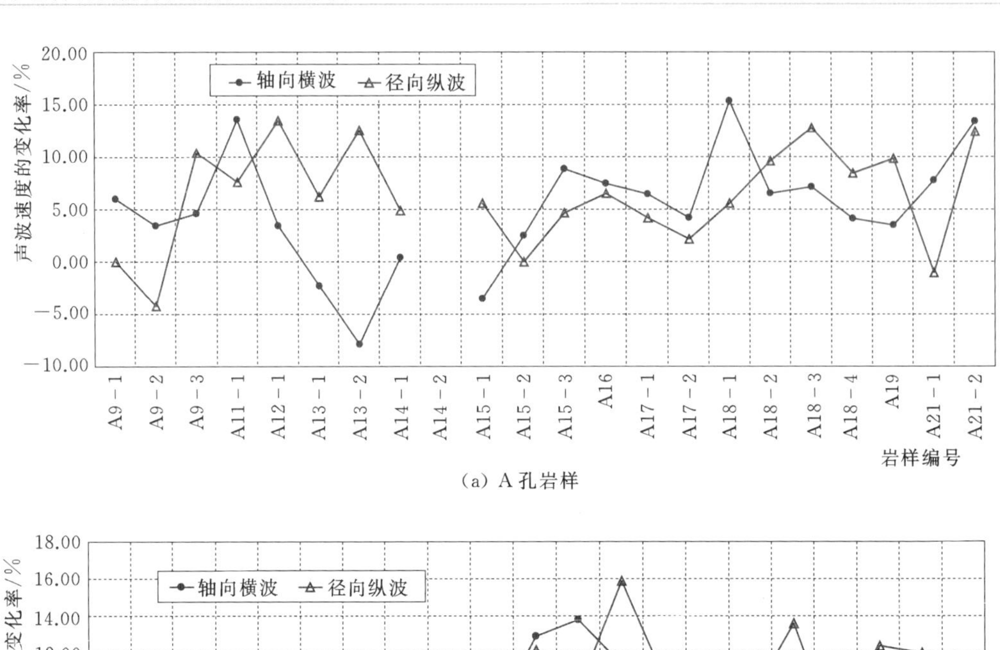

(a) A孔岩样

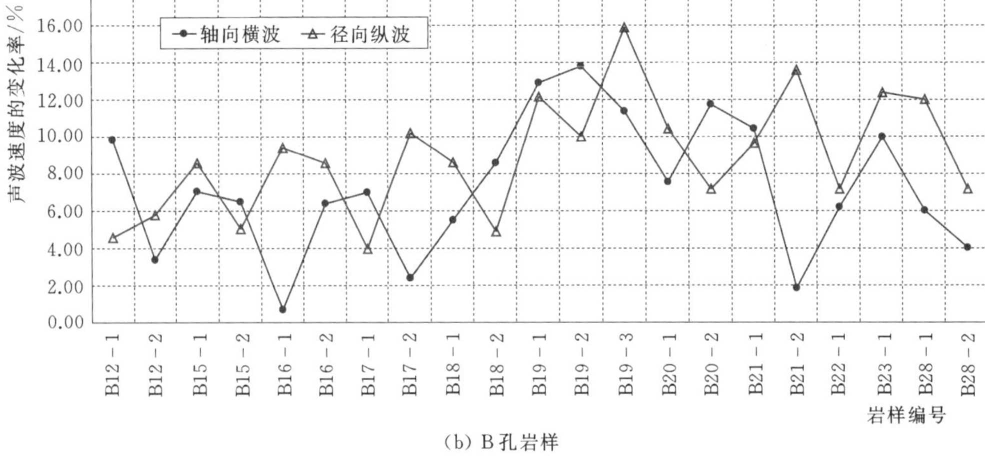

(b) B孔岩样

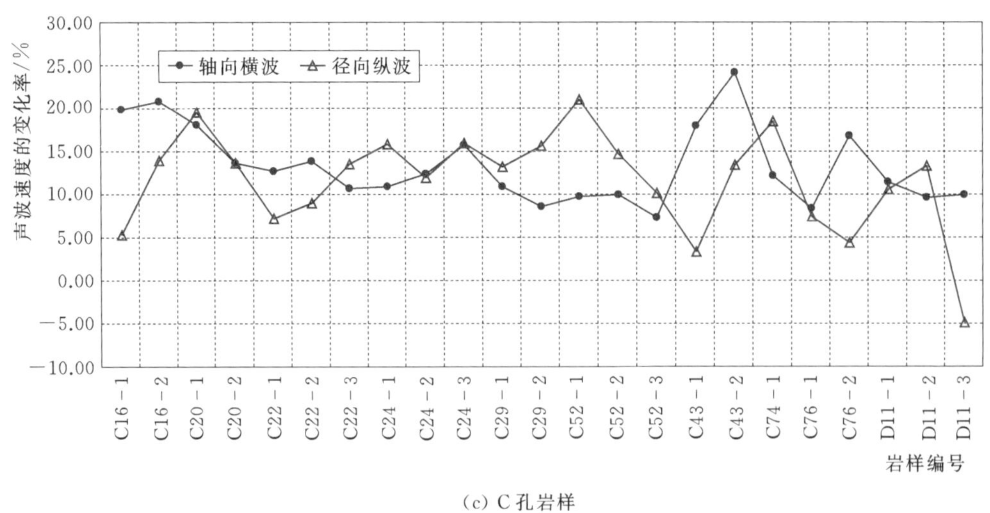

(c) C孔岩样

图3－34 循环加卸载前后岩样径向纵波、轴向横波速度的变化率

表 3-9 预损前后岩样声波速度的变化率

编号	预损前后岩样声波速度降低率/%	
	径向纵波	轴向横波
A孔岩样	6.22	4.94
B孔岩样	8.72	7.81
C孔岩样	12.23	13.31

后续的三轴压缩试验可以在预损试验的基础上，通过上述声波测试得到每个岩样的损伤率，最终将声波速度的降低幅度与岩样的强度联系起来，以研究不同损伤程度下的岩样在不同应力路径下的力学特性。

3.2.4 试验结果分析

3.2.4.1 试验结果

具体试验结果见表 3-10。

表 3-10 循环加卸载损伤岩样的三轴试验结果

组号	试验编号	岩样高度/cm	σ_3/MPa	$\sigma_1-\sigma_3$/MPa	σ_1/MPa
D（未预损）	D12-1	9.97	5	110.99	115.99
	D12-2	9.95	8	120.48	128.48
	D14-1	9.98	12	130.11	142.11
	D17-1	9.97	18	127.99	145.99
	D18-1	9.88	18	128.79	146.79
	D17-2	9.95	25	134.11	159.11
	D18-3	9.95	35	139.71	174.71
	D17-3	9.95	45	160.37	205.37
	D18-2	9.96	60	176.83	236.83
A（预损 3 次）	A9-1	9.92	4	95.98	99.98
	A9-2	9.99	6	105.62	111.62
	A9-3	9.99	8	106.75	114.75
	A11-1	9.89	10	118.43	128.43
	A12-1	9.76	12	119.53	131.53
	A13-2	9.96	20	125.37	145.37
	A14-1	9.91	25	143.55	168.55
	A15-1	9.98	35	157.62	192.62
	A15-2	9.95	50	160.25	210.25
	A16-1	9.98	16	124.23	140.23
B（预损 6 次）	B12-1	9.96	4	110.59	114.59
	B12-2	9.97	6	104.61	110.61
	B15-2	10.00	8	122.91	130.91
	B16-1	9.91	10	150.79	160.79
	B16-2	9.97	12	142.97	154.97
	B17-2	9.95	16	146.29	162.29

续表

组号	试验编号	岩样高度/cm	σ_3/MPa	$\sigma_1-\sigma_3$/MPa	σ_1/MPa
B（预损6次）	B18-2	9.94	20	140.04	160.04
	B19-1	9.99	0	94.19	94.19
	B19-2	9.98	12	122.17	134.17
	B22-1	9.97	10	119.86	129.86
	B23-1	9.98	35	156.26	191.26
C（预损9次）	C29-1	9.88	4	120.26	124.26
	C29-2	9.94	8	124.49	132.49
	C74-1	9.97	12	124.65	136.65
	C76-1	9.94	20	142.43	162.43
	C76-2	9.97	35	158.49	193.49

将表3-10的试验结果绘于图3-35中，可以看到，未预损岩样和经过预损岩样的强度并没有明显差异。

由于岩块本身的非均质性，岩样之间个体差异较大，加上试验时间及条件的限制，原计划每个围压做3～5个试样，最终只做了1～2个试样，因此试验结果存在一定的离散性。比如，未预损岩样（D孔岩样）和预损3次的岩样（A孔岩样）在10MPa以上的围压下塑性特征已经相当明显，而预损6次的岩样（B孔岩样）则表现出较强的脆性；10MPa围压下脆性特征也很明显，而该围压下的单轴强度160.79MPa比围压12MPa下的单轴强度154.97MPa更大，因此分析时对试验结果进行了筛选。

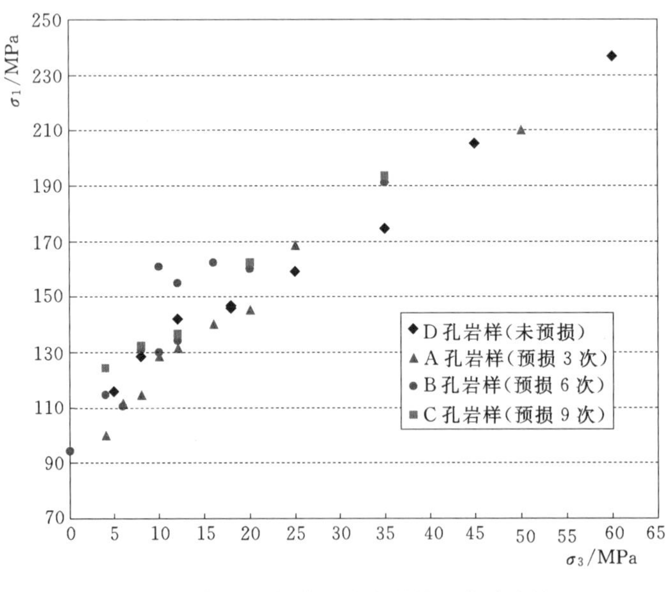

图3-35 循环加卸载损伤岩样的三轴试验结果

经过筛选，剔除了部分强度明显不符合规律的试验结果，三轴试验的应力-应变曲线如图3-36所示，图中曲线旁边所标注的数字为围压值，围压范围为0～60MPa，其中以20MPa以内的围压为主，这样设计的目的是为了更好地把握靠近洞壁附近浅部围岩的围压效应。

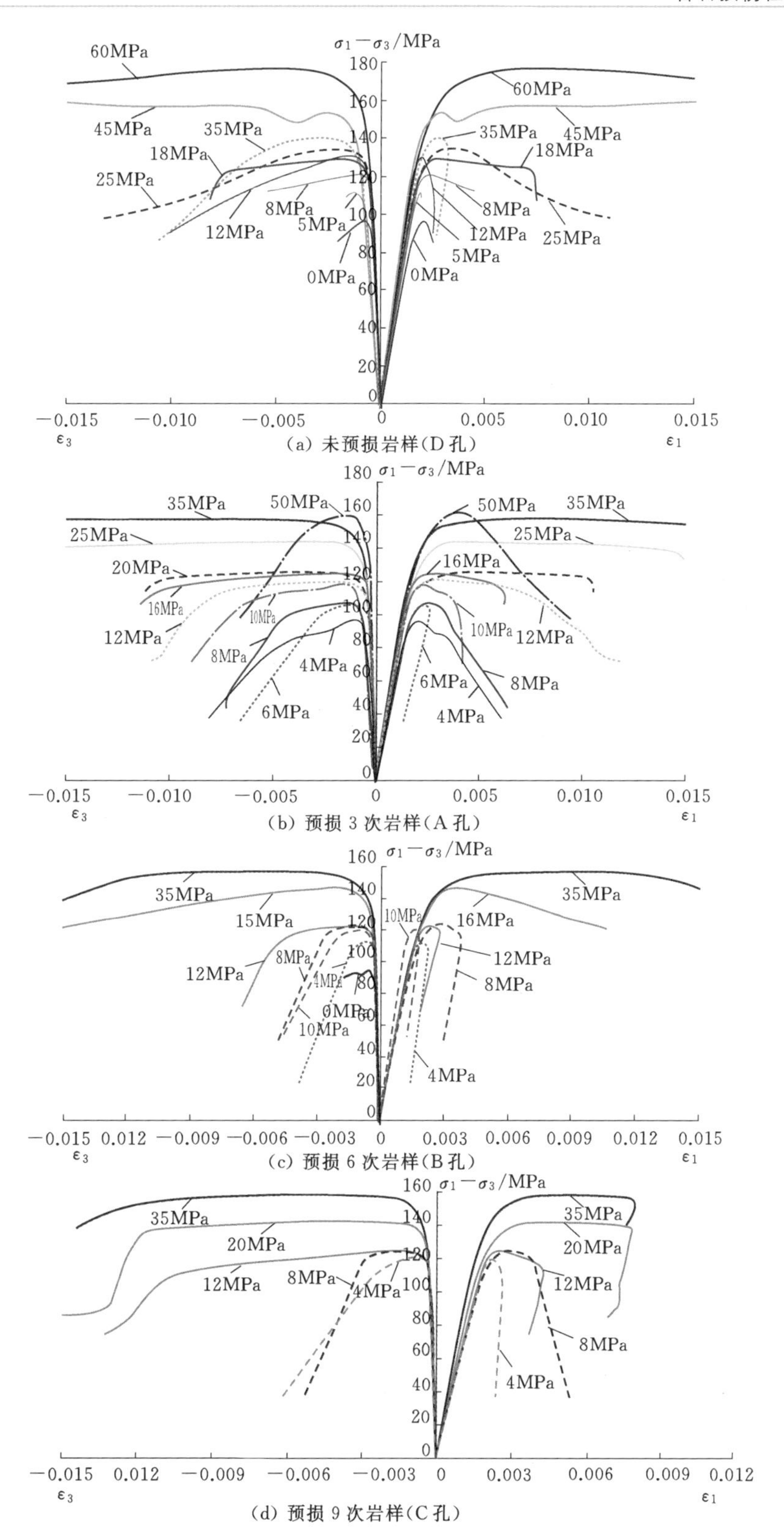

图3-36 三轴试验的应力-应变曲线

由试验结果总体来看，可得出如下结论：

(1) 从未预损岩样和预损 3 次的岩样来看，经过预损，各种围压下岩样的峰值强度均有所降低，同时塑性增强，脆性减弱。

未预损的 D 孔岩样在 5MPa 的围压下脆性特征仍然较为明显，只有在围压超过 8MPa 之后，才会看到较为明显的延性特征，围压超过 12MPa 之后，强度曲线要等到塑性变形超过 5‰才出现明显跌落；预损 3 次的 A 孔岩样延性特征更为明显，在 4～6MPa 的围压下即可看到明显的塑性变形，强度跌落时的应变达到 3‰～4‰。图 3-37 给出了白山组大理岩常规取样的三轴试验结果，对比可见，本节试验成果所反映的规律与图 3-37 基本相同。

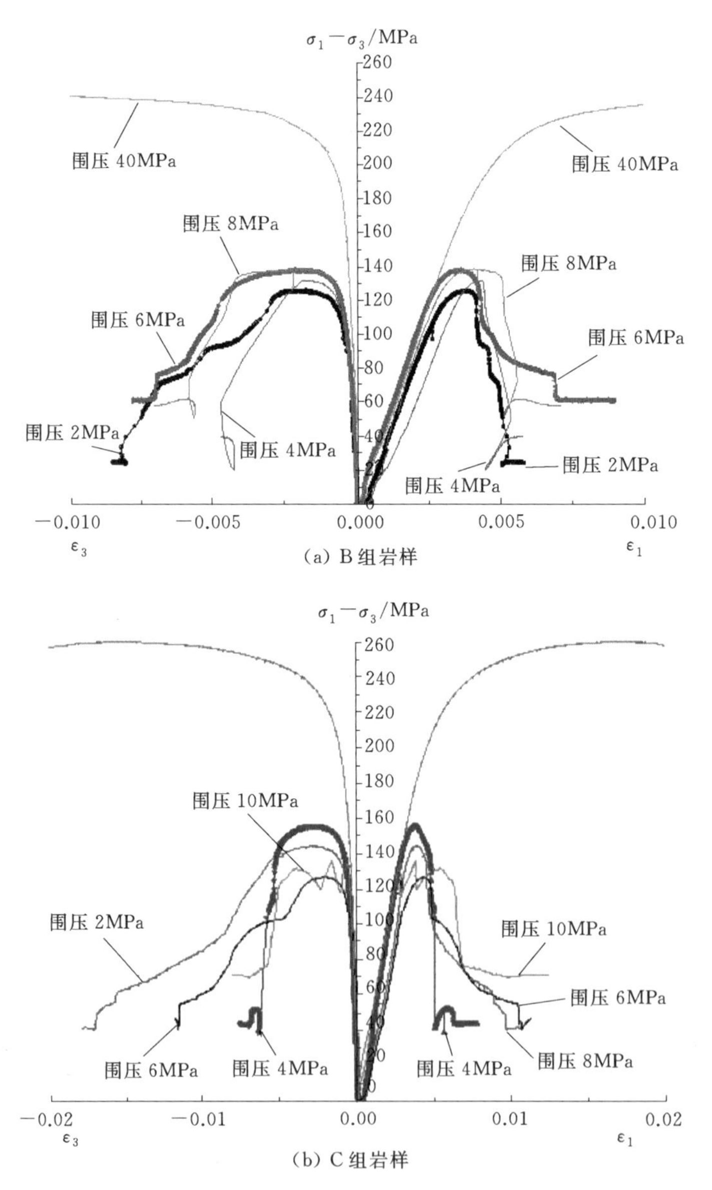

图 3-37　锦屏白山组大理岩常规取样的三轴试验结果

预损 3 次的 A 孔岩样的延性似乎要强于预损 6 次的 B 孔岩样和预损 9 次的 C 孔岩样，造成这一差异的原因是这几个孔中岩样本身的差异。A 孔岩样中含有与岩样轴线斜交的黑色矿物，岩性较软，所以很多都是沿结构面的破坏（图 3－38），所以 A 孔岩样的延性更强一些。

图 3－38　A 孔和 B 孔岩样破坏型式比较

（2）由于试验设备和加载控制方式的差异，没有能够获得残余强度，都是一旦出现破坏试验即停止，因此只能对岩样的峰值强度进行分析。

利用表 3－10 所列的试验结果推求大理岩的 Hoek－Brown 准则材质参数 m_i，所得结果见表 3－11。

表 3－11　不同围压下盐塘组大理岩的材质参数

参数	未预损（D 孔）岩样		预损 3 次（A 孔）岩样		预损 6 次（B 孔）岩样		预损 9 次（C 孔）岩样	
	围压 0～60MPa	围压 0～25MPa	围压 0～50MPa	围压 0～25MPa	围压 0～35MPa	围压 0～20MPa	围压 0～35MPa	围压 0～20MPa
m_i	3.179	3.445	4.197	5.272	4.800	7.027	3.196	3.102

以上 m_i 值均与 RocLab 软件对大理岩的推荐值 9 相差甚远，与利用白山组大理岩所得到的 m_i 值 8.264 也相差甚远。经这两次试验结果的比较，发现造成上述差异的原因是由于盐塘组大理岩在高围压下的峰值强度远低于白山组大理岩。本次试验中无损岩样（D 孔）中 35MPa、45MPa 和 60MPa 围压下盐塘组大理岩的峰值强度依次为 174.71MPa、205.37MPa 和 236.83MPa，而白山组大理岩 30MPa 围压下峰值强度即达到 249MPa，而 40MPa 围压下峰值强度更是达到 281MPa，因此，特地对 25MPa 围岩以内的盐塘组大理岩试验结果再次进行了回归，所得 m_i 值有所提高，但是仍然远远低于 9。

另外，RocLab 软件所给出的大理岩 m_i 值的推荐值是在加载方向与岩样的层面方向近乎垂直的条件下所得到的，而本次试验中，由于取样孔布置的方向问题，加载方向（即岩样轴向）与岩石层面方向斜交，这也可能是本次试验中 m_i 值偏小的原因之一。

同时，利用 Mohr－Coulomb（简称 MC 准则）准则对盐塘组大理岩峰值强度进行了回归，所得黏聚力 C 和内摩擦角 φ 的数值见表 3－12。

表 3－12　盐塘组大理岩的 Mohr－Coulomb 参数

参数	未预损（D 孔）岩样		预损 3 次（A 孔）岩样		预损 6 次（B 孔）岩样		预损 9 次（C 孔）岩样	
	围压 0～60MPa	围压 0～25MPa	围压 0～50MPa	围压 0～25MPa	围压 0～35MPa	围压 0～20MPa	围压 0～35MPa	围压 0～20MPa
C/MPa	30.06	27.98	25.68	21.64	26.07	20.91	31.48	31.62
φ/(°)	25.43	30.26	28.88	34.95	32.84	39.94	21.34	29.93

由于 C 组岩样的个数较少，这里主要对 D 组、A 组和 B 组岩样进行分析。从表 3－11 和表 3－12 可以得到以下结论：

（1）对于同一组岩样，仅利用较低围压（0～25MPa）下的岩样峰值强度进行回归所得到的 HB 准则材质参数 m_i 值与利用全部围压（0～60MPa）下的岩样峰值强度回归得到的值相比有所增加，而 MC 准则的 C、φ 值也出现 C 值升高而 φ 值降低的情况，这是否从一定程度上说明材质参数 m_i 也和 C、φ 值一样，并非完全独立于围压？这还需要更多试验数据加以证实。

（2）预损岩样的 m_i 值较相同围压条件下未预损岩样的 m_i 值偏高，且预损的次数越多，增加幅度越大；C、φ 值的情况也类似，预损后岩样 C 值有所降低，而 φ 值有所增加。这可以用 CWFS 模型所阐述的力学机理解释，说明岩样损伤后，试样内矿物颗粒之间的黏聚效应降低，而所产生的裂纹的闭合摩擦效应得以发挥。

3.2.4.2 损伤对大理岩强度参数的影响

表 3－13 给出了不同组岩样强度参数，由表可见，经过单轴循环加卸载损伤，岩样的强度参数变化还是比较明显的：经过 3 次预损岩样的 m_i 值升高 30%～50%，C 值降低 15%～20%，φ 值则升高 15%左右，这种情况下岩样的侧向纵波速度下降了 6.22%，轴向横波速度则下降了 4.94%（见表 3－9）；预损 6 次的情况下岩样的声波速度与未预损相比降了 8%左右（纵、横波，见表 3－9），m_i、C 和 φ 值变化的幅度基本达到预损 3 次时的两倍。这说明用声波速度的下降幅度来描述岩体参数的变化是可能的，根据现场实测岩体损伤区内声波速度的变化值，可以从一定程度上估计岩体参数的跌落情况，继而说明损伤区内岩体的承载力。

表 3－13　不同组岩样强度参数

参数	围压 0～60MPa			围压 0～25MPa				
	未预损（D 孔）岩样	预损 3 次（A 孔）岩样		未预损（D 孔）岩样	预损 3 次（A 孔）岩样		预损 6 次（B 孔）岩样	
			相对于无损岩样的变化率			相对于无损岩样的变化率		相对于无损岩样的变化率
m_i	3.179	4.197	32%	3.445	5.272	53%	7.027	104%
C/MPa	30.06	25.68	－15%	27.98	21.64	－23%	20.91	－25%
φ/(°)	25.43	28.88	14%	30.26	34.95	15%	39.94	32%

3.3 岩石损伤控制加卸载试验

在开挖作用下，岩体中的应力会产生集中或降低。在一定条件下，岩体除产生可逆的弹性变形外，还会产生不可逆的塑性变形。岩体损伤产生裂隙，裂隙贯通和扩展。在一定尺寸下，岩体裂隙可等效化处理，等效化后的岩体应力应变分析可采用弹塑性力学模型研究。

如果不考虑温度和时间效应，岩体在深部应力条件下力学响应可以用弹塑性力学模型进行较好的描述。传统弹塑性力学模型在描述金属等材料时获得了很大的成功，然而由于岩土类介质结构的特殊性，其变形破坏特性与金属等介质有显著的差别，因而有必要对传统弹塑性力学模型进行改进，从而可以更好地描述岩土类材料的力学特性。

传统塑性增量理论中，弹塑性性质的表述包含以下几个方面：①存在一个与应力和应变历史有关的屈服函数或加载函数，它在应力空间中定义了现时的弹性区域；②有一个不变的对称正定弹性矩阵，联系应力和弹性应变；③屈服（或加载）函数作为塑性位势函数，即采用关联流动法则；④存在一个强化规律，它和加载函数的某些参数（不可逆过程的某种度量）相对应，在变形过程中，加载面随应力点向外扩大表示强化，屈服面保持不变表示理想弹塑性。这些性质满足 Drucker 关于稳定材料的公设。

对于岩土类材料，建立弹塑性力学模型时，以下几个方面必须予以考虑：①塑性势函数与屈服（或加载）函数不同，即非关联流动；②弹性系数随塑性变形的发展而变化，即弹塑性耦合；③在变形过程中加载面可以扩大或不动，还可以收缩，即表现为强化、软化或塑性流动性质。

尽管很多学者从理论和试验方面对岩石的本构模型进行了广泛的研究，但是由于岩土介质结构和变形的复杂性和多样性，研究结果尚不成熟，也缺乏普遍的适用性，尚需要更多的试验来验证。为了研究脆性岩石经历塑性变形时的弹塑性耦合和应变硬化、软化特性，利用取自于锦屏二级水电站引水隧洞的两种大理岩进行峰前和峰后的循环加卸载试验，以获取岩石在经历塑性变形时其弹性参数和强度的演化规律，为岩石力学模型的建立提供基础试验依据，来对比不同脆性程度的岩石变形和破坏特征的差异。

3.3.1 岩样制备

利用两种大理岩进行峰前和峰后的循环加卸载试验。两种大理岩均取自锦屏二级水电站引水隧洞，分别为埋深 1700m 的盐塘组 T_2^6y 大理岩和埋深 2500m 的白山组 T_2b 大理岩，取样地点见图 3-39。T_2^6y 为深灰色结晶大理岩，现场围岩一般为Ⅲ级；T_2b 大理岩由碳酸盐矿物成分组成，变晶结构，致密块状构造，宏观均匀性好，矿物成分主要为方解石。

T_2^6y 大理岩和砂岩为从现场取回的块状样本，通过钻石机钻取直径 50mm 的圆柱形岩样，然后在锯石机上锯成高度约为 100mm 的岩样，再通过磨石机磨平岩样的两个端面，形成 ϕ50mm×100mm 的标准圆柱状试件。T_2b 大理岩的样本为现场 ϕ75mm 的钻芯，利用钻石机钻取 ϕ50mm 的岩样。每个试件的加工精度（包括平行度、平直度和垂直度）

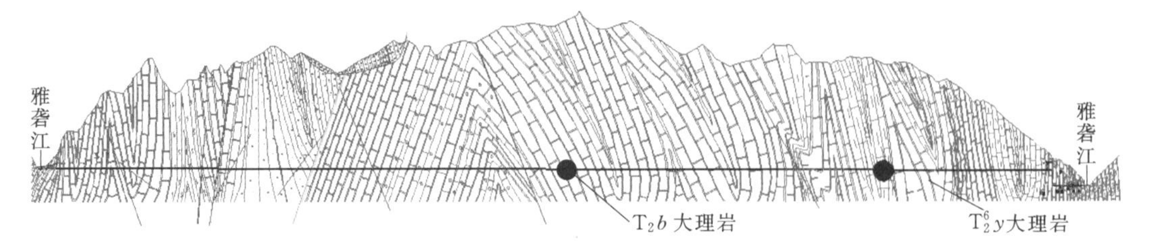

图 3-39 大理岩取样地点示意图

均控制在《水利水电工程岩石试验规程》(SL 264—2001) 规定范围之内。

3.3.2 试验设备

T_2^6y 和 T_2b 大理岩在 MTS 815.03 型压力试验机上进行。MTS 815.03 型压力试验机（图 3-40）是美国 MTS 公司生产的专门用于岩石、混凝土力学试验的多功能电液伺服控制的刚性压力装置，该试验机配有伺服控制的全自动三轴加压和测量系统，并拥有全数字化控制系统。该系统由加载部分、检测部分和控制部分三部分组成。加载部分包括液压源、单轴加压框架、作动器、伺服阀和三轴加载器；检测部分由力、压力和位移等各种传感器组成；控制部分由反馈控制系统、数据采集器、计算机等控制软硬件组成。该试验系统的主要技术参数：试验框架整体刚度为 11.0×10^9 N/m，最大轴向出力为 4600.0kN，垂直活塞行程为 100.0mm，最大侧压力为 140.0MPa，应变率适应范围为 $(10^{-2}\sim10^{-7})$/s。

(a) 加载腔

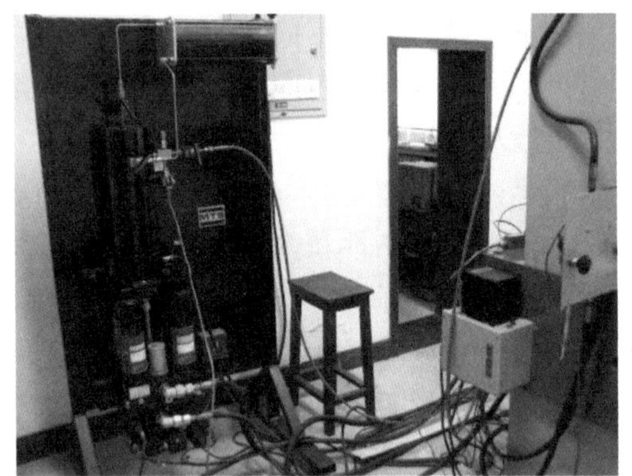

(b) 油路系统

图 3-40 MTS 815.03 型压力试验机

该试验系统可以测量试样的轴向和环向应变（图 3-41）。轴向变形采用两种方法测量，即线性可变差动传感器（Linear Rariable Differential Transformer，LVDT）和应变规。LVDT 同时测量垫片和岩样的变形，而应变规仅测量岩样中部的变形。典型的应力-应变曲线如图 3-42 所示。在峰前阶段，用 LVDT 测得的轴向应变初始压密现象比较明显，但是这部分初始压密并不完全是岩样的变形，还包括因为岩样端部不平引起垫片的调整位移，而应变规测量的完全是测量段岩石的变形；在峰后阶段，岩石会因剪切变形产生变形的局部化，此时由于应变规测量的范围较小，其测量结果不能准确反映岩样的变形。岩样的环向变形采用由链条链接的伸长计进行测量，链条安置在试样的中部，因此在峰后岩样的变形出现局部化时，环向变形的测量也是不准确的，尤其是当剪切滑移面不经过试样的中部时。

尽管开始阶段 LVDT 的测量结果包含了垫片的调整位移，使轴向应变的初始压密阶段更为明显，然而在初始压密以后直至峰后阶段，LVDT 测量的轴向变形都能反映岩样的变形，因此本次大理岩循环加卸载试验采用的加载方式为：加载阶段采用 LVDT 控制，卸载阶段采用轴向力控制。至于应变规测量的轴向变形，因其峰后阶段的测量不完整，后续的数据处理中都没有采用。

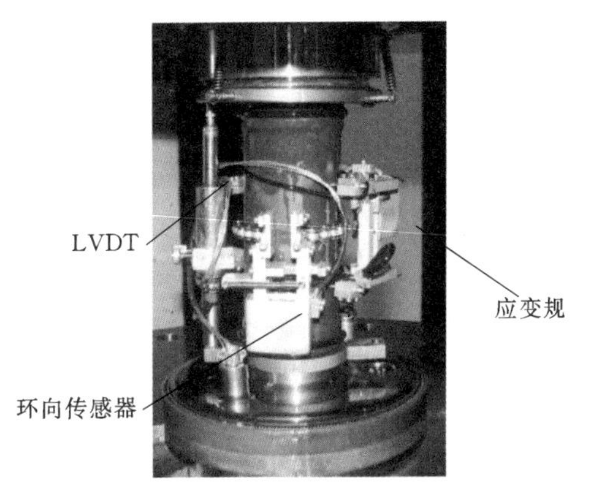

图 3-41 轴向和环向应变测试布置图

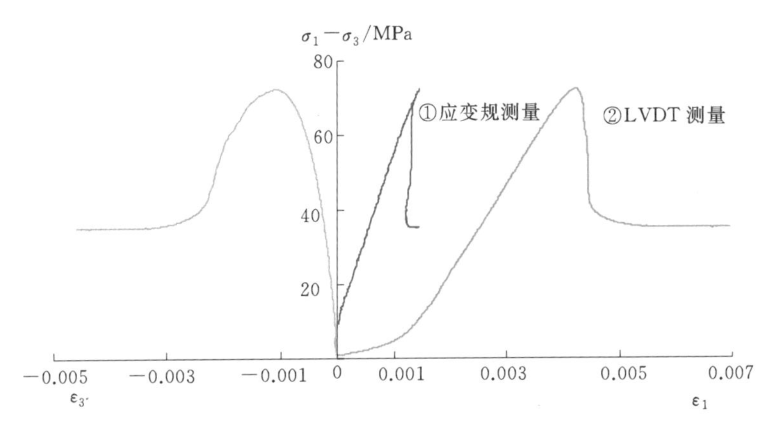

图 3-42 典型的应力-应变曲线

3.3.3 试验方法

利用上节所述的仪器进行了三种岩石的峰前和峰后加卸载试验。在峰前阶段，利用 LVDT 测量的轴向变形控制加载，用轴向力控制卸载，但在峰值附近和峰后阶段，试验中发现用上述方法无法控制试验，在卸载的初期岩样就会发生脆性破坏。加卸载试验中典型的峰后破坏曲线如图 3-43 所示，图中 A 点为开始卸载点，其后岩样迅速发生脆性破坏。

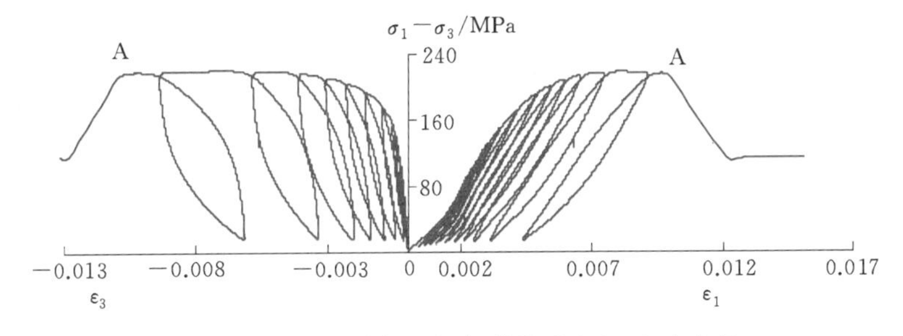

图 3-43 典型的循环加卸载峰后应力-应变曲线

造成以上现象的原因是：在经历塑性变形过程中，岩样中会出现塑性和损伤区，当应力降低时，塑性和损伤区周围的弹性区能量会释放出来，造成塑性和损伤区的进一步扩展，从而引起岩样的失稳破坏，这点可由裂纹扩展模型得到解释。Berry 首先针对拉伸裂纹提出了裂纹扩展模型，而后 Cook 针对滑移裂纹进行了研究，提出了其称为 Griffith 曲线的裂纹扩展准则，考虑单组裂纹时，Griffith 曲线如图 3-44 所示。在 AB 阶段，由于弹性区能量的释放，在轴向应变不发展的情况下，强度会很快降低，在试验中 AB 段的试验曲线是不可能得到的，因为所有试验机的卸载刚度都是有一定限度的，不可能无限大，图 3-44 中 AC 线的斜率代表试验机的刚度，因此在 A 点开始扩展的裂纹，会造成岩样的剧烈失稳。Berry 认为阴影部分 ABC 代表的能量会使裂纹加速扩展，直至应力达到 σ_E 处，此时阴影部分 CED 代表的裂纹表面能等于阴影部分 ABC 代表的能量，所以，在峰后阶段，如果卸载时有裂纹发生扩展，就会引起岩样的破坏。

Griffith 曲线的方程为

$$\varepsilon_{cr}=\frac{\sigma_1-2\nu\sigma_3}{2G(1+\nu)}+\frac{2}{\sigma_1-\sigma_3}\left(W_s+\frac{W_f}{2}\right)n \tag{3-1}$$

式中：ε_{cr} 为临界轴向变形；n 为裂纹的个数；W_s 为储存在裂纹周围的能量；W_f 为与裂纹摩擦有关的能量，其表达式为

$$W_s=\frac{\pi}{4}(1-\nu)\frac{(\tau-\mu\sigma_n)^2}{G}c^2 \tag{3-2}$$

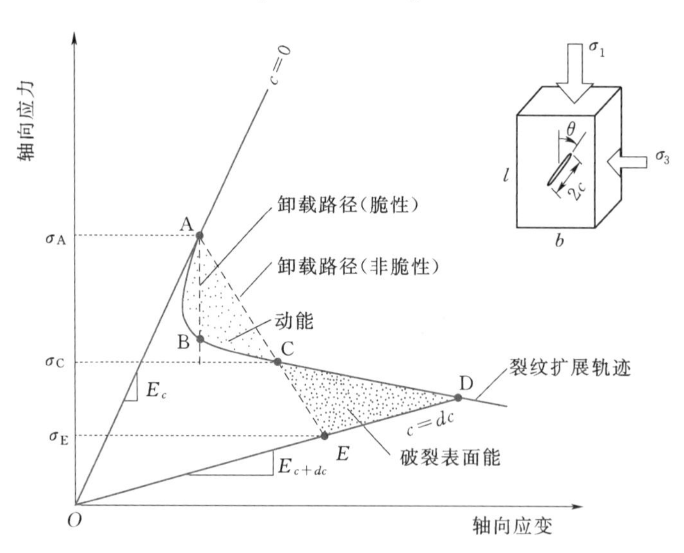

图 3-44 Griffith 曲线示意图

$$W_f=\frac{\pi}{2}(1-\nu)\mu\sigma_n\frac{\tau-\mu\sigma_n}{G}c^2 \tag{3-3}$$

$$c=\frac{8\alpha G}{\pi(1-\nu)(\tau-\mu\sigma_n)^2} \tag{3-4}$$

式中：ν 为泊松比；α 为裂纹表面能；c 为裂纹长度的一半；G 为刚性模量；μ 为摩擦系数；σ_n 为法向应力。

从式（3-1）可以看出，Griffith 曲线会受围压的影响。不同围压下的 Griffith 曲线见图 3-45，从图中可以看出，随着围压的升高，由于裂纹间摩擦的作用，岩样的强度会升高，需要更多的轴向变形才能使裂纹扩展。

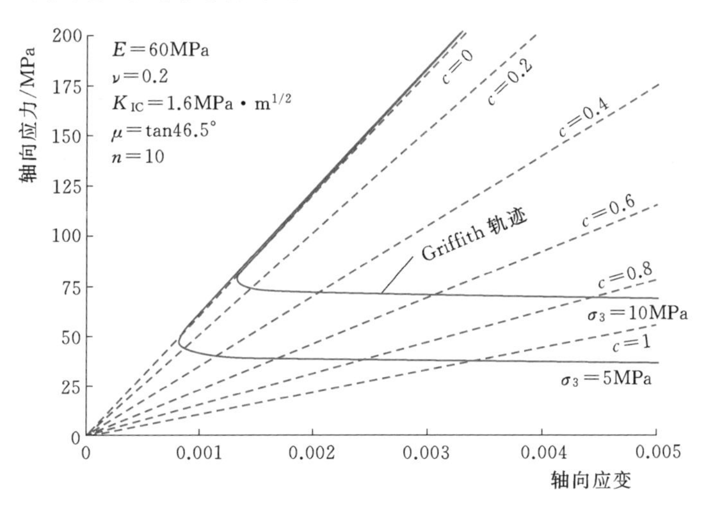

图 3-45　不同围压下的 Griffith 曲线

根据上述分析，为了顺利地进行峰后的加卸载试验，采取了以下措施：在峰后阶段，首先将围压稍微升高 1MPa 左右，然后开始卸载，并在卸载的中途将多加的围压卸除。用以上加载方式，岩样在峰前和峰后卸载的过程中经历的路径是不同的。采用式（3-5）定义的静水压力 p 和剪应力 q，在 $p-q$ 平面上岩样卸载过程中经历的应力路径见图 3-46，其中峰前的卸载应力路径为直线 AB，峰后的卸载应力路径为曲线 CDEFG。在峰后阶段卸载前，通过施加围压将应力调整到弹性区，即屈服面以内，然后卸载。在弹塑性框架内，因为卸载时一直处于弹性区域，所以这样的应力路径对岩样的强度不会产生影响。

$$\left.\begin{aligned} q&=\frac{1}{\sqrt{2}}\sqrt{(\sigma_1-\sigma_2)^2+(\sigma_1-\sigma_3)^2+(\sigma_2-\sigma_3)^2} \\ p&=\frac{\sigma_1+\sigma_2+\sigma_3}{3} \end{aligned}\right\} \tag{3-5}$$

3.3.4　试验成果

利用上述试验方法，进行了循环加卸载试验，下面将依次给出两种大理岩的试验结果。

3.3.4.1　T_2^6y 大理岩试验成果

在进行损伤控制加卸载前，为了得到岩石的强度，进行了常规三轴压缩试验。采用 LVDT 测量的轴向位移控制加载，加载速率为 0.06mm/min。典型的 T_2^6y 大理岩的常规三轴应力-应变曲线如图 3-47 所示。从图 3-48 可以看出，T_2^6y 大理岩表现出明显的脆性

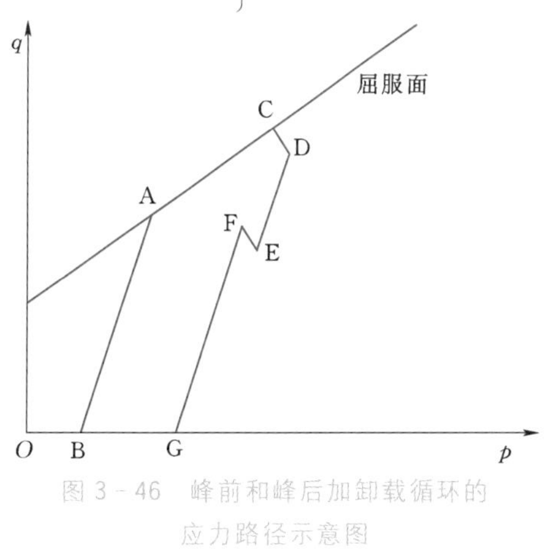

图 3-46　峰前和峰后加卸载循环的应力路径示意图

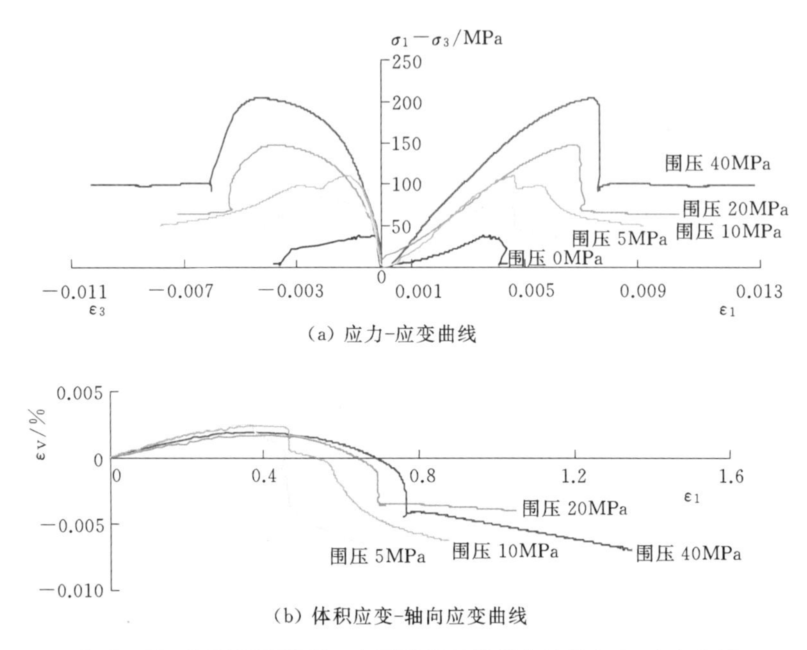

(a) 应力-应变曲线

(b) 体积应变-轴向应变曲线

图 3-47 不同围压下 T_2^6y 大理岩三轴压缩全过程应力-应变曲线

性质，40MPa 围压下仍然表现为脆性破坏。随着围压的升高，岩石的弹性模量稍有增加。

利用 T_2^6y 大理岩进行了 5 组围压下的峰前和峰后损伤控制加卸载试验。加载阶段采用 LVDT 测量的轴向位移进行控制，加载速率为 0.06mm/min，其对应的轴向力的加载速率随围压的不同而略有差别，为 20～30kN/min；卸载阶段采用轴向力控制，卸载速率为 30kN/min。卸载时，如果将轴向应力卸载至 0，则轴向的压头会与岩样脱离，因此试验中将轴向应力卸载至开始卸载时对应轴向应力的 98%，一般大约为 5MPa。试验曲线见图 3-48，由图可以看出，由于试件端部的加工误差引起压头调整，使得岩样在第一个循环时存在明显的初始压密段，而在后续的循环中初始压密现象不显著；循环加卸载作用下，岩石仍表现为脆性破坏，加卸载曲线的外轮廓与图 3-48 中的常规试验比较接近，可以认为，两种加载方式下岩样的变形破坏机理是基本一致的。

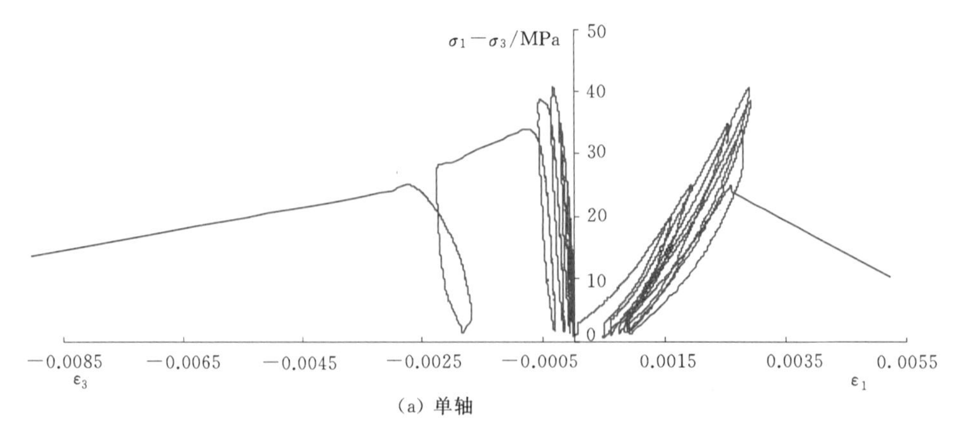

(a) 单轴

图 3-48（一） 不同围压下 T_2^6y 大理岩的加卸载应力-应变曲线

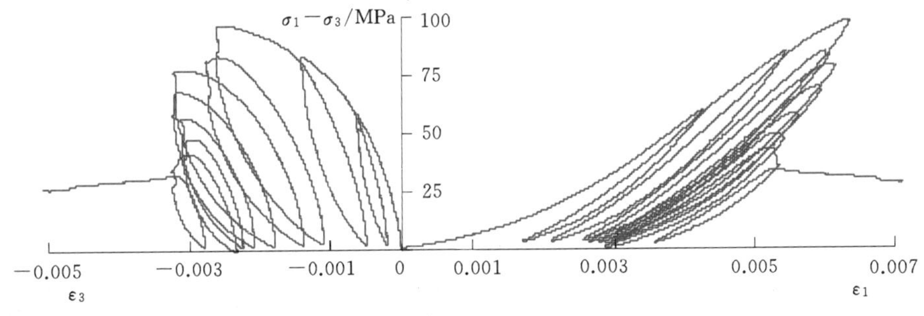

(b) 围压为 5MPa

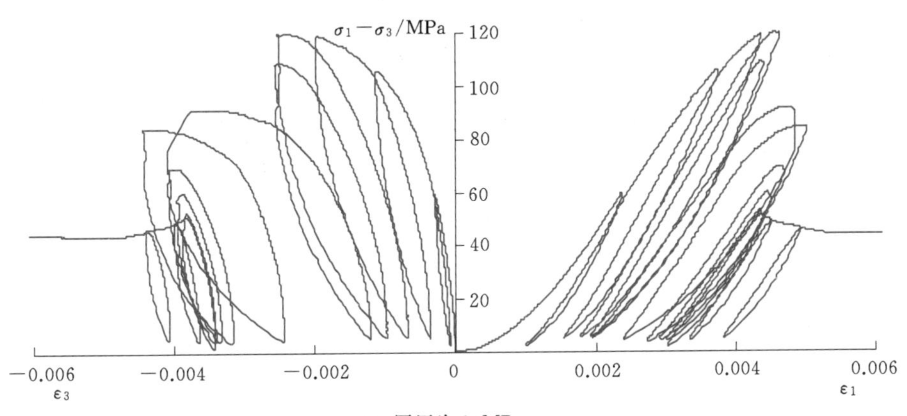

(c) 围压为 10MPa

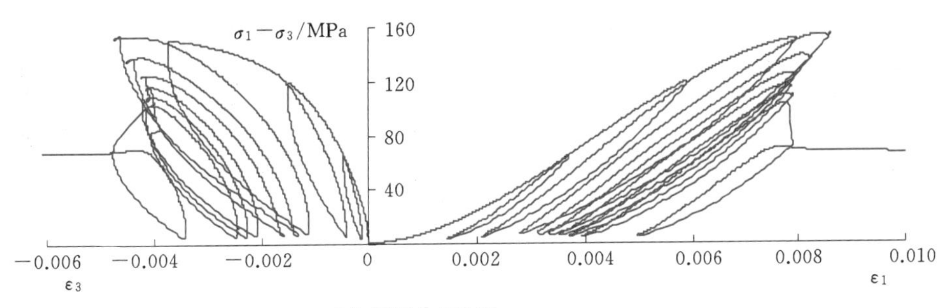

(d) 围压为 20MPa

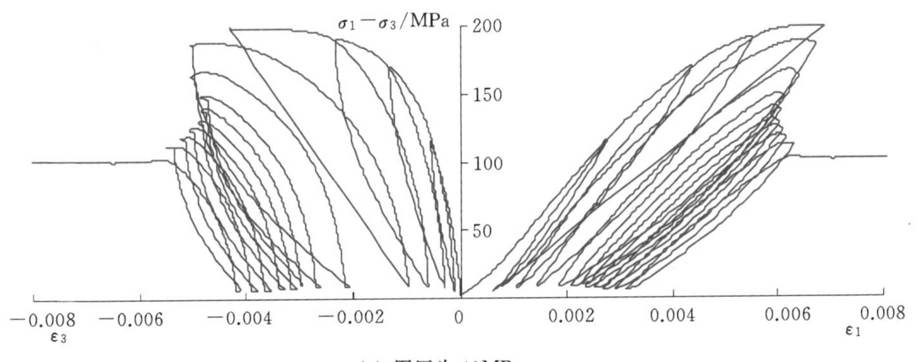

(e) 围压为 40MPa

图 3－48（二） 不同围压下 T_2^6y 大理岩的加卸载应力-应变曲线

图 3－49 和图 3－50 分别为 T_2^6y 大理岩常规和循环加卸载试验后的岩样。两种条件下岩样的破坏形态基本一致。在单轴条件下，岩样中出现多条平行于轴向的裂纹，并有多条剪切裂纹连接这些拉伸裂纹，当剪切面在垂直于轴向的投影覆盖岩样的端面时，岩样发生破坏。上述破坏形态说明，单轴条件下，影响岩石强度的因素比较复杂，岩石的破坏机制不仅包括剪切滑移，还包括拉伸裂纹的萌生和扩展，以及剪切裂纹和拉伸裂纹的相互作用。随着围压的升高，岩石试样将以剪切滑移破坏为主。

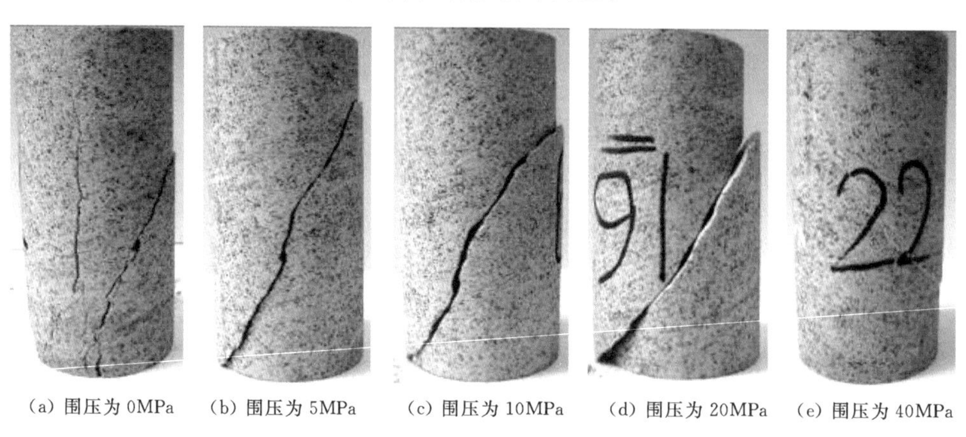

(a) 围压为 0MPa　(b) 围压为 5MPa　(c) 围压为 10MPa　(d) 围压为 20MPa　(e) 围压为 40MPa

图 3－49　常规三轴试验下 T_2^6y 大理岩岩样破坏形态

(a) 围压为 0MPa　(b) 围压为 5MPa　(c) 围压为 10MPa　(d) 围压为 20MPa　(e) 围压为 40MPa

图 3－50　T_2^6y 大理岩岩样损伤控制加卸载试验破坏形态

为了深入了解 T_2^6y 大理岩的破坏过程，对试验后岩样的破坏面进行了 SEM 电镜扫描。扫描过程中，首先从新鲜的破裂面上取下 1cm×1cm 大小的薄片状样品，在表面喷金以后进行电镜扫描。对 3 组围压（10MPa、20MPa 和 40MPa）下的岩样进行了扫描，每个岩样上选择 2～3 个典型位置，扫描结果见图 3－51～图 3－53。从图中可以看出，当围压大于 10MPa 时，岩样表面分布有大量滑动痕迹，岩石以剪切滑移破坏为主；在围压较低时，破坏面较粗糙；随着围压的升高，破坏面较光滑，且多有压裂的岩石碎片，这一现象和下一章分析的剪胀特征是相对应的，即在低围压下，岩样的剪胀较大；高围压下，由于围压的限制作用而剪胀较小。

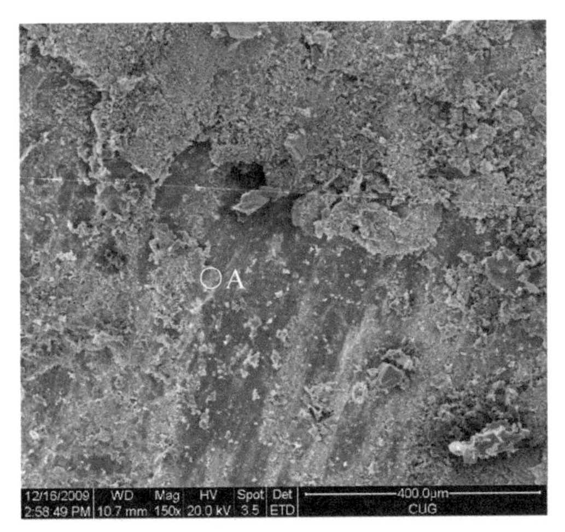

(a) 表面放大 150 倍

12/16/2009 WD Mag HV Spot Det
3:03:13 PM 10.8 mm 600x 20.0 kV 3.5 ETD
100.0μm
CUG

(b) 以 A 点为中心放大 600 倍

图 3-51 10MPa 围压下岩样破坏表面的 SEM 扫描

(a) 表面放大 100 倍

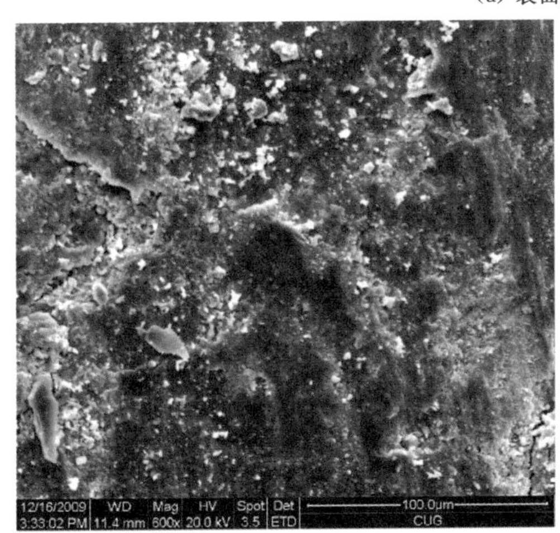

(b) 以 A 点为中心放大 600 倍

(c) 以 B 点为中心放大 600 倍

图 3-52 20MPa 围压下岩样破坏表面的 SEM 扫描

(a) 表面放大 150 倍

(b) 以 A 点为中心放大 600 倍

图 3-53　40MPa 围压下岩样破坏表面的 SEM 扫描

3.3.4.2　T_2b 大理岩试验成果

试验方法同 3.3.4.1 中的 T_2^6y 大理岩。常规试验及循环加卸载加载阶段的位移加载速率为 0.06mm/min，其对应的轴向应力加载速率随围压的不同而稍有差别，范围为 25～35MPa/min，加卸载试验卸载段的轴向应力卸载速率为 26MPa/min，卸载至偏压 5MPa 左右。

T_2b 大理岩常规试验的应力-应变曲线如图 3-54 所示，岩样的破坏形态如图 3-55

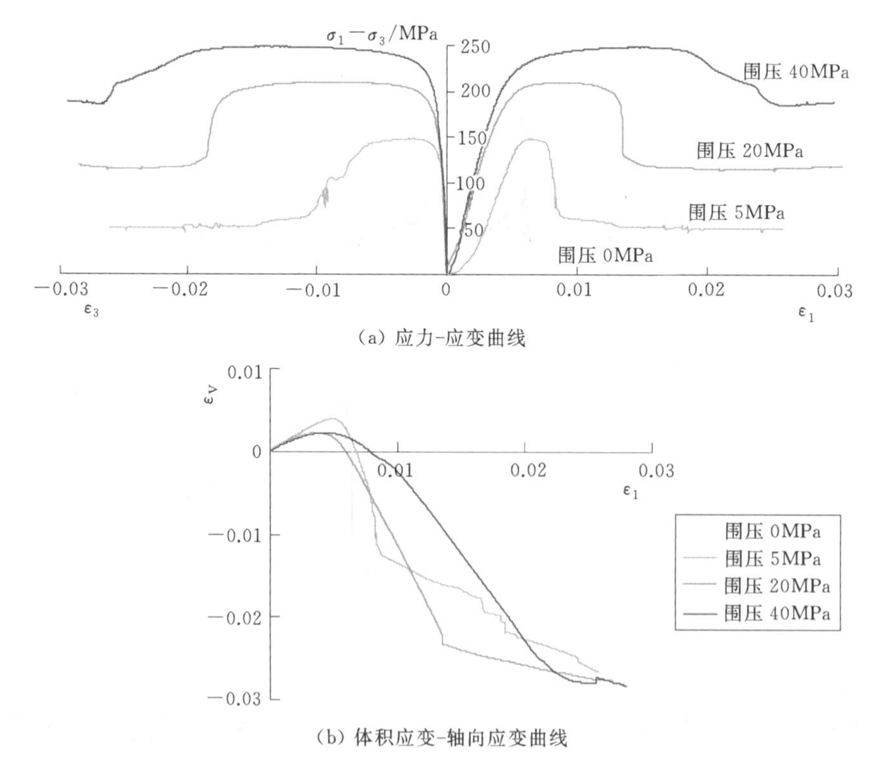

(a) 应力-应变曲线

(b) 体积应变-轴向应变曲线

图 3-54　不同围压下 T_2b 大理岩三轴压缩全过程应力-应变曲线

所示。从图 3-54 和图 3-55 可以看出：该大理岩破坏形态受围压的影响较为显著，低围压条件下表现为脆性破坏，岩样中分布有竖向的拉裂纹；随着围压的升高，逐渐表现出延性变形的性质。围压大于 5MPa 时，岩样表面可见一组共轭的剪切滑移线，其方向如图 3-55（d）中的黑线标示。

(a) 围压为 0MPa

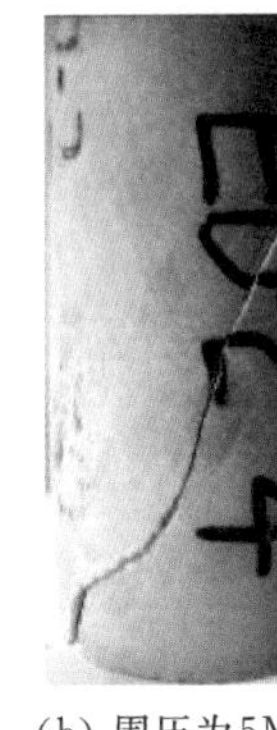

(b) 围压为 5MPa

(c) 围压为 20MPa

(d) 围压为 40MPa

图 3-55 常规三轴试验下 T_2b 大理岩岩样破坏照片

利用 T_2b 大理岩共进行了 4 组围压（5MPa、10MPa、20MPa 和 40MPa）下的峰前和峰后加卸载循环试验。试验曲线见图 3-56 中的（a）～（d），各个围压下岩样破坏的形态见图 3-57。可以看出，常规和循环加卸载条件下，无论是应力-应变曲线还是破坏形态，都是基本一致的。

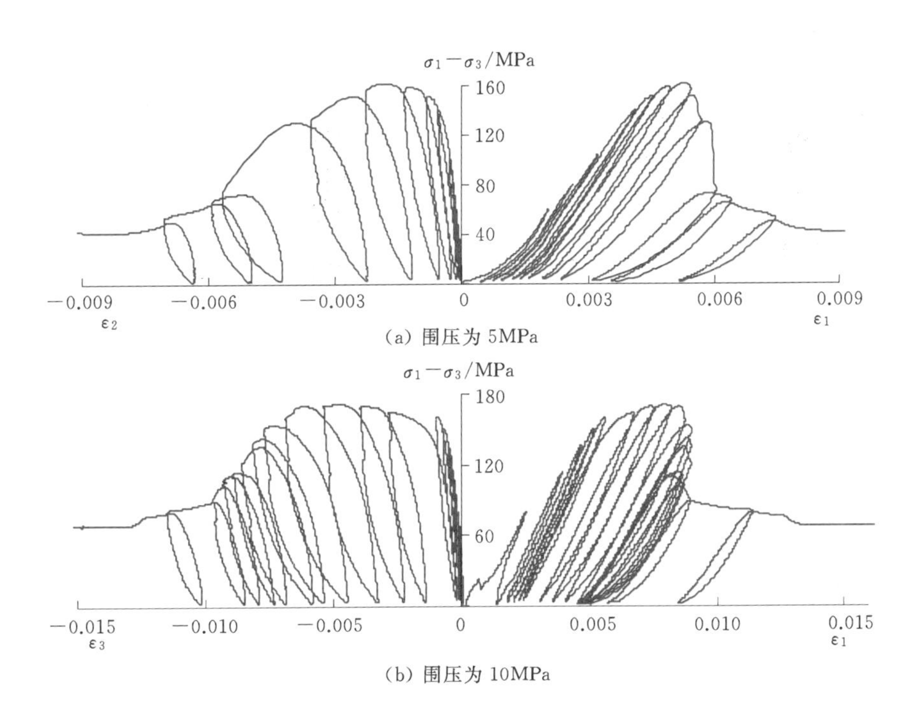

(a) 围压为 5MPa

(b) 围压为 10MPa

图 3-56（一） 不同围压下 T_2b 大理岩的加卸载应力-应变曲线

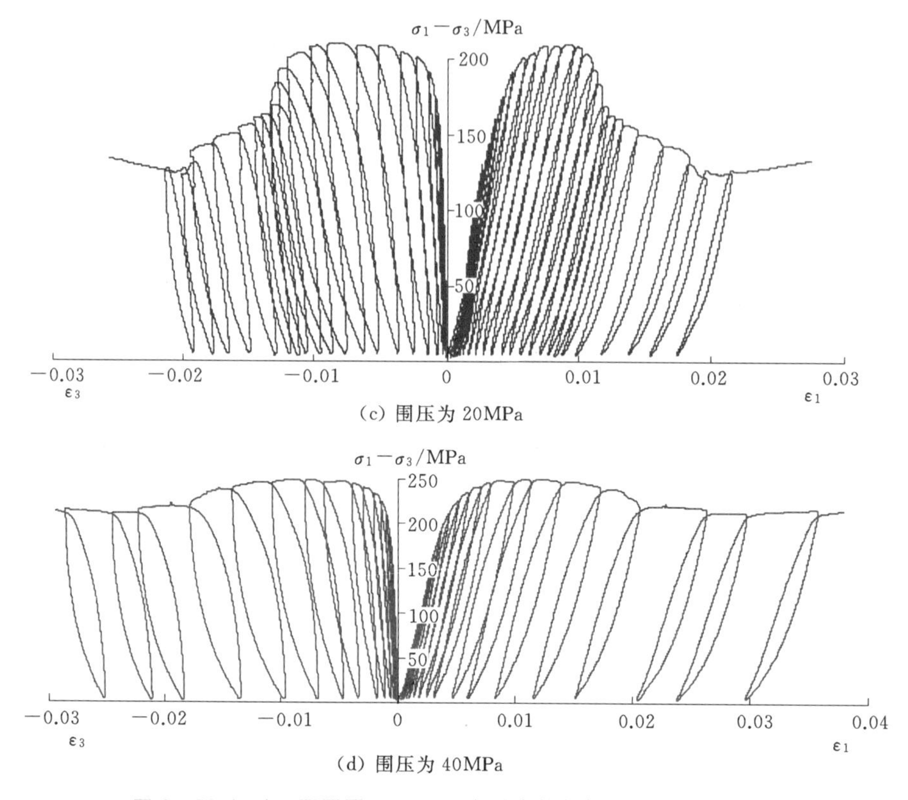

(c) 围压为 20MPa

(d) 围压为 40MPa

图 3-56（二） 不同围压下 T_2b 大理岩的加卸载应力-应变曲线

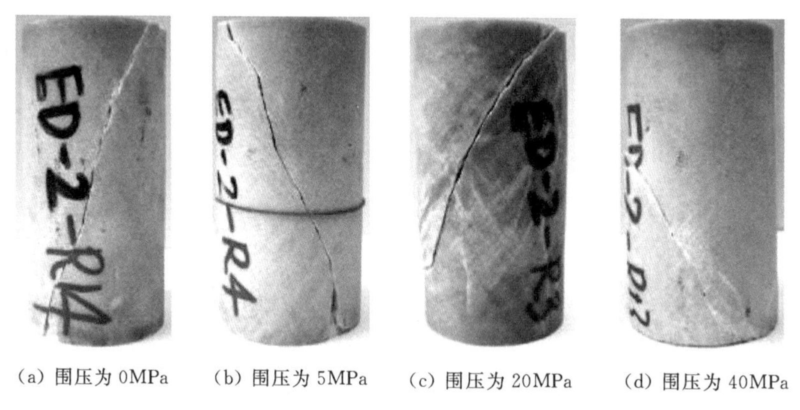

(a) 围压为 0MPa　(b) 围压为 5MPa　(c) 围压为 20MPa　(d) 围压为 40MPa

图 3-57 T_2b 大理岩岩样循环加卸载试验破坏照片

3.4 本章小结

本章试验的主要目的是检测深部岩石的损伤特征。为了实现这个目的，进行了大量而又系统的试验研究。在岩石压缩试验过程中，辅以声发射、声波、CT 扫描等先进的监测手段，全面了解了岩石的损伤特征，深入分析了岩石在受力过程中内部裂纹的不同活动状态对其宏观力学性质的影响。开展了大理岩室内力学试验，包括常规三轴试验和循环加卸载试验，获取了岩石在经历塑性变形时其弹性参数和强度的演化规律，研究了脆性岩石经历塑性变形时的弹塑性耦合和应变硬化、应变软化特性，为岩石损伤力学模型的建立提供基础试验依据。

4

深埋围岩损伤演化的时间效应

4.1 时效破坏的现场表现

结晶岩破裂扩展的时间效应是指在荷载恒定的条件下，岩石中的破裂随时间不断增长，强度因此而衰减，这是脆性特征结晶岩的基本力学特性之一。

这种特性在地下工程中的现场表现为：开挖后相对完整的围岩，在掌子面向前推进一段时间以后，掌子面空间效应消失，围岩中应力调整基本结束，而破裂现象仍然不断加剧。

图4-1表示了破裂发展时间效应的现场表现形态，该施工支洞完成掘进以后的完整性良好，隧洞开挖2年以后，围岩破裂现象十分严重。

图4-1 瑞典 Furka 隧道 Bedretto 施工支洞破裂发展时间效应（开挖2年后）

研究和工程实践表明，由于破裂尺寸的细观特征，只有在破裂发展到后期、围岩特性显著恶化以后才转化为宏观破坏，因此一般的工程支护手段不足以消除破裂的产生和发展，现有工程措施仅能限制这种现象。当地应力条件和岩体条件具备产生破裂和导致破裂充分扩展的条件时，工程中的破裂和破裂扩展现象不可避免，工程措施仅能起到限制的作用。脆性岩体破裂损伤发展的时间效应在锦屏二级水电站深埋隧洞施工期也得到了印证，具体包括以下几个方面：

（1）新开挖揭露出的完整围岩在无外界扰动条件下经历一段时间以后出现破碎现象，比如在锚杆孔造孔施工过程中出现碎片掉落现象，现场巡视中也可以看到围岩破裂总是滞后掌子面相当一段距离，这些现象已经普遍地被现场工程师所注意。

（2）监测结果表明，滞后掌子面约100m安装的锚杆应力计仍普遍受力，由于掌子面开挖不影响监测部位的围岩应力，因此锚杆变形主要反映了围岩破裂随时间的扩展。

(3) 测试结果表明，滞后掌子面数千米的2号、4号洞落底开挖所揭露的围岩破裂区深度远大于掌子面开挖后的情形，说明上台阶开挖以后二次应力作用下围岩的破裂随时间不断扩展。

(4) 同一钻孔不同时间进行的声波测试结果显示，随时间推移，钻孔低波速带范围扩大。

对锦屏引水隧洞掌子面推进过程中发生的围岩破坏现象进行了现场编录和统计，统计结果表明，应力型破坏往往表现为破裂现象，掌子面后方的破裂深度一般不大，多为20cm的量级。滞后掌子面数千米进行的落底（下台阶）开挖揭露了围岩在经历1年以上时间以后的破裂情况，围岩破裂现象要普遍和严重得多，肉眼可见的破裂深度一般也可以达到50cm乃至更深。

图4-2表示了锦屏二级水电站4号引水隧洞落底开挖以后引（4）14+330断面中下部一带围岩破裂区状况，清晰可见的破裂区深度达到60cm。需要注意的是这种严重破裂现象在现场普遍存在，并不是个别现象，说明了破裂随时间发展的特征。

图4-2 锦屏二级水电站4号引水隧洞引（4）14+330断面南侧边墙中下部一带围岩破裂情况

与时效破裂问题相同，深部围岩的损伤程度和发育深度也随时间不断扩展，图4-3表示的声波测试结果揭示了这一特点。

2号引水隧洞引（2）13+185在上断面开挖完成后布置了长期声波观测孔，图4-3为该断面前后两次测试成果，由图可见，间隔5个月围岩松弛深度平均增加了10～20cm。

图4-4和图4-5为锦屏二级水电站2号引水隧洞引（2）13+150～13+330洞段南北侧半幅底板落底开挖围岩的破

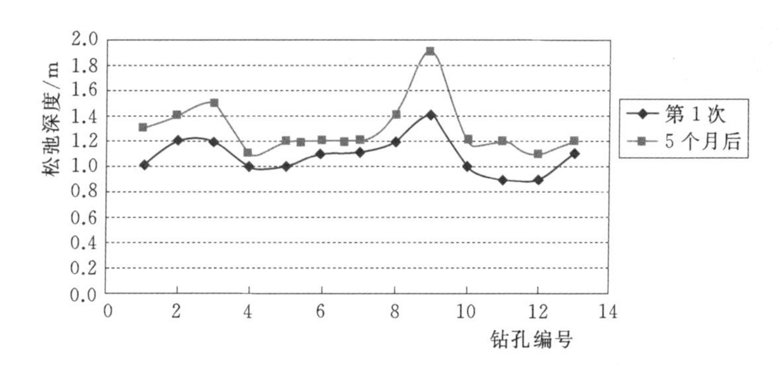

图4-3 锦屏二级水电站2号引水隧洞引（2）13+185长观孔声波测试结果

裂情况。该洞段距离隧洞上半洞开挖以及北侧半幅落底开挖的时间为1年左右，现场看到该洞段南侧半幅底板以及北侧拱脚的围岩破裂现象十分普遍，并且破裂深度基本超过50cm。从图4-5（b）可以看出，北侧拱脚围岩破裂的扩展导致破裂面张开2～3cm，而且随着时间的推移，这一破裂面的张开宽度还将进一步增大。

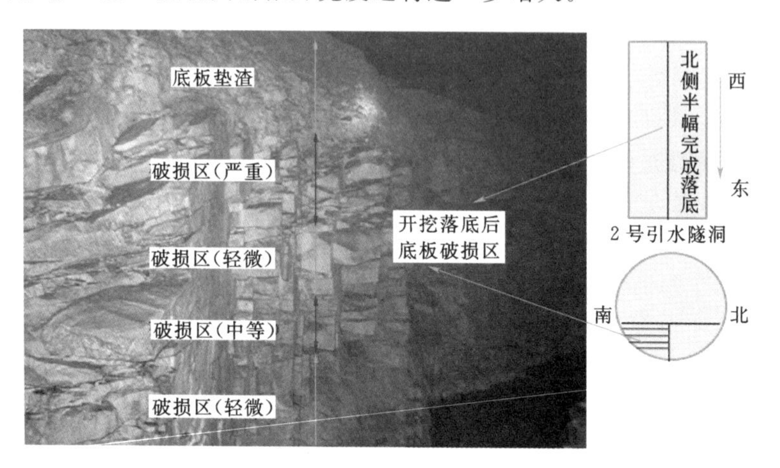

图4-4 锦屏二级水电站2号引水隧洞引（2）13+330～13+150洞段南侧半幅底板围岩破裂情况

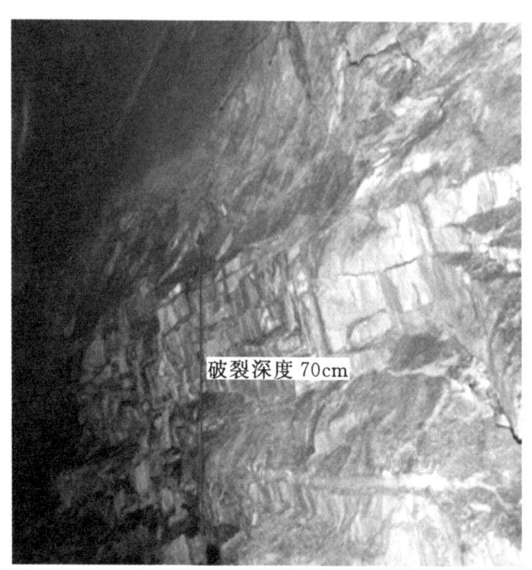

(a)引(2)13+330～13+150北侧拱脚围压破裂情况

(b)引(2)13+150北侧拱脚围压破裂面张开情况

图4-5 锦屏二级水电站2号引水隧洞引（2）13+330～13+150洞段北侧拱脚围岩破裂情况

为了解锦屏引水隧洞围岩的变形状态，在隧洞沿线还布置了多点位移计、锚杆应力计等永久观测仪器。锚杆应力计读数变化是传感器所在部位围岩变形的结果，在理想情况下，希望锚杆应力计所在部位围岩变形方向与锚杆轴向方向一致。

传统锚杆应力计的读数受到围岩变形机理和仪器埋设技术的影响，当围岩变形主要由结构面控制时，全长黏结埋设方式的锚杆应力计读数大小还和传感器与变形结构面之间的位置关系密切相关。在很多情况下，当结构面与传感器的距离超过大约0.6m时，传感器的响应较小。当传感器埋设于变形结构面的外侧（靠临空面一侧）时，有时还可能出现受压情况，但受压也可能是传感器受到剪切过程的弯曲变形而被挤压的结果。正是由于这些原因和不确定性，现实中锚杆应力监测结果可能非常分散。

深埋隧洞实践中锚杆应力计读数变化既可以是结构面变形的结果，更普遍地还可以是传感器一带围岩破裂的结果，当破裂问题占据主要地位时，深埋隧洞围岩锚杆应力计读数更容易出现变化，也更普遍地为拉应力。从这个角度看，就全长黏结锚杆而言，锚杆应力监测结果在深埋条件下比浅埋地下工程更稳定和更具有代表性。

图4-6和图4-7分别为Ⅲ类、Ⅲ$_b$类大理岩锚杆应力监测成果。图示锚杆应力变化过程揭示了一个比较普遍的现象，即锚杆应力增长经历了一个相对较长的过程，如果锚杆受力是围岩破裂发展的结果，就说明即便是在没有开挖影响的情况下，围岩破裂发展会经历一个相当长的历程，这与多点位移计变形监测成果有明显差别。

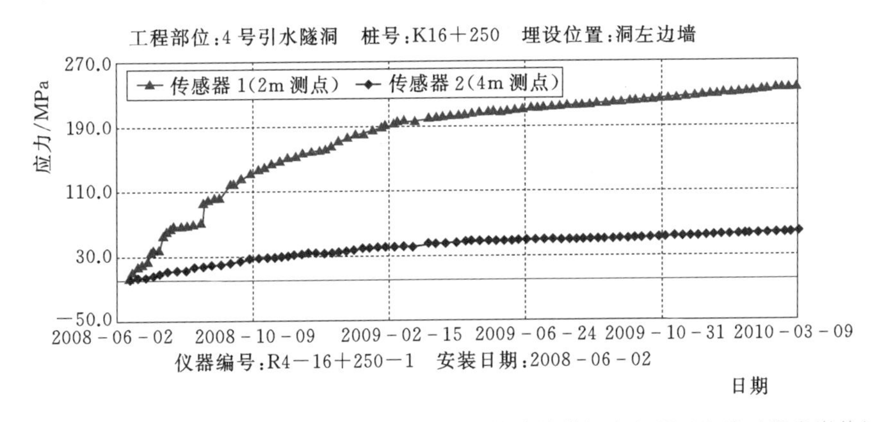

图4-6　4号引水隧洞引（4）16+250断面北侧边墙锚杆应力历时曲线（Ⅲ类岩体）

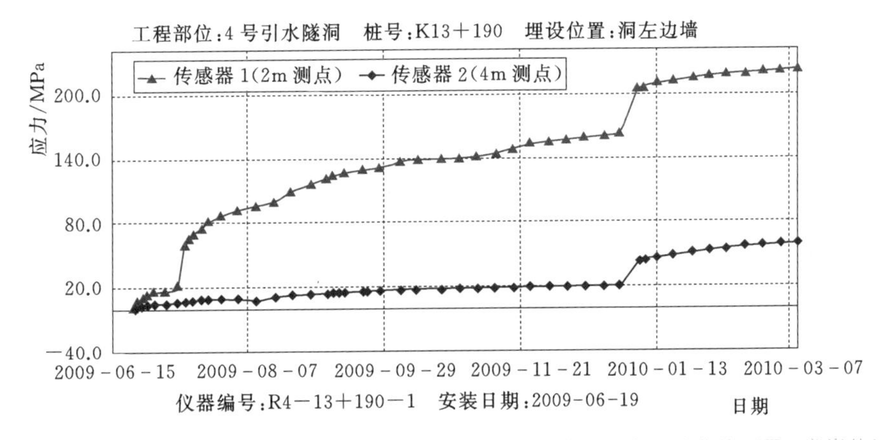

图4-7　4号引水隧洞引（4）13+190断面北侧边墙锚杆应力历时曲线（Ⅲ$_b$类岩体）

相对来说，锚杆应力计对围岩状态的变化比多点位移计更敏感。如图4-8所示，引（4）16+250断面上的多点位移计监测成果显示了围岩具有很好的变形安全性，但支护安全程度要低得多，从这个角度看，锚杆应力计监测成果比多点位移计监测结果更值得

工程关注，甚至会影响围岩安全判定指标的制定。

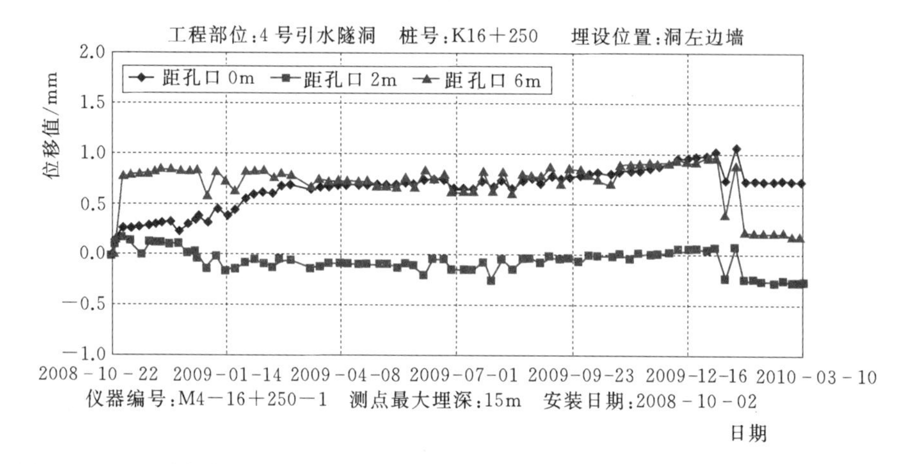

图4-8 4号引水隧洞引（4）16+250断面北侧边墙多点位移计历时曲线（Ⅲ类岩体）

4.2 时效破坏试验

作为岩石的重要力学特性之一，破裂扩展的时间效应与地下工程的长期稳定与安全性紧密相关。很多岩石工程所显露出来的问题往往都是和破裂扩展的时间效应密切相关。锦屏深埋隧洞工程施工期大理岩破裂扩展的时间效应也被揭示出来。

结晶岩破裂发展时间效应，是指深埋工程结晶岩开挖以后的破裂损伤随时间不断发展、围岩强度和安全性相应不断衰减的特性。破裂发展往往发生在应力水平低于围岩峰值强度、甚至处于弹性状态的情况下。

随着声发射、声波以及其他测试技术的发展，脆性岩石的破裂行为逐渐被人们所认识，描述破裂行为的特征应力也能够被很好地确定。前文已经确定了描述深埋岩石破裂特性的特征应力（包括启裂强度和损伤强度），但是这仅仅是针对岩石的短期破裂效应。涉及岩石破裂的时间效应的时候，问题便变得复杂化。本节拟开展大理岩的室内时效破坏试验，基于试验成果研究并揭示其时效力学特性，分析相应的影响因素。

4.2.1 试验设计

本次长期强度试验是在RW-2000系列岩石伺服三轴蠕变试验机上完成的。该蠕变试验机可以实现岩石在三轴环境下的多种试验，包括以下方面：

（1）不同围压下岩石弹性参数的测量。

（2）岩石的常规三轴试验，获得峰值强度和残余强度。

（3）蠕变试验。

（4）松弛试验。

RW-2000系列岩石伺服三轴蠕变试验机主机采用四柱式加载框架，油缸下置（图4-9）。控制系统采用全数字伺服控制器。人机界面可以同时显示试验力、位移、变形（轴向、径向）、围压、控制方式、加载速率等多种测量参数和试验曲线。

(a) 加载框架

(b) 控制系统

图 4-9 RW-2000 系列岩石伺服三轴蠕变试验机

4.2.1.1 试验方案

本次试验采用从锦屏二级水电站引水隧洞 2-1 号试验洞中取出的盐塘组大理岩，跟第 2、3 章中大理岩瞬时强度试验采用的为同一批岩样。用于长期强度试验的岩样均为无损取样，并套钻成标准样，尺寸为 ϕ50×100mm。

脆性岩石破裂的时间效应要通过一系列的时效破坏试验来完成，通过绘制时间破坏曲线来率定 PSC 模型的参数。采用以下定义来描述时效破坏试验：

σ_1 为轴向方向施加的应力；

P_c 为施加的围压水平；

σ_f 为瞬时强度试验中测得的峰值强度；

σ 为时效破坏中的偏应力，即 $\sigma=\sigma_1-P_c$；

σ_c 为瞬时强度试验中的偏应力，即 $\sigma_c=\sigma_f-P_c$。

为了对比数据，时间破坏曲线纵坐标采用破坏时间 t_f 的对数，而横坐标采用驱动应力比，$\sigma/\sigma_c=(\sigma_1-P_c)/(\sigma_f-P_c)$。其中峰值强度 σ_f 通过前期进行的瞬时压缩试验来确定，同时假设所有岩样的峰值强度都相同，只有这样才会形成一条完整的时间破坏曲线。

4.2.1.2 试验步骤

在进行本次大理岩时效破坏试验时，严格按照以下步骤来实施：

(1) 首先将无损样套钻成 ϕ50×100mm 的岩样，测量每个岩样的尺寸和声波，将声波速度明显低的和岩样表面有可见裂隙的排除。

(2) 将轴向和侧向变形传感器安装在岩样上，为了避免岩石破坏对传感器的冲击，采用位移加载控制方式，速率控制在 0.01mm/min。

(3) 根据已经确定的启裂强度和损伤强度确定施加荷载的水平。由于岩样的离散型，开始施加荷载应低于损伤强度，避免岩样在加载中突然破坏造成岩样不必要的浪费。稳定在该荷载下，观察轴向变形和侧向变形的变化规律，根据已经完成的时效破坏试验中已经测到的破坏时的应力与变形（侧向和轴向）曲线，综合来判断下一步应该增加的应力水平。

（4）施加的应力从高驱动应力比向低驱动应力比逐渐过渡，以获得更多的可用数据。当施加的荷载达到设计的应力水平，而变形曲线保持近似水平且低于前期完成岩样的变形时，则根据实际情况继续施加荷载；当变形曲线出现加速趋势时，应立即停止加载，记录该岩样在此应力作用下的破坏时间。

（5）确定加载的时间，本次试验的最长加载时间定为10天，如果10天没有破坏则停止加载。

（6）试验完成后，取出岩样，记录并描述其破坏形式，整理试验数据。

4.2.1.3 试验结果

由于条件的限制，本次试验仅开展了锦屏盐塘组大理岩的单轴时效破坏试验。共完成了117块试样的单轴时效破坏试验，其中成功破坏98块，19块在加载中破坏，通过筛选，最后选出49组可用数据（表4－1）。

表4－1　单轴时效破坏试验可用试验数据

序号	编号	埋深/m	破坏荷载/kN	破坏应力/MPa	驱动应力比	破坏时间/s	$\lg t_f$
1	A23－3	16.20	155	81.20	0.85	632	2.8007171
2	A25	16.90	145	75.96	0.80	1044	3.0187005
3	A24－2	17.30	110	57.62	0.61	234252	5.3696833
4	A27－1	17.52	145	75.96	0.80	468	2.6702459
5	A27－2	17.62	160	83.82	0.88	432	2.6354837
6	A28－2	17.95	142	74.39	0.78	3348	3.5247854
7	A30－2	18.95	128	67.05	0.71	58608	4.7679569
8	A31－3	19.30	148	77.53	0.82	1080	3.0334238
9	A32－2	19.66	135	70.72	0.74	5004	3.6993173
10	A33－3	20.29	135	70.72	0.74	3312	3.5200903
11	A34－2	20.53	135	70.72	0.74	2511	3.3998467
12	A34－3	21.61	145	75.96	0.80	360	2.5563025
13	A38－1	22.60	130	68.10	0.72	11325	4.0540382
14	B8－2	5.20	160	83.8	0.88	878	2.9434945
15	B24－1	22.90	125	65.48	0.69	66459	4.8225538
16	B27－3	24.21	170	89.1	0.94	97	1.9876663
17	C32	12.58	120	62.86	0.66	231840	5.3651884
18	C33－1	13.68	130	68.10	0.72	90648	4.9573582
19	C34－1	14.67	110	57.62	0.61	64692	4.8108506
20	C34－2	14.92	138	72.29	0.76	13068	4.1162091
21	C37	17.88	135	70.72	0.74	17475	4.2424172
22	C38－1	19.47	148	77.53	0.82	1116	3.0476642
23	C39－2	20.13	165	86.44	0.91	288	2.4593925

续表

序号	编号	埋深/m	破坏荷载/kN	破坏应力/MPa	驱动应力比	破坏时间/s	$\lg t_f$
24	C41－1	21.24	145	76	0.80	1188	3.0748164
25	C43－3	22.02	150	96.90	1.02	1120	3.049218
26	C43－2	21.92	210	78.60	0.83	14	1.146128
27	C43－5	22.22	155	81.20	0.85	1116	3.0476642
28	C44－2	23.50	140	74.20	0.78	1800	3.2552725
29	C44－3	23.64	154	80.67	0.85	216	2.3344538
30	C45－2	23.97	175	91.68	0.97	324	2.510545
31	C44－2	24.20	155	81.20	0.85	180	2.2552725
32	D20－3	11.25	100	52.39	0.55	1472400	6.1680258
33	D42	20.38	150	78.60	0.83	1404	3.1473671
34	D43	20.60	185	91.70	0.97	18	1.2552725
35	D45－1	20.90	110	57.60	0.61	63432	4.8023084
36	D45－2	21.02	185	91.70	0.97	28	1.447158
37	D46	21.20	140	74.20	0.78	27720	4.4427932
38	D47	21.40	150	78.60	0.83	932	2.9696023
39	D49－2	22.29	140	74.20	0.78	1188	3.0748164
40	D50－1	23.20	200	94.30	0.99	15	1.1760913
41	D50－2	23.45	175	91.68	0.97	684	2.8350561
42	D52－1	23.50	190	96.90	1.02	30	1.4771213
43	D52－2	23.90	195	94.30	0.99	50	1.69897
44	D53－1	23.80	107	56.05	0.59	232884	5.3671397
45	D53－3	24.20	170	89.10	0.94	252	2.4014005
46	D53－4	24.40	170	89.10	0.94	260	2.4149733
47	D53－5	24.56	170	89.10	0.94	324	2.510545
48	D54	24.73	160	83.82	0.88	1080	3.0334238
49	E48－1	23.62	150	78.58	0.83	1656	3.2190603

注 峰值强度按照95MPa计算。

4.2.2 时效破坏试验结果分析

4.2.2.1 时间效应

将锦屏二级水电站盐塘组大理岩的时效破坏试验数据进行整理，最后得到如图4－10所示结果。在这个试验过程中尽量保持外界环境不变。由图中回归曲线可见，岩石应该在驱动应力比为1.00时瞬时破坏，但是由于岩样的离散型较大，试验前无法准确预估岩样的峰值强度，因此存在一定的偏差。根据回归曲线，当驱动应力比为1.00时，岩石的破坏时间为32s，这说明在高驱动应力比下破坏岩样的峰值强度有可能被低估了。在已经完成的单轴压缩试验中，大部分岩样的峰值强度都高于95MPa，但随着孔深的减小，其强度也随之降低。在时效破坏试验中，很多岩样都是在远低于95MPa时发生破坏。

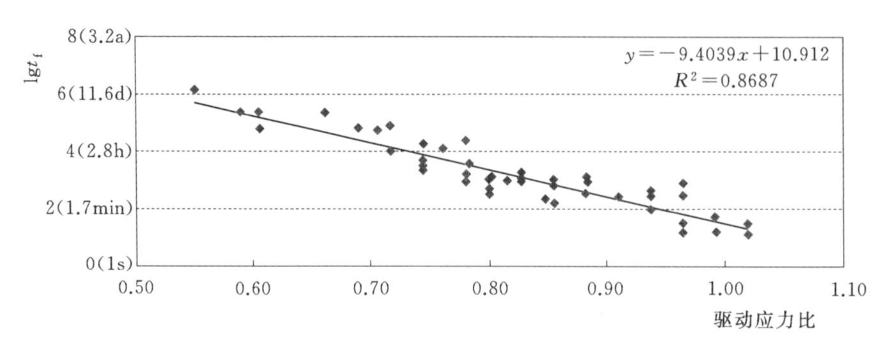

图 4-10 盐塘组大理岩时效破坏试验结果

将破坏需要无限长时间的驱动应力比称为驱动应力比峰值 $(\sigma/\sigma_c)_{th}$，也可以称作时效破坏极限。目前还没有统一的对岩石时效破坏极限的认识。根据 Schmidtke 和 Lajtai[194] 建议的方法，可采用指数函数来拟合驱动应力比与时间的关系曲线，如图 4-11 所示。随着时间的增长，驱动应力比无限趋近于 0.48。在驱动应力比为 1.00 时，根据拟合曲线得到岩石的破坏时间约为 69s。

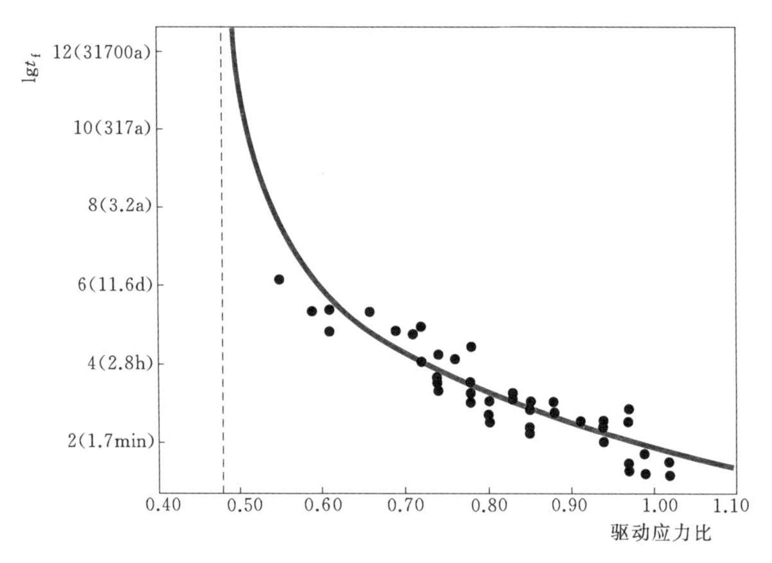

图 4-11 锦屏盐塘组大理岩时效破坏曲线

将锦屏试验数据与加拿大 URL 的试验数据对比，如图 4-12 所示，在高于损伤强度的应力作用下，锦屏大理岩（JP T_2^5y）破坏前需要持续加载的时间更长，说明延性要强于 URL 花岗岩，而在低于损伤强度、高于启裂强度下，锦屏大理岩受载破坏前持续加载的时间少于 URL 花岗岩，说明 URL 花岗岩的脆性特征更加明显。

Schmidtke 和 Lajtai 做的 Lac du Bonnet 花岗岩时效破坏试验见图 4-13。虽然这类试验不能够准确地测量岩石的峰值强度，但这里仍然利用峰值强度对试验数据进行标准化。Schmidtke 和 Lajtai 通过埋深相同的 14 组岩样的试验成果来预测峰值强度，将测量的最高峰值强度对应于时效破坏时间最长的岩样。在相同的驱动应力比下，Lau 的试验结果需要更长的破坏时间。

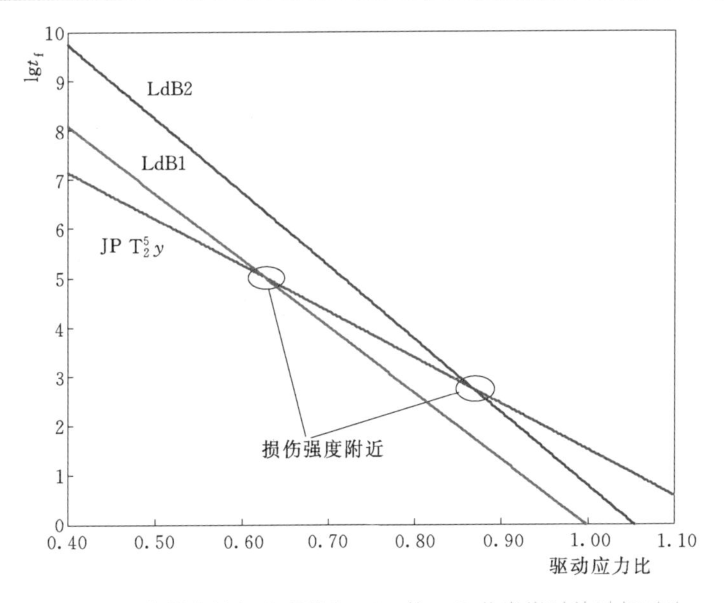

图 4-12 锦屏盐塘组大理岩与 URL 的 LdB 花岗岩时效破坏对比

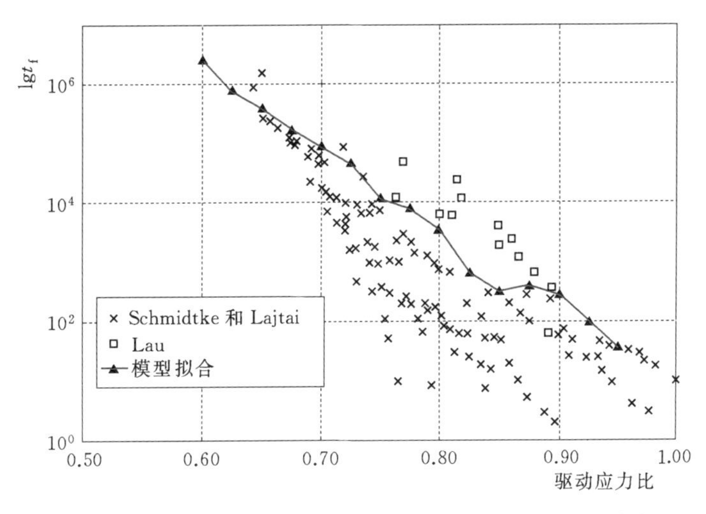

图 4-13 单轴长期加载试验和时效破坏试验数据对比[78]

图 4-13 可以看出，对 Lac du Bonnet 花岗岩来说，引起破坏的最小荷载大约是 60%的单轴抗压强度。根据前述研究结果，启裂强度 σ_{ci} 代表线弹性阶段的结束和裂纹稳定扩展的开始。损伤强度 σ_{cd} 代表裂纹非稳定扩展阶段的开始，也被看作是岩样的长期强度。而根据前面试验，Lac du Bonnet 花岗岩的损伤强度 σ_{cd} 约是 80%的单轴抗压强度，而启裂强度是 40%的单轴抗压强度，引起破坏的最小荷载介于启裂强度和损伤强度之间。本次试验也出现了类似的问题，破坏测得的最小驱动应力比为 0.55，低于第 2 章试验所得损伤强度与单轴抗压强度之比。

4.2.2.2 强度特征

1. 围压作用

岩石的破坏强度很大程度上依赖于应力（或者应变）速率，应力（或者应变）速率越低，破坏强度也越低。Schmidtke 和 Lajtai 也发现，当蠕变应力水平低于某一应力水平时，即使加载的时间足够长，岩石也不会发生破坏[94]。Martin 和 Chandler 研究了脆性岩石的破坏发展过程[3]，指出岩石的长期强度和损伤应力 σ_{cd} 有密切的联系。当应力水平高于损伤应力 σ_{cd} 时，裂纹处于不稳定状态，会在一定时间内发生破坏。

长期加载应力 σ_{cp} 和 σ_{cd} 之比 β 对应的时效破坏揭示了时间效应可以表示成围压的函数（图 4－14），可以发现，在每种围压条件下，破坏的时间随着 β 的减少而增加。在图 4－14 中同样也表示了在试验规定的时间内没有破坏试样的 β 值及其总的蠕变时间。对于给定的 β 值，围压会影响破坏的时间，在高围压条件下需要更长的破坏前加载时间。不难看出在每种围压条件下都存在一个静态的时效破坏极限，超过了此极限，当试验时间足够长时，岩石试样将会发生破坏，但要准确地定义极限荷载持续时间，如几天或者更少，是不可能的。

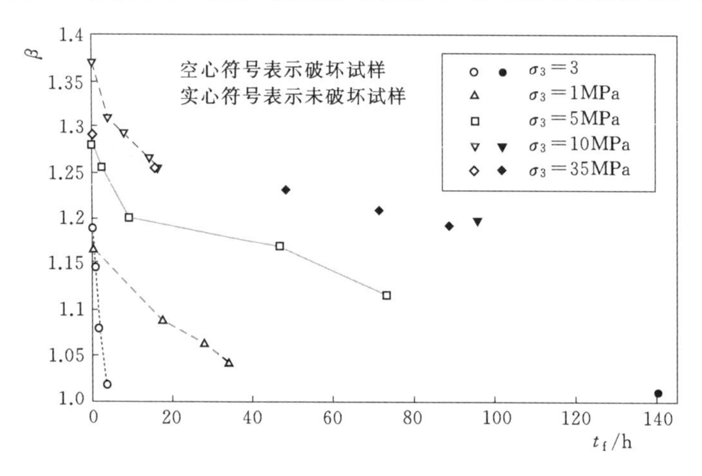

图 4－14 在不同围压下 β 和破坏时间的关系[78]（据 Lau，2004）

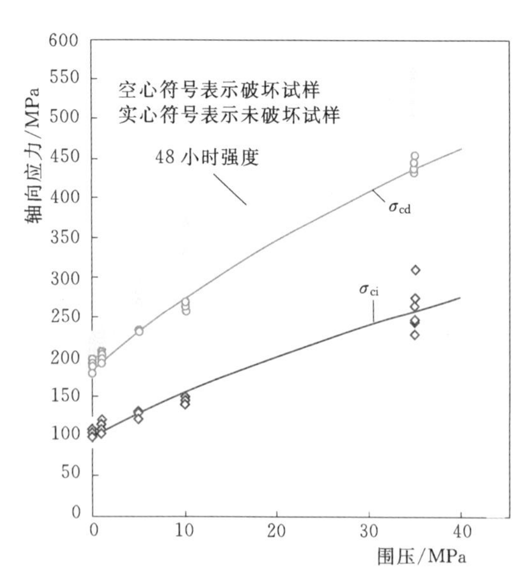

图 4－15 48 小时强度、损伤强度和启裂强度与围压的关系[78]

图 4－15 是 48 小时强度、损伤强度和启裂强度的对比。如果这些数值能够代表静态时效破坏，那么 σ_{cd} 在低围压条件下是对长期强度的一个合理的估计。但是在高地应力条件下，会低估长期强度。然而为了设计要求，σ_{cd} 是在任何围压条件下对长期强度的一个保守的估计。

2. 强度衰减

假设完整岩石的峰值强度是 σ_f，而与时间相关的强度是 σ_{cp}，可以采用指数方程来表示强度和时间之间的关系：

$$\sigma_{cp}=\sigma_{\infty}+(\sigma_f-\sigma_{\infty})e^{-qt} \qquad (4-1)$$

式中：t 为破坏的时间；q 为材料常数。

当 $t=0$ 时，$\sigma_{cp}=\sigma_f$，意味着在峰值强度处迅速破坏。

当 $t\to\infty$ 时，$\sigma_{cp}=\sigma_{\infty}=\sigma_{cd}$，意味着损伤应力就是岩石的长期强度。

对式（4-1）进行重新调整：

$$\sigma_{cp}-\sigma_{\infty}=(\sigma_f-\sigma_{\infty})e^{-qt} \tag{4-2}$$

两边同时除以 σ_{∞}：

$$\frac{\sigma_{cp}}{\sigma_{\infty}}-1=\left(\frac{\sigma_f}{\sigma_{\infty}}-1\right)e^{-qt} \tag{4-3}$$

$$\beta-1=(C-1)e^{-qt} \tag{4-4}$$

式中：β 为应力比 $\sigma_{cp}/\sigma_{\infty}$（或 σ_{cp}/σ_{cd}）；C 为峰值强度 σ_f 和长期强度 σ_{∞}（或 σ_{cd}）的比值；q 为材料常数。

$\beta-1$ 越高，破坏的时间越短。这个趋势意味着岩石强度随时间有明显的下降。将试验中破坏时强度高于损伤强度的岩样进行整理，将 $\beta-1$ 表示成破坏时间 t（单位为 h）的指数方程（图 4-16）：

$$\beta-1=0.28\exp(-0.0009t) \tag{4-5}$$

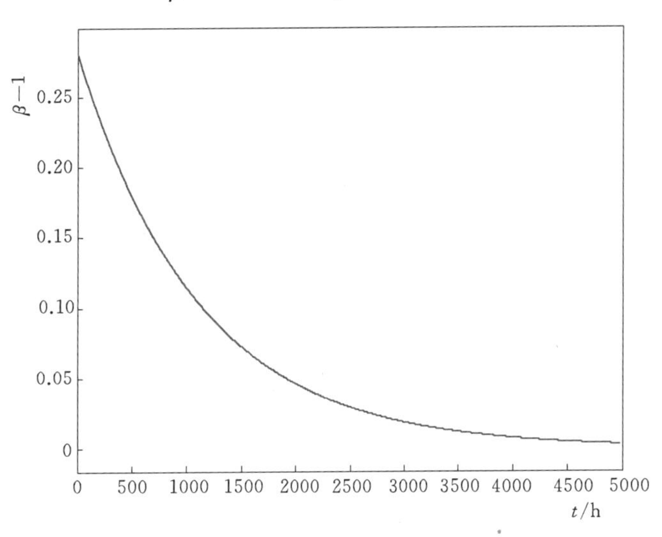

图 4-16　锦屏盐塘组大理岩强度降低曲线

3. Hoek-Brown 强度准则

世界上大多数的地下工程都采用 Hoek-Brown 准则。普遍形式的 Hoek-Brown 准则可以表示成

$$\sigma_1=\sigma_3+\sigma_c\left(m_b\frac{\sigma_3}{\sigma_c}+s\right)^a \tag{4-6}$$

式中：m_b 为岩体的 Hoek-Brown 参数，可以通过 m_i 来计算：

$$m_b=m_i\exp\left(\frac{GSI-100}{28-14D}\right) \tag{4-7}$$

式中：σ_c 为岩石单轴抗压强度；σ_c 和 m_i 可以通过试验确定。

s 和 a 都是岩体常数，计算公式如下：

$$s=\exp\left(\frac{GSI-100}{9-3D}\right) \tag{4-8}$$

$$a=\frac{1}{2}+\frac{1}{6}(e^{-GSI/15}-e^{-20/3})\tag{4-9}$$

式中：GSI为地质强度指标（Hoek，1992）；D 为岩体遭受开挖扰动程度的参数。

当岩石是新鲜完整的，相应地取 GSI=100，$D=0$，$m_b=m_i$，$s=1$，$a=0.5$。

表4-2为大理岩的Hoek-Brown参数。可以看出，在拟合Hoek-Brown参数时，损伤强度的 m_i 值等于1，达到了最低值，这说明，如果将 σ_{cd} 替代Hoek-Brown强度准则中的峰值强度，以此来估计岩体在不同围压条件下的长期强度，可能不可行。

表4-2　大理岩的Hoek-Brown参数

特征应力	单轴强度/MPa	m_i	s	a
峰值强度	100.8	3.397	1.000	0.500
损伤强度	83.3	1	1.000	0.500

4.2.2.3　变形特征

1. 蠕变曲线

当岩石在恒定荷载持续作用下，应变可以分为3个阶段，这3个阶段分别对应初始蠕变阶段、稳定蠕变阶段和加速蠕变阶段[95-97]。蠕变过程是应变的增长和恢复相互竞争的结果。在蠕变的第一阶段，随着应力的增加，应变增长占主导；随着时间的增长，应变速率逐渐降低。如果应力保持不变，应变率会最终维持在一个数值保持不变，应变的增长和恢复保持平衡——这个阶段便是第二阶段。加速蠕变阶段是由于岩石本身持续增加的破坏而引起的应变率增长导致扩容的阶段，如图4-17和图4-18所示。

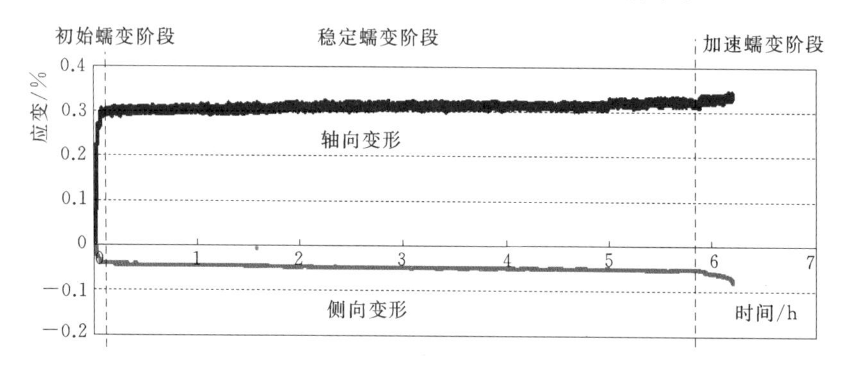

图4-17　长期荷载作用下的变形的三个阶段

但是对于脆性岩石，第三阶段很难被准确地测量出来，当到达第三阶段时很多岩样在极短的时间内便迅速破坏，甚至没有出现明显的第三阶段便破坏。在图4-17中提供了长期加载试验所获得的典型数据。对于锦屏大理岩，蠕变曲线（图4-19）和塑性材料的比较相似，这个曲线展示了蠕变的3个典型阶段：初始阶段很短，蠕变阶段近似线性增加的不明显，第三蠕变阶段最终导致试样的破坏。这个行为暗示了变形的时间相关性，并与在恒定压应力作用下的裂纹扩展密切相关。当裂缝密度达到临界值时，第三阶段蠕变开始。侧向应变比轴向应变有更大的时间相关性，表明在恒定荷载作用下发生岩石膨胀和裂缝贯通。

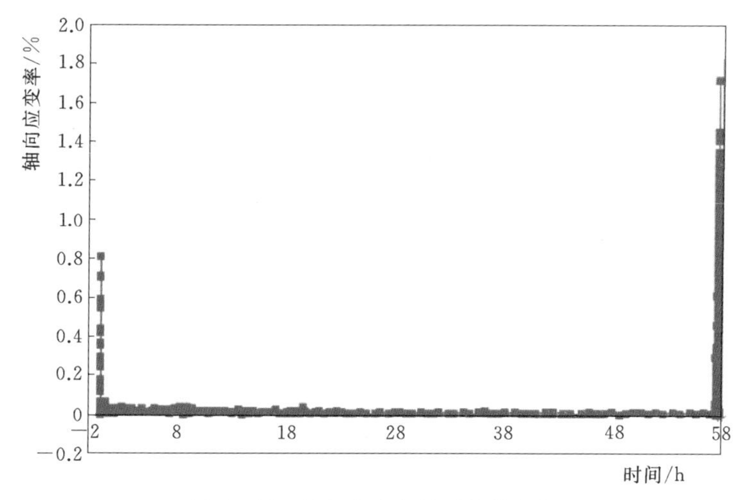

图 4-18　轴向应变率随时间的变化

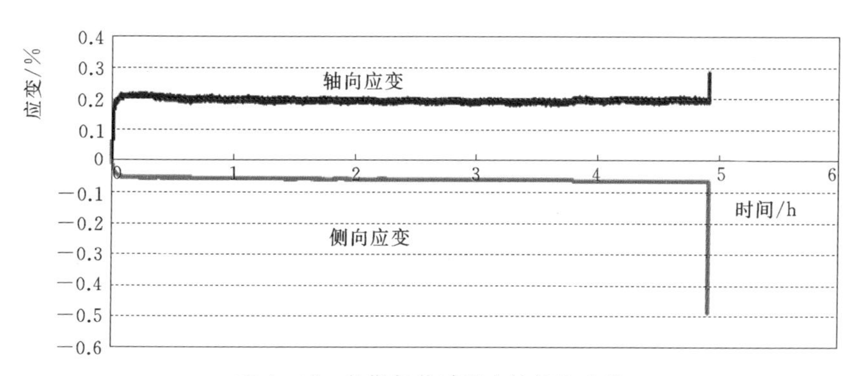

图 4-19　长期加载过程中的蠕变曲线

2. 扩容特征

岩石在长期荷载下的变形对扩容有重要影响，进而影响岩石的渗透性。大量的试验已经证明岩石破坏的严重性依赖于时间。岩石的破裂归因于大量新生裂纹的逐步形成或者已有裂纹的扩展，扩容便是这样产生的。

扩容是脆性岩石的重要特征，岩石的破坏即开始于扩容的增加。在本研究中，扩容定义为施加应力产生的微裂纹扩展导致的非弹性体积应变。扩容的发展依赖于很多因素，例如围压、温度、湿度和岩石本身的特性。然而，脆性岩石的时间效应在传统地下工程设计中一直被忽视。

蠕变变形是由弹性变形和非弹性变形组成的。假设弹性模量在整个试验过程中保持不变，根据胡克定律：

$$\varepsilon_1^e=\frac{1}{E}[\sigma_1-\nu(\sigma_2+\sigma_3)] \tag{4-10}$$

$$\varepsilon_2^e=\frac{1}{E}[\sigma_2-\nu(\sigma_1+\sigma_3)] \tag{4-11}$$

$$\varepsilon_3^e=\frac{1}{E}[\sigma_3-\nu(\sigma_1+\sigma_2)] \tag{4-12}$$

对于三轴试验，在八面体面上，应变路径可以通过八面体剪切应变 γ_{oct} 和八面体正应变 ε_{oct} 来表示。

八面体剪切应变 γ_{oct} 可以表示为

$$\gamma_{oct}=\frac{2}{3}\sqrt{(\varepsilon_1-\varepsilon_2)^2+(\varepsilon_1-\varepsilon_3)^2+(\varepsilon_2-\varepsilon_3)^2} \tag{4-13}$$

或

$$\gamma_{oct}=\frac{2}{3}\sqrt{2(\varepsilon_1-\varepsilon_3)^2}=\frac{2\sqrt{2}}{3}(\varepsilon_1-\varepsilon_3) \tag{4-14}$$

剪切应变 ε_q 定义为八面体剪切应变 γ_{oct}：

$$\varepsilon_q=\gamma_{oct} \tag{4-15}$$

八面体正应变 ε_{oct}：

$$\varepsilon_{oct}=\frac{1}{3}(\varepsilon_1+\varepsilon_2+\varepsilon_3)=\frac{1}{3}(\varepsilon_1+2\varepsilon_3) \tag{4-16}$$

体积应变 ε_V 定义为 3 倍八面体正应变 ε_{oct}：

$$\varepsilon_V=3\varepsilon_{oct}=\varepsilon_1+2\varepsilon_3 \tag{4-17}$$

非弹性剪切应变 ε_q^{ie}：

$$\varepsilon_q^{ie}=\varepsilon_q-\varepsilon_q^e=\varepsilon_q-\frac{2\sqrt{2}}{3}(\varepsilon_1^e-\varepsilon_3^e) \tag{4-18}$$

将式（4-10）和式（4-12）代入式（4-18），可以得到

$$\varepsilon_q^{ie}=\varepsilon_q-\frac{2\sqrt{2}}{3}\frac{1+\nu}{E}(\sigma_1-\sigma_3) \tag{4-19}$$

非弹性体积应变可以表示成

$$\varepsilon_V^{ie}=\varepsilon_V-\varepsilon_V^e=\varepsilon_V-(\varepsilon_1^e+2\varepsilon_3^e) \tag{4-20}$$

将式（4-10）和式（4-12）代入式（4-20），可以得到

$$\varepsilon_V^{ie}=\varepsilon_V-\frac{1-2\nu}{E}(\sigma_1+2\sigma_3) \tag{4-21}$$

在单轴情况下，$\sigma_3=0$，有

$$\varepsilon_q^{ie}=\varepsilon_q-\frac{2\sqrt{2}}{3}\frac{1+\nu}{E}\sigma_1 \tag{4-22}$$

$$\varepsilon_V^{ie}=\varepsilon_V-\frac{1-2\nu}{E}\sigma_1 \tag{4-23}$$

如果扩容指标定义为 $DI=|d\varepsilon_V^{ie}/d\varepsilon_q^{ie}|$，则应变路径的曲率等于 1/DI，其中 $d\varepsilon_V^{ie}$ 是非弹性体积应变的增量，而 $d\varepsilon_q^{ie}$ 是非弹性剪切应变的增量。需要指出的是非弹性体积应变 $d\varepsilon_V^{ie}$ 常常是负值，而非弹性剪切应变的增量 $d\varepsilon_q^{ie}$ 为正值。为简化起见，此处将 DI 的绝对值作为扩容指标[95-97]。

从图 4-20 中可以看到一个很有趣的现象，在稳定荷载作用下非弹性剪切应变 ε_q^{ie} 和非弹性体积应变 ε_V^{ie} 之比呈近似线性关系。这意味着剪应变（滑移、倾斜裂纹）和体积应变（轴向扩展裂纹）同时发生，而且这些应变的相对称部分在不稳定裂纹扩展过程中保持不变。图 4-21 所示为试验过程中的不同破裂模式。

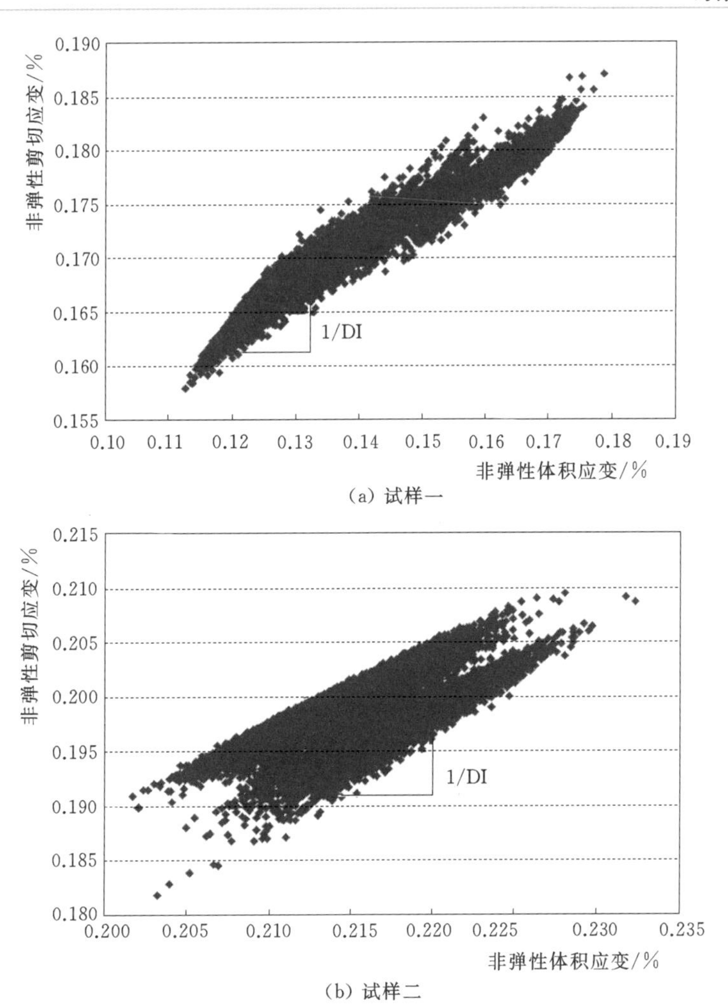

(a) 试样一

(b) 试样二

图 4-20 蠕变过程中的应变路径

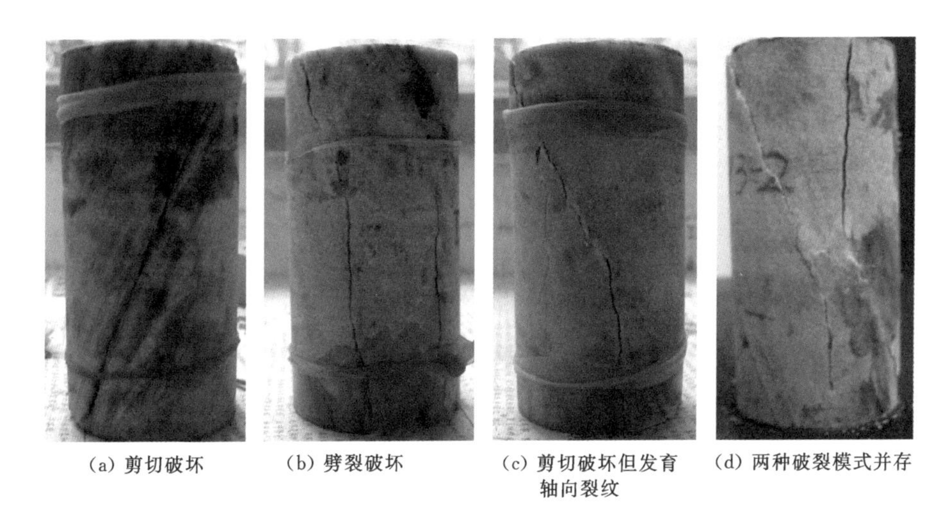

(a) 剪切破坏 (b) 劈裂破坏 (c) 剪切破坏但发育轴向裂纹 (d) 两种破裂模式并存

图 4-21 试验过程中岩样的不同破裂模式

从图 4-22 可以看出，当驱动应力比增加时，扩容指标有微小的下降。其原因是更高的应力比会导致更小的非弹性剪切应变的增长，这也导致扩容指标 DI 的下降。

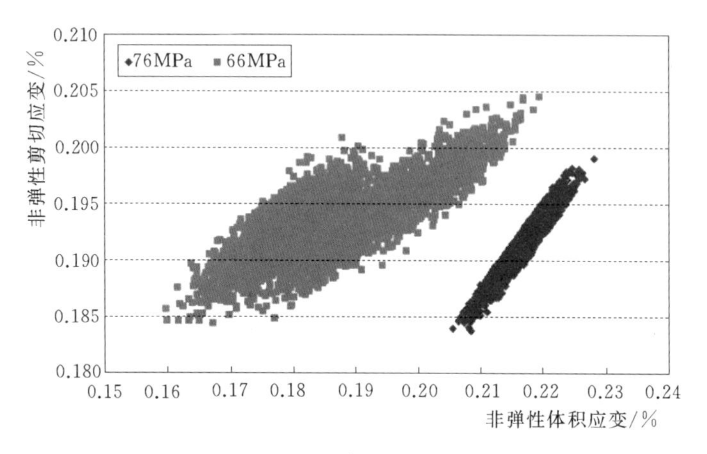

图 4-22 不同应力条件下的扩容指标

3. 临界应变

当到达事先设计的荷载时（高于损伤强度），不稳定裂纹的生成和扩展导致体积应变持续增加。体积应变可以通过测量轴向应变 ε_1 和环向应变 ε_3 来计算，测量所得总体积应变由弹性体积应变和非弹性体积应变组成，非弹性体积应变可以利用式（4-23）计算，而非弹性剪切应变可以通过式（4-22）计算。

图 4-20 和图 4-22 同样描述了在破坏开始时的临界应变（非弹性体积应变和非弹性剪切应变），结果同样分布在平行于非弹性体积应变和非弹性剪切应变之比的狭小空间内。笔者整理的其他几组岩样的应变曲线也存在类似的趋势，说明在开始阶段轴向裂纹沿着倾斜裂纹的滑移和扩展是同时开始的。

4.2.2.4 破坏特征

时效破坏试验中不变荷载部分产生的应变趋向于非弹性和不可恢复，这点已经在前面的分析中说明，其中增加的体积应变意味着轴向裂纹的扩展，剪切应变的增长意味着剪切滑移，两种破坏模式相互交结。在此试验过程中，岩石破坏在沿轴向的微裂纹扩展和沿倾斜裂纹的剪切滑移都表现得比较明显（图 4-23）。由于在试验过程中不能迅速停止，出现了整个的剪切破坏。然而近距离观察可以发现大量近似平行的轴向裂纹。

4.2.3 影响因素

4.2.3.1 细观组成

由于岩石生成条件及其形成后亿万年地质构造及风化作用，岩石内部存在裂隙、节理、孔洞、层理、弱面等众多类型的缺陷，它们直接影响岩石的物理力学性质。地球上岩石的成分种类复杂，其分类方法也多种多样。根据成因，岩石可以划分为岩浆岩、沉积岩和变质岩三大类。

岩浆岩是岩浆在高温高压作用下，从地下上升、贯入地壳或喷出地表后，冷凝而成的岩石。其显著特点是：颗粒边界起伏很大，可以相互嵌入；颗粒之间黏结力大，且结构致

图 4-23 破坏岩样包含宏观剪切面和轴向裂纹

密。一般而言，其强度较高，易产生脆性破坏。花岗岩就是一种典型的岩浆岩。

沉积岩是地壳上各种松散物质或化学物质，经过搬运、沉积和成岩作用而形成的岩石。其显著特点是：颗粒之间咬合的并不很紧，与岩浆岩相比，裂隙较大，颗粒较圆，因而颗粒之间易于发生相对滑移。砂岩为这类岩石的典型代表。

变质岩是岩石在高温高压等外在环境下经变质而形成的岩石。其显著特点是：宏观上结构致密，但细观上黏结力很弱，塑性变形较大。大理岩就是一种典型的变质岩。不同成因岩石 SEM 扫描结果见图 4-24。

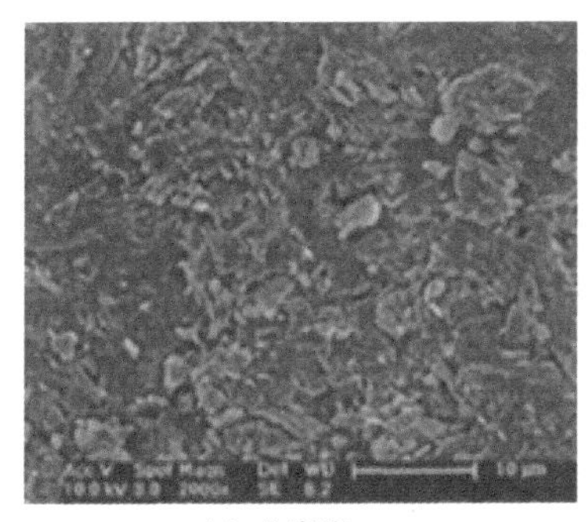

(a) 花岗岩

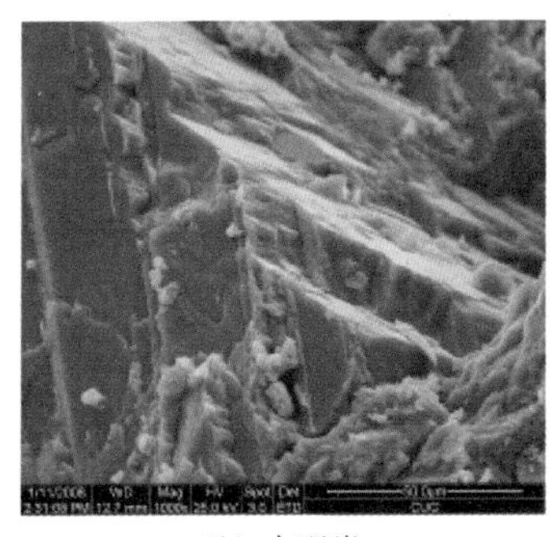

(b) 大理岩

(c) 绿砂岩

图 4-24 不同成因岩石 SEM 扫描结果

即便是同一种材料，由于所取岩样的位置、地质条件等因素的不同，材料所表现出的变形特征和破坏模式也不尽相同。细晶大理岩以单一断面的剪切破坏为主，随着自身密实度的增加，破坏面也越加平整，剪切破裂面上附有强烈摩擦作用产生的白色粉末。粗晶大理岩破坏模式既有剪切破坏也有劈裂破坏，当两种破坏相互作用时，便会出现共轭破裂。因此，粒径越大，试验的破裂形式越复杂，一般有多个剪切面和沿轴向的破裂面，缺乏明显的主控破裂面。其原因可能是粒径越大，颗粒对裂纹扩展方向的影响越大，颗粒尺寸增大，相互之间黏结面积越大，克服其黏聚力所需要的变形也越大，导致塑性增加，不易产生脆性破坏；粒径越小，颗粒对裂纹扩展方向的影响也越小，破坏形式越简单，容易产生沿单一断面的剪切破坏。

白山组大理岩的破坏以剪切破坏为主，见图 4－25 和图4－26。

图 4－25　不同粒径岩样破坏前后对比

图 4－26　白山组大理岩以剪切破坏为主的试样

试验取样的 A 孔岩石颗粒明显要比其余 4 孔的大，强度也比其余 4 孔的低，并且在加载阶段表现出更高的延性特征，最后破坏的模式也各不相同。其余 4 孔破坏后会出现明显的剪切面，而 A 孔岩样则以劈裂破坏为主，反映出其内部颗粒之间的黏结力不高，塑性变形较大。A 孔岩样的轴向变形和其余 4 孔相差不多，但是侧向变形是其余 4 孔的 4～5 倍，反映出其明显的延性特征。

4.2.3.2　结构面

需要特别说明的是，岩石材料和作为工程对象的岩体的非均质性有着不同的表现形式，因为岩体是被不连续面（如结构面）切割而成的岩石块体的集合体，而结构面在很大程度上决定了岩体的力学性质。有研究结果表明，岩体的力学参数比实验室岩样的参数低得多。在本次实效破坏试验中，岩样的强度同样也受到结构面的影响，图 4－27 示出一些含闭合节理的岩样；存在结构面的试样强度明显小于完整试样的强度，图 4－28 展示了一些典型的结构面控制破坏。

图 4－27　含闭合节理的岩样

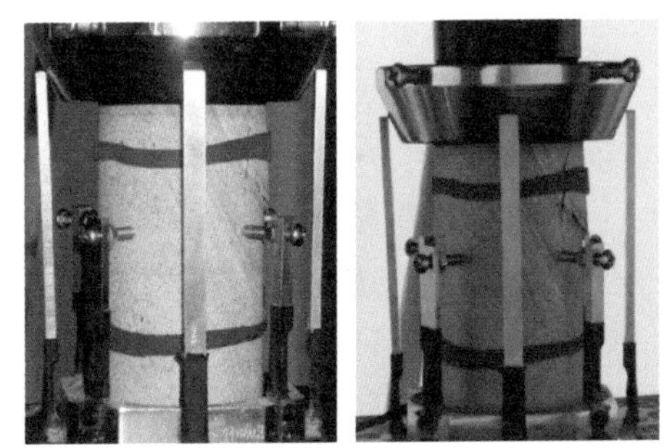

(a) 沿节理方向启裂

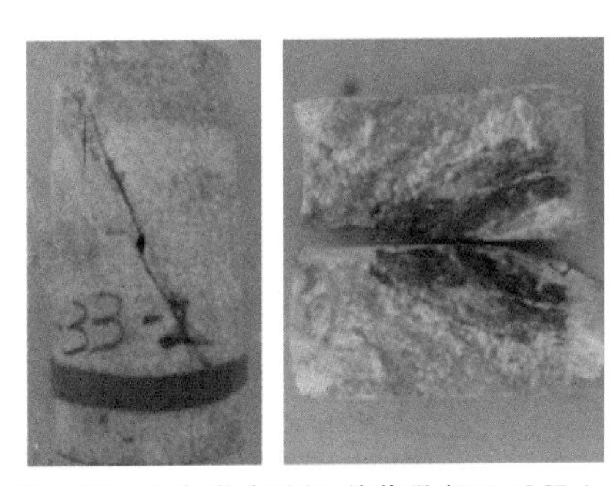

(b) C33－2(加载中破坏，峰值强度 51.9MPa)

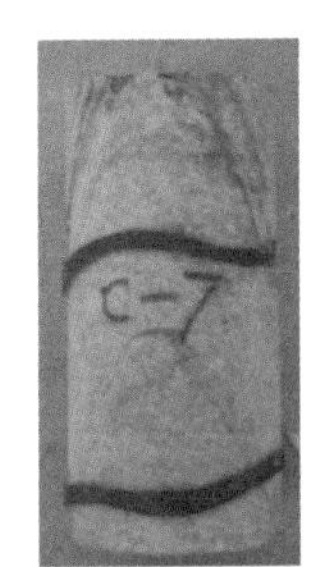

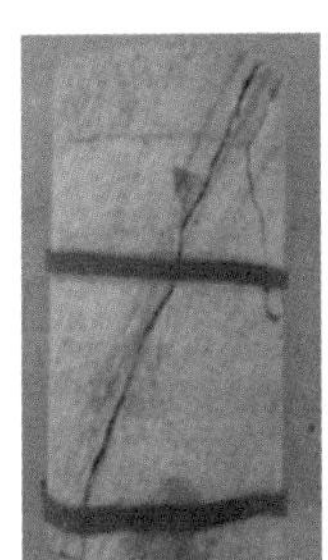

(c) C－7(加载中破坏，45.6MPa)

图 4－28　结构面控制破坏

如何模拟结构面对岩石强度的影响，一直是岩石力学的难点，而基于颗粒流程序 PFC 建立的等效岩体技术能够比较充分地反映结构面的分布特征，并能够考虑细观破裂效应。该项技术主要包括黏结颗粒模型、结构面模型以及相应的加卸载方式[98]。其中黏结颗粒模型是由 D O Potyondy 和 P A Cundall 提出并创建的，主要用于模拟完整岩块在外荷载作用下的变形、破坏等力学特性；而结构面模型主要用于模拟岩体结构面的构造。在结构面网络模型中，主要由光滑节理模型来表示。

1. 黏结颗粒模型（Bonding Model）

颗粒流理论采用离散元方法模拟圆形颗粒介质的运动及其相互作用，颗粒之间相互作用模型有接触刚度模型（Contact - Stiffness Model）、滑动和分离模型（Slip and Separation Model）和黏结模型（Bonding Model）。黏结模型又可以分为接触黏结模型（Contact Bond Model）和平行黏结模型（Parallel Bond Model），见图 4 - 29。

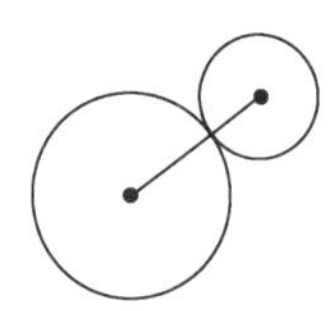

通过一点发生接触，因此不能抵抗扭矩作用，当法向力或剪切力超过黏结强度时破坏。

(a) 接触黏结

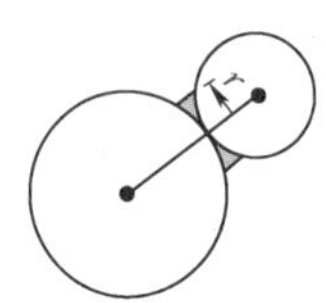

通过其他黏结材料发生接触，因此可以抵抗扭矩作用，当法向力或剪切力超过黏结强度时破坏。

(b) 平行黏结

图 4 - 29 PFC 黏结逻辑[98]

2. 光滑节理模型（Smooth Joint Model）

在 PFC 计算过程中，对于岩体中结构面的描述，一般采用黏结接触面或一定厚度的软弱材料表示，但无论采用哪种方法均存在一定的不足。当采用黏结接触面描述结构面时，颗粒间便现出“颠簸”效应，与结构面力学效应完全不符；采用一定厚度的软弱材料表示结构面，当结构面宽度很小时，代表微小结构面的颗粒将导致计算收敛困难。同时，当存在多组不同产状的结构面时，前述方法都无法建立有效的计算模型。为解决这个问题，Mas Ivars 等提出了光滑节理模型的概念[44]，见图 4 - 30。当光滑节理模型生成以后，两个接触颗粒（球 1 和球 2）便与节理面发生关联。因为光滑节理模型为圆盘形，因此可以在颗粒中生成任意产状的结构面，无须考虑颗粒间的接触方向。光滑节理模型允许两个接触颗粒沿着结构面平行滑动，因此也消除了颗粒滑动时的“颠簸”效应。

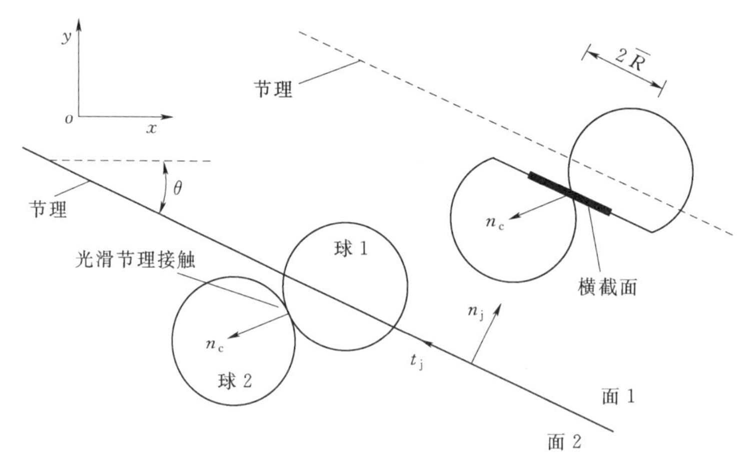

图 4 - 30 光滑节理模型[44]

根据 C - 7 岩样的结构面产状和长度，建立了如图 4 - 31 所示的模型，其中材料参数仍然采用前期拟合得到的结果。由图可以看出，结构面的存在对岩样的整体强度有很大的影响，单轴强度仅有 44.7MPa，远远低于单轴试验得到的强度（图 4 - 32）。在结构面和上部断面交结处都出现了应力集中现象，并产生了剪裂纹，最终导致岩样的边缘出现破坏。同时结构面的存在对应力-应变曲线的形状也产生了一定的影响：在加载初期，应力迅速上升1～2MPa，将岩样和结构面之间的空隙压缩紧密；而在残余阶段，存在一定的强化效应和延性特征，主要是结构面的摩擦力在起作用。

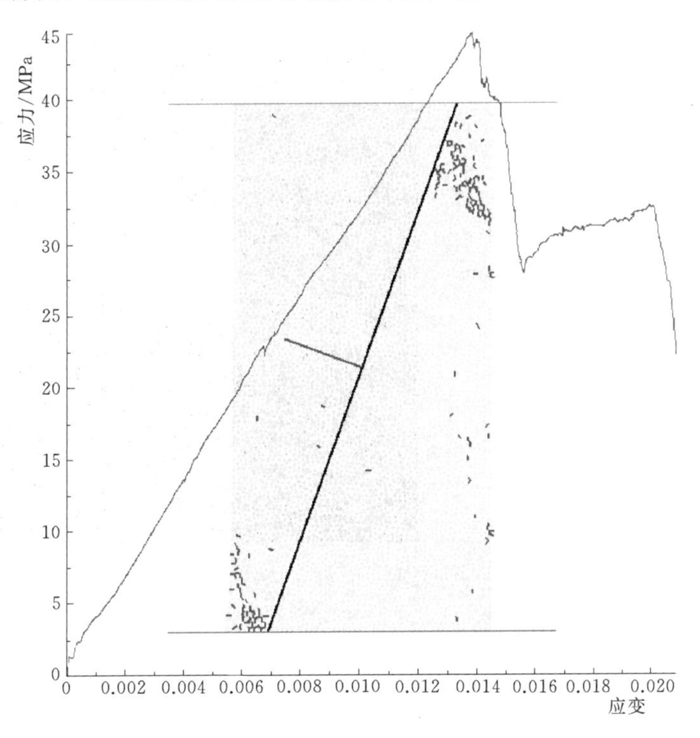

图4-31 PFC模拟的应力-应变曲线和破裂形态

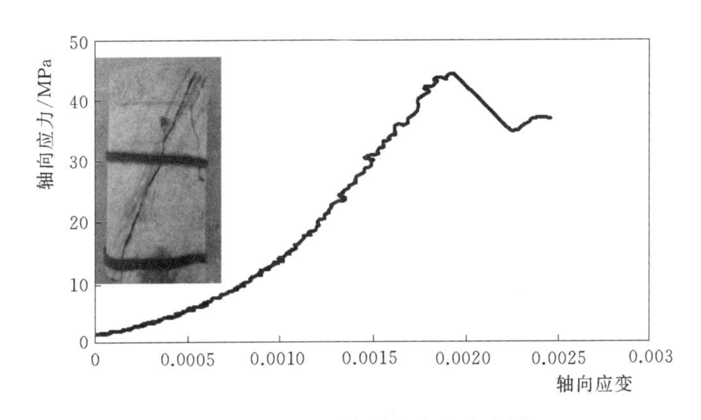

图4-32 C-7岩样应力应变曲线

4.2.3.3 埋深

锦屏二级工程的显著特点是高埋深、高地应力，围岩的力学性质明显区别于浅埋工程。本次试验取样地点的埋深超过1800m，这也使得在取样过程中岩芯易受损伤，虽然前期经过了无损取样和套钻，但在试验的过程中仍然表现出来比较大的离散性。除了自身材料组成的原因外，埋深也是一个不可忽视的因素。

前文给出的钻孔声波测试结果表明，在隧洞底板以下大约3m附近，岩样处于应力松弛区，钻孔的波速明显偏低。为了更进一步评估取样深度对岩样损伤的影响，此处建立了FLAC 3D模型对此进行了简单评估，计算结果如图4-33所示。

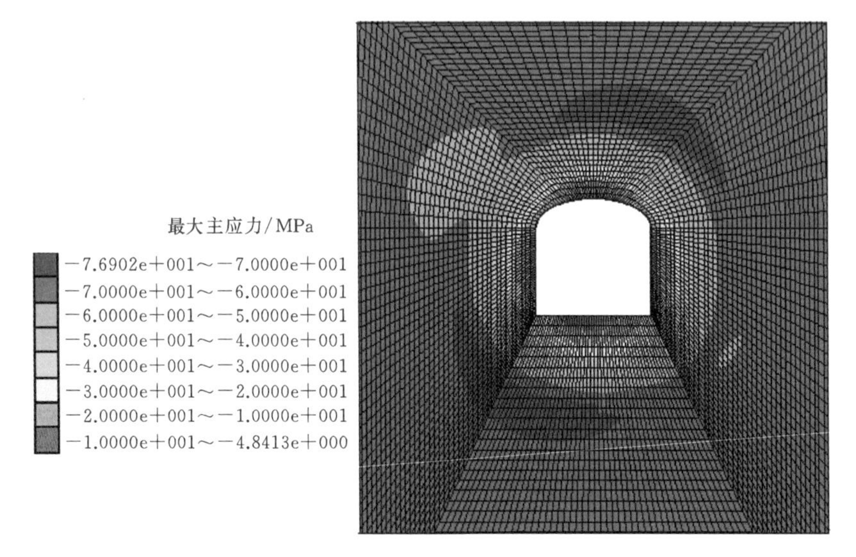

图4-33 试验洞开挖后的最大主应力云图

由图4-33可见，如果取芯深度超过10m，就可以避开应力松弛区和应力集中区，岩芯的完整性会更好。图4-34说明，3m附近的岩芯超过了其损伤强度，这也和声波测试的结果相符；而当超过5m时便位于损伤强度以下，对岩样的损伤程度较小。本次试验中的可利用数据都集中在20～25m范围内（图4-35），说明这段岩芯具有更好的完整性和均一性。

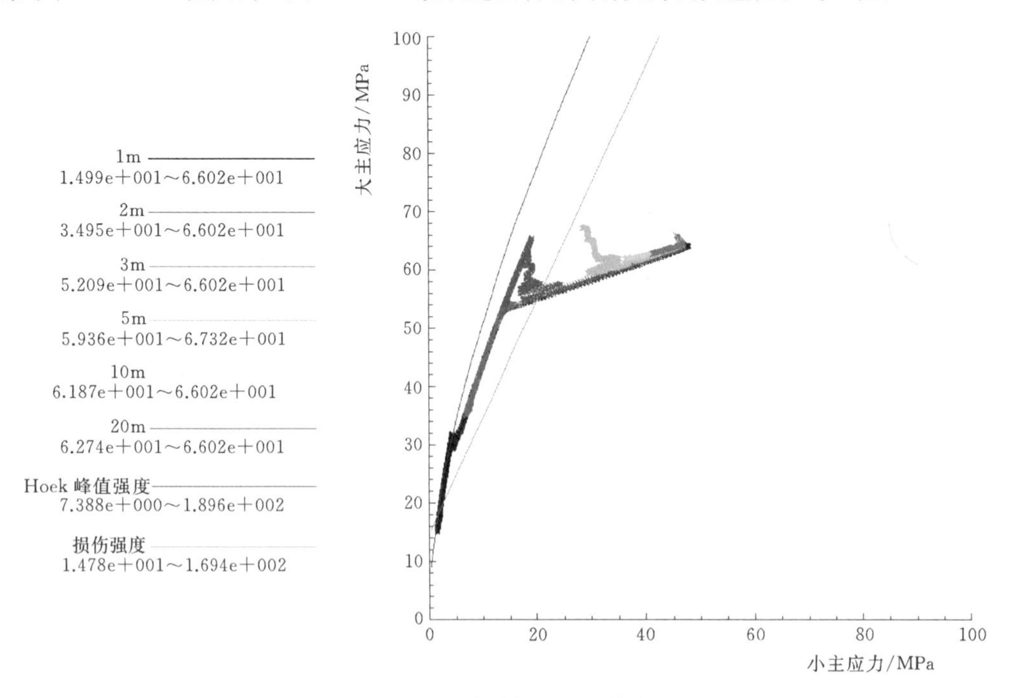

图4-34 应力路径随埋深的变化

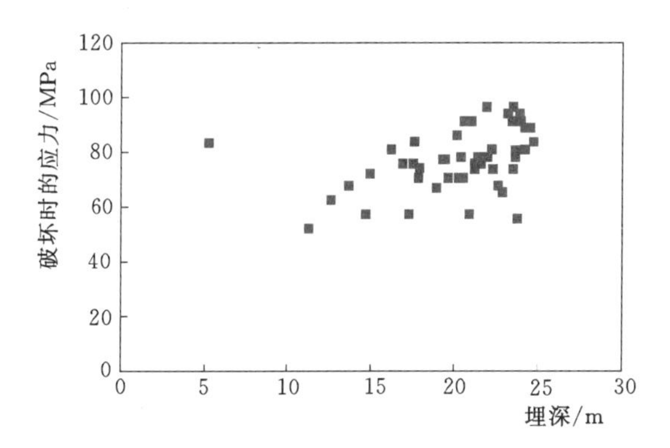

图 4-35 可利用数据与埋深、应力的关系示意图

4.2.3.4 分级加载

图 4-36 为典型的锦屏大理岩在应力增加情况下的单轴压缩流变曲线。在单轴情况下，轴向裂纹沿着最大主应力的方向扩展变化很小。应力水平对蠕变行为有显著的影响。当压力维持在 62MPa 时，初始变形率很高，然后开始下降（蠕变第一阶段）；在应力未达到 79MPa 时，位移变化率是一直减少的；当应力达到 79MPa 时，另外一个稳定状态的蠕变阶段开始；最后所有的阶段都完成。在加速蠕变阶段，变形率持续增加直到最后破坏，侧向应变同样表现出了更高的时间相关性。

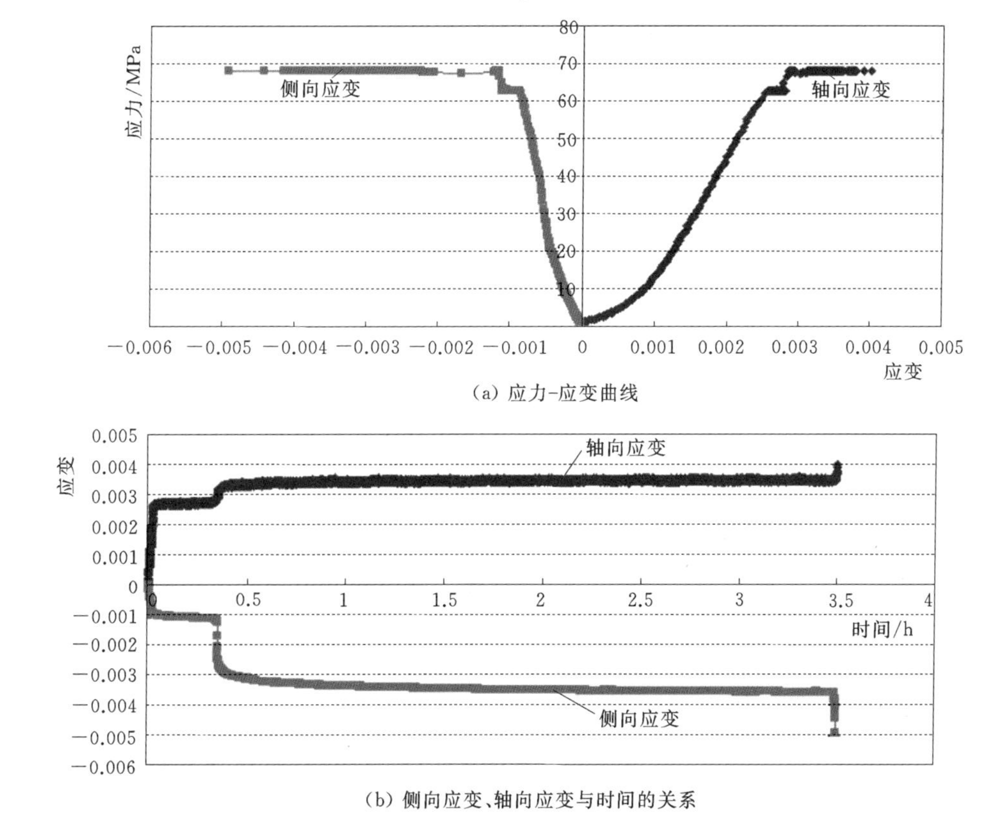

图 4-36 侧向应变表现出更高的时间相关性

在试验过程中，并不是所有的试样都能够在初始设定的荷载下在一定的时间内破坏，只有将荷载增加到更高的应力水平，蠕变阶段继续进行。这个过程将重复2～3次，直到试件破坏。这些多步加载试验为在恒载作用下的岩石破坏提供了有用的观察数据，但是这些数据在分析时效破坏时也会产生一定的误差。本次试验中由于条件所限，这样的数据也被利用作为参考。

4.3　水压-应力耦合时效破坏试验

在水利水电工程中，经常遇到高外水压力作用下隧洞的长期变形与稳定问题，如锦屏二级引水隧洞的情况。然而，迄今为止，对于高水压条件下岩石蠕变特性的研究成果还非常少。通过试验研究高孔隙水压力作用对于岩石时效破坏特性的影响，将有助于了解在时效破坏过程中高孔隙水压力的作用规律，以及高孔隙水压力对于岩石时效破坏特性和长期稳定的影响，为深入研究高孔隙水压力作用下岩石的时效破坏模型奠定基础，也可为高孔隙水压力作用下的岩石结构工程处理措施提供指导。

4.3.1　试验设计

为了研究高孔隙水压力作用对于岩石时效破坏特性的影响，采用室内三轴压缩时效破坏试验方法进行研究。以大理岩作试件，直径50mm，高径比为2∶1，其中由试验测得大理岩单轴抗压强度约97MPa。试验设备采用法国进口的三轴流变仪（图4-37）。该设备可以同时施加围压、轴压和两端的水压力。若在试件两端施加的水压力不同，则可用于模拟渗流作用；若在试件两端施加相同的水压力，则可用于模拟孔隙水压力作用。具体设计下列3种加载方式：

（1）试件两端不施加水压力，围压2MPa，分级加轴向偏压，加载至破坏，相应的试件称为1号试件。

（2）试件两端施加水压力9MPa，围压11MPa，分级加轴向偏压，加载至破坏，相应的试件称为2号试件。

（3）试件两端不施加水压力，围压11MPa，分级加轴向偏压，加载至破坏，相应的试件称为3号试件。

上述3种加载方式中，2号试件是实际受孔隙水压力作用的情况，在1号和2号试件的加载方式中，试件不受孔隙水压力作用，为两种参考加载方式，目的是为了比较说明岩石中孔隙水压力作用对于岩石时效破坏特性的影响。

假如2号试件试验结果与1号试件试验结果一致，则借鉴土力学中的有效应力理论，有效应力＝总应力－孔隙水压力，2号试件的有效应力为围压2MPa；轴向有效偏压为总偏压减去孔隙水压力，即2号试件的有效应力将等同于1号试件所施加的应力作用。这说明在高孔隙水压力作用下，岩石的时效破坏主要受有效应力所控制，孔隙水压力对岩石时效破坏的影响很小。假如2号试件与1号试件试验结果差异较大，说明在时效破坏过程中，孔隙水压力对岩石时效破坏过程具有影响。

假如2号试件试验结果与3号试件试验结果很相近，说明在时效破坏过程中，2号试件内部几乎不受孔隙水压力作用，此时 2 号试件所受的总应力与 3 号试件所受的总应力一样，也即岩石的时效破坏由总应力所控制；而假如两者差异很大，说明 2 号试件中孔隙水压力发挥作用，孔隙水压力对岩石时效破坏有影响。

由上述分析可知，3 种加载设计将承受孔隙水压力作用的岩石时效破坏试验与两种极端参考情况进行比较，将可以从定性的角度判断孔隙水压力作用对于岩石时效破坏特性的影响。

4.3.2 试验过程

针对前面设计的 3 种加载方式进行时效破坏试验。在试验前，将大理岩试样进行充分饱和，然后再进行试验。试验过程如下。

(1) 首先将饱和的大理岩试件套上橡胶管后，放置于三轴室圆形底板上，对中安装好，并安装好位移传感器等量测设施（图 4-37）。

图 4-37 安装在三轴室中的试件

(2) 利用液压装置抬升图 4-43 中圆形底板，将试件封闭在三轴室容器中。待所有准备工作就绪后，向三轴室容器中充油以施加围压，围压大小由前面设计的试验方案确定。

(3) 然后施加孔隙水压力：对于 2 号试件，施加孔隙水压力至设计值；而对于 1 号和 3 号试件，尽管加载方案中不施加孔隙水压力作用，但仍然在橡胶管中充水至微量的孔隙水压力，以便在试验过程中，使橡胶管中始终充满水，岩石完全浸泡在水中、处于饱和状态，从而防止在长时间试验过程中岩石变干燥、饱和度变化而影响试验结果的可比性。在围压及孔隙水压力施加以后，保持其压力值不变。

(4) 在围压和孔隙水压力施加 24 小时后，分级施加轴向偏压力，进行时效破坏试验。每级偏压加载量不一定相同，一般情况下，第一、第二两级偏压力增量较大，随后加载的每级偏压增量较小。为便于比较分析，在轴向偏压力加载过程中，尽量使三种加载方案中每级轴向偏压力加载量、加载延续时间分别对应相等。按设计的分级加载增量和延续时间进行时效破坏试验，直至岩石试件破坏，由设备自动记录加载过程以及试件轴向、横向时效破坏变形过程。

4.3.3 岩石时效破坏变形及破坏分析

4.3.3.1 岩石轴向时效破坏变形分析

按照前面设计的加载方式，分别进行分级加载时效破坏试验。不同加载条件下的轴向应变试验结果见图 4-38，其中每一分级偏压加载量也在图中表示。

根据图 4-38 可得出以下结论：

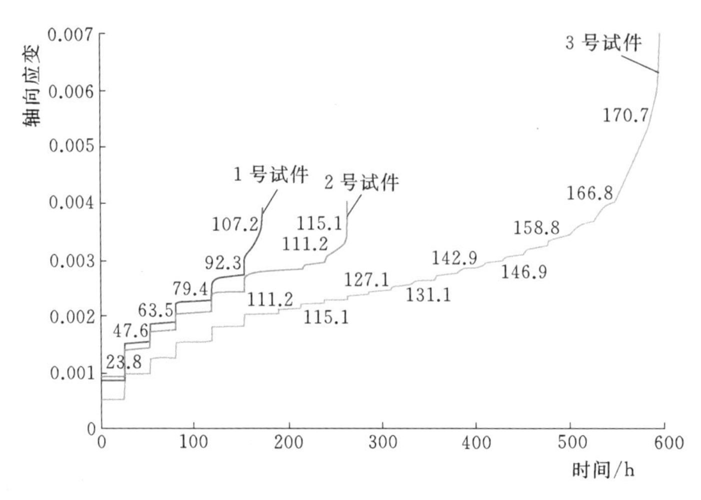

图 4－38　不同加载条件下的轴向应变试验结果（图中轴向应力单位：MPa）

（1）从破坏时间来看，对于前述 1 号试件，即较低围压、无孔隙水压力作用情况下的时效破坏试验，总的时效破坏持续时间最短；而 3 号试件，即模拟较高围压、无孔隙水压力作用情况的时效破坏试验，总的时效破坏持续时间最长；2 号试件的时效破坏总持续时间则介于 1 号和 3 号试件之间，但更靠近 1 号试件试验结果。

（2）从最终破坏时的轴向偏应力来看，1 号试件破坏时的偏应力最小；2 号试件破坏时的偏应力略大于 1 号试件；3 号试件最终破坏时所承受的偏应力远大于其他两种加载方式。由于前面几级加载等级与持续时间是完全一样的，因此，最终的破坏偏应力与破坏时间代表了各试件之间的差异。所以，试验结果表明了 1 号试件承受的偏应力最小，3 号试件最大，2 号试件介于 1 号和 3 号试件。

（3）从破坏时的时效破坏曲线变化情况来看，1 号试件在施加 107.2MPa 的偏压力时，岩石经历一段时间后突然加速破坏；2 号试件在施加 107.2MPa 的偏压力后，又增加了 2 级偏压，在偏压为 115.1MPa 后，没有多久即突然破坏；3 号试件与前面两个试件情况差异很大，在施加了 107.2MPa 的偏压力后，又不断增加偏压荷载至 170.7MPa，经历一段时间后快速破坏，但突然性减弱了。从最终破坏时的变形情况来看，三者并不相同，3 号试件破坏时的轴向应变远大于 1 号、2 号试件，而 1 号、2 号试件破坏时的轴向应变比较接近。

4.3.3.2　岩石横向时效破坏变形分析

横向应变与时间的关系曲线如图 4－39 所示，图中横向应变以向外侧膨胀定义为正值。由图 4－39 可见，与轴向时效破坏应变相比，低应力水平时横向应变不是很明显，变形随时间的变化过程线几乎呈水平状；但在接近破坏时，横向变形急剧增大，即使是 3 号试件，在受到较高围压限制的情况下，在破坏时其横向变形也一样急剧增大。

从图 4－39 可以看出，孔隙水压力对于试件横向变形的影响规律与轴向变形大致相同。2 号试件与 1 号、3 号试件存在很大差异，一方面说明了在高孔隙水压力作用下，孔隙水压力对岩石的时效破坏有影响；另一方面也说明了在高孔隙水压力作用下，岩石的时效破坏不是由总应力控制的。另外，需要指出的是，1 号～3 号试件在加速破坏时，横向

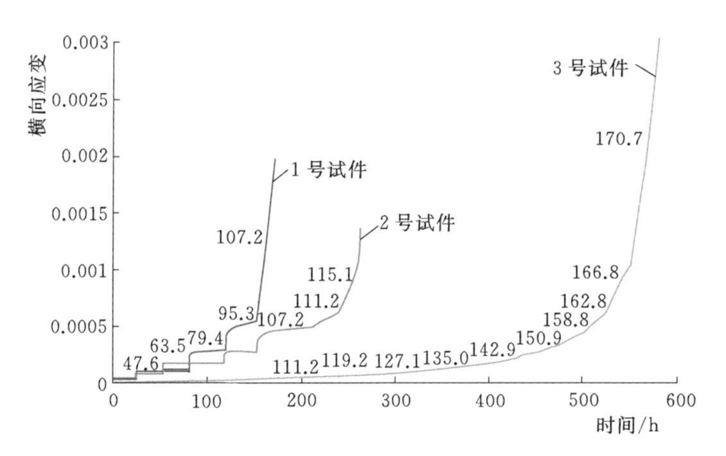

图 4-39 横向应变与时间的关系曲线（图中偏应力单位：MPa）

时效破坏应变并不一致。

4.3.3.3 岩石剪切时效破坏变形分析

假定岩样为各向同性体，根据 Mohr 应力圆，则最大剪应力和最大剪应变分别为

$$\tau_{max}=\frac{\sigma_1-\sigma_3}{2} \tag{4-24}$$

$$\gamma_{max}=\varepsilon_1-\varepsilon_3 \tag{4-25}$$

根据前面的轴向应变与横向应变试验结果，得到剪应变与时间的关系曲线（图 4-40）。

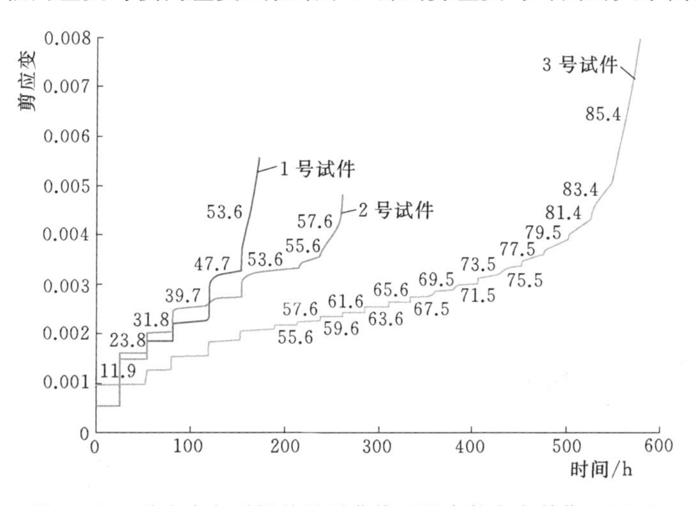

图 4-40 剪应变与时间的关系曲线（图中剪应力单位：MPa）

图 4-40 中剪应变随时间的变化规律与轴向变形变化规律大致相同，同样说明了在含有高孔隙水压力情况下，岩石试件的剪切时效破坏受孔隙水压力影响，但不受总应力控制。

4.3.3.4 岩石体积时效破坏变形分析

根据体积应变与轴向及横向应变的关系，可以得到体积应变与时间的关系曲线（图 4-41）。

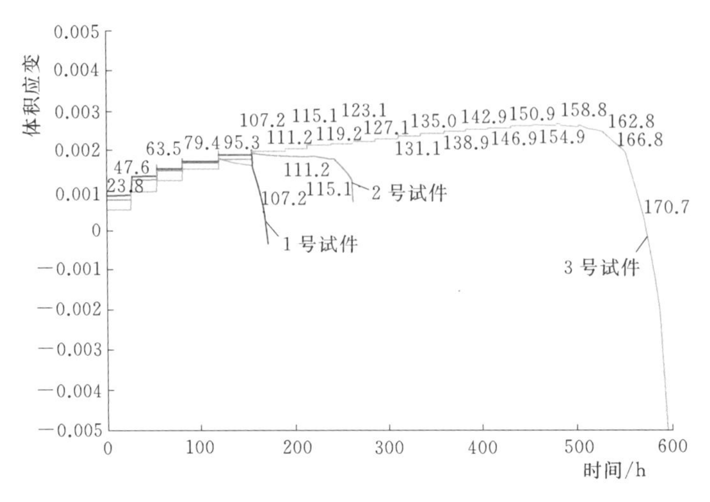

图 4-41 体积应变与时间的关系曲线（图中偏应力单位：MPa）

由图 4-41 可见，在较低偏应力情况下，不论何种加载情况，瞬时加载使体积瞬时压缩。而在瞬时变形完成后，体积变形曲线基本与水平轴平行，不再增加，表示此时体积时效破坏增量几乎为 0。对于 1 号、2 号试件，最后两级偏应力增量施加后，发生非线性的体积膨胀，开始产生扩容。对于 3 号试件，则在倒数第 3 级加载时体积开始膨胀。对于所有加载方式，均在接近破坏时岩石体积急剧膨胀。

在时效破坏过程中，在产生明显体积扩容前，岩石内部的微裂隙发展不明显，所以岩石在宏观上无明显扩容效应，时效破坏产生的体积应变几乎为 0；而在接近破坏时，岩石内部微裂隙张开、扩展并贯通，使岩石内部孔隙率大大增加，表现出扩容现象。

从图 4-41 还可以看到，对于三种不同的加载方式，1 号、2 号试件在体积发生明显增加时的体积应变比较接近，与 3 号试件差异很大。

4.3.3.5 试件的时效破坏方式

对于上述三种加载方式，其最后的破坏情况如图 4-42 所示。由图可见：1 号试件大理岩破坏剧烈，产生较大的错动位移，岩石比较破碎，部分呈粉末状，试件两端近似锥

(a) 1 号试件

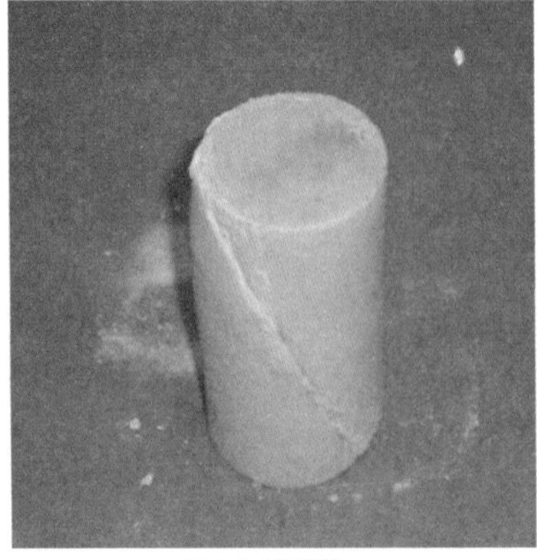

(b) 2 号试件

(c) 3 号试件

图 4-42 大理岩试件破坏情况

状，外表面亦有较多纵向裂纹，因此，岩石以剪切破坏方式为主，也含有拉裂破坏现象；2号试件破裂面为斜向剪切破裂面，基本无纵向裂纹，呈现出脆性剪切破坏现象；对于3号试件，图中标示了可见裂纹的分布状况，试件表面出现贯穿性的斜向剪切裂纹和局部纵向张裂纹，这是由于围压的作用，使破坏后块体仍然黏结在一起，没有散开，仍然有一定的残余强度。

从上述破坏情况可以看到，三种加载方式均以剪切破坏为主要破坏方式。1号试件围压较低，岩石破坏时脆性明显；2号试件由于受孔隙水压力作用，有效围压降低，岩石破坏时脆性也很明显；3号试件由于受到高围压作用，试件破坏时脆性减弱，有向延性方向发展的趋势。

4.3.4 孔隙水压力作用分析

根据上述大理岩的试验结果及分析，可以进一步讨论孔隙水压力作用对于岩石时效破坏特性的影响。

4.3.4.1 时效破坏过程中孔隙水压力的作用规律

2号试件受孔隙水压力作用，其试验结果与1号试件的试验结果差异比较明显，说明2号试件在时效破坏过程中，其中的孔隙水压力作用与土力学理论中孔隙水压力作用规律不完全一样，即岩石中的有效应力 $\sigma'=\sigma-\beta P_w$（β 为孔隙水压力作用系数，P_w 为孔隙水压力）。由于2号试件最终破坏时的轴向偏应力较高，总的破坏时间较长，可以说明 β 值应小于1；但两者差别又不是很大，说明即使是低渗透性的大理岩，在时效破坏过程中，孔隙水压力作用也是非常明显的，β 参数值很接近于1。

从机制上来分析，2号和1号试件试验结果存在差异，说明了在高孔隙水压力作用下，在岩石时效破坏过程中，当岩石内部局部区域开裂后，孔隙水不是瞬时进入裂隙，而是有一个时间过程，也就使得在某一个瞬时时刻，局部区域孔隙水压力不是全部发挥作用，在宏观上表现出 β 值小于1；但是由于岩石时效破坏过程是一个较为缓慢的过程，其破裂不是瞬时完成，而是有一个时间过程，孔隙水压力作用效应与岩石时效破坏时间有关，而且破裂过程持续时间越长，与孔隙水侵入时间相差越小，孔隙水压力发挥作用就越充分，在宏观上表现出 β 值越接近于1。

4.3.4.2 孔隙水压力对岩石时效破坏特性的影响

由前面试验结果可以看到，3号试件破坏时的偏应力大于2号试件破坏时的偏应力，破坏时间远长于2号试件的破坏时间；2号试件破坏时的偏应力大于1号试件破坏时的偏应力，破坏时间长于1号试件的破坏时间，说明岩石内部孔隙水压力作用越完全，岩石的强度降低越多，加载至破坏的延续时间缩短越多。

从最终破坏时的应变值来看，三种加载方式情况下，岩石试件的轴向应变、横向应变、剪应变以及体积应变都各不相同，在高围压且没有孔隙水压力作用下，其破坏时的应变大于有孔隙水压力作用的情况，说明围压的作用可以增加岩石的延性；反过来，孔隙水压力降低了岩石的围压，减少了岩石破坏时的应变，增加了岩石的脆性。

从破坏方式来看，三者都以剪切破坏为主要破坏方式，也即总体来说，孔隙水压力作用并没有改变岩石的破坏方式。但图4-42显示，孔隙水压力对岩石的破坏程度具有很大影响。孔隙水压力使岩石破坏的脆性增加，破坏更具有突然性。

4.3.4.3 工程上如何合理处理孔隙水压力

在计算分析中，如果将岩石近似按完全作用情况考虑，即取 $\beta=1$，则高估了岩石中孔隙水压力的作用，而低估了岩石的强度及时效破坏延续时间，因此在工程上是偏于安全的。考虑到1号与2号试件试验结果很相近，为方便简化计算分析，这样近似处理也是合理的。

锦屏二级引水隧洞工程完成以后，隧洞围岩将长期受高孔隙水压力作用。根据上述研究的结果，高孔隙水压力对于围岩的长期稳定是非常不利的。如果在隧洞周围灌注水泥浆，降低洞壁附近围岩的渗透性，而且使衬砌具有更高的透水性，则可以大大降低洞壁附近围岩中的孔隙水压力，这已经为大家所熟知。显然，从长期稳定角度来看，这样处理可以提高洞壁围岩强度，延长围岩时效破坏时间，对隧洞围岩长期稳定非常有利。

4.3.5 试验结论

通过设计三种加载方式以研究高孔隙水压力作用对于岩石时效破坏特性的影响，就本试验结果而言，得到如下结论：

（1）时效破坏作用过程不是瞬时作用过程，因此，即使是低渗透性的大理岩，其孔隙水压力作用也很明显；孔隙水压力不是完全作用，但接近完全作用，即孔隙水压力作用系数接近于1。在高孔隙水压力作用下，由于孔隙水压力抵消了部分围压，使岩石的强度大大降低，承载时间大大缩短，破坏时的应变降低。从破坏情况来看，孔隙水压力的作用并不改变岩石的破坏方式，但在孔隙水压力作用下，岩石破坏的脆性增加，破坏更具有突然性。

（2）在三种加载情况下，考虑到岩石加速破坏时，各类应变各不相同，由此推测，在岩石时效破坏过程中，可能不存在一个统一的应变阈值或等效应变阈值，使得在不同的加载情况下，超过该阈值后岩石即产生加速时效破坏。当然，这一推测只就本试验范围而言做出的，是否具有普遍性，还有待于结合其他类岩石经进一步试验研究后才能最后确定。

（3）在三种加载情况下，在加速破坏前，除了瞬时加载产生的体积应变外，在时效破坏过程中，由时效破坏产生的体积应变几乎不变，只在接近破坏时，岩石中的裂隙急剧扩展，岩石体积应变急剧增加。

（4）本节从定性方面说明了岩石孔隙水压力作用系数 β 的取值情况，但还不能定量得出其具体取值，其值还有待于设计新的试验方法进行测定。

4.4 时效破坏的数值分析

4.4.1 研究概况

锦屏二级隧洞的支护设计遵循围岩承载的设计思想，充分发挥围岩的承载能力，最终通过支护和围岩共同作用满足围岩长期稳定的需要。但是从现场观察看，随着时间的不断推移，破裂的深度不断发展，在一年的时间内破裂发展的深度就能够达到50～150cm。隧洞周边破裂区的存在以及破裂损伤发展的时间效应，导致一定深度范围内岩体的强度不断降低，因此，相应围岩的承载能力也将在一定程度上降低，动摇了利用围岩承载的支护设计基础，特别是破裂随着时间扩展的特点使得喷锚支护系统的安全性不断降低，增加了隧洞在运行期内的风险。

而破裂和破裂的时间效应主要以裂纹扩展的形式表现出来，具体可以分为两种形式：①开挖引起应力重分布导致的裂纹（短期）；②由于应力腐蚀引起的随时间扩展的裂纹（长期）。这两种裂纹的共同作用导致隧洞周边损伤区的形成以及不断发展。

近三十年来，国内外学者采用断裂力学的方法从理论和试验方面研究了岩石裂纹的扩展发育规律[99-104]。研究表明：处于一定环境介质中的含裂纹材料，在拉应力和腐蚀介质的联合作用下，裂纹会不断扩展，最后导致断裂破坏，这种过程称为应力腐蚀。线弹性断裂力学（Linear Elastic Fracture Mechanics，LEFM）可以很好地描述裂纹尖端的力学行为。在拉应力作用下，裂纹尖端应力和Ⅰ型断裂强度因子 K_I 成比例，而 K_I 可以用来定量地描述裂纹尖端扩展过程。根据断裂力学理论，对处于一定环境介质中的张开型裂纹，在裂纹尖端的应力强度因子 K_I 未达到断裂韧度 K_IC 时，即裂纹开始快速扩张前，有一个稳定的、准静态的裂纹扩展，称为亚临界扩展。岩石内裂纹快速扩展，结构发生断裂，通常都是在亚临界裂纹扩展到一定程度后发生的，这便导致岩土工程的失稳与岩石裂纹扩展的时间相关性。

针对裂纹扩展导致强度衰减的思路，本章基于应力侵蚀理论，采用 PFC 软件的 PSC 模型开展研究，为从机理上认识和研究这一问题成为可能。

4.4.1.1 岩石亚临界裂纹扩展

当裂纹由成核、生长和亚临界扩展发展到了临界长度，裂纹尖端区域的应力强度因子 K 也随着裂纹的扩展而增长到 K_IC，此时，裂纹的扩展从稳态转入动态，随即出现快速断裂，即裂纹尖端屈服区附近的应力足以撕开原子间结合键，使原子间结合键逐步破坏，从而导致沿着原子面发生解理。而断裂通常是在亚临界裂纹扩展到一定程度后发生，岩石裂纹亚临界扩展的影响因素取决于岩石裂纹扩展的机制。通常应力强度因子、裂纹尖端位移模式、温度、压力、环境介质的活性、环境介质中固体的可溶性、岩石微结构等是其主要影响因素。

图 4-43 为玻璃和陶瓷的亚临界裂纹扩展速率 V 与裂纹尖端应力强度因子 K_I 之间的关系曲线。由图可知，典型亚临界裂纹扩展一般存在 3 个阶段。在阶段Ⅰ，裂纹扩展速率受裂纹尖端应力腐蚀速度的控制。在阶段Ⅱ，裂纹扩展处于稳定扩展阶段，其扩展速率不随应力强度因子 K_I 提高而增加，此时裂纹的扩展主要有环境中活性物质向裂纹尖端的扩散速度决定。当进入到阶段Ⅲ，裂纹的扩展由稳定状态进入非稳定扩展阶段。在此阶段内，裂纹尖端的 K_I 随着裂纹的扩

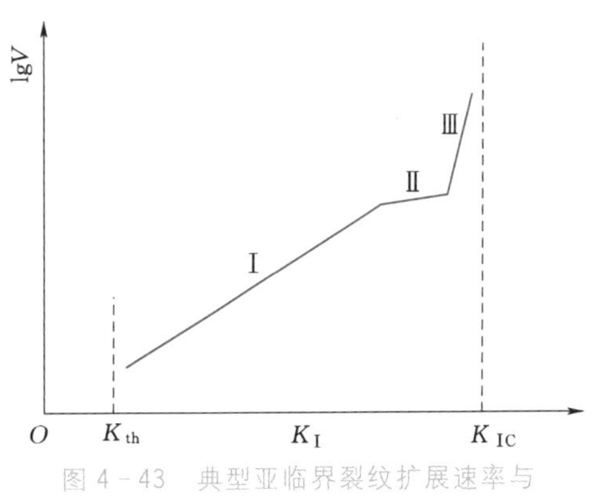

图 4-43 典型亚临界裂纹扩展速率与应力强度因子关系曲线

展增高到 K_{IC}，裂纹扩展的速率与应力强度因子成指数关系，此时裂纹尖端区域附近的应力足以拉开原子间的结合键，随时可能出现断裂，但在此阶段受环境介质的影响并不明显。在这张图中 K_{th}是应力腐蚀界限，低于 K_{th}，应力腐蚀便不会发生。

玻璃是一种理想介质，在空间和结构上都是各向同性的，性质也是各向同性的，而裂纹增长是在脆性阶段而不是在塑性阶段（即在破坏过程中没有塑性变形）。因此，裂纹尖端的力学条件可以用线弹性断裂力学（LEFM）的假设。在纯拉应力环境下，按照传统的断裂力学理论，当裂纹尖端的应力强度因子小于断裂韧度时，裂纹不会扩展。玻璃中的亚临界裂纹扩展很早就被人们观察到，特别是在有水的情况下，这一现象更加明显。由此人们提出了应力腐蚀理论：一定环境介质中的含裂纹材料，在拉应力和腐蚀介质的联合作用下，裂纹会不断扩展，最终导致断裂破坏，这种过程称为应力腐蚀。在应力腐蚀过程中，常用 K_I 作为控制裂纹扩展的参量，相应的应力腐蚀下限为 K_{th}。当 $K_I < K_{th}$时，裂纹不扩展，而当 $K_{th} < K_I < K_{IC}$时，裂纹就随时间而扩展。

4.4.1.2　时效破坏

1985 年 Schmidtke 和 Lajtai 共同发表了一篇关于长期强度的文章，分析了花岗岩和火成岩的长期力学行为。在长期加载过程中，两种岩石都受到长期荷载的影响。它们的强度大约能够降低到 60%的瞬时强度，持续时间从几秒到 17 天。试验结果说明在 1000m 的埋深条件下围岩会受到时间和周围高地应力的影响[94]。

Schmidtke 和 Lajtai 的试验便是著名的时效破坏试验。它们在岩样上是按照瞬时峰值强度的一定比例施加荷载。试验的结果就是在荷载施加和破坏之间存在一个延迟，可以定义为破坏时间。为了使岩样能够在有限时间内破坏，施加的荷载必须高于 70%的单轴干燥抗压强度。根据时效破坏数据来预测稳定寿命必须依据时间和应力。虽然现场围岩应力达不到预计的 150MPa，但时效破坏试验的最高应力超过了 160MPa。在拉应力作用下，单条裂纹扩展会导致整个岩石的破坏。然而在压应力区域，随着时间的增长，当裂纹密度达到临界密度时，大量的裂纹扩展会导致岩石的破坏。

Kirby 和 McCormick 认为脆性破坏依赖于施加荷载的持续时间，这点可以从稳定应变率试验（随着应变率的增加，强度增加）中应变率对强度的影响上看出，或者从不同应力水平的蠕变试验中低孔隙率结晶岩石表现出的时效破坏特征（在持续荷载作用下的滞后破坏）上看出。随着微裂隙的增长，应变随之增加，这其中包含已有裂纹的扩展和新裂纹的产生。脆性破坏的时间效应被看作是应力腐蚀的结果，而蠕变速率受裂纹扩展速率的控制。当裂纹密度达到一定程度时，裂纹会紧密结合成更大尺度，出现宏观破坏[105]。

时效破坏是材料在腐蚀环境中受应力的持续作用而最终破坏的一种现象。破坏的时间依赖于施加荷载的大小。Grenet 首先注意到了玻璃的滞后破裂现象和加载速率对强度的影响[106]。Charles 发现，应力腐蚀使玻璃中的缺陷随着时间缓慢增加，直到临界状态产生破坏[107]。应力腐蚀在玻璃和周围环境（例如水）之间会发生热力传导反应过程。而在此过程中的活化能因为拉应力而减少（拉应力会产生大的体积应变而导致形态变形，减少了原子之间的重叠而使反应更便利），因此在拉应力作用下反应速度最快，并通常位于玻璃饱和裂隙的裂纹尖端。

4.4.1.3 应力腐蚀

在大多数的脆性材料中，特别是在硅酸盐和玻璃中，在持续荷载作用下裂纹随时间扩展被认为是裂纹尖端在应力作用下结合化学反应的过程。在应力作用下控制裂纹扩展的化学过程被称为应力腐蚀。典型的试验是 Charles 于 1958 年完成的，他建议通过破坏硅氧之间的强力化学键来进行腐蚀，取而代之的是稍弱的硅羟基链接。在这个反应中，硅酸盐中的碱离子扮演了催化剂的角色[107]。

在硅酸盐的应力腐蚀过程中，还有很多力学作用同时发生，其中最主要的几个力学作用是：①在反应现场，反应物的流失；②化学反应本身；③反应后化学键的断裂。在岩石等介质中，其中的每一种矿物组成以及它们之间的分界线都是潜在的反应场地，每种场地都有自己的力学作用，除了有一种主导的作用控制整个变形过程外，裂纹的应力腐蚀过程是一个非常复杂的过程。

由于岩石是一种多矿物成分的材料，每种矿物成分以及交界处都是化学反应的理想场所，可以认为，岩石应力腐蚀亚临界裂纹扩展是由于拉应力作用下裂纹尖端物质的扩散和尖端物质与环境中的腐蚀介质发生化学反应，使化学键断裂，并在这两种机理联合作用下发生的。

化学反应率理论可以被用来描述根据热动力学理论建立的裂纹扩展动态方程。裂纹尖端原子之间的连接断裂可引起裂纹扩展，在这个断裂过程中包含固体和周围环境之间的一个化学反应过程。根据 Hillig 和 Charles 针对玻璃提出的时效破坏理论[108]，Wiederhorn 和 Bolz 提出了一个扩展速率方程[109]：

$$V=V_0\exp\left(\frac{-E^*+v^+\sigma}{RT}\right) \tag{4-26}$$

其中
$$E^*=E^++v_M\gamma/\rho$$

式中：V_0 为经验常数；v^+ 为活化体积；σ 为裂纹尖端应力；R 为气体常数；T 为绝对温度；E^* 为活化能，主要包括应力释放活化能 E^+；v_M 为气体的摩尔体积数；γ 为玻璃和反应物之间的表面能；ρ 为裂纹尖端的曲率半径。

在建立岩石类材料亚临界扩展速度关系时，通常考虑裂纹扩展速率与裂纹尖端应力强度因子之间的关系。Wiederhorn 和 Bolz 将方程式（4－26）中的裂纹尖端应力和活化体积用应力强度因子和依赖于裂纹尖端结构特征的经验参数 b 代替。裂纹尖端用含二维 Griffith 裂纹的弹性模型模拟，其尖端应力为 $\sigma=2K_{\mathrm{I}}/\sqrt{\pi\rho}$，因此，代入到方程式（4－26）中，可以得到 Wiederhorn－Bolz 方程[109]，而这个经验方程被看作是用来描述在区域Ⅰ的临界裂纹扩展的标准方程：

$$V=V_0\exp\left(\frac{-E^*+bK_{\mathrm{I}}}{RT}\right) \tag{4-27}$$

其中
$$b=2v^+/\sqrt{\pi\rho}$$

该式被广泛用于岩石中裂纹的扩展研究。当温度 T 恒定时，可将式（4－27）表示为 $K_{\mathrm{I}}-V$ 空间的幂函数以及 $\lg K_{\mathrm{I}}-\lg V$ 空间的线性函数：

$$V=AK_{\mathrm{I}}^n \tag{4-28}$$

$$\lg V=a_1+b_1\lg K_{\mathrm{I}} \tag{4-29}$$

式中：A、a_1、b_1 为常数；V 为裂纹扩展速率，m/s；K 为应力强度因子，$MPa \cdot m^{1/2}$；n 为应力腐蚀影响因子或者裂纹扩展影响因子，对于陶瓷材料和脆性岩石，应力腐蚀影响因子大体介于 10 和 100 之间，虽然 n 在同一种环境下可以视为不变，但是通常对温度和湿度比较敏感。

4.4.1.4 双扭试验

对裂纹扩展速率的测试可以由间接方法和直接方法获得。间接方法所使用的试件是模拟实际的构件，根据试件的强度测量结果来推算出裂纹扩展速率，所测量的数据反映全部断裂时间的平均断裂行为，包括恒定载荷方法和恒定应变率方法。间接方法需要设定一个 $K_{\mathrm{I}}-V$ 关系方程，利用所得到的强度数据确定方程中的各个系数，从而推算出裂纹扩展速率。直接方法所使用的试件上有若干宏观裂纹，从而可以精确测量裂纹扩展速率和应力强度因子；该方法能容易观测到断裂行为的细节，目前该方法已采用过的试件有双悬臂梁试件、边缘有裂纹的拉伸试件、中心有裂纹的拉伸试件和恒定 K 试件（试件裂纹尖端应力强度因子与裂纹长度无关）。

双扭方法是测试亚临界裂纹扩展速率的一种直接方法，它能够直观地监测裂纹的扩展过程。该方法适用性广，加载方式简便，试件形状简单而无需进行柔度标定，成为研究裂纹亚临界扩展的有效手段（图 4－44）。双扭试验不仅可以测试岩石的 $K_{\mathrm{I}}-V$ 关系，而且可以测试岩石的断裂韧度 K_{IC}。

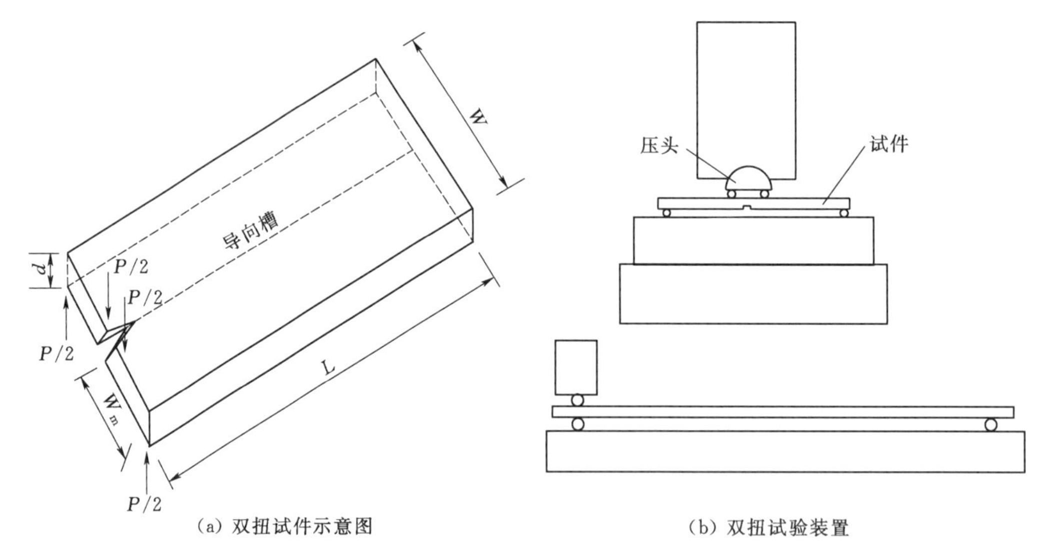

(a) 双扭试件示意图 (b) 双扭试验装置

图 4－44 双扭试验

双扭试验最先用于研究玻璃、陶瓷和钢材的断裂特性，1966 年由 Outwater 提出，1969 年由 Kies 和 Chark 首先采用，由 Evans（1972）和 Williams（1973）进一步完善，1977 年之后，Henry、Atkinson、Swanson 等将其应用于岩石材料，研究其断裂韧度及亚临界裂纹扩展规律。由双扭试验测得的亚临界裂纹扩展速率与应力强度因子的关系 $K_{\mathrm{I}}-V$，可以计算岩石中Ⅰ型裂纹在一定条件下达到临界长度所需的时间，因而可以从断裂力学中裂纹扩展的角度来考虑脆性岩石裂纹扩展的时间效应问题。

4.4.1.5 LEFM 分析亚临界裂纹扩展的局限性

根据前文的描述，裂纹扩展的动力学方程可以用 Wiederhorn - Bolz 方程表示成线性指数关系（$K_{\rm I}-V$）或幂指数关系 $V=V_0K_{\rm I}^n$。Freiman 指出线性指数关系有更合理的理论基础[110]，但是大多数试验都表示成了幂指数关系。Dove 注意到这些表达形式是类似的[111]，Atkinson 和 Meredith 指出在这些试验的基础上表达形式并没有区别[112]。然而，在岩石中的临界裂纹扩展和在玻璃中的不同，主要是有以下几个原因[45]：

（1）岩石是具有各向异性的多晶细观结构，裂纹扩张过程中会产生较大的应力波动。LEFM 仅适用于裂纹并不依赖于颗粒大小的条件，而宏观破裂通常包含大量微裂纹的产生和扩展。

（2）岩石通常处于压应力状态，且破坏并不受单独一个裂纹的控制，而是受裂纹的贯通和交汇控制，而断裂力学现有的裂纹模型虽然能够模拟多条裂纹之间的相互作用，但都是等效得到的，而且不能模拟裂纹扩展的影响。

（3）应力腐蚀并不是唯一的作用机理，即使假设应力腐蚀只发生在硅酸盐材料中，也与玻璃中的硅有所不同。对于包含方解石的岩石，其应力腐蚀过程也很难被理解。随着裂纹扩展速率的减小，裂纹扩展路径以粒子间为主。应力腐蚀受颗粒边界间的化学性质控制，颗粒边界之间的反应和应力腐蚀形成了多相材料。

（4）虽然双扭试验能够提供相对直接的裂纹扩展速率测定方法，还能够直接观察到裂纹扩展过程。特别是当试件完整性较好时，能够看到裂纹沿着预先制定的路线扩展，但是其中的断裂力学过程相对比较复杂。虽然根据理论能够得到中间主裂纹的扩展路径，但是裂纹的扩展也是断断续续的。在主导裂纹的前方会出现许多断裂的小裂纹，而且在同一时间会有多条裂纹同时扩展。在主导裂纹的分支处能够观察到次生裂纹的贯通。因此，此试验方法只能作为观测裂纹复杂扩展过程的一个便利手段。

综上所述，去发展一种和玻璃类似的临界裂纹扩展方程是不可能的，也是没有意义的。基于岩石本身特性的认识，只有在岩石模型中模拟其细观结构才能满足需要。

4.4.2 应力腐蚀模型

4.4.2.1 损伤细观特征分析

岩石属于各向异性介质，其内部结构异常复杂，力学过程表现出非线性特征。岩石内部的细观特征复杂多样，很难刻画，然而下面的描述基本适用于大多数的岩石。一方面，岩石可以看作是矿物材料的集合体，它们大多数在模量和强度方面是各向异性，这些颗粒通过黏合剂黏结在一起。另一方面，岩石本身都含有预先存在的缺陷，例如细孔、充填物以及在不同矿物边界和裂纹之间的闭合裂隙，当受到外部荷载作用时，这些细观结构会产生不同的力的传递方式，而在细观结构产生的力和方向与宏观的力有明显的区别，特别是宏观压力会在垂直于宏观力的方向出现细观的拉应力；这样的结果会导致颗粒黏结破坏，反过来会产生整个区域的应力重分布，最后出现宏观破坏（图 4 - 45）。

但在拉应力和压应力条件下的破坏过程各不相同。在缓慢增加的拉应力下，几乎没有新裂纹形成和扩展，主要是已经存在的裂纹的不稳定扩展或者从一个缺陷中发育的裂纹的不稳定扩展导致最后的宏观破坏，大多是临界缺陷控制拉破坏。在缓慢增加的压应力环境中，压力会产生裂纹，并以拉裂纹的形式沿平行于主应力的方向扩展（Ⅰ型）（在已有缺陷上的应力集中会产生滑移型裂纹）。适度的围压也会使单独的裂纹稳定扩展，扩展到足够长后释放集中的应力。随着压应力的增加，裂纹的数目也随之增加，直至贯通产生宏观破坏。

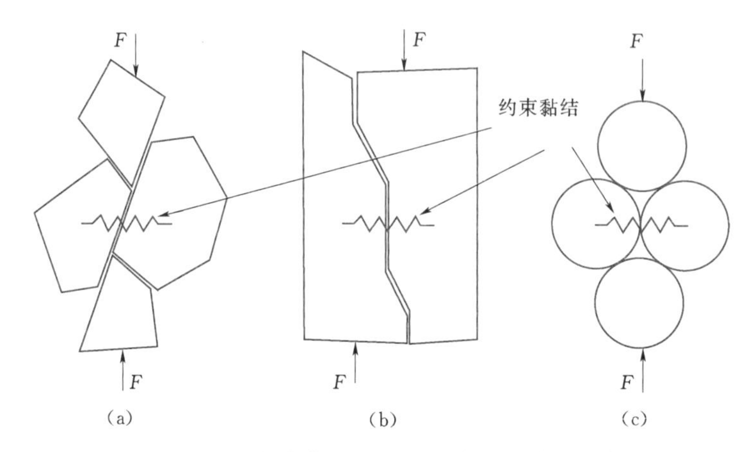

图 4-45 压应力作用下产生拉裂纹的颗粒描述[85]

因此，岩石的力学行为受其细观结构的控制。复杂的宏观破裂如断裂或破坏都来源于细观结构的贯通。因此，如果能够在模型中重现这些细观结构及其贯通的过程，那么这个模型也应该会产生相同的宏观行为。理论上，可以直接利用分子动力学来模拟这种现象。这种方法要求细观结构要尽可能地精细，而目前受限于计算机的运算水平，不可能达到计算大多数工程尺度要求的原子数目水平。而颗粒流程序 PFC 虽然减小了其中的细密程度，采用更大尺度的颗粒，但仍能够直接模拟其中的细观结构，并能在日常使用的电脑上在合理的时间内完成计算。

因此，为了研究脆性岩石的宏观断裂和破裂行为，PFC 中颗粒的尺度已经能够满足需要，因为破裂过程无论发生在这个尺度还是在这个尺度产生的影响都能够合理地表示出来。而 BPM（Bonded - Particle Model）模型（图 4-46）的提出也使得能够通过颗粒之间的胶结更加合理地模拟脆性岩石的破坏[44]。

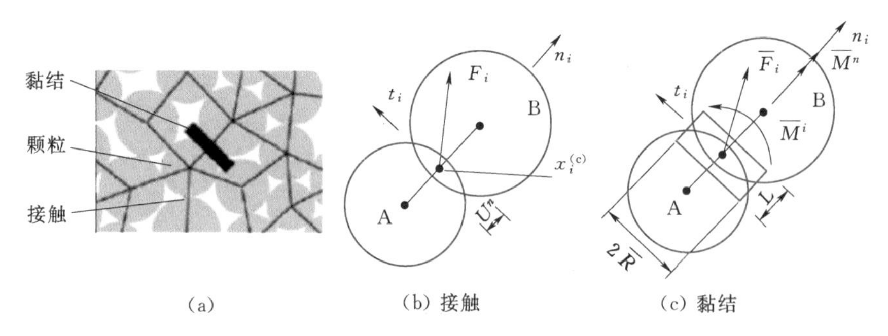

图 4-46 PFC 中的 BPM 模型[44]

通过上面的讨论可以看出，脆性岩石中的断裂和破坏主要是由颗粒尺度的微观结构控制的。而 BPM 模型通过大小不一的圆形或者球形颗粒接触点的紧密压缩来实现对这种力学行为的模拟。当施加荷载时，颗粒之间的破坏是通过黏结破坏来表示的。这个模型能够模拟岩石在拉应力或者压应力作用下产生的各种微观力学反应。同时，该模型除了能够直接模拟颗粒以及它们之间的胶结面外，还能够表示微裂纹的形成、扩展和贯通。但是由于这些裂纹的尺寸与颗粒相当，LEFM 已不适用，所以裂纹尖端不能用应力强度因子表示。在 BPM 模型中，K_{I} 并不能够作为裂纹扩展的驱动条件。

目前看来，应力腐蚀可以作为脆性岩石时间效应的主控因素，通常发生在岩石中的缺陷处，而这些缺陷在 LEFM 中被看作是裂纹，因此 K_{I} 适合被作为驱动条件。然而，如上所述，在 BPM 模型中 K_{I} 并不能很好地代表裂纹尖端的应力场，只有当大量的微裂纹汇聚成一条宏观裂纹时，才比较合适。在压应力条件下，BPM 模型在长期受载过程中会比较好地在黏结断裂处表示裂纹的形成和扩展。在这个长期加载过程中，大多数的时间都用于破坏的分布形成，因此必须发展一种新的方法来代替 LEFM 对裂纹进行描述。

理想化的情况是在损伤力学的基础上直接建立模型和所处环境之间的关系。然而，只有当 BPM 中的颗粒大小等同于原子大小，BPM 中颗粒之间的拉力才能表示反应过程中的应力，而 BPM 模型中的颗粒大小和原子大小成数量级关系，因此损伤率并不能直接从现有的反应方程中得出。

Atkinson 和 Meredith 以及 Anderson 和 Grew 系统总结了岩石中临界裂纹扩展中的相关问题。他们认为：岩石中的临界裂纹扩展可以归纳为应力腐蚀、溶解、扩散、离子交换、微观塑性等几个因素的作用，但更像是某些正在进行的应力腐蚀。试验中观察到的宏观裂纹的扩展曲线和玻璃中的比较类似，只是拐角更加圆滑，而区域 2、区域 3 通常缺失。Atkinson 和 Meredith 声明并没有完整地观察到区域 3，也没有证据证明接近了临界状态。通过对 LEFM 中的表达方式进行类似的演化，可以将此损伤率表示成图 4-47 的形式。因为这样做可以降低到 BPM 所需的颗粒尺度，对 BPM 模型是最有利的，能够合理地模拟由于拉应力的作用而引起的破裂的发生。

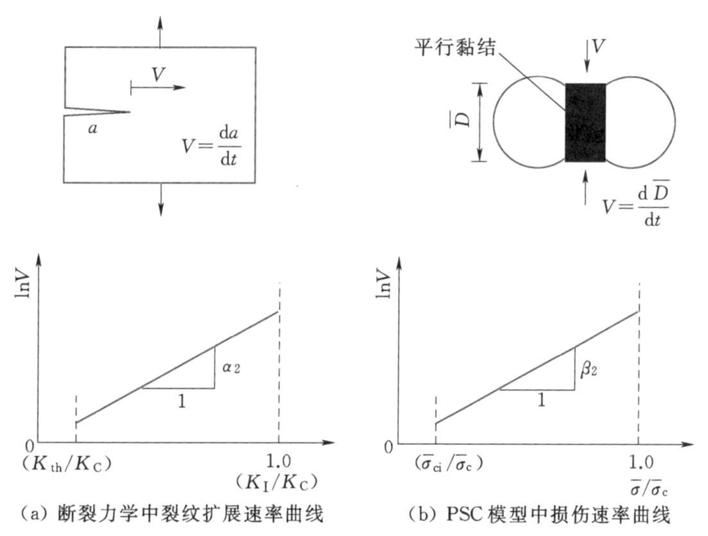

(a) 断裂力学中裂纹扩展速率曲线　　(b) PSC 模型中损伤速率曲线

图 4-47 LEFM 和 PSC 模型损伤率关系对比[45]

4.4.2.2 损伤率演化方程[45]

假设脆性岩石的时间效应受应力腐蚀的控制，Si—O 化学键不断受水的侵蚀而出现大的体积膨胀。这个过程可以用方程式（4-26）来表示，该方程也成为 PSC 模型中损伤演化率建立的基础。

BPM 模型能够模拟颗粒和胶结面的集合体的力学行为。为了将该方程引入到 BPM 模型中，提出以下假设：

（1）应力腐蚀过程只影响胶结面，并不影响颗粒本身。因此，每一个平行黏结模型都是一个潜在的反应场地。

（2）反应发生在胶结面，按照统一的与方程式（4-26）中的裂纹扩展速率成比例的速率不断移除黏结材料，反之，方程式（4-26）也与反应率成比例，而胶结面的移除速率就被看作是腐蚀率，可以将其看作是黏结材料沿其边缘的一个统一的腐蚀过程。

（3）腐蚀率依赖于反应边界的应力状况。

（4）只有当应力为拉应力并超过规定的应力强度时腐蚀才会发生。

根据假设（1）和（2），将腐蚀率表示成平行黏结的直径 $\overline{D}$，按照如下的关系进行减少：

$$\frac{\mathrm{d}\overline{D}}{\mathrm{d}t}=-(\alpha V_0 \mathrm{e}^{\frac{-E^*}{RT}})\mathrm{e}^{\frac{v^+\sigma}{RT}} \tag{4-30}$$

式中：α 为腐蚀率和反应率之间的转化常数。

根据假设（3），$\overline{\sigma}$ 是作用在平行黏结边缘的最大拉应力，而根据假设（4），当低于规定的应力 $\overline{\sigma}_{\mathrm{ci}}$，腐蚀便不会发生。因此，可以将式（4-28）表示为

$$\frac{\mathrm{d}\overline{D}}{\mathrm{d}t}=\begin{cases}0, \overline{\sigma}<\overline{\sigma}_{\mathrm{ci}} \\ -\beta_1 \mathrm{e}^{\beta_2(\overline{\sigma}/\overline{\sigma}_{\mathrm{c}})}, \quad \overline{\sigma}_{\mathrm{ci}} \leqslant \overline{\sigma}<\overline{\sigma}_{\mathrm{c}} \quad \text{PSC 模型(损伤率方程)} \\ -\infty, \overline{\sigma} \geqslant \overline{\sigma}_{\mathrm{c}}\end{cases} \tag{4-31}$$

式中：$\overline{\sigma}$ 通过平行黏结的抗拉强度 $\overline{\sigma}_{\mathrm{c}}$ 正规化。损伤率方程根据平行黏结的直径 $\overline{D}$ 的减少表达。随着损伤的扩展，有效的黏结刚度减少，导致在整个材料出现宏观应力重分布。其中的变量是作用在平行于黏结边缘的最大拉应力 $\overline{\sigma}$ 和损伤扩展所用的时间 t。参数包括 β_1 和 β_2 两个速率常数以及启裂应力 $\overline{\sigma}_{\mathrm{ci}}$、黏结抗拉强度 $\overline{\sigma}_{\mathrm{c}}$。

图 4-47 中已经概括了两者的对比，下面具体论述。LEFM 模型将岩石视作包含初始裂纹的理想线弹性体，然后按照 $V-K_{\mathrm{I}}$ 的规律发展。驱动力主要是裂纹尖端的应力强度因子。其演化方程可以表示成

$$V=\begin{cases}0, K_{\mathrm{I}}<K_{\mathrm{th}} \\ \alpha_1 \mathrm{e}^{\alpha_2(K_{\mathrm{I}}/K_{\mathrm{C}})}, \quad K_{\mathrm{th}} \leqslant K_{\mathrm{I}}<K_{\mathrm{C}} \quad \text{LEFM 模型(裂纹扩展方程)} \\ \infty, K_{\mathrm{I}} \geqslant K_{\mathrm{C}}\end{cases} \tag{4-32}$$

式中：K_{C} 为断裂韧度；K_{th} 为应力腐蚀下限；α_1 和 α_2 分别为随着温度和化学环境变化的材料常数。

而 PSC 模型将岩石看成是胶结材料，根据 $V-\overline{\sigma}$ 的关系不断移除胶结面，驱动力是胶结面中的拉应力。腐蚀方程可以表示成

$$V=\begin{cases}0, \bar{\sigma}<\bar{\sigma}_{ci} \\ \beta_1 e^{\beta_2(\bar{\sigma}/\bar{\sigma}_c)}, \quad \bar{\sigma}_{ci}\leqslant\bar{\sigma}<\bar{\sigma}_c \\ \infty, \bar{\sigma}\geqslant\bar{\sigma}_c\end{cases} \quad \text{PSC 模型(腐蚀演化方程)} \tag{4-33}$$

式中：$\bar{\sigma}_c$ 为平行黏结的抗拉强度；$\bar{\sigma}_{ci}$为启裂应力；β_1 和 β_2 分别为随着温度和化学环境变化的材料常数。

在 PSC 模型中存在三个损伤阶段。在微观阶段，根据假设（2）可知，当直接开始缩小时损伤便开始存在于每个平行黏结中；在中间阶段，损伤存在于一个单独破坏或完全消失的平行黏结；而在宏观阶段，损伤存在于聚集的破坏或消失的黏结中，而这个聚集可能存在于宏观断裂中，如果是，而且它的长度与颗粒尺寸相关，那么它的尖端也可以用 K_{I} 表示。在 LEFM 模型中，宏观裂纹扩展速率 V 是一个输入参数；而在 PSC 模型中，宏观裂纹扩展速率 V 是一个自然属性。PSC 模型中的参数可以通过嵌入宏观的断裂来表示 LEFM 参数而且能够得到 $V-K_{\mathrm{I}}$ 曲线，因此，PSC 模型包含了 LEFM 模型的力学特征。

综上所述，PSC 模型提供了一种更合理的模拟岩石的方法。在 PSC 模型中的颗粒尺度的节理会引起拉应力而加速腐蚀过程，而这些节理与 LEFM 模型中的裂纹不同。由于 PSC 模型能够支持与微观结构特征相关的颗粒尺度节理的模拟，因此会比 LEFM 模型更加合理地模拟岩石中真实的物理力学性能。

4.4.3 短期破裂损伤特征分析

4.4.3.1 破裂形态

图 4-48 表示的是各围压下试样到达残余强度时的裂纹分布，其中红色代表张拉破坏，蓝色表示剪切破坏。从图中所示的裂纹分布情况可以看出，破坏时往往同时伴有轴向张性裂面、主共轭剪裂面、次级共裂面及夹于剪切裂面间的微张性破裂面等；张性裂面的发育大致沿垂直卸荷方向。其中，当围压低于 10MPa 时，试样的破坏以随机分布的张性裂纹为主，并且随着围压的增加，破坏形式由张拉破坏向剪切破坏过渡，即由张性破坏向张剪破坏过渡，并且剪切破坏面往往是部分追踪张性破裂面发展而成的；同时，随着围压的增加，剪切破裂面愈加清晰。

4.4.3.2 裂纹特征

单轴情况下破坏面近似平行于最大主应力方向，且以翼型裂纹扩展为主。从图 4-49 中可以看出，在达到峰值强度前以张拉裂纹为主，几乎没有剪切裂纹；当达到峰值强度后，由于没有围压的限制，张拉裂纹和剪切裂纹都有了快速的增长。这也从侧面证明了在达到峰值强度后依然能监测到声发射信号（图 4-50），但破坏时张拉裂纹的条数依然远大于剪切裂纹数目，在单轴条件下表现出比较明显的脆性破坏特征。

在图 4-51 中，随着围压的增加，剪切裂纹的数目不断增加，尤其是在峰值强度前，两者几乎保持相同的增长速度，只是在峰值强度时，张拉裂纹的数目急剧增长，张拉裂纹的数目大于剪切裂纹的数目，但是在塑性阶段以剪切裂纹的扩展为主。这说明，由于试件破坏时表面附近张裂纹不断扩展，最终造成试件表面张性剥落，而试件内部先期产生的张拉裂纹往往被剪切面追踪而发展为张剪性破裂面，在破坏过程中表现出累进性的破坏特征。图 4-52 为声发射的监测成果，可以看出在试件破坏的表面主要为拉破坏，而内部主要为剪切破坏，中间胶结部位为张剪混合破坏，说明剪切破坏是由张拉破坏引起的。因此在试验过程中，一般在破坏前能够听到裂纹扩展能量释放的声响，破坏时岩样的外观形成剪切破坏，但并没有形成交叉的共轭型破坏。

图 4-53 是张裂纹和剪裂纹所占比例随围压的变化，总体的趋势表现为，随着围压的增加，剪裂纹所占比例也随之增加。具体到裂纹数目（图 4-54），总的裂纹数目在 2～12MPa 应力范围基本保持不变，12MPa 后裂纹数目有了明显的增长，原因可能是处于脆—延转换阶段，围压的存在限制了裂纹的快速增长。当围压超过 12MPa 进入塑性阶段时，由于峰后段应变的增长，裂纹数目迅速增加。图 4-55 是围压为 8MPa 和 30MPa 的对比，可以看出，在峰前段，两者的裂纹数目相差不大，但进入峰后段，30MPa 下的张剪裂纹数目增长很快，表明在破坏过程中明显存在裂纹的扩展与滑移，并随着围压的增加，裂纹数目的增长速率也不断增加。这说明，随着围压的不断增加，在塑性状态下，峰后段的不断延长增加了裂纹扩展和滑移作用。

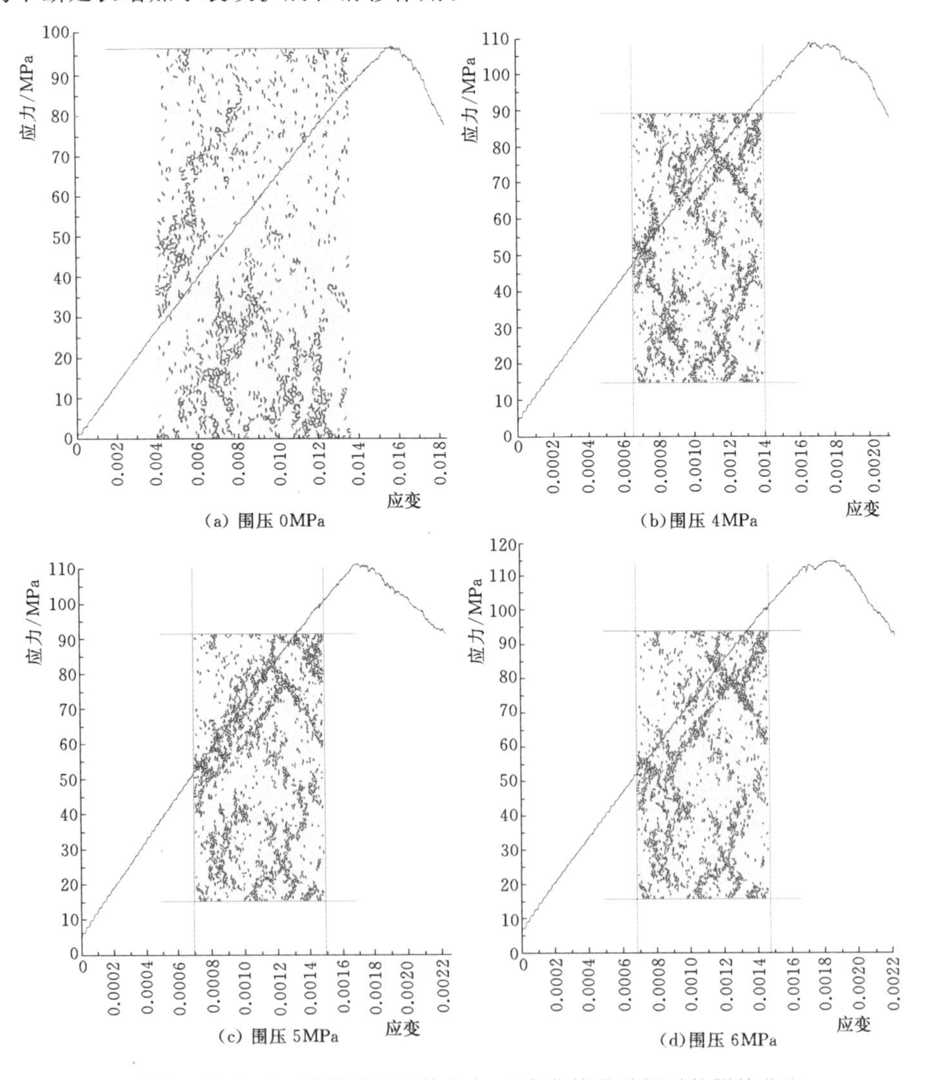

图 4-48（一） 不同围压下的应力-应变曲线及破坏时的裂纹分布

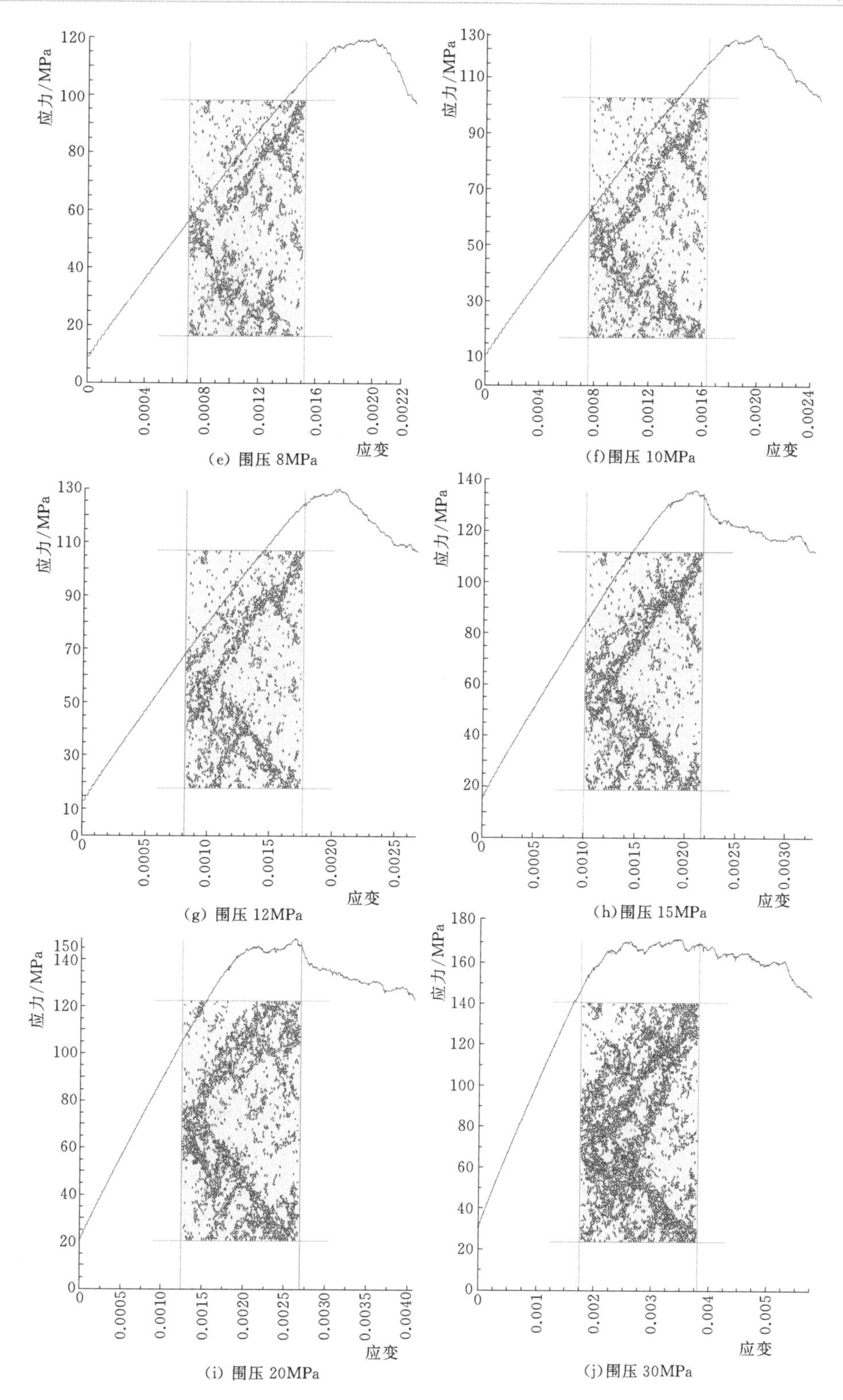

图 4-48（二） 不同围压下的应力-应变曲线及破坏时的裂纹分布

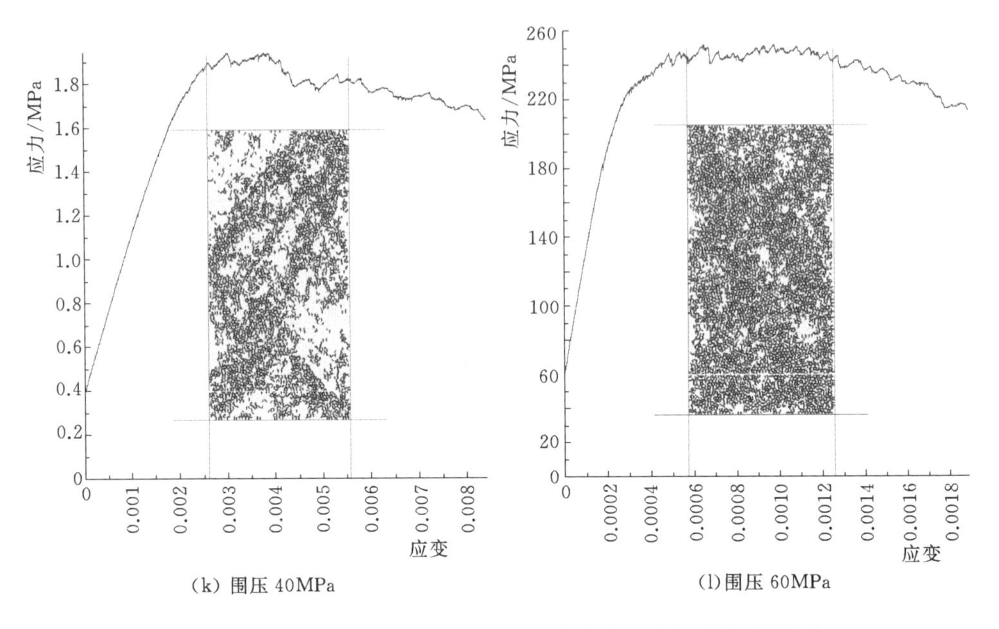

图 4-48（三） 不同围压下的应力-应变曲线及破坏时的裂纹分布

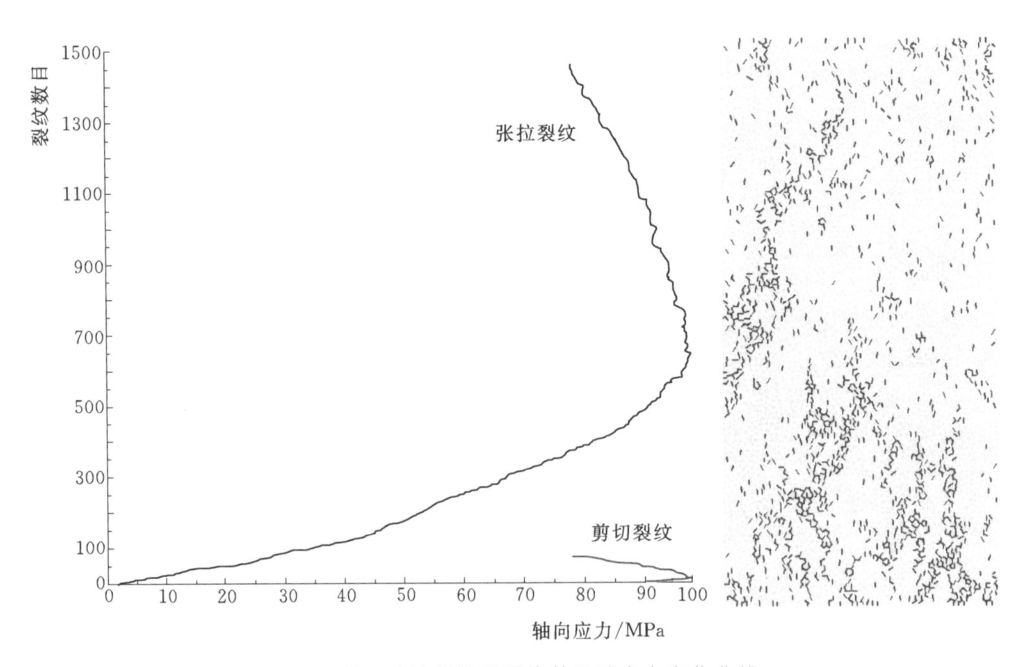

图 4-49 单轴条件下裂纹数目随应力变化曲线

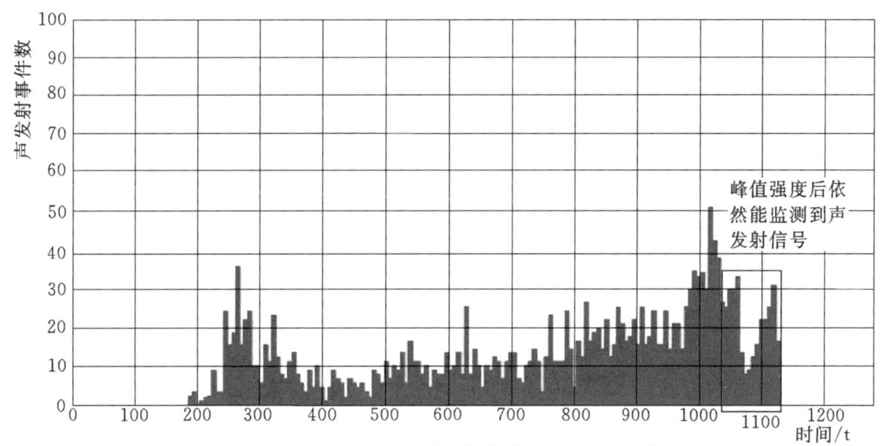

图 4-50 单轴条件下监测到的声发射信号

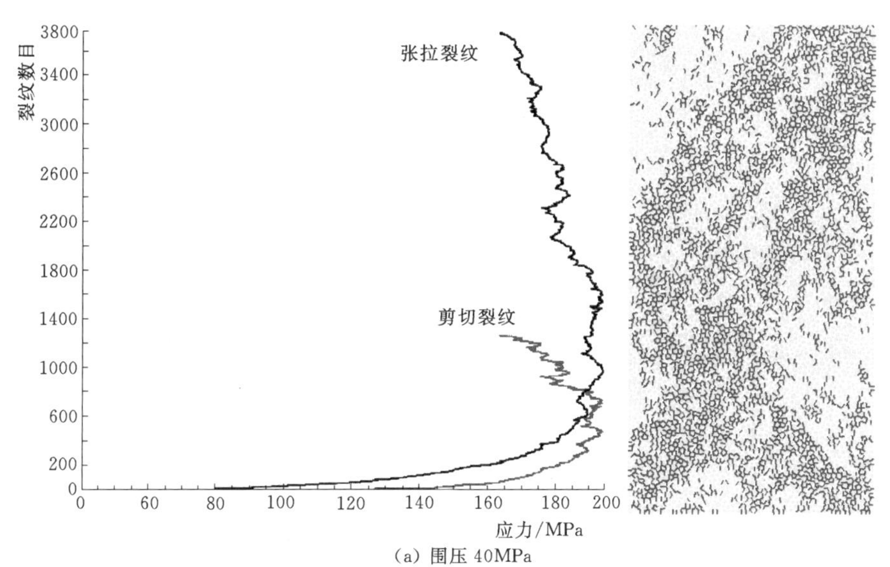

(a) 围压 40MPa

(b) 围压 60MPa

图 4-51 不同围压下裂纹数目变化曲线

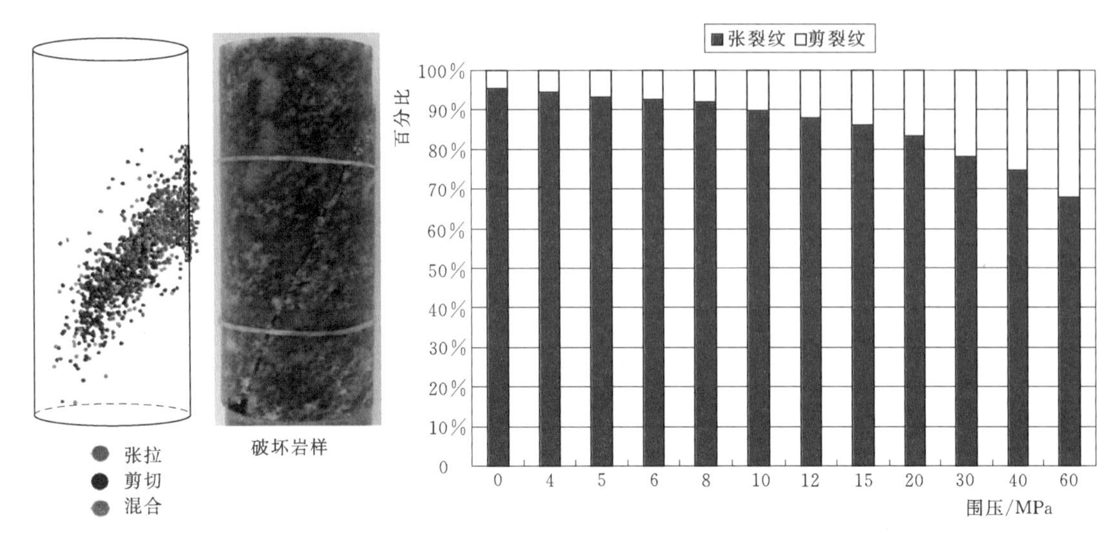

图 4-52 岩样破坏声发射监测成果[5]　　图 4-53 张裂纹和剪裂纹所占比例随围压变化

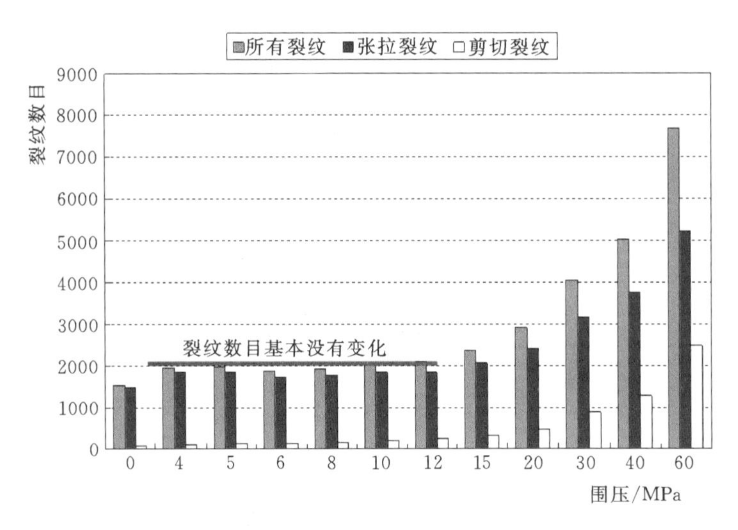

图 4-54 裂纹数目随围压变化

4.4.4 长期破裂特征

4.4.4.1 变形特征

将轴向应变与时间的关系如图 4-56 所示。不难发现，破坏时的轴向应变基本相同，在 0.4%～0.45%附近，而临界应变则随着驱动比的增加而增加，变化范围为 0.9%～1.6%。说明在低驱动应力比条件下，破坏时增加的应变要大于高驱动应力比，与前期的试验结论相符。

由于数值试验过程中，前期的加载阶段和破坏阶段的应变较大，以驱动应力比为 0.6 为例，将中间段放大，如图 4-57 所示，可以较明显地看出蠕变的三个阶段，即初始蠕变

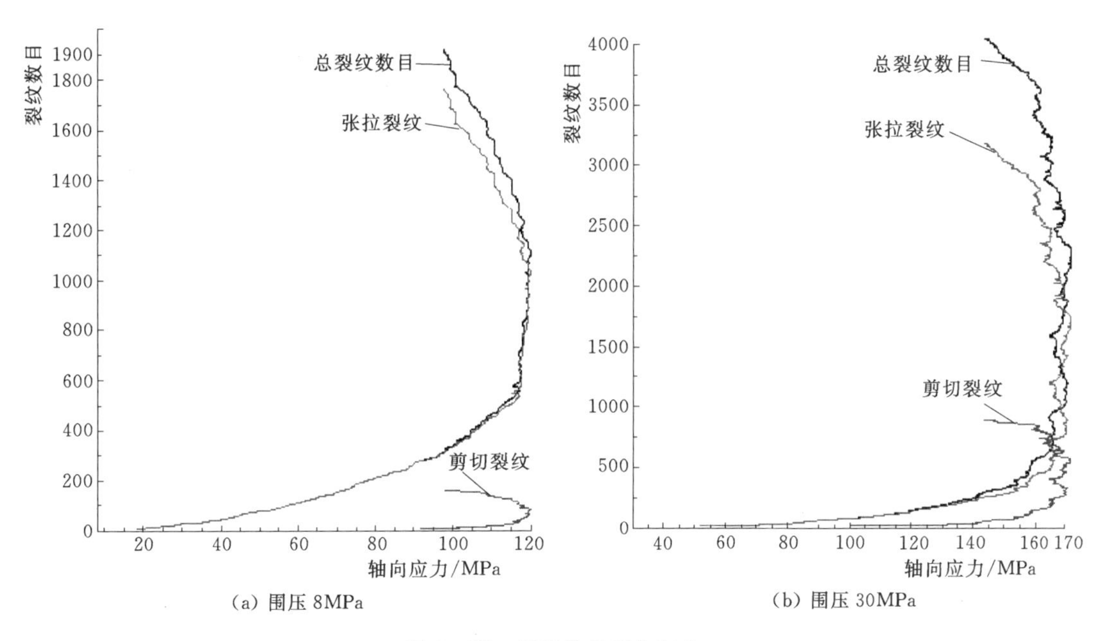

图 4-55 裂纹数目变化对比

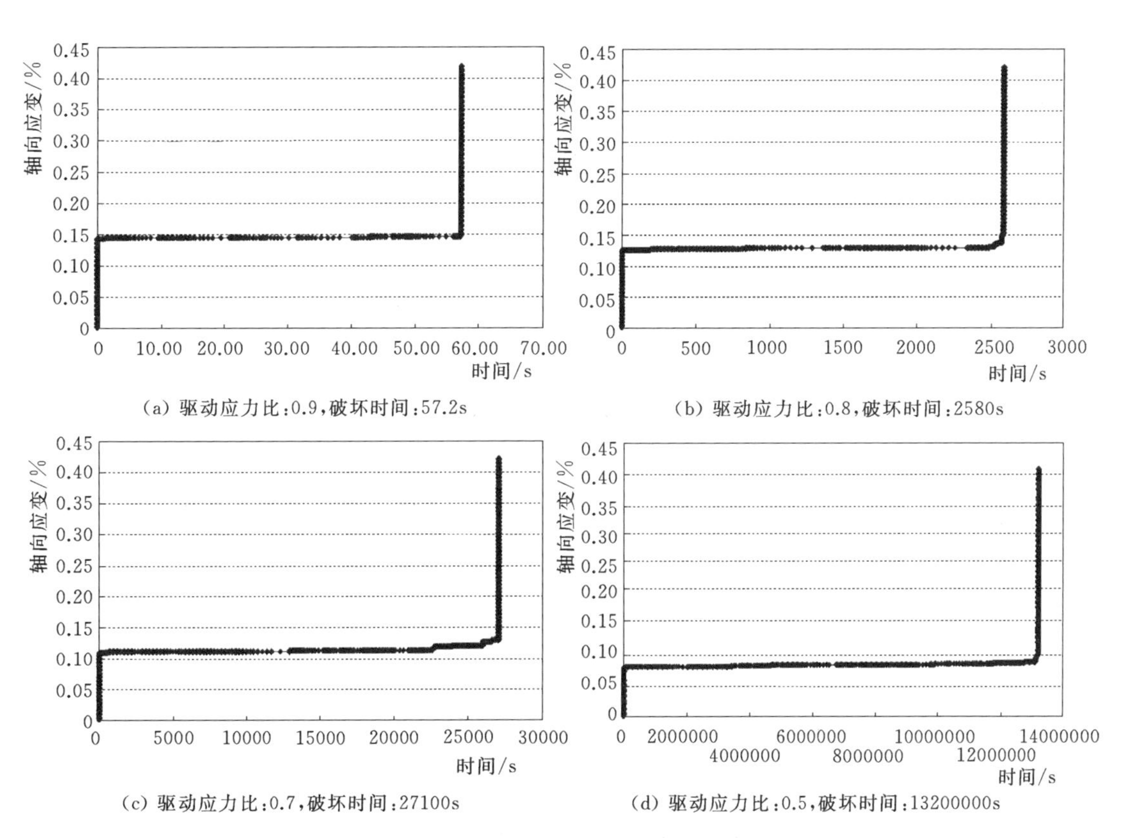

图 4-56 轴向应变随时间变形曲线

阶段、稳定蠕变阶段和加速蠕变阶段。初始蠕变阶段，变形速率较快；进入第二蠕变阶段时变形速率逐渐放缓，只是在有宏观断裂形成、裂纹突然增长时会被打断，接着便又恢复平静；当破坏达到一定程度，应变迅速增长，进入加速蠕变阶段，在极短的时间内试件破坏。

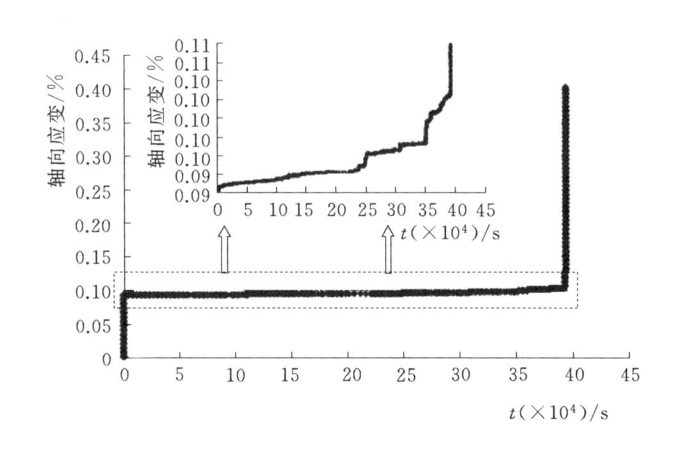

图 4-57 典型的蠕变曲线

4.4.4.2 裂纹特征

PFC 中关于时效破坏试验的模拟和试验的流程一样，首先按照一定的加载速率加载到规定的应力条件，然后持续加载直到试件破坏。在蠕变开始前，不同的驱动应力比对应的起始裂纹数目也各不相同，随着驱动比的提高，裂纹数目也相应提高。其中，当驱动应力比低于损伤强度（$0.8\sigma_f$）时，在初始加载阶段，没有出现剪切裂纹，裂纹全部由拉应力产生，只是在临界破坏时才开始出现剪切裂纹，当驱动应力比超过损伤强度（$0.8\sigma_f$）时，剪切裂纹在初始加载达到损伤强度时出现，但数目远远小于张拉产生的裂纹，在长期加载阶段一直保持增长直至最后的破坏，如图 4-58 所示，说明试件的破坏、损伤强度和剪切裂纹之间存在密切的关系，其中只有超过损伤强度，才会出现剪切裂纹，而剪切裂纹是试件最终破坏的主控因素。

声发射的监测成果也证明了上述的过程：在图 4-59 中，初始蠕变阶段完成后，基本没有出现剪切声发射信号；当第二阶段完成后，出现部分剪切声发射信号；当进入蠕变加速阶段，剪切声发射信号迅速增长，岩样发生剪切破坏。

将在不同的驱动应力比作用下临界裂纹和破坏时的裂纹数目整理如图 4-60 所示。在破坏时裂纹数目都有较大的增长，基本为临界数目的 3～5 倍，反映出脆性岩石的特征。随着驱动应力比的降低，裂纹数目随时间也表现出一定的蠕变特征，和变形的特征比较类似，也可以分为三个阶段，即初始蠕变阶段、稳定蠕变阶段和加速蠕变阶段。裂纹数目的突然增长意味着宏观破裂的形成，最后破坏时裂纹数目成倍地增长，无法继续承载，试验结束。

在高驱动应力比作用下（0.85～0.95），初始加载结束到最后的临界破坏，裂纹数目基本保持不变，只在临界破坏阶段发生突变，裂纹数目突然增长；而在低驱动应力

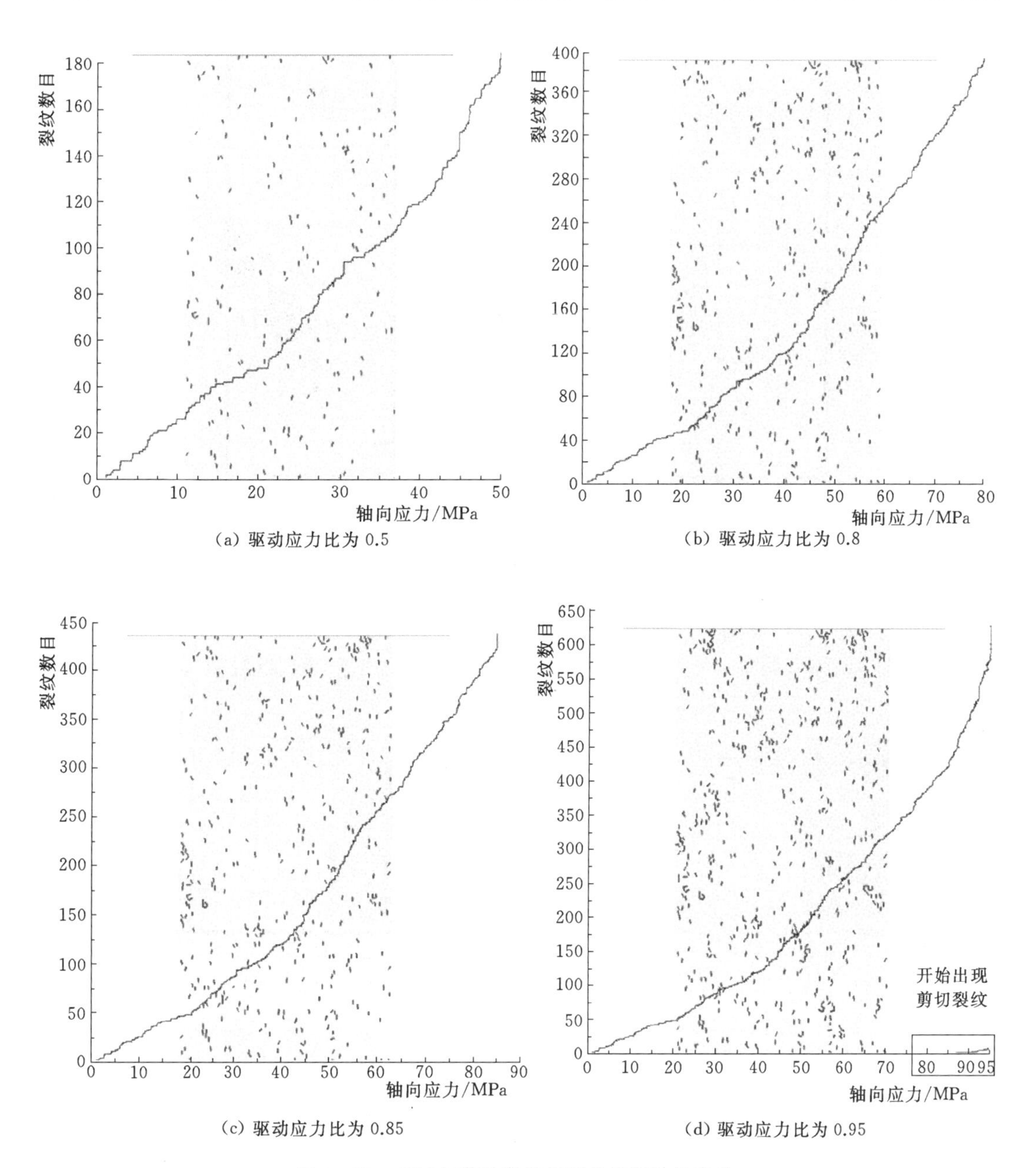

(a) 驱动应力比为 0.5
(b) 驱动应力比为 0.8
(c) 驱动应力比为 0.85
(d) 驱动应力比为 0.95

图 4-58 初始加载阶段剪切裂纹随驱动比变化

比作用下（0.50～0.80），从初始阶段到最后临界破坏，裂纹数目大约增长一倍。这说明，当持续作用荷载超过损伤强度时，在临界状态之前裂纹数目基本保持不变，裂纹进入到不稳定扩展阶段，裂纹的贯通和交汇过程非常突然，当损伤累积到一定程度，裂纹迅速增长，岩样在极短的时间内破坏；而在低于损伤强度时，当承受持续荷载作用时，仍处于稳定扩展阶段，裂纹仍有一个发展的过程。上述的过程与试验中的时效破坏过程类似。

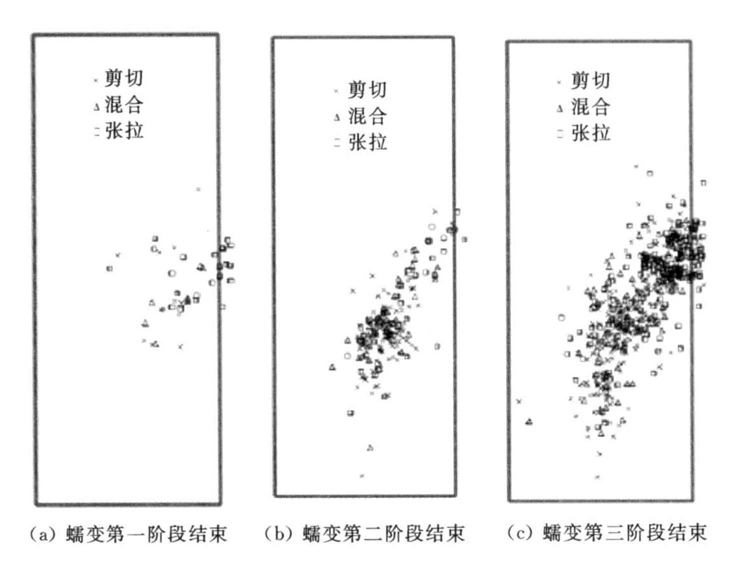

(a) 蠕变第一阶段结束　(b) 蠕变第二阶段结束　(c) 蠕变第三阶段结束

图 4-59　蠕变声发射监测成果[97]

临界裂纹数目 c^* 并没有表现出明显的规律性，但总体趋势为随驱动应力比的减少而增加。但在损伤强度附近（驱动应力比为 0.70～0.80）临界裂纹数目最大（图 4-61）。

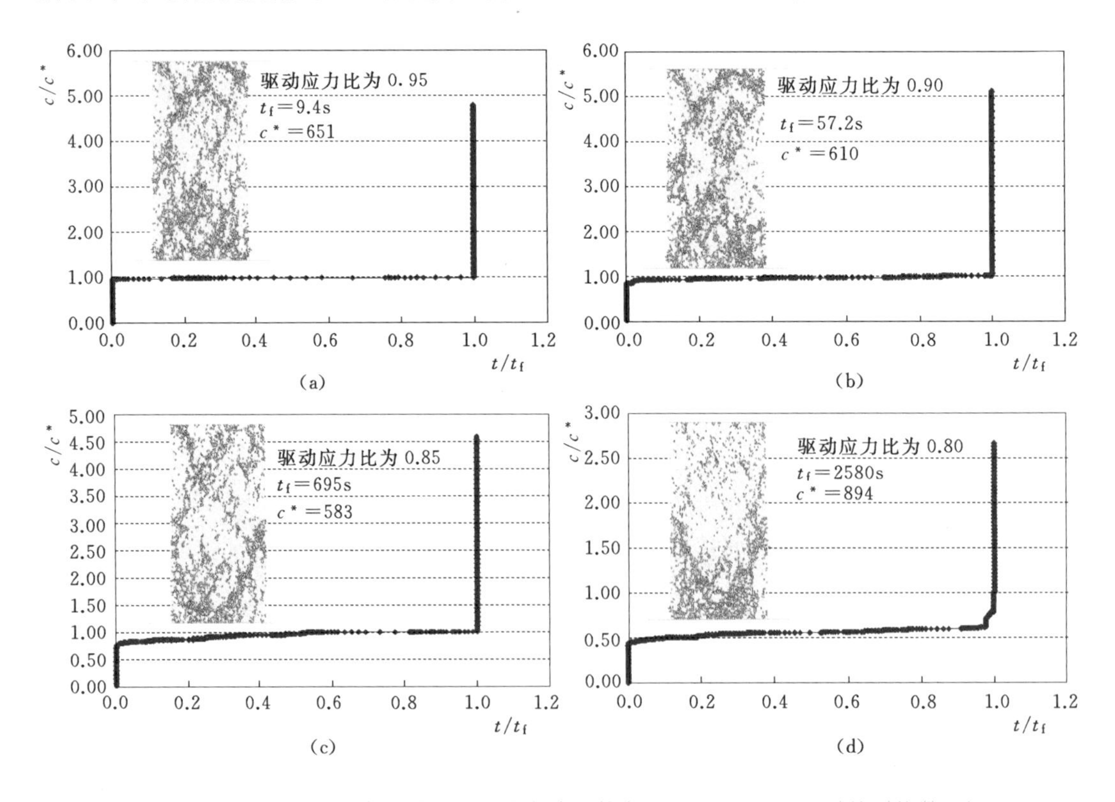

图 4-60（一）　裂纹数目随时间变化曲线（其中 c^* 为 t/t_f=0.99 时的裂纹数目）

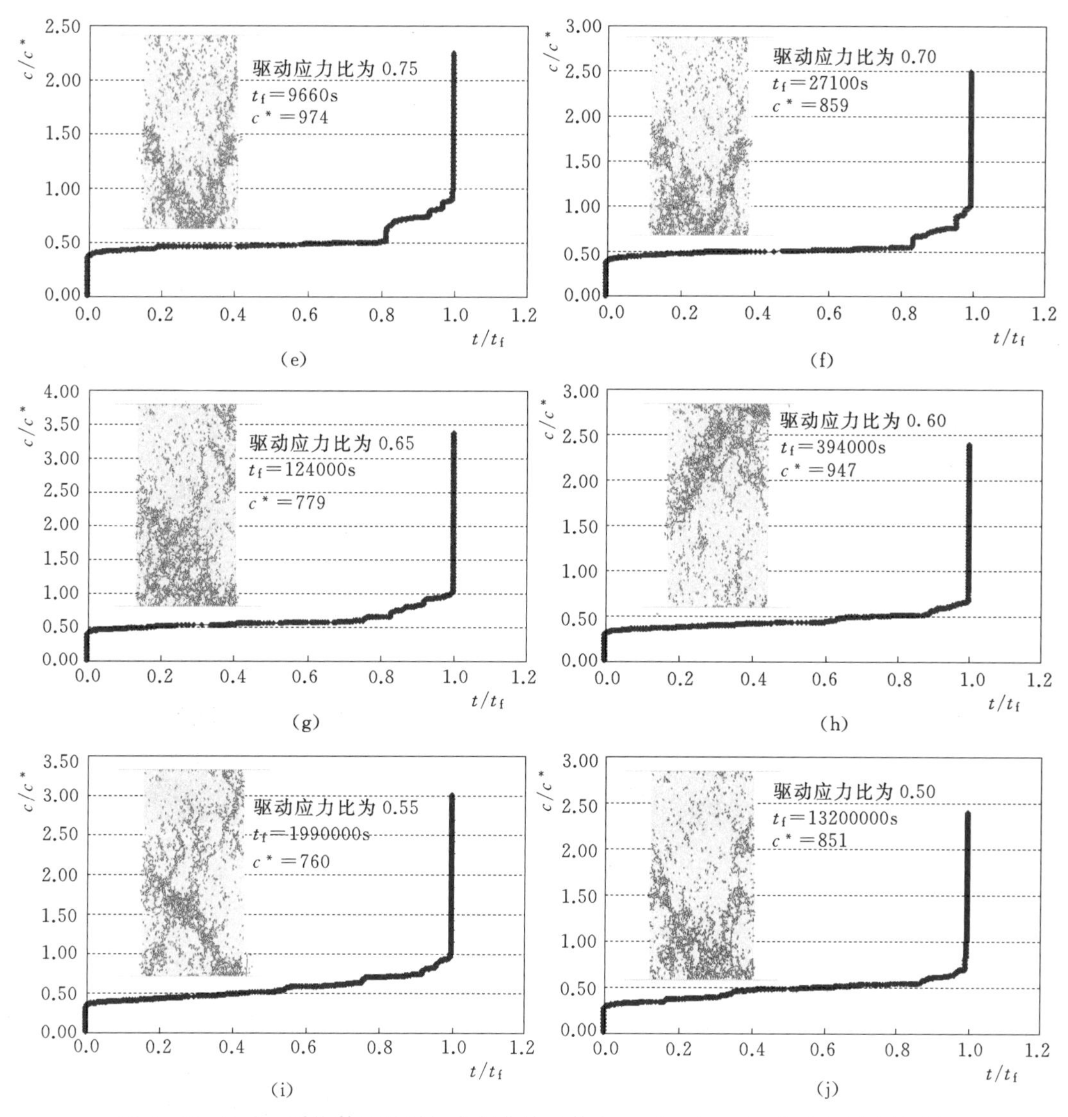

图 4-60（二） 裂纹数目随时间变化曲线（其中 c^* 为 $t/t_f=0.99$ 时的裂纹数目）

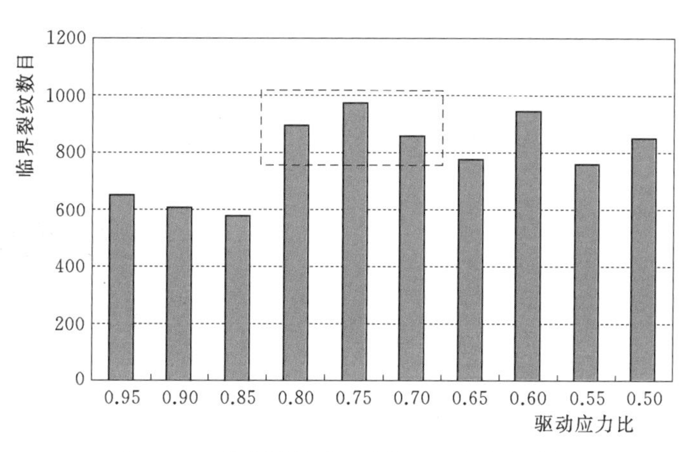

图 4-61 临界裂纹数目随驱动应力比的变化

4.4.4.3 破裂特征

图 4－62 和图 4－63 分别为驱动应力比为 0.95 和 0.55 条件下试件破坏时的裂纹分布，驱动应力比为 0.95 时张拉裂纹数目为 2891，剪切裂纹数目为 221，两者之比为 13∶1；而当驱动应力比为 0.55 时，张拉裂纹数目为 2184，而剪切裂纹数目仅为 98，两者之比为 22∶1。可以看出，在高驱动应力比下更容易形成宏观剪切带，发生剪切破坏，而在低驱动应力比下，岩样更倾向于劈裂破坏。

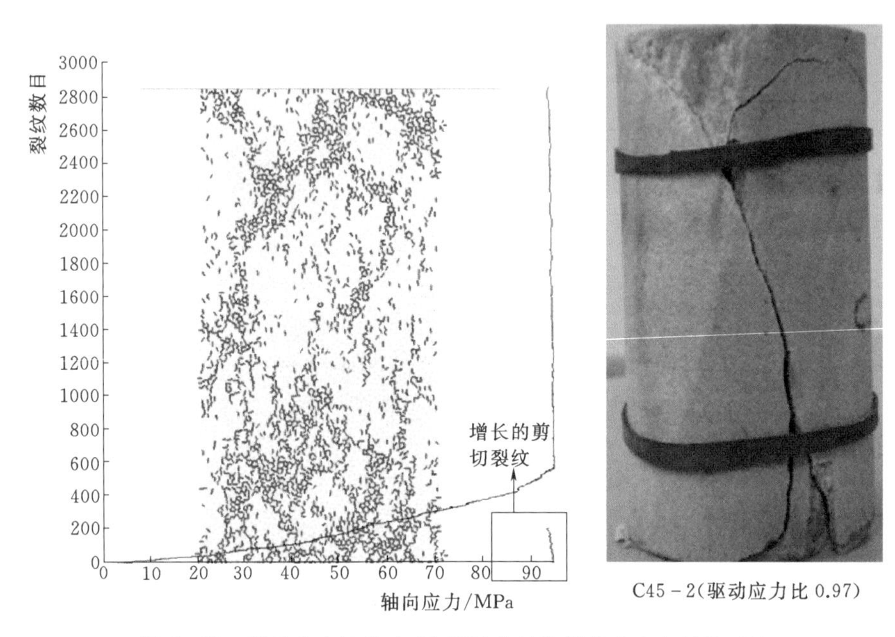

图 4－62 驱动应力比为 0.95 时试件破坏裂纹分布与试验对比

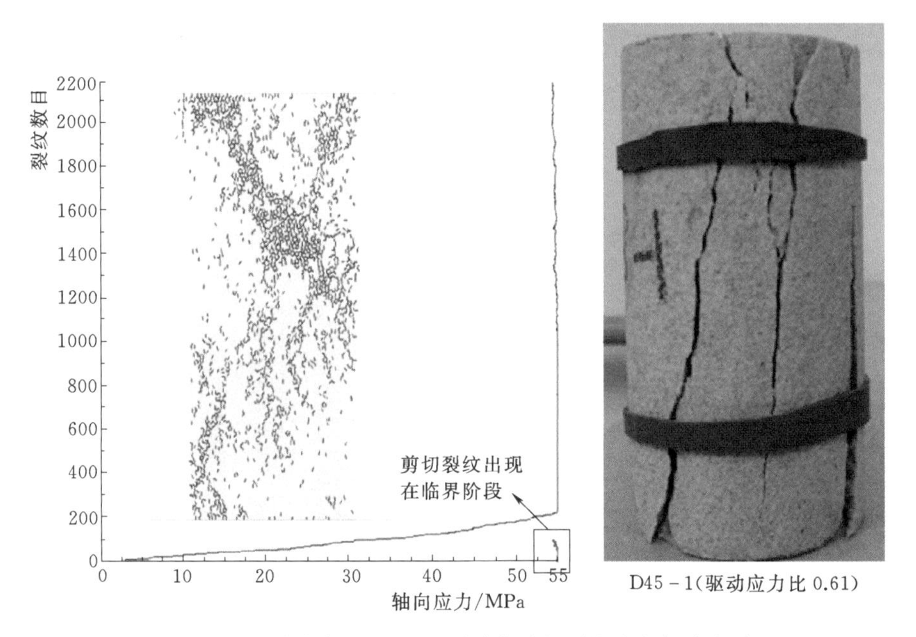

图 4－63 驱动应力比为 0.55 时试件破坏裂纹分布与试验对比

在单轴时效破坏试验中，相当于隧洞边墙附近无围压条件，其中黑色代表压应力，蓝色代表拉应力，红色代表裂纹。模拟出的颗粒之间的拉应力垂直于自由面不断增长，而裂纹扩展沿最大主应力的方向，如图 4－64 所示。

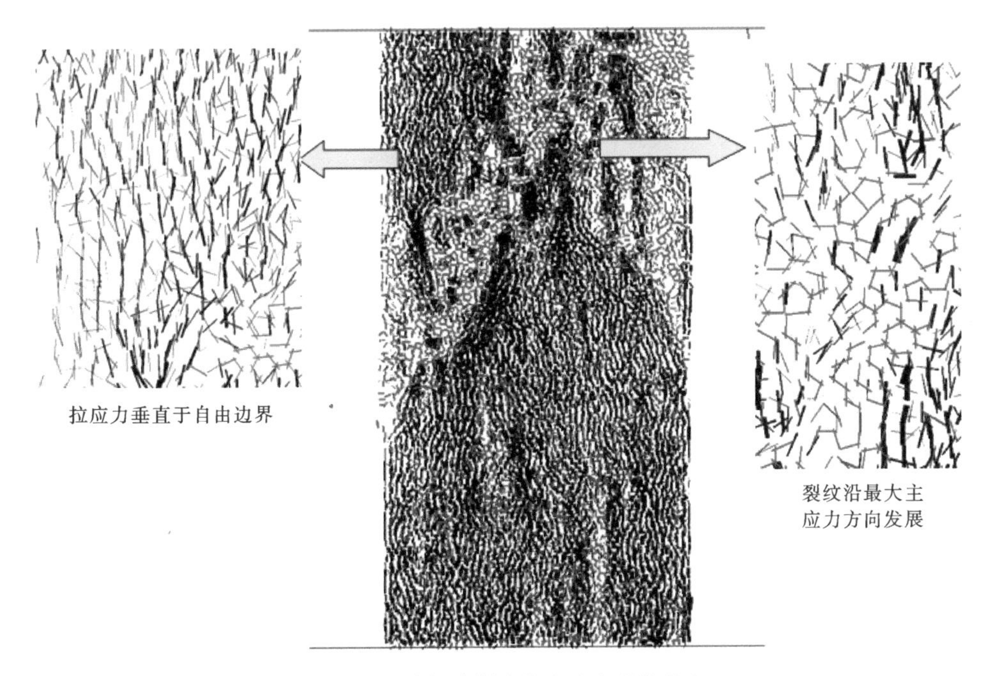

图 4－64　破坏岩样中的应力和裂纹分布

在 PSC 模型中，程序具有时步估算的自我调节功能（图 4－65）。通过应力腐蚀时步的不断调整以保证相对稳定的裂纹增长速度。当有大量的裂纹形成时，在相对平静期时步减少；在试验的结束阶段，时步会变得很小以保证能准确地反映出极短时间内裂纹的大量形成。

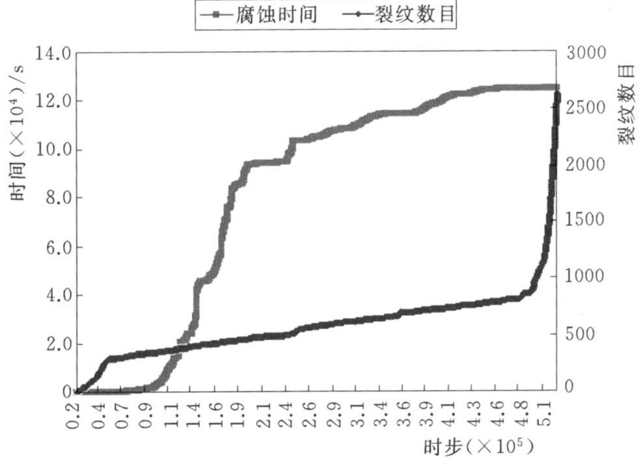

图 4－65　PSC 模型中时步估算的自我调节

4.5 深埋围岩损伤演化时间效应模拟

4.5.1 模拟方法说明

根据获得的监测资料最新成果，进行基于 PFC 应力腐蚀模型（PSC）的锦屏隧洞大理岩破裂时间效应分析工作，具体内容如下：

（1）根据监测资料成果，和上文中试验得到的大理岩破裂时间的 PSC 参数，对Ⅱ类、Ⅲ类大理岩的力学参数进行标定。具体方法为，先假定一组大理岩力学参数，根据实际开挖顺序进行开挖后，计算至力学平衡，然后按照 PSC 参数进行时间效应计算，在计算过程中监测 2m、4m 两个测点处的锚杆应力，不断调整大理岩的力学参数，使得时效计算得到的锚杆应力变化趋势与实际监测结果相近。

（2）完成大理岩力学参数的标定后，按照不同埋深的洞段，进行时效分析，评价围岩的长期性状。

（3）由于在 PFC 程序中对锚杆进行直接模拟是相当困难的，本文采用了一种等效替代的方法，即用 PFC 程序测量 2m、4m 处锚杆应力测点附近一定范围内岩体在洞室径向的应变，并将这一应变视为锚杆-砂浆-围岩复合体的等效应变，乘以其等效的模量，如此得到锚杆的应力。

4.5.2 损伤随时间演化规律

4.5.2.1 Ⅱ类岩体参数标定

根据锦屏隧洞现场已获得的监测和测试数据，经分析筛选后，选取 4 号引水隧洞引（4）6+018 断面北侧拱肩的锚杆应力计成果作为Ⅱ类岩体力学参数标定目标。

具体的以引（4）6+018 断面隧洞左拱肩（北侧拱肩）的锚杆应力监测成果为基础，如图 4-66 所示。该断面所处地层为白山组 T_2b，埋深 2070m，锚杆应力计于 2009 年 8 月 20 日安装，9 月 3 日开始记录监测数据。

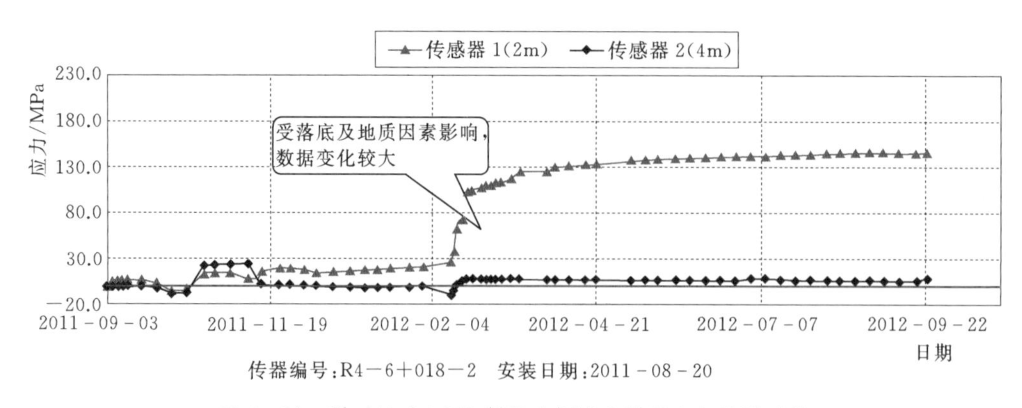

图 4-66 引（4）6+018 断面北侧拱肩锚杆应力监测成果

由于锚杆应力计安装和读数均滞后掌子面一定距离，因此，锚杆应力读数基本反映了岩体破裂的影响。同时，不考虑二次落底、岩爆等对监测数据突变的影响，最终确定的作为标定Ⅱ类大理岩岩体力学参数的数据如图4－67所示。

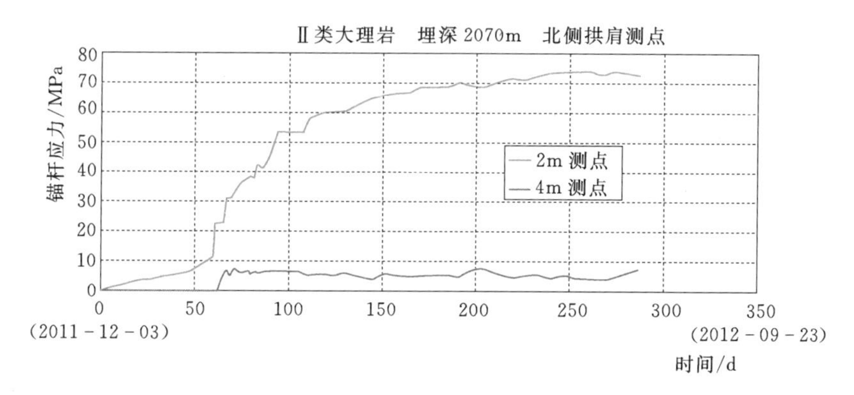

图4－67 Ⅱ类岩体SC模型参数校核目标

在PFC程序中采用测量圆计算岩体等效应变的时候，由于2m测点处于隧洞的破裂区范围内，得到的等效应变结果非常不理想，但4m测点结果尚可，故以4m测点得到的结果作为参数标定的主要依据。图4－68为标定得到的Ⅱ类大理岩岩体参数时效计算结果与测量值的对比。由于PFC迭代计算的缘故，测量圆测得的应变结果较为“跳跃”，但拟合曲线还是能较明显地反映出应力变化的趋势。根据标定得到的Ⅱ类大理岩岩体力学参数进行后续的计算。

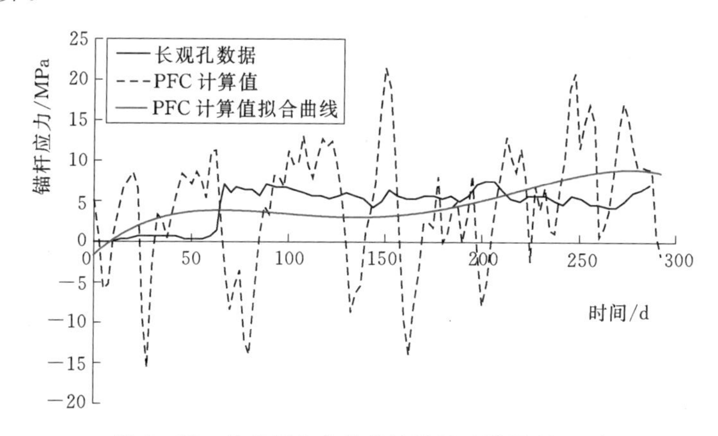

图4－68 Ⅱ类岩体参数校核结果（埋深2077m）

4.5.2.2 Ⅱ类大理岩岩体破裂扩展时间效应

针对Ⅱ类大理岩考虑了1500m、1800m、2000m以及2500m四种埋深条件，研究其破裂时效效应。图4－69和图4－70分别给出了Ⅱ类大理岩基准断面岩体裂纹和破裂区随时间的变化。可见在开挖后10年内是裂纹发展和破裂区扩展速率最快的一段时间，开挖完成10年之后，虽然裂纹和破裂区持续发展，但速率有所减缓。

表4－3和图4－71汇总了Ⅱ类岩体不同埋深条件下引水隧洞开挖支护后的最大破裂范围随时间的变化。结果表明，对于各种埋深，裂纹和破裂区发展的趋势基本相同，均是在开挖完成后10年之内发展速率最快，之后速率逐渐减少。在开挖完成100年后，Ⅱ类

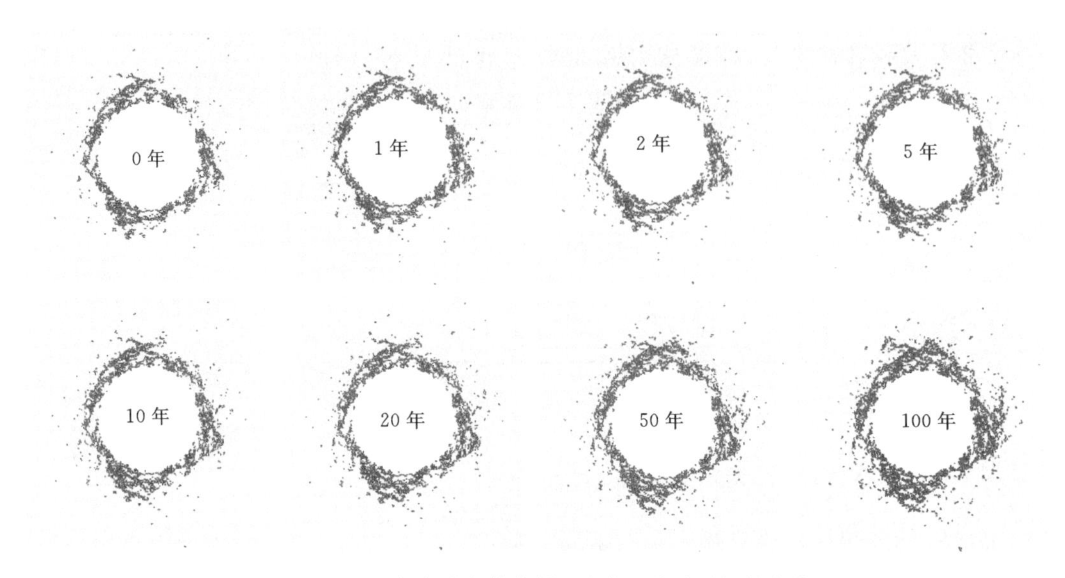

图4-69 Ⅱ类大理岩基准断面岩体裂纹随时间的变化

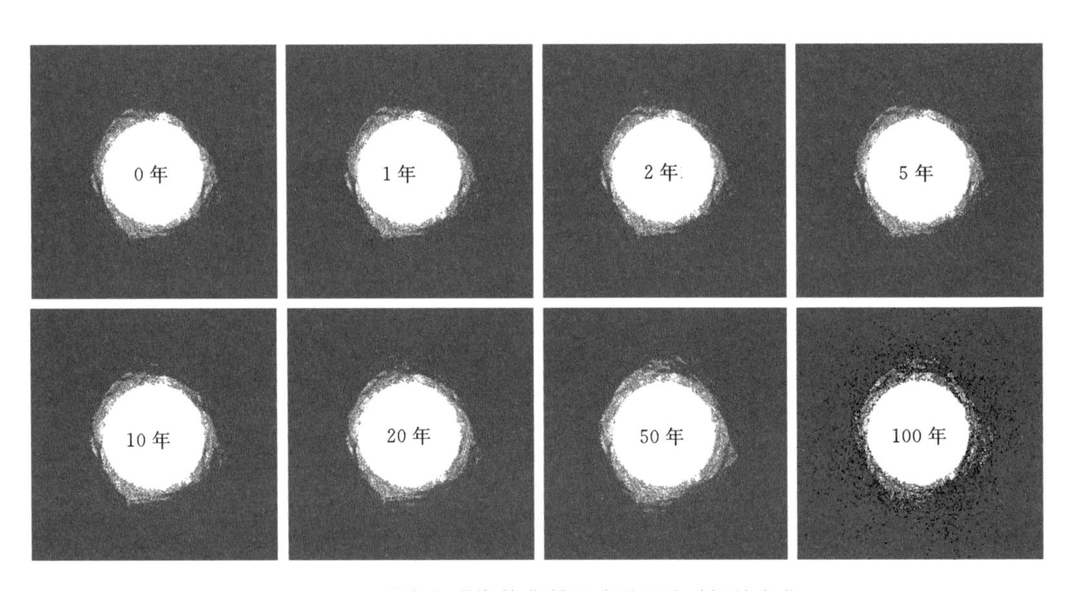

图4-70 Ⅱ类大理岩基准断面破裂区随时间的变化

大理岩岩体中引水隧洞的破裂区最大范围为2.2~3.2m。图4-72为不同埋深的隧洞断面在开挖完成后和100年后裂纹形态和破裂区对比。

表4-3 不同埋深下Ⅱ类大理岩岩体最大破裂范围

开挖完成后的时间/a	不同埋深下最大破裂范围/m			
	埋深1500m	埋深1800m	埋深2070m（基准断面）	埋深2500m
0	1.7	1.8	2.1	2.4
1	1.7	1.9	2.1	2.5

续表

开挖完成后的时间/a	不同埋深下最大破裂范围/m			
	埋深 1500m	埋深 1800m	埋深 2070m（基准断面）	埋深 2500m
2	1.8	1.9	2.2	2.5
5	1.8	1.9	2.2	2.6
10	1.9	2.1	2.3	2.7
20	2	2.3	2.4	2.7
50	2.1	2.4	2.4	2.9
100	2.2	2.6	3	3.2

4.5.2.3 Ⅲ类岩体参数标定

根据锦屏隧洞现场已获得的监测和测试数据，经分析筛选后，选取4号引水隧洞引（4）15＋000断面南侧边墙的锚杆应力计成果作为Ⅲ类岩体力学参数标定目标。

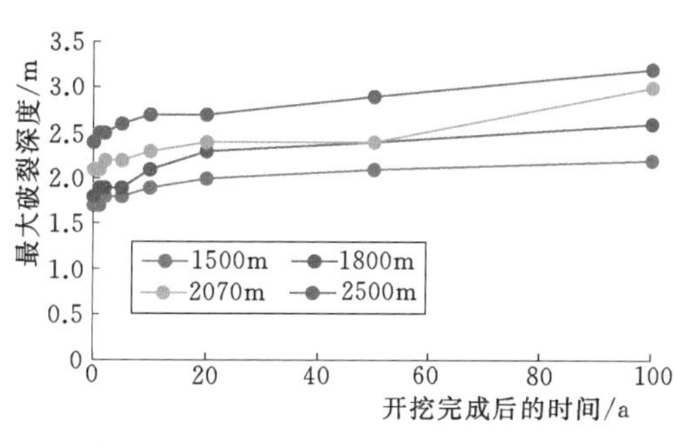

图4-71 不同埋深下Ⅱ类大理岩岩体最大破裂范围

具体以引（4）15＋000断面右边墙（南侧边墙）的锚杆应力监测成果为基础，如图4-73所示。该断面所处地层为盐塘组 T_2^5y，埋深1328m，隧洞开挖通过该断面的时间为2008年6月10日，锚杆应力计于2008年10月15日安装，10月26日开始记录监测数据。锚杆应力计的安装滞后掌子面通过该断面的时间为120天。最终确定的作为标定Ⅲ类大理岩岩体的力学参数的数据如图4-74所示。

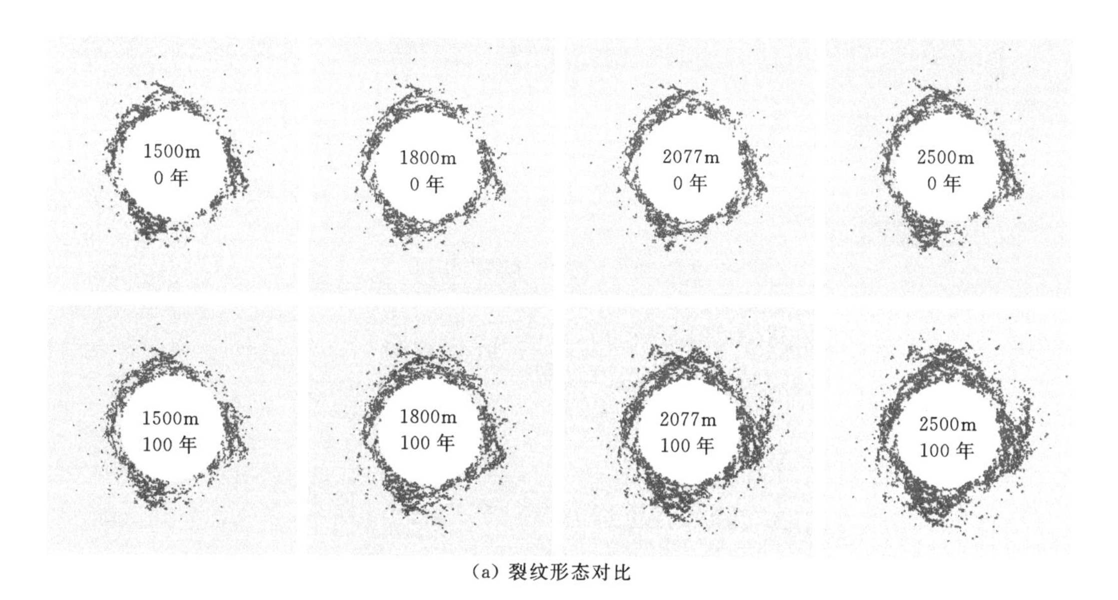

(a) 裂纹形态对比

图4-72（一） 不同埋深的隧洞断面在开挖完成后和100年后裂纹形态和破裂区对比

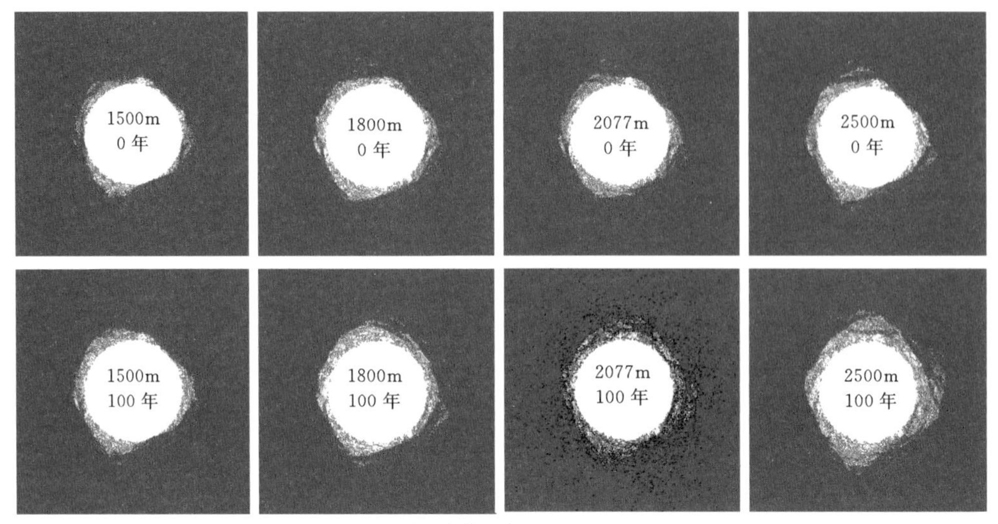

(b) 破裂区对比

图 4-72（二） 不同埋深的隧洞断面在开挖完成后和 100 年后裂纹形态和破裂区对比

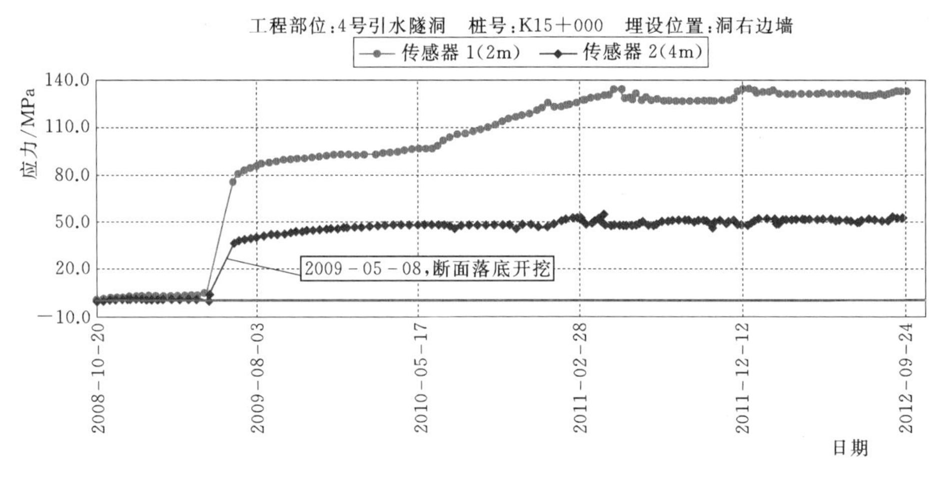

图 4-73 引（4）15+000 断面南侧边墙锚杆应力监测成果

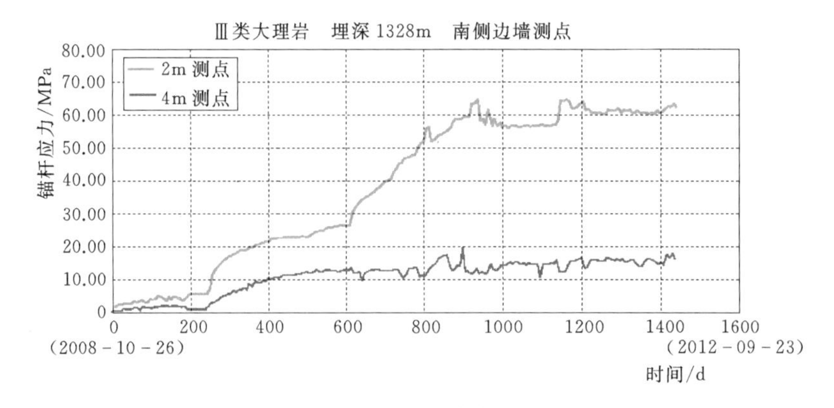

图 4-74 Ⅲ类岩体参数校核目标

在PFC程序中采用测量圆计算岩体等效应变的时候，由于2m测点处于隧洞的破裂区范围内，得到的等效应变结果同样非常不理想，但4m测点结果尚可，故以4m测点得到的结果作为参数标定的主要依据。图4-75为标定得到的Ⅲ类大理岩岩体参数时效计算结果与测量值的对比。由于PFC迭代计算的缘故，测量圆得到的应变结果较为“跳跃”，但拟合曲线还是能较明显地反映出应力变化的趋势。根据标定得到的Ⅲ类大理岩岩体力学参数进行后续的计算。

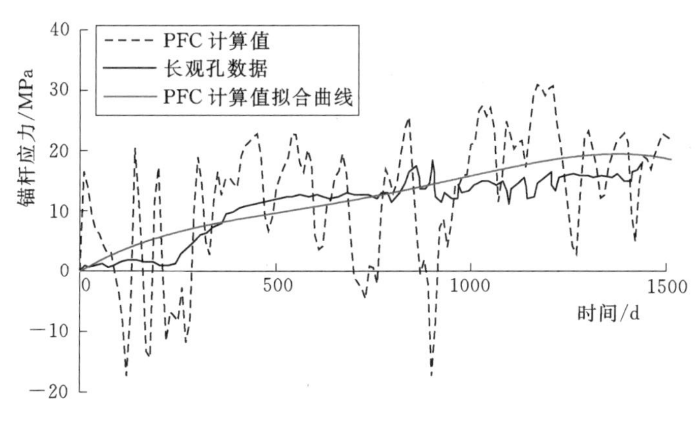

图4-75 Ⅲ类岩体参数校核结果（埋深1328m）

4.5.2.4 Ⅲ类大理岩岩体破裂扩展时间效应

针对Ⅲ类大理岩考虑了1500m、1800m、2000m以及2500m四种埋深条件，研究其破裂时间效应。图4-76给出了Ⅲ类大理岩基准断面岩体裂纹和破裂区随时间的变化，由图可见，在开挖后10年内是裂纹发展和破裂区扩展速率最快的一段时间，开挖完成10年之后，虽然裂纹和破裂区持续发展，但速率有所减缓。

表4-4和图4-77汇总了Ⅲ类岩体不同埋深条件下引水隧洞开挖支护后最大破裂范

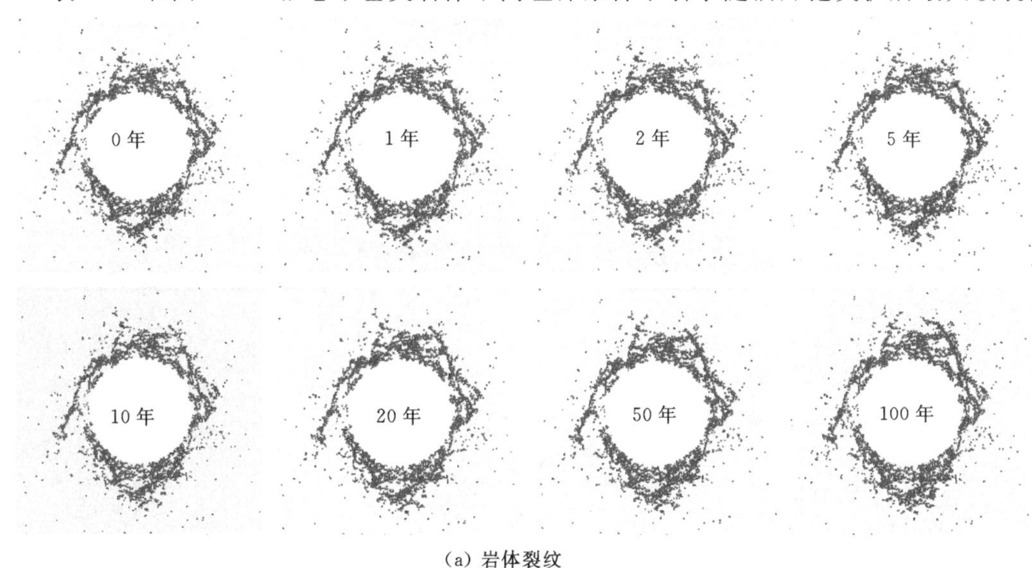

(a) 岩体裂纹

图4-76（一） Ⅲ类大理岩基准断面岩体裂纹和破裂区随时间的变化

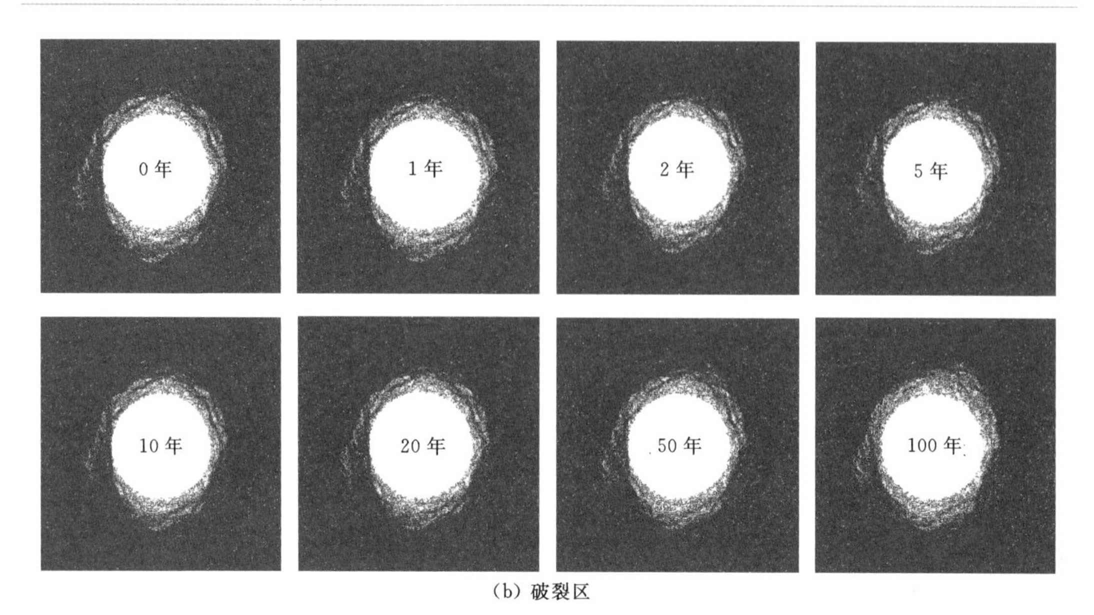

(b) 破裂区

图 4-76（二） Ⅲ类大理岩基准断面岩体裂纹和破裂区随时间的变化

围随时间的变化。结果表明，对于各种埋深，裂纹和破裂区发展的趋势基本相同，均是在开挖完成后 10 年之内发展速率最快，之后速率逐渐减少。在开挖完成 100 年后，Ⅲ类大理岩岩体中引水隧洞的破裂区最大范围为 3.5～4.6m。图 4-78 为不同埋深的隧洞断面在开挖完成后和 100 年后裂纹形态和破裂区对比。

表 4-4　　不同埋深下Ⅲ类大理岩岩体最大破裂范围

开挖完成后的时间/a	不同埋深下最大破裂范围/m			
	埋深 1328m（基准断面）	埋深 1800m	埋深 2000m	埋深 2500m
0	3.0	3.3	3.5	4.0
1	3.0	3.3	3.5	4.0
2	3.0	3.4	3.6	4.1
5	3.1	3.4	3.6	4.2
10	3.1	3.5	3.7	4.2
20	3.2	3.5	3.8	4.3
50	3.3	3.6	3.8	4.4
100	3.5	3.7	4.0	4.6

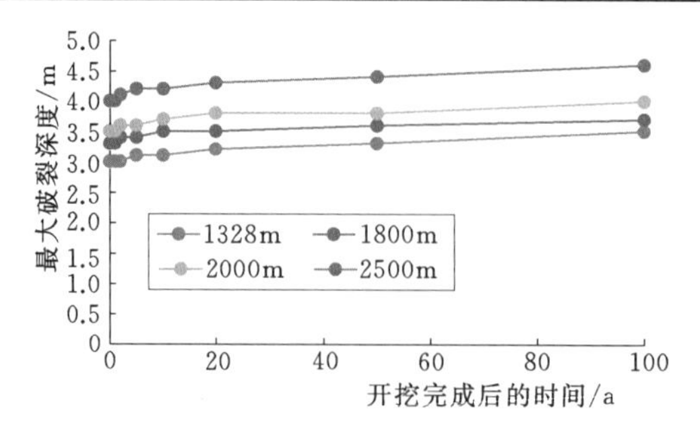

图 4-77　不同埋深下Ⅲ类大理岩岩体最大破裂范围

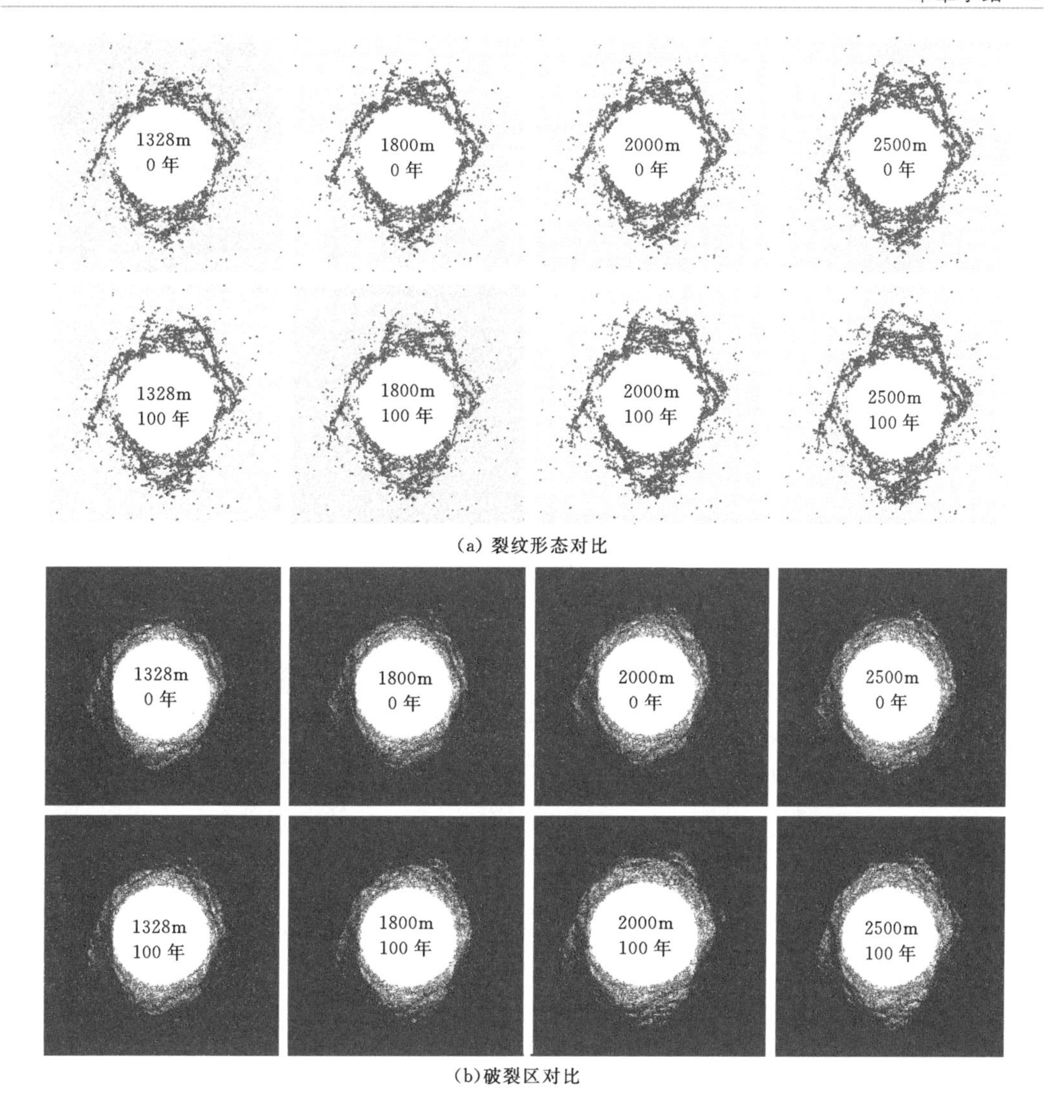

图 4-78 不同埋深的隧洞断面在开挖完成后和 100 年后破裂区对比

4.6 本章小结

本章的主要研究对象为深埋围岩破裂损伤扩展的时间效应，研究内容分为两大部分：一是以室内试验为主体的大理岩基本力学特性的认识；二是以数值方法为基础的大理岩力学特性的认识和描述。针对以上研究内容，从现场破坏现象、监测成果、室内试验、数值模拟、理论分析等多个方向展开研究工作，揭示了破裂扩展时间效应的力学机理和表现形式，提出了大理岩破裂扩展时间效应的控制性力学参数——临界驱动应力比，并确定了微裂纹驱动标准，为评价围岩长期稳定提供了重要依据；应用应力腐蚀细观力学模型，揭示了引水隧洞围岩长期损伤破裂的演化特征，实现了对引水隧洞围岩与支护的长期稳定性评价。

5

深埋围岩损伤演化机理研究

5.1 研究进展

5.1.1 损伤力学理论

5.1.1.1 Griffith 理论

破坏起源于在脆性岩石中已有的缺陷，当存在应力集中时便会扩展[114-120]。1920 年 Griffith 提出，在线弹性材料中，脆性破坏起源于在材料中随机分布的细小裂纹在拉应力作用下的启裂（图 5-1），这便是著名的 Griffith 理论。在此基础上，Griffith 提出了裂纹扩展的必要条件，即最小势能原理。

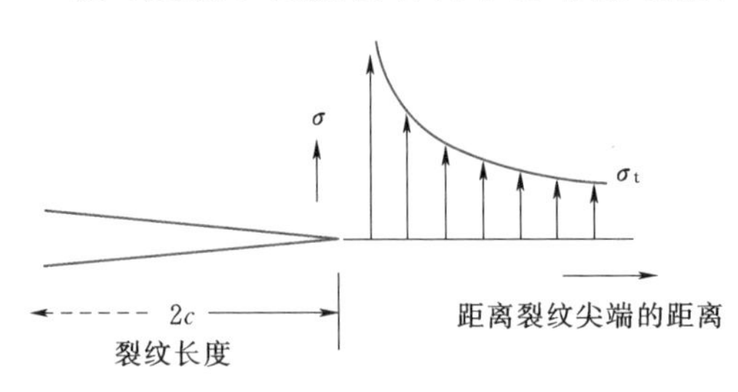

图 5-1　裂纹尖端拉应力分布情况

根据 Griffith 理论，裂纹的扩展是发生破坏的必要条件。如果系统处于平衡状态，那么总的势能必然等于储存的弹性应变能和裂纹自由面的表面能之和，可以表示成如下形式：

$$W=W_e+W_s \tag{5-1}$$

式中：W 为总的势能；W_e 为储存的弹性应变能；W_s 为 Griffith 裂纹自由面的表面能。

在外界荷载的作用下，与 Griffith 裂纹相关的势能会随之增加，势必会导致弹性应变能或者裂纹表面能的增加。对于单轴拉应力作用下的椭圆型二维裂纹，在平面应力状态下，应变能可以表示为

$$W_e=\frac{\pi c^2\sigma_t^2}{E} \tag{5-2}$$

$$W_s=4\alpha c \tag{5-3}$$

式中：σ_t 为单轴拉应力；E 为弹性模量；α 为裂纹单位面积表面能；$2c$ 为裂纹长度。

Griffith 理论的建立是借助于能量的方法，缺少必要的试验基础，在后期出现了许多应力的表达方式。对于单轴拉应力作用，Griffith 建立了如下的关系：

$$\sigma_t \geqslant \sqrt{\frac{2E\alpha}{\pi c}} \tag{5-4}$$

Griffith 建立的裂纹与拉应力场的关系在大多数研究中被证明是符合实际的，包括金

属、玻璃和陶瓷，但这些关系与岩石工程问题联系得并不是很密切，因为岩石工程多处于压应力场中。Griffith 在 1924 年对原来的表达重新进行了修改，建立了在单轴和双轴压缩条件下的椭圆型张开裂纹的表达式。Griffith 建议虽然是在压应力场的作用下，但是裂纹尖端的应力场仍然是拉应力作用。最后得到式（5-5），可以看出需要的压应力是拉应力的 8 倍：

$$\sigma_c \geqslant 8\sqrt{\frac{2E\alpha}{\pi c}} \tag{5-5}$$

这个表达式在 1962 年被 McClintock 和 Walsh 进行了修正，允许在闭合面上作用正应力和摩擦剪应力（图 5-2）。

5.1.1.2 线弹性断裂力学方法

Griffith 理论假设，当在缺陷边界的最大拉应力集中达到材料的抗拉强度时，裂纹开始启裂。这个表述也可以看成是最小主应力破坏理论的延伸。在这个应力强度关系的基础上，线弹性断裂力学（LEFM）开始发展[121-130]。断裂力学假设在固体材料中的裂纹扩展有三种模式，见图 5-3。

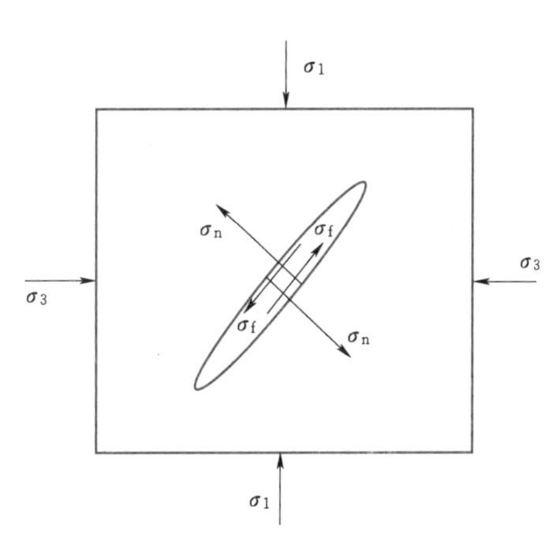

图 5-2 压应力作用下的正应力和摩擦剪应力（据 McClintock 和 Walsh）

根据裂纹尖端的位移，裂纹对这些应力条件的反应可以分为三种，即Ⅰ型：张开型，Ⅱ型：滑开型，Ⅲ型：撕开型。利用这些模型，可以将线弹性断裂力学的基本特征概括如下：

（1）利用断裂强度因子 K_{I} 来描述材料中裂纹尖端的应力状态，K_{II} 和 K_{III} 用来描述裂纹尖端的应力和位移。

（2）对于给定的裂纹和材料，存在临界断裂强度因子 K_{IC}，相当于裂纹尖端的强度。

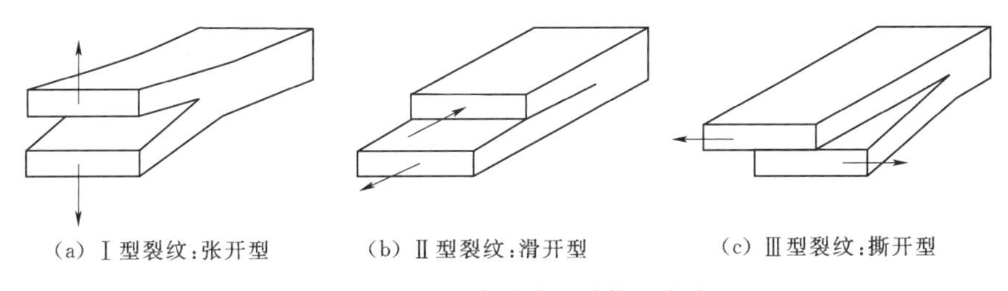

图 5-3 裂纹尖端的三种扩展方式

（3）裂纹的扩展准则可以表示成式（5-6）的形式，其中 K_{IC} 的测量可以依靠断裂韧度测试：

$$K_{\mathrm{I}} = K_{\mathrm{IC}} \tag{5-6}$$

裂纹会持续扩展直到满足式（5-6）。在式（5-7）的条件下，裂纹会一直扩展下去：

$$K_{\mathrm{I}} < K_{\mathrm{IC}} \tag{5-7}$$

LEFM 和大多数建立在 Griffith 裂纹基础上的理论都主要关注应力的作用，而忽视了当应力超过裂纹尖端的强度从而在裂纹表面形成的塑性变形。这个观点的证实依赖于裂纹尖端的非线性区域，或者是塑性区，而与裂纹的形状和维数关系不大。如果这些尺寸条件没有满足，那么在处理这些塑性区效应时必须依赖于非线性方法，见图 5-4 和图 5-5。

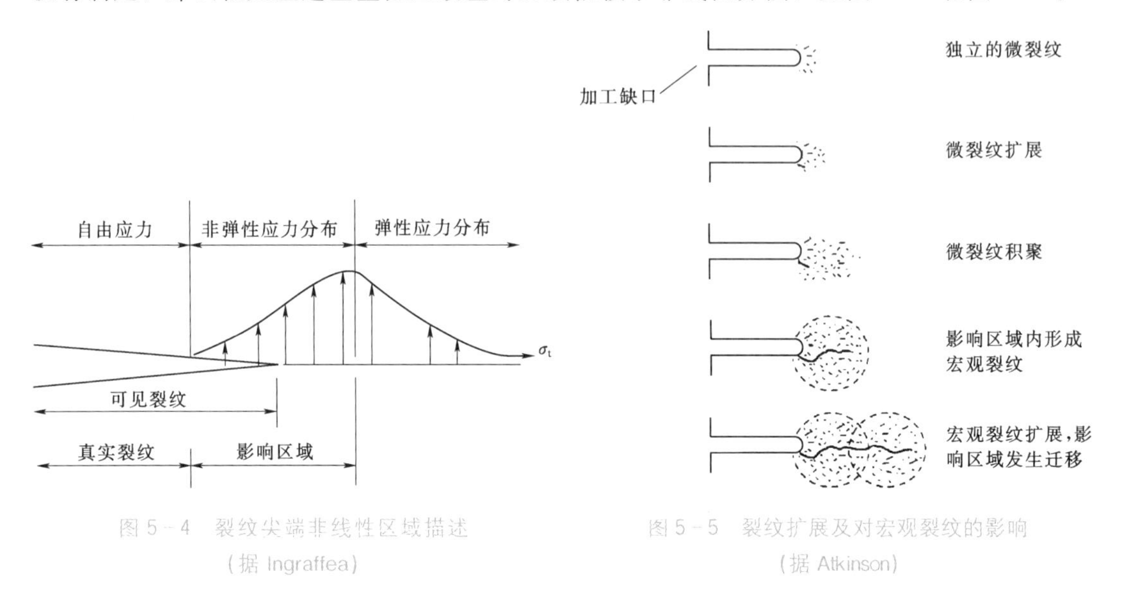

图 5-4 裂纹尖端非线性区域描述（据 Ingraffea）

图 5-5 裂纹扩展及对宏观裂纹的影响（据 Atkinson）

5.1.1.3 裂纹几何特征

为了能够合理表达实际裂纹的特征，对实际裂纹进行了适当的简化，发展出了一系列表述方式，主要包括三种常用的裂纹模型，即倾斜椭圆型裂纹、滑移型裂纹和轴向椭圆型裂纹（图 5-6），其中滑移型裂纹在对 Griffith 裂纹的研究中得到了广泛的应用。在各向同性的弹性均质材料中，滑移型裂纹模型证明裂纹尖端的切向拉应力依赖于加载条件和尺寸比例。

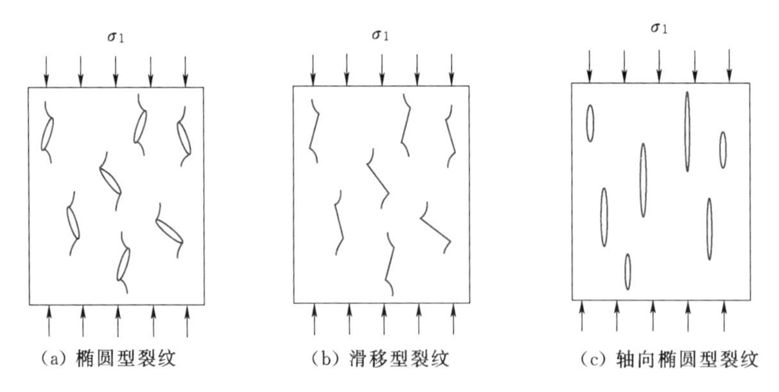

图 5-6 常用的三种裂纹模型

滑移型裂纹模型在 LEFM 中被广泛采用。滑移型裂纹模型允许应力垂直于裂纹作用，并能够传递到裂纹面，避免应力集中于裂纹尖端。在两个裂纹接触面之间允许发生滑移，同时在裂纹尖端允许多种断裂模式的共同作用，并可以将裂纹滑移面之间的摩擦力考虑进去。滑移型裂纹模型在数值模拟中也得到了广泛的采用，见图 5-7 和图 5-8。

在加载过程中，前两种裂纹模型为了干扰应力场和产生应力集中，都会倾向于向加载的方向扩展。第三种裂纹模型与前两种不同，轴向裂纹的扩展受拉应力的作用，平行于最

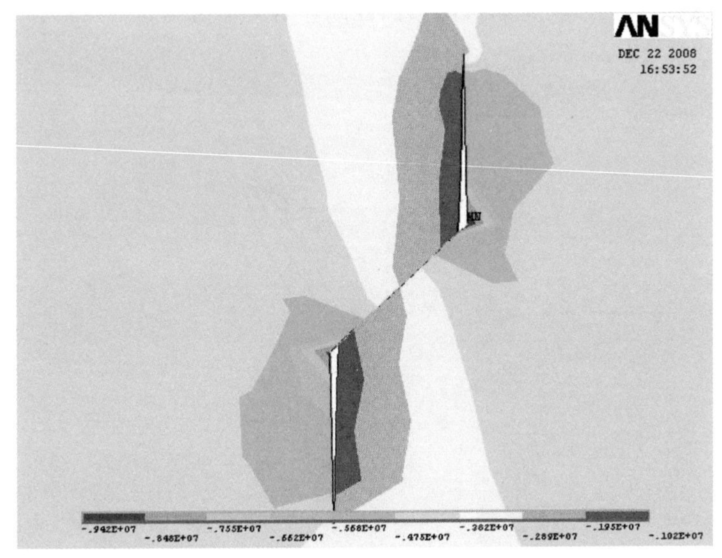

图 5-7　有限元分析程序 ANSYS 中关于滑移型裂纹的描述

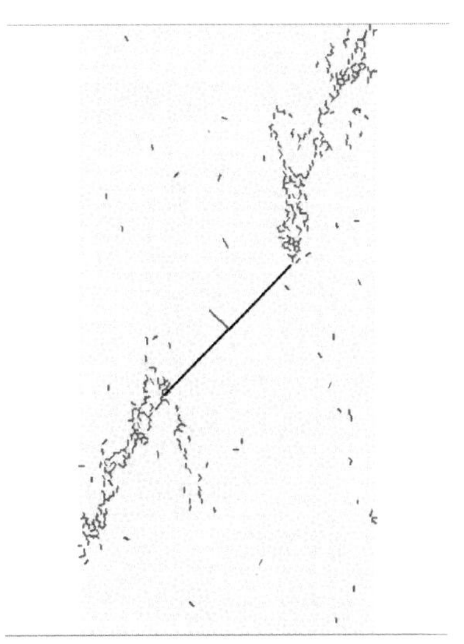

图 5-8　PFC 中关于滑移型裂纹的描述

大主应力。这些裂纹模型都是建立在实践的基础上，并且经过了电镜扫描，其中倾斜裂纹很少被观察到。

5.1.1.4　Griffith 裂纹的启裂和扩展

Griffith 裂纹和断裂力学主要被用于研究裂纹开始扩展时的应力强度。这个应力水平对应于裂纹启裂。一旦裂纹启裂，裂纹的扩展将处于稳定或者非稳定扩展状态，这个依赖于是否有足够的能量驱动裂纹的扩展。启裂应力依赖于很多因素，其中最主要的是裂纹的尺寸和倾向。

临界裂纹长度受颗粒尺寸和岩石强度的影响。根据 Griffith 理论，裂纹长度越小，材料的强度越高，意味着材料中最长的裂纹决定了材料的强度。很多研究成果证实，当颗粒边界为应力集中区时，峰值强度和颗粒尺寸的平方成反比。除了初始裂纹的尺寸，在颗粒密实的材料中裂纹密度的增加会导致应力场的非均匀化，而这种非均匀化会对裂纹的扩展产生重要的影响。

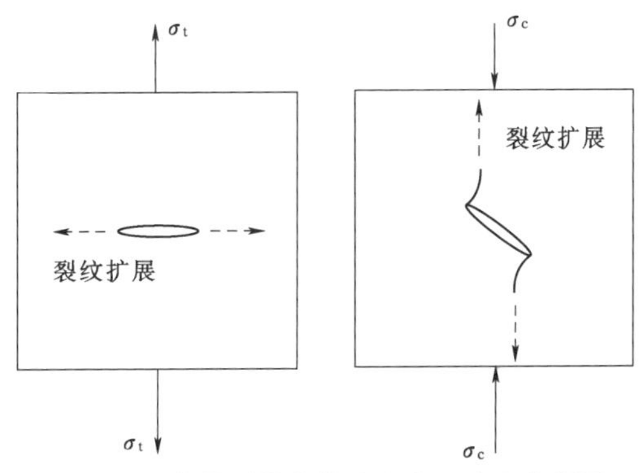

图 5-9　临界裂纹在拉应力和压应力作用下扩展（据 Inglis）

Griffith 发现应力集中形成了靠近裂纹尖端的裂纹边界。Inglis 也发现应力形成了椭圆型裂纹的边界，并且随着裂纹和施加应力之间的夹角和应力类型而变化。在单轴拉应力作用下，裂纹的扩展更倾向于垂直于拉应力的方向扩展。在压应力场中，Lajtai 在单轴压应力作用下，如果忽略裂纹闭合面之间的摩擦力作用，在裂纹的边界更容易出现切向应力集中，并与最大主应力方向成大约 30°的夹角（图 5-9）。虽然这些裂纹会优先扩展，但是裂纹的分布和倾向是随机的，因此随着所施加荷载的增加，其余角度的裂纹也会开始启裂和扩展（图 5－10）。

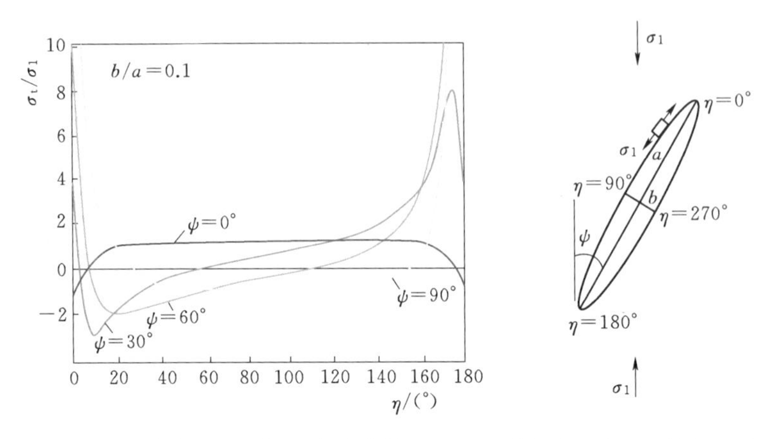

图 5－10 应力集中和裂纹倾角和单轴压应力之间夹角的关系（据 Lajtai）

根据裂纹的启裂和扩展，压应力和拉应力作用的最大区别是在裂纹边界的最大拉应力区域位置。对于裂纹扩展垂直于单轴拉应力作用下，最大拉应力集中位于裂纹长轴的尖端（图 5－11），这样作用的后果是裂纹延长轴方向扩展，并不断驱使裂纹扩展直至到达自由面。如果材料为各向同性，裂纹扩展的方向将保持不变，并且随着裂纹长度的增加，裂纹尖端的最大应力集中点的应力大小也会增加。

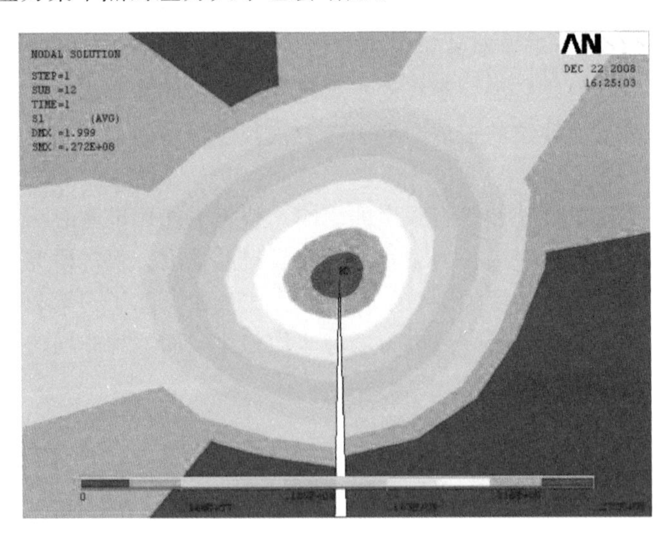

图 5－11 裂纹尖端拉应力集中

当裂纹倾斜时，情况便有所不同。Inglis 和 Lajtai 分别发现在拉应力和压应力作用下的倾斜裂纹，最大拉应力集中并不存在于裂纹尖端，而是在长轴和最大主应力之间。这是因为在压应力场中裂纹的扩展方向倾向于最大主应力的方向，因此最大拉应力在裂纹尖端逐渐被抵消，意味着与在拉应力场中不同，裂纹不会沿着长轴的方向扩展。实际上，研究表明裂纹扩展会发生偏离，直到与最大主应力的方向平行（图 5－12）。这个现象在实验室中已经被观察到（图 5－13）。

根据上面关于破裂临界条件的描述，Griffith 将裂纹的移动忽略，假设 Griffith 能量与储存的弹性应变能和裂纹表面能平衡。其中弹性应变能可能转化为其他形式的能量，主要包括动能、塑性能、裂纹扩展耗散的能量。在脆性岩石中，塑性能和裂纹扩展耗散的能量可以忽略，只有动能是在开挖过程中无法控制的。

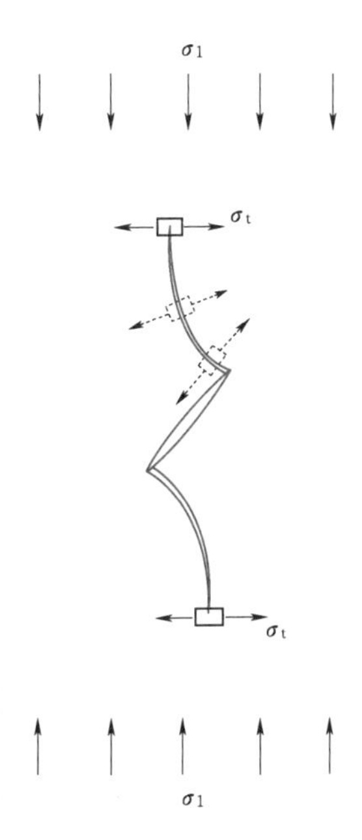

图 5－12　裂纹沿最大主应力方向扩展

Berry 重新研究了 Griffith 关于能量的阐述，考虑了潜在能量和动能超过 Griffith 定义的临界状态时的情况，研究了材料的非弹性行为。到达临界状态时，材料中包含数量众多线性变形的裂纹，但是当弹性模量较低时，其中几乎没有裂纹的存在。一旦裂纹长度和倾向满足条件，便会达到临界应力，裂纹随之启裂。Berry 将这种关系延伸，来描述这个临界状态，通过定义应力和应变的关系来描述裂纹的不稳定状态，这个关系也被称为 Griffith 迹线（图 5－14），描述了在应力-应变路径中在给定裂纹长度的条件下裂纹的扩张程度。

在 Berry、Cook 和 Martin 等工作的基础上，Griffith 迹线可以解译如下：

（1）线段 OA 代表裂纹长度为零时的弹性模量。在荷载作用下，材料将沿着此线发生弹性变形。裂纹扩展的临界条件需要达到 σ_A。

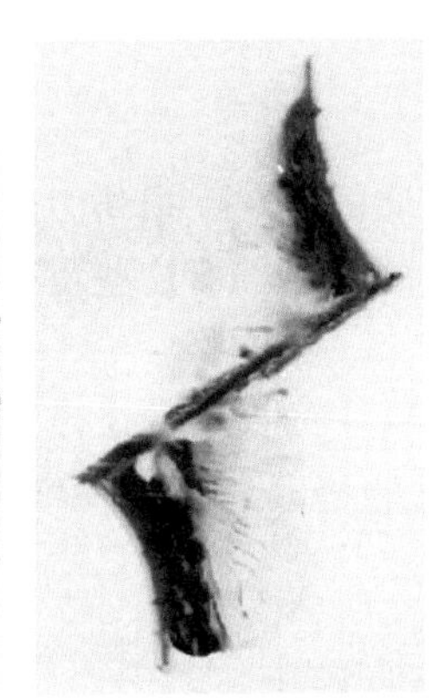
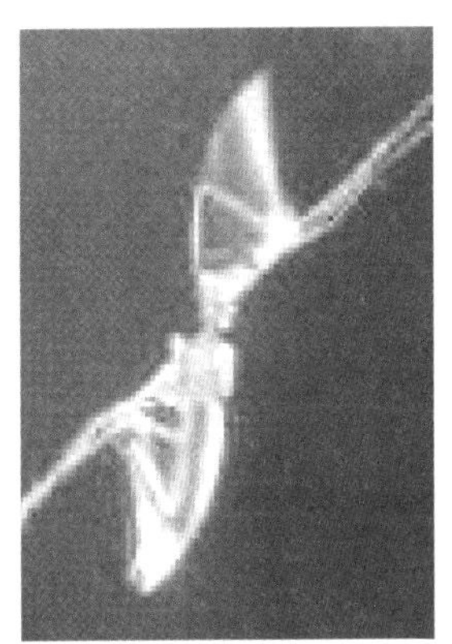
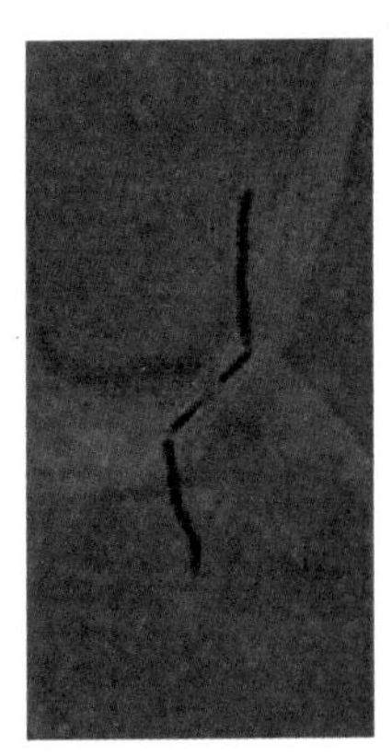
图 5－13　实验室中观察到的裂纹扩展现象

（2）在 Griffith 迹线上的 AB 部分代表裂纹扩张的初始阶段，在此阶段内强度会迅速降低，而轴向应变增加幅度不大。但是由于裂纹扩张过程中有弹性应变能释放出来，而这部分能量将转化为动能，在 AB 阶段内仍存在一定的刚度，因此大多数岩石并不能在 AB 阶段完成卸载，而沿着 AC 段继续卸载。因此，在 σ_A 阶段裂纹开始的扩展将继续下去。

（3）当卸载到达点 C 时，临界条件将继续维持下去，弹性模量不断降低，而应力也随着裂纹的增加而减少。三角形 ABC 代表耗散的应变能，这将加速裂纹的扩展，因此裂纹将持续扩展下去直到应力低于 σ_C。

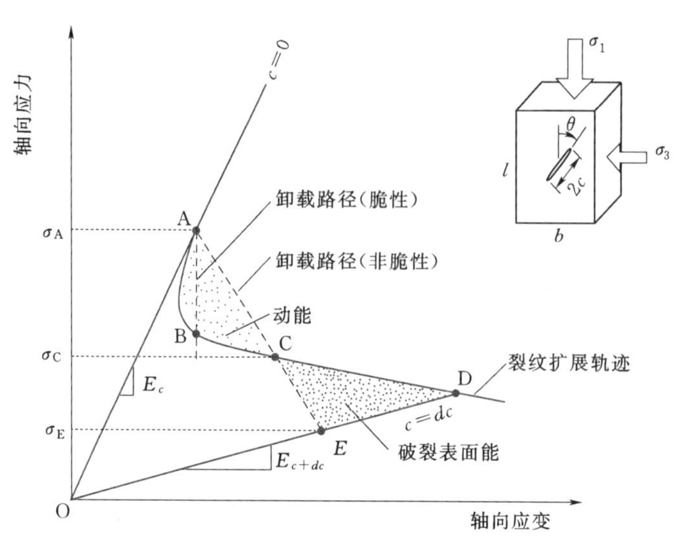

图 5-14 Griffith 裂纹扩张迹线（据 Berry）

（4）随着裂纹的扩展，应力低于 σ_C，应变能和动能将转化为裂纹的表面能，最后动能将减少到零，裂纹将趋于稳定。在此阶段多余的 ABC 的应变能等于 CDE 的应变能。此时含有更长的裂纹的材料可以由减小的弹性模量的 E_{c+dc} 的线段 OD 代表。

（5）此时裂纹处于临界状态 σ_E，不会继续扩展下去直到再次到达扩展迹线 σ_D。

因此，关于 Griffith 迹线还有两个关键要素：控制着 OA 位置的材料初始阶段的弹性模量 E_C 以及控制着 BCD 阶段的形状和位置的裂纹状态，但裂纹启裂和稳定扩展必须满足应力-应变曲线与迹线相交。

5.1.1.5 应力损伤

为了定量描述断裂和损伤对材料力学性质的影响，损伤力学逐渐发展起来。损伤力学致力于定量描述这些由损伤引起的材料状态的变化，而这些可以作为对损伤引起材料力学性质改变的连续性描述。

损伤力学被用来描述金属或其他固体材料中的损伤。微破裂效应被定义为本构关系中的损伤变量，用来描述给定材料弹性参数的降低。其中单轴线弹性损伤定律可以表示为[99]

$$\varepsilon_e = \frac{\sigma}{(1-D)E} \tag{5-8}$$

式中：ε_e 为弹性应变；σ 为单轴应力；D 为损伤因子；E 为弹性模量。

虽然这个关系假设所有的材料行为（例如弹性、塑性、黏性）都受损伤的影响，但这样的表达提供了关于应力-应变关系的连续有效的表达。根据实验室内对于岩石破裂阶段的认识，可以更进一步认识现场的破裂过程。

在地下工程的开挖过程中，对损伤的定量描述是设计过程中必须考虑的问题。在试验室中得出的损伤演化定律在实践过程中也可以得到很好的应用。例如 Martin 和 Read 描述了脆性岩石中开挖引起的围岩损伤（图 5-15）[40]。类似的，损伤模型被用来模拟钻孔的围岩破坏（Shao，1996）、核废料储存库围岩的损伤程度（Munson，1995）、爆破引起的岩体损伤（Li，1993）。可见，采用所建立的损伤模型可以很好地研究工程中的脆性破裂问题。

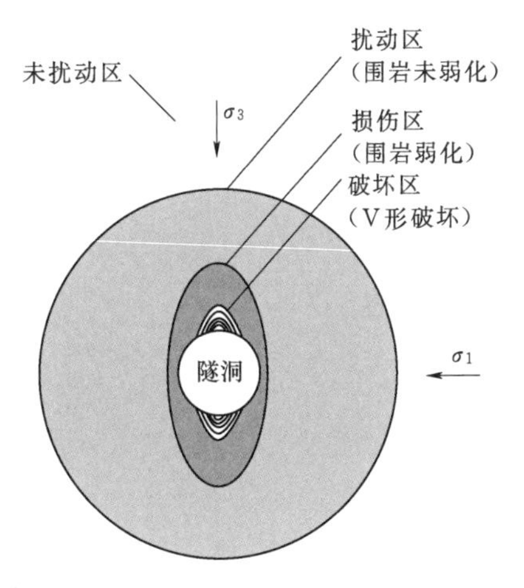

图 5-15 隧洞开挖引起的损伤区分布[40]

5.1.2 数值分析方法

加拿大 URL 地下实验室建设中针对脆性岩体的破裂损伤特征开展了一系列基本理论和方法上的研究。在数值模拟方面，20 世纪 90 年代中期以前的几乎所有数值计算结果都与现场揭露的现象相去甚远，其中的原因有两个：一是普遍应用的连续介质力学方法很难对岩体的非线性力学行为进行准确描述；二是能模拟破裂问题的非连续介质力学方法还没有诞生。

在总结了 URL 地下实验室的相关研究成果以后，Fairhurst 对脆性岩石的基本力学特性和相应的研究方法进行了概括（图 5-16）[30]，这一成果对于本项目研究具有指导性作用。

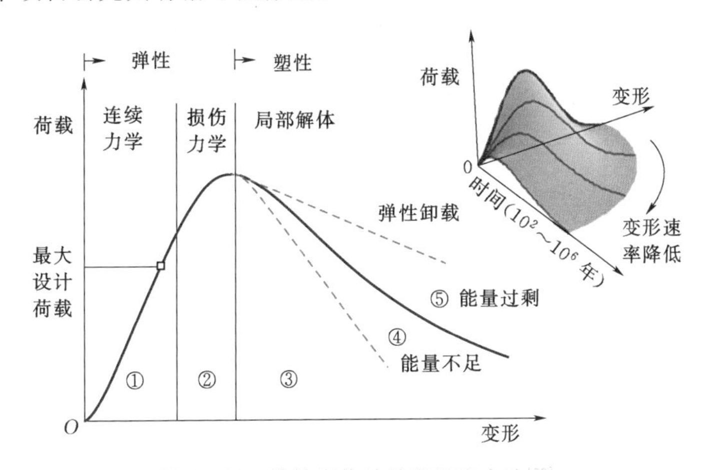

图 5-16 脆性岩体特性和研究方法[30]

图 5-16 中，右上角的三轴图中纵轴为荷载，两条横轴中的一条为变形，荷载-变形关系构成了传统的岩体本构关系，另一条横轴为时间轴，它显示岩体的荷载-变形关系不是一成不变的，而是随着时间变化的，即岩体特性时间效应。Fairhurst 提出的这一概念是基于核废料处理领域中与地质年代相当的时间跨度，但深埋工程实践也揭示了这一理念的工程适用性，即围岩破裂损伤的发展存在显著的时间效应，由此引出了脆性岩体强度时间效应的概念。在本书第 4 章中已经进行了详细的讨论，本节不再重复叙述。

图 5-16 左图是经典的荷载-变形关系曲线，它是图 5-16 右上图的一个切面。根据这一经典曲线，Fairhurst 将脆性岩体特性和相应的研究方法总结为：

①区：线弹性响应，岩体力学行为在连续力学定义的范畴内，因此可以采用连续力学方法进行分析。

②区：非线性阶段的开始，属于裂纹稳定增长的结果，属于损伤力学范畴。从②区到

③区的划分标志是裂纹增长到裂纹的相互作用，即裂纹发展到一定密度以后的结果。

③区：破坏阶段，局部化破坏和解体阶段。局部化是指应力分布和损伤不均匀性，损伤出现相互作用并开始形成宏观破裂面，影响了局部应力分布，使得破坏在某些特定位置开始。这一阶段岩体的非连续力学特性得到充分展现，当需要深化研究围岩在这一阶段的力学行为和工程响应时，需要采用非连续力学手段。③区的具体表现形式（如呈④区或⑤区的形式）反映了岩石破坏时能量释放的水平，也决定了现场岩体破坏的表现形式，理解岩体在这一阶段的力学行为是目前岩石力学研究的核心。

根据 Fairhurst 的总结，对于深埋隧洞围岩而言，如果埋深决定的围岩应力水平和围岩强度之间的矛盾相对不突出（如一定埋深水平以内的Ⅱ类围岩），围岩进入上述③区的范围相对较小，连续力学方法具有较好的适应性，此时可以不采用非连续力学方法（破裂不严重）。

当埋深决定的围岩应力水平和围岩强度之间的矛盾相对突出时（如一定埋深以下的Ⅲ类围岩），围岩破裂现象相对普遍，即开挖面一定范围内围岩进入上述的③区，此时有必要采用非连续力学方法。

从应用环节看，连续和非连续力学方法的差别主要体现在峰值强度以后。从这个角度讲，非连续方法可以替代连续力学方法。

由此可见，进行深埋隧洞围岩状态的数值分析时，采用的分析手段需要根据潜在问题的严重程度而定。首先，只有当埋深达到一定程度时，非连续分析才显得必要；其次，在同等埋深条件下，质量相对差（如Ⅲ类）一些的洞段更需要采取非连续分析方法，质量更差（如Ⅳ类）时若脆性破裂特征减弱可能更需要采用连续力学分析；最后，对于给定质量的岩体（如Ⅱ类），在埋深相对不大时可以采用连续力学分析方法，而埋深增大到一定程度、破裂问题得到充分表现时，也需要采用非连续分析手段。

5.2 深埋围岩损伤的力学模型

5.2.1 模型说明

脆性岩石破裂扩展的时间效应涉及由于应力重分布而引起岩石中裂纹的启裂和扩展，最后导致破裂的整个过程。这个过程是地下开挖活动过程中脆性岩石发生破坏前都必须经历的一个环节。为了工程的安全和长期稳定，必须对围岩的这种应力特征有清楚的认识，需要一个适用的强度准则去预测围岩破坏。

虽然应力引起的损伤能够直接用电子显微镜观察到，但在实际工程中用来观察裂纹的启裂并不现实。因此，间接的监测方法例如声发射、微震在现场和试验室中开始广泛应用。AE 事件是微裂纹在启裂和扩展过程中产生的声波，而这些声波可以被安装在岩石外部的与采集仪器相连的探头所接收。声发射计数和大小则能够显示出破坏的程度和密度。微裂纹随时间呈三维状态分布，描述了损伤的累积、裂纹的闭合以及宏观破裂的形成和发展。AE/MS 技术现在已经得到了广泛的应用，包括采矿、岩爆风险评估、顶板冒落、边坡稳定以及地下隧洞的稳定性评价等。

实验室脆性岩石破裂监测的结果已经在前文阐述。在现场实践中，脆性岩石破裂的监测目前还主要依赖于声发射/微震技术。在加拿大 URL 地下实验室的 MineBy E 试验洞中开展了大量这方面的工作，其主要目的就是研究脆性岩石的破裂过程和开挖引起的岩石损伤。

在大量监测数据的基础上，已经建立了岩石启裂强度和损伤强度的判断方法。在完整岩石中，启裂强度大约是 1/3 的单轴抗压强度。例如 URL 实验室中，启裂强度 $\sigma_1-\sigma_3=0.33\sigma_C$。然而在节理岩体中，启裂强度并不是保持不变的，有时甚至低于 $\sigma_1-\sigma_3=0.18\sigma_C$。

本节首先在分析 URL 实验室完整岩石试验成果的基础上，将启裂强度和损伤强度推广到现场节理岩体中。然后利用偏应力来描述相关的强度准则，其中启裂强度对应于裂纹的产生，损伤强度对应于裂纹的贯通，形成宏观破裂，而损伤强度也被看作是长期强度，直接决定着岩石的长期强度和隧洞的长期稳定。

5.2.2 小尺度岩石损伤力学模型

5.2.2.1 试验数据分析

从 URL 实验室中的试验主要得到了以下有益的参考：

(1) $\sigma=(0.3\sim0.5)\sigma_f$（$\sigma_f$ 为峰值强度）时，开始出现声发射现象，定义此时的应力为启裂强度。

(2)试验中观察到的宏观破裂以及 PFC 数值模拟结果均显示裂纹的扩展沿最大主应力方向进行。

(3) $\sigma=(0.7\sim0.8)\sigma_f$ 时，宏观断裂开始形成，此时的应力水平为损伤强度或者长期强度。

(4) 宏观裂纹和剪切带一般都是在峰值强度以后才形成。

在实验室完整岩石的试验过程中，启裂强度被看作是裂纹稳定扩展的开始，也是裂纹体积应变从零发展的开始，AE 事件也在超过启裂强度后开始出现。如果岩石经受过初始损伤，那么在裂纹的压密段也会出现 AE 事件。原有的裂纹开始扩展和新裂纹的产生在此过程中一直保持稳定的增长，直到达到损伤强度。此时裂纹的密度已经大到足够支持裂纹贯通而形成剪切破坏带和片帮。损伤强度通常对应于体积应变的拐点，预示着裂纹不稳定扩展的开始。在室内试验中，损伤强度 σ_{cd} 随着围压的增加而增加，但是在现场的开挖过程中，隧洞边墙附近没有围压或者围压很小，因此单轴条件下的 σ_{cd} 决定着现在破裂过程的开始。换句话说就是 σ_{cd} 对于大多数岩石可以视为“边墙岩石强度”[14]。

表 5-1 总结了在单轴和三轴试验中得到的启裂强度和损伤强度。在三轴试验中，应力水平通过偏应力（$\sigma_1-\sigma_3$）表示。可以看出，σ_{ci}/σ_c 的比值介于 0.36 和 0.6 之间，而 σ_{cd}/σ_c 的比值介于 0.71 和 1.0 之间。

表 5-1 实验室中获得的启裂强度和损伤强度[14]

岩石类型	σ_3/MPa	σ_{ci}/MPa	σ_{cd}/MPa	σ_c/MPa	σ_{ci}/σ_c	σ_{cd}/σ_c	σ_{ci}/σ_{cd}
砂岩	2	34	59	70	0.49	0.84	0.58
花岗岩	0	81.5	156	206.9	0.39	0.75	0.52
Berea 砂岩	7.5	23	—	44	0.50		
花岗岩	41	245	515	613	0.40	0.84	

续表

岩石类型	σ_3/MPa	σ_{ci}/MPa	σ_{cd}/MPa	σ_c/MPa	σ_{ci}/σ_c	σ_{cd}/σ_c	σ_{ci}/σ_{cd}
白云灰岩	0	165	274	274	0.60	1.0	0.60
白云灰岩	10	90	110	154	0.58	0.71	0.82
石英岩	0	114	241	283	0.40	0.85	0.47
花岗岩	0	80	180	224	0.36	0.80	0.50
砂岩	0	121	170	234	0.52	0.73	0.71
灰绿岩	0	140		230	0.60		
花岗岩	4.9	90	160	225	0.40	0.71	0.56
花岗岩	60	390		720	0.54		

在单轴压缩试验过程中，大多数岩石启裂强度大约在 $0.3\sigma_c$ 和 $0.5\sigma_c$ 之间。对于围压条件下的启裂强度可以利用偏应力来表示。Holccomb 和 Costin 建议，对于脆性岩石，$\sigma_1-\sigma_3=0.33\sigma_c$。对于 URL 实验室的花岗岩，Martin 建议采用如下公式[14]：

$$\sigma_1-\sigma_3=(0.4\pm0.05)\sigma_c \tag{5-9}$$

也有研究结果表明，完整岩石的启裂强度也可以表示成式（5-10）的形式：

$$\sigma_1-(1.5\sim2)\sigma_3=0.4\sigma_c \tag{5-10}$$

其中式（5-9）和式（5-10）的主要区别在于式（5-10）在主应力空间中表示的斜率更高，意味着在相同的围压下由于摩擦强度的提高，岩石有着更高的启裂应力。在开挖隧洞的边界，围压比较低，因此表示的斜率显得并不是很重要。对于围压环境下岩石的启裂强度可以写成式（5-11）的形式：

$$\sigma_1-\sigma_3=A\sigma_{cd} \tag{5-11}$$

式（5-11）中裂纹的启裂强度通过材料常数 A 和σ_{cd}来定义。（因为 σ_c 并不是材料常数，例如它依赖于加载速率，通过长期强度 σ_{cd}来定义就显得更有使用价值。）σ_{ci}/σ_{cd}的比值等于常数 A。在大多数试验中，A 在 0.4～0.6 的范围内。

5.2.2.2 裂纹启裂的理论模型

岩石中通常都含有随机分布的裂纹，当满足一定的条件时，裂纹便开始扩展。对于含有裂纹岩石的理论研究，目前主要是应用断裂力学理论，其中最基础的三个判据分别是最大周向力判据、最小应变能密度判据和最大能量释放率判据。

首先提出裂纹启裂判据的是 Griffith。他提出，如果在岩石中储存的能量大于岩石材料的表面能，破坏就会发生。但是这个判据仅仅考虑了Ⅰ型裂纹，而且裂纹的启裂方向都是假设的；但是后来经过不断的改进，已经能够考虑Ⅱ型裂纹和更复杂的加载条件了。

Sih 利用应变能密度成功预测了裂纹的启裂强度和方向（图 5-17）。计算的翼型裂纹发展的角度 $\beta=37°$，而启裂的应力大约是 $\sigma_{ci}=\sqrt{59GS_{min}/a}$，其中 G 为剪切模量，a 为一半的原始裂纹长度，S_{min}为最小应变能密度。

图 5-17 中所示的裂纹滑移模型已经被广泛用于研究岩石等脆性材料的裂纹扩展问题。在翼型裂纹发育前，原始裂纹尖端的应力强度因子可以表示为

$$K_{II}=\tau\sqrt{\pi a} \tag{5-12}$$

其中

$$\tau=\frac{1}{2}\{(\sigma_1-\sigma_3)\sin2\theta-\nu[\sigma_1+\sigma_3+(\sigma_1-\sigma_3)\cos2\theta]\} \tag{5-13}$$

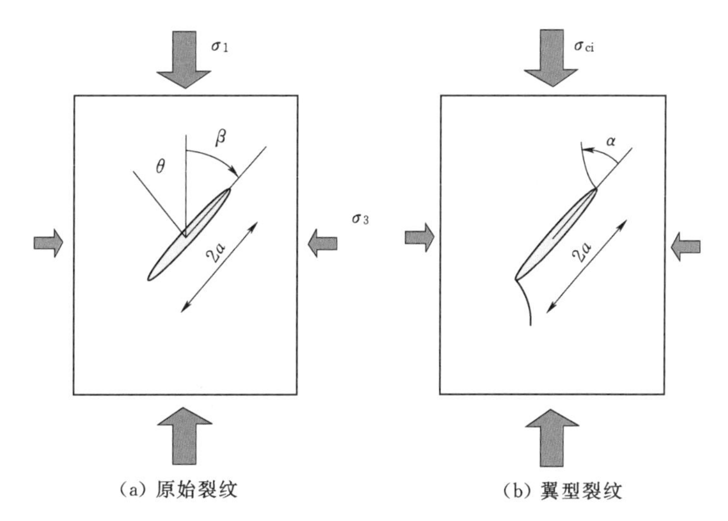

图 5-17 原始裂纹模型和翼型裂纹模型（据 Sih）

式中：ν 为摩擦系数；σ_1 为垂直方向压应力；σ_3 为水平围压；τ 为驱动剪应力，当 τ 超过临界状态，两端的翼型裂纹便开始扩展。

对于形成的翼型裂纹，应力强度因子可以表示为

$$K_{\mathrm{I}}=\frac{2}{\sqrt{3}}K_{\mathrm{II}}=\frac{2\tau}{\sqrt{3}}\sqrt{\pi a} \tag{5-14}$$

当满足 $K_{\mathrm{I}}=K_{\mathrm{IC}}$时，裂纹开始扩展。而 K_{IC}和拉应力之间的关系可以表示成 $\sigma_t=6.88K_{\mathrm{IC}}$。根据 Griffith 理论，岩石的抗压强度等于 8 倍的抗拉强度。而 Murrell 则对 Griffith 理论进行了扩展，认为岩石的抗压强度等于 12 倍的抗拉强度。根据试验成果，大多数的岩石抗压强度和抗拉强度的比值为 8～12。根据上面的分析，可以得到 $\sigma_c=(55\sim82)K_{\mathrm{IC}}$。在单轴压缩情况下，裂纹的启裂强度可以表示为

$$\sigma_{ci}=\frac{\sqrt{3}\sigma_c}{(55\sim82)\sqrt{\pi a}\left[\sin2\theta-\nu(1+\cos2\theta)\right]} \tag{5-15}$$

当裂纹上下表面之间的摩擦力能够忽略，那么裂纹的启裂强度主要和裂纹的长度（主要和岩石的完整性相关）以及岩石的抗压强度和抗拉强度的比值有关。在图 5-18 中描述了对于岩性较差的岩石（$a>1$mm），裂纹启裂强度和抗压强度的比值为 0.3～0.55；对于中等岩性的岩石（$a\approx1$mm），两者之间的比值为 0.4～0.6；对完整性好的岩石（$a\ll1$mm），两者之间的比值超过了 0.6。

如果初始裂纹便含有翼型裂纹，翼型裂纹的扩展也会产生声发射现象。如果假设翼型裂纹的长度为 l，那么翼型裂纹尖端的应力强度因子可以表示为

$$K_{\mathrm{I}}=\frac{2a\tau\cos\theta}{\sqrt{\pi l}}-\sigma_3\sqrt{\pi l} \tag{5-16}$$

当满足条件 $K_{\mathrm{I}}=K_{\mathrm{IC}}$时，裂纹也会开始扩展。如果仍然假设初始翼型裂纹的长度为 $a/2$，忽略摩擦应力和围压的影响，在 $a=1\sim2$mm 的条件下，启裂强度大约在（$0.4\sim0.6)\sigma_c$ 之间（图 5-19）。

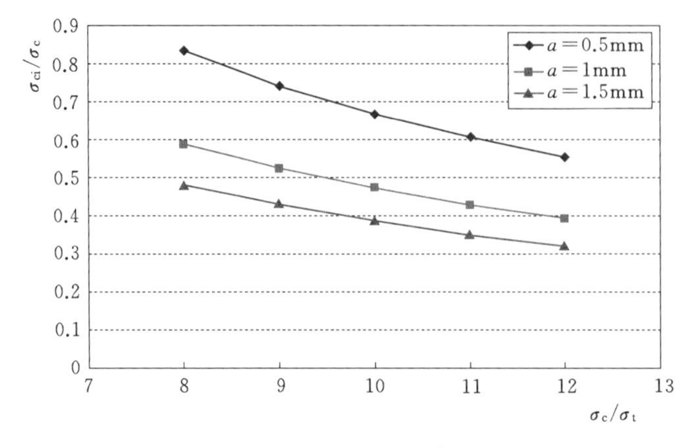

图 5-18 原始裂纹启裂强度变化曲线

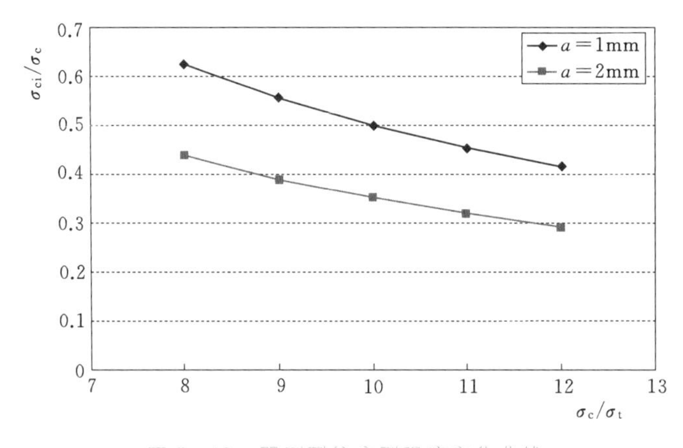

图 5-19 翼型裂纹启裂强度变化曲线

从断裂力学角度对裂纹的启裂应力进行了分析，发现理论分析的结果和实验所得结论吻合比较好。但利用这些模型预测损伤强度 σ_{cd} 来分析裂纹之间的贯通，效果并不好，因此 σ_{cd} 主要还是依靠经验模型和试验数据来分析。

5.2.3 大尺度岩体损伤力学模型

岩体和完整岩石的显著区别，在于岩体中存在节理和裂隙等软弱结构面，而岩体的力学性质很大程度上依赖于这些软弱结构面的性质和几何分布。对于节理岩体，启裂强度和损伤强度并没有理论解。而启裂强度和损伤强度的确定基本上都依靠直观的测量方法，例如 AE/MS 监测或者根据监测数据反分析得到的经验公式。

对于中等节理岩体，声发射/微震监测都表明损伤起始于岩体内部，例如节理之间的岩桥贯通。在这个应力水平下，中等节理岩体并不会失去承载力，而且变形也并不能被用来准确描述这个损伤过程。在工程实践中，AE/MS 监测已经成为把握现场岩体强度阈值的最主要手段。

对于隧洞工程，裂纹的启裂主要是由于围压的减少和切向应力的增加。裂纹会沿着边墙平行发育，形成岩石的板裂破坏。如果在岩石中没有大尺度节理的存在，例如加拿大

URL 的花岗岩，当边墙应力超过现场岩石的单轴强度时会发生应力损伤，因此边墙的岩石强度决定了破裂的发生。与上述破裂机理类似，边墙岩体的强度也决定了岩体中破裂的发展。因此，研究岩体的损伤阈值，首要的任务是搞清楚岩体的单轴强度。

对于岩体强度的描述，目前应用最普遍的是 Hoek - Brown 强度准则，可以表示为

$$\sigma_1=\sigma_3+\sigma_c\left(m_b\frac{\sigma_3}{\sigma_c}+s\right)^a \tag{5-17}$$

式中：m_b、s、a 为岩体常数；σ_c 为岩体的单轴抗压强度。

对于节理岩体，这些岩体常数可以利用地质强度指标 GSI（Geological Strength Index）来表示：

$$m_b=m_i\exp\left(\frac{GSI-100}{28-14D}\right) \tag{5-18}$$

$$s=\exp\left(\frac{GSI-100}{9-3D}\right) \tag{5-19}$$

$$a=0.5+\frac{1}{6}(e^{-GSI/15}-e^{-20/3}) \tag{5-20}$$

式中：D 为岩体遭受开挖扰动程度的参数。GSI 可以从岩体的地质描述中得到，可以很好地代表岩体的强度特征。

Pelli 提出，当 $D=0$ 时根据式（5-18）和式（5-19）计算的参数，并不能与砂岩和泥岩中边墙附近的破裂位置和破坏程度吻合，为了与观察到的现象吻合需要降低 m_b 值和提高 s 值。Martin 等对此做了更深入的研究，对于地下工程开挖中的脆性岩体，Hoek - Brown 参数可以设定为 $m_b=0$ 和 $s=0.11$，此时中等破裂的紧密岩体更多发生片帮或者板裂而不是剪切破坏。这个结论的提出是假设隧洞周边的破坏过程主要是由于岩体中不连续面的存在，从而导致黏聚力的丧失。虽然这个假设仅仅在低围压条件下有效，但是能够与现场破坏现象吻合得比较好。

$m_b=0$ 和 $s=0.11$ 意味着拉应力的作用引起裂纹启裂，最终导致扩容的发生，因此影响了摩擦力和黏聚力之间的耦合作用。只有当岩体最终破坏，黏聚力最终丧失，摩擦力才会重新增加。将 $m_b=0$ 代入到式（5-18）中，假设 $D=0$，根据 Cai 等的证明，损伤强度可以表示为

$$\sigma_1-\sigma_3=\sqrt{\exp[(GSI-100)/9]}\,\sigma_c \tag{5-21}$$

可以将式（5-21）重新写为

$$\sigma_1-\sigma_3=B\sigma_{cm} \tag{5-22}$$

式（5-22）也可以用来预测节理岩体的启裂强度。可以将其变为如下的形式：

$$\sigma_1-\sigma_3=A\sigma_{cm} \tag{5-23}$$

式中：A、B 为常数；σ_{cm} 为根据 GSI 估计的岩体强度，对于完整岩石，σ_{cm} 等于单轴压缩过程中的长期强度 σ_{cd}。

A 和 B 是依赖于岩体性质的常数，可以看成材料常数。大体上，完整岩石和节理岩体的 A 取值范围为 0.4～0.6，B 的范围为 0.6～0.9。当结构面的发育方向不理想时，破坏通常都沿着不连续面的方向发展，而且裂纹的启裂强度和损伤强度非常接近（A>

0.6)，这个可以从实验室和现场监测的声发射数据中得到。

锦屏二级水电站引水隧洞中Ⅱ类大理岩 Hoek - Brown 参数为 GSI＝70，UCS＝140MPa，m_i＝0.9；Ⅲ类大理岩 Hoek - Brown 参数为 GSI＝55，UCS＝110MPa，m_i＝0.9。代入式（5－22）中，结合式（5－21），最后得到的结果见图 5－20。

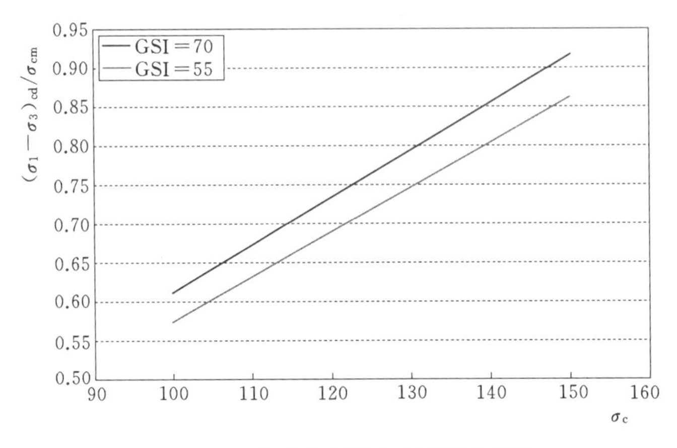

图 5－20 Ⅱ类和Ⅲ类大理岩损伤强度

在锦屏二级水电站 2－1 号试验洞（埋深 1900m）中，预先埋置了声发射探头、三向岩石应力、多点位移计、光纤光栅等监测仪器。前文的分析表明，在隧洞前方 5m 处裂纹开始启裂，当 $\sigma_1-\sigma_3$＝40～50MPa 时，可以观察到声发射现象。在掌子面后 1 倍洞径的范围内，破坏开始发展，并随着掌子面的掘进而逐步向内扩展，表现出时间效应。图 5－21 为计算的最大主应力云图，在应力集中处最大应力达到 65.5MPa，与由室内试验获得的长期强度 σ_{cd}基本一致。由此可以得出当应力满足 $\sigma_1-\sigma_3$＝(0.5～0.6)σ_{cm}(A＝0.5～0.6) 时，达到现场岩体的启裂强度，即开始出现声发射现象。这与加拿大 URL 中关于现场测试声发射出现即表明完整岩石启裂强度的结论基本吻合，而现场岩体的损伤强度大约为 $\sigma_1-\sigma_3$＝(0.8～0.9)σ_{cm}(B＝0.8～0.9)。

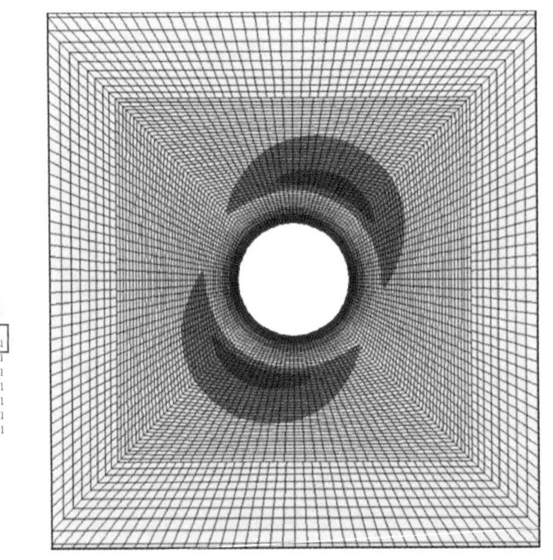

图 5－21 2－1 号试验洞最大主应力云图

5.3 深埋围岩损伤演化特征分析

5.3.1 深埋围岩损伤特征

比较加拿大 URL 和锦屏隧洞的条件，二者在地应力场状态和岩体特性两个环节都存在显著差异。与 URL 相比，锦屏隧洞断面上主应力差要小得多，使得应力集中和应力松弛现象都不会像 URL 那样突出。因此，围岩损伤程度会相对弱得多。在岩体特性方面，URL 的完整花岗岩具有非常典型的脆性特征，而锦屏大理岩的脆性特征是有条件的，这方面的差异也决定了锦屏大理岩的损伤将不如 URL 那样突出。

前面章节中，关于大理岩力学特性的叙述中提到启裂强度的概念，在围岩开挖响应部分叙述了隧洞围岩应力响应和围岩破裂损伤响应的现场表现，这些叙述实际上从不同角度直接或间接地描述了锦屏隧洞围岩损伤的一些特征。

在讨论锦屏隧洞围岩损伤演化过程时，先不考虑围岩结构面对损伤的影响，即先侧重于了解隧洞开挖过程中损伤演化的一般特征。本节采用连续力学的分析思路，即认为围岩为均质各向同性连续介质，当围岩中的应力水平超过围岩启裂强度包络线时，即认为围岩处于启裂状态。

这里涉及一个启裂强度问题。大理岩的启裂强度包络线是锦屏大理岩岩体力学特性研究的内容之一，具体希望依赖于对锦屏试验洞测试成果的分析。根据经验，取锦屏Ⅱ类和Ⅲ类大理岩的启裂强度包络线分别为

$$\sigma_1=1.08\sigma_3+34.9 \tag{5-24}$$

$$\sigma_1=1.11\sigma_3+9.05 \tag{5-25}$$

不过，由于Ⅲ类围岩不宜采用连续力学方法进行分析，式（5-25）一般缺乏实际应用条件。

在给出Ⅱ类岩体启裂强度经验表达式以后，根据隧洞开挖后掌子面一带围岩应力分布，即可以判断围岩损伤区分布和演化特征。

在 1800m 埋深条件下，以Ⅱ类岩体为例，根据采用 BDP 模型[131]的连续力学计算结果和式（5-24），隧洞开挖以后掌子面一带不同断面围岩具备破裂发展条件的范围见图 5-23。注意图中的红色区域是指当前状态下具备导致裂纹发生和发展的部位，即对应于声发射区。在掌子面以后的断面上，该区域和洞壁之间是裂纹已经产生的区域，围岩结构改变，波速降低、出现宏观裂纹等都可以是这一区域的现场具体表现。

根据图 5-22，在 1800m 埋深条件下的Ⅱ类围岩中，掌子面前方约 3m 处即可以出现损伤现象，部位在隧洞轮廓线内侧的北拱脚和南拱肩一带。在掌子面及其前方 2m 的范围内，破裂发展区在隧洞轮廓线附近形成一个完整的环形，从前方 2m 到掌子面处，该环形区域从隧洞轮廓线以内推移到轮廓线以外。也就是说，目前掌子面上隧洞轮廓线以内的一个环形区域历史上曾出现过损伤现象，当在掌子面出露时，该部位可能已经出现损伤。

上述关于掌子面前方围岩损伤区分布的分析存在一个不确定因素，即掌子面前方围岩围压水平相对较高，围岩脆性特征减弱，这种条件下围岩破裂特性如何仍然具有不确

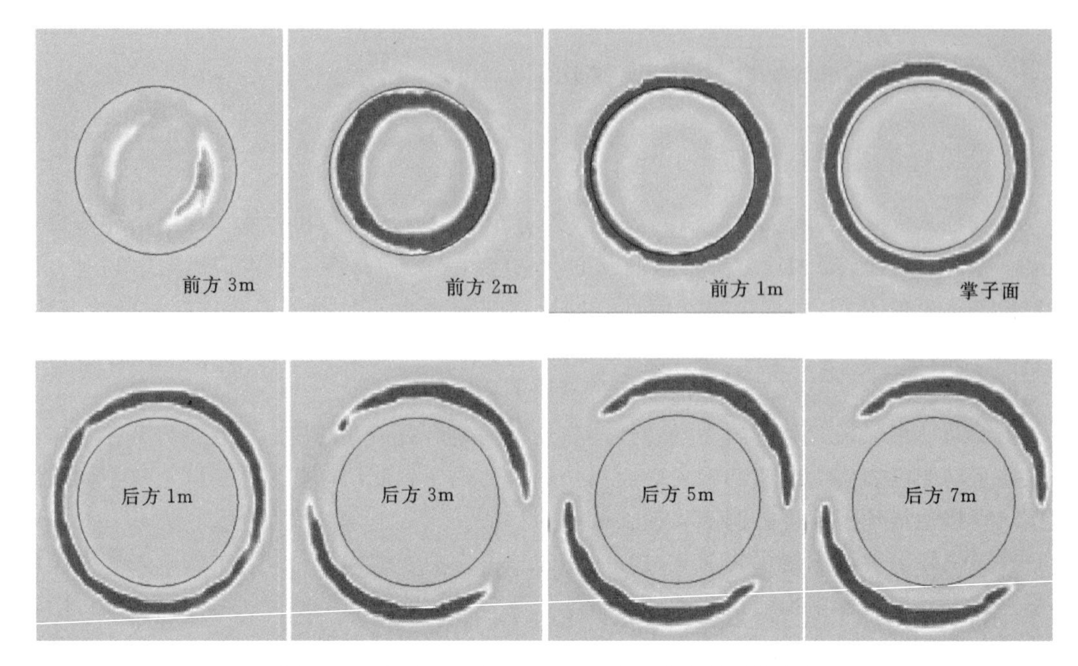

图 5-22 掌子面一带不同断面上围岩损伤发展区分布

定性。

在掌子面后方，随着与掌子面距离的增大，隧洞断面上围岩损伤发展区域在向围岩内部推移的同时，也逐渐集中出现在北侧拱肩和南侧拱脚一带。在图 5-22 对应的围岩类别和埋深条件下，在距离掌子面大约 7m 处，损伤发展区位置相对稳定，这体现了掌子面拱效应的影响。

相比较而言，掌子面后方围岩应力释放一般更充分一些，因此上述结果中掌子面后方断面的成果可能更符合实际。值得说明的是，了解掌子面及其前方围岩损伤发展过程对认识现场的现象显得非常重要。不论是在辅助洞还是在引水隧洞，经常可以观察到北侧拱脚和南侧拱肩一带围岩经历过高应力挤压破裂的迹象，这很可能和它们在位于掌子面前方时经历过的历史损伤密切相关。

图 5-22 掌子面后方 7m 断面上，损伤发展区位于距离洞壁 2～3m 的区间范围内，根据对应部位的相关测试资料，该部位全断面开挖以后围岩低波速带的深度在 2.5m 左右，与上述成果相符。

需要注意的是以上分析中没有考虑损伤的时间效应。从现场观察到的结果看，损伤发展成宏观破裂确实表现出明显的时间效应。具体的在图 5-22 对应埋深和岩体条件下，隧洞开挖以后掌子面后方普遍出现破裂的位置大约在掌子面后方 50～60m。考虑到掌子面拱效应一般在 1 倍开挖洞径范围内，显然，滞后破裂体现了岩体破裂损伤的时间效应。

图 5-23 中左、右两张照片拍摄的位置很接近，均大约位于掌子面后方 100m 左右。这两张照片说明了两个方面的信息，一是应力松弛区也可以出现应力型破坏，二是损伤发展成破裂具有明显的时间效应。

图 5-23 右侧照片为北侧拱脚，一般情况下属于应力松弛区位置，破坏后的岩体显然

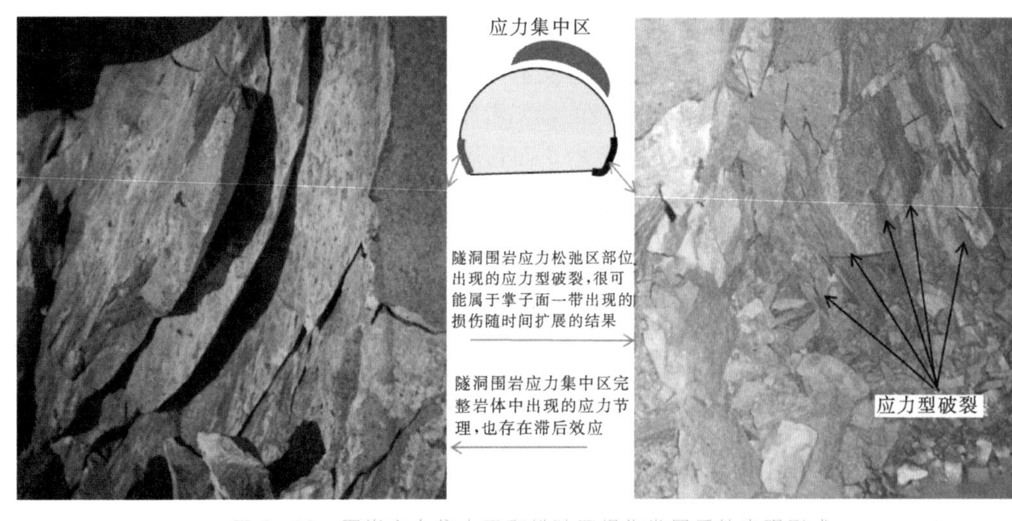

图 5-23 围岩应力集中区和松弛区损伤发展后的表现形式

受到高应力作用，而在当时的埋深条件下，该部位的拐角应力集中现象并没有发展到导致围岩破坏的程度。尽管这一部位的高应力破坏可能与其他一些因素有关，但都不能排除这种破坏是位于掌子面附近、高应力损伤发展的结果；现场可以比较普遍地观察到应力松弛区的高应力破坏迹象，这一度给认识围岩破坏条件和断面初始地应力状态造成困惑，特别是 2009 年 7 月期间排水洞掌子面处的应变岩爆破坏位置可以在断面上很大范围内变化，说明掌子面一带损伤区分布和对应的围岩应力状态与掌子面后方可能存在显著差别。

由此可见，锦屏隧洞围岩损伤可以在掌子面前方开始出现，在掌子面附近高应力损伤区可以在整个洞周分布，随着开挖掌子面的向前推进，损伤区开始逐渐保持与隧洞断面应力集中区位置保持一致。应力损伤演化成可见的宏观破裂可能需要经历一个时间过程，在现场表现为围岩破裂现象滞后于掌子面发生。

滞后程度与埋深和岩体状况密切相关，根据辅助洞的经验，东、西端也存在一定的差别，以东端滞后更突出一些。在 1500～1800m 的埋深区间，普遍出现的可见破裂现象滞后掌子面大约 100m 甚至更远一些；在 1800～2000m 埋深范围，可见破裂的滞后距离多为 50～100m；埋深 2000m 以下破裂滞后距离缩短到 50m 以内，最小 10～15m。

围岩损伤区深度和损伤演化的时间效应分别是确定锚固深度和围岩支护时机的基础。由于研究这些损伤区深度所依据的现场测试资料的测试断面大大滞后于开挖掌子面，因此，围岩损伤区深度的预测成果以一种等效的方式考虑了时间效应的影响。

5.3.2 损伤区特征描述

在隧洞围岩开挖响应中介绍了围岩破裂损伤响应。从研究围岩损伤的角度来说，破裂乃至 V 形片帮破坏都被认为是损伤演化的结果。大量的现场实践表明，围岩损伤并不是均匀的，即存在损伤局部化现象，也就是说，损伤范围内可能还包含看上去相对完整的岩块。

围岩损伤局部化现象是微破裂开始形成宏观破裂、影响围岩应力局部调整的结果，对围岩损伤区的这种细部描述显然很难通过连续力学方法实现。如图 5-24 所示，常用的连续力学方法获得的低应力区或屈服区在洞周均匀分布，即某个单元一旦屈服进入残余状态以后，连续力学方法中该单元的岩体力学特性不再发生变化。与连续力学方法不同的是，非连续力学方法可以表达损伤局部化特征，图 5-24（b）右侧的放大图表示了顶拱部位损伤和荷载分布，显然，损伤可以局部分布在一定深度内，而其周边仍然相对完整并承载一定的荷载。

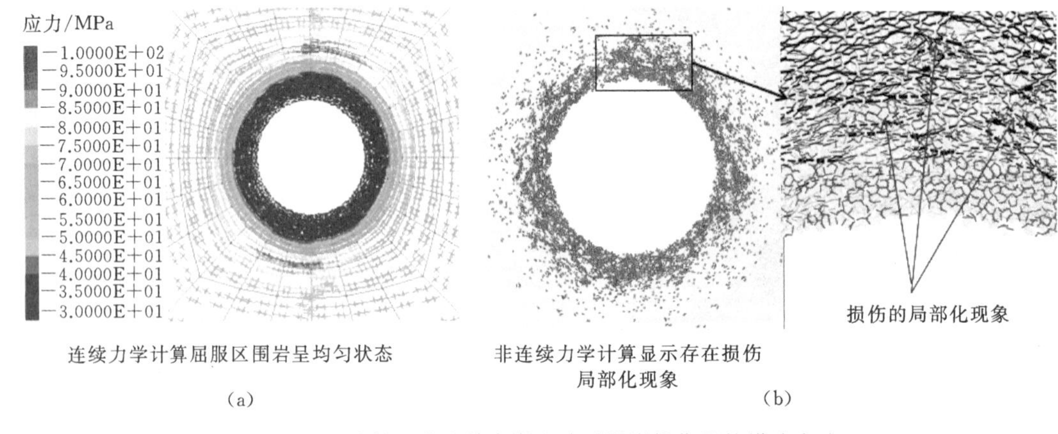

图 5-24 连续和非连续力学方法对围岩损伤区的描述方式

从现实情况看，随着埋深的增大，围岩损伤总体上呈不断增强的趋势，损伤发展成宏观破裂的滞后时间也相应缩短。埋深增大对损伤的影响表现在两个方面，即损伤区深度的增大和损伤程度的增强，前者可以在连续和非连续力学方法中得到体现，但连续力学方法很难对损伤程度的变化进行描述。

图 5-25 表示了采用连续力学和非连续力学方法对隧洞开挖以后围岩损伤区的计算结果。采用连续力学方法，洞周围岩低应力区主要体现了围岩损伤屈服的结果，低应力区范围随着深度的增大而增大，但应力水平与围岩残余强度相同，因此不随着埋深的变化而变化，即不能反映损伤程度的差别。随着埋深的增大，非连续力学计算结果不仅显示了损伤区深度的增大，更重要的是揭示了损伤区的裂纹密度，即损伤程度的变化。

5.3.3 基于连续方法的损伤深度分析

5.3.3.1 分析方法与依据

大理岩的力学特性既可以采用连续力学方法，即前述的 BDP 模型进行描述，也可以采用非连续力学方法，利用细观或微观力学参数进行描述。当岩体破裂特性没有得到充分展现时，传统连续介质力学方法仍然适用，即传统方式的本构方程和相关强度（如启裂强度）准则成为研究围岩损伤区分布的理论基础。不过，这并不排除非连续力学方法在研究Ⅱ类围岩损伤方面的适用性。本节仍然采用连续力学方法预测Ⅱ类围岩损伤区。

在预测之前，为保证预测成果尽可能符合现场实际，或者说，在现有的认识水平和可资利用的现场资料基础上符合实际，需要利用已经获得的测试资料等数据核实计算模型和参数的合理性，然后利用校核过的模型和参数进行计算分析。

本节所叙述的Ⅱ类大理岩力学特性和参数事实上已经是针对Ⅱ类大理岩和 1800m 埋深处的测试资料进行校核的结果，校核以后获得的理论曲线和相关结果列于图 5-26 中。

连续力学方法计算成果中低应力指示的损伤区深度随埋深增大，但不能显示损伤程度的变化

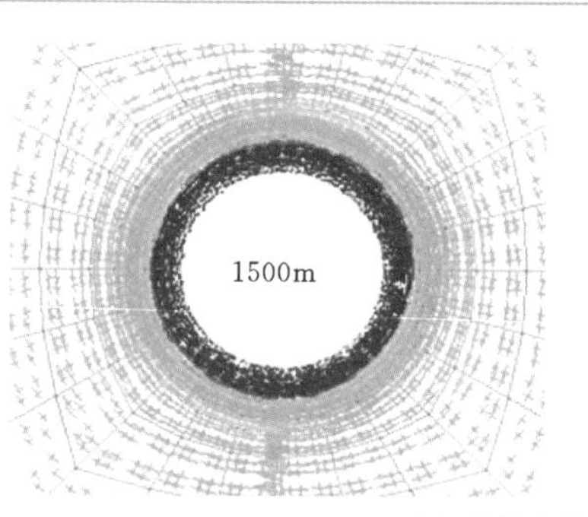

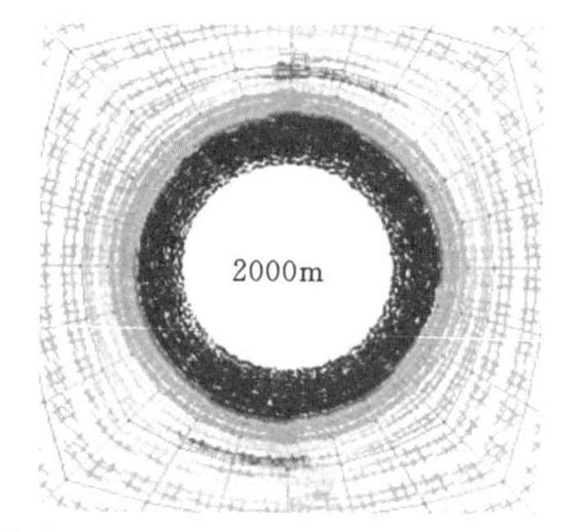

(a) 连续力学方法

随着埋深增大，非连续力学方法计算成果不仅显示损伤区深度增大，而且反应损伤程度变化

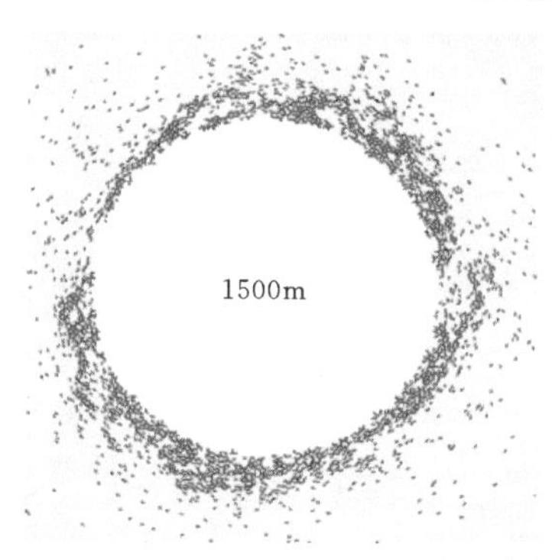

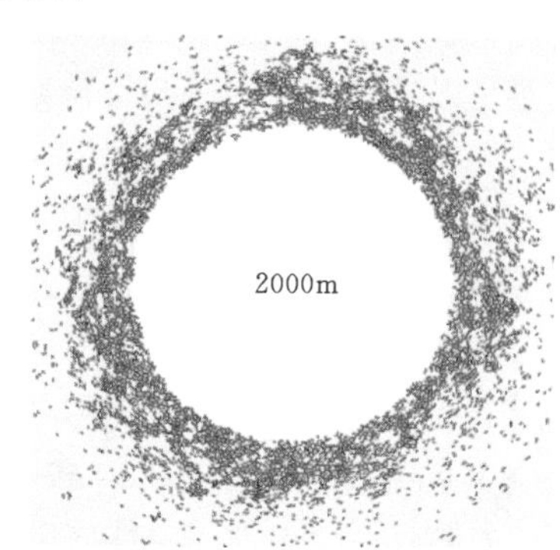

(b) 非连续力学方法

图 5-25 埋深变化对损伤分布影响及其连续和非连续力学描述

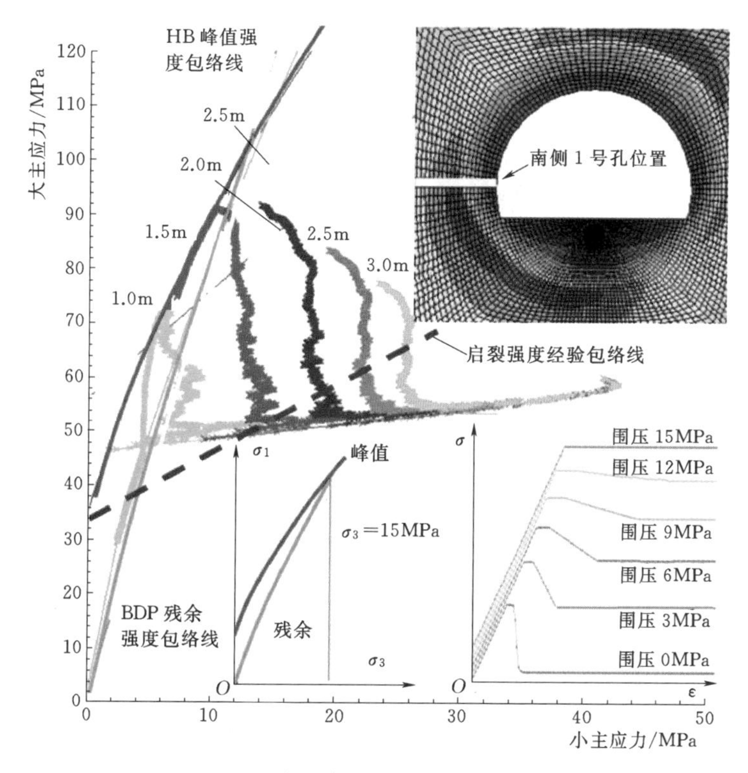

图 5-26 Ⅱ类围岩特性连续力学描述与校核

围岩发生损伤破裂时会出现声发射现象，因此声发射监测结果是进行这种校核最直接的依据。依据声波测试结果进行校核也是一种方法。利用声波测试资料校核围岩 BDP 模型和相关参数时，存在的一个现实问题是对声波测试结果岩石力学意义的理解，可资利用的结果是低波速带的深度。一般认为，低波速带是围岩损伤到严重程度、围岩特性发生变化以后的表现，即认为处于低波速带的围岩历史上的应力水平曾超过其峰值强度，目前状态下这部分围岩大多处于峰后状态。

因此，在利用低波速带测试成果校核 BDP 模型和参数时，图 5－26 的应力路径所示，只有应力达到峰值并到达或向着残余强度包络线变化的部位，才认为其波速值出现衰减。反之，应力状态介于峰值强度包络线和启裂强度包络线之间的部位，认为出现了损伤，但损伤程度不足以导致围岩波速显著降低。

显然，在获得声发射监测结果以后，上述假设和认识将得到验证或修正，并可能促进对围岩波速特性与围岩状态之间关系的认识。

由此可见，采用连续力学方法进行围岩损伤区深度预测实际上是对计算结果的解译过程。

5.3.3.2 计算结果

前述对Ⅱ类大理岩力学特性的研究成果可以直接用以进行围岩开挖的数值模拟。利用所获得的应力集中区所在北侧拱肩部位不同深度处围岩应力路径计算成果，即可以按上面介绍的思路进行围岩损伤区分析和判断。

图 5－27 表示了 1500m 埋深条件下隧洞开挖过程中北侧拱肩 2.0m、2.5m、3.0m、3.5m 和 4.0m 处围岩应力变化路径。

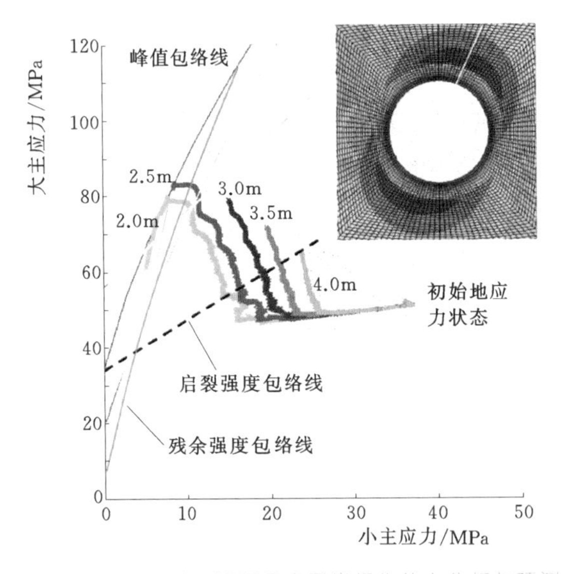

图 5－27 1500m 埋深Ⅱ类围岩损伤状态分析与预测

根据计算结果，围岩 2.0m 深度处应力很快超过启裂强度，然后到达峰值并向残余状态变化的过程，即 2.0m 深度范围内围岩结构发生变化，预计出现纵波速衰减现象，属于低波速带区域。

在 2.5m 深度处的围岩也到达了峰值强度，但导致围岩结构破坏的特征不明显，总体相当于应力-应变关系出现峰值附近的情形，即裂纹密集发育且开始形成宏观破裂面的状态。

位于 3.0m 深度处的围岩应力显著超过了启裂强度，但与峰值强度包络线之间存在明显的距离，判断该部位具备产生裂纹的条件，但裂纹不发育。

根据以上的分析，可以判断围岩损伤且改变岩体结构、导致波速降低的深度范围约为 2.0m 或略深一些，而裂纹显著发育的深度略大于 2.5m，如 2.6～2.7m。

类似的，根据图 5－28～图 5－30 所列的计算成果可以进行相应埋深条件下低波速带和损伤区深度的预测，1500～2200m 深度区间的预测结果见表 5－2。

表 5-2 不同埋深条件下Ⅱ类围岩隧洞断面低波速带和损伤区深度预测

埋深/m	低波速带深度/m	损伤区深度/m	埋深/m	低波速带深度/m	损伤区深度/m
1500	2.2	2.7	2000	3.0	3.2
1800	2.6	3.0	2200	3.3	3.4

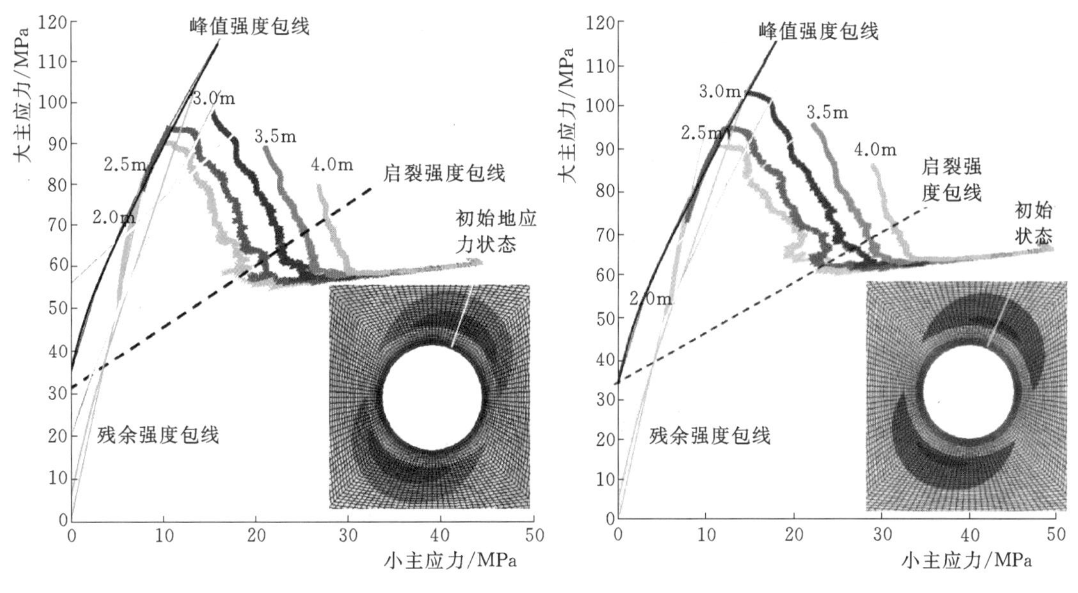

图 5-28 1800m 埋深Ⅱ类围岩损伤状态分析与预测 图 5-29 2000m 埋深Ⅱ类围岩损伤状态分析与预测

5.3.4 基于非连续方法的损伤深度分析

5.3.4.1 分析方法与依据

与Ⅱ类围岩相比，同等埋深水平下Ⅲ类围岩的破裂损伤特征要显著得多，从而影响了传统连续介质力学方法在模拟深埋高应力条件下力学特性的适用性。

与采用连续力学方法研究围岩破裂损伤区深度不同，非连续力学方法可以直接以裂纹发育密度的方式直接展现损伤区的分布。

与前述连续力学方法预测围岩损伤区深度时开展的校核工作类似，采用非连续力学方法时也进行校核工作，即从理论和现场两个方面考察这些非连续模型中的“数值材料”是否能正确反映Ⅲ类大理岩的力学特性。

在利用现场声波测试资料检验和论证“数值材料”的现实合理性时采用了这样的假设，即裂纹密集分布区就是低波速带。

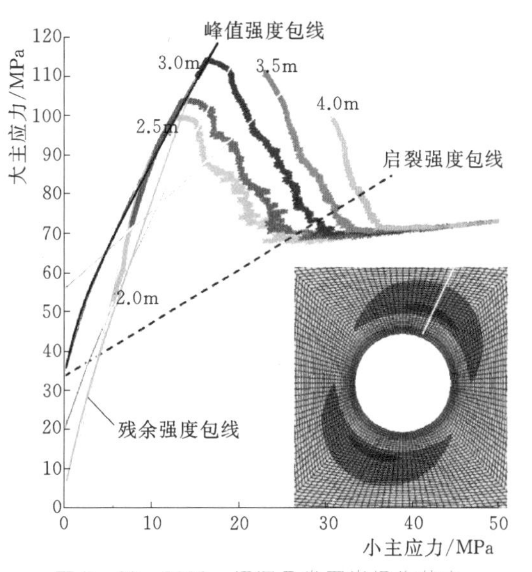

图 5-30 2200m 埋深Ⅱ类围岩损伤状态分析与预测

图 5-31 表示隧洞开挖以后围岩张性和剪切裂纹的分布，注意到这些裂纹在断面上总体趋于与开挖面平行分布，与现场观察到的实际相符；特别是径向布置的钻孔垂直于这些裂纹，在孔内进行纵波速测试时，纵波速度显然会受到裂纹密集程度的影响。

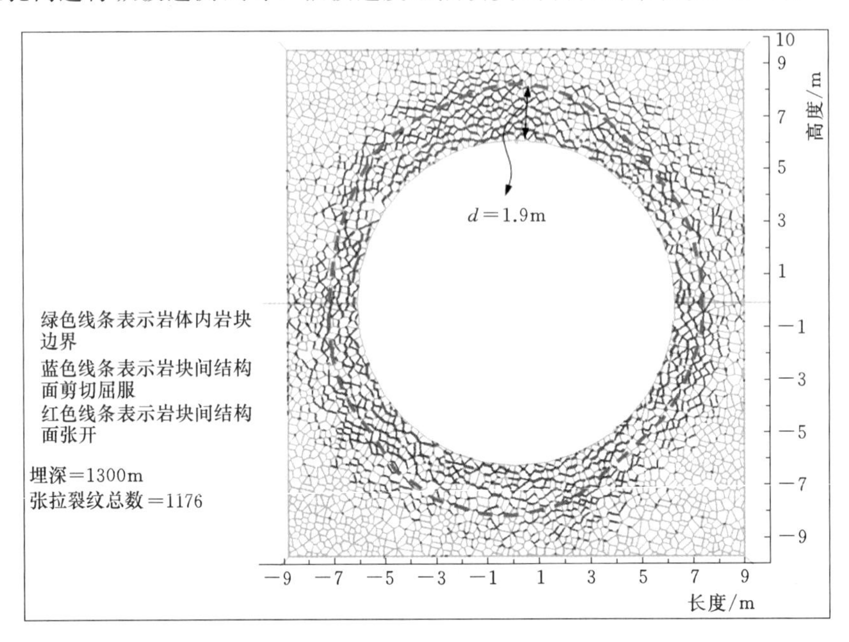

图 5-31 隧洞周边围岩的张性（红）和剪切（蓝）裂纹分布

5.3.4.2 UDEC 方法分析

关于采用 UDEC 对Ⅲ类大理岩力学特性进行研究时的理论合理性（应力-应变关系曲线形态）、经验正确性（峰值强度与 HB 准则的比较）及现实可靠性（与 1350m 埋深部位声波测试成果的对比）等几个方面的论证和检验将在后续章节详细论述，本节直接给出计算成果。

图 5-32 表示了埋深分别为 1350m、1500m、1800m、2000m 和 2200m 时Ⅲ类围岩条件下围岩损伤分布特征。大体上，最大损伤区基本都以顶拱附近一带为主，最大深度分别为 1.8m、2.0m、2.4m、2.8m 和 3.1m。随着埋深的增大，损伤区深度总体上相应增大。

与前述关于损伤区特征的叙述一致，随着埋深的增大，损伤区深度和损伤程度均发生变化，后者表现为裂纹密度增大。

注意以上均为平面计算成果，因此无法反映断面位于开挖掌子面附近时整个洞周经历的高应力作用和可能造成的历史损伤，即计算结果只反映了断面应力状态的作用，反映在计算成果中，主要是南侧拱肩和北侧拱脚一带的损伤区范围可能相对偏小。

采用 UDEC 计算获得的不同深度Ⅲ类围岩损伤区深度列于表 5-3 中。

表 5-3 采用 UDEC 计算获得的不同深度Ⅲ类围岩损伤区深度

埋深/m	损伤区深度/m	埋深/m	损伤区深度/m
1350	1.8	2000	2.8
1500	2.0	2200	3.1
1800	2.4		

与上述连续力学分析方法相比，这里没有给出低波速带深度，此时一般认为低波速带深度和损伤区深度相同。

本节尚未建立损伤程度的评价标准，上面的损伤深度均根据计算结果估计和量测。从理论上讲，这种方式可能不够精确，但就工程应用而言，所产生的误差是在可以接受的范围内。

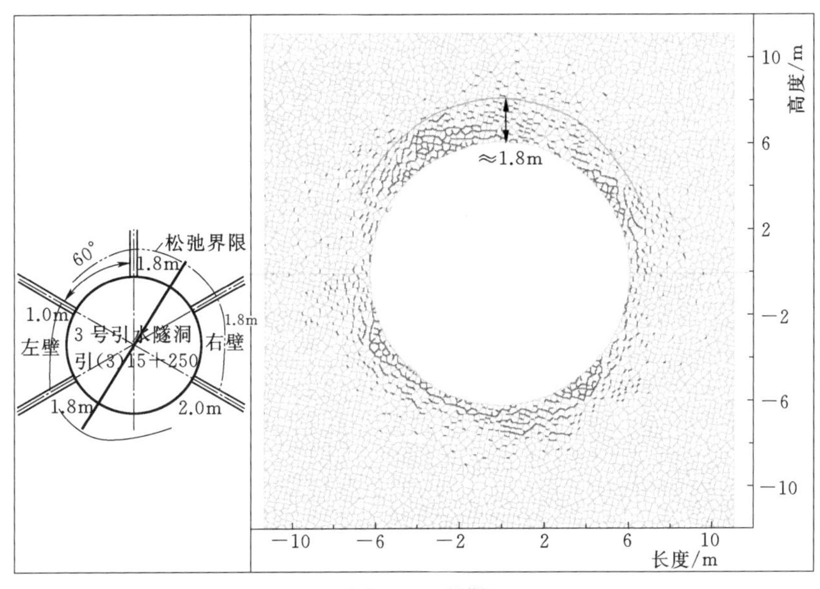

(a) 1350m 埋深

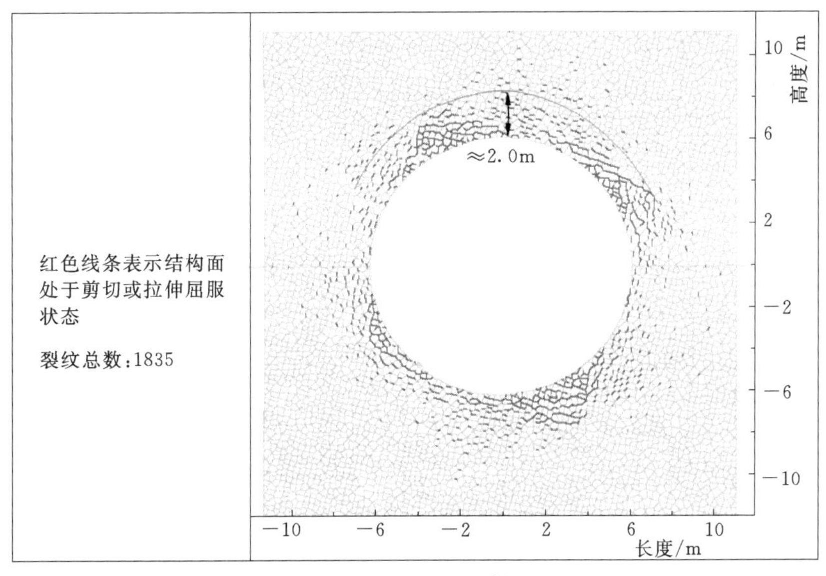

(b)1500m 埋深

图 5-32（一） 1350～2200m 埋深条件下Ⅲ类围岩损伤分布（UDEC 法）

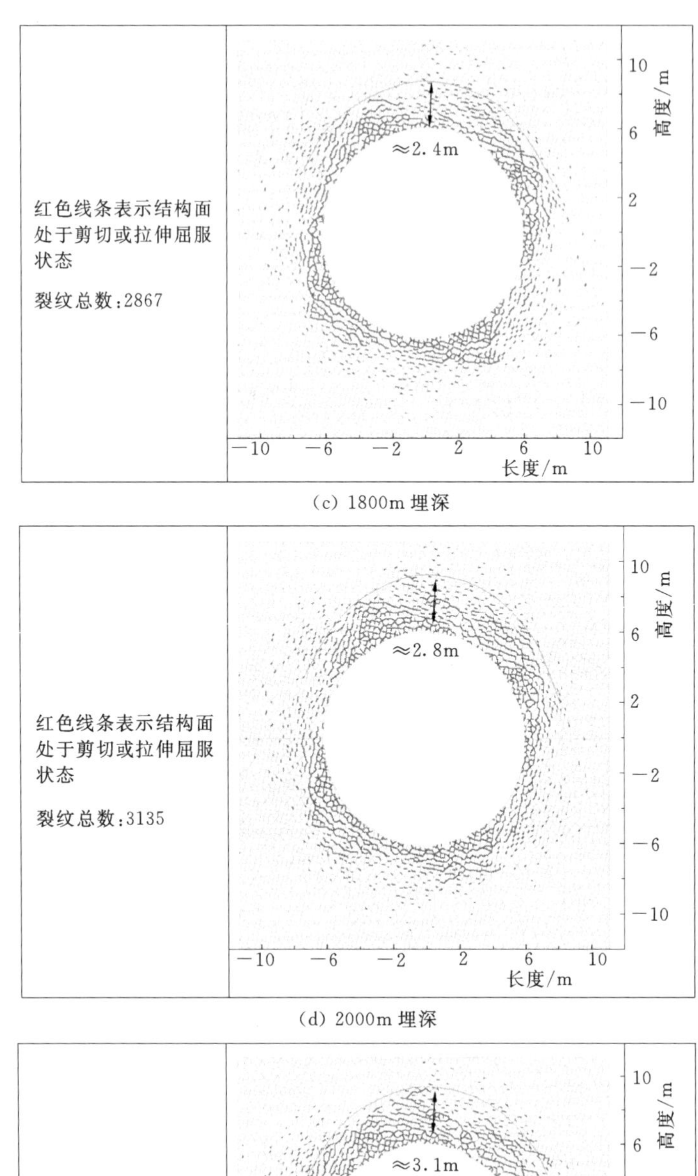

(c) 1800m 埋深

(d) 2000m 埋深

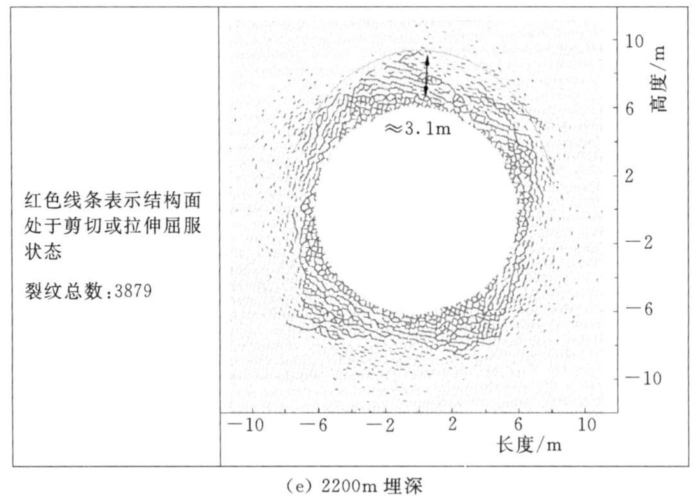

(e) 2200m 埋深

图 5-32（二） 1350～2200m 埋深条件下Ⅲ类围岩损伤分布（UDEC 法）

5.3.4.3 PFC方法预测

围岩损伤区PFC方法预测的计算条件等与上述UDEC预测完全相同，差别在于方法及其对应的具体环节，PFC更侧重于从微观角度考察问题。图5-33给出了1350m、1500m、1800m、2000m及2200m几种埋深条件下损伤区分布、最大深度以及顶拱一带围岩荷载分布特征等。

图5-33给出的不同埋深条件下围岩损伤区深度列于表5-4中。

表5-4 采用PFC计算得到不同埋深条件下围岩损伤区深度

埋深/m	损伤区深度/m	埋深/m	损伤区深度/m
1350	1.9	2000	2.6
1500	2.1	2200	2.8
1800	2.4		

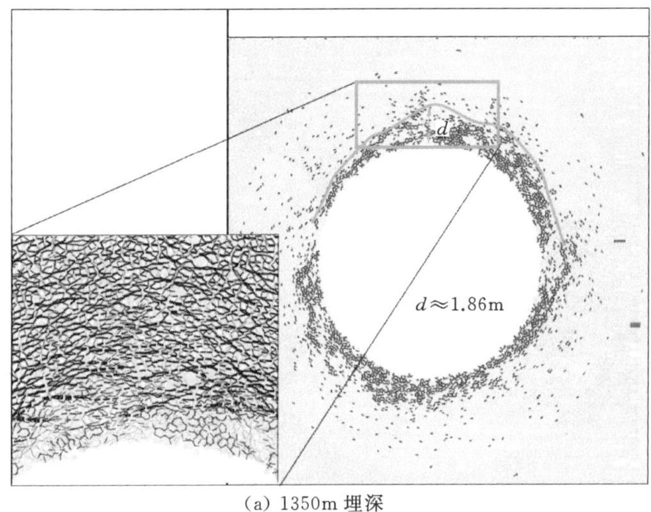

(a) 1350m埋深

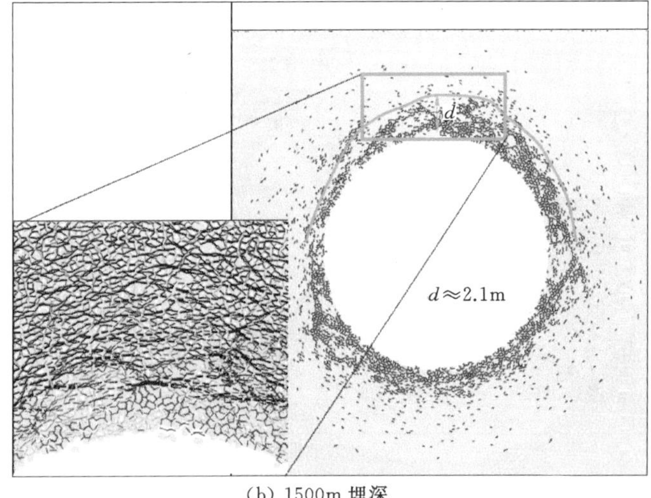

(b) 1500m埋深

图5-33（一） 1350～2200m埋深条件下Ⅲ类围岩损伤分布（PFC法）

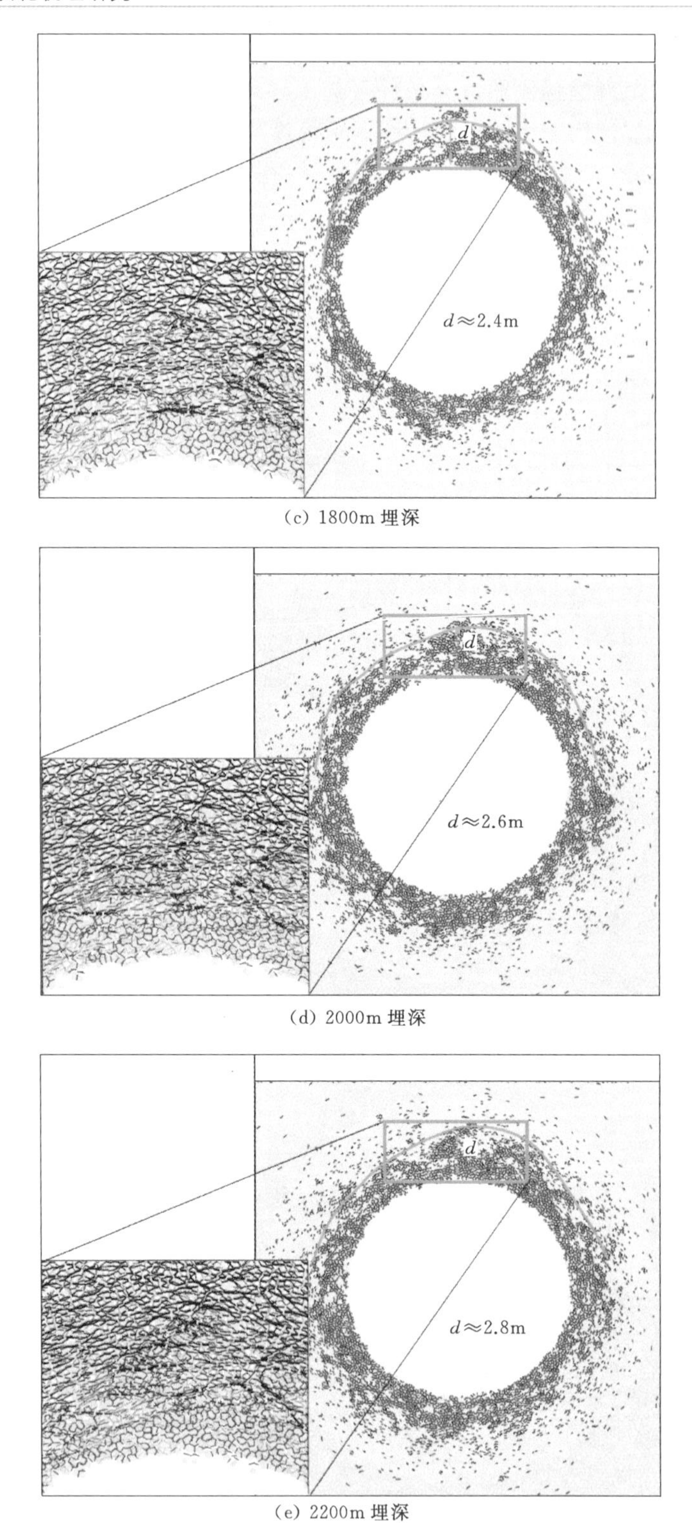

(c) 1800m 埋深

(d) 2000m 埋深

(e) 2200m 埋深

图 5-33（二） 1350～2200m 埋深条件下Ⅲ类围岩损伤分布（PFC 法）

5.4 结构面影响分析

以上关于围岩损伤的分析，是将结构面作为岩体的一个组成被均化处理，比如，当岩性相同时，结构面不发育时岩体质量可以划分成Ⅱ类，相对发育时则被划分成Ⅲ类。这种处理方式可以满足对围岩损伤区一般分布特征的了解，但如果需要考察断面上围岩损伤区的具体分布特征时，需要对结构面的影响进行专门讨论。

节理对围岩损伤影响的研究涉及深埋高应力条件下节理力学行为的认识，或者，需要具有针对结构面的相关测试成果，如结构面附近围岩声波变化的测试。缺乏这些资料和成果显然会影响到研究成果的工程可靠性，为此，本节作为初步探讨，以提出问题和初步了解问题的基本特征为主，深化研究工作需要依赖更多的现场测试资料。

5.4.1 平行于洞轴线的陡倾结构面的开挖响应

锦屏二级水电站引水隧洞 NWW 向结构面多呈陡倾状，当具有张性特征的 NWW 向节理在隧洞北侧拱肩一带出现时，经常导致结构面应力型围岩破坏，而出现在顶拱附近时，围岩往往保持良好的稳定性，这一现场现象意味着 NWW 向节理在北侧拱肩出现时对围岩损伤影响更严重，而在顶拱一带影响相对很小。

根据现场观察和认识，研究工作先着重考虑 NWW 向张性节理在隧洞断面不同位置对围岩损伤区的影响。图 5-34 表示了 NWW 向节理位于北侧拱肩、顶拱和南侧拱肩一带时围岩损伤区的分布，对应埋深为 1350m、围岩类别为Ⅲ类。根据前面的成果，1350m

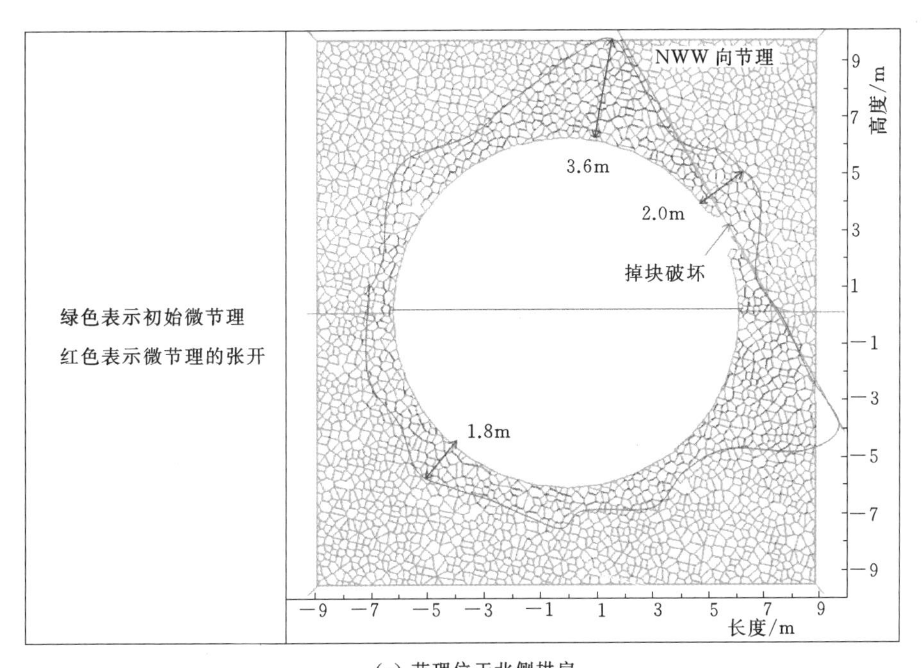

(a) 节理位于北侧拱肩

图 5-34（一） NWW 向节理位于断面不同部位对围岩损伤分布的影响

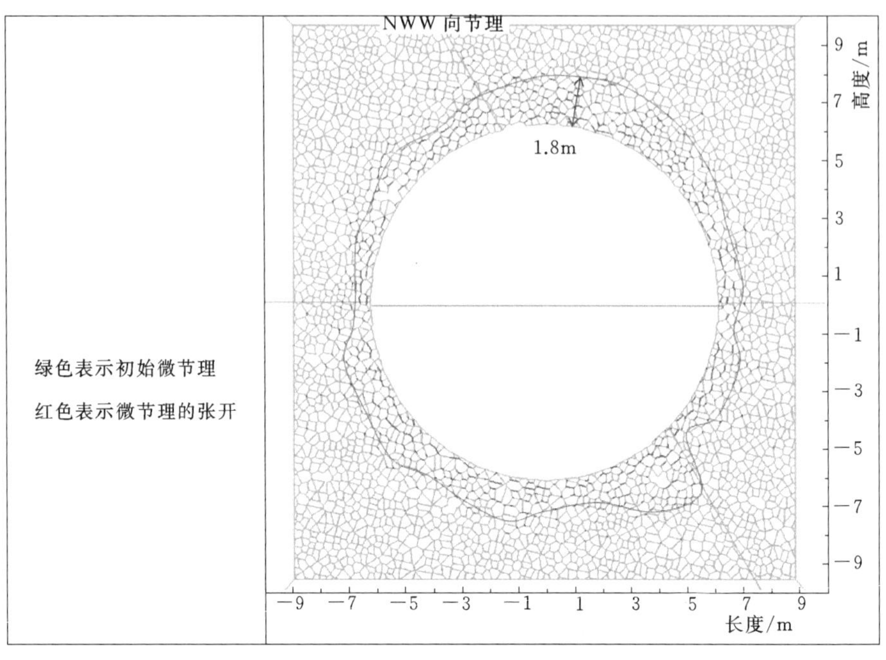

(b) 节理位于顶拱

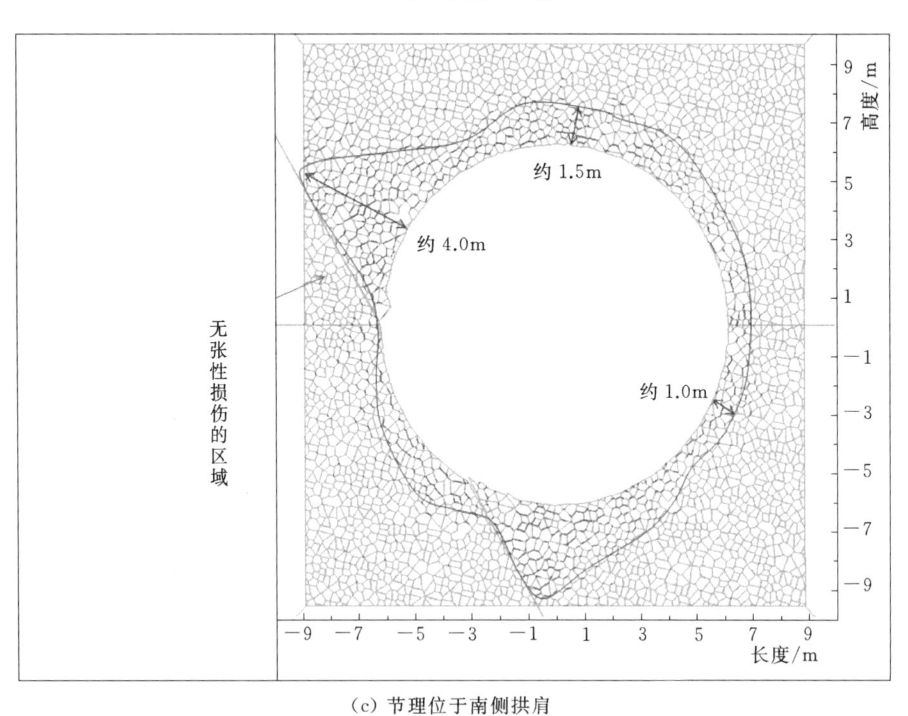

(c) 节理位于南侧拱肩

图 5-34（二） NWW 向节理位于断面不同部位对围岩损伤分布的影响

埋深条件下Ⅲ类围岩全断面开挖以后的损伤深度为 1.8m，这一结果可以作为分析工作的参考依据。

根据图 5-34，当 NWW 向节理在北侧拱肩出现时，计算结果显示了损伤和掉块现象，而在顶拱时几乎不产生影响，这与现场观察到的结果是一致性的。具体分析如下：

（1）当 NWW 向节理位于北侧拱肩时，在节理和洞壁之间的范围内损伤区深度显著增大，损伤区的最大径向深度由没有节理时的 1.8m 增加到 3.6m 左右，但产生掉块破坏的深度不大，仅数十厘米，与现场观察到的一般情形相符。

（2）NWW 向节理位于顶拱时，节理对损伤区分布基本不产生影响，这主要取决于节理的受力条件，即该部位总体上以挤压为主。

（3）NWW 向节理位于南侧拱肩一带时也可以对损伤区形成显著影响，与节理位于北侧拱肩的差别是，此时无掉块现象，节理外侧围岩中基本不出现损伤。这一现象主要因为该部位围岩应力状态与北侧拱肩的不同：南侧拱肩以应力松弛为主要特征，从计算结果看，造成的张性损伤区深度似乎更大一些，最大径向深度达到 4.0m 左右。

NWW 向节理导致的损伤区局部增大以后形成的形态为 V 形，目前还没有评价这种 V 形损伤区域围岩的稳定性，但很可能与现场观察到的 V 形破坏一致，是破裂区发展到稳定阶段的结果。由于非连续计算能反映岩体失稳后脱离围岩的破坏过程，因此计算结果显示，在 1350m 埋深条件下 NWW 节理的影响主要是导致局部损伤区加深。

5.4.2 垂直于洞轴线的陡倾结构面的开挖响应

依然以锦屏二级深埋隧洞为研究对象。垂直于洞轴线的 NE 陡倾结构面的开挖响应分析以施工排水洞为研究对象。计算模型的几何尺寸与 NWW 节理分析模型相一致，隧洞开挖时按照 1m 一个进尺考虑，以模拟 TBM 连续掘进。图 5-35 是 TBM 连续掘进通过 NE 结构面后隧洞纵剖面上的位移特征。当 TBM 掘进至距 NE 结构面 10m 处时围岩的变位特征开始受到 NE 结构面的控制而呈增大趋势。从位移矢量图中可以看到，NE 结构面上、下两盘的变位特征不一致：在顶拱出露，其下盘的围岩变位更明显；在底拱出露，其上盘的变位相对明显。节理两盘的围岩变位规律清晰地显示了 NE 结构面的错动行为，即下盘向下滑移而上盘向上抬升。

辅助洞和排水洞岩爆经验显示，NE 结构面是一种能够积聚能量的地质构造，结构面的错动必然伴随着能量的剧烈释放。因此接下来需要回答的问题是：TBM 掘进至距离结构面附近什么位置时，NE 结构面开始剧烈释放能量？这也对应着较高的岩爆风险。能量释放率 ERR（Energy Release Rate）和结构面上的超剪应力都可以用于评价掌子面位置所对应潜在岩爆风险的指标。图 5-36 是 TBM 连续逼近 NE 结构面时每一个掘进进尺（1m）的 ERR，图中同样列出了每个进尺所开挖出的围岩包含的应变能密度。ERR 包含两大部分：①被开挖岩体所包含的能量密度；②单次掘进中围岩和结构面所释放的能量除以开挖体积。图中的横坐标表示隧洞掌子面距 NE 结构面的长度，数值为负时表示掌子面尚未开挖到 NE 结构面，数值为正时表示掌子面已掘进通过 NE 结构面。从图中可以看出，当隧洞掌子面距 NE 结构面的长度超过 9m 时，NE 结构面对隧洞处于稳定状态，没有能量释放，此时 ERR 和开挖岩体的能量密度基本保持不变。当掌子面推进至距 NE 结构面 7～9m 时候，ERR 开始增大，但增大的幅度不大；掌子面推进至 NE 结构面 5m 左右的位置，ERR 急剧增大，此时 ERR 比结构面未扰动的情形大了 2.4 倍，NE 结构面释放了大量的能量。

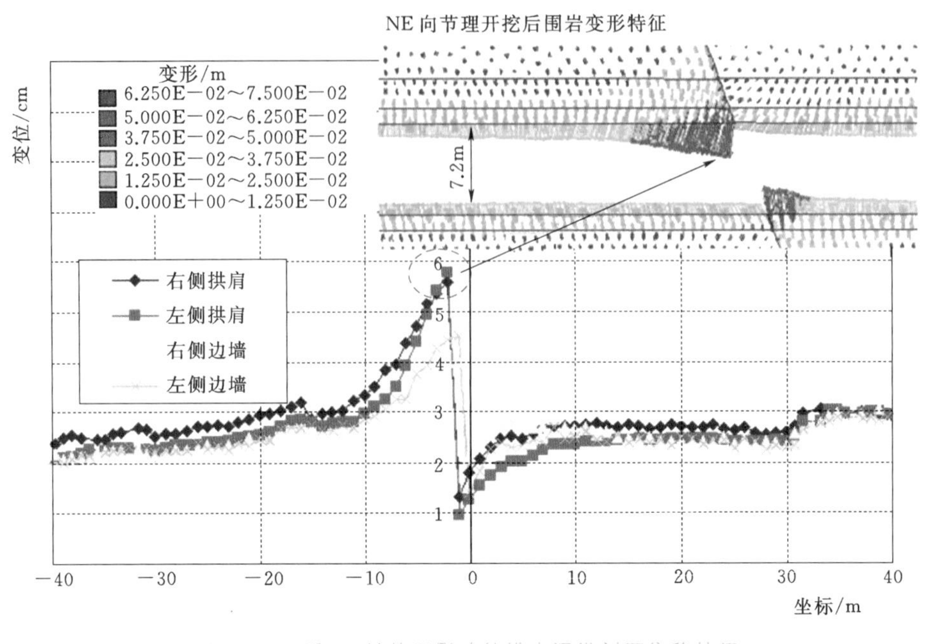

图 5-35 受 NE 结构面影响的排水洞纵剖面位移特征

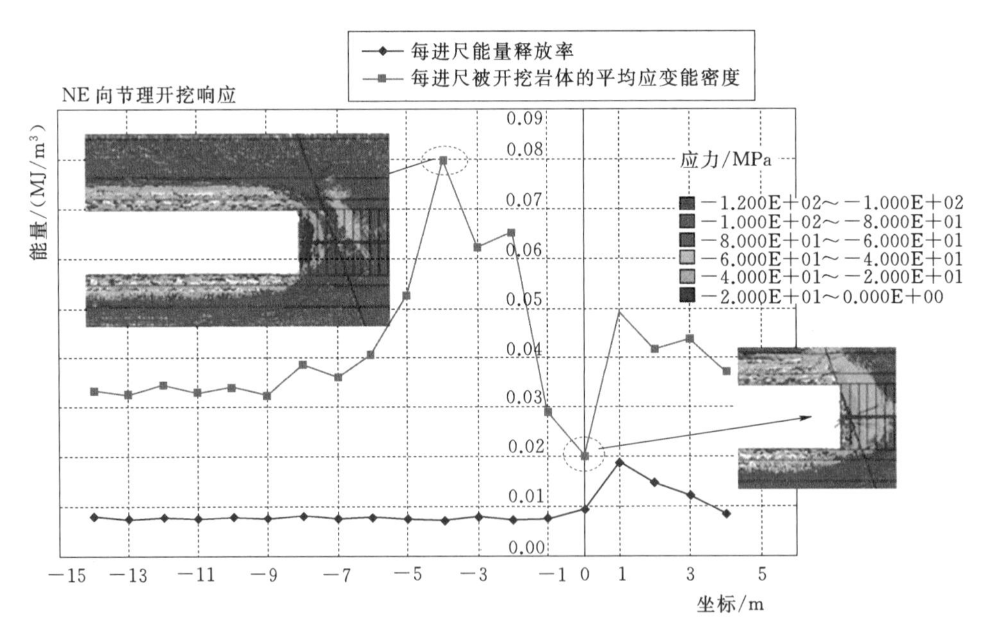

图 5-36 TBM 逼近 NE 结构面时的 ERR

上述分析表明 NE 结构面错动将伴随着能量的剧烈释放，并且当掌子面距离 NE 结构面 4～5m 时结构面能量释放最为猛烈，现场也对应着最高风险的掌子面岩爆发生条件。

引水隧洞开挖洞径较排水洞大，受尺寸效应影响出现掌子面岩爆时其掌子面距离 NE 结构面的长度可能要超过 4～5m。

5.4.3 缓倾结构面开挖响应

完整岩体的V形高应力破坏完全受控于地应力状态和围岩条件。白鹤滩和江边水电站的平洞和高压管道地应力量级不高（十几兆帕到二十几兆帕），相应的，完整岩体洞段由片帮破坏逐渐产生的V形破坏深度一般仅几厘米到十几厘米，符合一般性的认识。但某些位置可以形成接近1m深度的尖棱形V形高应力破坏，显然这些应力型破坏规模要远大于完整岩体洞段的高应力破坏，成为需要深入研究的对象。规模突然加大的尖棱形V形破裂往往都与特定的刚性断裂或刚性结构面相关，换言之，在破裂的附近一般都可以发现迹长超过5m的刚性结构面。

图5-37是江边工程高压管下平段的V形破坏，该隧洞在其他位置的片帮破坏深度一般不超过10cm，但该处的V形破坏却发展成深度接近1m的凹坑，显然高应力破坏的规模通过附近的结构面得到加强。

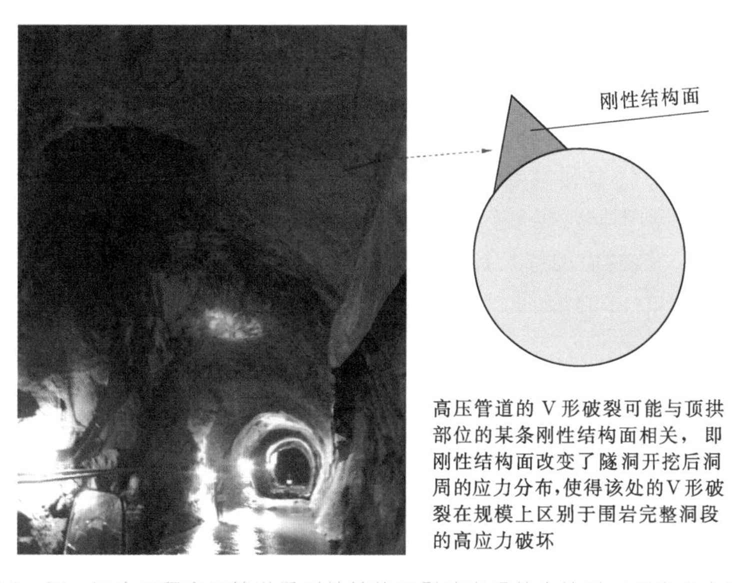

图5-37 江边工程高压管道受刚性结构面影响出现的尖棱形V形高应力破坏

白鹤滩厂房平洞同样也揭示出受刚性断裂影响的尖棱形V形破裂（图5-38），厂房平洞片帮大部分展布在顶拱一带并且发育深度一般为十几厘米，图中的V形片帮破坏同样分布在顶拱，表明该片帮总体上受地应力控制，但发育深度达到0.7m。显然片帮破坏的过程受到刚性结构面的影响，由于附近未观察到明显的结构面，因此推断顶拱部位可能存在缓倾的刚性结构面，隧洞开挖后洞周的应力分布和高应力破坏受控于刚性结构面。

锦屏工程也存在类似的围岩破坏特征，即顶拱部位的缓倾结构面对顶拱和拱肩部位围岩的应力型破坏有较大的改造作用，使得围岩破坏的形式和规模显著区别于完整岩体洞段。

总体上，顶拱部位的缓倾结构面分成刚性和软弱两种，刚性结构面在隧洞开挖响应中起加剧高应力破坏的作用，具体破坏规模主要受结构面与顶拱的距离和结构面迹长两个因素影响。缓倾软弱结构面在开挖过程中可以通过张开和错动释放能量，这种情况下围岩的

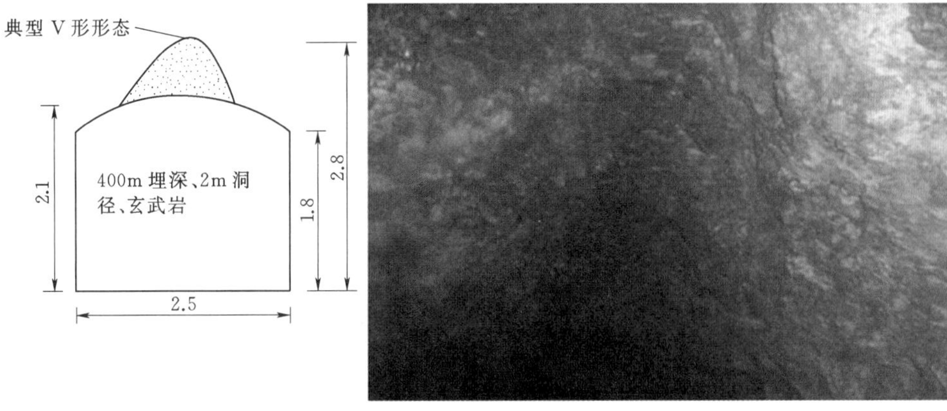

(a) 片帮几何形态现场素描图　　(b) 片帮几何形态照片

图5-38 白鹤滩厂房平洞受结构面控制的0.7m深度的片帮（单位：m）

片帮破坏通常不发育，现场可能会观察到一些应力破裂，这些破裂可以与缓倾软弱结构面一起形成垮落块体。

首先考察单条刚性缓倾结构面在顶拱不同深度部位展布时围岩的开挖响应，然后再考察软弱结构面的情形。需要强调的是所有的分析结果需要与现场的认识吻合。

刚性结构面在顶拱不同深度展布的分析以TBM开挖引水隧洞为主要研究对象。图5-39是数值分析模型，结构面的迹长按10m考虑，结构面倾角5°，分别考虑刚性结构面距顶拱1m、2m、3m和4m的情形。

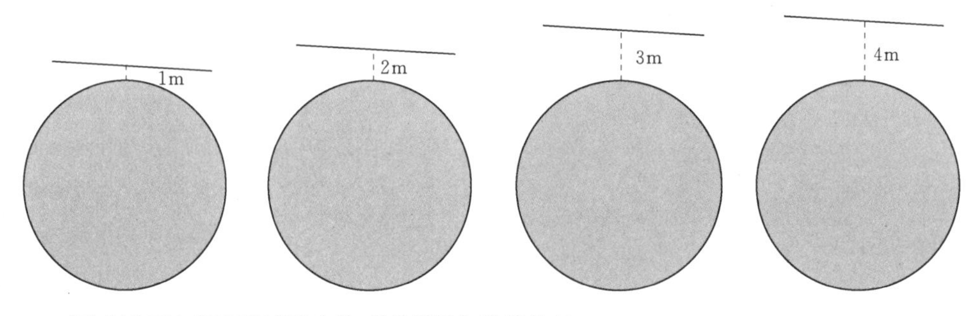

图5-39 刚性缓倾结构面展布与顶拱不同深度

分析工作重点是考察不同结构面展布对围岩高应力破裂的影响，采用PFC数值方法追踪破裂发展过程，图5-40是3号引水隧洞埋深1350m的松动圈测试成果，在认为低波速带等同于围岩破损基础上反演了岩体的PFC细观参数，右图是PFC计算的破损区域（红色代表张性破裂），可以看到破损的形态和深度与松动圈测试成果具有良好的对应关系，说明了该组细观参数可以较为准确地反映围岩的应力破裂过程。

保持岩体细观参数和地应力边界条件不变，在模型中模拟缓倾刚性结构面，对比分析不同结构面展布形式对围岩损伤的影响。图5-41是刚性缓倾结构面在顶拱不同深度展布时围岩的破损形态，与不含结构面的情形相比有以下几点特征：

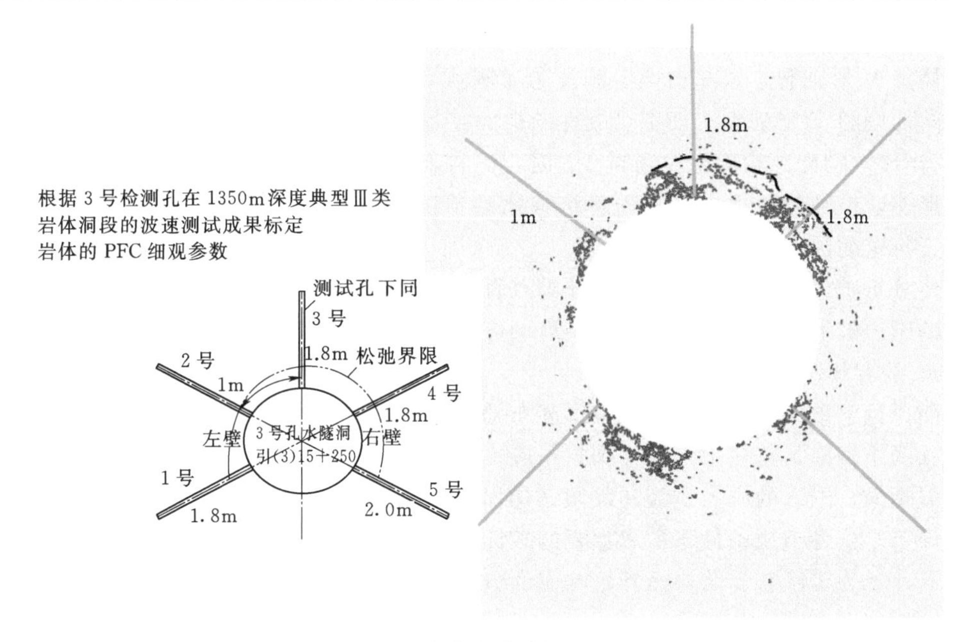

图5-40　PFC岩体参数验证（埋深1350m）

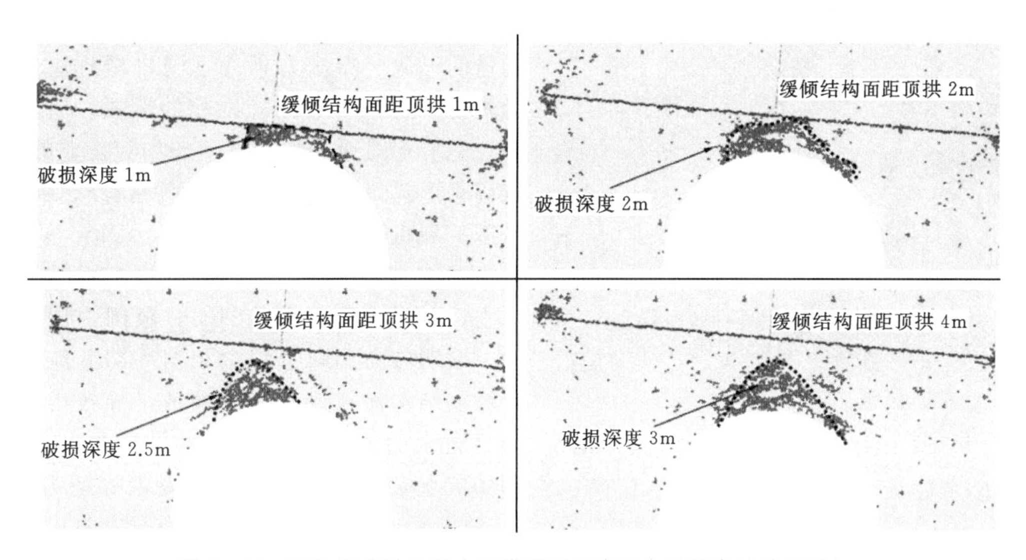

图5-41　刚性缓倾结构面在顶拱不同深度展布时围岩的破损形态

（1）破损的分布形式发生了变化：由顶拱、北侧拱肩一带转移至顶拱一带。

（2）围岩破损的分布与缓倾结构面距离顶拱的位置具有直接的关联：

1）当缓倾刚性结构面距离顶拱1m时，围岩破损深度仅1m，此时缓倾结构面起到阻隔应力破裂的作用，注意围岩破损并不等于围岩发生垮落，只有当破损严重达到破坏程度时这部分围岩才会在重力驱动的作用下发生掉块和垮落。

2）当缓倾刚性结构面距顶拱2m时，围岩最大破损深度达到2m。

3）当缓倾刚性结构面距顶拱3m时，围岩最大破损深度到达2.5m。注意到此时围岩破损并未一直向上发展而是到达某个深度就处于稳定状态，同时注意到围岩破损呈现出典型的尖棱形 V 形破裂，这与白鹤滩和江边工程所观察到的破坏形态一致。总体上这类规模上猛然加剧的 V 形破裂一般都受刚性结构面控制。

4）当缓倾刚性结构面距离顶拱 4m 时，围岩破损深度达到 3m，结构面仍然控制着 V 形破裂形态，但破裂的规模并未随着结构面到顶拱距离的增加而线性加剧，V 形破裂总体上趋于特定的深度。

上述分析工作对与锚杆长度的设计具有直接的指导意义，刚性缓倾结构面发育洞段顶拱部位的围岩破裂行为会加剧，两侧拱肩的应力破裂会减弱，锚杆的设计长度一般需要保证 3～4m 的有效锚固深度。

上面讨论了单条刚性结构面在顶拱展布的情形。TBM 的掘进过程中还会遭遇到成组出现的软弱结构面，这些地质条件围岩一般不会出现比较明显的片帮破坏，有时会观察到应力破裂现象，围岩的应力破裂和缓倾结构面可以形成一定体积的潜在失稳块体，因此，掉块和垮落是这种地质条件下围岩主要的破坏形式，岩爆、V 形破坏通常不会出现。

图 5-42 为缓倾软弱结构面开挖响应的分析模型，结构面间距 0.5m，图中的红色表示张性破裂，蓝色表示剪切破裂。Hundson 曾指出：隧洞开挖就是在围岩创建一个新的表面的过程，围岩达到稳定的过程总伴随着能量的释放。高应力条件下围岩释放能量的形式是多样的，有比较剧烈的形式，比如岩爆，也有相对缓和的形式，比如片帮、破裂、破碎等形式，同时原生结构面的张开、错动、端部扩展也是能量释放的形式。

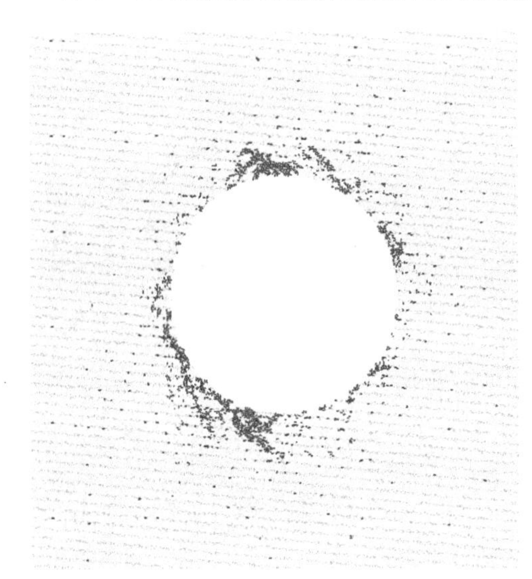

图 5-42 缓倾软弱结构面展布洞段围岩破损形态（结构面间距 0.5m）

图 5-43 中剪切破坏都发生在缓倾结构面上，并且在顶拱和底拱 3m 范围内比较集中，表明应力调整过程中相当一部分能量通过软弱结构面错动的形式释放，导致岩体应力型破裂的能量较完整岩体洞段大为减小，图中红色表示的张性破裂的发展深度为 1～1.5m，无论是规模和深度都小于完整岩体洞段的开挖响应。

图 5-43 是顶拱部位围岩破裂的放大图，注意到软弱结构面之间完整围岩的应力型破裂可以和已发生错动的结构面一起形成潜在失稳块体，在重力驱动下这部分块体可能发生垮落。数值分析揭示了高应力条件下结构面导致的潜在块体问题的一个重要特征：单一的结构面就可以导致块体失稳问题，并不需要像浅埋条件下通过 3 组结构面切割形成关键块体，高应力条件下的应力破裂可以起到“次生”结构面的作用，并通过与发生张开或错动的原生结构面一起形成关键潜在失稳块体。

图 5-44 是 3 号引水隧洞缓倾节理与高应力破坏组合而成的块体问题，与图 5-43 不同的是，现场破坏还同时受到一条陡倾节理的影响，因而破坏偏向于北侧拱肩。图

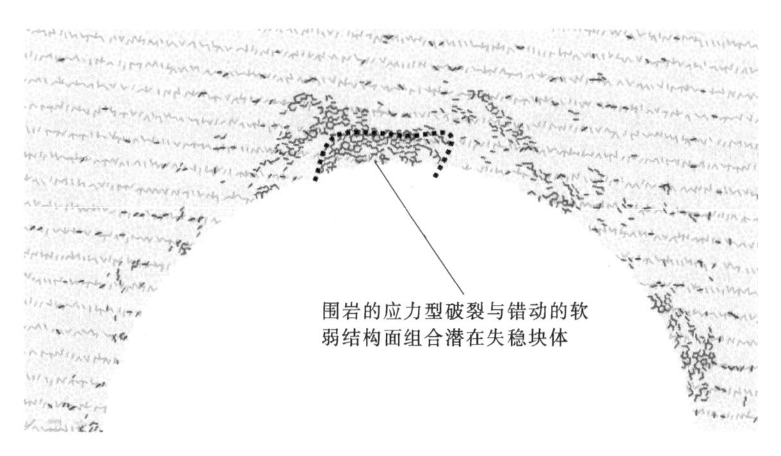

图 5-43　软弱缓倾结构面展布洞段围岩破损形态——局部放大图

中顶拱部位起伏不平的面明显是高应力破裂的形式，这与平直的原生结构面有显著的差异。

图 5-44　引（3）14+435 部位顶拱偏北侧拱肩的坍塌

如果仅有一组缓倾节理和一条陡倾节理而不考虑埋深导致的应力型破裂，现场不会发生坍塌，较为密集的应力破裂会和原生结构面一起形成潜在失稳块体。注意到应力破裂向围岩内部的发展深度较浅，因此现场的垮塌并未一直发展而是形成单次垮塌后围岩处于相对稳定的状态，这与数值分析的结果对应良好。

5.5　本章小结

在复杂高应力环境下，岩体加卸荷力学特性和开挖响应是围岩稳定性分析的重要内容，前者是建立合理的力学模型来反映力学机制的基础，而后者决定了围岩的稳定性状态以及以何种破坏形式或者有何种变形特征。同时由于深埋隧洞围岩介质的复杂性，其力学行为不仅可表现为连续介质特性，还因为局部非连续构造的存在而表现出强烈的非连续特性，因而深埋隧洞围岩稳定性分析过程需要同时使用连续力学与非连续力学两类方法才能有效解决特定问题。合理有效的分析理论和方法是解决深埋隧洞围岩稳定性的难点问题。

为此，本章在深部硬岩力学特性研究的深入认知基础上，分别针对完整岩体和复杂构造控制下岩体的开挖力学响应分析方法问题、开挖损伤演化规律问题等开展了深入的研究。利用断裂力学中的应变能密度理论建立了完整岩石中裂纹的启裂强度，并利用其分别描述了不同岩性的岩石中裂纹启裂强度和抗压强度的关系，以及翼型裂纹尖端启裂强度和抗压强度之间的关系。在 Hoek - Brown 强度准则的基础上建立了岩体的启裂强度和损伤强度判据，结合锦屏Ⅱ类和Ⅲ类岩体中强度参数，确定了大理岩的损伤强度。通过引入非连续介质力学理论和方法，包括 UDEC/3DEC 和 PFC 方法，有效地揭示了高应力诱发破裂演化和损伤发展的细观机制，提出了复杂地质构造控制下深埋隧洞岩体的稳定性 UDEC/3DEC 分析理论和方法，明确了结构面对围岩应力场和变形场的影响作用。

深埋围岩损伤演化现场原位试验

6.1 原位试验简介

6.1.1 原位试验的发展

原位试验成为目前国际上地球科学力学问题研究最前沿的手段，同时也是验证设计理念和技术方法的最佳选择。目前国际上已经完成39座地下试验场的建设，其中大部分是为满足高放核废料深埋隔离处置的需要。这些试验场用于开展大型的超常规岩石力学试验，并且相关的试验项目一般都进行了中长期的阶段性规划，其持续科研时间跨度一般都达到数十年。在已经完成建设的地下试验场中，以加拿大URL对岩石力学的贡献最为突出[55-69]。

在地下工程的设计过程中，把握岩体在开挖过程中的反应至关重要。为达到这个目的，加拿大原子能机构（AECL）规划建设了URL，如图6-1所示。在过去的几十年中，AECL在URL中针对岩体开挖响应开展了大量研究，增加了人们对地下开挖过程中岩石力学特性的把握，了解了如何在最小的损伤范围内开挖稳定的隧洞[30]。

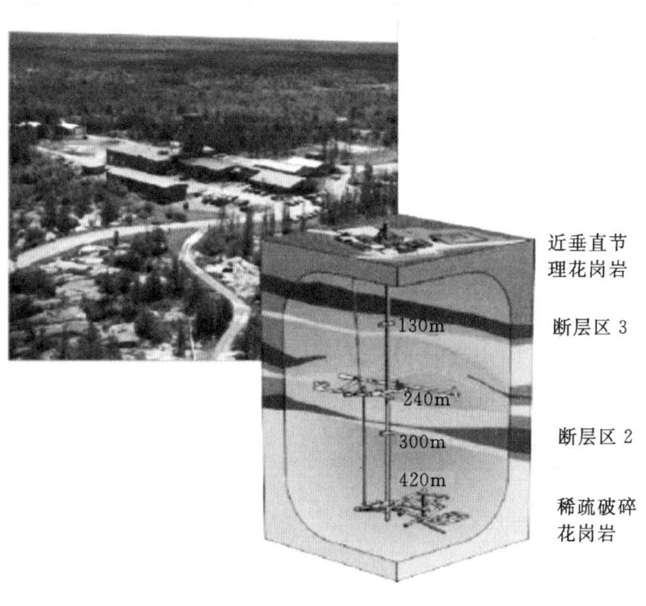

图6-1 URL试验场地面照片及三维透视图

URL 试验洞主要分为 4 个水平试验场，分别是在 130m 和 300m 的两个小型试验场和在 240m 和 420m 的两个大型试验场。不同埋深处的试验场通过一个长 443m 的升降机井相连，直至地面。管道从地面至 255m 深处为矩形，尺寸为 2.8m×4.9m，从 255m 到 443m 为圆形，直径为 4.6m。

自从 1982 年升降机井开始开挖，关于岩石力学、岩石断裂、隧洞稳定性的研究就开始在 URL 中展开，其中最主要的成果是解译 420m MBE（Mine - by Experiment）试验洞在高地应力条件开挖过程中的岩石力学现象[39-41]。

MBE 试验洞是在 420m 水平下开挖的最主要隧洞，在 1989—1995 年间开展了一系列工作，研究开挖引起的损伤发展和在不同应力水平下破裂的发展过程。这个试验洞直径为 3.5m，长度为 46m（图 6 - 2）。在整个开挖过程中使用无爆破液压劈裂技术开挖。隧洞设计轴线方向平行于中间主应力，以使作用在隧洞截面上的偏应力最大，促使破裂发展。

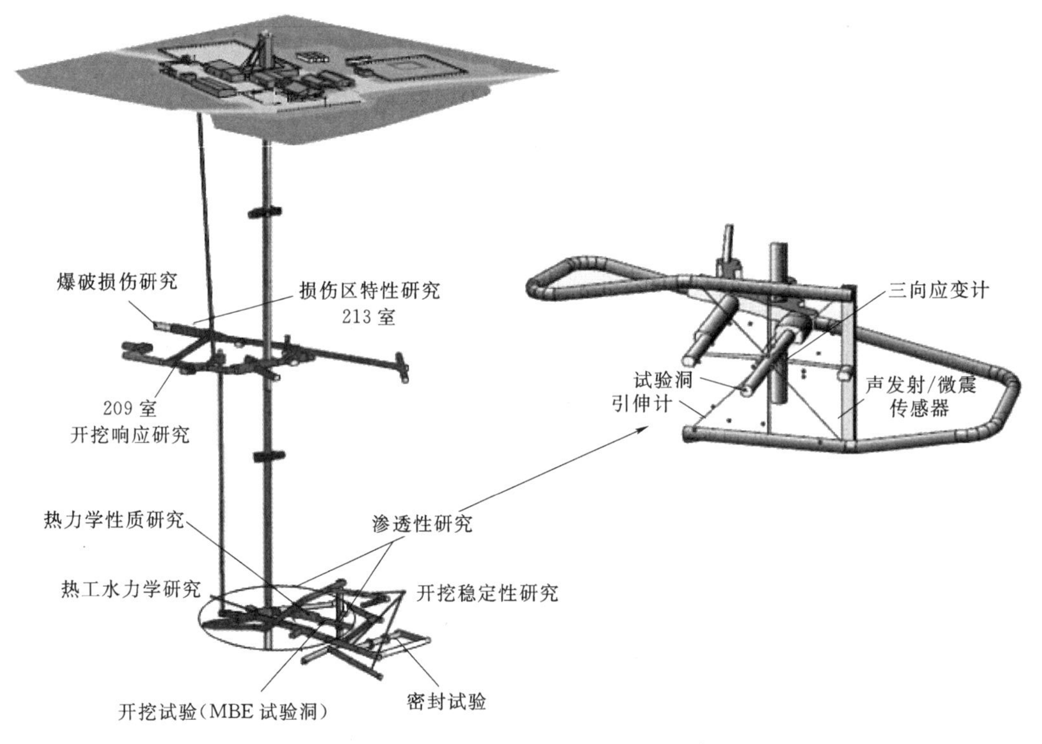

图 6 - 2　420m MBE 试验洞布置图[41]

MBE 试验洞的另一个特征是在隧洞掌子面前方安装仪器以监测隧洞的开挖响应。仪器包括应变计、收敛计、三向应变计以及声发射和微震监测系统。通过预先安装这些仪器能够全程监测开挖过程中围岩的响应，主要成果如下[55-58]：

（1）促进了人们对掌子面附近岩体力学行为的基础认识，包括短期力学行为和长期力学行为。

（2）开发了工程用工具和设备来监测岩体变化特征，明确岩体条件，在满足现场实际条件下模拟开挖反应过程。

（3）形成了包括岩体描述方法、现场监测、数值模拟的综合性设计方法和工程反分析能力，预测岩体在长期和短期条件下的性质变化。

将上面三个成果总结成图 6-3 所示的流程图。只有当输入的参数能够准确代表所分析岩体的特征时，数值模拟才能得到较好的结果。同样，将数值预测的结果与监测结果进行对比才能使结果更加准确。而在实验室中得到的物理力学特性有利于本构模型的建立和验证。因此，其中的每一个环节都不能减少。

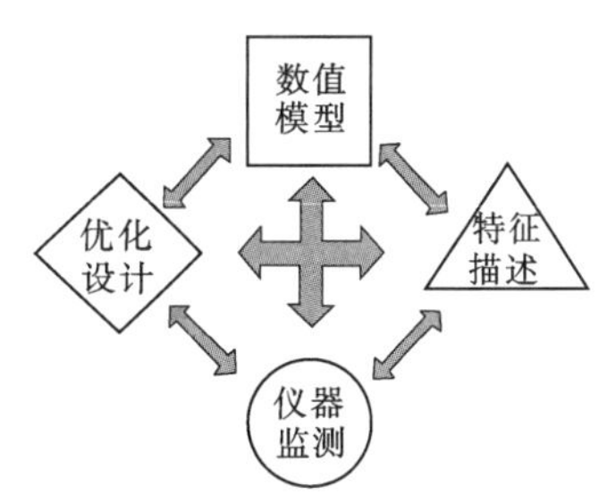

图 6-3 优化设计流程图

6.1.2 部分研究成果

实验室中的岩石试验和现场隧洞围岩的最根本区别是应力路径的不同。岩石试样在取样过程中必须经历完全的应力解除，在单轴压缩或三轴压缩过程中接着承受单调的方向不变的加载路径。而在现场实践中，位于掌子面前方的围岩由于完全暴露在掘进方向上，必然会经历一个完全不同的应力路径。

隧洞开挖会引起周围岩体的损伤，例如裂纹密度和裂纹体积的增加。增加的损伤会提供周围围压的渗透性，并为地下水的流动提供通道。在一定条件下，在隧洞边缘的破裂会随时间不断发展，影响隧洞的整体稳定性。这种破裂随时间扩展的现象以及不断变化的边界条件，都是深埋隧洞长期稳定性评价中需要考虑的因素。根据 URL 的研究成果[2-7,39-46]，在以下几个方面得到了更深刻的认识。

6.1.2.1 掌子面效应

岩体由于掘进而经历的应力路径可以分为两部分：位于掌子面前面的部分和掌子面后面的部分（图 6-4）。在掌子面前方，加载路径可能包括应力的增加/减少及主应力方向的变化。在掌子面后方，径向应力为零，切向应力随着掌子面的掘进而增加，当满足平面应变条件时达到峰值。隧洞边墙围岩可看作是临界应力路径。其中特征点 A 和 B 在掌子面前方，B 紧邻掌子面，C 在掌子面上，而 D 位于掌子面后方，这 4 个点基本代表了岩体在整个掘进过程中应力路径的变化过程。

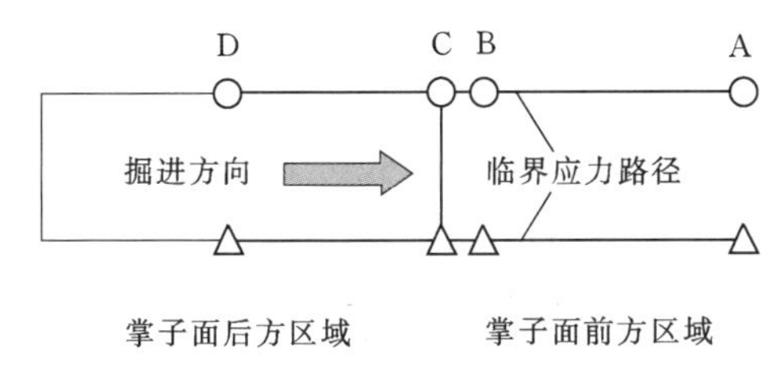

图 6-4 掌子面位置以及临界应力路径和特征点

在出现宏观破裂之前，位于掌子面后方的边墙围岩与在室内试验中包含圆形孔洞试块的应力路径基本相似，特别重要的是主应力方向保持不变，或者说在加载路径上没有应力旋转。因此，破裂的累积过程对位于掌子面后面的围岩以及室内试验和在完整岩体中机械式开挖的过程比较类似。

考虑到现场位于掌子面后面的岩体的加载路径和室内试验的路径类似，对于位于掌子面前面的围岩，现场岩体的强度对于室内试验来说有一定程度的降低，主要原因是复杂的应力路径。根据岩体应力在这个区域的变化，围岩将会产生破裂或者已经具备了发生破裂的条件，导致黏结强度的降低。

6.1.2.2 启裂强度

加拿大 URL 的 MBE 试验洞主要是用来研究隧洞开挖引起的破裂及其发展（图 6-

5)。隧洞周围几乎没有断裂构造，而且地应力较高。试验仪器安装在掌子面前方，因此可以监测由于开挖引起岩体响应的整个过程。如图 6-5 所示，该试验洞利用 16 个探头记录了开挖过程中围岩微裂纹的发展情况。大约在掌子面前方 0.6m 处，记录的微震事件在顶拱和底板切向应力峰值区域不断聚集。

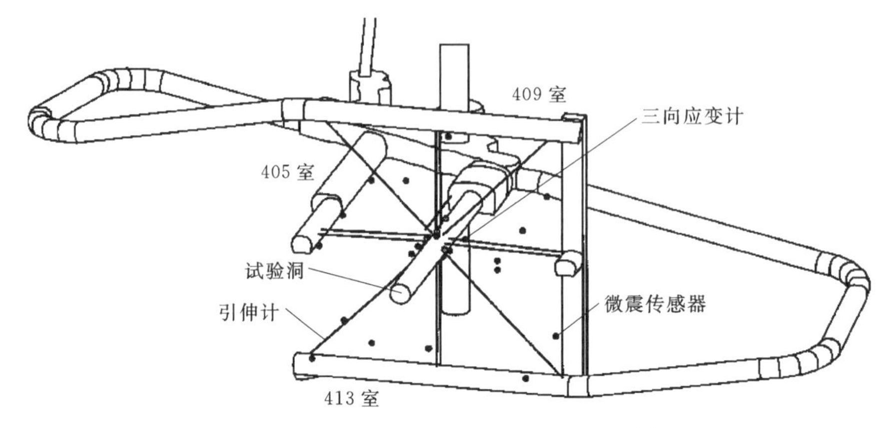

图 6-5 MBE 试验洞监测仪器布置图[132]

在大量声发射和微震测量的基础上，在 MBE 试验洞的掘进过程中发现岩石损伤都首先出现在隧洞掌子面前方（图 6-6）。微震事件可以追溯到掌子面前 0.6m，而在应力集中区微震事件密集的区域最后发展成 V 形破坏，其中应力集中区的偏应力（$\sigma_1-\sigma_3$）超过了 70MPa。而 70MPa 也正是在试验室中测得的 Lac du Bonnet 花岗岩的启裂强度 σ_{ci} 也就是 $0.3\sigma_c$，见图 6-7。

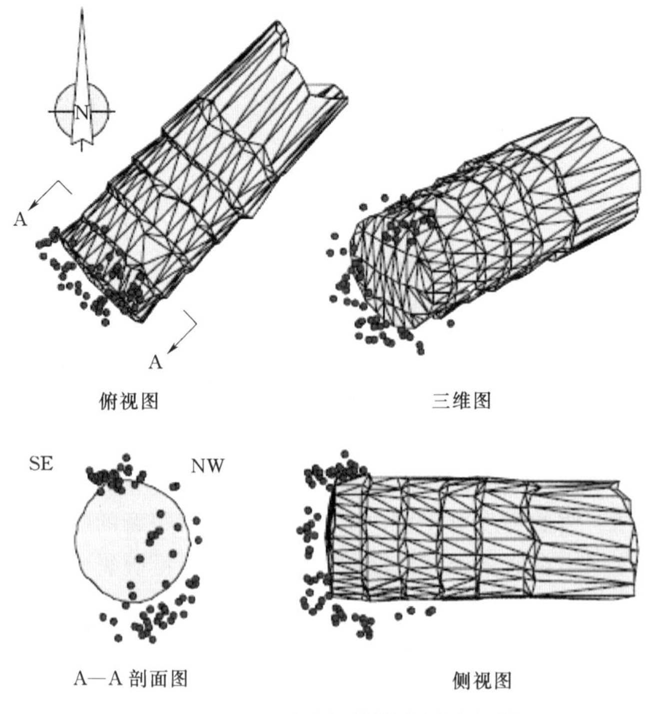

图 6-6 MBE 试验洞微震监测结果[139]

与V形破坏相关的宏观破裂出现在掌子面后0.2～0.5m，而掌子面的切向应力峰值强度仅为120MPa，差不多是$0.6\sigma_c$。同样，在试验洞开挖引起的破坏出现在切向应力超过120MPa附近。这些现象说明，位于隧洞边缘的岩体由于切向应力集中导致损伤累积，使长期强度从150MPa降到120MPa。

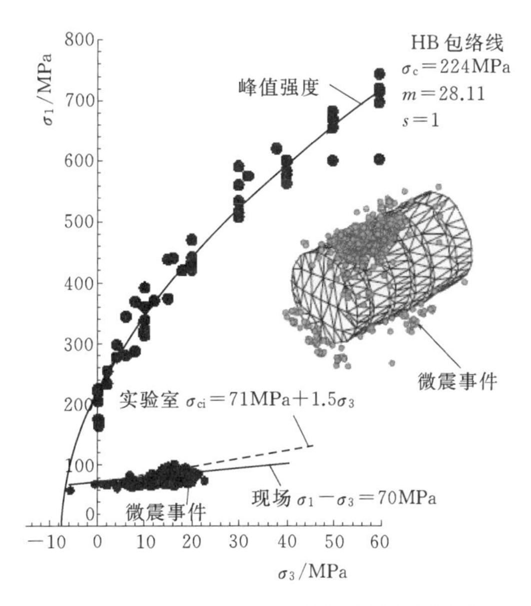

图6-7 Lac du Bonnet花岗岩启裂强度和对应的微震事件[55]

6.1.2.3 渐进破坏

在MBE试验洞中，在顶板和底板处最大主应力可以达到大约160MPa，在这个压应力集中区内，在掌子面后1m左右片帮开始逐渐出现并向外扩展。在图6-8中描述了这种破裂随时间发展的过程，在图6-9中具体描述了破裂区域的破裂形态，最后形成的顶板V形破坏区域的尖端到隧洞中心的距离大约是1.3倍的洞径。

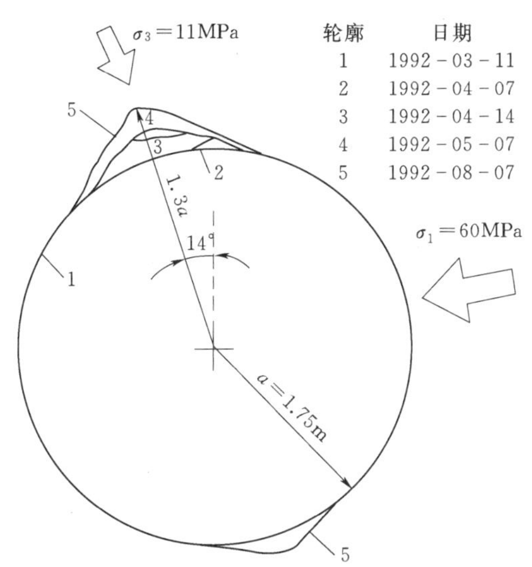

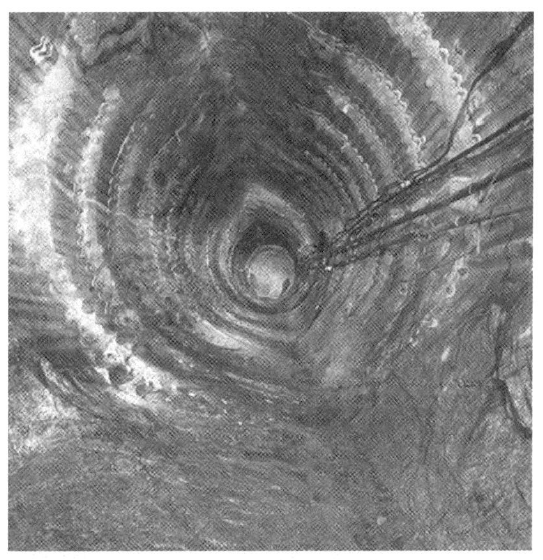

图6-8 MBE试验洞V形破坏区发展过程[69]

在图6-10中描述了这种破坏的发展历程。图6-11所示为渐进破坏过程中出现的典型板状剥落破坏。可以看到，板状岩石虽然较厚，但已经发生弯曲，在右端已经破裂，向左端厚度不断减少。在锦屏隧洞中发现了同样的破坏模式（图6-12）。这种破坏模式与试验室中含有孔洞的方形试块单轴压缩试验中的破坏模式比较类似，但是隧洞出现这种破坏现象时的应力只有单轴压缩强度的50%～60%。试验室中岩石的强度为200MPa，而现场反分析得到隧洞边墙的应力为120MPa，此差异产生的主要原因可能是掌子面效应的影

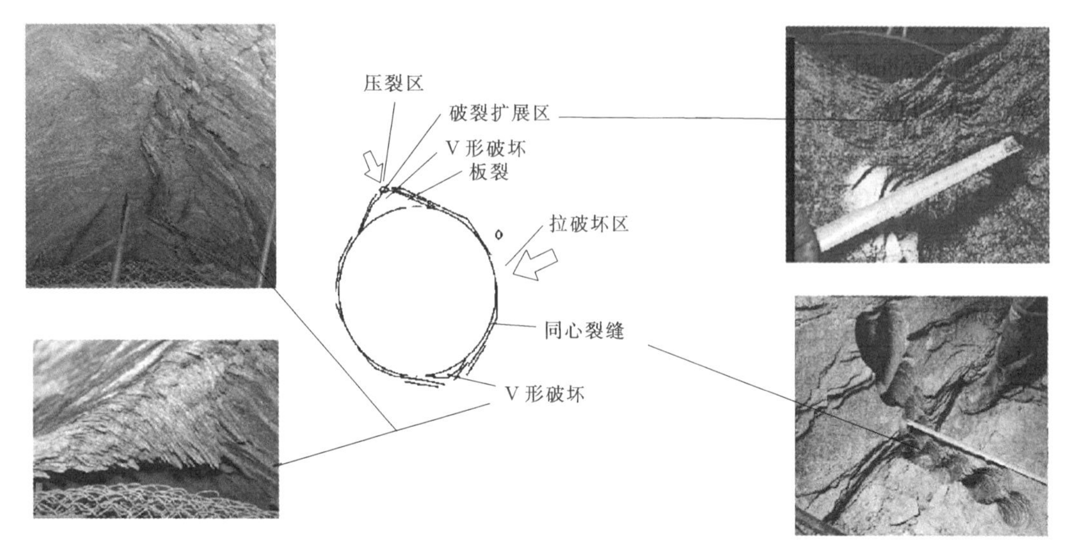

图 6-9 MBE 试验洞破裂损伤的演化过程和形态[69]

响。假设在隧洞掘进过程中，如果主应力的大小和方向都发生重大的改变，会对沿途围岩造成局部损伤，降低其强度，而在室内试验中，并没有模拟这个应力变化过程。

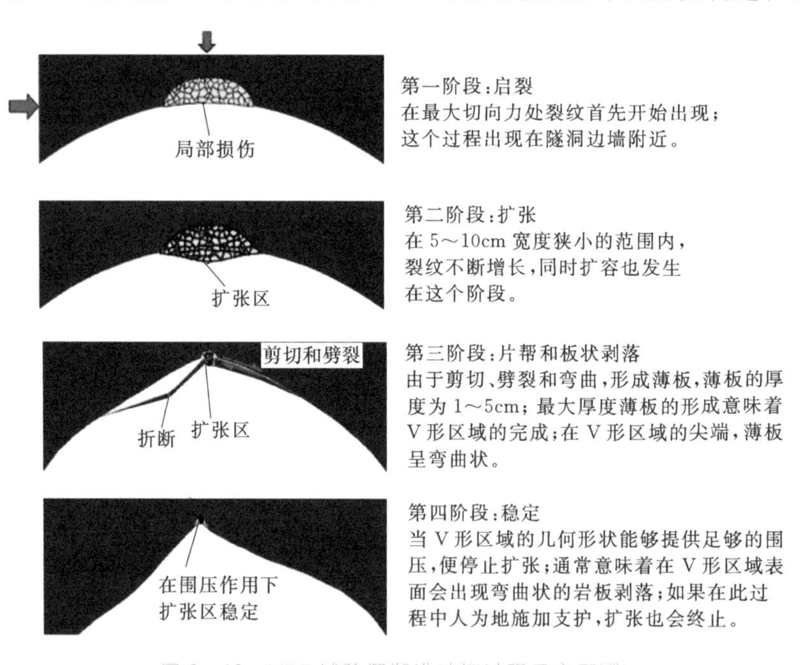

图 6-10 MBE 试验洞渐进破坏过程示意图[39]

在图 6-13 中展示了两种不同开挖方式最后的发育形态。其中左边为 MBE 试验洞，使用机械方式开挖，而右边为一条与之平行的试验洞，采用钻爆法开挖。其中 MBE 试验洞的破坏是自然发育形成的，并在 V 形破坏区的尖端形成了稳定的围压，所以发育得比较明显且发展的过程比较平稳，最终趋于稳定状态。而这种状态对外界条件的微小变化都

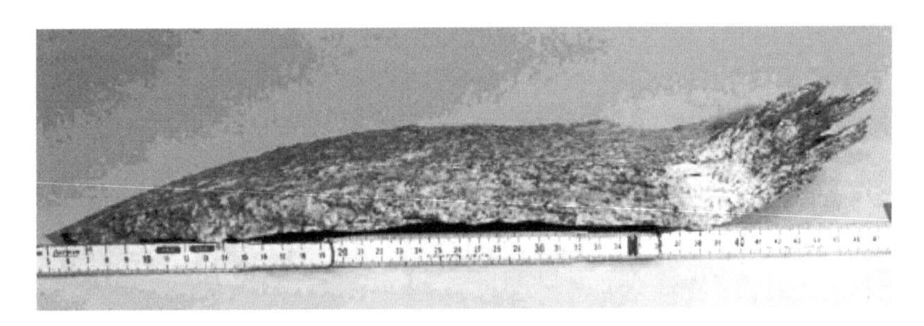

图 6-11 渐进破坏中典型的板状剥落破坏[39]

图 6-12 3 号洞北侧拱肩渐进破坏过程

比较敏感，例如围压、掌子面附近的应力状态、湿度和稳定等。而在图 6-13 中右图相同尺度的隧洞采用钻爆法开挖也发育了相似的破坏区。说明在高地应力环境下，隧洞的破坏主要是应力重分布的结果而不是开挖方式的变化。

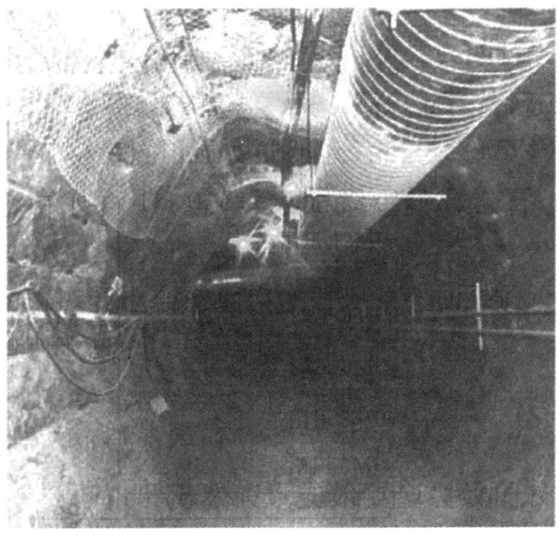

图 6-13 V 形破坏最后发育形态的对比[69]

图 6-14 是 3.5m 洞径圆形隧洞（左）和 V 形破裂充分发育隧洞（右）的应力路径的对比。为了避免由于 V 形破坏轮廓对数值模型的影响和 V 形尖端和完整岩石区域之间岩石破裂的影响，应力计算位置选定距离隧洞边缘 10mm，A 点到 F 点分别被固定在距离掌子面－6.0m、－0.2m、0m、0.2m、0.5m 和 6.0m 处，距离隧洞边缘 10mm。可以看出 V 形的几何形状增加了掌子面后方围岩的压应力和围压，并稍微提高了掌子面前方的拉应力。通过对比发现，隧洞模型周边应力变化不大，距离掌子面 10mm 的 B 点的 σ_1 和 σ_3 变化幅度为－2～1MPa。

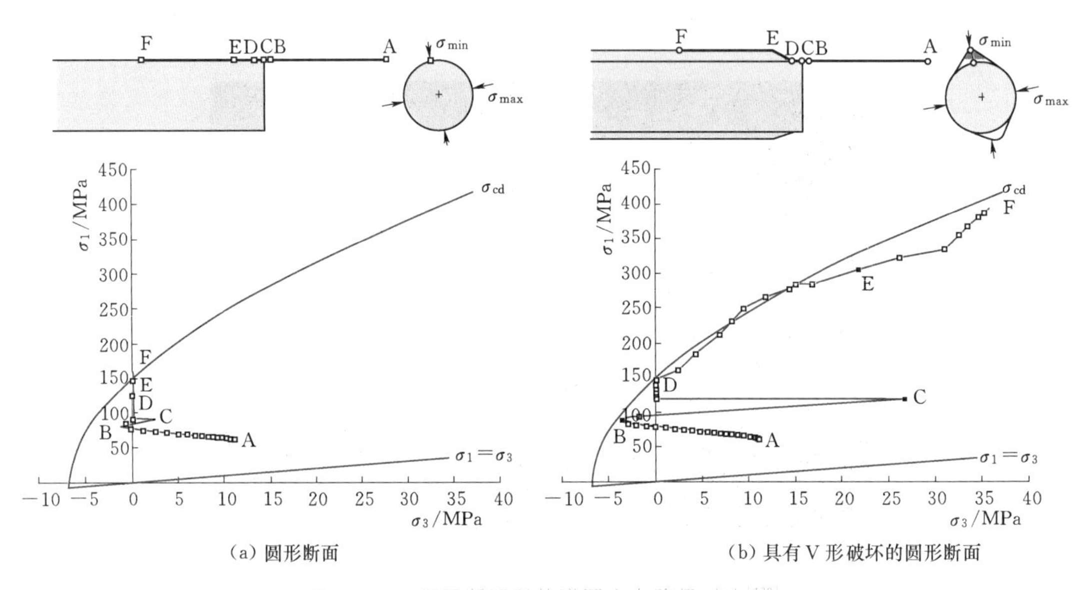

图 6-14 不同断面形状隧洞应力路径对比[132]

Read 和 Martin 描述了这种逐步脆性破裂的过程[40]：即几何形状不稳定引起 V 形尖端侧翼的片帮，进而导致 V 形尖端不断扩大。如图 6-14 所示，一旦滞后破坏和 V 形破坏开始发展，便会受到 V 形尖端应力扩大作用的驱动而不断发展。尖端效应增加了掌子面前方的拉应力（B），增加了 V 形破坏起始点 D 和掌子面 C 点的最大切向应力，D 点的切向应力受含 V 形破坏的三维几何形状的影响。

从模型计算结果可以看出，一旦 V 形尖端破坏在掌子面附近形成，对强度的要求也随之降低，其推动了破坏随着隧洞前进的继续发展。而尖端岩石应力路径的上限可以从数值模型长期屈服面估算出（图 6-14）。在 D 点和 F 点之间 σ_1 和 σ_3 增加的趋势反映了 V 形几何形状的逐步变化和掌子面对近场应力条件的影响逐渐缩小。最终 V 形形状阻止了 V 形尖角内破坏材料的继续扩展，并创造了高围压条件。这个几何形状处于亚临界状态，尖角的应力条件位于屈服面上。与在 V 形尖端增加的围压不同，距离隧洞边缘 10mm 的 σ_3 从 D 点到 F 点保持相对的稳定。

因此，岩体强度降低到与隧洞边缘非常接近是先决条件，一旦超过了已经降低的强度，V 形尖端引起的应力扩大是 V 形破坏发展的主要驱动力。扩大的应力反过来引起更多的破坏，导致 V 形破坏的不断发展，超过前面已经形成的加载路径。

6.1.2.4 应力路径

上述分析说明，必须满足一定的条件才能达到裂纹的启裂强度，然而裂纹的发展还依赖于应力路径，包括围压和加载方向[132]。

(1) 裂纹的发展与围压的关系。在对一个含有倾斜裂纹的玻璃盘加载的过程中，Hoek发现在一定围压条件下，在荷载持续增加作用下，翼型裂纹会发展到一个稳定的长度。当$\sigma_3/\sigma_1 \geqslant 0.05$时，这些裂纹会扩展到原始裂纹长度的5%～15%；当$\sigma_3/\sigma_1 < 0.05$时，稳定扩展的裂纹长度会急剧增加；当围压在零以下时，在轴向应力作用下裂纹也不会保持稳定，裂纹的持续扩展导致试样的破裂。Hoek得出以下结论：如果施加的主应力比等于或小于零，一个单独的张开型格里菲斯裂纹也会导致试样的破坏。因此，当超过裂纹的启裂强度时，裂纹发展引起的潜在破裂区域最大的在$\sigma_3 \leqslant 0$处，其次是$0 < \sigma_3/\sigma_1 \leqslant 0.05$处，见图6-15。图6-15 (a) 显示在高围压下，裂纹很小而且不互相影响；图6-15 (b) 显示在低围压或者无围压条件下，裂纹相对较长；图6-15 (c) 显示在拉应力条件下，初始裂纹经过不稳定发展，贯穿整个试样。

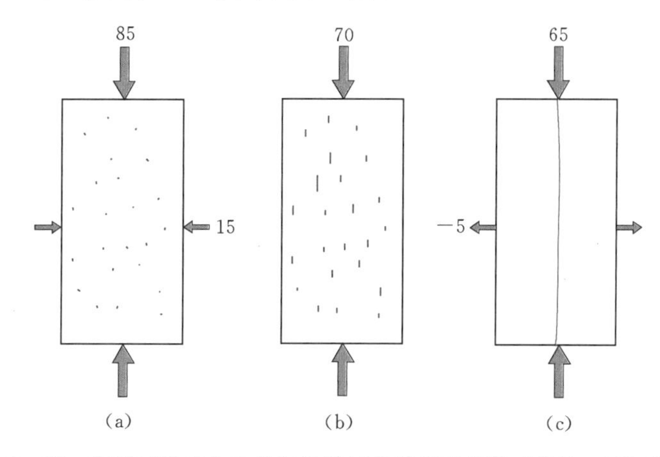

图6-15 在相同偏应力作用下三种试样破坏示意图（单位：MPa）[132]

(2) 裂纹扩展与加载方向的关系。如果加载方向保持与裂纹发展启裂方向相同，裂纹的扩展方向将和最小主应力的方向垂直，而且发展也与在实验室中的相似。如果加载方向随着裂纹的启裂而旋转，那么裂纹扩展的可能性将随之增大。Hoek发现在最小的荷载条件下裂纹扩展存在一个临界角度。在预置裂纹的试样上施加荷载，然后在一定范围内旋转施加荷载的方向，比在固定方向加载引起的裂纹长度更长。如果应力旋转导致围压下降，那么试样破坏的可能性大大增加。

综合Hoek关于裂纹扩展的研究成果和裂纹扩展过程中微震的监测成果，明显可以看出，只有在低围压和高偏应力的情况下才会引起重大破裂的发展，并导致强度降低，而应力的旋转在这种情况下加大了这种可能性。

在隧洞开挖过程中，应力旋转可以产生沿隧洞边墙平行发育的裂纹，而这类损伤一般都是与岩石内部损伤密切相关的。这种损伤在开挖前便已存在，但是表现得并不是很突出，但是应力旋转最终会改变裂纹扩展的条件。例如，σ_1和σ_3旋转可以引起裂纹的重新扩展，扩展过程如图6-16 (a) 所示。利用已经存在的裂纹，在应力旋转的作用下，沿新旋转的应力方向产生新的Ⅰ型裂纹。如果应力随后恢复到原始的方向，裂纹的发展将重复进行，裂纹发生进一步扩展。

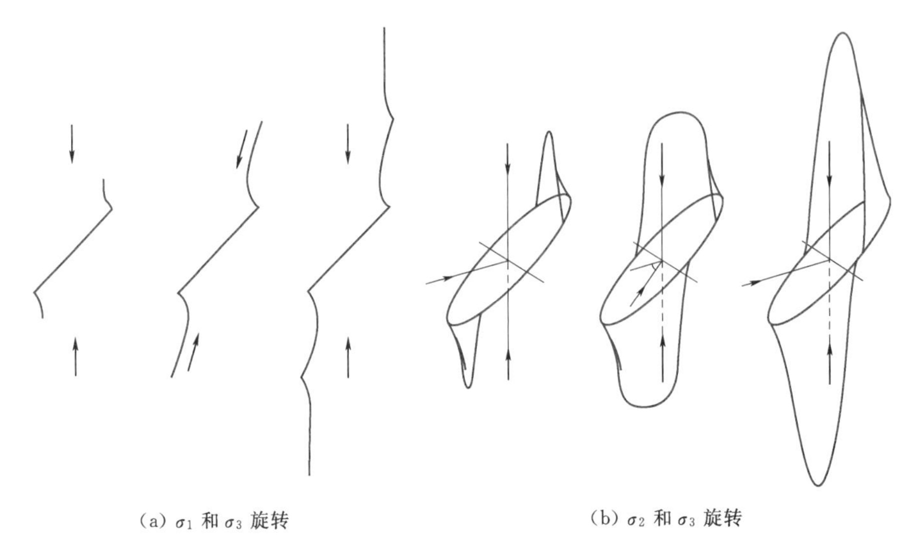

图 6-16 应力旋转引起的裂纹扩展[76]

这个过程是基于断裂力学理论来进行描述的，并可以利用断裂力学理论来建立扩展长度和原始裂纹之间的关系。另外，σ_2 和 σ_3 的旋转可以利用三维裂纹模型来考虑［图 6-16 (b)］。初始翼型裂纹在初始应力的作用下扩展。除围压对三维裂纹的扩展限制外，裂纹的边缘和尖端扩展都需要驱动，因此三维裂纹的扩展要弱于二维裂纹。σ_2 和 σ_3 的旋转改变了围压条件，使其更有利于裂纹边缘的扩展，这个过程会随着恢复到原始应力场的情况而再次加剧。因此，即使翼型裂纹长度小幅度增长，也会促使裂纹扩展超过原有的限度而导致裂纹更大幅度的增长，并有可能贯穿围岩；一旦贯穿，围压的效应将消失，裂纹会迅速扩展，严重影响隧洞的整体稳定性。

除了单纯的应力旋转，中间主应力的增加也会引起劈裂破坏的发生。在三个主应力都沿轴线方向的条件下，当 $\sigma_2=\sigma_3$ 时将会产生裂纹沿 σ_1 方向的扩展，少量的裂纹便可以形成宏观的劈裂破坏，如图 6-17 所示。但是在这种应力条件下形成的裂纹对最后的破坏影响并不大。相对来说，如果是 $\sigma_1=\sigma_2$ 的情况，则可以很容易地观察到相同的垂直于 σ_3 的启裂方向，这些裂纹更倾向于贯通形成宏观破坏面。如果这些裂纹平行于最终的破坏面，那么围岩将发生劈裂破坏；如果这些裂纹与最终的破坏面成一定的角度，那么破裂的形式就很难确定了。

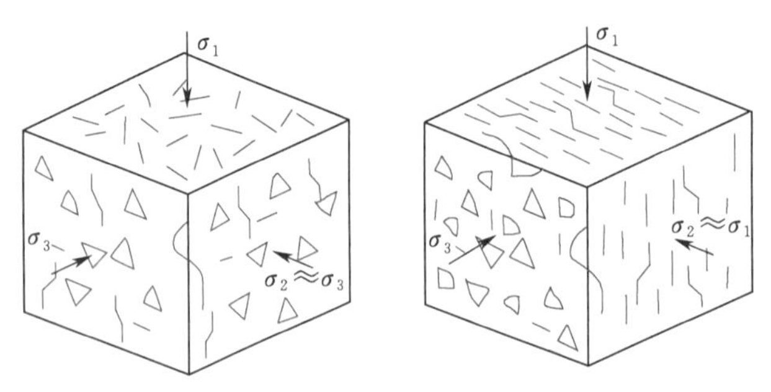

图 6-17 不同应力条件下的裂纹启裂和扩展[76]

6.1.2.5 破坏形式

Lac du Bonnet 花岗岩的短期和长期强度可以利用 HB 包络线在主应力空间中进行表达。其中峰值

强度 σ_f 和体积应变拐点对应的应力 σ_{cd} 可以分别从单轴和三轴压缩试验中得到。裂纹启裂强度包络线可以从现场的声发射监测中获得。Hoek 发现处于临界扩展的裂纹只有在 $\sigma_3/\sigma_1<0.05$ 情况下才会扩展超过 15%的原始裂纹长度。这个也可以作为判断裂纹扩展导致破坏区域的应力路径的准则。根据室内试验建立的 Lac du Bonnet 花岗岩的 HB 强度包络线如图 6-18 所示，其中 σ_f 和 σ_{cd} 分别代表峰值强度和长期强度，启裂强度的判断标准也可以从图 6-18 上看出。

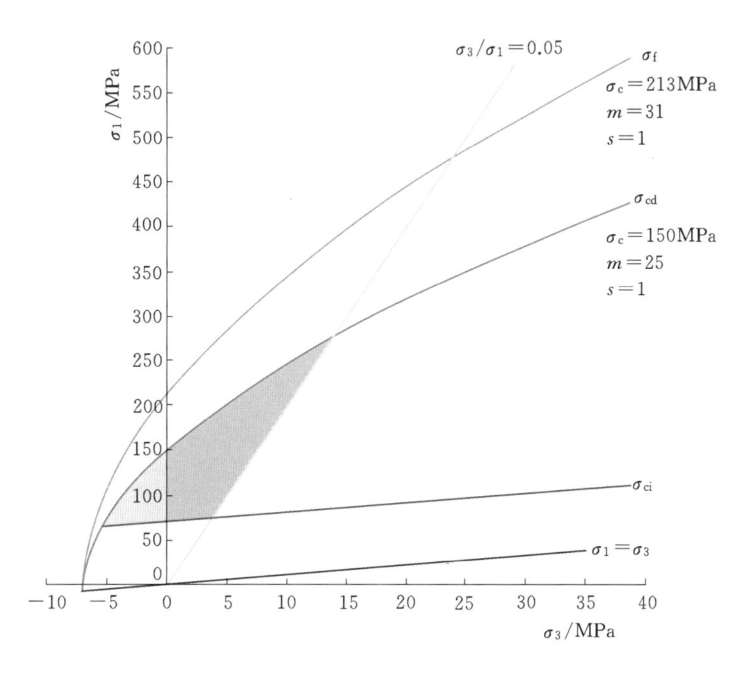

图 6-18　Lac du Bonnet 花岗岩强度包络线[132]

Diederich（2003）将近 20 年国际范围内关于硬岩强度的认识综合表达为图 6-19 的形式[77]，其中岩体的启裂强度、长期强度、片帮强度、峰值强度均在图中得到表达。几种强度包络线将主应力平面划分为不同的区域，对应着实际围岩的不同破坏形式。如果对围岩上述强度的认识是合理、满足工程实际的，那么根据隧洞开挖后应力调整过程中某一点的应力路径即可判断围岩所处的状态和具体的破坏形式。

6.1.2.6　开挖损伤区及其现场量测

深埋隧洞开挖后，由于二次应力调整满足一定条件就会在洞周一定范围内形成开挖损伤区域（Excavation-Damage Zone，EDZ）。对于 EDZ 区域的测量是 URL 工作中的重要部分，大体上，成功的 EDZ 测量方法包括声波、微震事件定位、渗透性测试、钻孔摄像等。利用上述的方法虽然能够证明 EDZ 的存在和距离开挖隧洞边墙的距离，但依然不能满足对隧洞设计的更高要求。URL 的经验证明，EDZ 的大小根据其所处位置的不同而变化，例如可见的宏观断裂或者损伤区域由微破裂组成，宏观、微观量级相差甚至可以达到七次方。

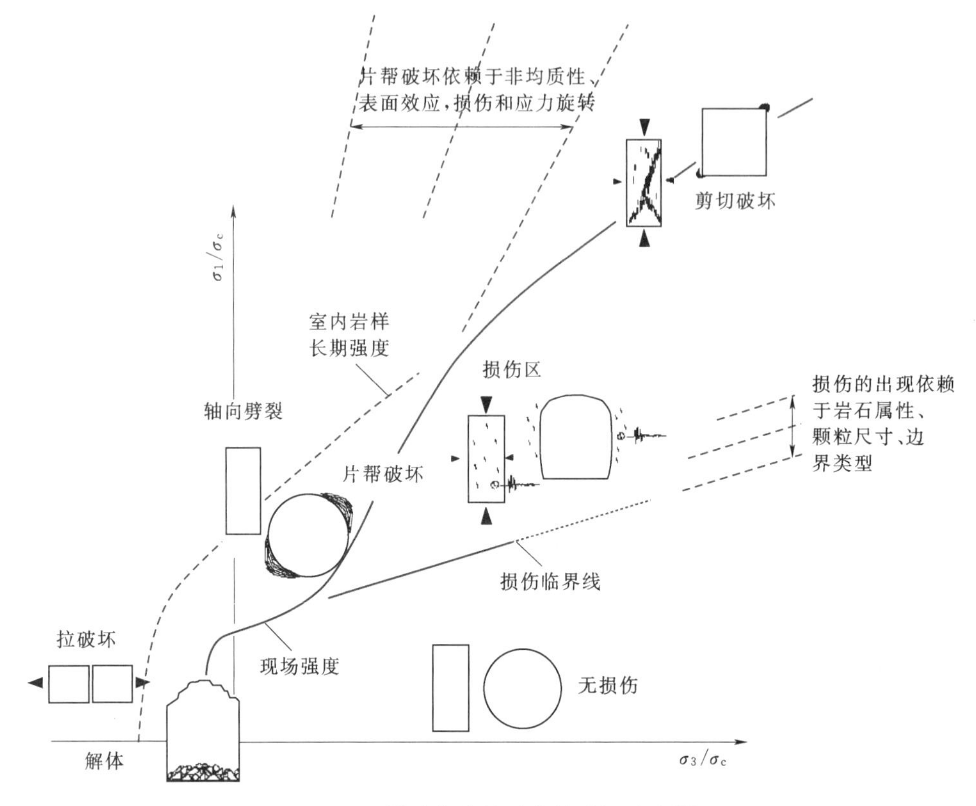

图 6-19 强度包络线对应的破坏形式[76]

6.2 锦屏二级深埋隧洞原位试验方案设计与论证

6.2.1 原位试验方案

根据国际上岩体力学破裂损伤特性的研究方法，规划并实施了大型原位实验项目，以期全面了解隧洞开挖过程中的围岩变形特征、破损特征和应力变化等全部环节的开挖响应。图 6-20 表示了试验洞的平面布置，它利用了当时 3 号引水隧洞 TBM 掘进落后于 2 号和 4 号隧洞的现场条件，在 2 号和 4 号洞之间的交通横通道内顺隧洞轴线方向开挖一条 5m×5m 的试验洞。在该试验洞内向 3 号隧洞所在位置的周边围岩中预埋相关测试仪器和元件，系统地收集 3 号 TBM 逼近、通过和远离监测断面时的围岩开挖响应，帮助了解现场岩体的破裂特征。监测重点是开挖过程中围岩的应力变化、破裂过程和破裂区状态之间的对应关系，其中，应力变化通过围岩应力计测试，破裂过程采用声发射、光栅光纤等技术测试，围岩破裂区状态还可以利用声波测试及钻孔成像技术得到进一步检测。

深埋脆性大理岩的长期稳定性评价取决于其所处的应力环境以及本身强度随时间的变化特征，因此本章着重论述各监测项目中与时间相关的发展过程，具体监测方案的目的如下。

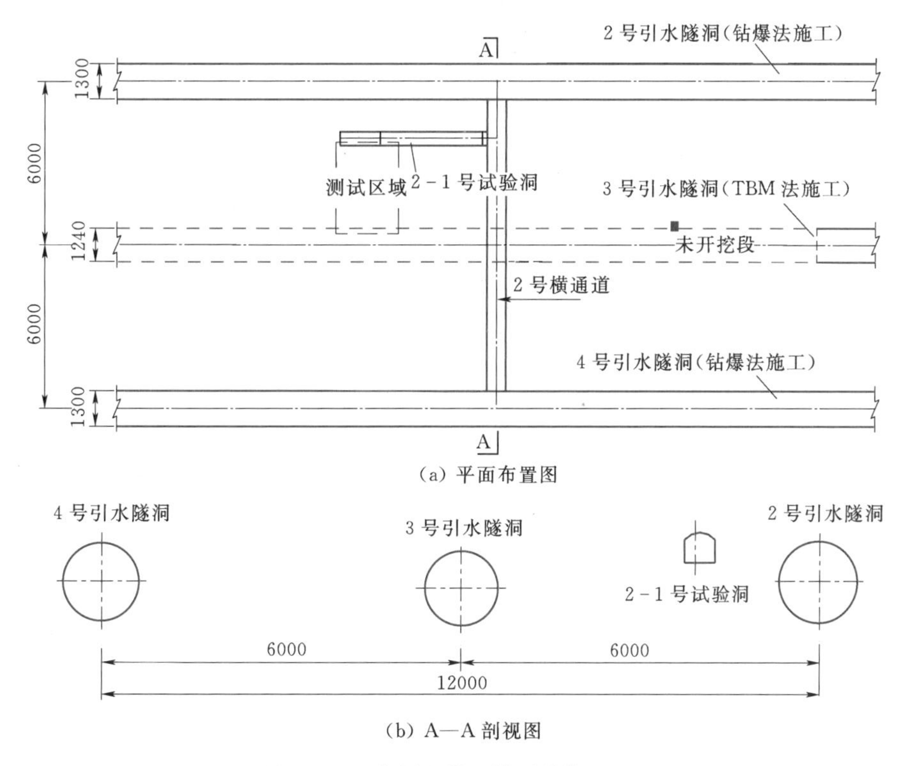

图6-20 监测布置区域(单位:cm)

(1) 应力监测:了解和把握隧洞开挖过程中围岩应力状态和围岩状态的动态发展变化过程。

(2) 声发射监测:判断引水隧洞横断面应力调整过程中微破裂发生的位置和范围,掌握破裂发展与时间的关系。

(3) 波速测试:确定松动圈范围随时间的发展过程,根据松动圈的扩展,评价破裂随时间发展的关系。

(4) 围岩变形监测:了解围岩的变形随时间的发展特征。

(5) 数字钻孔摄像:帮助直观了解围岩宏观破裂的发展过程。

6.2.2 原位试验内容

本次监测试验各监测钻孔空间分布见图6-21,各监测钻孔在2-1号试验洞左侧壁孔口位置见平面分布图6-22,监测试验布置方案见表6-1。

6.2.3 原位试验方案论证

这里所讨论的试验洞围岩状态预测被简化为3号隧洞掘进到测试断面附近时围岩应力状态及其可能导致的围岩状态变化情况,并以此为依据对可能出现的监测测试成果进行评估。

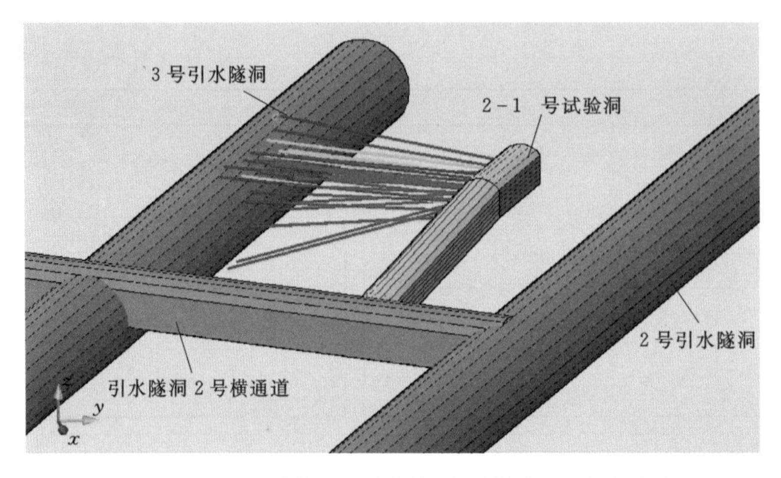

图6-21 引水隧洞2-1号试验洞监测钻孔空间分布图

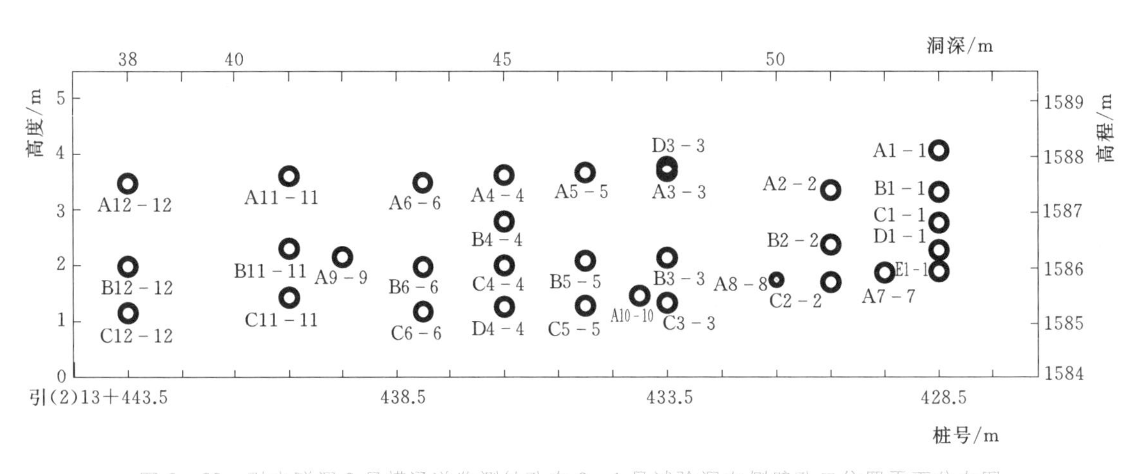

图6-22 引水隧洞2号横通道监测钻孔在2-1号试验洞左侧壁孔口位置平面分布图

表6-1 引水隧洞2号横通道2-1号试验洞的监测试验布置方案

监测项目	监测断面/对应桩号	钻孔号	孔向	实际孔深/m	孔径/mm	设计仪器编号	实际安装埋设及检测	套数/测点数
围岩应力监测	1-1断面/引(2)13+428.5	A1-1	S32°W∠8°	32.42	75(末端38)	$C_2$1-1	$C_2$1-1.1～2(预埋)	5/8
		B1-1	S32°W∠6°	33.17	75(末端38)	$C_2$1-2	$C_2$1-2.1～2(预埋)	
						$C_1$1-1	取消	
		C1-1	S32°W∠1°	35.02	75(末端38)	$C_2$1-3	$C_2$1-3.1～2(预埋)	
						$C_1$1-2	取消	
		D1-1	S32°W∠-1°	39.16	75(末端38)	$C_2$1-4	$C_2$1-4.1(预埋)	
		E1-1	S32°W∠-4°	38.91	75(末端38)	$C_2$1-5	$C_2$1-5.1(预埋)	
	2-2断面/引(2)13+430.5	A2-2	S32°W∠0°	29.28	75(末端38)	$C_3$1-1	$C_3$1-1(预埋)	3/36
		B2-2	S32°W∠0°	30.52	75(末端38)	$C_3$1-2	$C_3$1-2(预埋)	
		C2-2	S32°W∠0°	32.14	75(末端38)	$C_3$1-3	$C_3$1-3(预埋)	

续表

监测项目	监测断面/对应桩号	钻孔号	孔向	实际孔深/m	孔径/mm	设计仪器编号	实际安装埋设及检测	套数/测点数
声波观测	5－5断面/引（2）13＋435.0	A5－5	S32°W∠－1°	33.33	75	—	测试4次	—
		B5－5	S32°W∠－1°	30.53	75	—	测试4次	—
		C5－5	S32°W∠－21°	38.56	75	—	测试4次	—
	6－6断面/引（2）13＋438.0	A6－6	S32°W∠－1°	33.45	75	—	测试4次	—
		B6－6	S32°W∠－1°	30.75	75	—	测试4次	—
		C6－6	S31°W∠－21°	38.34	75	—	测试4次	—
多点位移计	7－7断面/引（2）13＋429.5	A7－7	S32°W∠0°	31.50	91	M1－1	M1－1（预埋）	1/5
光纤光栅	8－8断面/引（2）13＋431.5	A8－8	S32°W∠0°	32.92	110	GX1－1	GX1－1（预埋）	1/20
声发射观测	11－11断面/引（2）13＋440.5	A11－11	S32°W∠－2°	34.92	91	SF1－9/SF1－10	SF1－9/SF1－10（预埋）	6/12
		B11－11	S32°W∠－4.5°	31.73	91	SF1－11/SF1－12	SF1－11/SF1－12（预埋）	
		C11－11	S32°W∠－10°	31.26	91	SF1－13/SF1－14	SF1－13/SF1－14（预埋）	
	12－12断面/引（2）13＋443.5	A12－12	S32°W∠－2°	34.70	91	SF1－15/SF1－16	SF1－15/SF1－16（预埋）	
		B12－12	S32°W∠－5.5°	31.60	91	SF1－17/SF1－18	SF1－17/SF1－18（预埋）	
		C12－12	S32°W∠－9°	31.00	91	SF1－19/SF1－20	SF1－19/SF1－20（预埋）	
其他	在3号引水隧洞TBM掌子面到达监测区域之前，对1－1断面至12－12断面的31个钻孔分别进行了单孔声波监测和孔内电视测试							

3号隧洞掘进时围岩应力分布导致的围岩状态变化的研究工作分两种情况进行讨论，一是不考虑节理的连续均质计算，二是考虑节理的非连续计算。这两种计算分析中对岩体的假设是一致的，即认为岩体峰值强度满足Hoek－Brown准则的描述，具体取GSI＝70，岩石单轴压缩强度UCS＝140MPa，$m_i=9$。岩体峰值后的特性随围压变化，即在15MPa围压水平下转化为理想弹塑性。

不考虑节理的计算分析采用FLAC 3D软件，考虑节理时采用了3DEC软件，只是在完整岩体中增加了2条主要节理。鉴于试验洞加深段并没有揭露长大节理，这种计算可能偏向于了解节理对测试成果离散性的影响。

图6－23表示了模型中北侧拱角至顶拱一带不同方向上布置的监测点，以了解掌子面在接近和离开该断面时这些位置上围岩应力的变化情况，并通过应力状态和变化过程判断围岩状态。

当模型中的开挖面在该断面前后各5m范围内时，模拟的开挖步进尺为0.5m，其影响可能仍然略大于TBM连续掘进的实际影响，但可满足本阶段预测问题的需要。

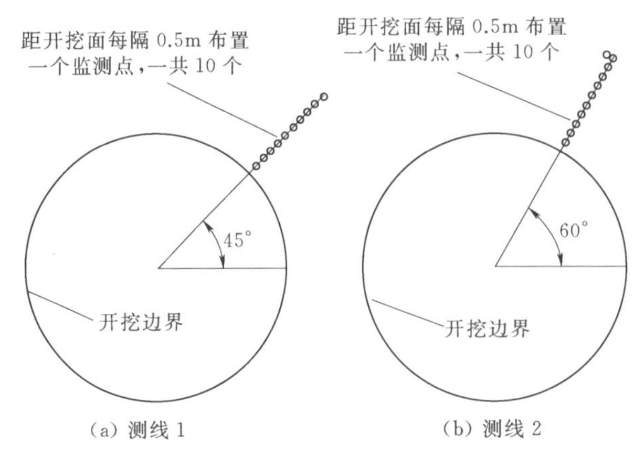

图 6-23 测试断面上监测点的布置

6.2.3.1 不考虑节理影响的计算成果

不考虑节理影响的 FLAC 3D 计算模型如图 6-24 所示，在模型中先开挖 15m 长度消除端部效应的影响以后，开挖步进尺转为 0.5m。应该说，这种假设条件下的计算结果代表了最基本的情形，当条件发生变化（如洞周发育节理）时，将导致在基本情形基础上的围岩状态和测试成果变化。

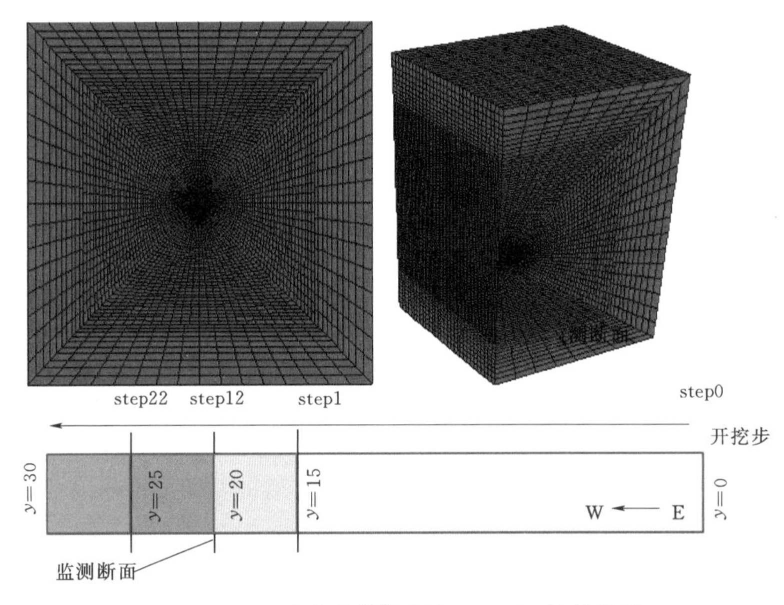

图 6-24 不考虑节理影响的 FLAC 3D 计算模型

1. 应力状态

首先来看掌子面不断靠近测试断面时围岩出现的应力变化及其对围岩状态的影响。在计算过程中监测不同部位围岩应力变化路径可以比较全面地了解掘进过程对围岩应力分布及围岩状态的影响。

图 6-25 和图 6-26 分别以应力路径的方式表示了掌子面掘进到测试断面前方 5m 的

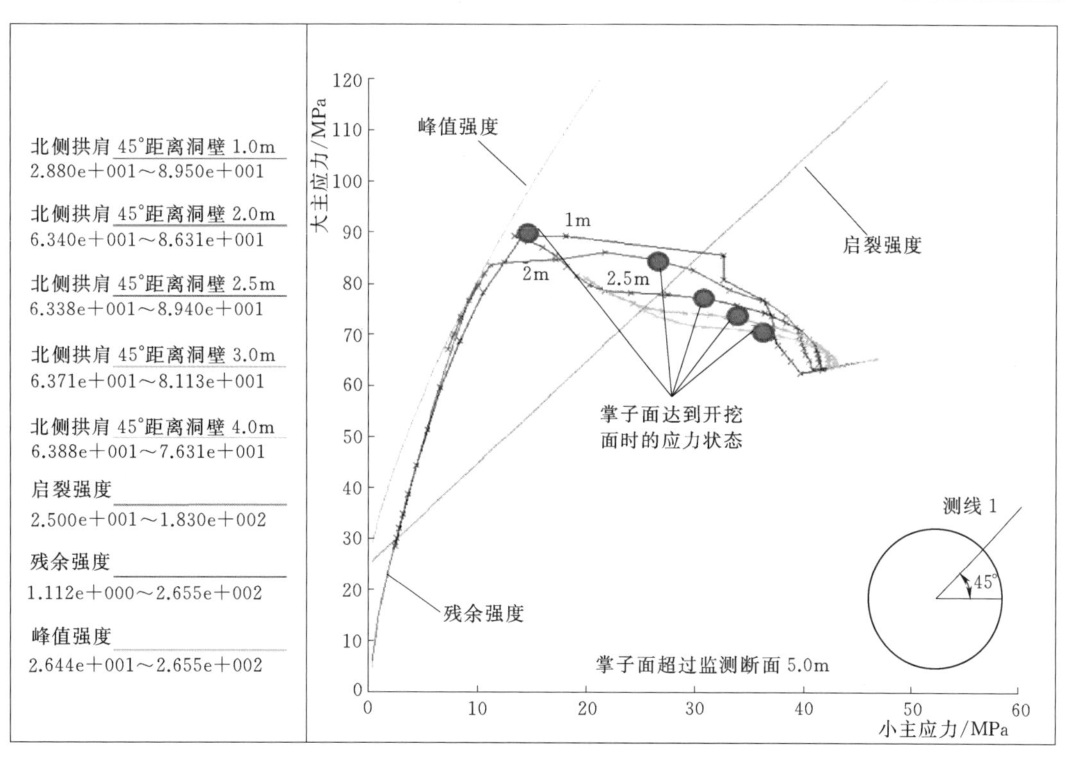

图 6-25 掌子面掘进到测试断面前方 5m 时围岩应力变化历程（测线 1）

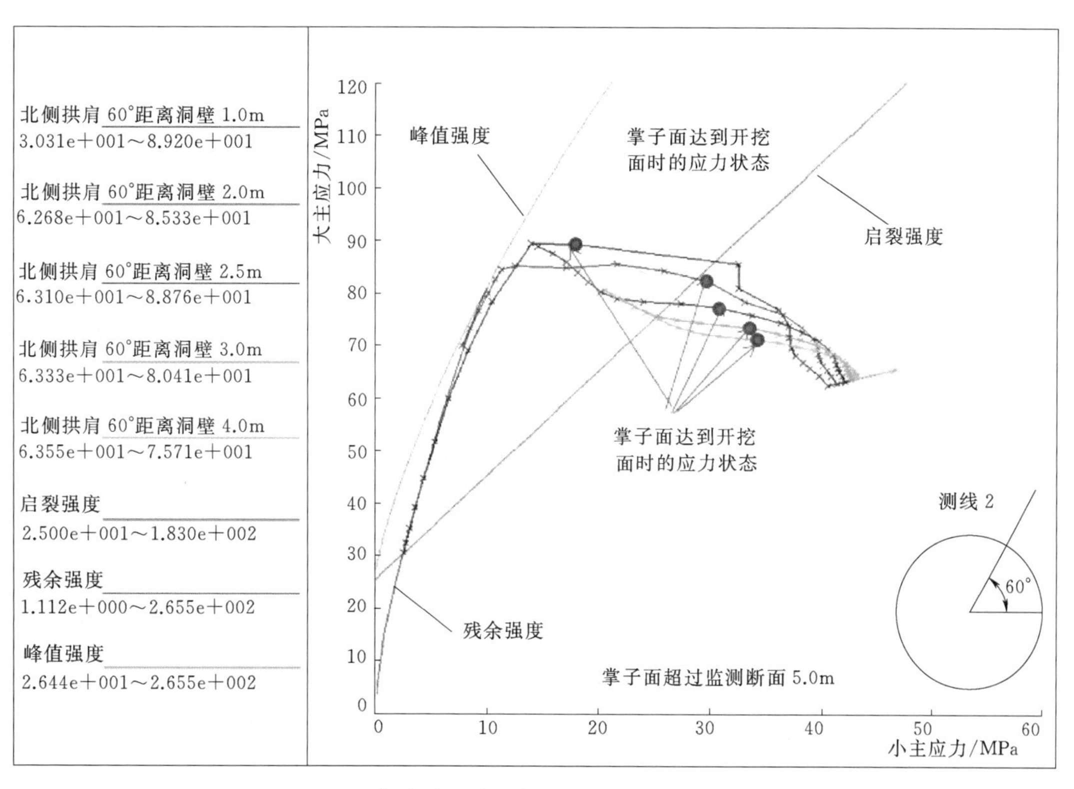

图 6-26 掌子面掘进到测试断面前方 5m 时围岩应力变化历程（测线 2）

过程中对应于测线1和测线2位置上围岩应力变化的路径，图中均标识了开挖掌子面和监测断面一致时各监测点处的应力状态，显然，围岩应力变化主要出现在掌子面通过监测断面的过程中。掌子面到达开挖面之前的围岩应力存在一定的变化，但变化远不如掌子面通过以后突出。需要注意的是，这些监测点全部位于开挖轮廓线以外，没有布置在隧洞轮廓线以内的掌子面前方，因此对掌子面达到测试断面之前的应力变化相对不敏感，这一问题将在后面的叙述中进行探讨。

根据图6-25和图6-26，当掌子面达到测试断面时，洞壁1～2m范围内的围岩基本都没有达到峰值强度，2m深度处的应力水平甚至与启裂强度相当。当掌子面掘进到测试断面前方5m时，隧洞围岩应力变化达到围岩峰值强度并进入强度衰减阶段的深度一般为2m，2.5m深度部位监测成果显示的围岩应力与岩体峰值强度基本相当。

与应力水平达到峰值强度的范围不同，在掌子面从测试断面向前推进的过程中，大约4m深度范围内的应力水平都超过岩体启裂强度包络线（经验估计），但超过3m深度的围岩应力水平仅略高于岩体启裂强度。

以上分析仅局限于隧洞围岩两条测线上的若干点，对围岩应力空间分布的描述不足，为此，把计算结果中最大主应力超过70MPa（约1.10倍的初始最大主应力）的单元应力点和主应力计算结果输出到GoCad中进行处理，以获得全面的应力空间分布状态的认识。

图6-27是以"CT切面"的方式表示了掌子面前后方不同断面位置上最大主应力超过70MPa的分布云图。如图6-29所示，当开挖掌子面与测试断面相距大约3.0m的距离时，围岩开始出现明显的应力集中现象，即出现某个方向的应力分量增高。注意，开始出现应力增高现象的位置在隧洞轮廓线以内的南侧拱肩和北侧拱脚一带；当掌子面逐渐逼近测试断面时，应力集中程度不断增强，范围增大到整个洞周，并逐渐从开挖轮廓线以内

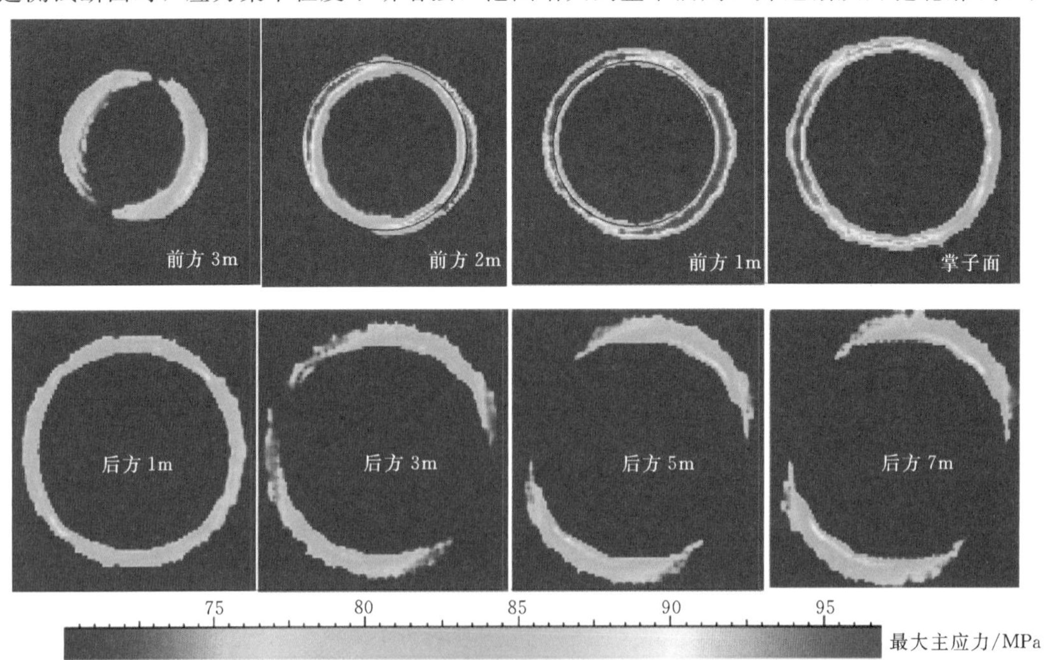

图6-27 与掌子面不同距离断面最大主应力分布

向轮廓线位置，乃至向轮廓线以外的部位迁移。在掌子面到达和经过测试断面约 1m 范围内的过程中，测试断面上的应力集中水平逐渐降低，集中区位置逐渐向洞壁以外的深部推移，而应力集中区作用在整个隧洞洞周。

当掌子面距离测试面超过 1m 时，应力集中区处于进一步向洞壁深部推移的过程中，高应力作用位置逐渐向北侧拱肩和南侧拱脚一带集中，形成了现场经常观察到的围岩应力集中区，此时应力集中区内侧边缘与洞壁的距离在 3.0m 左右。

从计算结果看，当掌子面在测试断面前后时围岩应力状态变化最突出，这种变化的原因在于初始地应力中的三个主应力分量在掌子面前、后方围岩二次应力场中所起的作用不同。图 6-28 是把图 6-29 的“CT 切面”合成三维空间形态以后的正视图和俯视图。在正视图中，掌子面后方 7m 处的二次应力场中最大主应力主要体现了初始地应力场中间主应力增高后的结果。在俯视图中，位于掌子面前方约 3.5m 范围内的高应力区空间上呈弧形凸面，该部位二次应力场中的最大主应力主要受到初始地应力场中最大主应力的影响。

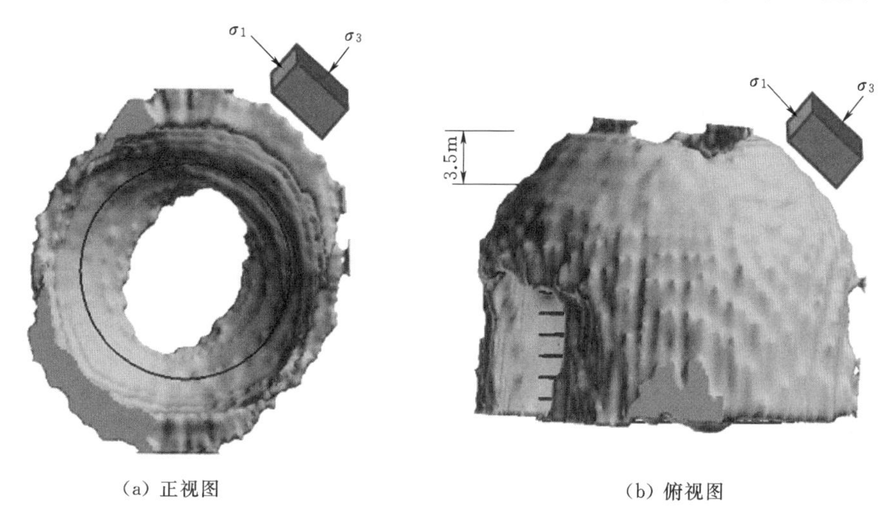

(a) 正视图　　(b) 俯视图

图 6-28　掌子面前后围岩高应力作用区域的空间形态

2. 围岩破裂区

隧洞掘进过程中掌子面前、后一定范围内的围岩破裂区是一个动态变化的区域，这里所讨论的破裂区主要指正在演化的破裂区，即试验中声发射现象可以监测到的区域。一般来说，声发射区域和开挖面之间范围为历史声发射区域，破裂已经形成。

以上围岩应力变化特征总体上也说明了破裂发展过程，即掌子面前方南侧拱肩和北侧拱脚一带的隧洞轮廓线以内部位的围岩可能首先出现声发射现象，在掌子面向测试断面逼近的过程中，声发射现象不断加剧，可能产生声发射的范围也不断增大。以上的判断主要基于围岩应力和岩体启裂强度之间的关系。

岩体启裂强度的概念主要是针对脆性岩体提出的，随着围压增高，围岩脆性特征减弱，因此传统的启裂强度是否仍然适用于大理岩是锦屏大理岩岩体力学特性研究中需要回答的一个问题。在没有获得相应资料之前，仍然沿用传统的启裂强度来分析隧洞掘进过程中的围岩破裂情况，传统的启裂强度仍然适用于判断低围压下大理岩的破裂行为。

为方便表达，在这里可定义一个破裂程度指标，它是在$\sigma_3-\sigma_1$坐标系中任何一个应力点（σ_3，σ_1）到启裂强度包络线（直线）之间的垂直距离，位于启裂强度线上方（出现破裂）时为正，否则为负。正值代表了应力状态仍然可能导致破裂的扩展，一般的，值越大表示破裂程度和可能性越大。注意：值相对较小时可能代表两种情形：一是刚刚进入破裂发展阶段，破裂程度小；二是历史上可能经历了严重破裂，目前状态下的破裂程度小。

在定义了破裂程度指标以后，可以获得掌子面逼近测试断面过程中围岩破裂位置和破裂程度的变化，如图6-29所示，从蓝色到红色表示了破裂程度的增大。根据图6-29，当测试断面位于掌子面前方3.0m左右时，隧洞轮廓线以内的北侧拱肩和南侧拱脚一带为破裂最先开始出现的位置，随着掌子面的逼近，破裂程度逐渐加强，范围也逐渐增大到接近隧洞轮廓线。

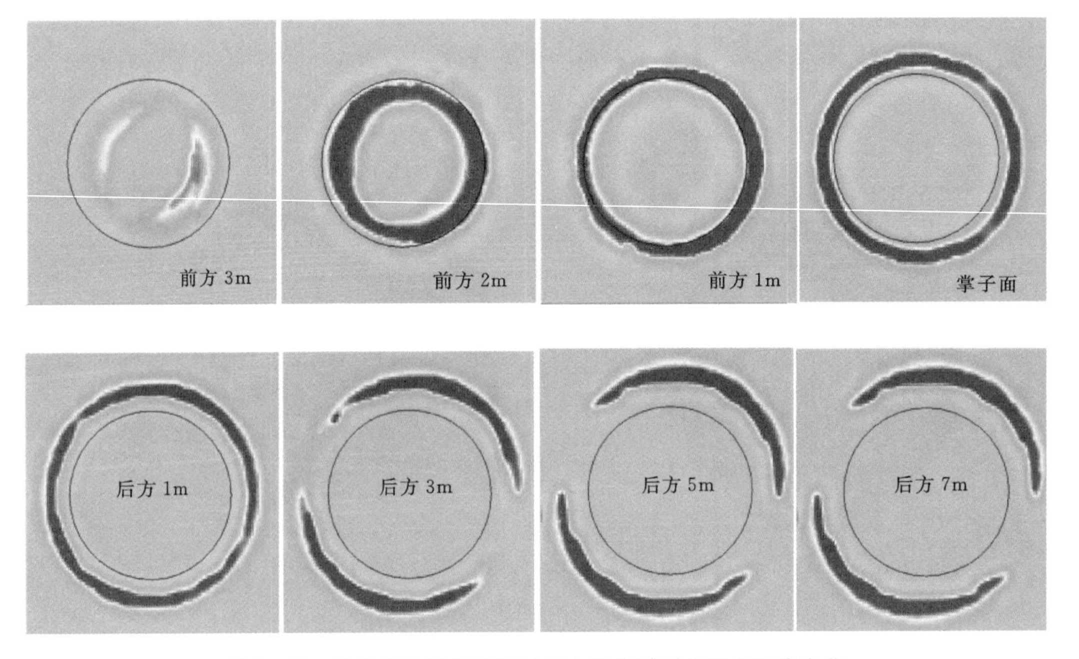

图6-29　掌子面逼近测试面过程中围岩破裂位置和程度变化

当掌子面与测试断面的距离小于2.0m时，计算结果显示隧洞轮廓线内侧一个厚度约1.5m的环形区域均为破裂区，即此时整个断面都可能出现破裂现象，而不是与应力集中区部位相对应。在掌子面充分接近测试断面时（如1.0m范围以内），隧洞轮廓线内侧破裂指标值降低，这是大理岩低围压下破裂发展到后期的结果；同时注意，此时隧洞轮廓线外侧的破裂区深度相对很小，在掌子面处的破裂深度仅1.0m左右，拱效应的影响似乎比较明显，总体上与现场开挖面一带肉眼能观察到的破裂程度不高的情况相符。

图6-29是以"CT切面"的方式表示了掌子面前方不同断面位置上破裂区的形态特征，现实中反映了掌子面不断逼近测试断面时测试断面位置上破裂区的演化发展过程。当然，破裂区空间形态更直观的表达方式还是三维透视图，当定义破裂程度指标大于5.0时获得的破裂区空间形态如图6-30所示，在掌子面正前方位置并没有形成闭合面，大断面开挖掌子面中心一带主要受应力松弛的影响。

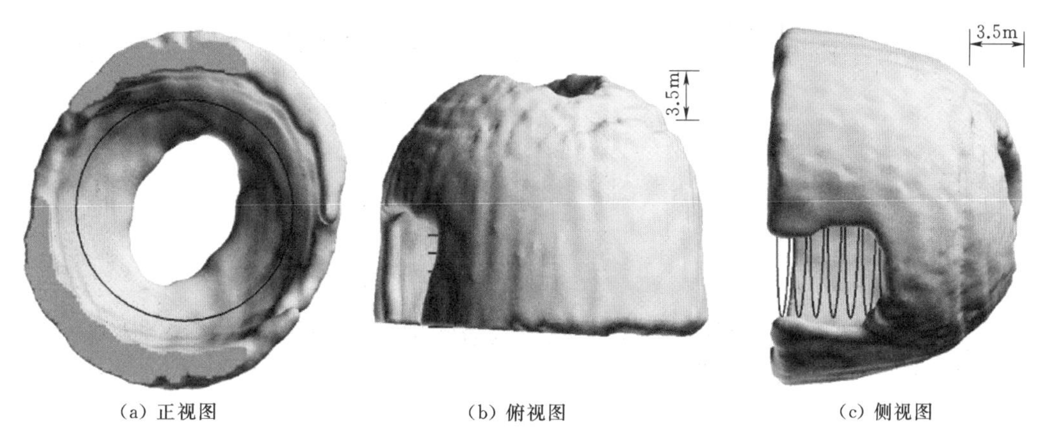

(a) 正视图　　(b) 俯视图　　(c) 侧视图

图 6-30　掌子面后方 10m 及其前方破裂型形态

图 6-30 中选择破裂程度指标大于 5.0 并没有充足的根据，本例计算结果中破裂指标最大值为 19，选 5.0 为标准考虑的是剔除线弹性状态下相对较弱的破裂区，更多侧重于对声发射区的判断。

3. *围岩声波和围岩变形*

围岩纵波速变化和围岩状态之间的关系是试验希望了解的环节之一。在获得试验资料之前，总结过去的研究和认识，可以假设波速降低是围岩应力达到峰值强度并显著软化的结果，即是岩体脆性特征的表现。事实上，围岩波速降低很可能是围岩中切向方向裂纹扩展的结果（表面严重时成为现场可以观察到的平行于开挖面的破裂现象），这里仅指出这种内在机理的可能性，不做深究。

根据围岩应力变化和峰值强度之间的关系，声波降低应出现在掌子面通过测试断面以后。如果认为声波明显衰减是应力超过岩体峰值强度进入脆性阶段的表现，那么声波降低带的深度一般应在 2.0～2.5m 的深度范围内，最大不超过 3.0m。

由于大理岩在高围压条件下将表现出延性乃至理想弹塑性特征，深部围岩的脆性特征减弱，应力集中导致的岩体强度衰减不明显，声波降低现象因此也可能受到抑制。

由于隧洞洞壁浅层大理岩以脆性特征为主，这决定了围岩变形量一般很小。从力学上讲，围岩总变形量包括了弹性变形和非线性变形，在高应力条件下后者往往占据优势地位。大理岩的脆性特征决定了围岩片帮是脆性破裂的表现形式，较大的变形是围岩结构性破坏的结果，这决定了针对破裂特性的监测和测试结果可能比变形测试更有价值。

利用 FLAC 3D 计算获得的围岩变形场如图 6-31 所示，与前述分析一致，变形区主要分布在浅层 1～2m 深度范围内，即主要为脆性屈服破坏的结果。在这个深度范围以外，围岩的延性乃至塑性特征开始发挥作用，鉴于大理岩的强度相对较高，这种延性和塑性特征有效承担了外荷，发挥了良好的抗变形能力。

计算显示的最大变形达到 20cm 的量级水平，位于隧洞一倍洞径以后的北侧拱肩和南侧拱脚一带，在现场主要表现为围岩破裂，即变形为破裂的结果。值得注意的是，这种变形主要局限在隧洞洞壁数十厘米至 1m 的深度范围内，如果表面变形监测点安装滞后、内部变形监测测点位于距离洞壁 1m 深度以外时，都可能遗漏实际发生的部分，乃至大部分

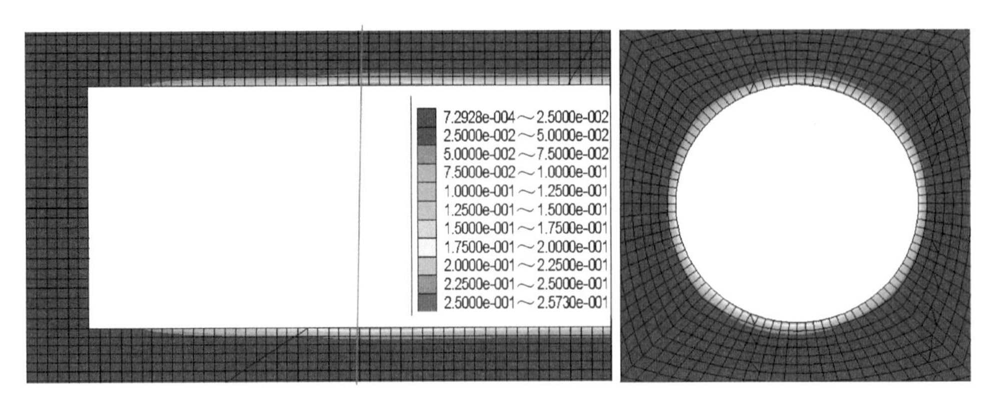

图 6-31 隧洞围岩变形分布（单位：m）

变形，这可能给试验和工程实践中变形测点安装造成一定的困难，此前获得的变形监测值很小（数毫米量级）都可能是围岩这种浅部脆性变形特征的结果，即便是预安装的变形监测点，如果不能充分接近开挖面，都可能遗漏大部分的变形。

6.2.3.2 考虑节理影响的计算成果

当测试仪器附近存在节理等地质结构面时，掌子面掘进到测试断面附近时，这些地质结构面对试验测试工作的一个重要影响是导致测试数据的离散化，给分析工作造成困难。从定性方面讲，声发射现象可能首先出现在节理受力、发生剪切变形的过程中，随着掌子面的推进，节理受力状态发生变化，其影响方式也可能发生变化，如张开导致围岩变形等。可见，节理的存在可以使测试成果更加多样化和离散化，具体分析过程需要考虑和研究节理状态和掘进过程受力状态的变化等细节问题。这些将在试验结束以后的成果解译过程中论述。本小节讨论的意图更多在于引出这一问题，并对节理的作用效果进行一般性叙述。

考虑节理的计算采用 3DEC 程序，计算模型如图 6-32 所示，即参照试验洞前 20m 范围内揭露的节理分布，模拟了其中 3 条长度最大的节理，即图中的节理 1、节理 2 和节理 3。由于目前阶段对这些节理的空间延伸状态和力学性状还缺乏足够的认识，这里不打

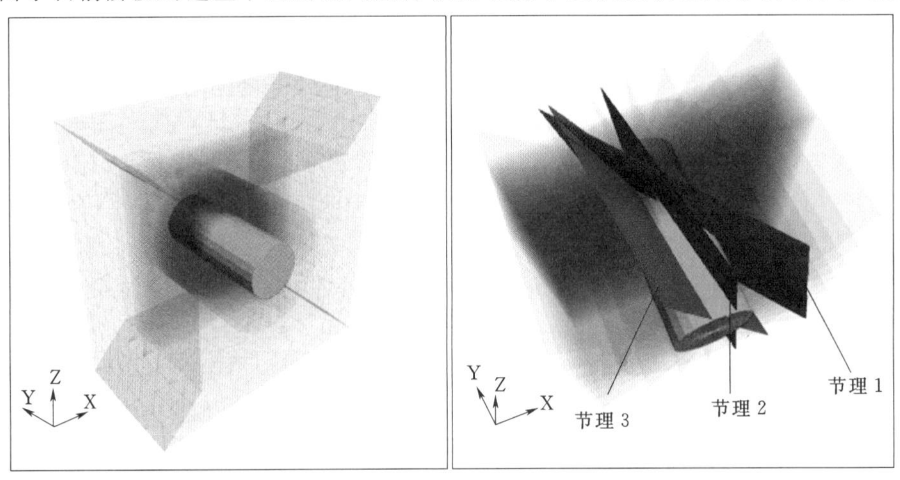

图 6-32 考虑节理的 3DEC 模型形态

算讨论这些节理的具体影响，而是侧重了解节理可能诱发的不同开挖响应，为测试成果解译提供工作思路。可以预见的是，当测试成果受到节理影响时，解译工作可能非常困难。一个基本思路是统计现场结构面的优势方位，了解每一个优势方位节理在开挖中的影响方式，这就需要进行大量的基础性工作。

图 6－33 表示考虑节理时的应力分布。图 6.35（a）是掌子面行进到假设的测试面位置时的应力分布，从左到右分别表示了横断面、过圆心的纵剖面和过圆心的横剖面上最大主应力的分布。与 FLAC 3D 计算结果相同，掌子面所在断面（也是测试断面）的应力集中分布在整个隧洞断面，但掌子面前方的中央部分不形成应力集中现象。该断面上陡倾的节理出露在隧洞顶、底一带，对应力分布的影响主要局限在节理两侧的局部范围内，即陡倾节理位于顶拱时对围岩应力分布的影响相对不大，这一点还可以从图 6.35（a）中间的纵剖面图中得到反映。

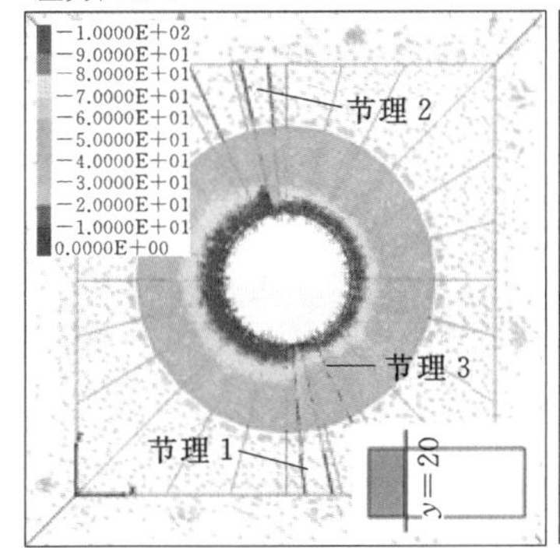

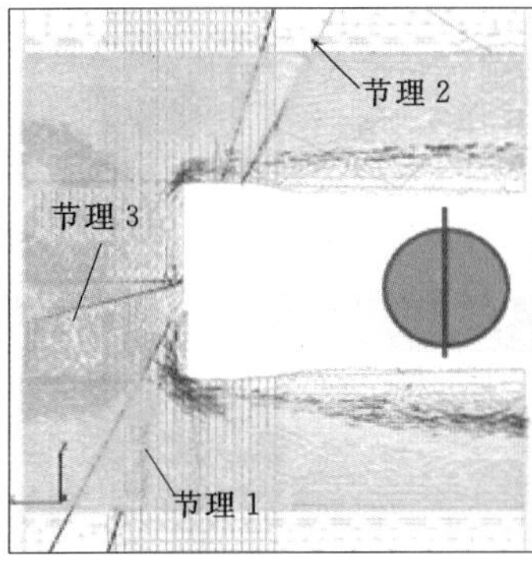

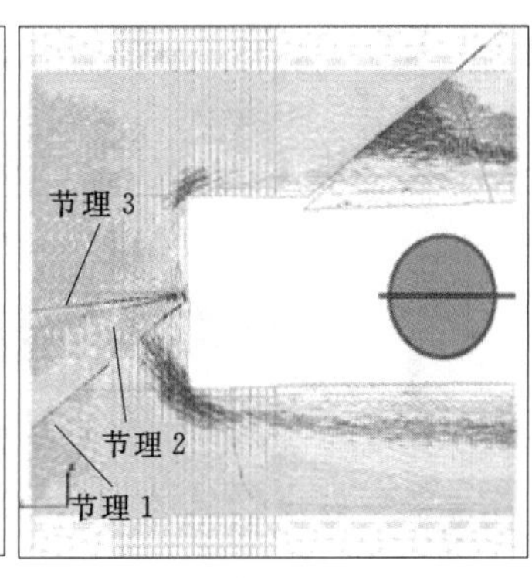

(a)掌子面位于测试断面时测试面(左)、纵剖面(中)、横断面(右)的应力分布

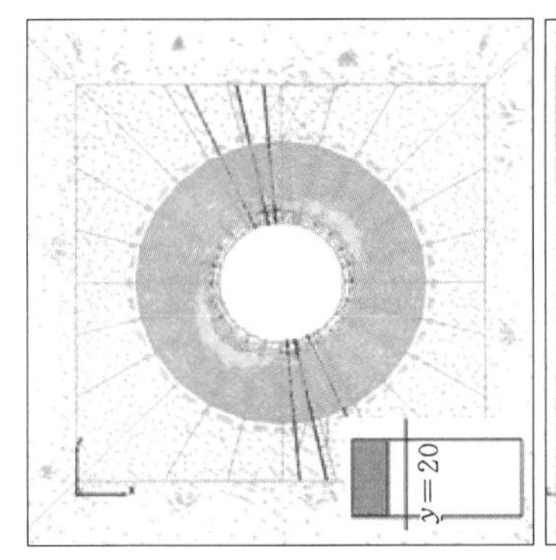

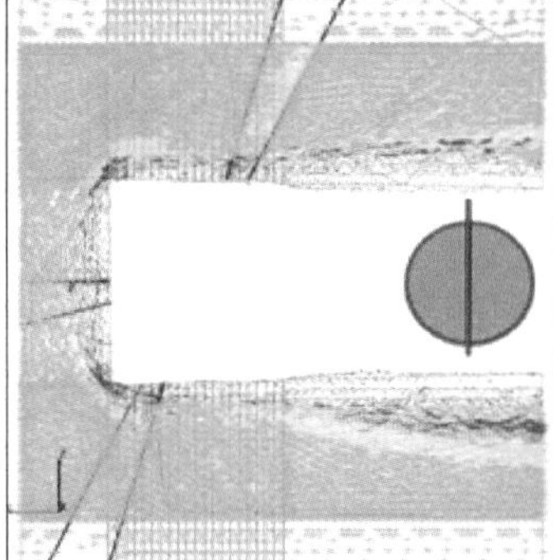
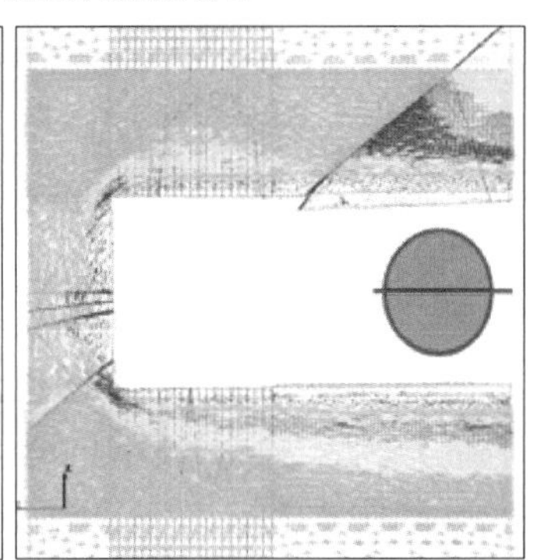

(b)掌子面位于测试断面前方 5m 时测试面(左)、纵剖面(中)、横断面(右)的应力分布

图 6－33 考虑节理影响时的围岩应力分布特征（单位：MPa）

图 6－33（b）表示掌子面通过测试面 5m 以后的应力分布，其中的左图反映了掌子面后方 5m 处测试断面上的应力分布，与 FLAC 3D 计算结果一致，应力集中区主要位于北侧拱肩和南侧拱脚一带。

图 6－33（a）和（b）分图的右图表示了横断面上的应力分布，计算结果显示陡倾节理对北边墙应力的影响相当突出，除了导致节理附近应力急剧变化以外，可以预见的是，

还可以导致这一部位出现显著的声发射现象，这与没有节理时形成显著差别。在现场，可以经常观察到陡倾 NWW 向节理附近出现的高应力破坏，上述计算结果可以解释这种现象。

图 6-34 表示了考虑节理时的变形场分布，主要反映现场揭露的 3 条长大节理在不同隧洞位置时对变形场的影响。

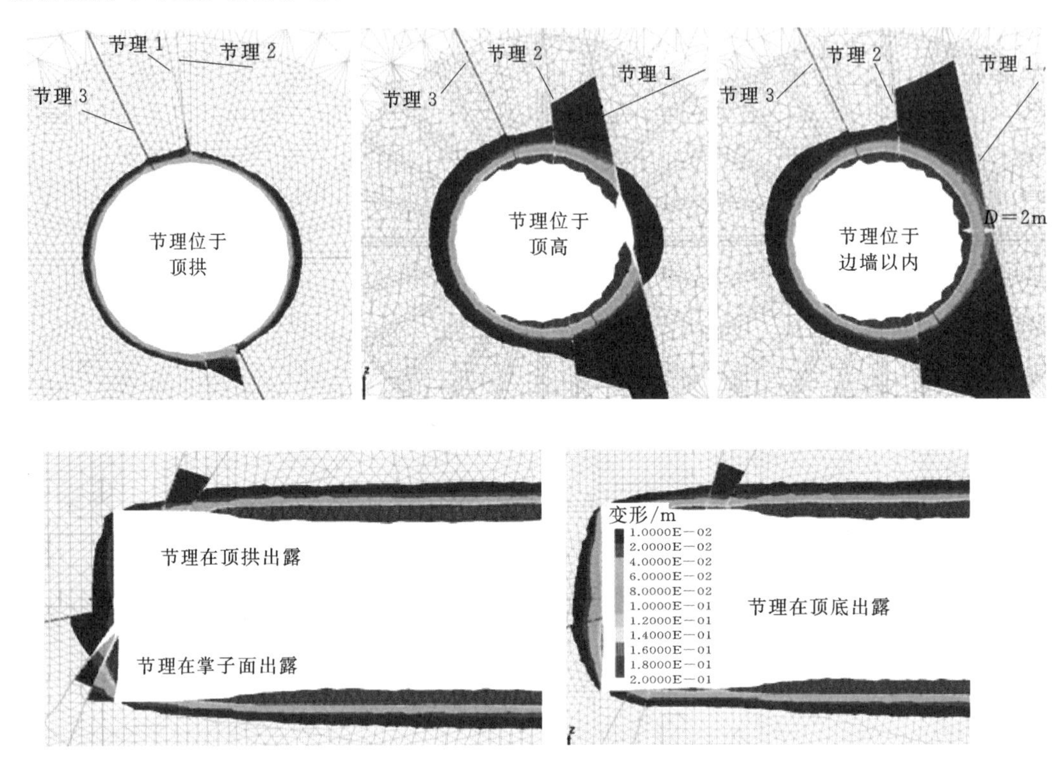

图 6-34　考虑节理时的围岩变形场分布

如图 6-34 上图左所示，当节理在顶拱出露时，对围岩变形影响很小，而位于北拱肩附近时，在不支护的条件下则可以导致围岩破坏（计算结果显示了不收敛变形）；而当位于边墙内侧时，这一侧变形显著地受到影响，成为变形影响范围最大的部位。计算结果显示，当节理位于边墙 2～3m 深度范围时，这种影响相对突出，距洞壁 3m 以外，洞壁变形基本恢复到正常状态，即此时节理的影响很小。这一计算结果与现场观察到的结构面导致的围岩破坏深度一般在 2m 以内、最大不超过 3m 的现象具有良好的一致性。

6.3　原位试验监测设备及安装测试步骤

6.3.1　监测仪器设备及主要技术指标

6.3.1.1　围岩应力监测仪器

应力监测采用单、双向岩石应力计、CSIRO 空心包体应力计（三向）等。

（1）单、双向岩石应力计。振弦式；量程：70MPa；精度：±0.1%F.S；耐水压：2MPa。

（2）CSIRO空心包体应力计（三向）。精度：标准误差$\pm 10\times 10^{-6}$；耐水压：2MPa。

6.3.1.2 围岩变形监测仪器

围岩变形监测采用点位移计、光纤光栅应变计等。

（1）多点位移计。欧美大地进口振弦式五点多点位移计。量程：0～100mm；最小读数：0.025mm；精度：±0.1%F.S；温度测量精度：±0.5℃；耐水压：2.0MPa。

（2）光纤光栅应变计。光纤布拉格光栅FBG（fiber bragg grating）型应变计。量程：0～3000$\mu\varepsilon$（$\mu\varepsilon$即应变数值$\times 10^{-6}$量级，下同）；精度：±0.1%F.S；耐水压：2MPa；标距：150mm。

（3）光纤光栅温度计。量程：－30～70℃；精度：±0.5%F.S；耐水压：2MPa。

（4）解调仪。用于光纤光栅应变计与温度计组的监测。通道数：16；波长范围：15255～1565nm；精度：±5pm；动态范围：＞50dB；分辨率：1pm；光学接头：FC/APC；通信接口：RJ45、USB；电源：交流220V/50Hz；工作温度：0～40℃。

6.3.1.3 声发射监测仪器

声发射监测仪器设备主要为声发射传感器、接收及监测模块、声发射接收仪等。主要技术指标如下。

（1）声发射传感器。频率范围：$10^3\sim 10^6$Hz；温度范围：－35～65℃；耐水压：2MPa。

（2）声发射接收系统。频率范围：$10^3\sim 10^6$Hz；温度范围：－35～65℃；通道数：16个声发射通道，16个低速参数输入通道；数字I/O接口：8个输入，8个输出；并行FPGA-DSP处理结构，每通道独立18位A/D，20MHz采样率；防水等级：IP66。

6.3.1.4 声波监测仪器

声波监测仪器包括声波仪（用于数字采集和存储）、换能器（一发双收装置）及相关配件，主要技术指标要求如下：

（1）声波仪具有波形清晰，显示稳定的示波装置。

（2）声波仪的计时器最小读数为0.1μs，计时范围0.5～5000μs。

（3）声波仪具有最小分度为1dB的衰减器。

（4）换能器的频率宜选用$20\times 10^3\sim 250\times 10^3$Hz。

（5）换能器的实测频率与标称频率相差应不大于10%。

（6）用于水中测试的换能器，其水密性应在1MPa以上。

6.3.2 监测仪器安装测试步骤

6.3.2.1 单向、双向岩石应力计

（1）安装前准备工作：

1）安装工具：弦式岩石应力计、ϕ19mm铝合金杆和安装工具头、用于扩展的ϕ19mm铝合金杆、不锈钢杆（细铁丝）、用于连接传感器的左旋不锈钢杆、手锤、透明胶布等。

2）与钻孔施工人员确认孔深（ϕ76mm 和 ϕ38mm）。

3）参考钻孔电视成像和岩芯资料，了解节理及断层等的具体位置。

（2）现场安装埋设步骤：

1）用安装杆和 ϕ38mm 标准探头测量实际孔深，确认 ϕ38mm 孔径及孔深无误后方可进行下一步，否则需对钻孔进行修改。

2）将岩石应力计固定在安装工具的连接头处，将电缆引在其旁侧的导槽中，并连接好反丝口细不锈钢张拉杆；使用 ϕ19mm 的铝杆左旋连接定位工具将岩石应力计进行定位，做好送入钻孔内的准备工作，并用读数仪记录自然状态下的仪器读数。

3）连接 ϕ19mm 的铝杆和细不锈钢张拉杆将岩石应力计缓慢推入安装位置（图 6－35）。

图 6－35　岩石应力计现场安装埋设

4）当推入到指定位置后，在保证岩石应力计不发生偏转的前提下将锤杆和手锤连接在孔外的不锈钢杆末端。

5）顶住铝杆，敲击手锤，向孔外预拉不锈钢杆 3cm 左右。当敲击手锤的时候，岩石应力计固定楔块的尼龙螺丝会破坏，楔块会移动并使得岩石应力计楔形体卡住在 ϕ38mm 钻孔内。敲击过程中需用读数仪不停地测读数据，以确定是否真正卡住并完全固定在孔内。

6）确定岩石应力计固定在孔内后，向右转动不锈钢杆，分开反丝口细不锈钢张拉杆，将安装工具连接器、连接粗铝杆和细不锈钢张拉杆一同缓慢陆续拔出。

7）安装完毕用读数仪测读多组数据，记录安装后的稳定值。

6.3.2.2　空心包体应力计

（1）安装前准备工作：

1）安装工具：空心包体式应力计、安装杆、洗孔杆、与空心包体的连接杆、雪橇形对中支架、水银开关、棉纱布、磨砂布、环氧树脂、硬化剂、ϕ38mm 的标准探孔杆、2m 卷尺、黄色电工胶布、细铁丝、便携式万用表、电筒等。

2）与钻孔施工人员确认孔深（ϕ76mm 和 ϕ38mm）。

3）参考钻孔电视成像和岩芯，了解节理及断层等的具体位置。

（2）现场安装埋设步骤：

1）用安装杆和 ϕ38mm 标准探头测量实际孔深，确认 ϕ38mm 孔径及孔深无误后方可进行下一步，否则需对钻孔进行修改。

2）用高压风吹洗孔内约 15min（具体时间以孔口出水量而定），然后把缠有棉纱布的洗孔杆伸入 ϕ38mm 孔内反复擦拭，直至棉纱布无水、孔壁干燥后进行下一步，否则继续操作。

3）用磨砂布擦拭包体表面，将其打磨粗糙。同时准备环氧树脂胶结剂，具体步骤为：打开树脂容器，将树脂倒入硬化剂容器内，均匀混合这两部分溶剂大约 5min。

4）沿着圆筒壁将配制好的环氧树脂胶结剂注入到圆筒空心“柱塞”内至标示的刻度线位置。

5）将安装活塞轻插入包体圆筒（注意对准圆筒壁的小孔），沿着包体壁安装活塞的引导安全销，确保安装牢固。

6）将准备好的包体与仪器接头杆连接（电缆线从连接杆中间穿过），同时把水银开关安装在安装杆上，调节方向再固定水银开关。

7）待一切准备妥当后，用卷尺测量出雪橇形对中杆至包体最顶端木屑探头的距离，接着再用安装工具牵引着 HI Cell 应力计旋入安装杆，推入孔内。

8）按照实际孔深计算应推入的安装杆长度，直到挤出胶结剂，碰断触发线，待 3～5 小时凝固后取回安装杆等安装工具。

9）接入自动化采集装置系统，进行数据采集。

6.3.2.3 声发射传感器

（1）将声发射传感器放置在专用的（保护）装置中，再用专用设备将保护装置投放到钻孔内施工图纸指定位置，用黄油或其他耦合剂使之与岩体耦合牢固。

（2）仪器测试，检验仪器安装的完好性。

6.3.2.4 多点位移计

（1）按照确定的测点深度，将套筒、传感器、传递杆、护管、锚头、灌浆管、排气管等组装好，并将传感器编号和相应电缆、锚头深度等做好记录。

（2）将组装好的多点位移计插入钻孔中（如钻孔内出水，还需在孔口插入排水管，排水管位于钻孔孔口底部），封孔灌浆，直至排气管出浆。

（3）初凝后，测量初值。

6.3.2.5 光纤布拉格光栅

（1）按照施工图的具体尺寸将应变计、光纤、灌浆管、排气管等组装好后，用导杆放至指定位置（如钻孔内出水，还需在孔口插入排水管，排水管位于钻孔孔口底部），封孔灌浆，直至排气管出浆。

（2）初凝后，测量初值。

6.4 原位试验监测方法与原理

6.4.1 声波监测

6.4.1.1 声波监测原理

本次钻孔声波监测采用单孔声波法。单孔声波监测是利用钻孔声波监测技术，把一发两收声波探头放入孔中，利用一只换能器发射声波，另外两只换能器接收声波。读取两只接收换能器声波初至时间差，把两只接收换能器的间距除以时间差即为接收换能器所在位置孔壁岩体的声波速度。根据相关规范要求，测试点距一般为 10～20cm。单孔声波监测示意图见图 6-36。

围岩松弛厚度判断一般是取钻孔深部岩体波速的平均值作为岩体松弛的临界波速，并

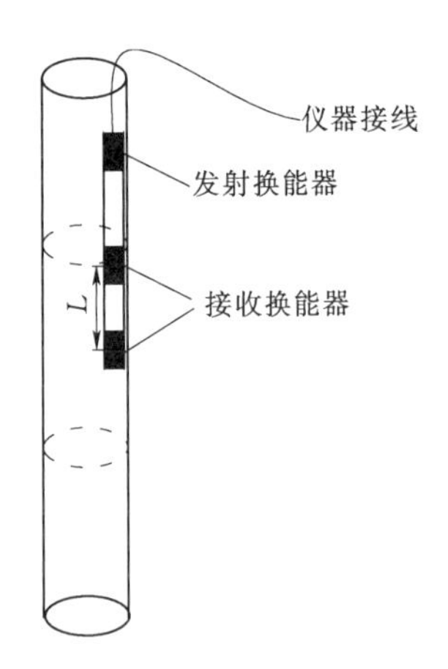

图 6-36 单孔声波监测示意图

结合波速随深度的变化及趋势确定围岩松弛厚度。进行对比测试的钻孔，则根据观察同一钻孔多次的波速变化情况对岩体松动圈厚度进一步进行验证和分析，同时可以辅助分析该钻孔沿孔深方向孔壁附近的岩体构造或结构的分布和发育状况。

声波监测所用的仪器为武汉岩海工程技术开发公司的 RS-UT01C 智能型岩体声波监测仪，具有数字采集和存储功能。超声换能器采用一发双收换能器。

6.4.1.2 声波监测资料整理与数据分析

1. 声波监测数据整理步骤

(1) 读取各记录的初至时间，计算各测点的声速：

$$\Delta t = t_1 - t_2 \tag{6-1}$$

$$v_P = \frac{L}{\Delta t} \times 10^6 \tag{6-2}$$

式中：t_1、t_2 分别为同一激发信号的相同相位在两个接收换能器的接收时间，μs；Δt 为二者时间差，μs；L 为两个接收换能器的间距，m；v_P 为声速，m/s。

(2) 形成关于孔深-声速的数据（表）文件。

(3) 绘制初步声速曲线图表。

2. 松弛深度的声波监测判断依据

利用岩体的声波速度（纵波）可以计算出完整性系数 k_v：

$$k_v = \left(\frac{v_P}{v_{Pr}}\right)^2 \tag{6-3}$$

式中：v_P 为纵波速度；v_{Pr} 为测区完整、新鲜岩块的声波纵波速度。根据前期相关物探资料可知锦屏工程区 T_2^5y 岩层大理岩完整、新鲜岩块的声波（纵波）速度 v_{Pr} 为 7300m/s。

根据《水电水利工程物探规程》(DL/T 5010—2005) 的规定，岩体完整性评价标准见表 6-2。

表 6-2 钻孔声波监测岩体完整性评价标准

完整性系数 k_v	$1 \geqslant k_v > 0.75$	$0.75 \geqslant k_v > 0.55$	$0.55 \geqslant k_v > 0.35$	$0.35 \geqslant k_v > 0.15$	$k_v \leqslant 0.15$
T_2^5y 大理岩声波（纵波）速度/(m/s)	$7300 \geqslant v_P > 6320$	$6320 \geqslant v_P > 5410$	$5410 \geqslant v_P > 4320$	$4320 \geqslant v_P > 2830$	$v_P \leqslant 2830$
岩体评价	完整	较完整	完整性差	较破碎	破碎

由于地下洞室成洞前岩体内部有初始应力，随着洞室的开挖，侧面应力消失，洞壁表面的岩体发生卸荷回弹使隧洞周边岩体内部引起应力重新分布，产生围岩二次应力，在洞室周围形成三个不同的应力区域，即应力降低区、应力增高区和初始应力区，见图 6-37。

岩体的波速和应力有着紧密的关系，随应力增加而增大，随应力降低而减少，应力松弛带的存在使岩体波速有所减低；另外，开挖爆破也使洞壁岩体的完整性受到一定程度的破坏，形成爆破破碎带，大大降低了岩体波速。因此，通过监测洞室径向的岩体波速变化关系（v_P-L）以及开挖前后围岩的波速变化情况（波速比）就可以监测并判断洞室松弛深度。

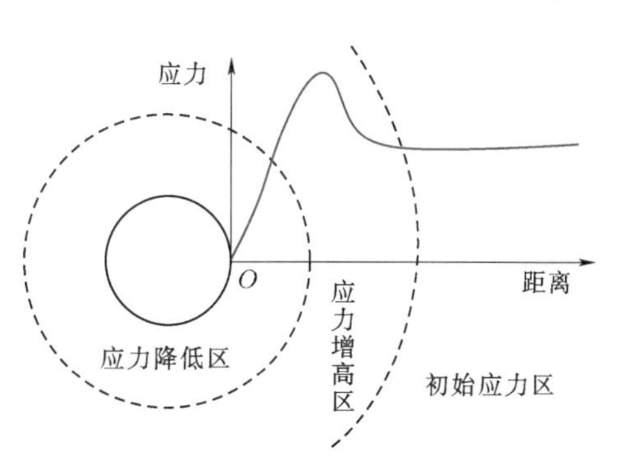

图 6-37 洞室开挖后的围岩应力分区图

1）根据波速曲线判断：①洞壁附近波速减低，反映了表层岩体松弛，随着深度增加，出现了波速增高，这是洞室四周的应力集中区，波速的增高表明该区岩体完整，应力集中显著，见图 6-38（a）；②当洞径较小且四周岩体完整坚硬时洞壁只有弹性形变，出现应力集中现象，无松弛区，见图 6-38（b）；③洞壁松弛不明显，各测点波速基本一致，波速较高，但总的波速接近于完整岩体的波速，见图 6-38（c）；④洞壁松弛，应力集中现象不明显，这种现象常出现在洞壁岩体较为破碎的洞室，见图 6-38（d）。

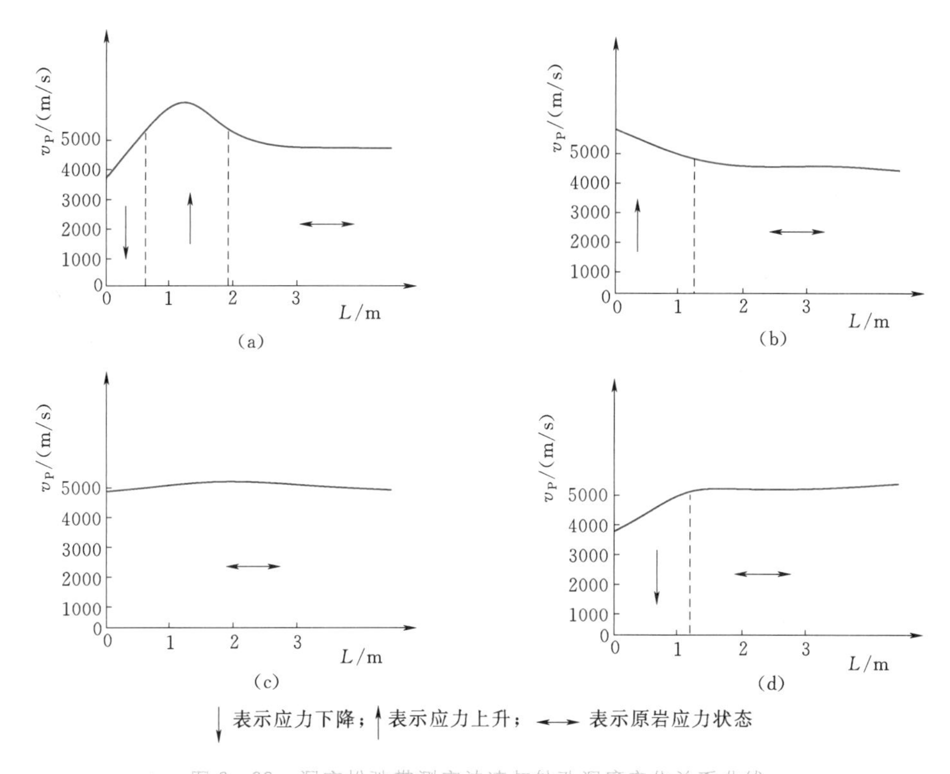

图 6-38 洞室松弛带测定波速与钻孔深度变化关系曲线

2）根据波速开挖前后的变化情况判断：一般情况下，洞室开挖前后围岩受扰动区的波速有所差异，经过开挖前后的波速比较可以更容易对围岩的松弛深度进行判断，见图 6-39。

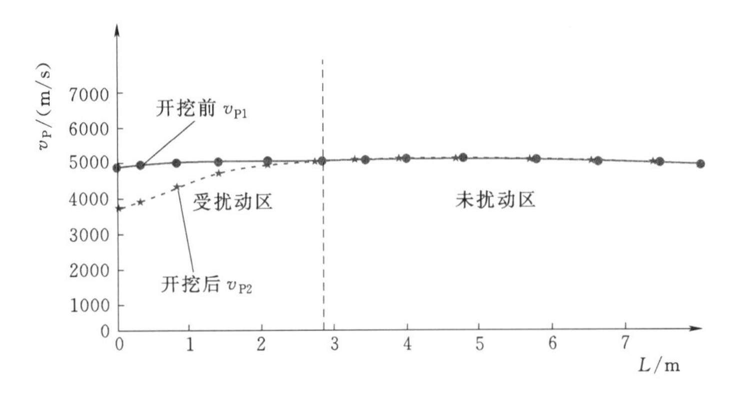

图 6-39 洞室松弛带测定波速与钻孔深度变化关系曲线

6.4.1.3 钻孔松弛深度与洞壁松弛深度的换算

根据钻孔位置、方向及与隧洞的位置关系对钻孔松弛深度和洞壁松弛深度进行换算。由于声波监测成果是以 3 号引水隧洞为监测对象的，故需要把 2-1 号试验洞的孔深换算成以 3 号引水隧洞洞壁为起点的垂直深度。声波监测孔位置、方向及与 3 号引水隧洞位置之间的空间位置关系见图 6-40。

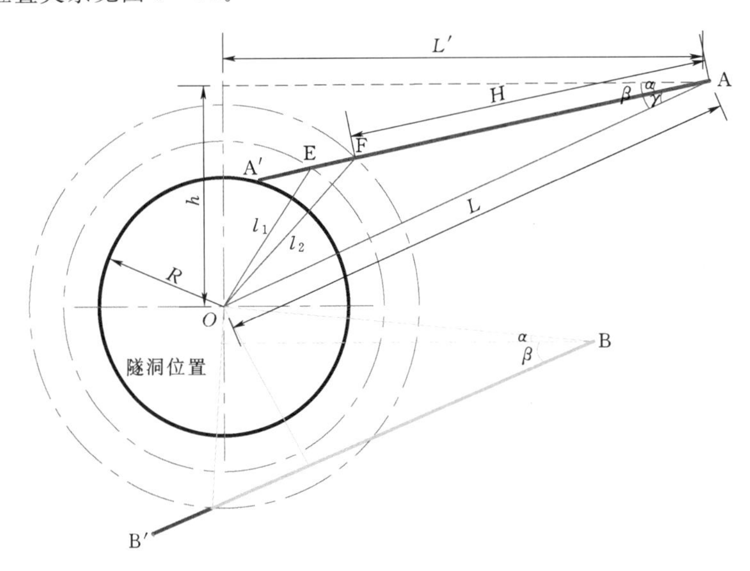

图 6-40 钻孔松弛深度与断面松弛厚度关系图

图 6-40 中钻孔深度 H(AE、AF) 为实测的深度，孔口与隧洞中心距离 L 可根据空间坐标关系计算得出。

(1) 假设钻孔倾角 α，孔口与隧洞中心连线与水平向夹角为 β，钻孔方向与连线的夹角为 γ，则有 $\tan\beta = h/L'$ 和 $\gamma = \beta - \alpha$。

(2) 钻孔距洞壁的径向距离 l 即为

$$l = \sqrt{H^2 + L^2 - 2HL\cos\gamma} - R \tag{6-4}$$

通过以上计算即可完成钻孔松弛深度与洞壁松弛深度的换算，再根据各断面不同钻孔位置的洞壁松弛情况了解断面间的岩体在 TBM 开挖后的松弛情况或推测 TBM 施工开挖对洞壁周边岩体的影响情况。

需要注意的是，由于存在空间位置关系，在进行深度换算时可能会出现同一径向深度对应两个钻孔深度的情况，需对各个钻孔的孔深与 3 号引水隧洞径向位置进行换算。

6.4.2 声发射监测

6.4.2.1 声发射原理

声发射监测的主要目的是：确定声发射源的部位；分析声发射源的活动情况从而进行破坏预报；确定声发射发生的时间或载荷；评定声发射源的严重性等。一般而言，对超标声发射源，要用其他无损监测方法进行局部复检，以精确确定缺陷的性质与大小。

希望通过声发射监测了解引水隧洞横断面应力调整过程中微破裂发生的位置和范围，除直接帮助进行支护参数优化设计以外，还可以帮助分析岩体地应力、脆性大理岩岩体力学性质及支护机理的深化研究工作，根据声发射信号的强度、活度及发展变化规律进行破坏或安全预报。

声发射技术是一种新兴的动态无损检测技术，涉及声发射源、波的传播、声电转换、信号处理、数据显示与记录、解释与评定等基本概念，基本原理见图 6-41。

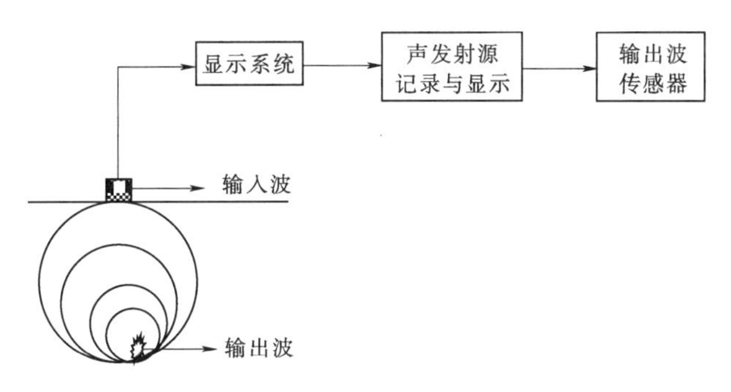

图 6-41 声发射工作原理示意图

声发射源发出的弹性波，经介质传播到达被检体表面，引起表面的机械振动，经声发射传感器将表面的瞬态位移转换成电信号。声发射信号再经放大、处理后，形成其特性参数，并被记录与显示。最后，经数据的解释，评定出声发射源的特性。

声发射监测所用的仪器为美国物理声学公司（PAC）的 Sensor Highway Ⅱ智能型远程监控声发射 16 通道数据采集系统（SH-Ⅱ-SRM），系统频率 $1\times10^3\sim1\times10^6$Hz（AE）/$1\times10^3\sim20\times10^3$Hz（振动），18 位 A/D 转换，20MSPS 采样率。系统具有防潮（防水标准 IP66）、耐高低温（−35～70℃）、低功耗（AC/DC 运行，15W+传感器功耗，10～28V 直流供电或 95～250V 交流供电 50/60Hz）、数据传输速度快、数据存储空间大等特点，适用于室外无人值守环境；系统主机见图 6-42。声发射传感器采用 PAC 公司的 R.45IC-LP-AST 低功耗、内置前放传感器，峰值频率约为 20.8kHz，有效接收信号频率范围 0～50kHz，具有防水、灵敏度高及自动传感器测试（AST）等特点和功能，见图 6-43。

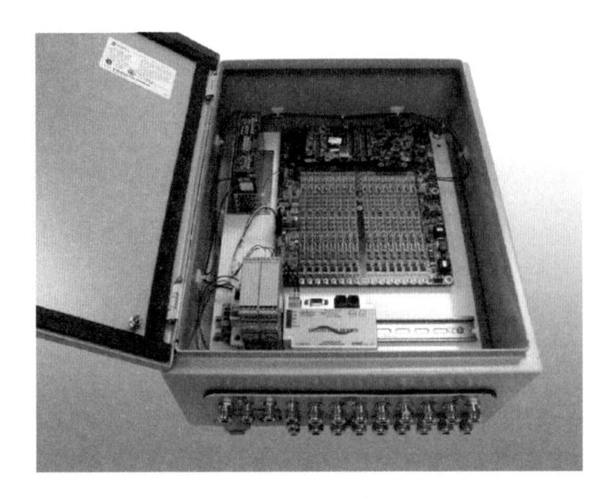

图 6-42 SH-Ⅱ DC 数据采集系统主机

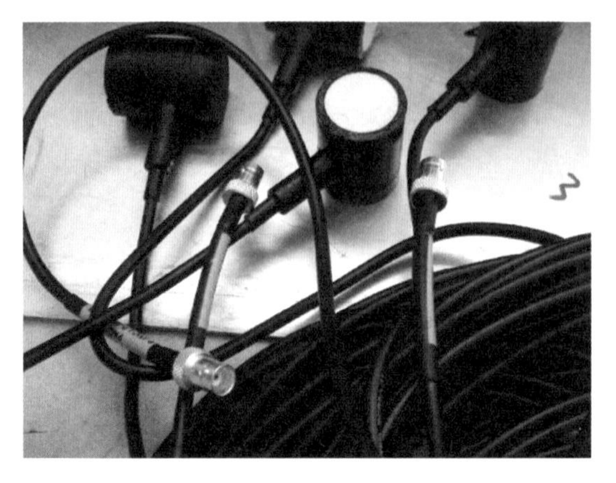

图 6-43 R.45IC-LP-AST 声发射传感器

6.4.2.2 声发射监测资料整理与数据分析

1. 实时监测和自动化处理

声发射的实时监测功能大多可自动实现，在监测过程中可以及时发现裂隙发育位置和规模，使用到的信号处理技术包括 AE 信号参数实时前端数字滤波、AE 信号波形实时前端数字滤波、多种功能的图形滤波等，相关结果的表现形式包括 AE 参数及波形特征参数的多参数分析、相关分析、2D/3D 图解分析、线图、点图、直方图、统计图等。相关参数说明如下：

（1）撞击：超过门槛并使某一个通道获取数据的任何信号称为一个撞击。它反映了声发射活动的总量和频度。

（2）事件：同一个撞击被多个通道同时检测到并能进行定位。

（3）持续时间：信号第一次越过门槛至最终降至门槛所经历的时间间隔。

（4）上升时间：信号第一次越过门槛至最大振幅所经历的时间。

（5）计数：超过门槛信号的振荡次数，用于声发射活动性评价。

（6）能量：信号检波包络线下的面积，反映信号的强度。

2. AE 波的弹性波动理论

AE 波是在弹性体内由于裂纹等变形错位的发生而释放的一种弹性波。根据弹性波动理论，AE 波可以表示为式（6-5）和式（6-6）：

$$u_i(x,t)=\int_F G_{ip,q}(x,y,t)m_{pq}(y)S(t)\mathrm{d}S \tag{6-5}$$

$$m_{pq}(y)=C_{pqkj}b(y)l_k\boldsymbol{n}_j \tag{6-6}$$

式中：$u_i(x,t)$ 为 AE 波的变形成分；$G_{ip,q}(x,y,t)$ 为 Green 函数的空间微分；$m_{pq}(y)$ 为矩张量；$S(t)$ 为发生时间函数；$b(y)$ 为运动的大小；l_k 为运动的方向；C_{pqkj} 为弹性常数；$\boldsymbol{n}_j$ 为在平面 S 上定义的裂纹表面法线向量。

由式（6-6）所定义的矩张量 $m_{pq}(y)$ 由弹性常数、裂纹表面法线方向和裂纹运动方向组成。所以，应用矩张量分析法可以计算出隧洞掘进时在周围基岩内产生的裂纹种类和运动方向。

3. 有效声源信号的筛选

有效声源信号的筛选可以通过多种方法实现：孔内安装传感器已可屏蔽部分外部干扰信号；合适的主频传感器可以屏蔽大多干扰信号（通过初步试验拟选取 R.45 型传感器，其频率范围为 $1\times10^3\sim80\times10^3$ Hz，中心频率为 7.5kHz）；通过计算和定位筛选可以去除来自监测范围之外的干扰信号；通过对信号波形的识别可以对规律的声源信号和非规律的噪声信号进行筛选。经过多种方法的运算和处理后，保证所使用的信号均有可信的、有效的岩体发生微破裂时的声发射信号。

4. 信号源的定位

由于声源定位的基本原理就是两个接收传感器之间的时差问题，只要知道来自同一声源在接收覆盖范围内的 3 个以上位置，就可以利用岩体波速求得（x，y，z）值，见图 6-44；受空间理论和计算方法的限制，传感器覆盖范围以外的区域定位准确率下降，且距离越远误差越大。4 个以上声发射传感器可以解决体定位问题，其基本原理均用以下标准的距离方程表示：

$$\Delta t_i = t_{1i} - t_{2i} \tag{6-7}$$

$$\sqrt{(x-x_i)^2+(y-y_i)^2+(z-z_i)^2} = \Delta L_i \tag{6-8}$$

$$L_i = v_P(t-t_i) \tag{6-9}$$

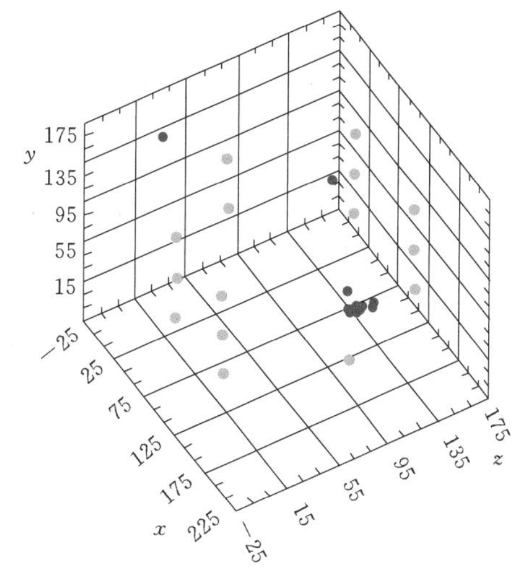

图 6-44　声发射信号源在岩体中的三维定位示意图

5. 波速选取

波速是进行声发射定位的一个重要参数，本次采用了对监测区域及附近区域岩体进行了围岩声发射信号平面定位波速测试、钻孔声波（单孔）测试、洞壁地震波测试这三种方法进行波速对比。由于三者产生机理相似但主频不同，反映的岩体物性不同，波速也有所差异，需经现场实际验证后方可选取合理的波速值作为最终声发射定位的速度参数指标。

6. 信号识别

对监测过程中的 AE 信号个数、能量和振幅值进行分析，研究声发射信号在隧洞不同开挖时期的变化情况，确定发生岩体破裂时的声发射频率和规模等。

7. 定位坐标旋转与平移

由于声发射软件定位坐标是根据各传感器的相对位置和空间关系自由制定的，与大地坐标的相对关系有所不同，在进行声发射信号的定位坐标确定时需要考虑相对坐标轴的平移、旋转和互换。由于在进行空间坐标变换时高程（高度）方向上的坐标并未发生变化，所以三维坐标变换的问题即可转化为二维坐标的问题，即仅考虑在 XY 平面坐标系下的平移、旋转和互换。

(1) 声发射监测系统 AE 坐标系统。经测量和计算，可以获得本次 12 个声发射监测传感器在原始大地坐标下的坐标位置 $P(x,y,z)$。为便于与声发射监测仪器中的坐标位置一致并便于在三维坐标中进行观察，可对原始坐标 $P(x,y,z)$ 进行平移，得到以

$P_{C12-12}(X_0, Y_0, Z_0)$ 为原点的新坐标 $P'(x', y', z')$，即

$$\begin{cases} x' = x - X_0 \\ y' = y - Y_0 \\ z' = z - Z_0 \end{cases} \tag{6-10}$$

其中 $X_0=340423.0703$；$Y_0=3516951.1162$；$Z_0=1580.7502$。

由于声发射监测软件坐标系下的 X_{AE} 方向正向为 TBM 掘进方向（N58°W），Y_{AE} 方向为垂向，Z_{AE} 方向为孔深方向，与大地坐标系在 XY 平面下夹角为 32°，详见图 6-44。在坐标 $X_{AE}Y_{AE}$ 平面的坐标有如下关系：

$$x_{AE} = \rho\cos(\theta+\beta) \tag{6-11}$$

$$y_{AE} = \rho\sin(\theta+\beta) \tag{6-12}$$

其中 $\beta=\arctan(y'/x')$；$\theta=\pm 32°$（此时偏转角增大，θ 为正值），由此可换算出声发射监测传感器在 $X_{AE}Y_{AE}$ 平面坐标下对应的坐标关系。

另外，由于仪器内所用 AE′坐标系统与 AE 坐标系统还存在如下关系：

$$\begin{cases} X'_{AE} = -X_{AE} \\ Y'_{AE} = Z_{AE} \\ Z'_{AE} = Y_{AE} \end{cases} \tag{6-13}$$

故可以算出仪器内软件各声发射传感器在 AE′坐标系统下的坐标情况。

（2）声发射信号坐标的大地坐标换算。根据声发射软件定位系统可监测到所需声发射信号在监测范围内的相对位置。为方便对声发射信号进行分析和研究，需将其位置分布情况在大地坐标系下显示，然后进行换算，其过程即为“声发射监测系统 AE 坐标系统”的反运算。经过坐标轴互换、坐标轴旋转、坐标轴平移等过程即可将测试得到的 AE 坐标系统下的信号点信息转换为大地坐标系下进行分析和使用。

8. 综合成果分析

根据监测成果可以分析引水隧洞横断面应力调整过程中微破裂发生的位置和范围，借此可以分析岩体地应力、脆性大理岩岩体力学性质。

6.4.3 围岩应力监测

6.4.3.1 单向/双向岩石应力计监测原理及数据处理

1. 监测原理

单向/双向岩石应力计又称振弦式孔内岩石应力计。本试验选择 1338EX 型振弦钻孔应力计，它是一种可以自动测量并且可以取代便携式 Goodman 千斤顶的仪器，安装在孔径 37～39mm 的钻孔内。应力计包含圆形传感部分、楔形装备感应应力部分、压板和电缆等，应力计装置上的激励线圈用来激励振弦，测量振动频率。

应力计的安装是通过在仪器和钻孔壁上的压板之间楔入楔块装置，达到指定的预加荷载值，应力计在高预载条件下可测得基质材料受压后应力的变化量。应力计接好以后，激励信号传送至线圈，引起振弦振动产生谐振。振弦振动的频率信号通过接收线圈经传输电

缆输入读数仪显示读数。振弦传感器用楔块和压板加载在钻孔里，变化的岩石应力在仪器壳体上转化为变化的荷载从而引起机体变形，并且这个变形量按变化的应力使张紧的振弦共振频率产生变化并被记录下来。振动频率的平方直接按比例反应为应力计直径的变化，并按率定系数转换为岩石应力的变化。本次试验整理的应力值为应力增量。

2. 数据采集及处理

本次试验围岩应力监测数据采用 dataTaker DT80G GeoLogger 进行自动采集，De-Logger5 组成整个软件的骨架，包括程序编程，数据的各种显示方式，以及数据存储。单/双向岩石应力计接入模块 1，实现监测数据采集自动化，基本消除了读数采集的人为误差影响，监测数据可靠。自动化测读出来的数据为频率模数，应力计算公式如下：

$$\sigma_{(psi)}=(R_c-R_i)\cdot G\cdot F \tag{6-14}$$

式中：R_c 为当前读数，Hz^2；R_i 为初始读数，Hz^2；$G\cdot F$ 为传感器因数，1338EX 型振弦钻孔应力计的 $G\cdot F=0.5$。

根据厂家提供的信息，该应力计算结果的单位是 psi，根据需要可使用公式 $\sigma_{(MPa)}=\sigma_{(psi)}/14.233\times0.098$，将其换算为单位为 MPa 的应力值。

振弦式孔内岩石应力计示意图见图 6-45。

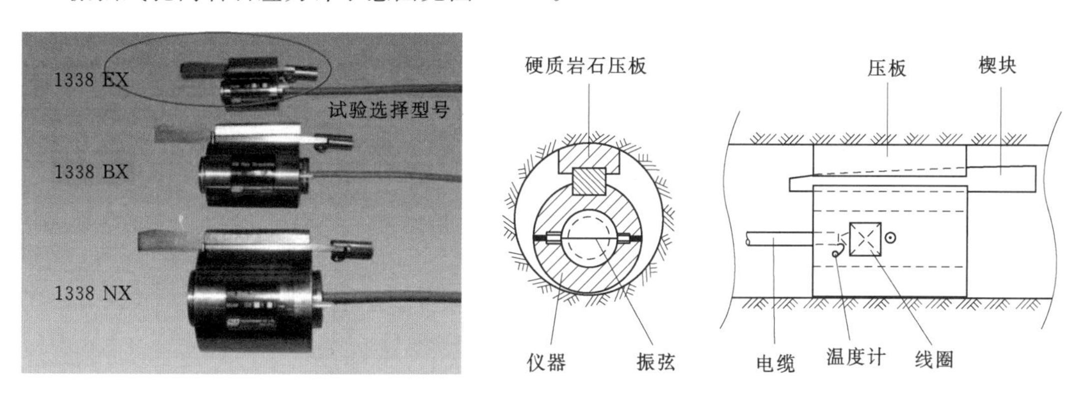

图 6-45 振弦式孔内岩石应力计示意图

6.4.3.2 空心包体式应力计监测原理及数据处理

1. 监测原理

空心包体式应力计的元件是在环氧树脂圆筒外壁上贴上三组应变花，用接线装置引出导线，再在应变花外涂一薄层环氧树脂作为保护层的组件。为了使圆筒紧贴测孔壁面，将环氧树脂胶结剂在现场安装前储存于圆筒中的空心“柱塞”内。柱塞用丙烯酸管做成。移动柱塞位置即可将其内的胶结剂挤至探头周围，从而使探头和围岩黏在一起，一旦环氧树脂固化，应变传感器将牢固地黏结好，与孔壁有 1.5～2mm 的距离，这是数据处理的容许范围。应力监测是将空心包体式应力计永久留放在原地，监测随时间的相对应力变化。测量时，先在岩体中钻一个大孔至待测区，然后在大钻孔孔底中心钻一个同轴小孔，在小孔中安装应力计探头。空心包体式三向应力计在空心包体上等距布设 3 组应变花，每个应变花由 4 个应变片组成，应变花在圆筒上互成约 120°角。空心包体式应力计结构组成及剖面见图 6-46，应力计应变片贴片见图 6-47。

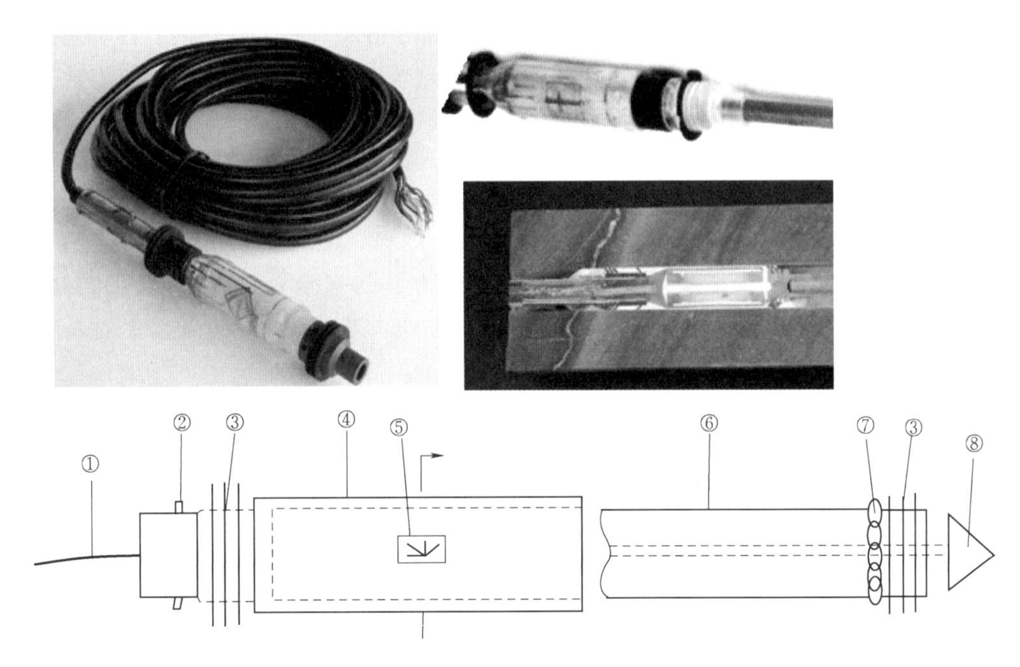

图6-46 空心包体式应力计（CSIRO）结构组成及剖面图

①—电缆；②—卡销；③—橡皮密封圈；④—环氧树脂筒；⑤—应变花；

⑥—活塞；⑦—黏结剂出口；⑧—定位木锥

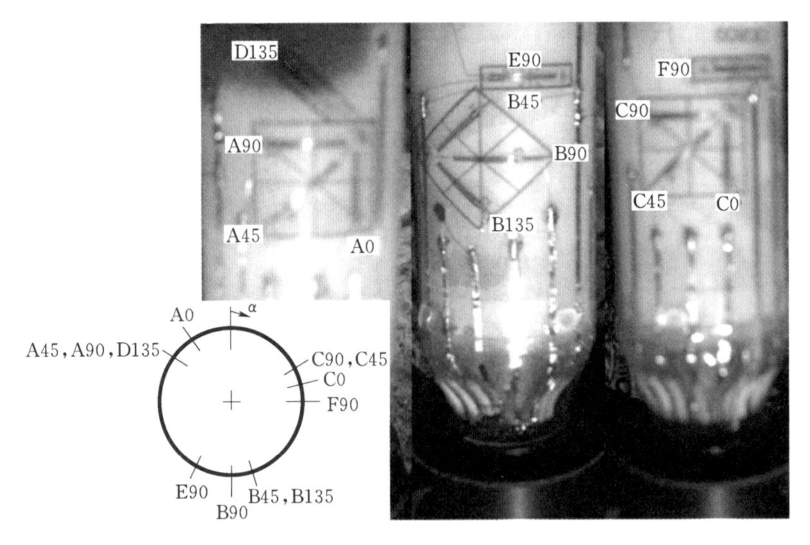

图6-47 空心包体式应力计应变片贴片

2. 数据采集及处理

实测应变需通过计算转化为应力，在局部坐标系下的计算原理及数据处理步骤如下：

（1）建立观测方程组。在应力计环氧树脂层中嵌固的3组应变花，序号用i表示，对应的极角为θ_i；这里假设每组应变花由4个应变片组成，本次试验用序号用j表示，对应的角度为ψ_{ij}。根据应变观测值ε_k与岩体应力状态的关系，可得到下列观测值方程组：

$$\left.\begin{array}{l}E\cdot\varepsilon_k=A_{k1}\sigma_x+A_{k2}\sigma_y+A_{k3}\sigma_z+A_{k4}\tau_{xy}+A_{k5}\tau_{yz}+A_{k6}\tau_{zx}\\ k=4(i-1)+j\quad i=1\sim3,j=1\sim4\end{array}\right\}\tag{6-15}$$

（2）计算各分量系数 A_{k1}、A_{k1}、A_{k2}、A_{k3}、A_{k4}、A_{k5}、A_{k6}。

$$\begin{array}{l}A_{k1}=[K_1+\mu-2(1-\mu^2)K_2\cos2\theta_i]\sin^2\psi_{ij}-\mu\\ A_{k2}=[K_1+\mu+2(1-\mu^2)K_2\cos2\theta_i]\sin^2\psi_{ij}-\mu\\ A_{k3}=1-(1+\mu K_4)\sin^2\psi_{ij}\\ A_{k4}=-4(1-\mu^2)K_2\sin^2\psi_{ij}\sin2\theta_i\\ A_{k5}=2(1+\mu)K_3\sin^2\psi_{ij}\cos\theta_i\\ A_{k6}=-2(1+\mu)K_3\sin2\psi_{ij}\sin\theta_i\end{array}\tag{6-16}$$

（3）计算应变花并非直接黏贴在钻孔岩壁上的修正系数 K_1、K_2、K_3、K_4。根据空心包体式应力计内半径 R_1、应变片嵌固部位半径 ρ、测孔平均半径 R、围岩的弹性模量 E（一般取多个测点岩芯的岩样室内试验的平均值 E）和泊松比 μ、环氧树脂层的弹性模量 E_1、泊松比 μ_1 等参数，按下列公式计算确定：

$$\left.\begin{array}{l}K_1=d_1(1-\mu\mu_1)(1-2\mu_1+R_1^2/\rho^2)+\mu\mu_1\\ K_2=(1-\mu_1)d_2\rho^2+d_3+d_4\mu_1/\rho^2+d_5/\rho^4\\ K_3=d_6(1+R_1^2/\rho^2)\\ K_4=\mu_1-(\mu_1-\mu)d_1(1-2\mu_1+R_1^2/\rho^2)/\mu\end{array}\right\}\tag{6-17}$$

其中

$$\left.\begin{array}{l}d_1=1/[1-2\mu_1+m^2+\xi(1-m^2)]\\ d_2=12(1-\xi)m^2(1-m^2)/(R^2D)\\ d_3=[m^4(4m^2-3)(1-\xi)+\chi_1+\xi]/D\\ d_4=-4R_1^2[m^6(1-\xi)+\chi_1+\xi]/D\\ d_5=3R_1^4[m^4(1-\xi)+\chi_1+\xi]/D\\ d_6=1/[1+m^2+\xi(1-m^2)]\end{array}\right\}\tag{6-18}$$

$$\left.\begin{array}{l}D=(1+\chi\xi)[\chi_1+\xi+(1-\xi)(3m^2-6m^4+4m^6)]+(\chi_1-\chi\xi)m^2[(1-\xi)m^6+(\chi_1+\xi)]\\ \xi=G_1/G=E_1(1+\mu)/E(1+\mu_1)\\ m=R_1/R,\chi=3-4\mu,\chi_1=3-4\mu_1\end{array}\right\}\tag{6-19}$$

（4）求解方程组。空心包体式钻孔三向应力计的一次测量可获得 12 个观测值方程，解 6 个应力分量的未知量，利用最小二乘法原理，得到求解应力分量最佳值的正规方程组：

$$\begin{bmatrix}\sum\limits_{k=1}^{n}A_{k1}^2 & \sum\limits_{k=1}^{n}A_{k1}A_{k2} & \cdots & \sum\limits_{k=1}^{n}A_{k1}A_{k6}\\ \sum\limits_{k=1}^{n}A_{k2}A_{k1} & \sum\limits_{k=1}^{n}A_{k2}^2 & \cdots & \sum\limits_{k=1}^{n}A_{k2}A_{k6}\\ \vdots & \vdots & \vdots & \vdots\\ \sum\limits_{k=1}^{n}A_{k6}A_{k1} & \sum\limits_{k=1}^{n}A_{k6}A_{k2} & \cdots & \sum\limits_{k=1}^{n}A_{k6}^2\end{bmatrix}\cdot\begin{Bmatrix}\sigma_x\\ \sigma_y\\ \sigma_z\\ \tau_{xy}\\ \tau_{yz}\\ \tau_{zx}\end{Bmatrix}=E\begin{Bmatrix}\sum\limits_{k=1}^{n}A_{k1}\varepsilon_k\\ \sum\limits_{k=1}^{n}A_{k2}\varepsilon_k\\ \vdots\\ \sum\limits_{k=1}^{n}A_{k6}\varepsilon_k\end{Bmatrix}\tag{6-20}$$

（5）进行局部坐标系下的应力与大地坐标系下的应力转换。

（6）准备计算各种参数，将实测应变数据导入计算软件，并进行计算整理。

（7）根据实测资料整理出特征值、时程曲线、变化速率-时间曲线、应力与开挖的相关曲线等，定性分析围岩应力变化规律和趋势。

（8）准备地质资料，记录开挖信息，初步分析各监测量的变化规律和趋势、判断有无异常的监测值。若发现确有不正常现象或确认的异常值，进行异常情况的原因排查。

（9）综合分析监测数据和计算数据，综合应力、变形监测数据和地应力量测回归分析结果，分析岩体应力的变化特征。

6.4.4　围岩变形监测

6.4.4.1　围岩变形监测原理

锦屏深埋引水隧洞大理岩段因为其特殊的应力环境和岩体力学特性，使得隧洞开挖以后围岩变形响应方式与常规存在一定差别，本次试验选用振弦式多点位移计和光栅光纤应变计监测来了解围岩变形性态、深埋脆性大理岩中围岩破坏特征（如岩爆、片帮、屈服损伤等）。

1. 多点位移计

选用振弦式多点位移计，供应商为欧美大地仪器设备公司，直接安装在钻孔里，监测不同深度围岩的变形位移。通过放置在保护管套管内部的延长杆将锚头和测头进行连接，保护套管保证延长杆可以自由移动，将锚头产生的位移传递给顶部测头位置的参考杆，测量锚头相对于测头参考点的位移量，可以同时测量几个点产生的位移量。

2. 光纤光栅应变计

选用北京基康公司生产的光纤布拉格光栅 BGK－FBG－4200T 型光纤光栅埋入式应变计 2 支，BGK－FBG－4200 型光纤光栅埋入式应变计 16 支，适用于混凝土、钢筋混凝土或可塑性材料内部应变监测。二次仪表选用北京基康公司光纤布拉格光栅便携式解调仪（BGK－FBG－8600）。BGK－FBG－8600 型中速光纤光栅分析仪是一款高精度、高分辨率的光纤光栅分析仪，该仪器集成了激光光源、数据采集和分析模块、网络通信等几大部分，并采用 TFT 彩屏显示。

光纤光栅传感器是一种沿光纤长度方向折射率的周期扰动而形成的元件，光纤光栅的制造源于光纤的光敏特性，其工作原理是：当光栅周围的温度、应变或者其他待测物理量发生变化时，将导致光栅周期或纤芯折射率的变化，从而产生光栅信号的波长位移，通过监测波长位移即可获得待测物理量的变化情况，基本原理如图 6－48 所示。

根据耦合模式理论，当宽带光在光纤布拉格光栅（Fiber Bragg Grating）中传输时，产生模式耦合，其布拉格反射峰波长 λ_b 与光纤光栅周期 Λ 的关系为

$$\lambda_b = 2n\Lambda \tag{6-21}$$

式中：n 为芯模有效折射率；Λ 为光栅周期或间隔。当宽光谱光源照射光纤时，由于光栅的作用，在光栅的工作波长附近的一个窄带光谱源部分被反射。但是，由于待测物理量变化的影响，使光栅反射回的波长产生一个位移，其关系式为

$$\Delta\lambda_b = 2n\Lambda\{\{1-(n^2/2)[P_{12}-\mu(P_{11}+P_{12})]\}\varepsilon+[\alpha+(dn/dt)/n]\Delta T\} \tag{6-22}$$

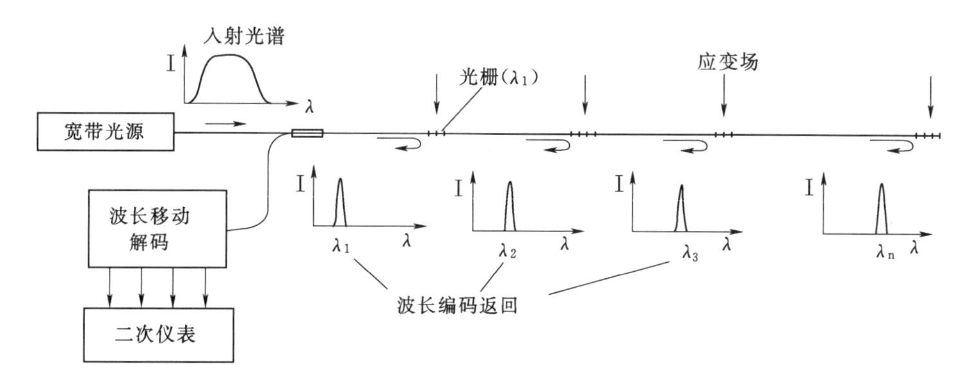

图 6-48 光纤布拉格光栅传感器工作原理

式中：P_{ij} 为光弹性张量的普克尔压电系数；ε 为外加应变；α 为光纤材料的热膨胀系数；μ 为泊松比；ΔT 为外界温度变化。

FBG 反射光的中心波长随应变和温度变化的位移也可简单表达为

$$\Delta\lambda_b=\lambda_b(1-\rho_a)\Delta\varepsilon+\lambda_b(1+\xi)\Delta T \tag{6-23}$$

式中：$\Delta\lambda_b$ 为应力和温度变化引起的反射波长的改变；$\Delta\varepsilon$ 为应变的变化；ΔT 为温度的变化量；ρ_a 为光纤的光弹系数；ξ 为光纤的热光系数。

利用式（6-23）可以很方便地测试出待测物的待测物理量，如应变、温度等。光纤光栅传感器具备许多独特的优点。小巧紧凑，易于埋入材料内部；制作时对光纤无机械损伤，是一种本征传感器，可靠性好；不受光强度影响，对于环境干扰不敏感；具有波长自参考特点，能实现绝对测量；能方便地使用波分复用技术，在一根光纤中串联多个光栅进行分布式测量。

6.4.4.2 变形监测资料整理与数据分析

（1）多点位移计每支传感器读数计算公式如下：

$$D(\mathrm{mm})=A(\mathrm{LU}^2)+B(\mathrm{LU})+C \tag{6-24}$$

式中：A、B、C 为仪器率定系数，单位分别为 mm/LU^2、mm/LU、mm；LU 为线性读数。

$$\delta_{相对}=[A(\mathrm{LU}_i^2)+B(\mathrm{LU}_i)+C]-[A(\mathrm{LU}_0)^2+B(\mathrm{LU}_0)+C] \tag{6-25}$$

上式为计算的相对位移，绝对位移需参考一个相对不动点进行换算，本次试验多点位移计为 2-1 号试验洞向 3 号洞壁预埋的监测仪器，不需进行换算。

本次试验围岩变形监测的多点位移计接入模块 1，实现监测数据采集自动化，基本消除了读数采集的人为误差影响，监测数据基本可靠。

（2）光纤光栅数据处理。本次光纤光栅监测主要包括围岩变形监测和温度变化监测，其中在监测过程中两个温度计监测到的温度基本恒定，局部最大温度变化量不超过 2.3～2.4℃，故在用光纤光栅方法对围岩变形监测时温度的影响不大，在本监测成果中不再进行专门说明，但在进行围岩变形的计算中已含该项指标。另外，由于各通道不同传感器位置距离 3 号引水隧洞 TBM 洞壁不同，其在开挖前后的应变变化量范围也有较大区别。为了便于分析和观察，将距离 3 号引水隧洞北侧洞壁较远（距洞壁 2.853～8.244m）的 1 号～13 号传感器分为一组，将距离 3 号引水隧洞北侧洞壁较近（距洞壁 0.818～2.440m）的 14 号～18 号传感器分为一组进行统计和分析。

由于光纤光栅围岩变形监测的数据量较大，所含信息内容也较多，在进行分析时进行了简化、均化和优化处理。根据数据特征和曲线规律，在不同时段内选定有代表性的数据作为变形特征值，数据稀疏程度与数据的变化规律一致，即变形变化较小的时间段的数据量少些，变形变化较大的时间段的数据量相对较大，保证数据具备完整性和可靠性。

（3）及时将监测数据导入计算机，并进行计算整理。

（4）根据实测资料整理出特征值、位移时程曲线、变化速率-时间曲线、位移与开挖的相关曲线等。

（5）对比开挖记录信息，初步分析各监测量的变化规律和趋势，对异常值的监测成果进行分析和研究。

（6）综合变形、应力、声发射成果和松动圈监测成果，分析围岩变形特征。

6.5 原位试验监测成果

6.5.1 声波监测成果

在 3 号引水隧洞 TBM 掌子面到达监测区域之前，对 1 - 1 断面～12 - 12 断面的 31 个钻孔分别进行了单孔声波测试，主要了解各个钻孔的岩体完整程度和声波分布情况；在 3 号引水隧洞 TBM 掌子面到达监测区域前后，对 5 - 5 断面和 6 - 6 断面的 6 个钻孔进行了 4 次声波对比监测测试，主要了解岩体在 TBM 掘进前后的声波变化情况及围岩松弛深度变化情况。

6.5.1.1 5 - 5 断面和 6 - 6 断面声波监测布置

5 - 5 断面和 6 - 6 断面对应 2 号引水隧洞的桩号分别为引（2）13＋435 和引（2）13＋438，对应 3 号引水隧洞的桩号为引（3）13＋420 和引（3）13＋423，每个断面均为 3 个钻孔，声波监测孔布置立体图及断面图见图 6 - 49～图 6 - 51。

图 6 - 49 声波观测断面监测孔布置立体图

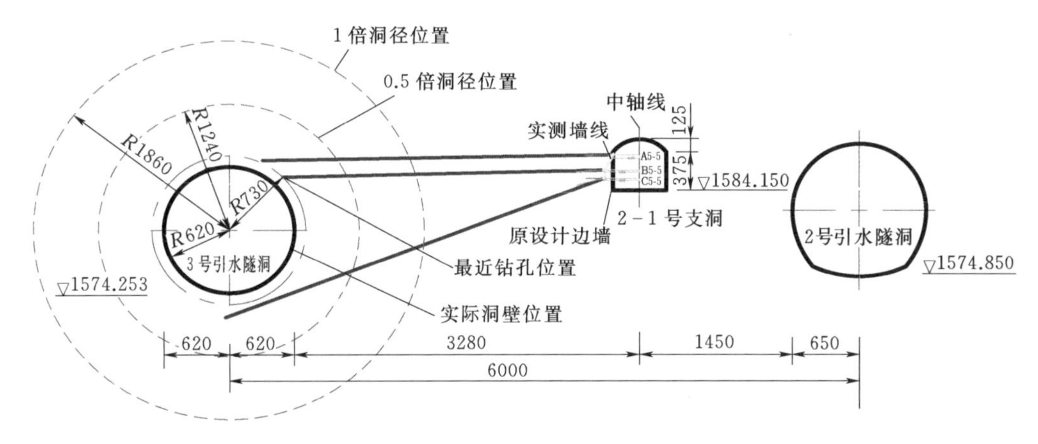

图 6-50　5-5 断面声波观测断面监测孔布置形式（单位：尺寸 cm，高程 m）

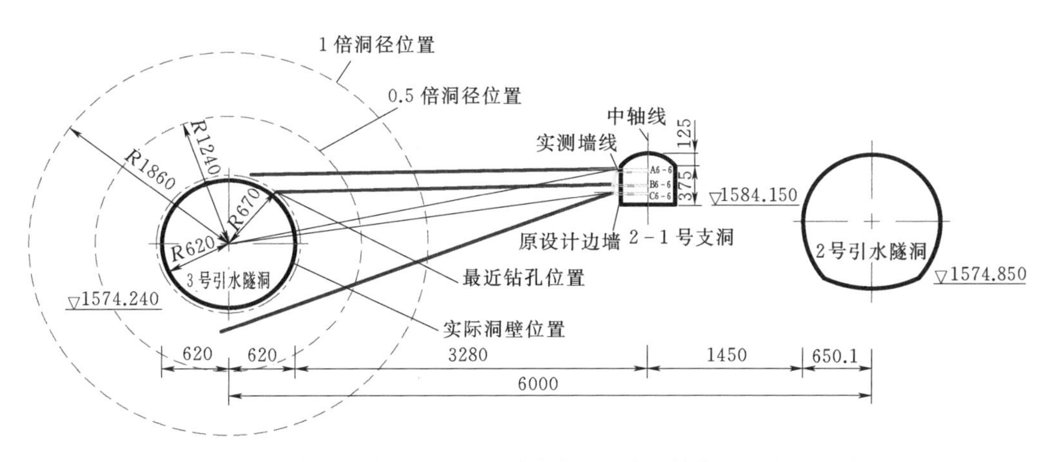

图 6-51　6-6 断面声波观测断面监测孔布置形式（单位：尺寸 cm，高程 m）

6.5.1.2　5-5 断面和 6-6 断面声波监测成果

1. 单孔声波监测成果

5-5 断面和 6-6 断面为试验常观声波断面，每个断面 3 个钻孔，钻孔编号分别为 A5-5 钻孔、B5-5 钻孔、C5-5 钻孔和 A6-6 钻孔、B6-6 钻孔和 C6-6 钻孔。5-5 断面和 6-6 断面的 6 个钻孔第一次声波监测声速范围为 2649～7300m/s，平均声速 5994m/s，大多属较完整～完整岩体，局部岩体破碎～完整性差。

2. 断面松弛深度测试成果

(1) 5-5 断面。声波监测 5-5 断面对应 2 号引水隧洞桩号为引（2）13+435，对应于 3 号引水隧洞桩号为引（3）13+420，共有 3 个监测钻孔，其中 A5-5 和 B5-5 测试区域主要为右侧拱肩及接近拱顶位置，C5-5 钻孔的监测区域主要为右侧接近底部位置。另外，由于 B5-5 钻孔在距洞壁 4.8m 和 7.6m 存在两个结构面，其破碎岩块在完成第一次声波监测后即对钻孔底部（即接近 3 号引水隧洞）造成堵塞，无法完成之后的 3 次声波监测。

根据 A5-5 钻孔和 C5-5 钻孔的波形特征及开挖前后的声速对比情况并结合相关地

质可知，两处位置的最终松弛深度分别为 3.4m 和 2.8m，B5－5 钻孔处的松弛深度不能确定。该断面的岩体松弛情况见图 6－52。

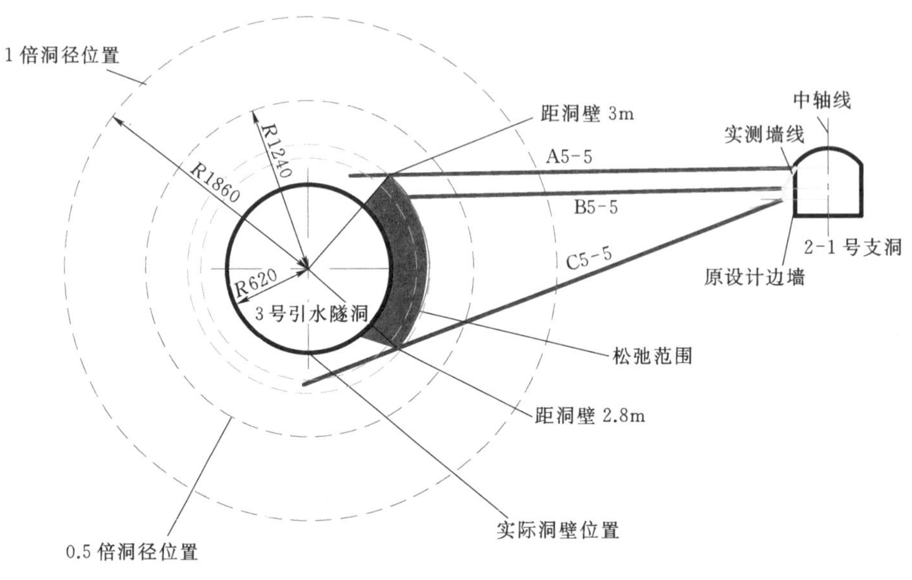

图 6－52　引水隧洞 2 号横通道 5－5 监测断面声波监测成果图（单位：cm）

（2）6－6 断面。声波监测 6－6 断面对应 2 号引水隧洞桩号为引（2）13＋438，对应于 3 号引水隧洞桩号为引（3）13＋423，共有 3 个监测钻孔，其中 A6－6 和 B6－6 监测区域主要为右侧拱肩及接近拱顶位置，C6－6 钻孔的监测区域主要为右侧接近底部位置。

根据 A6－6 钻孔、B6－6 钻孔和 C6－6 钻孔的波形特征及开挖前后的声速对比情况并结合相关地质资料可知，其松弛深度为分别为 3.2m、3m 和 1.8m。该断面的岩体松弛情况见图 6－53。

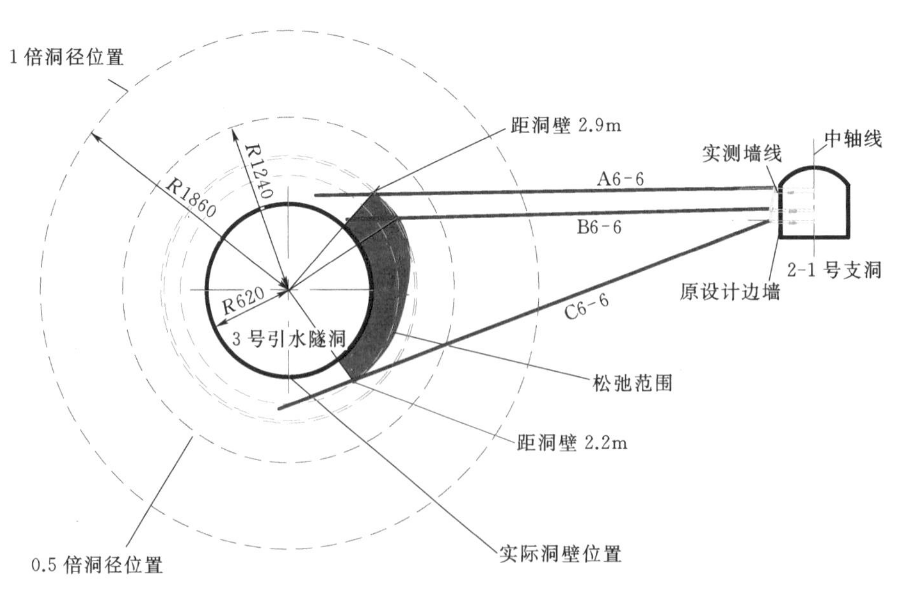

图 6－53　引水隧洞 2 号横通道 6－6 监测断面声波监测成果图

6.5.2 声发射监测成果

6.5.2.1 声发射监测断面布置

根据设计要求，声发射监测共布置四个断面，分别为3-3断面和4-4断面、11-11断面和12-12断面。每个断面均布置3个钻孔，每个钻孔安装2个声发射传感器，断面对应2号引水隧洞桩号分别为引（2）13+440.50和引（2）13+443.50，声发射监测孔布置形式及主要监测区域见图6-54～图6-56。

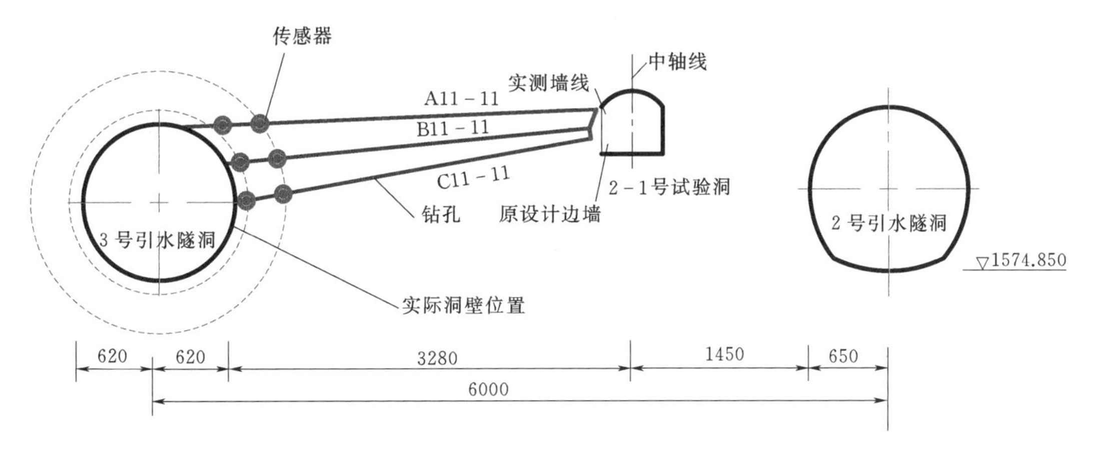

图6-54 11-11断面观测断面钻孔及声发射传感器位置分布图（单位：尺寸cm，高程m）

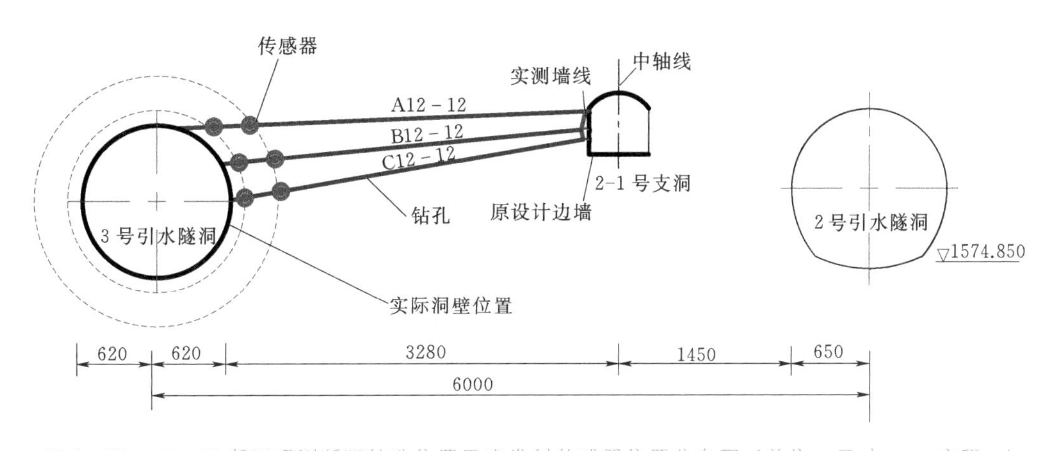

图6-55 12-12断面观测断面钻孔位置及声发射传感器位置分布图（单位：尺寸cm，高程m）

声发射监测区域11-11断面桩号为引（3）13+425，对应于2号引水隧洞引（2）13+440.5，自上而下监测孔编号为A11-11、B11-11、C11-11。12-12断面桩号为引（3）13+428，对应于2号引水隧洞引（2）13+443.5，自上而下监测孔编号为A12-12、B12-12、C12-12；每个监测孔布置两个传感器，相距3.05m；监测区域空间位置见图6-64。

X方向正向为TBM掘进方向（N58°W），12-12断面与11-11断面在X方向坐标分别为0和3000（仪器内坐标，单位mm），Y方向为垂向，Z方向为孔深方向；1号、3号、5号、7号、9号、11号传感器位于靠近3号引水隧洞一侧，即TBM掘进侧。11-

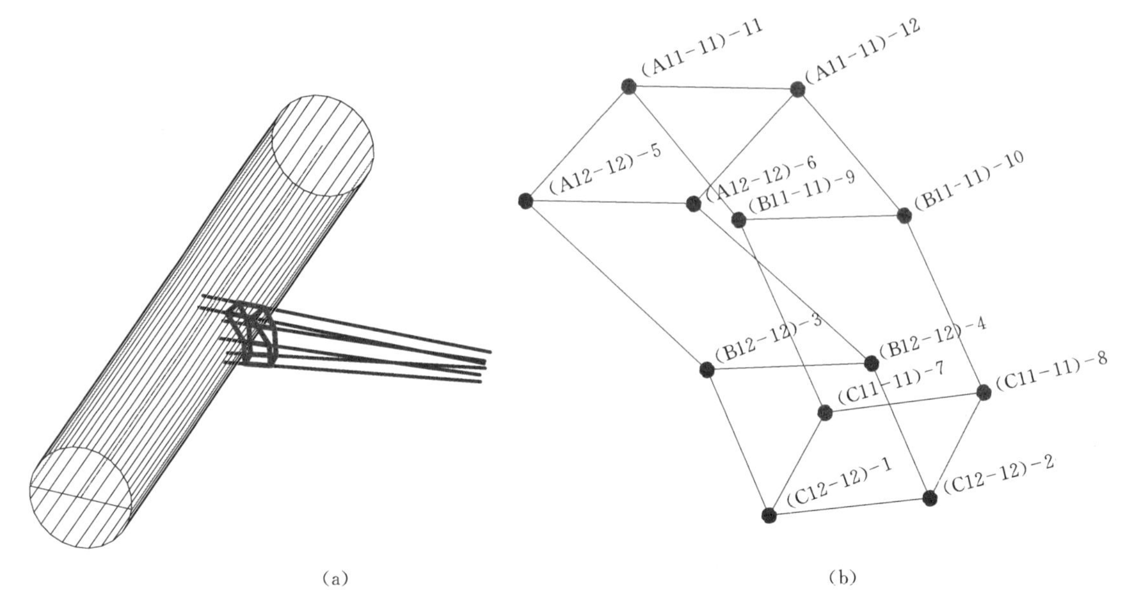

图 6-56 11-11 断面和 12-12 断面声发射传感器空间位置分布图

11 断面和 12-12 断面声发射传感器空间位置分布情况见图 6-56。

6.5.2.2 声发射波速的选取

岩石破裂（或震动）产生信号的频率范围可能在 $10^0 \sim 10^6$ Hz 之间，甚至超出该范围。试验声发射的 AE 信号频率范围为 $10^3 \sim 5\times10^5$ Hz；超声波信号频率范围为 $2\times10^3 \sim 6\times10^4$ Hz；地震波信号频率范围为 $10^0 \sim 1\times10^3$ Hz。各类型信号之间没有明显的频率界限。三者所反映的岩体性质较接近，一般情况下同类岩体的超声波速度稍高于地震波速度，AE 信号的波速也应与二者接近，从理论上讲，AE 信号频率更接近超声波频率，在波速上也更接近，但确定合适的声发射 AE 波速还需要经过现场波速试验和验证。

由于现有条件下无法直接获取准确的 AE 波速，故采用在裸露基岩表面进行线定位的方法进行测定，同时也可对其与地震波等的速度关系进行验证。试验位置选在 2 号引水隧洞桩号为引（2）13+800，岩性为 T_2^5y 大理岩。试验位置洞壁平整，岩性较均一，实验采用中心瞬态突发信号作为信号源，测试范围为 1.70m 的直线距离。试验所用传感器和激发位置示意图见图 6-57。图中 S1 和 S2 为两个声发射传感器，O1～O4 为突发信号的信号源。

图 6-57 声发射线定位法波速试验示意图

通过对已知的位置进行信号激发，即可以从 S1 和 S2 传感器中获得相对时间 T_1 和 T_2，同时可以测量出各激发点与两个传感器位置的距离（L_1 和 L_2），通过分析距离差 ΔL 与时差 ΔT 的关系即可得到相关波速值，也即

$$\Delta L = |L_1 - L_2| \tag{6-26}$$

$$\Delta T = |T_1 - T_2| \tag{6-27}$$

$$v = \frac{\Delta L}{\Delta T} \times 10^6 \tag{6-28}$$

式中：L_1、L_2 和 ΔL 的单位为 m；T_1、T_2 和 ΔT 的单位为 μs；v 的单位为 m/s。试验所获得的各组数据见表 6-3。

表 6-3　线定位组相关参数列表

序号	L_1 /m	L_2 /m	ΔL /m	T_1 /μs	T_2 /μs	ΔT /μs	波速 v /(m/s)
1	0.4	1.3	0.9	105	340	235	3830
2	0.6	1.1	0.5	156	286	130	3846
3	1.1	0.6	0.5	286	156	130	3846
4	1.3	0.4	0.9	340	104	236	3814

根据以上数据可以求得该位置表面岩体 AE 信号的平均波速为 3834m/s，同时测得该段表面岩体地震波波速为 3800m/s。这说明在工程或试验区内声发射信号与地震波信号的波速值接近。

试验区域内岩体地震波波速范围为 3062～6284m/s，平均地震波波速为 4758m/s；试验区域内岩体单孔声波波速范围为 4600～6700m/s，平均声波波速为 6100m/s。考虑到由于单孔声波所代表的岩体范围较地震波范围小，而本次声发射传感器最大的距离超过 10m，用地震波波速作为声发射速度更合理，声发射监测区域岩体各类波速均要高于表面岩体的波速。经计算和核准，将地震波波速提高 5%（即约为 5000m/s）作为声发射信号的近似传播速度，并在 2-1 号试验洞内用地震波波速作为声发射速度进行 AE 事件定位试验，经验证误差较小，说明该取值方法在该试验区内使用是合理的。另外，试验区域内岩体的不均一性明显，使用同一速度参数会对局部定位产生一定误差。

6.5.2.3　有效声发射源信号筛选

声发射监测在 TBM 掘进施工过程中可能接收到的信号来源一般包括岩体破裂、刀盘碎岩、主机振动、锚杆钻孔、爆破振动、机电干扰等。除了爆破振动干扰持续时间较短和机电干扰随机出现外，其他干扰类型使传感器产生自振，其自振能量极大，频率范围极宽，在现有技术条件无法进行滤除和屏蔽。在 TBM 掌子面靠近声发射监测范围一定区域内，掘进过程中产生的信号量可以用“海量”来形容：在连续碎岩的过程中，每 10～30min 即可产生 2×10^6kB 字节的信号量，每个信号占字节大小为 2～3kB，即每分钟 12 个传感器同时接收到的信号量约为 1×10^5 个。在目前技术水平下暂时很难进行滤波或剔除。在整个监测过程中共接收到的信号量约为 300GB，也即超过 1×10^8 个信号被接收。如此巨大的数据量绝大部分为干扰和噪声，这些大量随机的干扰和噪声信号通过软件自动定位后会在不同时间段内以某种“假象”的规律存在，并影响对有效信号的识别和提取，甚至覆盖了真实信号，使得后续分析无法进行。

TBM 刀盘破岩或锚杆钻孔产生的巨大振动都将导致周边一定范围内的岩体产生振动，使声发射传感器检测到这些“伪声发射信号”，在进行分析时应予以区分和剔除。时间滤波则是最有效的方法，即对 TBM 刀盘破岩或锚杆钻孔时段内所有信号进行滤除，使后期分析成为可能。该方法的缺点就是损失了该时段实际发生的具有丰富信息量的有效信号，仅能对“相对安静”状态下岩体中的破裂情况进行分析和研究。

6.5.2.4 声发射监测过程

声发射监测区域内 11-11 断面桩号为引（3）13+425，12-12 断面桩号为引（3）13+428，监测中心的位置对应桩号引（3）13+426.5，3 号引水隧洞 TBM 掘进直径为 12.4m，根据 TBM 掘进距离监测断面的位置与隧洞直径的对应关系，将本次声发射监测过程分为 3 个阶段，分别为：

①TBM 掌子面到达监测中心位置之前（包括进入−3.5*D*、进入−3.5*D*～−2.5*D* 范围、进入−2.5*D*～−1.5*D* 范围、进入−1.5*D*～−0.5*D* 范围，*D* 代表洞径，下同）；②TBM掌子面到达监测中心位置附近（包括进入−0.5*D* 至离开+0.5*D* 范围）；③TBM 掌子面离开监测中心位置之后（包括离开+0.5*D*～+1.5*D* 范围、离开+1.5*D*～+2.5*D* 范围、离开+2.5*D*～+3.5*D* 范围和离开+3.5*D* 范围）。3 号引水隧洞 TBM 施工进度与声发射监测范围对应情况见表 6-4。

表 6-4　3 号引水隧洞 TBM 施工进度与声发射监测范围对应关系表

序号	编号	对应桩号	抵达日期	抵达时间	监测状态
1	−3.5*D*	引（3）13+469.9	2009-12-08	13：30：00	距离监测断面中心位置−43.4m
2	−2.5*D*	引（3）13+457.5	2009-12-09	16：40：00	距离监测断面中心位置−31m
3	−1.5*D*	引（3）13+445.1	2009-12-12	01：30：00	距离监测断面中心位置−18.6m
4	−0.5*D*	引（3）13+432.7	2009-12-13	01：40：00	距离监测断面中心位置−6.2m
5	0	引（3）13+426.5	2009-12-13	13：30：00	到达监测断面中心位置
6	+0.5*D*	引（3）13+420.3	2009-12-13	21：45：00	离开监测断面中心位置 6.2m
7	1.5*D*	引（3）13+407.9	2009-12-15	02：14：00	离开监测断面中心位置 18.6m
8	2.5*D*	引（3）13+395.5	2009-12-15	20：10：00	离开监测断面中心位置 31m
9	3.5*D*	引（3）13+383.1	2009-12-16	04：50：00	离开监测断面中心位置 43.4m

（1）TBM 掌子面到达监测区域之前。

2009 年 12 月 6 日至 8 日 13 点 30 分，大部时段 TBM 掘进机处于检修状态，距监测区域中心位置［引（3）13+426.5］超过 43.4m。

该段时间内发生较少数量的撞击信号，未能捕捉到有效定位事件，表明 TBM 掘进机在进入 3.5*D* 前未对监测范围内的岩体造成影响，岩体处于稳定状态，该时段无明显的声发射破裂信号发生。进入 3.5*D* 前声发射监测各个通道撞击产生的幅度-时间分布特征见图 6-58。

2009 年 12 月 8 日 13 点 30 分前后，3 号引水隧洞 TBM 掘进位置进入−3.5*D* 范围内，并于 2009 年 12 月 9 日 16 点 40 分到达−2.5*D* 位置，距监测区域中心位置［引（3）13+426.5］−43.4～−31m，经历时间约 1 天 3 小时 10 分钟，有效监测时间约为 18 小时。该阶段声发射信号幅度-时间分布特征情况见图 6-59。

2009 年 12 月 9 日 16 点 40 分前后，3 号引水隧洞 TBM 掘进位置进入−2.5*D* 范围内，

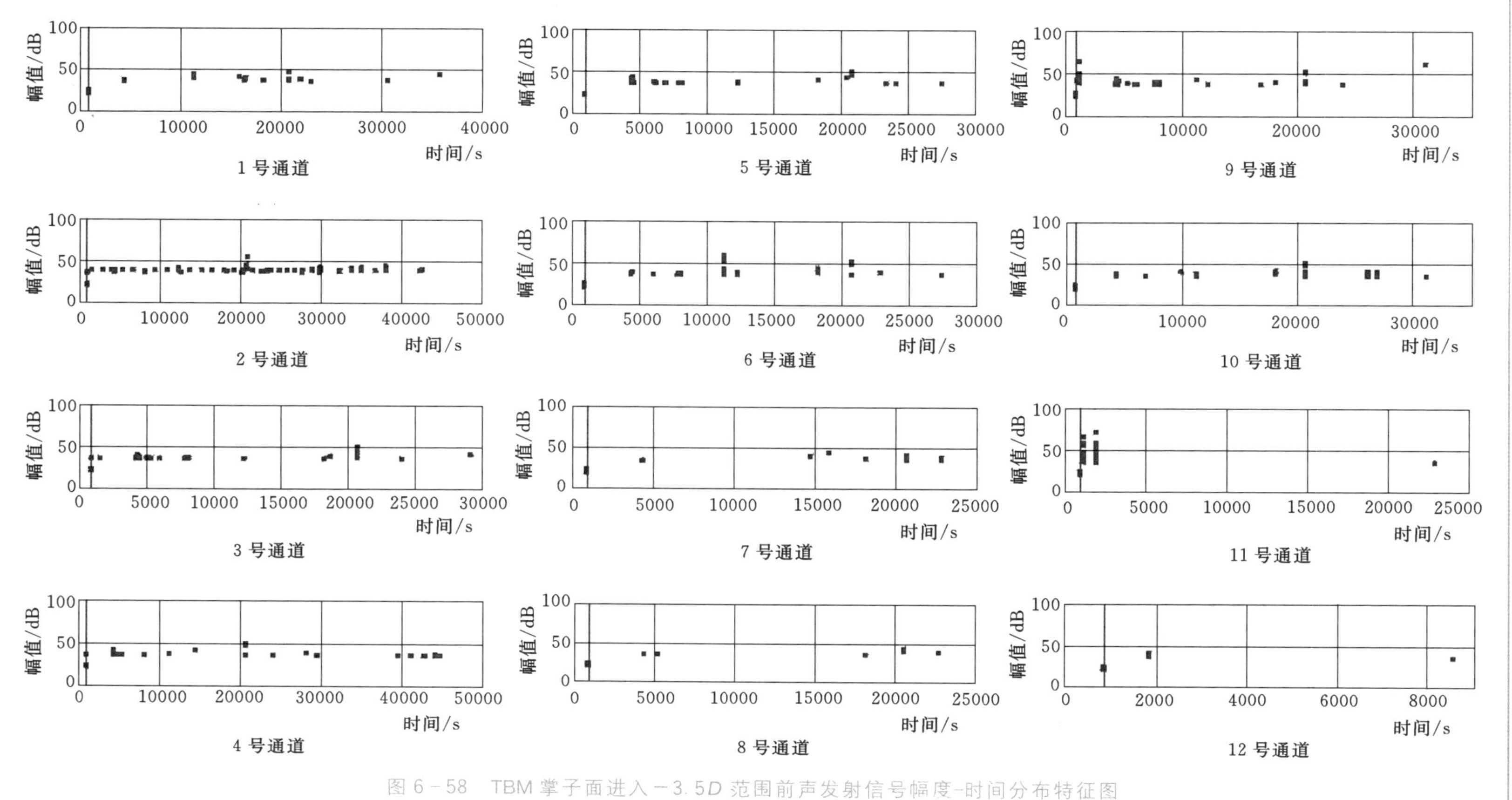

图6-58 TBM掌子面进入-3.5D范围前声发射信号幅度-时间分布特征图

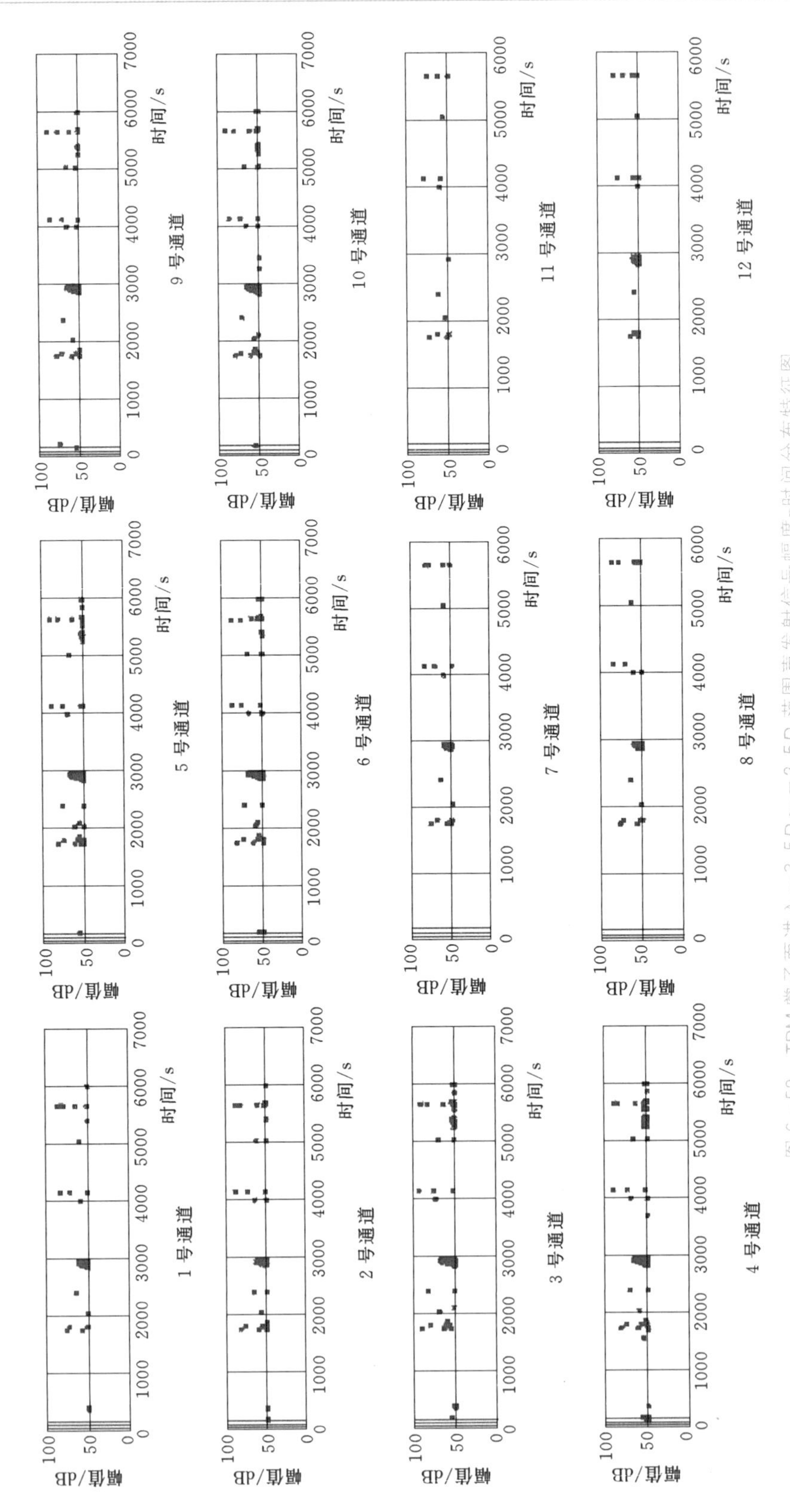

图 6-59 TBM 掌子面进入 $-3.5D \sim -2.5D$ 范围声发射信号幅度-时间分布特征图

并于2009年12月12日凌晨1点30分进入－1.5D范围，距监测区域中心位置［引（3）13＋426.5］－31～－18.6m，经历时间约2天8小时50分钟，有效监测时间约为41小时。该阶段声发射信号幅度-时间分布特征情况见图6－60。

2009年12月12日凌晨1点30分前后，3号引水隧洞TBM掘进位置进入－1.5D范围内，并于2009年12月13日凌晨1点40分进入－0.5D范围，距监测区域中心位置［引（3）13＋426.5］－18.6～－6.2m，经历时间约1天0小时10分钟，有效监测时间约为10小时。该阶段声发射信号幅度-时间分布特征情况见图6－61。

距监测区域中心位置－43.4～－6.2m范围内受TBM掘进机巨大推进力和震动力作用，监测范围内岩体局部受力不均，局部产生突发性破裂信号，由于TBM掘进机更加接近监测区域，区域内岩体所受的外力作用加大。该时段内声发射监测破裂信号位置分布3D图见图6－62。

（2）TBM掌子面位于监测区域附近。

2009年12月13日凌晨1点40分前后，3号引水隧洞TBM掘进位置进入－0.5D范围内，于2009年12月13日13点30分到达监测断面位置，并于2009年12月13日21点45分离开＋0.5D范围，距监测区域中心位置［引（3）13＋426.5］－6.2～＋6.2m，经历时间约20小时5分钟，有效监测时间约为12小时。该阶段声发射信号幅度-时间分布特征情况见图6－63。

从TBM掘进掌子面进入监测中心位置－0.5D至离开监测中心位置＋0.5D范围，这个时间段内共获得有效定位事件869个，声发射信号分布出现两个相对集中的区域，一个位于5号、6号、11号和12号传感器下方附近，另一个位于7号传感器附近，整体分布偏向3号引水隧洞北侧边墙位置。推测距监测区域中心位置－6.2～＋6.2m范围内先后进行开挖，3号引水隧洞空间已经形成，局部除了仍然受TBM掘进机巨大推进力和震动力作用外，应力调整开始起到重要作用，监测范围内岩体局部受力不均，远离3号引水隧洞位置的岩体受力影响明显小于靠近3号引水隧洞位置的受力体，突发性破裂信号也明显地相对较少，整体有效声发射信号明显增多。该时段内声发射监测破裂信号位置分布3D图见图6－64。

（3）TBM掌子面离开监测区域之后。

2009年12月13日21点45分前后，3号引水隧洞TBM掘进位置进入＋0.5D范围内，并于2009年12月15日凌晨2点14分离开＋1.5D范围，距监测区域中心位置［引（3）13＋426.5］＋6.2～＋18.6m，经历时间约1天4小时29分钟，有效监测时间约为19小时。该阶段声发射信号幅度-时间分布特征情况见图6－65。

2009年12月15日凌晨2点14分前后，3号引水隧洞TBM掘进位置进入＋1.5D范围内，并于2009年12月15日20点10分离开＋2.5D范围，距监测区域中心位置［引（3）13＋426.5］＋18.6～＋31m，经历时间约17小时56分钟，有效监测时间约为8小时。该阶段声发射信号幅度-时间分布特征情况见图6－66。

2009年12月15日20点10分前后，3号引水隧洞TBM掘进位置进入＋2.5D范围内，并于2009年12月16日4点50分离开＋3.5D范围，距监测区域中心位置［引（3）13＋426.5］＋31～＋43.3m，经历时间约8小时40分钟，无有效监测时间。

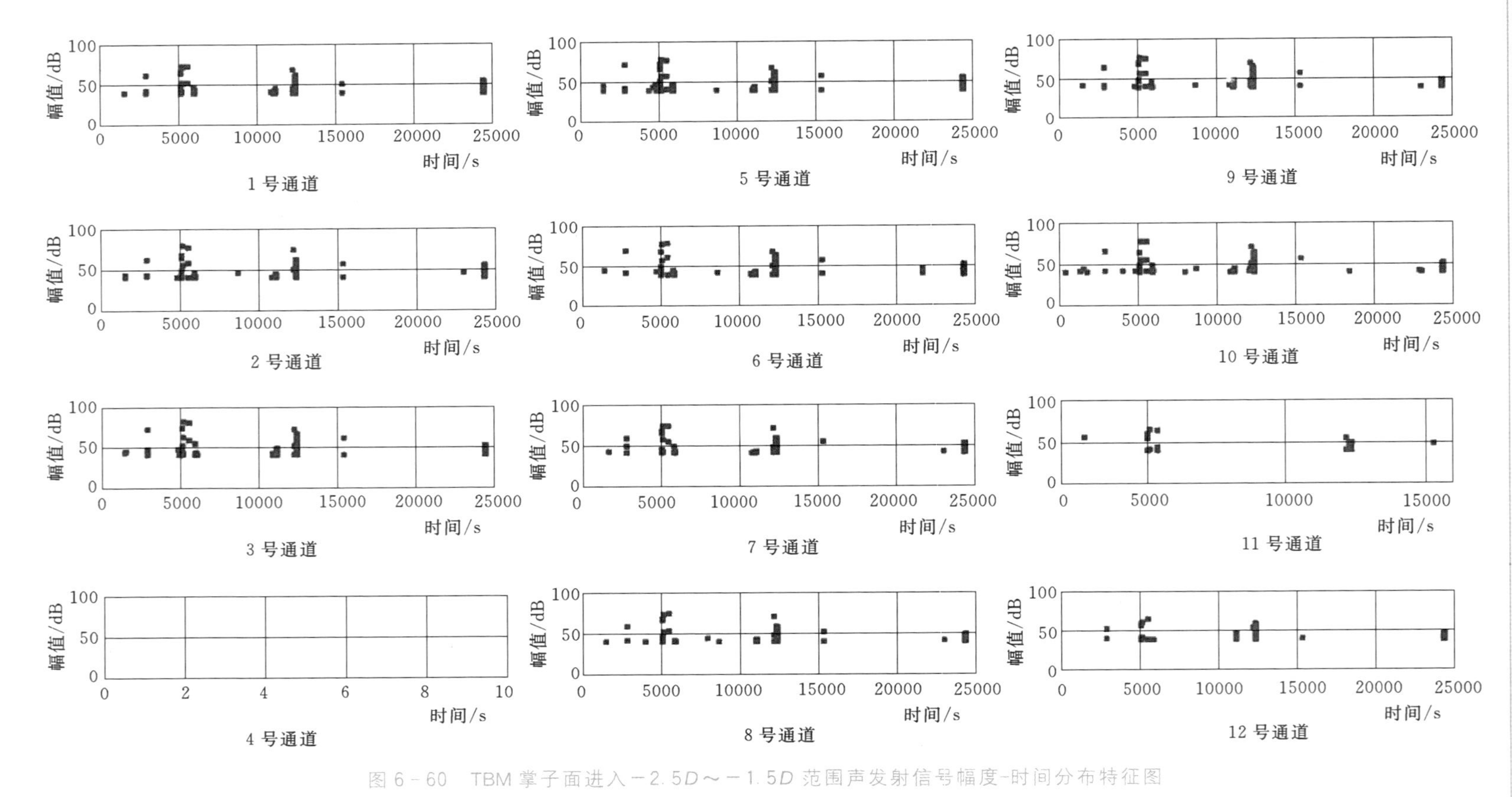

图 6-60 TBM 掌子面进入 $-2.5D \sim -1.5D$ 范围声发射信号幅度-时间分布特征图

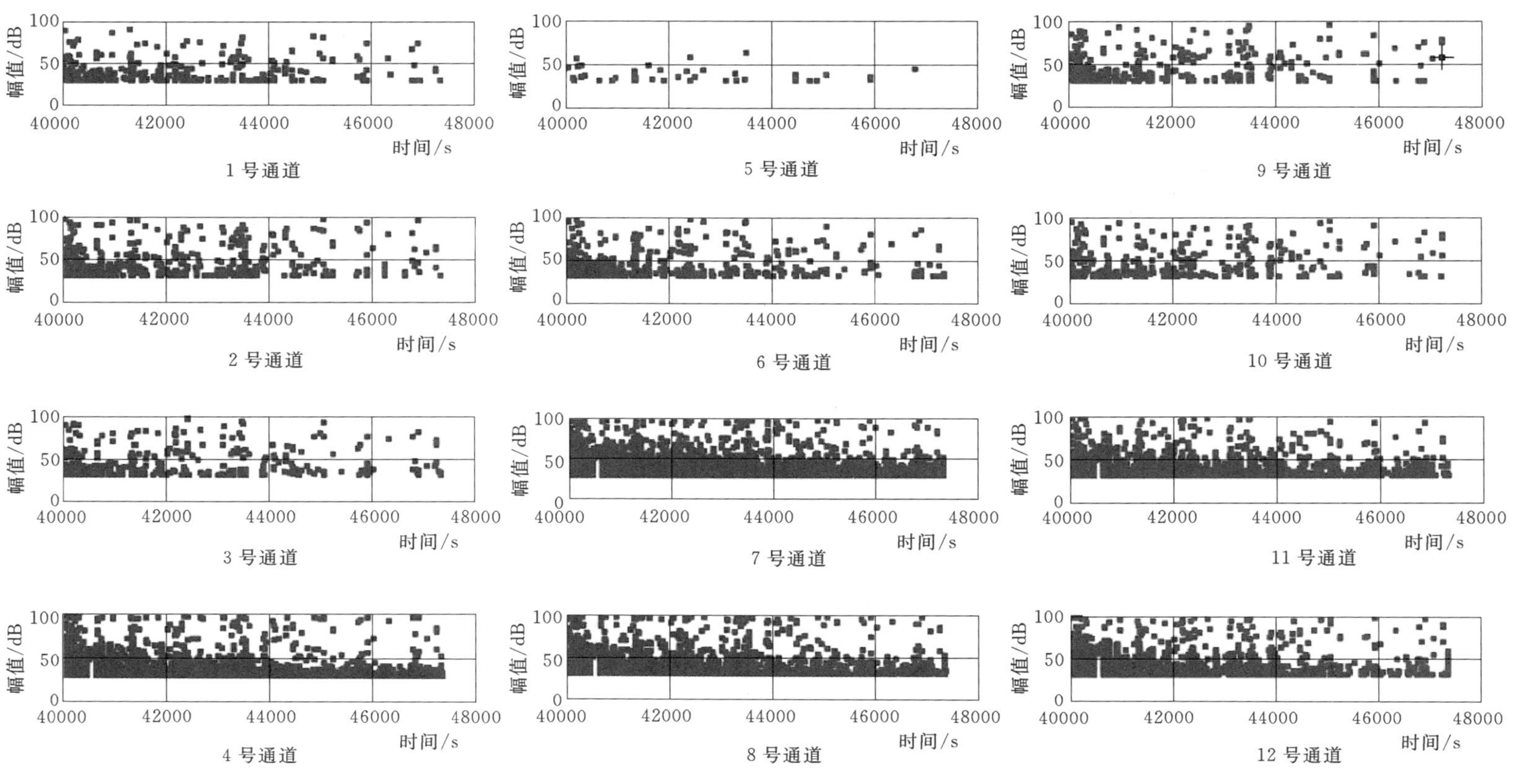

图6-61 TBM掌子面进入$-1.5D$～$-0.5D$范围声发射信号幅度-时间分布特征图

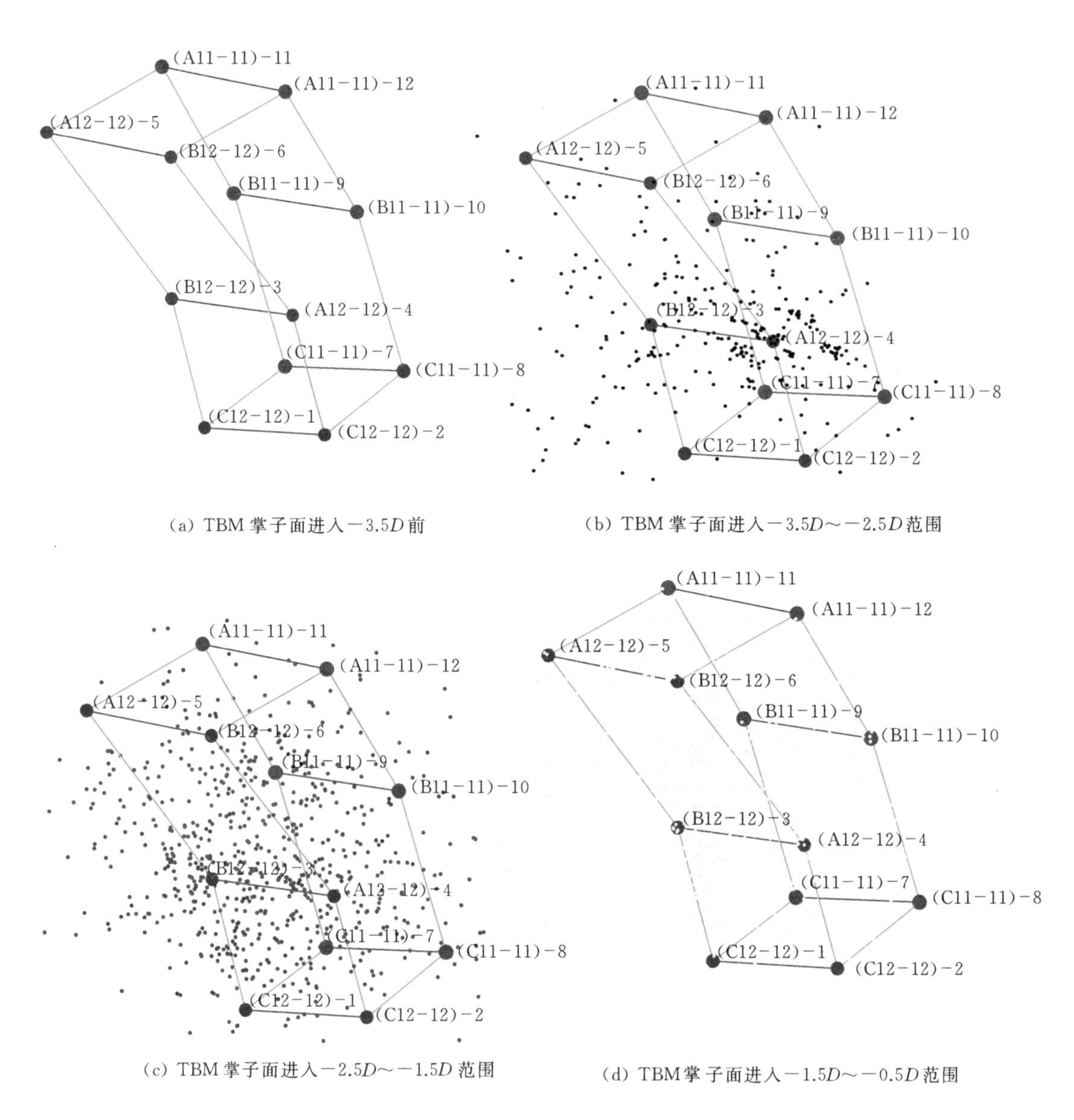

(a) TBM 掌子面进入－3.5D前

(b) TBM 掌子面进入－3.5D～－2.5D范围

(c) TBM 掌子面进入－2.5D～－1.5D范围

(d) TBM 掌子面进入－1.5D～－0.5D范围

图 6－62　TBM 掌子面到达监测区域之前声发射信号分布 3D 图

由于该时间段历时较短，且大部分时间为掘进过程，收集信号主要为噪声信号，未能捕捉到有效的定位事件。

2009 年 12 月 16 日 4 点 50 分前后，3 号引水隧洞 TBM 掘进位置进入＋1.5D 范围内，终止监测时间为 2009 年 12 月 25 日 10 点 35 分，距监测区域中心位置［引（3）13＋426.5］＋43.4～＋171m，经历时间约 9 天 5 小时 45 分钟，有效监测时间约为 222 小时。该阶段声发射信号幅度-时间分布特征情况见图 6－67。

在 TBM 掌子面离开监测区域之后由于开挖卸荷作用，岩体发生大量的声发射破裂信号，该时段内声发射监测破裂信号位置分布 3D 图见图 6－68。

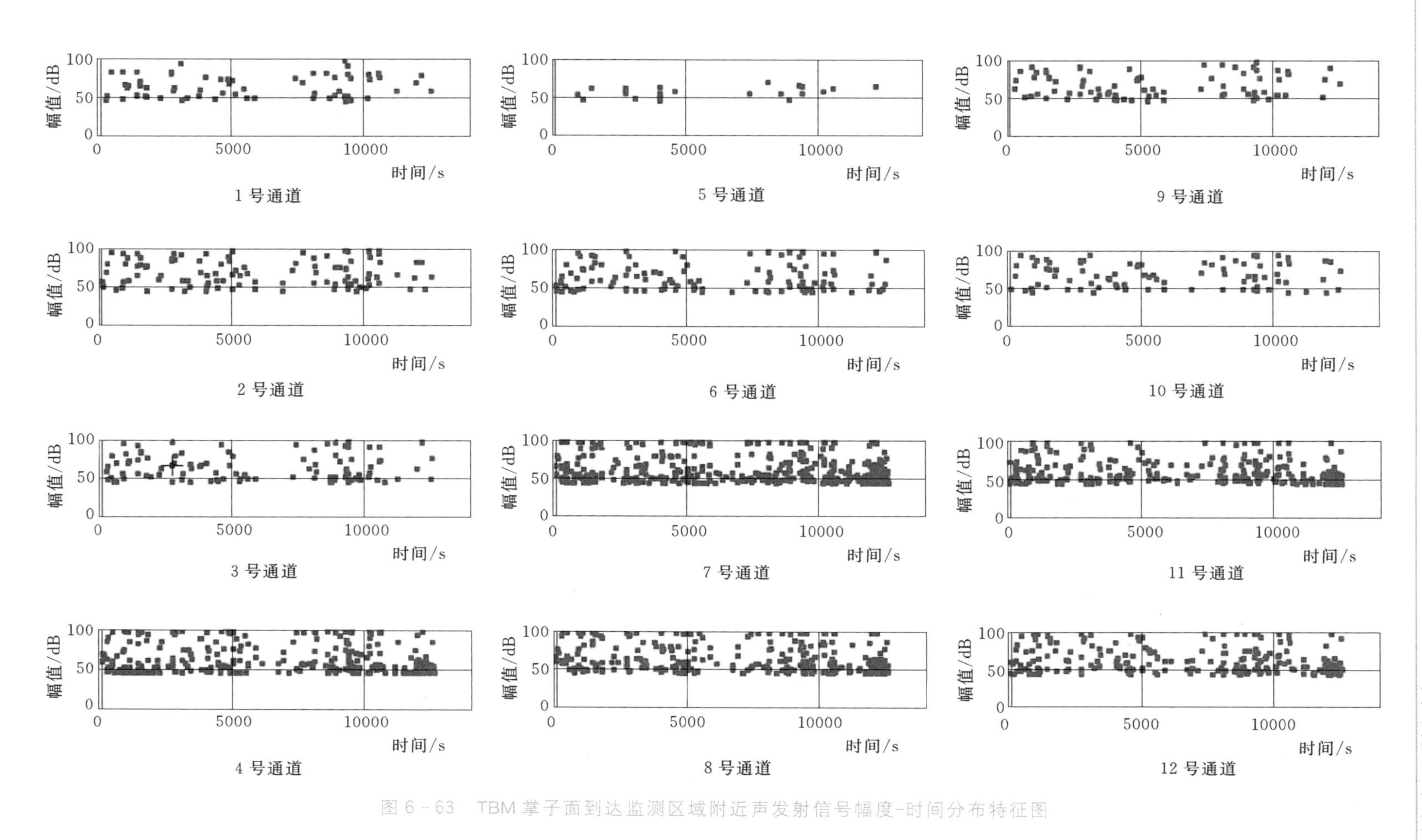

图6-63 TBM掌子面到达监测区域附近声发射信号幅度-时间分布特征图

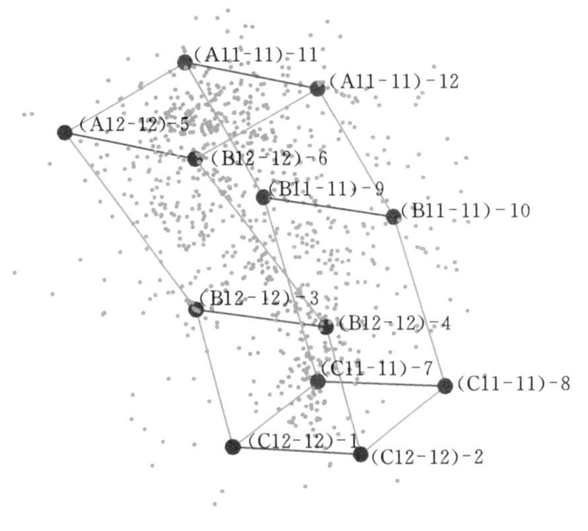

图 6-64 TBM 掌子面位于监测区域附近声发射信号分布 3D 图

6.5.2.5 声发射监测成果分析

1. 岩体破裂损伤及分析

TBM 掘进掌子面进入监测中心位置−3.5D 前发生较少数量的撞击信号，未能捕捉到有效定位事件，表明 TBM 掘进机在进入 3.5D 前未对监测范围内的岩体造成影响，岩体处于稳定状态，该时段无明显的声发射破裂信号发生。

TBM 掘进掌子面进入监测中心位置−3.5D～0.5D 前（距监测中心位置约 6.2m），在 TBM 掘进机的巨大推动力作用下，监测范围内开始出现岩体破裂事件，破裂信号出现在掌子面前方及隧洞右上方 7m 范围内，并随着掌子面位置的逐渐靠近，破裂事件不断增加。但总体分布的规律性不明显，说明在 3 号引水隧洞未形成前，没有开挖卸荷作用的岩体虽有微小破裂产生，但多为随机事件。该时段破裂信号的分布情况见图 6-69。

TBM 掘进掌子面通过监测中心位置±0.5D 前后（距监测中心位置约±6.2m）共经历约 20 小时，有效监测时间约 12 小时，在该过程中 3 号引水隧洞逐渐形成，开挖卸荷对岩体产生影响，在右拱肩有明显的破裂信号集中区，说明在从开挖完成后较短时间内，隧洞拱肩部分所受到的围岩变形最大。在隧洞右侧中部距洞壁 1～3m 范围存在一明显破裂集中区，说明该位置围岩较脆弱。该时段破裂信号分布情况见图 6-70。

TBM 掘进掌子面在通过监测中心位置 0.5D 后（距监测中心位置大于 6.2m），3 号引水隧洞完全形成，隧洞周边岩体开始进行应力的重新分布和调整，岩体破裂信号大致按从隧洞轴位置以散射状向隧洞四周分布。该时段的破裂信号分布情况见图 6-71。

可见，在 3 号引水隧洞形成后，声发射监测到的破裂信号主要是由于岩体自身应力调整而产生的，破裂信号分布的长轴方向为大致与主应力方向一致，即岩体破裂信号大致按以隧洞轴线中心位置以辐射状向隧洞四周分布。监测到的声发射破裂信号主要分布在距洞壁 1.5～5m 范围内，其中 2～4m 洞壁范围内破裂信号数量更为集中。故可将距洞壁 0～1.5m 范围划为岩体完全松弛区，1.5～5m 范围划为岩体扰动区，5m 范围之外划为原岩状态区，其中扰动后的岩体在经过后期应力调整后可能成为松弛区的一部分也可能与原岩性质接近。该时段的破裂信号的分布情况见图 6-72，其中图 6-72（a）为声发射信号在 3 号引水隧洞周边的 3D 分布效果图；图 6-72（b）为声发射信号在监测范围内的 3D 分布效果图；图 6-72（c）为声发射信号沿洞径方向的投影效果图；图 6-72（d）为声发射事件数与距洞壁距离的关系图。

2. 岩体破裂信号事件数的变化特征

在声发射破裂信号监测的全过程中，时间段内共采用的有效定位事件为 4633 个，由于 TBM 掌子面在相同进尺下所用的时间不同，所以定义了各个监测阶段定位事件的总数

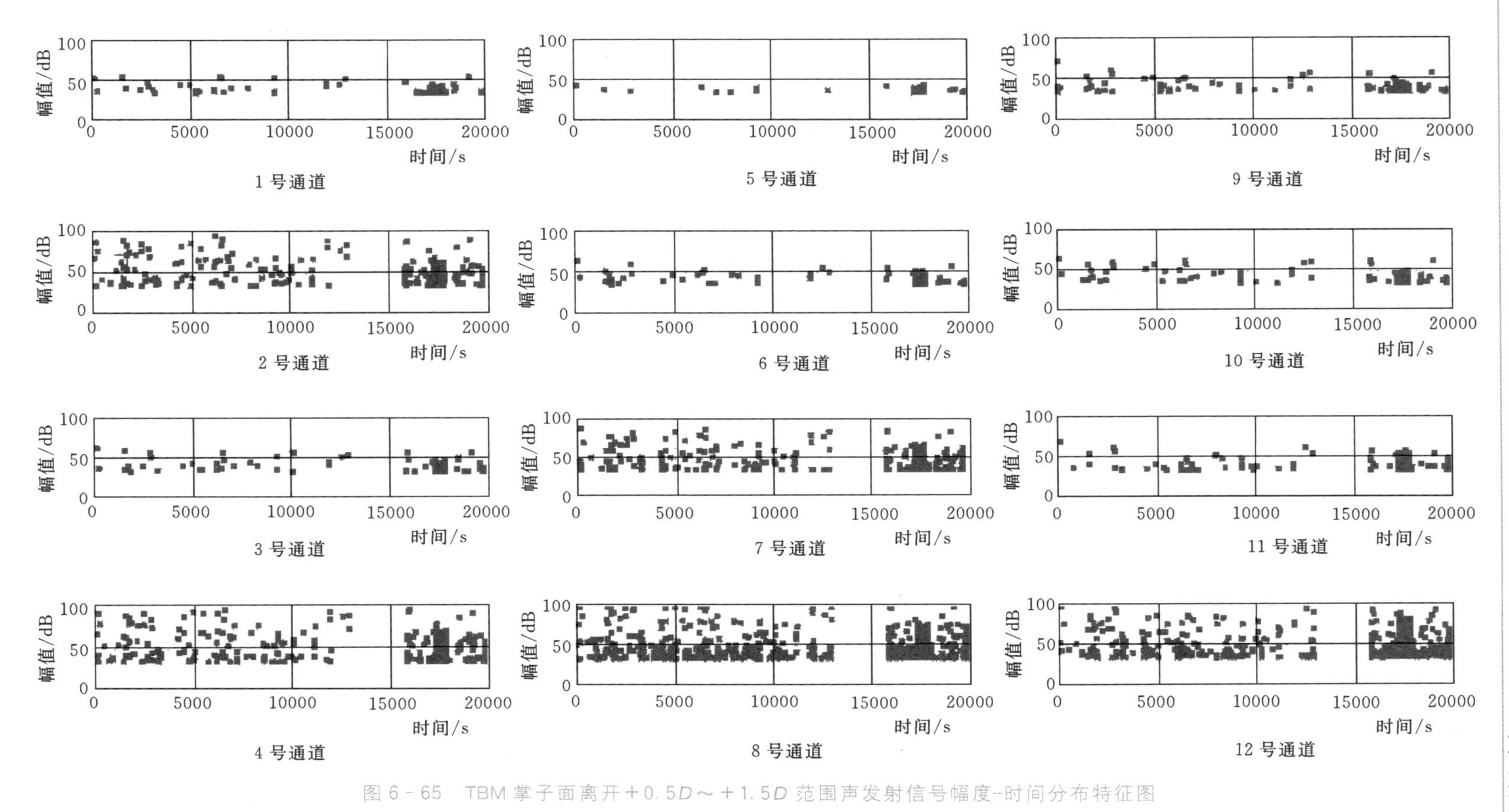

图 6-65 TBM掌子面离开$+0.5D \sim +1.5D$范围声发射信号幅度-时间分布图

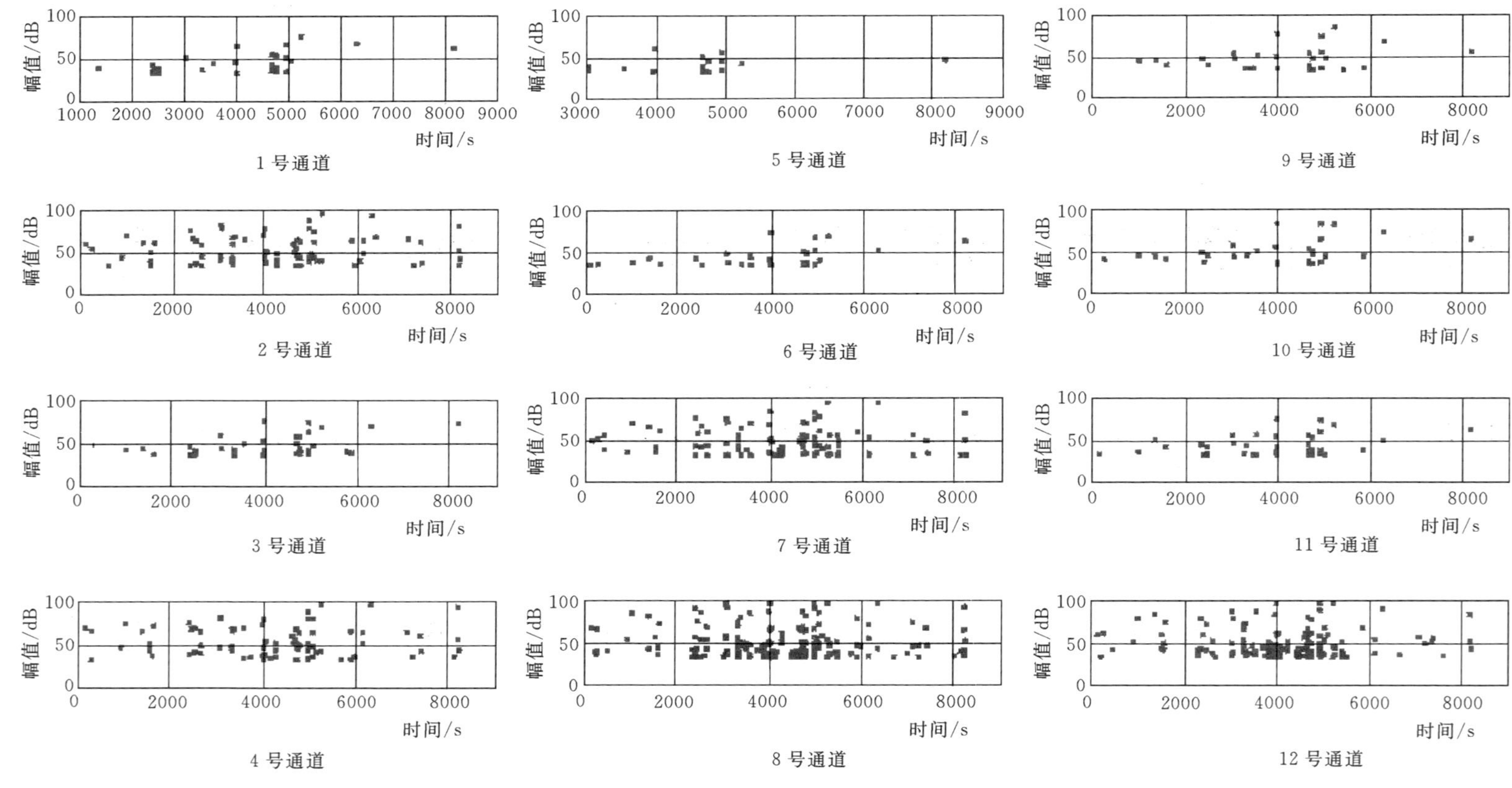

图6-66 TBM掌子面离开+1.5D～+2.5D范围声发射信号幅度-时间分布特征图

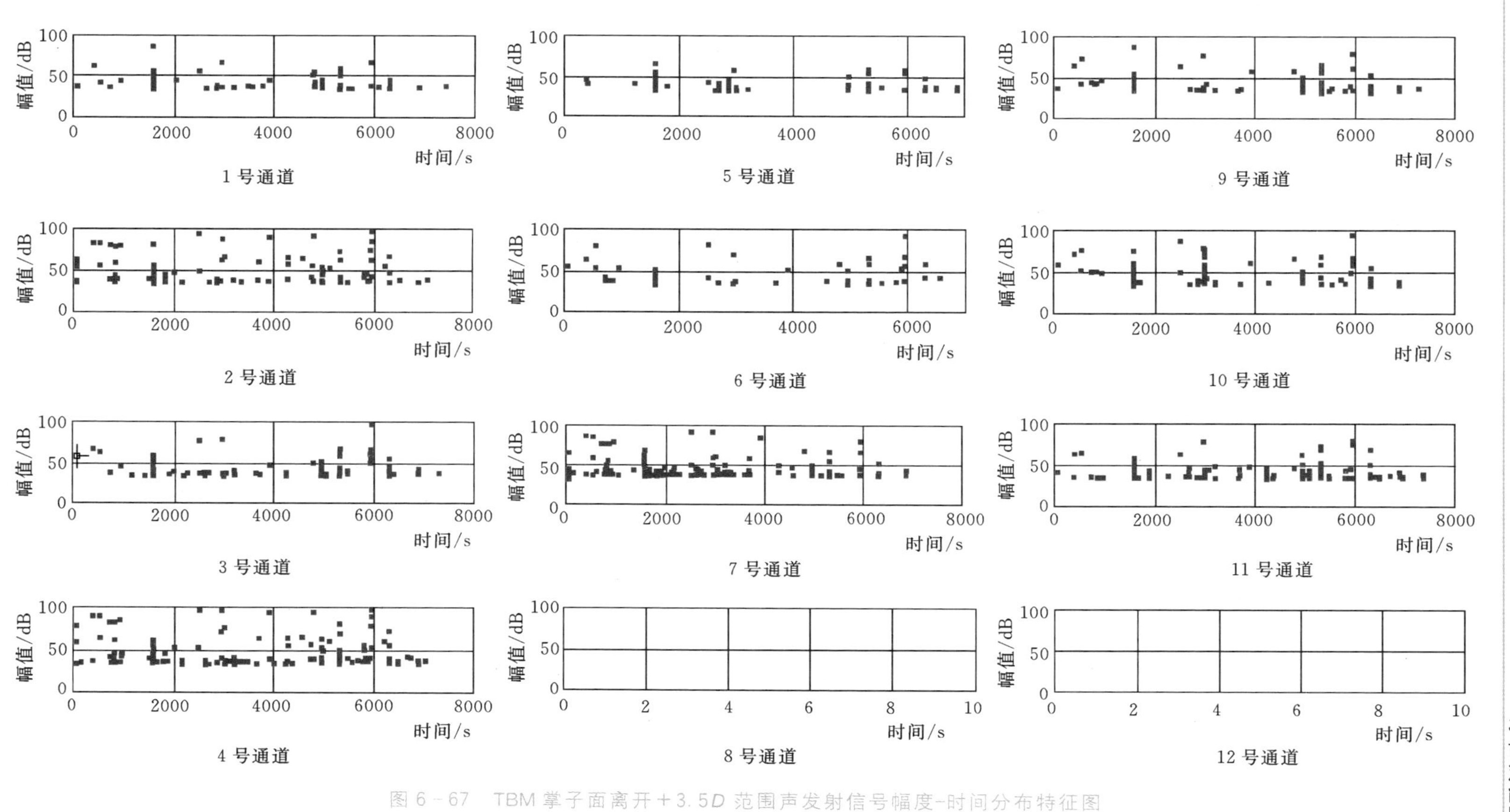

图 6-67 TBM 掌子面离开 +3.5D 范围声发射信号幅度-时间分布特征图

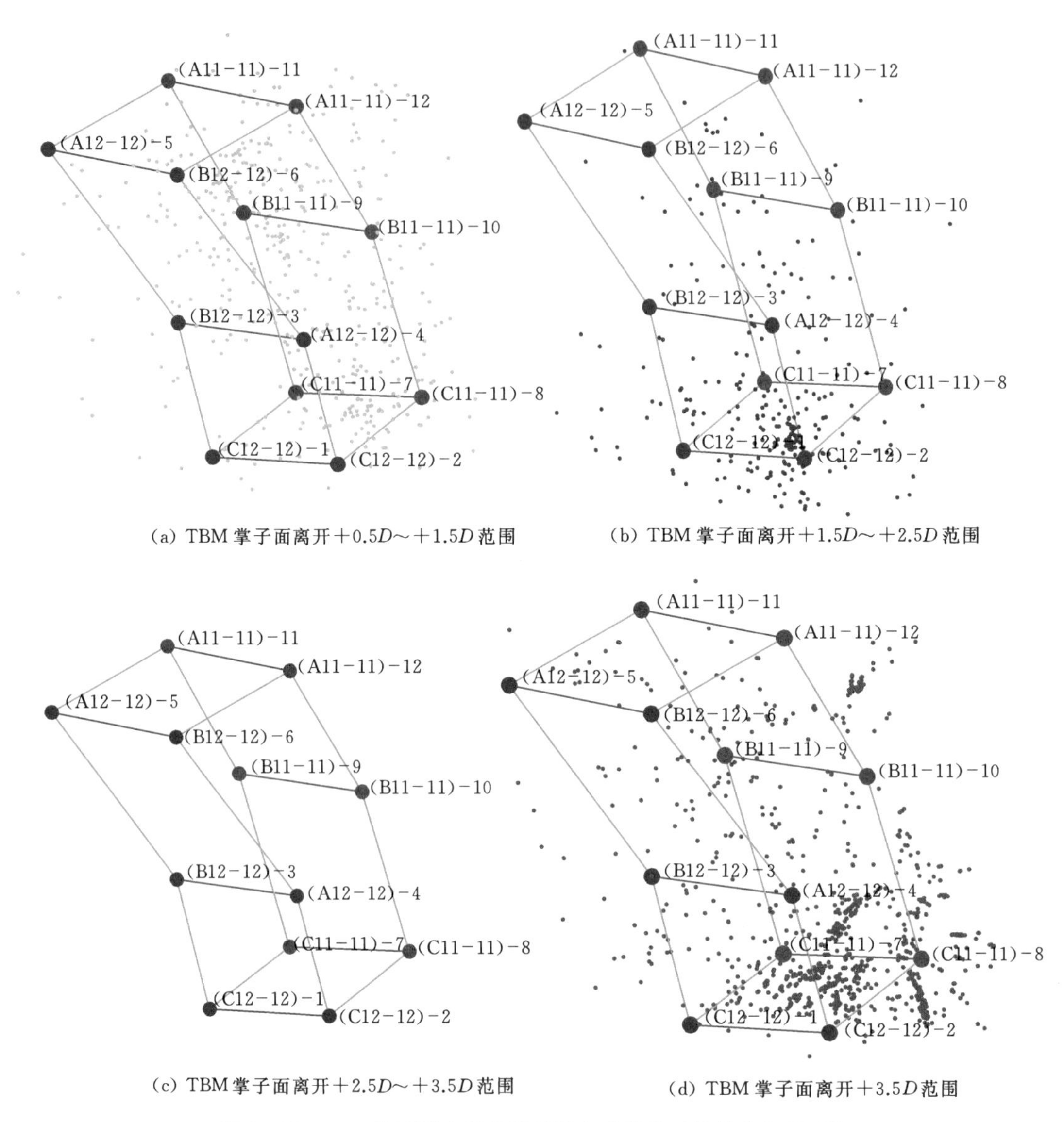

(a) TBM 掌子面离开＋0.5D～＋1.5D 范围　(b) TBM 掌子面离开＋1.5D～＋2.5D 范围

(c) TBM 掌子面离开＋2.5D～＋3.5D 范围　(d) TBM 掌子面离开＋3.5D 范围

图 6-68　TBM 掌子面离开监测区域之后声发射信号分布 3D 图

与该时段经历时间的比值来反映该时段内外力作用下或岩体内部应力调整作用下声发射破裂信号发生的频率。在整个监测过程中，TBM 掌子面距离监测中心位置－1.5D～－0.5D和－0.5D～＋0.5D 范围时破裂信号发的频率相对较高，分别为每小时 101.50 个和 74.59 个；在 TBM 掌子面到达距离监测中心位置－1.5D 之前，TBM 掘进机的巨大推动已对岩体的结构和稳定性产生影响，并局部产生破坏，接收到的声发射破裂信号频率为每小时 15.40～16.75 个；在 TBM 掌子面离开监测中心位置＋0.5D～＋2.5D 围内，3 号引水隧洞已经形成，接收到的声发射破裂信号频率为每小时 23.33～32.23 个；在 TBM 掌子面离开监测中心位置＋3.5D 范围后，岩体内应力调整作用减小，接收到的声发射破裂信号频率为每小时 4.79 个，且随时间推移和 TBM 掌子面的渐远，破裂信号有逐渐减

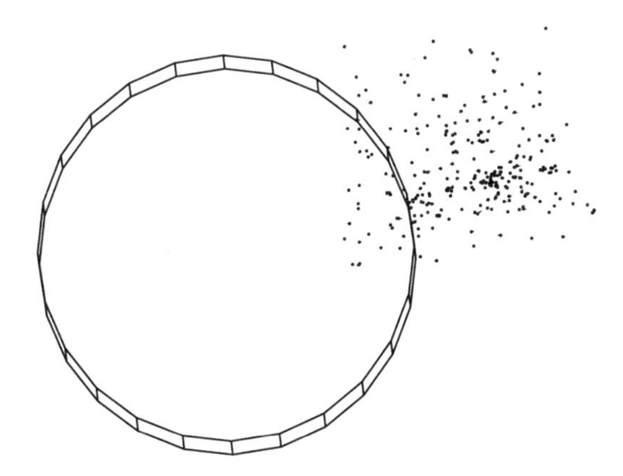

(a) TBM 掌子面距监测中心位置 $-3.5D\sim-2.5D$

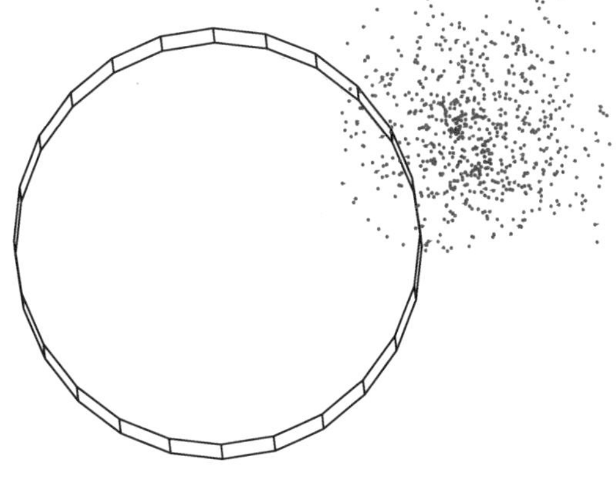

(b) TBM 掌子面距监测中心位置 $-2.5D\sim-1.5D$

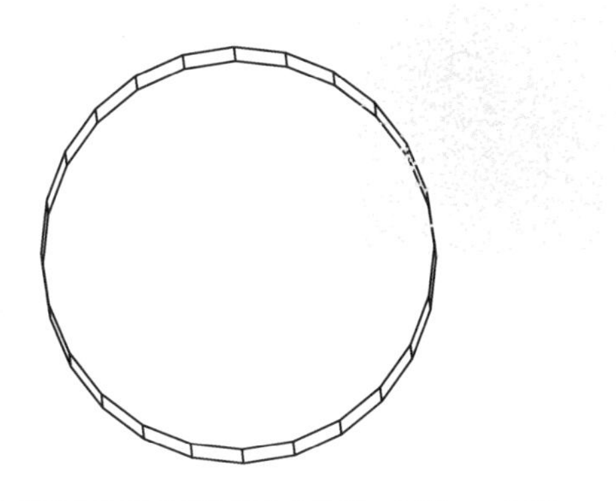

(c) TBM 掌子面距监测中心位置 $-1.5D\sim-0.5D$

图 6-69 TBM 掌子面到达监测位置之前沿洞径方向的微破裂发育及分布情况

少的趋势。各时段声发射信号分布特征情况详见表 6-5、图 6-73 和图 6-74。

3. 围岩破裂信号特征及分布特点分析

(1) 声发射破裂信号频率特征。本次所采用 PAC 公司的声发射 SH-Ⅱ-SRM 系统，理论上可接收的声发射信号频率为 $1\times10^3\sim1\times10^6$ Hz，有效接收信号频率范围为 $1\times10^3\sim50\times10^3$ Hz，其中心峰值频率约为 20.83kHz，也即本次监测理论上主要接收频率范围在 $1\times10^3\sim50\times10^3$ Hz 的较高频率岩体破裂信号。根据对所有定位声发射破裂信号的事件分析可知：监测到的声发射破裂信号平均频率范围为 $1\times10^3\sim500\times10^3$ Hz，平均值为 31kHz；监测到的声发射破裂信号中心峰值频率范围为 $4\times10^3\sim57\times10^3$ Hz，平均值为 23kHz。

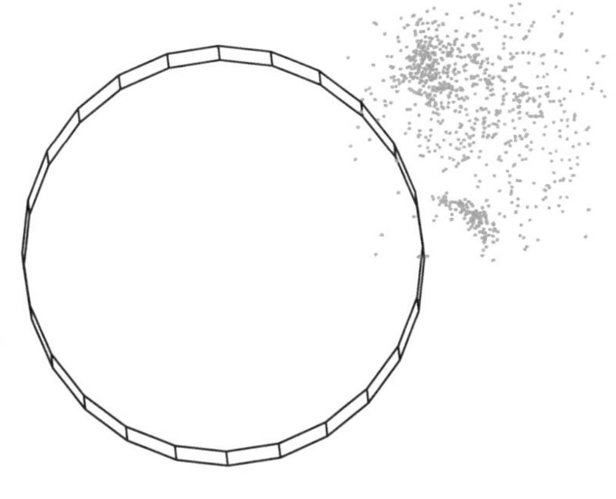

图 6-70 TBM 掌子面在监测中心位置附近沿洞径方向的微破裂发育及分布情况

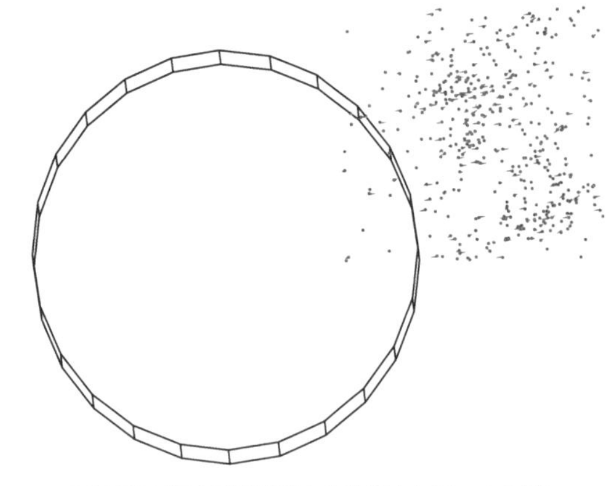

(a) TBM 掌子面距监测中心位置$+0.5D \sim +1.5D$

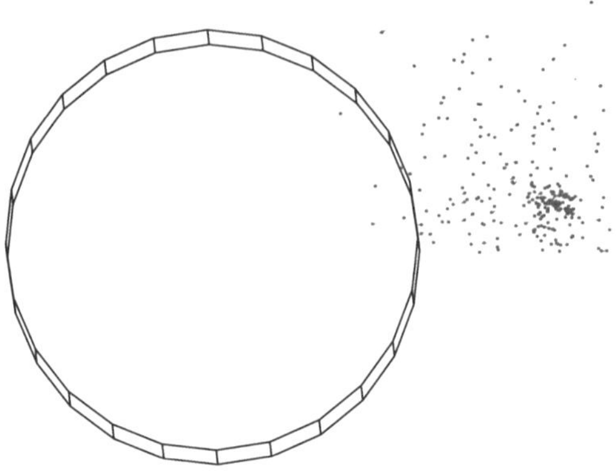

(b) TBM 掌子面距监测中心位置$+1.5D \sim +2.5D$

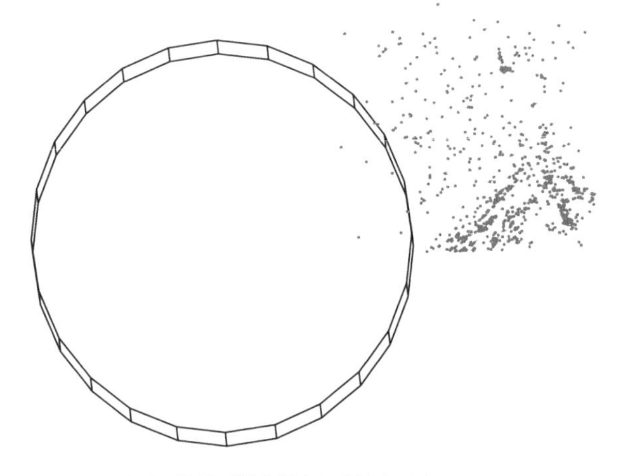

(c) TBM 掌子面距监测中心位置大于$+3.5D$

图 6-71　TBM 掌子面离开监测位置之后沿洞径方向的微破裂发育及分布情况

(a) 声发射信号在 3 号引水隧洞周边的 3D 分布效果图

图 6-72（一）　TBM 掌子面离开监测位置之后声发射监测破裂综合信号分布图

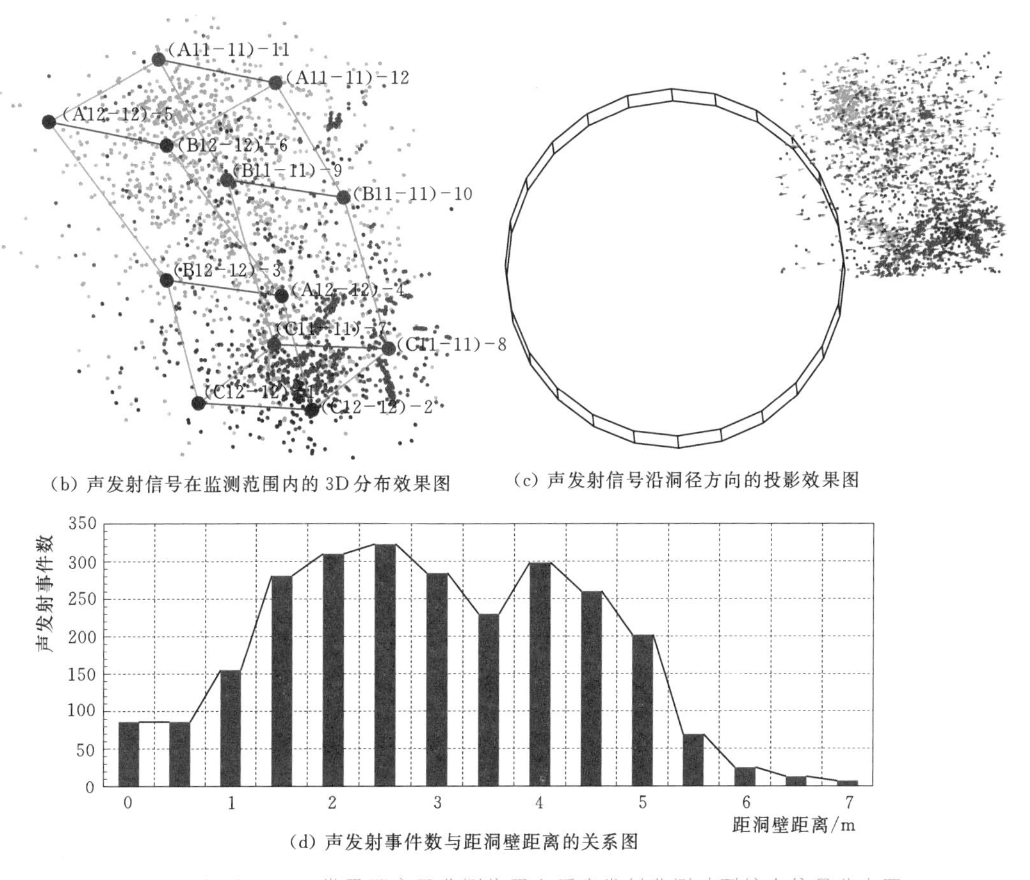

(b) 声发射信号在监测范围内的3D分布效果图

(c) 声发射信号沿洞径方向的投影效果图

(d) 声发射事件数与距洞壁距离的关系图

图6-72(二) TBM掌子面离开监测位置之后声发射监测破裂综合信号分布图

表6-5 引水隧洞2号横通道声发射岩石破裂信号监测情况统计表

序号	监测距离范围			监测过程			事件统计		发生率/(个/h)	
	以洞径 D 表示	以长度表示/m	对应桩号	起止时间	持续时间	事件时间/h	分段	累计	持续时间	事件时间
1	$<-3.5D$	<-43.4	大于引(3)13+469.9	2009-12-08 13:30:00之前	—	—	—	—	—	
2	$-3.5D\sim-2.5D$	-43.4~-31	引(3)13+469.9~457.5	2009-12-08 13:30:00—2009-12-09 16:40:00	1d3h10min	18.25	281	281	10.31	15.40
3	$-2.5D\sim-1.5D$	-31~-18.6	引(3)13+457.5~445.1	2009-12-09 16:40:00—2009-12-12 01:30:00	2d8h50min	40.95	686	967	11.98	16.75
4	$-1.5D\sim-0.5D$	-18.6~-6.2	引(3)13+445.1~432.7	2009-12-12 01:30:00—2009-12-13 01:40:00	1d0h10min	10.22	1037	2004	42.76	101.50
5	$-0.5D\sim+0.5D$	-6.2~6.2	引(3)13+432.7~420.3	2009-12-13 01:40:00—2009-12-13 21:45:00	0d20h05min	11.65	869	2873	43.18	74.59

续表

序号	监测距离范围			监 测 过 程			事件统计		发生率/(个/h)	
	以洞径D表示	以长度表示/m	对应桩号	起止时间	持续时间	事件时间/h	分段	累计	持续时间	事件时间
6	+0.5D～+1.5D	6.2～18.6	引(3)13+420.3～407.9	2009-12-13 21:45:00—2009-12-15 02:14:00	1d4h29min	19.03	444	3317	15.46	23.33
7	+1.5D～+2.5D	18.6～31	引(3)13+407.9～395.5	2009-12-15 02:14:00—2009-12-15 20:10:00	0d17h56min	7.85	253	3570	13.75	32.23
8	+2.5D～+3.5D	31～43.4	引(3)13+395.5～383.1	2009-12-15 20:10:00—2009-12-16 04:50:00	0d8h40min	2.57	0	3570	0.00	0.00
9	>+3.5D	>43.4	小于引(3)13+383.1	2009-12-16 04:50:00—2009-12-25 10:35:00	9d5h45min	221.75	1063	4633	4.79	4.79

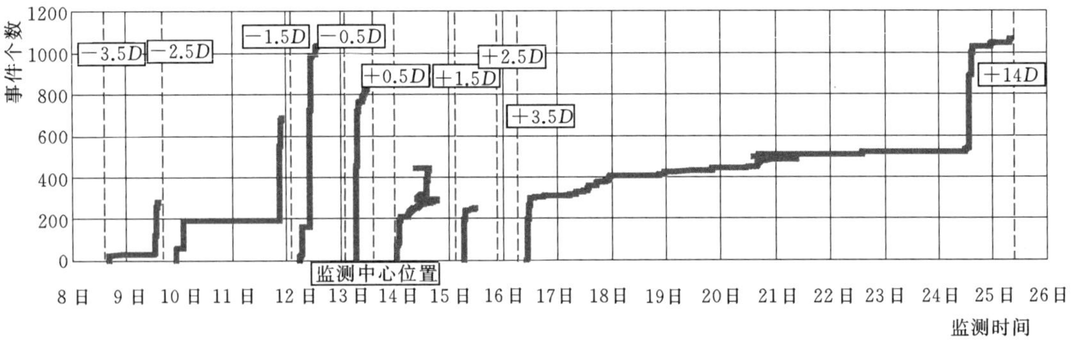

图6-73 引水隧洞2号横通道声发射监测事件在2009年12月不同监测时段的事件发生个数随时间变化情况散点图

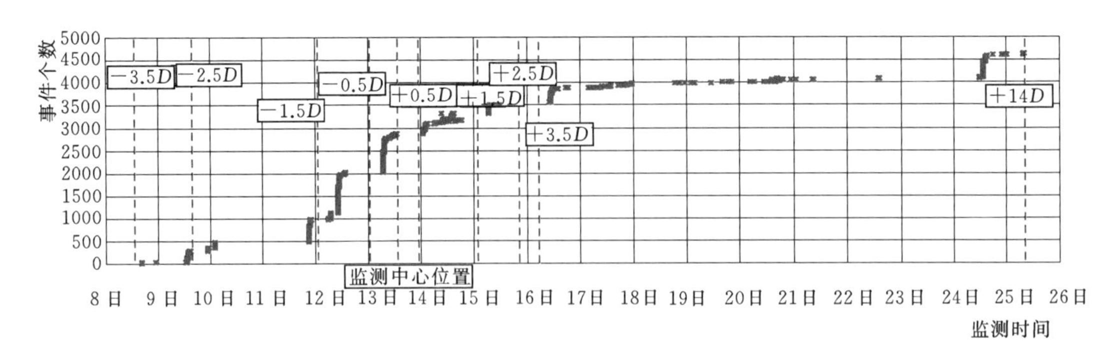

图6-74 引水隧洞2号横通道声发射监测事件在2009年12月全监测过程中的事件发生个数随时间变化情况散点图

(2)声发射破裂信号能量特征。本次声发射监测从2009年12月6日开始，于2009年12月19日结束共捕获有效信号个数为19605个，所有信号能量最大值为65535，能量平均值为386，累计能量值为8941389。在到达监测位置之前(施工开挖12小时之前)所监测到的破裂信号能量最大值、能量平均值和累计能量值均相对较小，说明在隧洞未形成前岩体破裂主要是受有限外力作用，对岩体的稳定性影响不大，破裂信号强度也较弱。在TBM通过监测中心位置的过程中（开挖前后20小时之内）隧洞形成，岩体局部突然卸荷，信号能量的各项指标迅速到达较高水平，信号强度较强。TBM掌子面在通过监测断面0.5D后信号的各项能量指标值逐步降低，信号强度总体减弱，而平均能量值在开挖完成后7.5D范围内（开挖后一周时间内）则有先减小后增大再减小的趋势，说明局部岩体在施工完成较长时间段内仍可能进行较强的应力调整。本次声发射监测在不同时段破裂信号的能量特征和分布情况分别见表6-6和图6-75。

表6-6　声发射破裂信号在不同时段能量特征表

序号	开挖时间	距离/m	信号个数/个	能量最大值	能量平均值	累计能量值	施工状态
1	2009-12-09	-31	1277	494	6	7722	开挖前4天
2	2009-12-12	-18.6	3317	1847	44	147405	开挖前1天
3	2009-12-13	-6.2	5277	21007	111	586788	开挖前12小时
4	2009-12-13	0	—	—	—	—	开挖完成
5	2009-12-13	6.2	4591	65535	12098	5551013	开挖完成8小时
6	2009-12-13	18.6	2078	30661	908	1886727	开挖完成1天13小时
7	2009-12-15	31	1099	35967	322	353818	开挖完成2天7小时
8	2009-12-16	43.4	—	—	—	—	开挖完成2天15小时
9	2009-12-16	55.8	1315	9758	127	167308	开挖完成3天5小时
10	2009-12-18	68.2	454	7044	356	161560	开挖完成4天11小时
11	2009-12-19	80.6	115	7955	457	52554	开挖完成5天15小时
12	2009-12-19	93	82	1465	323	26494	开挖完成6天7小时
合计			19605	65535	386	8941389	

（3）声发射破裂信号分布特性。通过对本次声发射破裂信号的分布情况进行分析，可知在TBM连续施工条件下，处于$1\times10^3\sim50\times10^3$Hz频率范围内的岩体破裂信号具有突发性、随机性和集中性等特征。

1）突发性。在监测到声发射破裂信号发生或大规模发生前暂未监测到明显的有预示性的特征，而是在某一时刻某一位置突发性地接收岩体破裂信号或持续性的破裂信号。其原因是由于围岩初始处于平衡或准平衡状态，在巨大外力或内力作用下可能会破坏原有的平衡，当这种平衡到达极限后，局部或整体将出现“失稳”现象，从而在岩体内部相对“脆弱”的位置突然产生破裂信号。

2）随机性。在一般情况下，突发的信号并不出现在同一位置，而在某一时间段内或某时刻在监测范围内的任一位置出现类似或不同信号特征的声发射破裂信号。其原因是由于岩体是一连续体，当局部出现“失稳”现象时，其他附近区域也会受到力的作用，也会在相对“脆弱”位置出现岩体破裂信号。

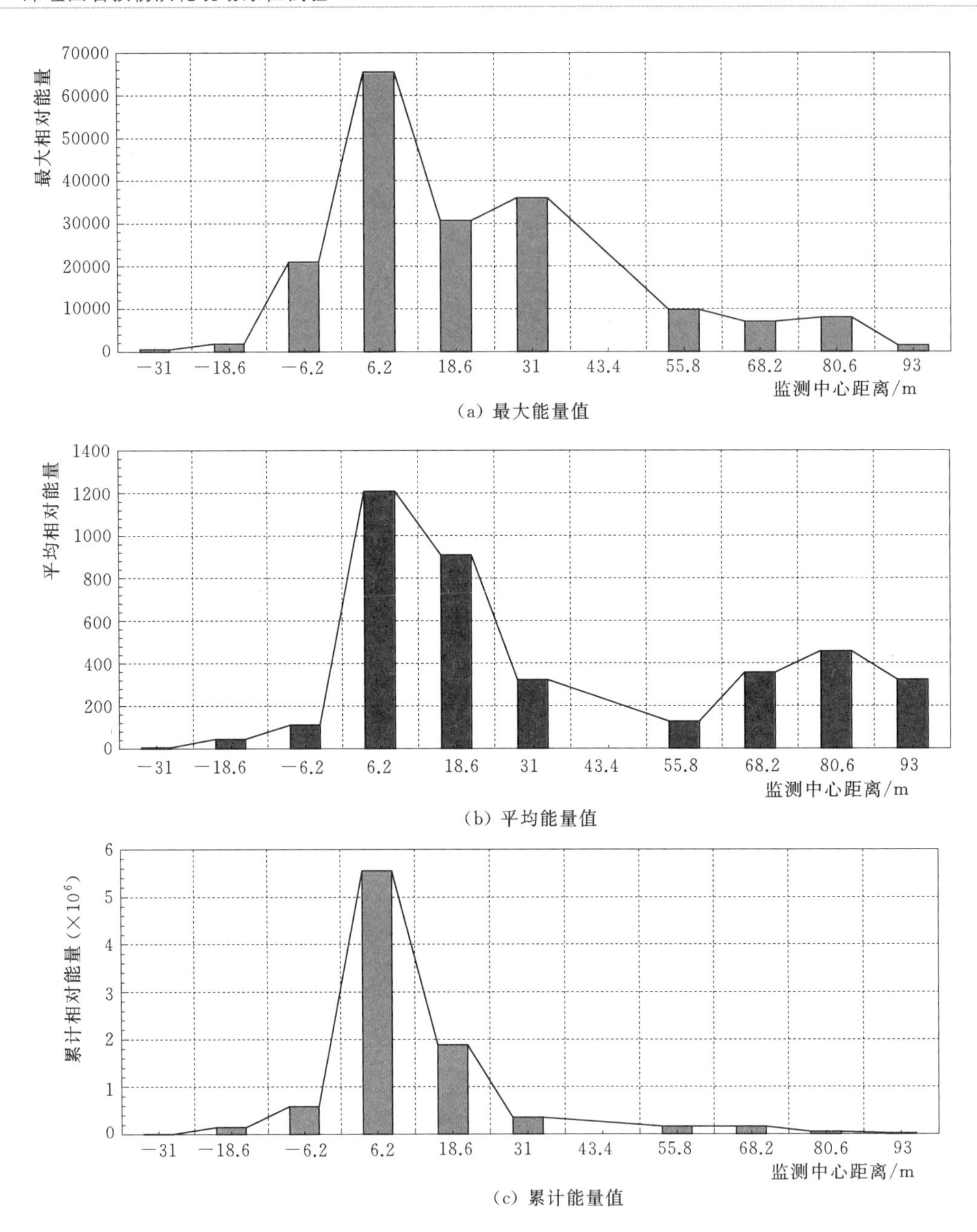

图 6-75　声发射破裂信号能量分布特征图

3）集中性。单个或少数破裂信号的位置和时间都无法或较难进行预测和估计，当破裂信号达到一定数量时，其分布会出现局部的集中或分散。其原因是由于岩体内部不均一，受力也不均一，相对“脆弱”位置出现破裂信号的可能要大于其他位置，也就会出现局部信号相对集中的区域。

经过较长时间的监测，大量集中或分散的破裂信号将反映岩体受外力作用或内部的受力情况，岩体的受力情况和稳定性将在大量声发射破裂信号的分布规律上得以体现。

6.5.3 围岩应力监测成果

6.5.3.1 围岩应力监测布置及观测频次

根据设计要求，2 号横通道 2-1 号试验洞围岩应力监测主要布置在 1-1 断面（单向/双向岩石应力计）和 2-2 断面（空心包体应力计）2 个监测断面，从 2-1 号试验洞内预埋至 3 号引水隧洞，其监测断面位置及传感器位置分布示意图见图 6-76 和图 6-77，围岩应力监测仪器实际安装埋设信息及采集频次见表 6-7。

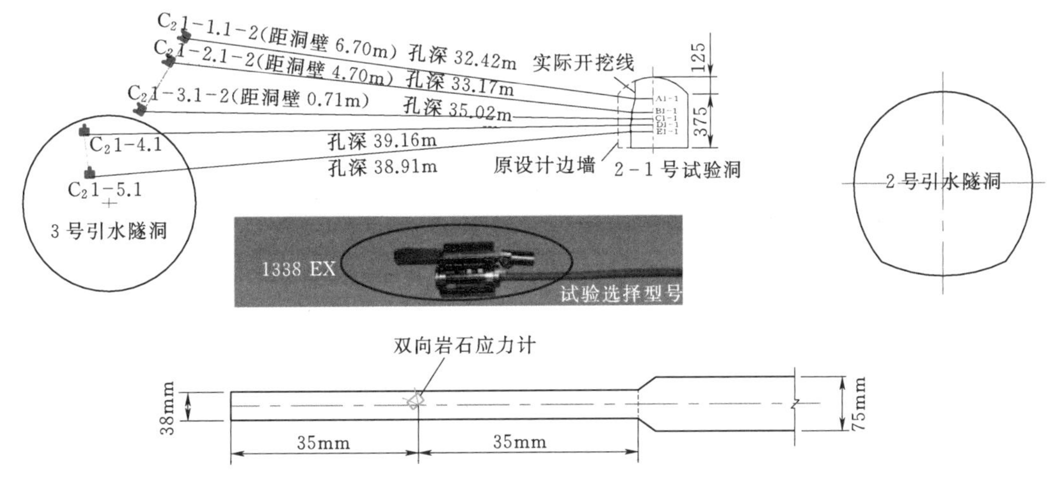

图 6-76 1-1 断面引（2）13+428.50 单向、二向岩石应力计监测布置图

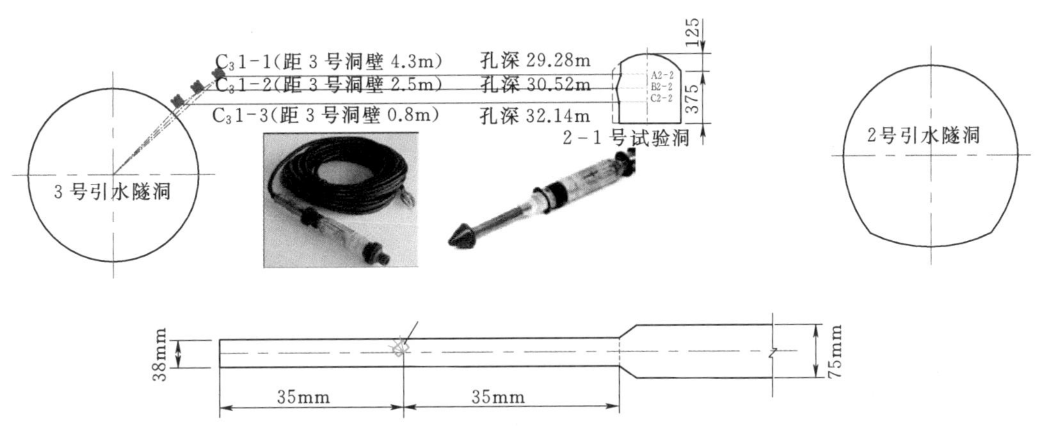

图 6-77 2-2 断面引（2）13+430.50 空心包体应力计监测布置图

单向/双向岩石应力计布置在 2-1 号试验洞 1-1 断面引（3）13+413 位置，空心包体应力计布置在 2-1 号试验洞 2-2 断面引（3）13+415 位置，所有仪器数据采集频次均为 1 次/min，仪器实际安装埋设信息及采集频次见表 6-7。监测数据整理日期范围为 2009 年 12 月 7—21 日，监测时段内 TBM 掌子面桩号范围为引（3）13+473.5～引（3）13+313，距离监测断面范围为−60～+100m（约−5D～+8D，D 为 3 号 TBM 引水隧洞洞径）。

表 6-7 围岩应力监测仪器实际安装埋设信息及采集频次

孔号	仪器编号	方向	孔向	孔深/m	成果整理时段	观测频次	备注
A1-1	$C_2$1-1.1	竖向	32°∠8°	32.42	2009-12-07 00：10至2009-12-21 06：30	1次/min	钻孔末端70cm成孔孔径为38mm，其余为75mm；仪器安装埋设在38mm孔内
	$C_2$1-1.2	水平					
B1-1	$C_2$1-2.1	竖向	32°∠6°	33.17			
	$C_2$1-2.2	水平					
C1-1	$C_2$1-3.1	竖向	32°∠1°	35.02			
	$C_2$1-3.2	水平					
D1-1	$C_2$1-4.1	竖向	32°∠−1°	39.16	2009-12-07 00：10至2009-12-14 13：21		该2孔仪器位于掌子面前方，TBM通过后损坏
E1-1	$C_2$1-5.1	竖向	32°∠−4°	38.91			
A2-2	$C_3$1-1	—	32°∠0°	29.28	2009-12-07 00：10至2009-12-21 06：30		钻孔末端70cm成孔孔径为38mm，其余为75mm；仪器安装埋设在38mm孔内
B2-2	$C_3$1-2	—	32°∠0°	30.52			
C2-2	$C_3$1-3	—	32°∠0°	32.14			

6.5.3.2 单/双向岩石应力计监测成果

本次试验监测应力成果整理以安装埋设完成后稳定的读数值为计算基准值，整理的应力值均为自动化监测的应力增量值。TBM距1-1断面不同掘进距离的竖向和水平向实测最大应力统计见表6-8。

表 6-8 TBM距1-1断面不同掘进距离的竖向和水平向实测应力变化量统计

距开挖断面距离	竖向（垂直钻孔）应力/MPa					水平向（垂直钻孔）应力/MPa		
	$C_2$1-1.1	$C_2$1-2.1	$C_2$1-3.1	$C_2$1-4.1	$C_2$1-5.1	$C_2$1-1.2	$C_2$1-2.2	$C_2$1-3.2
3D	—	0.04	0.00	0.00	−0.01	0.22	0.12	0.03
2D	—	0.04	−0.01	−0.04	−0.07	0.18	0.07	0.02
1D	—	0.04	−0.04	−0.09	−0.18	0.05	−0.12	−0.01
0.5D	—	0.04	−0.08	−0.19	−0.23	−0.03	−0.31	−0.13
引（3）13+413	—	0.04	−0.03	−0.20	−0.22	0.13	−0.20	−0.19
0.5D	—	2.20	−0.06	—	—	0.86	3.43	−0.18
1D	—	3.78	−0.09	—	—	0.97	3.68	−0.18
2D	—	3.96	−0.10	—	—	1.09	3.77	−0.19
3D	—	4.60	−0.13	—	—	1.14	3.71	−0.21

注 D为3号引水隧洞洞径。

1. $C_2$1-1.1和$C_2$1-1.2监测成果

A1-1孔$C_2$1-1.1和$C_2$1-1.2岩石应力计位于3号引水隧洞北拱座距洞壁约6.7m的位置，为安装埋设的岩石应力计距3号洞洞壁最远的一组。该组岩石应力计实测应力与开挖关系时程曲线见图6-78，监测成果如下：

（1）$C_2$1-1.1竖向应力变化波动较大，规律性较差，主要原因是该支岩石应力计安装部位可能存在局部很小范围的破碎，存在小掉块，应力计楔形体盖板与围岩未能有效接触。

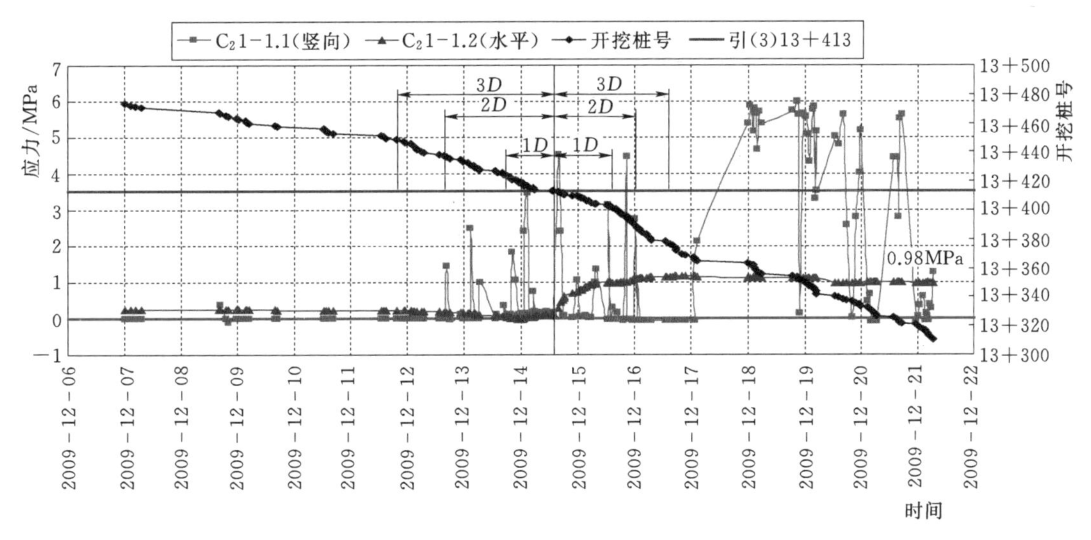

图 6-78 引 (3) 13+413 断面 A1-1 孔 $C_2$1-1.1 和 $C_2$1-1.2 应力与开挖关系图

(2) 在 3 号洞 TBM 掘进至 $-3D\sim0D$ 之间时，$C_2$1-1.2 水平向岩石应力计（即 3 号洞洞轴向）围岩应力调整不明显。

(3) 在 3 号洞 TBM 掘进至 $0D\sim1D$ 之间时，$C_2$1-1.2 水平向岩石应力计（即 3 号洞洞轴向）由于 TBM 的通过引起围岩卸载应力调整，实测应力水平向变化量为 0.84MPa；掘进扰动影响轴向范围在 $1D$ 范围左右，建议该范围内及时支护，避免围岩应力集中产生应力型破坏的发展。

(4) 当 3 号洞 TBM 通过断面 $1D\sim2D$ 时，围岩应力处于缓慢调整状态，但应力调整开始趋于平缓。

(5) 当 3 号洞 TBM 通过断面 $2D\sim3D$ 时，围岩应力调整较小，趋于稳定；大于 $3D$ 时应力调整基本稳定，实测应力值为 0.98MPa。

2. $C_2$1-2.1 和 $C_2$1-2.2 监测成果

B1-1 孔 $C_2$1-2.1 和 $C_2$1-2.2 岩石应力计位于 3 号引水隧洞北拱座距洞壁约 4.7m 的位置，为安装埋设的岩石应力计距 3 号洞洞壁中间的一组。该组岩石应力计实测应力与开挖关系时程曲线见图 6-79，应力增量监测成果如下：

(1) 该孔内安装岩石应力计部位的围岩比较完整，由该断面附近 7-7 断面多点位移计监测数据可知，TBM 掘进影响的围岩松弛深度小于 4m，初步推断仪器部位围岩未受到明显的松弛破坏，监测区域属应力明显调整区，而 $C_2$1-2.1 竖向和 $C_2$1-2.2 水平岩石应力计均较好地监测到了 TBM 通过监测断面时引起围岩应力明显的调整。

(2) 在 3 号洞 TBM 掘进通过断面 $-3D\sim0D$ 范围时，$C_2$1-2.1 竖向和 $C_2$1-2.2 水平岩石应力计实测围岩应力总体调整不明显，在 TBM 距监测断面 $-2D\sim0D$ 之间时，$C_2$1-2.2 水平岩石应力计受掘进扰动影响，3 号洞轴方向应力略有小幅减小。

(3) 在 3 号洞 TBM 掘进通过断面 $0D\sim1D$ 范围时，$C_2$1-2.1 竖向和 $C_2$1-2.2 水平岩石应力计实测围岩应力增长明显，增长量分别为 3.74MPa 和 3.88MPa，变化速率达 3.56MPa/d 和 3.70MPa/d，约 0.24MPa/h；TBM 掘进扰动引起的围岩应力调整比较明显的

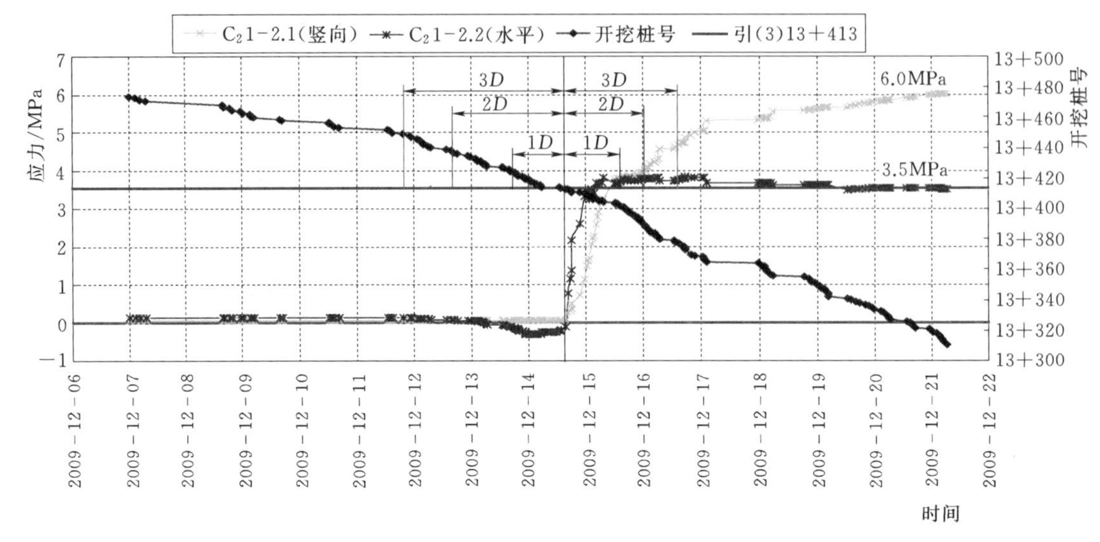

图 6-79 引 (3) 13+413 断面 B1-1 孔 $C_2 1-2.1$ 和 $C_2 1-2.2$ 应力与开挖关系图

范围约在 1 倍洞径以内，建议该范围内及时支护，避免围岩应力集中产生应力型破坏的发展。

(4) 当 3 号洞 TBM 通过断面 $1D \sim 2D$ 时，$C_2 1-2.1$ 竖向岩石应力计围岩应力持续增长，但变化有所趋缓；$C_2 1-2.2$ 水平岩石应力计实测应力缓慢变化，趋于稳定。

(5) 当 3 号洞 TBM 通过断面 $2D \sim 3D$ 时，$C_2 1-2.1$ 竖向岩石应力计围岩应力持续增长，但变化有所趋缓；$C_2 1-2.2$ 水平岩石应力计实测应力趋于稳定；竖向应力调整时间比水平向（3 号洞轴向）应力调整时间长；大于 $3D$ 时，应力调整基本趋于稳定，竖向和水平应力值分别为 6.0MPa 和 3.5MPa。

(6) 该断面的 $C_2 1-2.1$ 和 $C_2 1-2.2$ 岩石应力计实测围岩应力调整变化规律与 2-2 断面的空心包体应力计监测围岩应力变化规律和深埋引水隧洞的锚杆应力监测变化规律基本吻合，也基本符合 $T_2^5 y$ 灰白色厚层状粗晶大理岩开挖响应特征。

3. $C_2 1-3.1$ 和 $C_2 1-3.2$ 监测成果

C1-1 孔 $C_2 1-3.1$ 和 $C_2 1-3.2$ 岩石应力计位于 3 号引水隧洞北拱座距洞壁约 0.71m 的位置，为安装埋设的岩石应力计距 3 号洞洞壁最近的一组。该组岩石应力计实测应力与开挖关系时程曲线见图 6-80，监测成果如下：

(1) $C_2 1-3.1$ 竖向和 $C_2 1-3.2$ 水平岩石应力计实测围岩应力总体呈衰减状态，主要原因是仪器安装埋设部位基本处于围岩松弛圈内，围岩完整性遭到破坏，围岩应力水平降低。

(2) 在 3 号洞 TBM 掘进至 $-3D \sim -1D$ 时，TBM 掘进扰动影响较小，围岩应力基本稳定。

(3) 在 3 号洞 TBM 掘进至 $-1D \sim 0D$ 时，TBM 掘进扰动影响开始表现出来，围岩应力略有衰减，水平向较竖直向应力调整相对较明显。

(4) 在 3 号洞 TBM 掘进至 $0D \sim 3D$ 时，$C_2 1-3.1$ 竖向和 $C_2 1-3.2$ 水平岩石应力计实测围岩应力持续呈衰减状态，主要原因是受 TBM 掘进扰动的影响，仪器安装埋设部位的围岩基本处于松弛圈内，围岩应力水平持续降低。

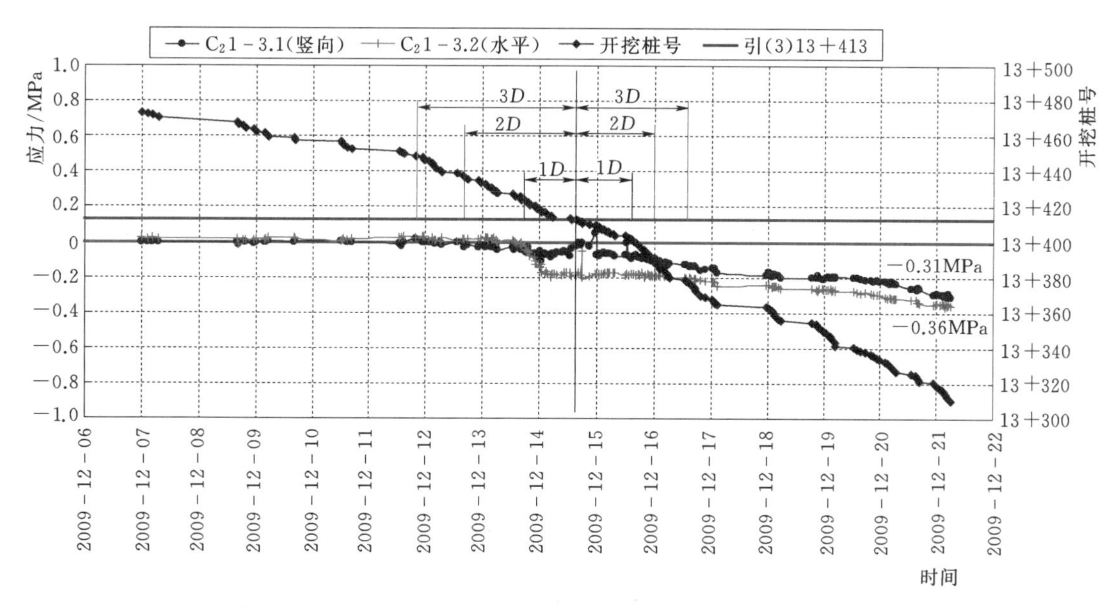

图 6-80 引（3）13+413 断面 C1-1 孔 $C_2$1-3.1 和 $C_2$1-3.2 实测应力与开挖关系图

4. $C_2$1-4.1 和 $C_2$1-5.1 监测成果

D1-1 孔 $C_2$1-4.1 和 E1-1 孔 $C_2$1-5.1 岩石应力计位于 3 号引水隧洞掌子面正前方，TBM 通过后该两组仪器会被损坏，该组岩石应力计实测应力与开挖关系时程曲线见图 6-81，监测成果如下：

(1) $C_2$1-4.1 和 $C_2$1-5.1 岩石应力计在 3 号洞 TBM 掘进至断面前 $3D$ 以外时，TBM 掘进扰动影响较小，围岩应力基本稳定。

(2) 在 3 号洞 TBM 掘进至 $-3D \sim 0D$ 时，TBM 掘进扰动影响开始表现出来，实测围岩应力持续衰减，主要原因是受 TBM 掘进扰动的影响，围岩应力水平持续降低。当

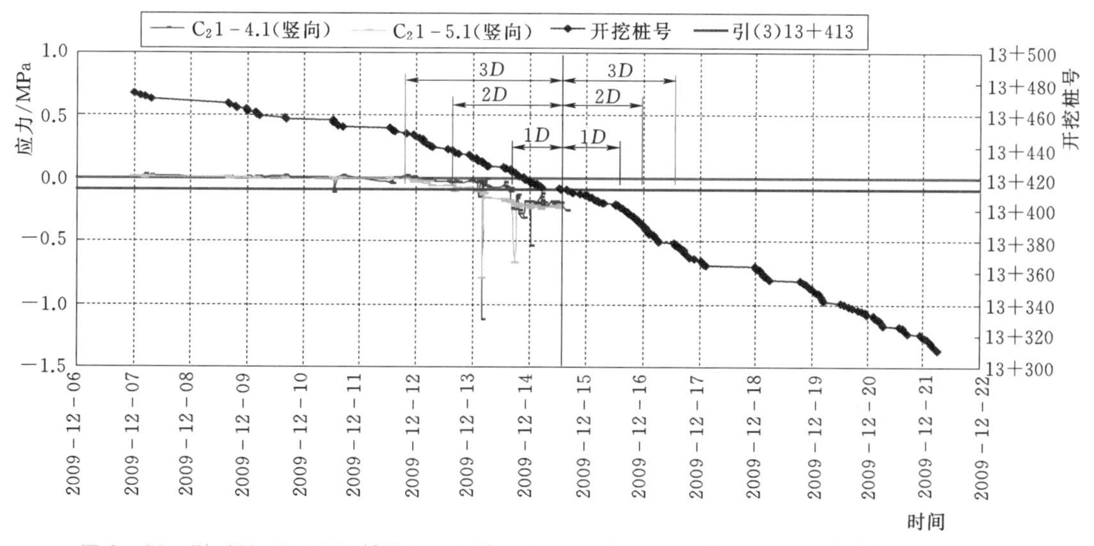

图 6-81 引（3）13+413 断面 D1-1 孔 $C_2$1-4.1 和 E1-1 孔 $C_2$1-5.1 应力与开挖关系图

TBM 掘进至引（3）13+413 附近时，$C_2$1－4.1 和 $C_2$1－5.1 岩石应力计完全被破坏，数据监测自动停止，与预期的效果一致。

6.5.3.3 空心包体应力计监测成果

空心包体应力计成果整理，以安装埋设完成后自动化监测稳定的读数值为计算基准值，整理的应变值均为自动化监测的应变增量值。TBM 距 2－2 断面不同掘进距离的实测最大应变统计见表 6－9。

表 6－9　2－2 断面各空心包体应力计各方向实测最大应变统计表

距开挖断面距离	$C_3$1－1 最大应变/$\mu\varepsilon$				$C_3$1－2 最大应变/$\mu\varepsilon$				$C_3$1－3 最大应变/$\mu\varepsilon$			
	轴向	环向	45°	135°	轴向	环向	45°	135°	轴向	环向	45°	135°
3D	－49.98	－89.47	－63.56	－74.29	－133.97	1401.91	30.47	－80.54	17.26	－66.11	59.80	－27.19
2D	27.25	－140.83	35.06	－83.15	－425.54	1985.70	510.30	454.08	53.57	116.02	148.83	－63.05
1D	－18.03	－152.78	164.47	－85.58	－271.83	1545.58	－225.53	－354.56	7.96	98.14	213.99	－172.54
0.5D	－21.85	－221.15	427.18	－265.57	－106.34	1435.78	244.53	－117.00	211.05	126.92	379.88	171.84
引（3）13+415	－35.16	304.85	942.82	－703.82	－173.99	1803.38	70.37	－157.16	867.54	1522.96	987.47	－982.36
0.5D	435.65	－1950.60	894.27	－2264.98	－199.21	4486.07	148.19	217.63	4881.39	－4296.89	－3357.08	3331.18
1D	492.86	－2201.52	646.20	－2032.34	－167.15	3882.51	119.79	249.80	4578.68	－4352.15	－3499.93	3981.19
2D	477.62	－2125.74	641.75	－1977.50	250.23	2586.25	267.24	277.41	4484.98	－4374.19	－3555.48	4248.01
3D	539.69	－2193.40	566.73	－1888.35	328.21	2803.94	269.16	492.99	96.39	－4349.21	－3626.49	4587.38

注　D 为 3 号引水隧洞洞径。

1. $C_3$1－1 应变监测成果

A2－2 孔 $C_3$1－1 空心包体应力计位于 3 号引水隧洞北拱座距洞壁约 4.3m 的位置，是距 3 号洞洞壁最远的一组空心包体应力计。空心包体应力计 $C_3$1－1 监测最大应变及变化速率统计情况见表 6－10，该组实测应变与开挖关系时程曲线见图 6－82～图 6－86，监测成果如下：

表 6－10　空心包体应力计 $C_3$1－1 监测最大应变及变化速率统计表

TBM 掘进位置	$C_3$1－1 实测最大应变/$\mu\varepsilon$				$C_3$1－1 应变变化速率/($\mu\varepsilon/D$ 或 $\mu\varepsilon/0.5D$)			
	轴向	环向	45°	135°	轴向	环向	45°	135°
－3D	－49.98	－89.47	－63.56	－74.29	—	—	—	—
－2D	27.25	－140.83	35.06	－83.15	77.23	－51.36	98.62	－8.86
－1D	－18.03	－152.78	164.47	－85.58	－45.28	－11.95	129.41	－2.43
－0.5D	－21.85	－221.15	427.18	－265.57	－3.82	－68.37	262.71	－179.99
0D	－35.16	304.85	942.82	－703.82	－13.31	526.00	515.64	－438.25
0.5D	435.65	－1950.60	894.27	－2264.98	470.81	－2255.45	－48.55	－1561.16
1D	492.86	－2201.52	646.20	－2032.34	57.21	－250.92	－248.07	232.64
2D	477.62	－2125.74	641.75	－1977.50	－15.24	75.78	－4.45	54.84
3D	539.69	－2193.40	566.73	－1888.35	62.07	－67.66	－75.02	89.15

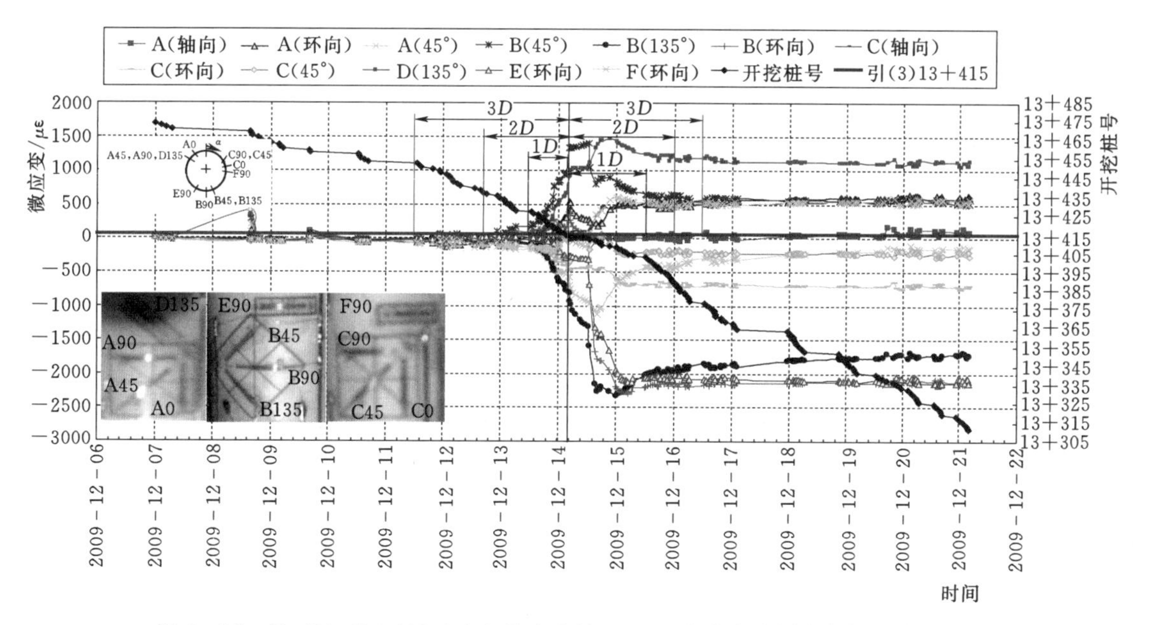

图 6-82 引(3) 13+415 空心包体应力计 $C_3$1-1 各方向实测应变与开挖关系图

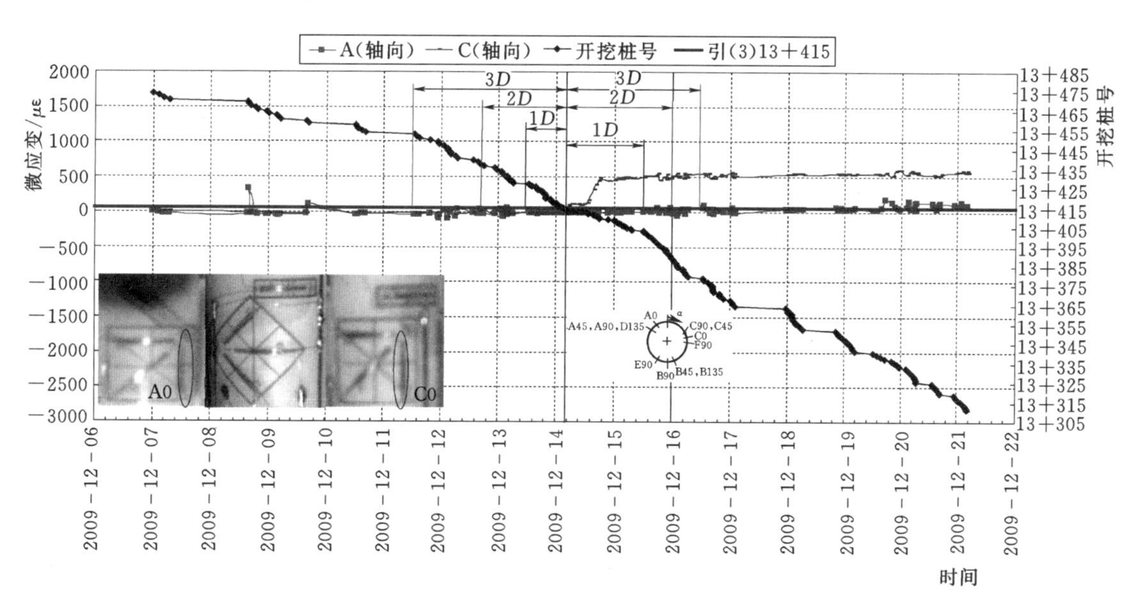

图 6-83 引(3) 13+415 空心包体应力计 $C_3$1-1 实测轴向应变与开挖关系图

(1) 在 3 号洞 TBM 掘进至 $-5D\sim-2D$ 时，TBM 掘进扰动引起的围岩应力调整很小，实测的包体应变值表现出基本稳定状态。

(2) 在 3 号洞 TBM 掘进至 $-2D\sim-1D$ 时，TBM 掘进扰动引起的围岩应力调整开始表现出来，但总体应变量较小，包体的环向和 45°、135°方向都不同程度地监测到了围岩的应变，实测最大应变为 45°方向的 164.47$\mu\varepsilon$。

(3) 在 3 号洞 TBM 掘进至 $-1D\sim0D$ 时，TBM 掘进扰动引起的围岩应力调整明显，

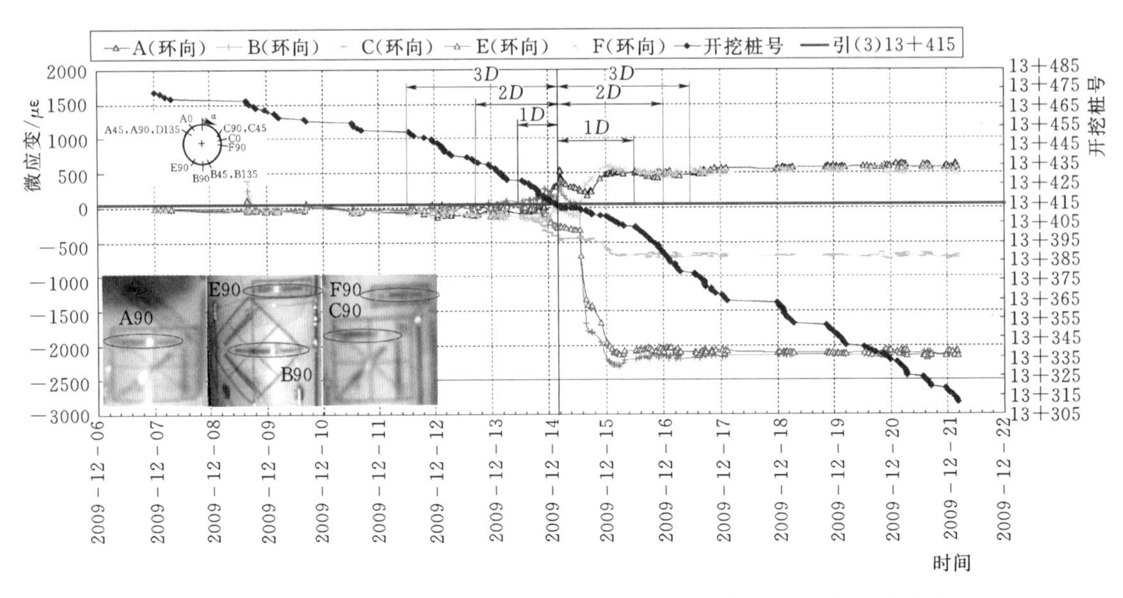

图 6-84 引 (3) 13+415 空心包体应力计 $C_3$1-1 实测环向应变与开挖关系图

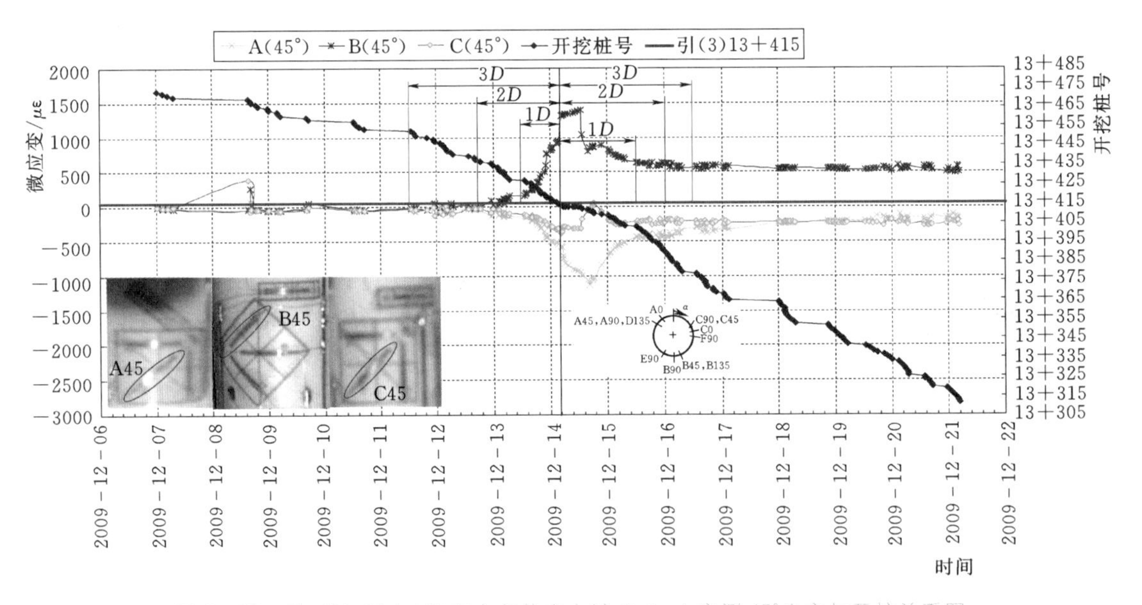

图 6-85 引 (3) 13+415 空心包体应力计 $C_3$1-1 实测 45°应变与开挖关系图

且有持续增长趋势，实测轴向、环向、45°、135°方向最大应变分别为－35.16με、304.85με、942.82με、－703.82με。

(4) 在 3 号洞 TBM 掘进至－0D～1D 时，由于所监测部位 TBM 开挖临空面的出现，围岩突然卸载，引起围岩应力的持续明显调整，尤其是掘进至断面后 0D～0.5D 应力调整最剧烈，实测应变变化为 470.81με～－2255.45με，且应力调整达到最大，0.5D～1.0D 应力调整开始趋缓，截至 1.0D 实测轴向、环向、45°、135°方向最大应变分别为

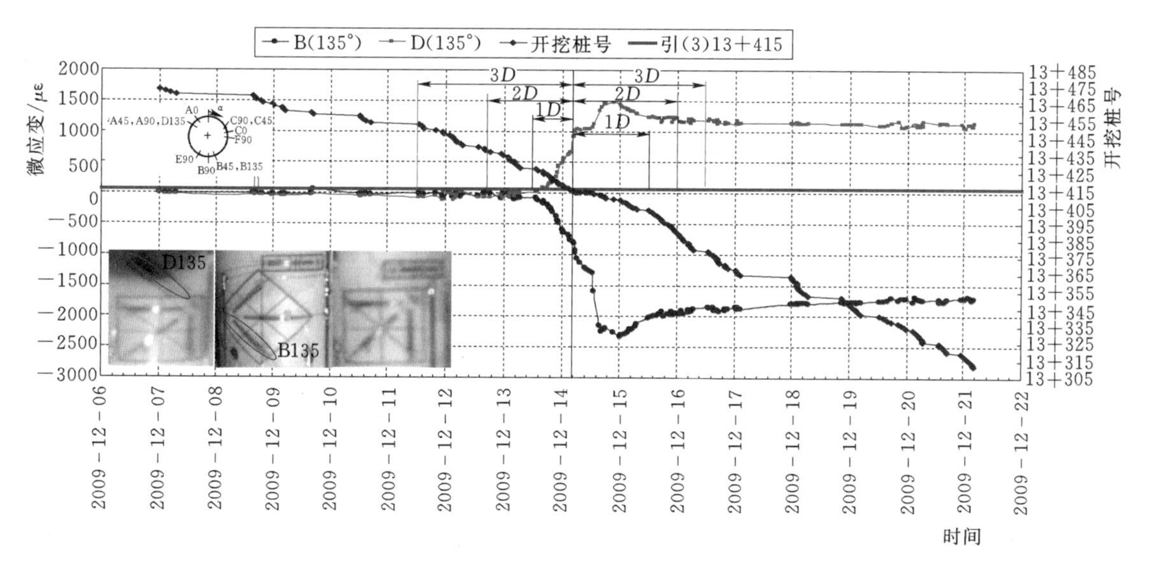

图 6-86 引 (3) 13+415 空心包体应力计 $C_3$1-1 实测 135°应变与开挖关系图

492.86με、-2201.52με、646.20με、-2032.34με；该阶段的应力调整与监测部位围岩的岩性为 T_2^5y 灰白色厚层状粗晶大理岩开挖响应特征基本吻合。

（5）在 3 号洞 TBM 掘进至 1.0D～2.0D 时，TBM 开挖掘进引起监测部位围岩应力的调整趋缓，实测应变变化为-15.24με～75.78με，轴向、环向、45°、135°方向实测最大应变分别为 477.62με、-2125.74με、641.75με、-1977.50με。

（6）在 3 号洞 TBM 掘进至大于 2.0D 范围时，TBM 开挖掘进引起监测部位围岩应力的调整较小，基本稳定。

（7）2-2 断面的 $C_3$1-1 空心包体应力计实测围岩应力调整变化规律与 1-1 断面的岩石应力监测变化规律和深埋引水隧洞的锚杆应力监测变化规律基本吻合，也基本符合 T_2^5y 灰白色厚层状粗晶大理岩开挖响应特征。

2. $C_3$1-2 应变监测成果

B2-2 孔 $C_3$1-2 空心包体应力计位于 3 号引水隧洞北拱座距洞壁约 2.5m 的位置，是距 3 洞洞壁 3 组中间的一组空心包体应力计。空心包体应力计 $C_3$1-2 监测最大应变及变化速率统计情况见表 6-11，该组实测应变与开挖关系时程曲线见图 6-87，监测成果如下：

（1）$C_3$1-2 空心包体应力计 A（环向）实测应变变化较大，较好地反映了 TBM 开挖方向的应力调整响应情况，分析原因主要是由于安装埋设时推入时该支应力计受到挤压，与岩壁较好的接触；其他各方向实测应变变化较小，实测值呈基本稳定状态。

（2）B2-2 孔 $C_3$1-2 空心包体应力计实测应变反映 TBM 掘进岩体开挖响应总体效果较差，分析其原因，主要是安装埋设时钻孔末端钻孔直径偏小（原合适钻头磨损变小），应力计未准确安装至计算位置，包体内的树脂胶未完全挤出，应力计未与岩壁完全紧密接触。B2-2 孔 $C_3$1-2 空心包体应力计监测成果仅供参考。

表 6-11 空心包体应力计 $C_3$1-2 监测最大应变及变化速率统计表

TBM 掘进位置	$C_3$1-2 实测最大应变/$\mu\varepsilon$				$C_3$1-2 应变变化速率/($\mu\varepsilon/D$ 或 $\mu\varepsilon/0.5D$)			
	轴向	环向	45°	135°	轴向	环向	45°	135°
$-3D$	-133.97	1401.91	30.47	-80.54	—	—	—	—
$-2D$	-425.54	1985.7	510.3	454.08	-291.57	583.79	479.83	534.62
$-1D$	-271.83	1545.58	-225.53	-354.56	153.71	-440.12	-735.83	-808.64
$-0.5D$	-106.34	1435.78	244.53	-117	165.49	-109.8	470.06	237.56
$0D$	-173.99	1803.38	70.37	-157.16	-67.65	367.6	-174.16	-40.16
$0.5D$	-199.21	4486.07	148.19	217.63	-25.22	2682.69	77.82	374.79
$1D$	-167.15	3882.51	119.79	249.8	32.06	-603.56	-28.4	32.17
$2D$	250.23	2586.25	267.24	277.41	417.38	-1296.26	147.45	27.61
$3D$	328.21	2803.94	269.16	492.99	77.98	217.69	1.92	215.58

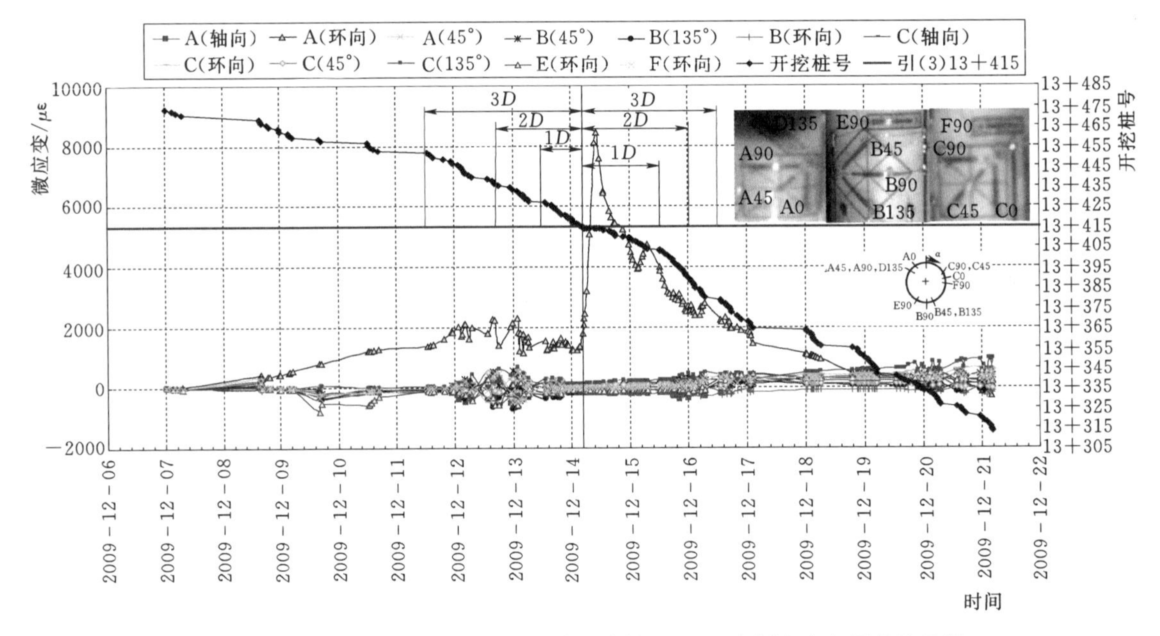

图 6-87 引 (3) 13+415 空心包体应力计 $C_3$1-2 实测应变与开挖关系图

3. $C_3$1-3 应变监测成果

C2-2 孔 $C_3$1-3 空心包体应力计位于 3 号引水隧洞北拱座距洞壁约 0.8m 的位置，是距 3 号洞洞壁最近的一组空心包体应力计，空心包体应力计 $C_3$1-3 监测最大应变及变化速率统计情况见表 6-12，该组实测应变与开挖关系时程曲线见图 6-88～图 6-92，监测成果如下：

(1) $C_3$1-3 应力计距 3 号引水隧洞洞壁最近，大约为 0.8m，受 TBM 开挖扰动影响，有 5 支应变片先后发生破坏，初步分析认为仪器基本在围岩松动圈内。该部位出现围岩松弛裂隙，将应变片拉断，现场对损坏应变片的电阻测量为无穷大，故认为应变片发生断裂损坏。

表 6-12　　空心包体应力计 $C_3$1-3 监测最大应变及变化速率统计表

TBM 掘进位置	$C_3$1-3 实测最大应变/με				$C_3$1-3 应变变化速率/(με/D 或 με/0.5D)			
	轴向	环向	45°	135°	轴向	环向	45°	135°
-3D	17.26	-66.11	59.8	-27.19	—	—	—	—
-2D	53.57	116.02	148.83	-63.05	36.31	182.13	89.03	-35.86
-1D	7.96	98.14	213.99	-172.54	-45.61	-17.88	65.16	-109.49
-0.5D	211.05	126.92	379.88	171.84	203.09	28.78	165.89	344.38
0D	867.54	1522.96	987.47	-982.36	656.49	1396.04	607.59	-1154.2
0.5D	4881.39	-4296.89	-3357.08	3331.18	4013.85	-5819.85	-4344.55	4313.54
1D	4578.68	-4352.15	-3499.93	3981.19	-302.71	-55.26	-142.85	650.01
2D	4484.98	-4374.19	-3555.48	4248.01	-93.7	-22.04	-55.55	266.82
3D	96.39	-4349.21	-3626.49	4587.38	A 轴向损坏	24.98	-71.01	339.37

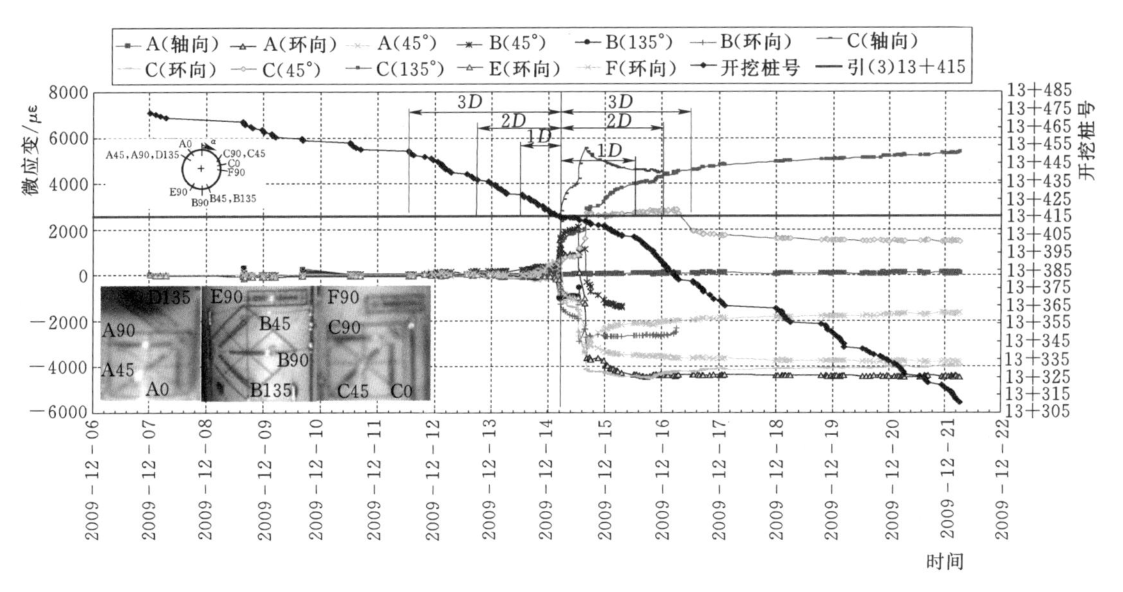

图 6-88　引（3）13+415 空心包体应力计 $C_3$1-3 实测应变与开挖关系图

（2）在 3 号洞 TBM 掘进至-5D～2D 时，TBM 掘进扰动引起的围岩应力调整很小，实测的包体应变值表现出基本稳定状态。

（3）在 3 号洞 TBM 掘进至-2D～1D 时，TBM 掘进扰动引起的围岩应力调整开始表现出来，但总体应变量较小，实测最大应变为 135°方向的-109.49με。

（4）在 3 号洞 TBM 掘进至-1D～0D 时，TBM 掘进扰动引起的围岩应力调整较明显，且有持续增长趋势，实测应变变化为-1154.2με～-2255.45με，轴向、环向、45°、135°方向实测最大应变分别为 867.54με、1522.96με、987.47με、-982.36με。

（5）在 3 号洞 TBM 掘进至 0D～1D 时，由于所监测部位 TBM 开挖临空面的出现，围岩突然卸载，引起围岩应力的持续明显调整，尤其是掘进至断面后 0D～0.5D 应力调整最剧烈，实测应变变化为-5819.85με～4313.54με，且应力调整达到最大，0.5D～

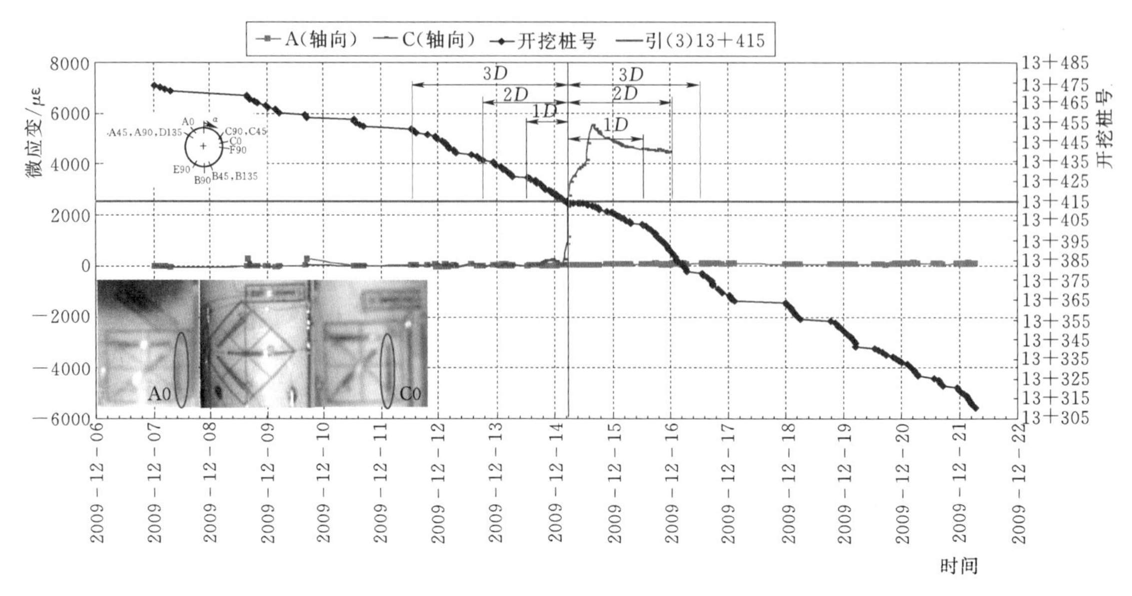

图 6-89　引 (3) 13+415 空心包体应力计 $C_3$1-3 实测轴向应变与开挖关系图

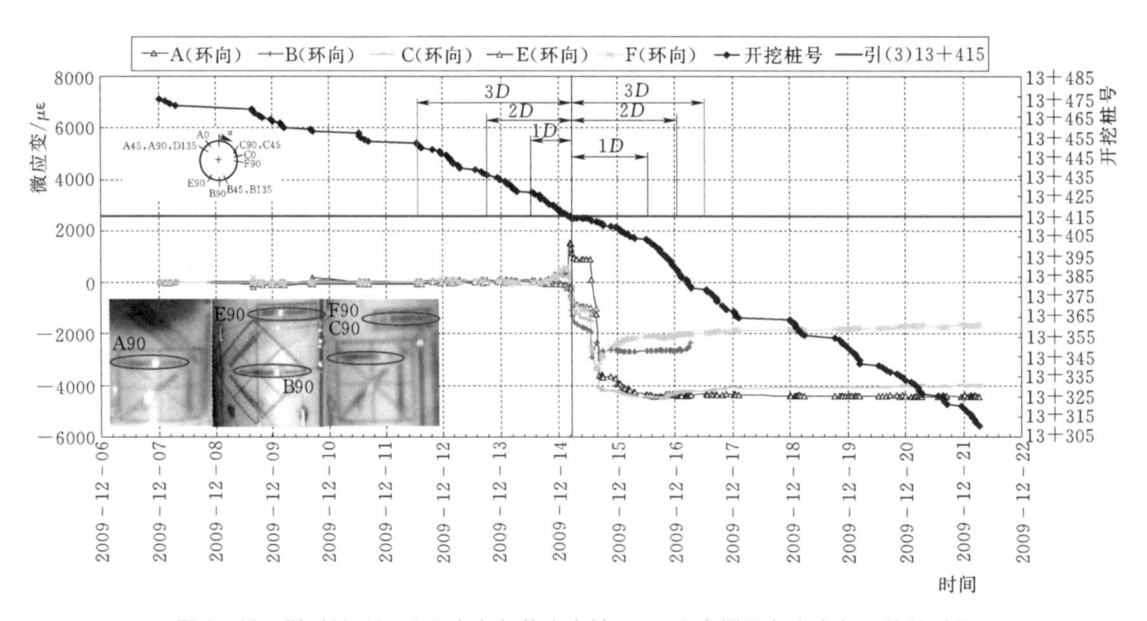

图 6-90　引 (3) 13+415 空心包体应力计 $C_3$1-3 实测环向应变与开挖关系图

1.0*D* 应力调整开始趋缓，截至 1.0*D* 实测轴向、环向、45°、135°方向最大应变分别为 4578.68με、−4352.15με、−3499.93με、3981.19με；开挖后围岩应力调整剧烈，但很快趋于平缓，该阶段的应力调整与监测部位围岩的岩性为 T_2^5y 灰白色厚层状粗晶大理岩开挖响应特征基本吻合。

(6) 在 3 号洞 TBM 掘进至 1*D*～2*D* 时，TBM 开挖掘进引起监测部位围岩应力的调整趋缓，实测应变变化为 −93.7με～266.82με，明显减缓，轴向、环向、45°、135°方向实测最大应变分别为 4484.98με、−4374.19με、−3555.48με、4248.01με。

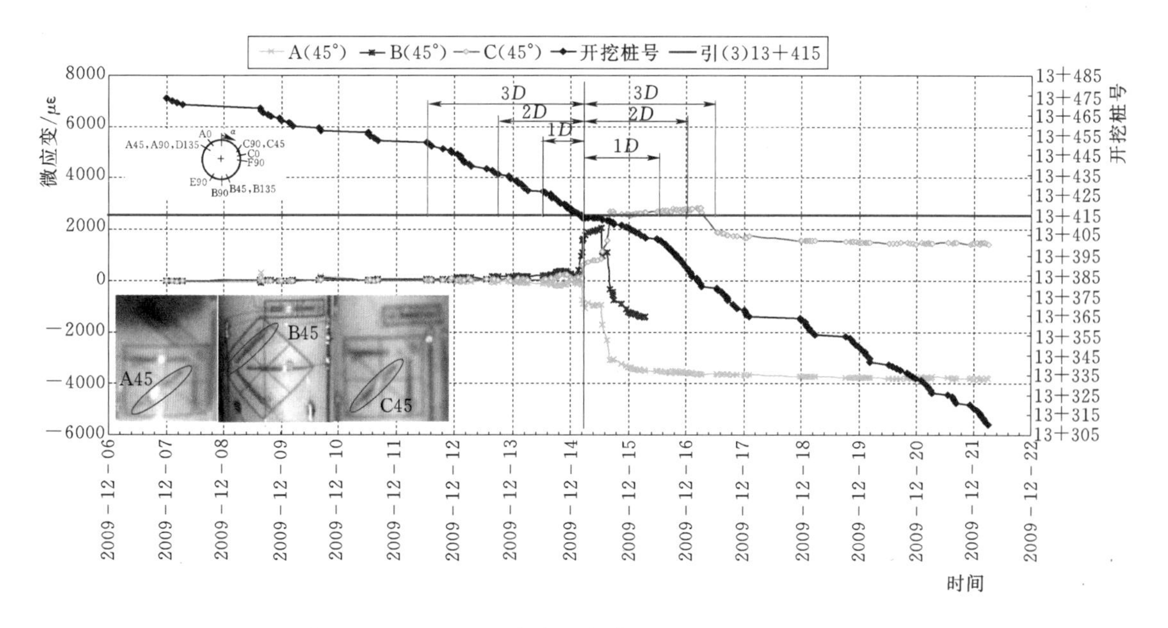

图 6-91 引（3）13+415 空心包体应力计 $C_3$1-3 实测 45°应变与开挖关系图

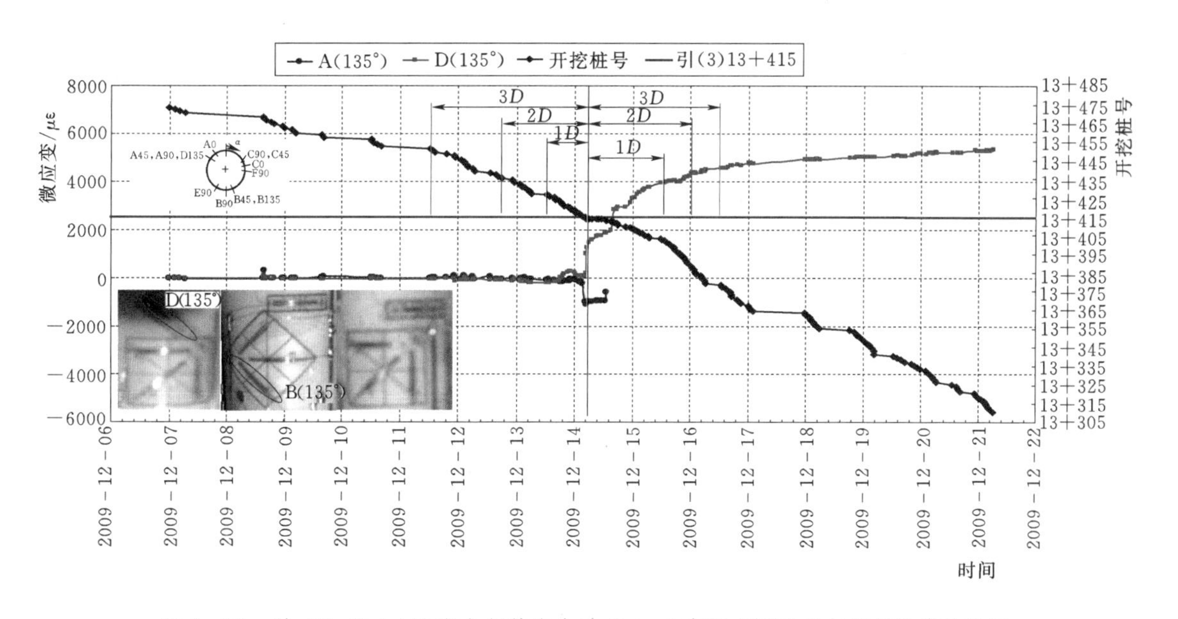

图 6-92 引（3）13+415 空心包体应力计 $C_3$1-3 实测 135°应变与开挖进度关系图

（7）在 3 号洞 TBM 掘进至大于 2D 范围时，TBM 开挖掘进引起监测部位围岩应力的调整较小，基本稳定。

（8）2-2 断面的 $C_3$1-3 空心包体应力计实测围岩应力调整变化规律与 1-1 断面的岩石应力监测变化规律和深埋引水隧洞的锚杆应力监测变化规律基本吻合，也基本符合 T_2^5y 灰白色厚层状粗晶大理岩开挖响应特征。

6.5.3.4 空心包体监测应变转化应力计算

1. 计算原理及坐标转换

空心包体应力计实测应变与应力间的计算公式如下，利用最小二乘法原理，求解应力分量最佳值的正规方程组。

$$\begin{bmatrix} \sum_{k=1}^{n} A_{k1}^2 & \sum_{k=1}^{n} A_{k1}A_{k2} & \cdots & \sum_{k=1}^{n} A_{k1}A_{k6} \\ \sum_{k=1}^{n} A_{k2}A_{k1} & \sum_{k=1}^{n} A_{k2}^2 & \cdots & \sum_{k=1}^{n} A_{k2}A_{k6} \\ \vdots & \vdots & \vdots & \vdots \\ \sum_{k=1}^{n} A_{k6}A_{k1} & \sum_{k=1}^{n} A_{k6}A_{k2} & \cdots & \sum_{k=1}^{n} A_{k6}^2 \end{bmatrix} \cdot \begin{bmatrix} \sigma_x \\ \sigma_y \\ \sigma_z \\ \tau_{xy} \\ \tau_{yz} \\ \tau_{zx} \end{bmatrix} = E \begin{bmatrix} \sum_{k=1}^{n} A_{k1}\varepsilon_k \\ \sum_{k=1}^{n} A_{k2}\varepsilon_k \\ \vdots \\ \sum_{k=1}^{n} A_{k6}\varepsilon_k \end{bmatrix} \tag{6-29}$$

固定坐标系 $O-X_{地}Y_{地}Z_{地}$ 中，铅直向为 $Z_{地}$ 轴正方向，正北方向为 $Y_{地}$ 轴正方向，正东方向为 $X_{地}$ 轴正方向。局部坐标系 $o-xyz$ 中，x 轴为 3 号 TBM 掘进洞洞轴线，向东为正；y 轴为铅直向，铅直向上为正；z 轴为空心包体应力计钻孔的轴线，向 3 号引水洞方向为正。大地坐标系与局部坐标系关系见图 6-93。空心包体应力计（CSIRO）实测应变的应力计算参数选取见表 6-13。

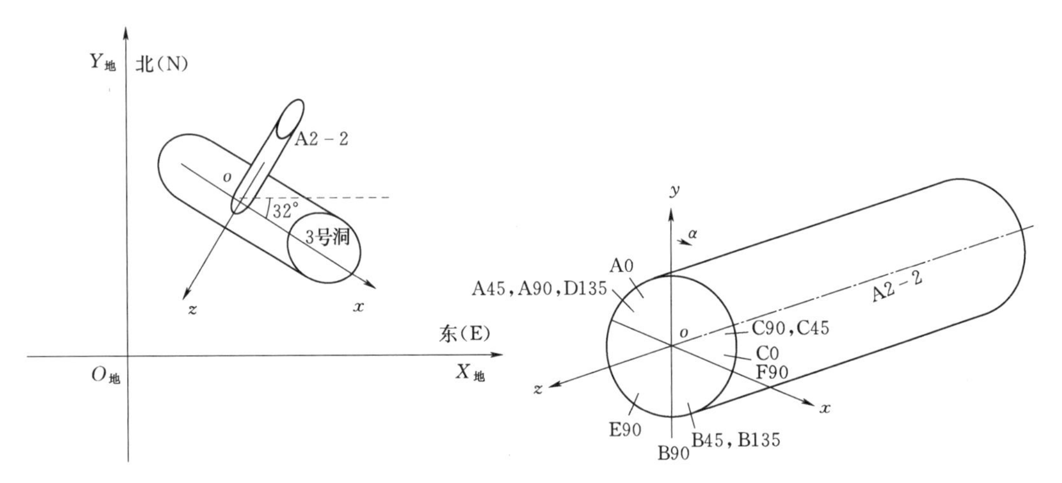

图 6-93 空心包体应力计的应力计算大地坐标系与局部坐标系的关系

表 6-13 空心包体应力计（CSIRO）实测应变的应力计算参数选取

项目	计算情况	钻孔半径 R /m	应力计内径 R_1/m	应变片嵌固部位半径 ρ /m	围岩的弹性模量 E/MPa	围岩的泊松比 ν	环氧树脂层弹性模量 E_1 /MPa	环氧树脂层泊松比 ν_1
$C_3$1-1	1	0.0193	0.01588	0.018065	15000	0.25	2600	0.4
	2	0.0193	0.01588	0.018065	25000	0.22	2600	0.4
	3	0.0193	0.01588	0.018065	36000	0.18	2600	0.4
$C_3$1-3	1	0.0192	0.01586	0.018255	15000	0.25	2600	0.4
	2	0.0192	0.01586	0.018255	25000	0.22	2600	0.4
	3	0.0192	0.01586	0.018255	36000	0.18	2600	0.4

为了解3号引水隧洞径向、切向和剪切应力，需进一步通过坐标系的转化，3号隧洞的围岩应力状态采用柱坐标系，柱坐标系的 z 轴与直角坐标系的 z 轴一致，柱坐标系的 θ 角从 z 轴顺时针旋转计数为正。受到三维应力场（σ_x、σ_y、σ_z、τ_{xy}、τ_{yz}、τ_{xz}）的洞壁围岩应力分布公式如下：

$$\left.\begin{aligned}
\sigma_r &= \frac{\sigma_z+\sigma_y}{2}\left(1-\frac{a^2}{r^2}\right)+\frac{\sigma_z-\sigma_y}{2}\left(1-4\frac{a^2}{r^2}+3\frac{a^4}{r^4}\right)\cos 2\theta+\tau_{zy}\left(1-4\frac{a^2}{r^2}+3\frac{a^4}{r^4}\right)\sin 2\theta \\
\sigma_\theta &= \frac{\sigma_z+\sigma_y}{2}\left(1+\frac{a^2}{r^2}\right)-\frac{\sigma_z-\sigma_y}{2}\left(1+3\frac{a^4}{r^4}\right)\cos 2\theta-\tau_{zy}\left(1+3\frac{a^4}{r^4}\right)\sin 2\theta \\
\sigma'_x &= -\nu\left[2(\sigma_z-\sigma_y)\frac{a^2}{r^2}\cos 2\theta+4\tau_{zy}\frac{a^2}{r^2}\sin 2\theta\right]+\sigma_x \\
\tau_{r\theta} &= \frac{\sigma_z-\sigma_y}{2}\left(1+2\frac{a^2}{r^2}-3\frac{a^4}{r^4}\right)\sin 2\theta+\tau_{zy}\left(1+2\frac{a^2}{r^2}-3\frac{a^4}{r^4}\right)\cos 2\theta \\
\tau_{\theta x} &= (-\tau_{xz}\sin\theta+\tau_{yx}\cos\theta)\left(1+\frac{a^2}{r^2}\right) \\
\tau_{rx} &= (\tau_{xz}\cos\theta+\tau_{yx}\sin\theta)\left(1-\frac{a^2}{r^2}\right)
\end{aligned}\right\} \tag{6-30}$$

2. 计算程序及参数选取

本次试验购买的空心包体应力计没有专门的程序来进行连续时间序列的应变转化应力计算的数据处理，人工处理费时且易出错，为此，本文采用数值计算工具Matlab软件和Visual Fortran语言编制了应力计算程序，达到了批量和准确处理数据的目的，提高了数据处理的准确性和可靠性。

空心包体应力计实测应变的应力计算需要输入的参数有钻孔半径 R、应力计内径 R_1、应变片嵌固部位半径 ρ、围岩的弹性模量 E、围岩的泊松比 ν、环氧树脂层弹性模量 E_1、环氧树脂层泊松比 ν_1；空心包体应力计（CSIRO）实测应变的应力计算选取的参数详见表6-13。空心包体应力计（CSIRO）各应变片贴片角度位置见表6-14。

表6-14　空心包体应力计（CSIRO）各应变片贴片角度位置

应力计组	序号	方位	应变片	α/(°)	β/(°)
A	1	A（轴向）	A0	323.0	0
	2	A（周向）	A90	300.0	90
	3	A（45°）	A45	300.0	45
	10	D（45°）	D135	300.0	135
B	4	B（45°）	B45	163.5	45
	5	B（135°）	B135	163.5	135
	6	B（周向）	B90	180.0	90
	11	E（周向）	E90	210.0	90
C	7	C（轴向）	C0	83.0	0
	8	C（周向）	C90	60.0	90
	9	C（45°）	C45	60.0	45
	12	F（周向）	F90	90.0	90

3. 空心包体应力计应力计算结果

选择了空心包体应力计 $C_3$1－1 和 $C_3$1－3 进行了 3 种计算情况下的应力计算，直角坐标系下应力计算结果见表 6－15 和表 6－16，直角坐标系下计算的应力各分量时程曲线见图 6－94～图 6－99。柱坐标系下应力计算结果见表 6－17 和表 6－18，柱坐标系下计算的应力各分量时程曲线见图 6－100～图 6－105。下文所提到的 D 即为 3 号引水隧洞洞径，由计算成果可知：

$C_3$1－1 空心包体应力计位于 3 号引水隧洞北拱座距洞壁约 4.3m 的位置，是距 3 号洞洞壁最远的一组空心包体应力计，三种计算情况下计算应力调整规律基本一致：当 3 号洞 TBM 掘进至断面前大于－1D 时，TBM 掘进扰动引起的围岩应力调整较小；当 TBM 掘进至断面前 1D～0D 时，TBM 掘进扰动引起的围岩应力调整开始表现出来，实测应力调整呈缓慢增长趋势，实测应力主要在 5MPa 以内调整，应力调整方向主要为洞轴向和竖直向；当 TBM 掘进至断面后 0D～1D 时，TBM 掘进扰动引起的围岩应力增长明显，尤其是 0D～0.5D 时段应力调整最为剧烈，实测应力主要在 13MPa 以内调整，应力调整方向主要为洞轴向和竖直向；当 TBM 掘进至断面后大于 1D 时，TBM 掘进扰动引起的围岩应力调整开始趋缓并逐步趋于稳定。

表 6－15　空心包体应力计 $C_3$1－1 直角坐标系下计算应力结果

$C_3$1－1 掘进距离	σ_x/MPa			σ_y/MPa			σ_z/MPa		
	E=15GPa, ν=0.25	E=25GPa, ν=0.22	E=36GPa, ν=0.18	E=15GPa, ν=0.25	E=25GPa, ν=0.22	E=36GPa, ν=0.18	E=15GPa, ν=0.25	E=25GPa, ν=0.22	E=36GPa, ν=0.18
1D	－0.60	－0.96	－1.34	－0.23	－0.35	－0.45	－0.02	－0.04	－0.06
0.5D	－0.88	－1.38	－1.91	－0.40	－0.65	－0.90	0.50	0.79	1.11
引（3）13＋415	－1.47	－2.28	－3.13	－0.71	－1.19	－1.73	1.61	2.55	3.58
0.5D	－4.15	－6.82	－9.80	1.13	2.40	4.33	－5.31	－8.62	－12.26
1D	－5.58	－9.12	－13.06	1.32	2.81	5.11	－5.69	－9.26	－13.20
2D	－5.48	－8.95	－12.80	1.04	2.34	4.40	－5.47	－8.90	－12.67
3D	－5.68	－9.30	－13.34	1.93	3.84	6.60	－5.70	－9.29	－13.28

$C_3$1－1 掘进距离	τ_{xy}/MPa			τ_{yz}/MPa			τ_{zx}/MPa		
	E=15GPa, ν=0.25	E=25GPa, ν=0.22	E=36GPa, ν=0.18	E=15GPa, ν=0.25	E=25GPa, ν=0.22	E=36GPa, ν=0.18	E=15GPa, ν=0.25	E=25GPa, ν=0.22	E=36GPa, ν=0.18
1D	0.30	0.51	0.75	0.66	1.11	1.64	0.44	0.69	0.95
0.5D	0.55	0.92	1.36	1.88	3.17	4.70	0.45	0.70	0.97
引（3）13＋415	1.11	1.87	2.76	4.53	7.64	11.31	－0.24	－0.37	－0.52
0.5D	0.93	1.55	2.27	8.79	14.84	21.96	－5.62	－8.85	－12.30
1D	1.33	2.23	3.28	7.07	11.93	17.66	－6.44	－10.14	－14.10
2D	1.32	2.21	3.25	6.93	11.69	17.31	－6.20	－9.77	－13.58
3D	1.23	2.05	3.02	6.44	10.86	16.07	－6.41	－10.09	－14.03

表 6-16　　空心包体应力计 $C_3 1-3$ 直角坐标系下应力计算结果

$C_3 1-3$ 掘进距离	σ_x/MPa			σ_y/MPa			σ_z/MPa		
	E=15GPa, ν=0.25	E=25GPa, ν=0.22	E=36GPa, ν=0.18	E=15GPa, ν=0.25	E=25GPa, ν=0.22	E=36GPa, ν=0.18	E=15GPa, ν=0.25	E=25GPa, ν=0.22	E=36GPa, ν=0.18
1D	−0.27	−0.41	−0.55	0.38	0.60	0.85	−0.22	−0.37	−0.52
0.5D	0.68	1.06	1.43	0.32	0.50	0.66	1.60	2.63	3.71
引(3) 13+415	3.65	5.66	7.68	−0.76	−1.24	−1.86	4.87	7.89	11.01
0.5D	−22.30	−36.80	−53.35	−22.21	−36.67	−53.17	23.04	40.77	62.82
1D	−20.91	−34.68	−50.58	−19.63	−32.67	−47.80	28.30	49.24	74.54
2D	−20.43	−33.92	−49.53	−19.47	−32.41	−47.44	28.57	49.65	75.06
3D	−19.92	−33.09	−48.35	−17.68	−29.56	−43.46	29.26	50.65	76.25

$C_3 1-3$ 掘进距离	τ_{xy}/MPa			τ_{yz}/MPa			τ_{zx}/MPa		
	E=15GPa, ν=0.25	E=25GPa, ν=0.22	E=36GPa, ν=0.18	E=15GPa, ν=0.25	E=25GPa, ν=0.22	E=36GPa, ν=0.18	E=15GPa, ν=0.25	E=25GPa, ν=0.22	E=36GPa, ν=0.18
1D	0.01	0.02	0.03	−0.48	−0.81	−1.20	0.01	0.02	0.03
0.5D	0.23	0.36	0.49	−0.87	−1.47	−2.18	−1.10	−1.85	−2.72
引(3) 13+415	1.78	2.77	3.81	−4.77	−8.05	−11.93	0.35	0.61	0.91
0.5D	1.93	3.02	4.19	6.69	11.29	16.71	−23.56	−39.76	−58.88
1D	1.34	2.11	2.93	−3.09	−5.21	−7.71	−23.79	−40.14	−59.44
2D	1.30	2.04	2.82	−3.81	−6.42	−9.51	−24.33	−41.06	−60.79
3D	1.15	1.81	2.51	−4.63	−7.81	−11.57	−24.76	−41.79	−61.87

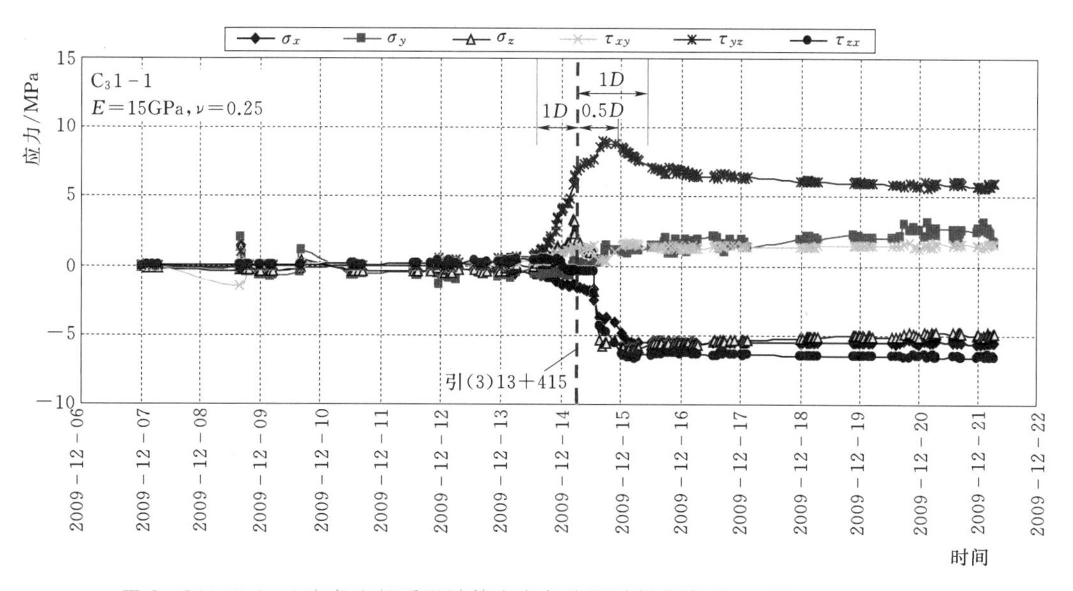

图 6-94　$C_3 1-1$ 直角坐标系下计算应力各分量时程曲线（E=15GPa，ν=0.25）

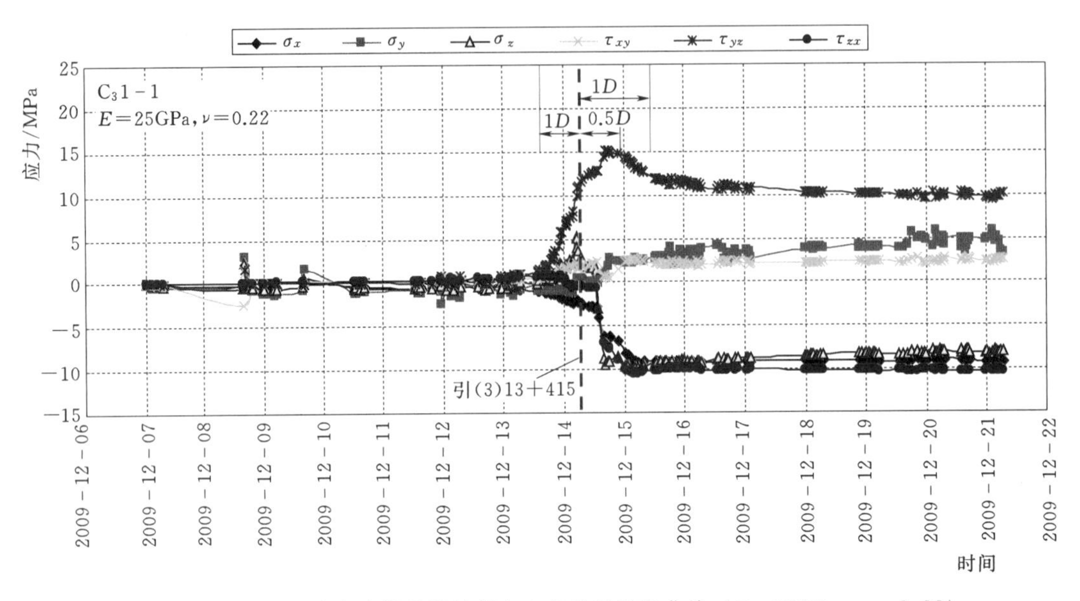

图 6-95 $C_3$1-1 直角坐标系下计算应力各分量时程曲线（E=25GPa，ν=0.22）

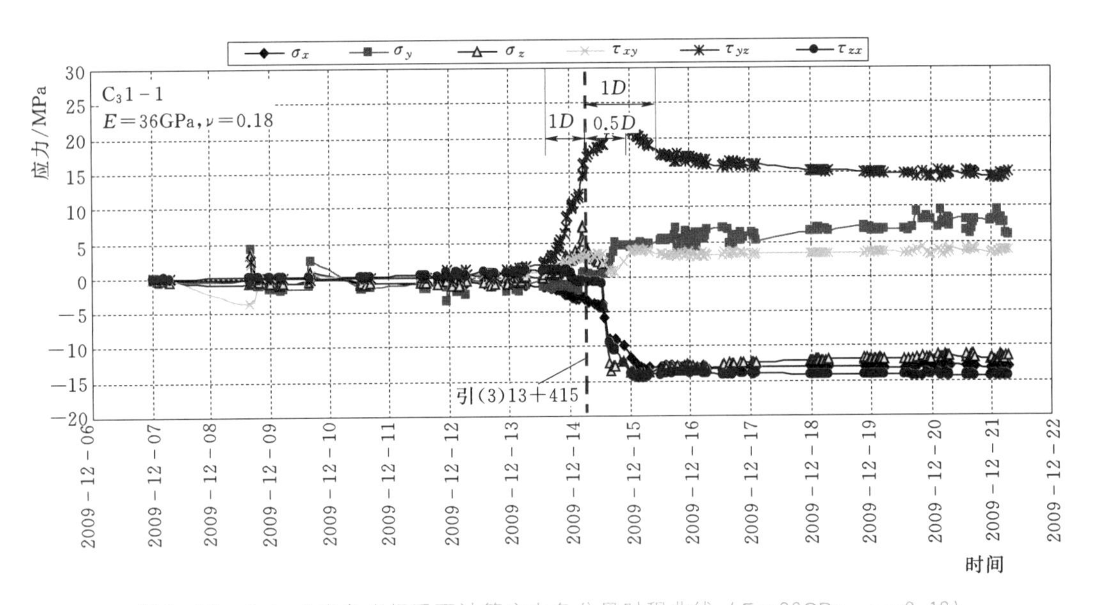

图 6-96 $C_3$1-1 直角坐标系下计算应力各分量时程曲线（E=36GPa，ν=0.18）

2-2 断面的 $C_3$1-1 空心包体应力计实测应力与 1-1 断面的 B1-1 孔 $C_2$1-2.1 和 $C_2$1-2.2 岩石应力计位于 3 号引水隧洞北拱座距洞壁均约 4.5m 的位置，二者监测到的应力调整规律基本一致，与计算的第一种计算情况下的应力量值基本接近，实测应力主要在 5MPa 以内调整，应力调整方向主要为洞轴向和竖直向。

$C_3$1-3 空心包体应力计位于 3 号引水隧洞北拱座距洞壁约 0.8m 的位置，是距 3 号洞洞壁最近的一组空心包体应力计，三种计算情况下计算应力调整规律基本一致：当 3 号洞 TBM 掘进至大于−1D 时，TBM 掘进扰动引起的围岩应力调整较小；当 TBM 掘进至

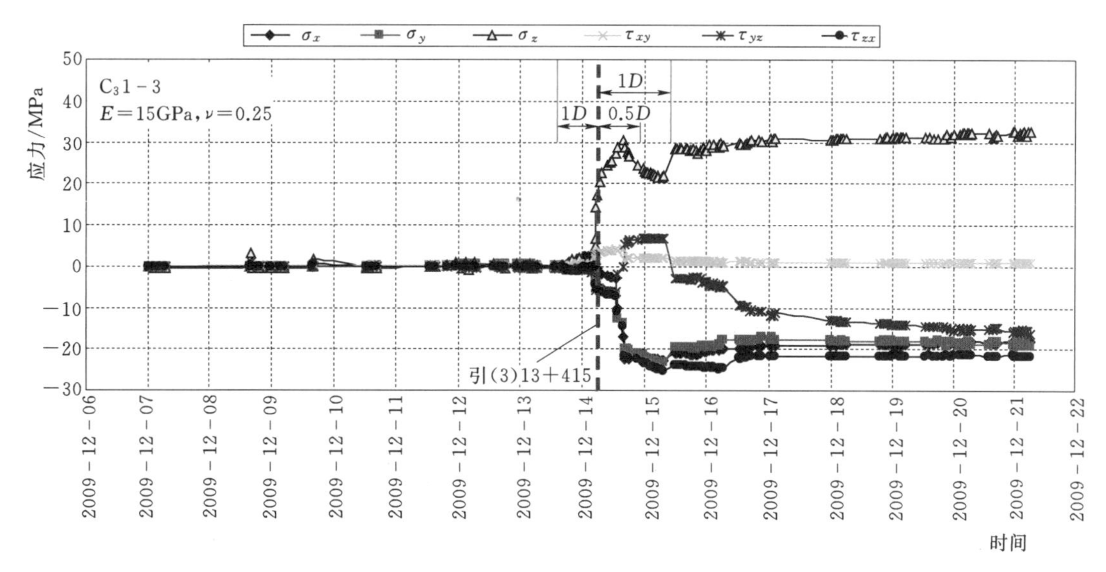

图 6-97 $C_3$1-3 直角坐标系下计算应力各分量时程曲线（E=15GPa，ν=0.25）

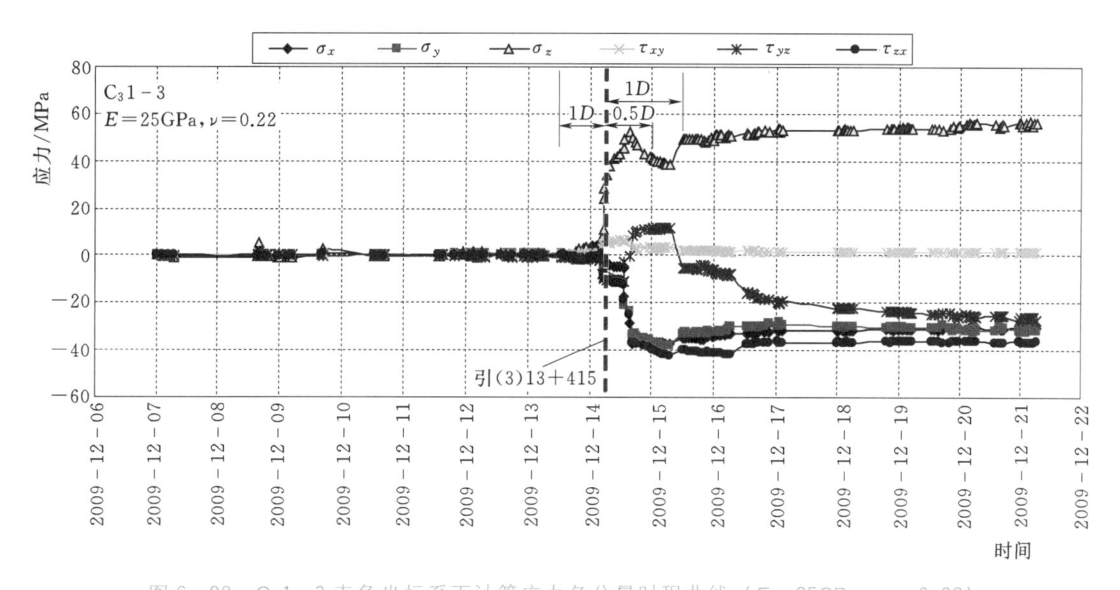

图 6-98 $C_3$1-3 直角坐标系下计算应力各分量时程曲线（E=25GPa，ν=0.22）

-1D～0D 时，TBM 掘进扰动引起的围岩应力调整开始表现出来，实测应力调整呈缓慢增长趋势，实测应力主要在 8MPa 以内调整，应力调整方向主要为洞轴向和竖直向；当 TBM 掘进至 0D～1D 时，TBM 掘进扰动引起的围岩应力增长明显，尤其是 0D～0.5D 时段应力调整最为剧烈，实测应力主要在 50MPa 以内调整，应力调整方向主要为洞轴向和竖直向；当 TBM 掘进至大于 1D 时，TBM 掘进扰动引起的围岩应力调整开始趋缓并逐步趋于稳定。

$C_3$1-1 和 $C_3$1-3 实测 TBM 掘进扰动引起的围岩应力调整主要表现为洞壁切向应力 σ_θ 和洞壁剪切应力 $\tau_{r\theta}$。当 3 号洞 TBM 掘进至大于-1D 时，TBM 掘进扰动引起的围岩

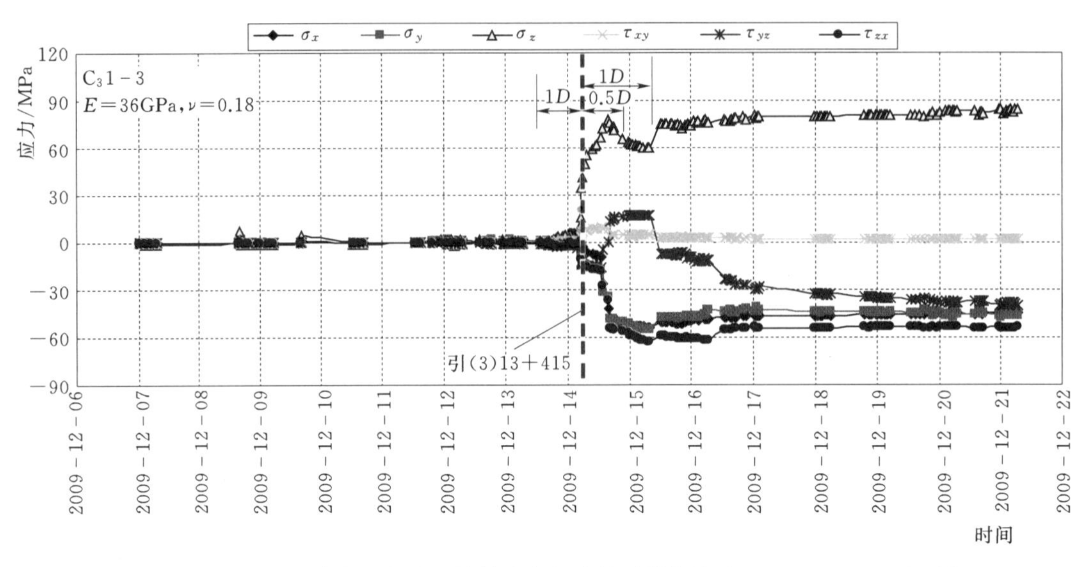

图 6-99 $C_3$1-3 直角坐标系下计算应力各分量时程曲线（E=36GPa，ν=0.18）

应力调整较小；当 TBM 掘进至-1D～0D 时，TBM 掘进扰动引起的围岩应力调整开始表现出来，实测应力调整呈缓慢增长趋势，实测径向、切向、剪切应力主要在 6MPa 以内

表 6-17　　空心包体应力计 $C_3$1-1 柱坐标系下计算应力结果

$C_3$1-1 掘进距离	σ_r/MPa			σ_θ/MPa			σ'_x/MPa		
	E=15GPa，ν=0.25	E=25GPa，ν=0.22	E=36GPa，ν=0.18	E=15GPa，ν=0.25	E=25GPa，ν=0.22	E=36GPa，ν=0.18	E=15GPa，ν=0.25	E=25GPa，ν=0.22	E=36GPa，ν=0.18
1D	-0.03	-0.05	-0.06	-0.99	-1.67	-2.45	-1.08	-1.69	-2.28
0.5D	-0.02	-0.04	-0.06	-2.49	-4.23	-6.26	-1.55	-2.38	-3.12
引（3）13+415	-0.19	-0.33	-0.49	-6.16	-10.42	-15.42	-1.94	-2.88	-3.56
0.5D	-3.14	-4.85	-6.55	-16.86	-27.51	-39.40	-2.19	-3.48	-4.41
1D	-3.50	-5.39	-7.25	-15.98	-25.89	-36.78	-2.16	-3.51	-4.62
2D	-3.46	-5.33	-7.17	-15.73	-25.49	-36.22	-2.19	-3.56	-4.67
3D	-3.29	-5.04	-6.74	-14.76	-23.84	-33.80	-2.05	-3.38	-4.53

$C_3$1-1 掘进距离	$\tau_{r\theta}$/MPa			$\tau_{\theta x}$/MPa			τ_{rx}/MPa		
	E=15GPa，ν=0.25	E=25GPa，ν=0.22	E=36GPa，ν=0.18	E=15GPa，ν=0.25	E=25GPa，ν=0.22	E=36GPa，ν=0.18	E=15GPa，ν=0.25	E=25GPa，ν=0.22	E=36GPa，ν=0.18
1D	0.30	0.45	0.59	0.02	0.04	0.07	0.07	0.12	0.18
0.5D	0.61	0.97	1.35	0.10	0.22	0.39	0.44	0.72	1.04
引（3）13+415	0.83	1.37	1.97	-0.02	0.12	0.39	1.36	2.21	3.18
0.5D	-7.45	-12.31	-17.97	1.84	3.31	5.17	2.68	4.43	6.45
1D	-8.50	-14.09	-20.62	-0.15	0.04	0.44	2.48	4.06	5.85
2D	-8.05	-13.35	-19.53	-0.17	0.01	0.38	2.43	3.97	5.72
3D	-8.92	-14.80	-21.66	-0.41	-0.40	-0.21	2.38	3.89	5.59

表 6-18　　空心包体应力计 $C_3$1-3 柱坐标系下计算应力结果

$C_3$1-3 掘进距离	σ_r/MPa			σ_θ/MPa			σ'_x/MPa		
	E=15GPa, ν=0.25	E=25GPa, ν=0.22	E=36GPa, ν=0.18	E=15GPa, ν=0.25	E=25GPa, ν=0.22	E=36GPa, ν=0.18	E=15GPa, ν=0.25	E=25GPa, ν=0.22	E=36GPa, ν=0.18
1D	0.04	0.05	0.07	−0.55	−0.94	−1.41	−0.43	−0.65	−0.85
0.5D	0.60	0.98	1.36	0.12	0.11	−0.03	0.38	0.61	0.88
引（3）13+415	1.20	1.93	2.63	−3.73	−6.50	−10.11	1.98	3.19	4.68
0.5D	0.47	1.67	3.64	9.68	18.17	29.31	−19.97	−33.34	−49.16
1D	2.73	5.24	8.48	1.63	4.06	7.50	−21.99	−36.28	−52.52
2D	2.85	5.42	8.71	0.94	2.86	5.65	−21.76	−35.89	−51.91
3D	3.63	6.63	10.33	1.49	3.56	6.33	−21.54	−35.48	−51.26

$C_3$1-3 掘进距离	$\tau_{r\theta}$/MPa			$\tau_{\theta x}$/MPa			τ_{rx}/MPa		
	E=15GPa, ν=0.25	E=25GPa, ν=0.22	E=36GPa, ν=0.18	E=15GPa, ν=0.25	E=25GPa, ν=0.22	E=36GPa, ν=0.18	E=15GPa, ν=0.25	E=25GPa, ν=0.22	E=36GPa, ν=0.18
1D	0.40	0.64	0.91	−0.02	−0.04	−0.06	0.00	0.00	0.00
0.5D	−0.85	−1.41	−2.03	0.82	1.41	2.13	0.61	1.02	1.48
引（3）13+415	−3.75	−6.08	−8.58	−2.03	−3.22	−4.50	0.66	1.00	1.33
0.5D	−30.15	−51.60	−77.28	20.64	35.04	52.15	11.74	19.71	29.05
1D	−31.94	−54.58	−81.51	21.40	36.27	53.89	11.58	19.46	28.72
2D	−32.01	−54.68	−81.62	21.97	37.21	55.28	11.80	19.85	29.30
3D	−31.27	−53.44	−79.76	22.51	38.12	56.61	11.94	20.08	29.65

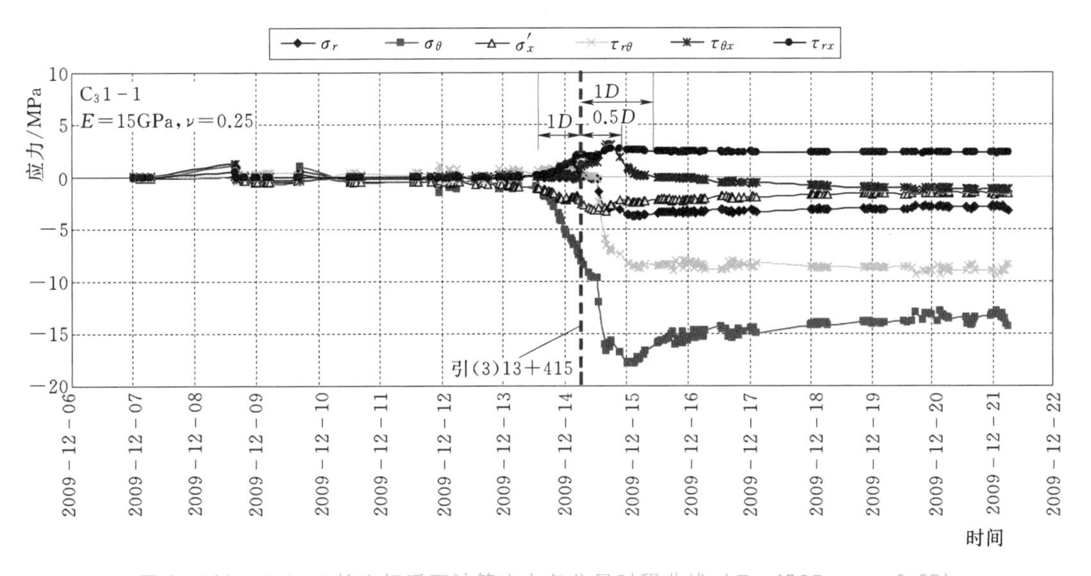

图 6-100　$C_3$1-1 柱坐标系下计算应力各分量时程曲线（E=15GPa，ν=0.25）

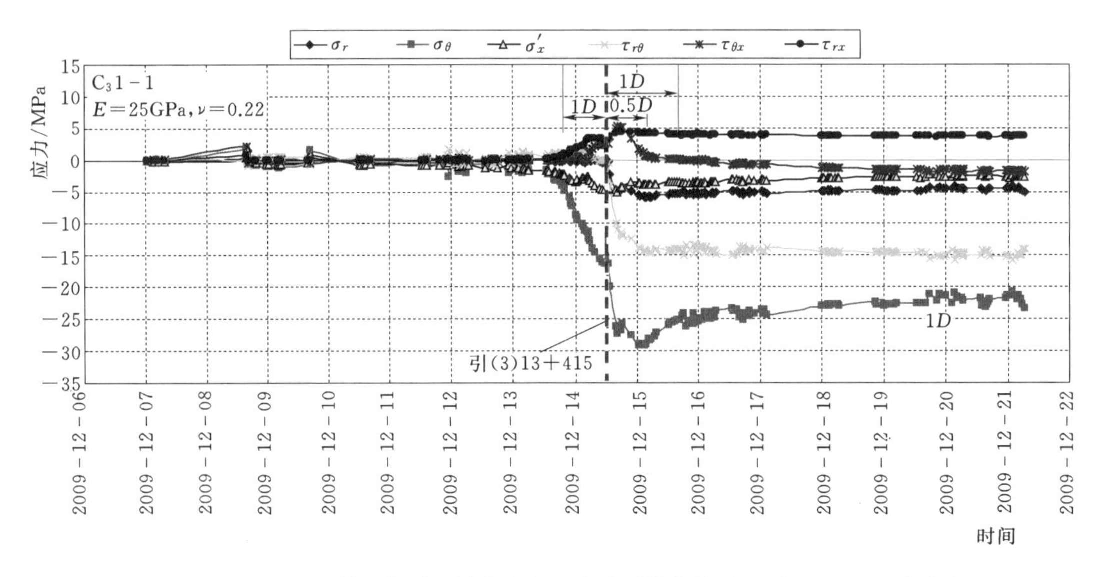

图 6-101 C₃1-1 柱坐标系下计算应力各分量时程曲线（$E=25$GPa，$\nu=0.22$）

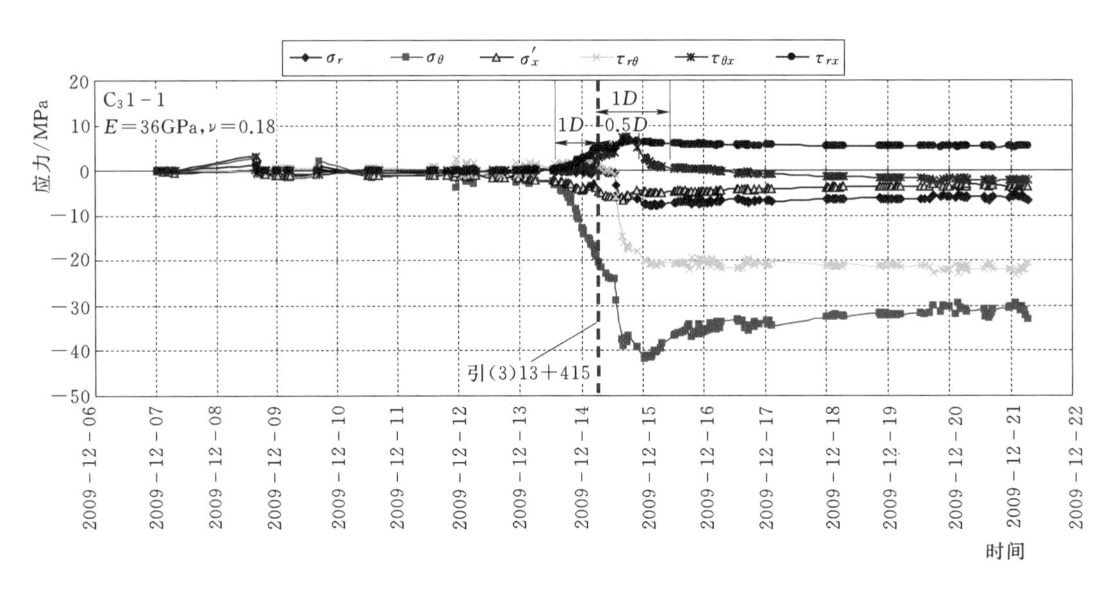

图 6-102 C₃1-1 柱坐标系下计算应力各分量时程曲线（$E=36$GPa，$\nu=0.18$）

调整，应力调整方向主要为洞切向；当 TBM 掘进至断面后 $0D\sim1D$ 时，TBM 掘进扰动引起的围岩应力增长明显，尤其是 $0D\sim0.5D$ 时段应力调整最为剧烈，实测应力主要在 40MPa 以内调整，应力调整方向主要为洞切向；当 TBM 掘进至大于 $1D$ 时，TBM 掘进扰动引起的围岩应力调整开始趋缓并逐步趋于稳定。

TBM 掘进扰动引起的围岩应力调整最大时间区间为 TBM 掘进至 $0D\sim1D$（D 为 3 号引水隧洞洞径），应力集中明显的范围约在 4m 以内，应力集中最明显的范围约在 2m 以内。

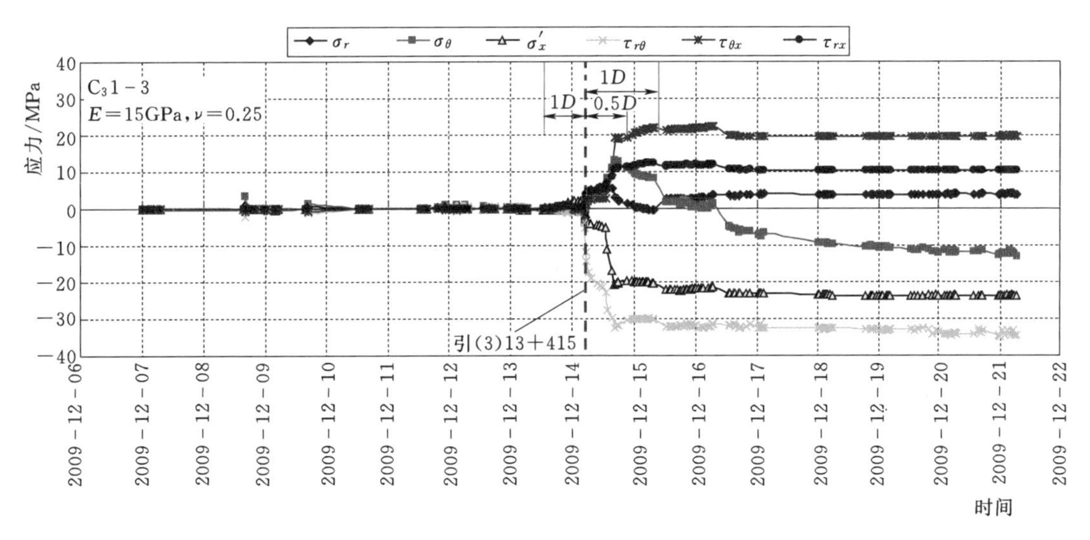

图6-103 $C_3$1-3柱坐标系下计算应力各分量时程曲线（$E=15GPa$，$\nu=0.25$）

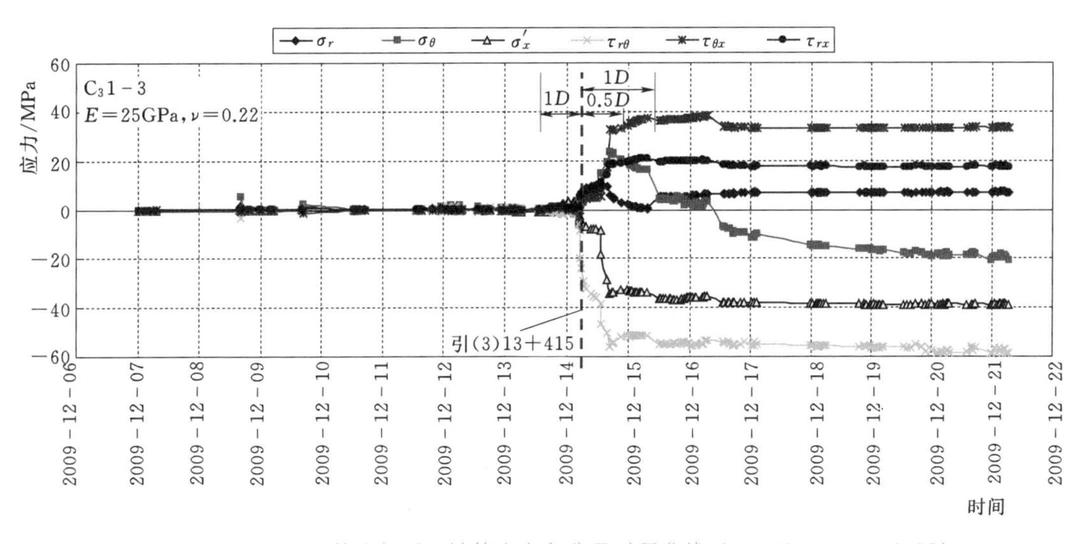

图6-104 $C_3$1-3柱坐标系下计算应力各分量时程曲线（$E=25GPa$，$\nu=0.22$）

6.5.4 围岩变形监测成果

6.5.4.1 围岩变形监测布置及观测频次

根据要求，2号横通道2-1号试验洞围岩变形监测主要布置在7-7断面引（2）13+429.50和8-8断面引（2）13+431.50，从2-1号试验洞内预埋至3号引水隧洞，监测仪器数据采集频次均为1次/min，数据整理的监测时间段为2009年12月7—21日，即TBM掌子面桩号引（3）13+473.5～引（3）13+313，距离监测断面−60～+100m（约−5D～+8D，D为3号引水隧洞洞径）。围岩变形监测断面位置及传感器位置分布示意图见图6-106和图6-107。

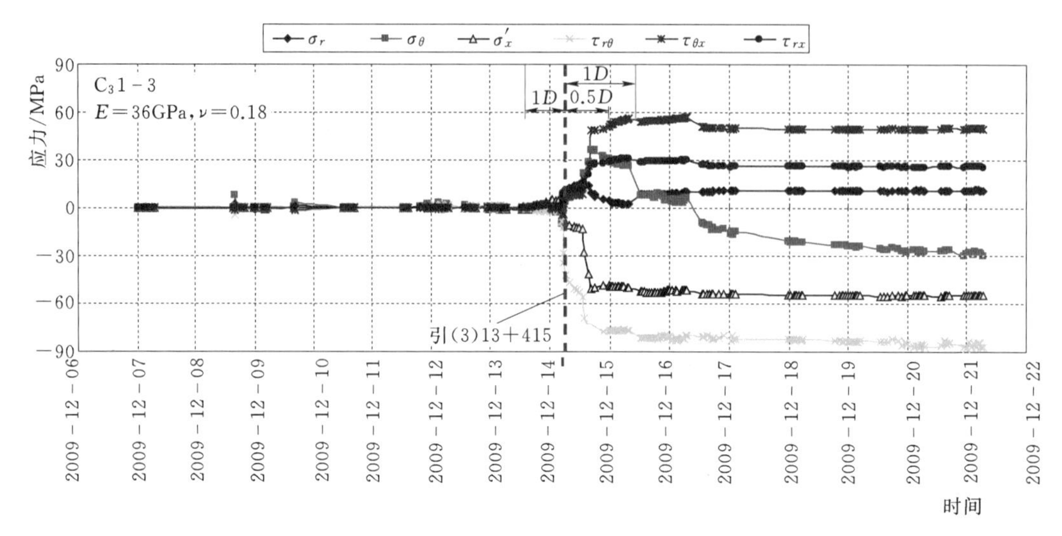

图6-105 $C_3$1-3柱坐标系下计算应力各分量时程曲线（E=36GPa，ν=0.18）

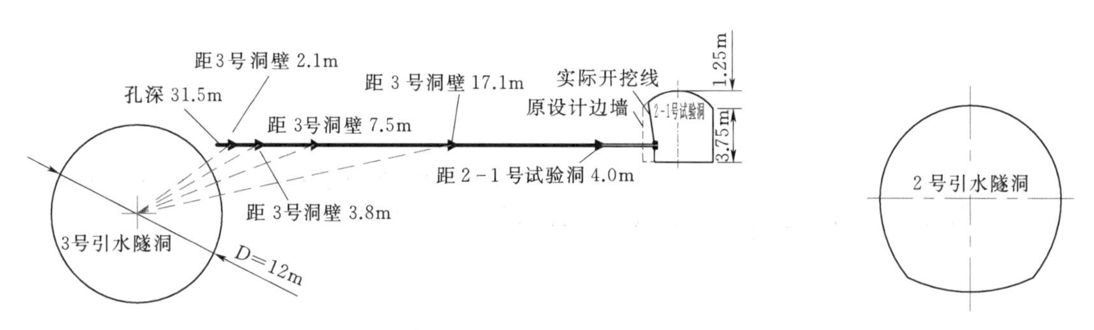

图6-106 7-7断面引（2）13+429.50 M1-1多点位移计监测布置图

6.5.4.2 多点位移计监测成果

7-7断面M1-1多点位移计1号～5号测点分别距2-1号试验洞壁4.0m、14.5m、24.5m、28.5m和30.5m，从2-1号试验洞内预埋至3号引水隧洞，各测点在TBM掌子面距断面不同距离时的位移统计见表6-19，各测点的位移曲线见图6-108，M1-1多点位移计钻孔声波曲线见图6-109。监测成果如下：

（1）7-7断面M1-1多点位移计距3号洞壁径向距离2.1m的测点未能较好地监测到围岩的变形，分析其原因，主要是由于该测点位于灌浆最深点，而7-7断面靠3号隧洞洞壁围岩存在小的层面发育，局部较破碎，灌浆时锚头部位未完全灌浆密实。

（2）在3号隧洞TBM掘进至大于$-1D$距离时，TBM掘进扰动引起的围岩变形调整很小，实测的围岩位移表现出基本稳定状态。

（3）在3号隧洞TBM掘进至$-1D$～$0D$时，TBM掘进扰动引起的围岩变形调整开始表现出来，但总体位移量较小，距3号隧洞洞壁2.1m、3.8m、7.5m、17.1m、27.5m、31.4m实测位移分别为−0.13mm、1.18mm、0.01mm、0.34mm、−0.01mm、0mm。

（4）在3号隧洞TBM掘进至$0D$～$1D$时，由于所监测部位TBM开挖临空面的出现，围岩突然卸载，引起的围岩变形较明显，距3号隧洞洞壁2.1m、3.8m、7.5m、17.1m、

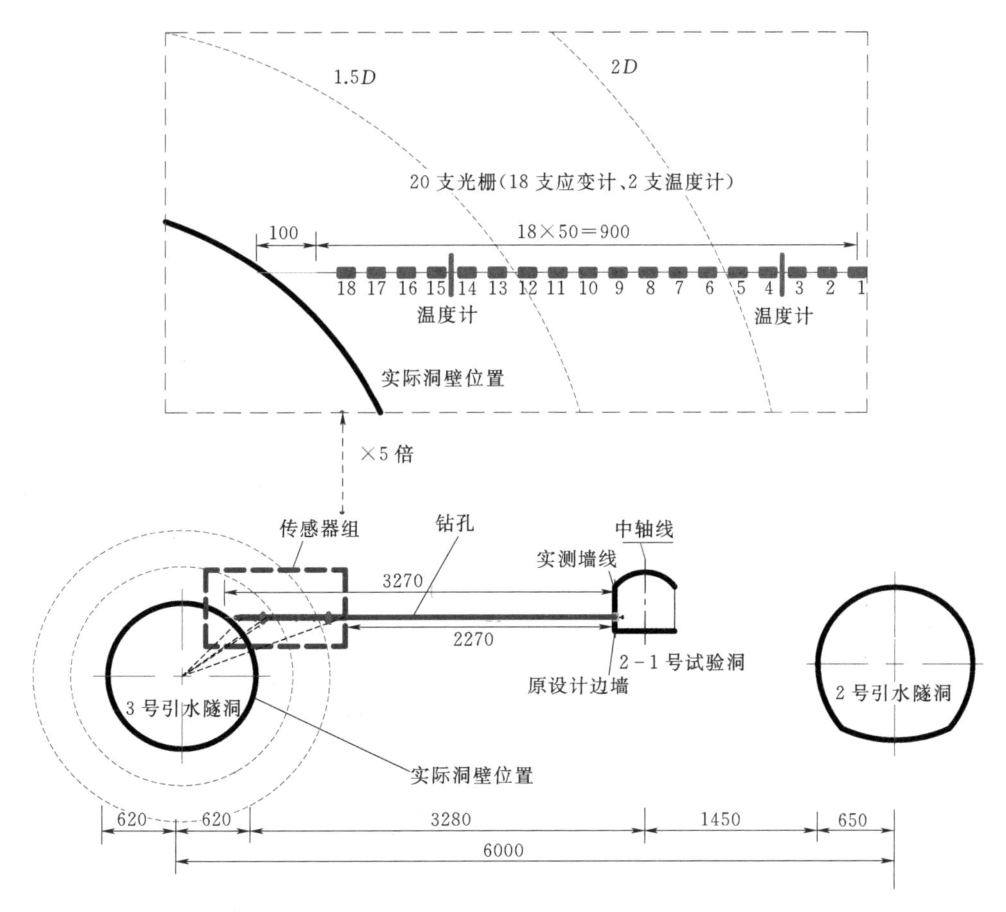

图 6－107 8－8 断面引（2）13＋431.50 光纤光栅应力计监测布置图（单位：cm）

27.5m、31.4m 实测位移分别为－0.09mm、3.24mm、0.76mm、0.70mm、0.08mm、0mm。该阶段的围岩变形特征与监测部位围岩的岩性为 T_2^5y 灰白色厚层状粗晶大理岩开挖变形响应特征基本吻合。

（5）在 3 号洞 TBM 掘进至 $1D$～$2D$ 范围时，围岩变形的持续增长，但变化速率有所减小，变形量均小于 0.3mm。

（6）在 3 号洞 TBM 掘进至大于 $2D$ 范围以外时，围岩变形明显趋缓，变形量均小于 0.1mm，处于基本稳定状态。

（7）7－7 断面的 M1－1 多点位移计实测围岩变形变化规律与 8－8 断面的光纤光栅应力计和深埋引水隧洞的正常（预埋）多点位移计监测的变化规律基本吻合，也基本符合 T_2^5y 灰白色厚层状粗晶大理岩开挖变形响应特征，即 TBM 通过监测断面后洞壁围岩松弛变形很快趋于稳定，围岩松弛变形量大小及松弛影响深度（一般情况下约 $0.3D$）与围岩类别密切相关，本次试验实际监测的围岩变形深度小于 4.0m。

6.5.4.3 光纤光栅应变计监测成果

8－8 断面 GX1－1 光纤布拉格光栅应变计共 18 支，温度计 2 支，从 2－1 号试验洞内预埋至 3 号引水隧洞，靠近 3 号 TBM 掘进洞编号依次为 18 号～1 号测点。GX1－1 光纤布

表 6-19 TBM 掘进距 A7-7 多点位移计 M1-1 不同距离各测点实测位移统计表

TBM 掘进位置	5 号测点	4 号测点	3 号测点	2 号测点	1 号测点	2-1 号试验洞洞壁
	距 3 号洞壁 2.1m	距 3 号洞壁 3.8m	距 3 号洞壁 7.5m	距 3 号洞壁 17.1m	距 3 号洞壁 27.5m	距 3 号洞壁 31.4m
$-3D$	−0.13	0.14	0.03	0.05	0.01	0.00
$-2D$	−0.13	0.14	0.04	0.05	0.01	0.00
$-1D$	−0.13	0.14	0.03	0.08	0.00	0.00
$-0.5D$	−0.13	0.24	0.02	0.15	0.00	0.00
0	−0.13	1.18	0.01	0.34	−0.01	0.00
$+0.5D$	−0.13	2.58	0.48	0.58	0.01	0.00
$+1D$	−0.09	3.24	0.76	0.70	0.08	0.00
$+2D$	0.20	3.46	1.00	0.83	0.10	0.00
$+3D$	0.39	3.53	1.10	0.89	0.10	0.00

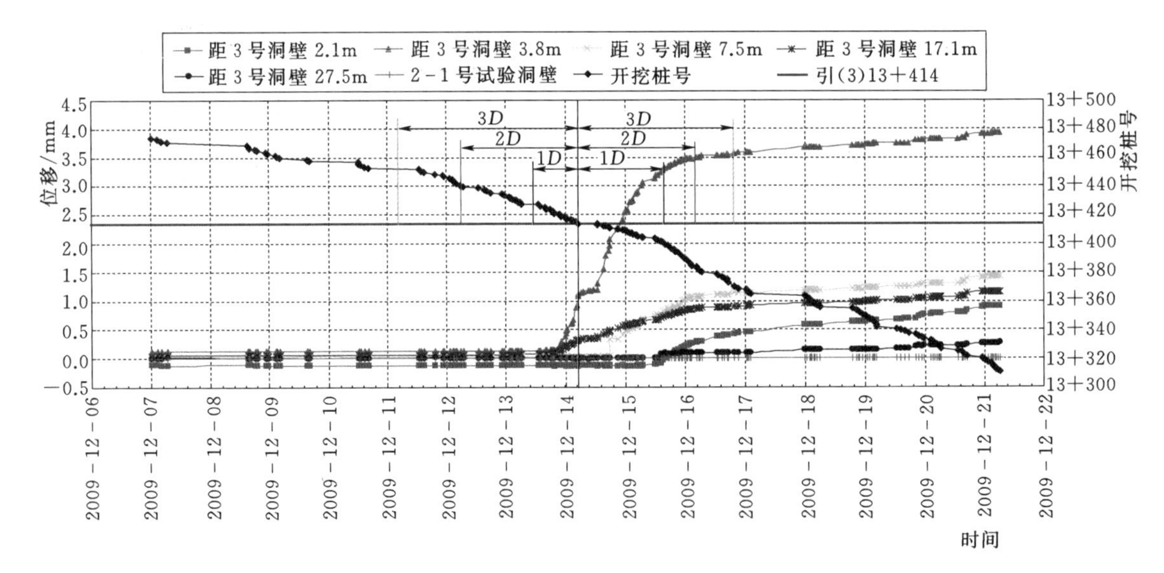

图 6-108 7-7 断面引（2）13+429.50 多点位移计 M1-1 实测位移过程线

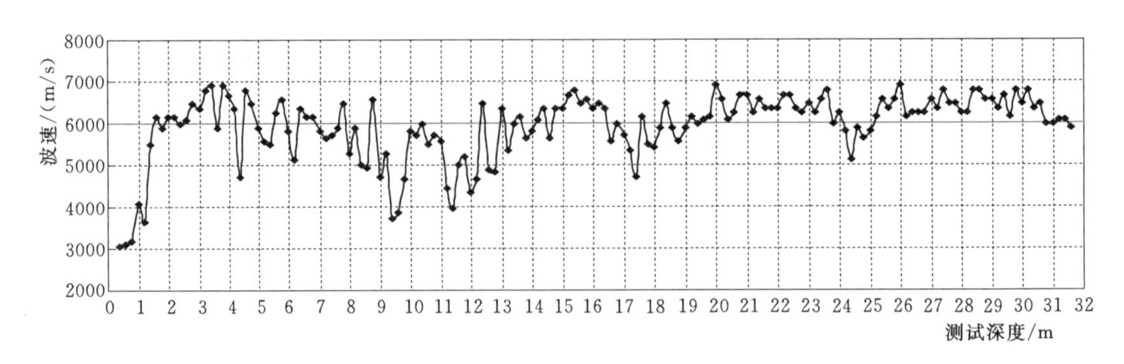

图 6-109 A7-7 断面多点位移计 M1-1 钻孔声波曲线图

拉格光栅应变计实测应变过程线见图 6-110，距监测断面不同距离各测点实测应变过程线见图 6-111。

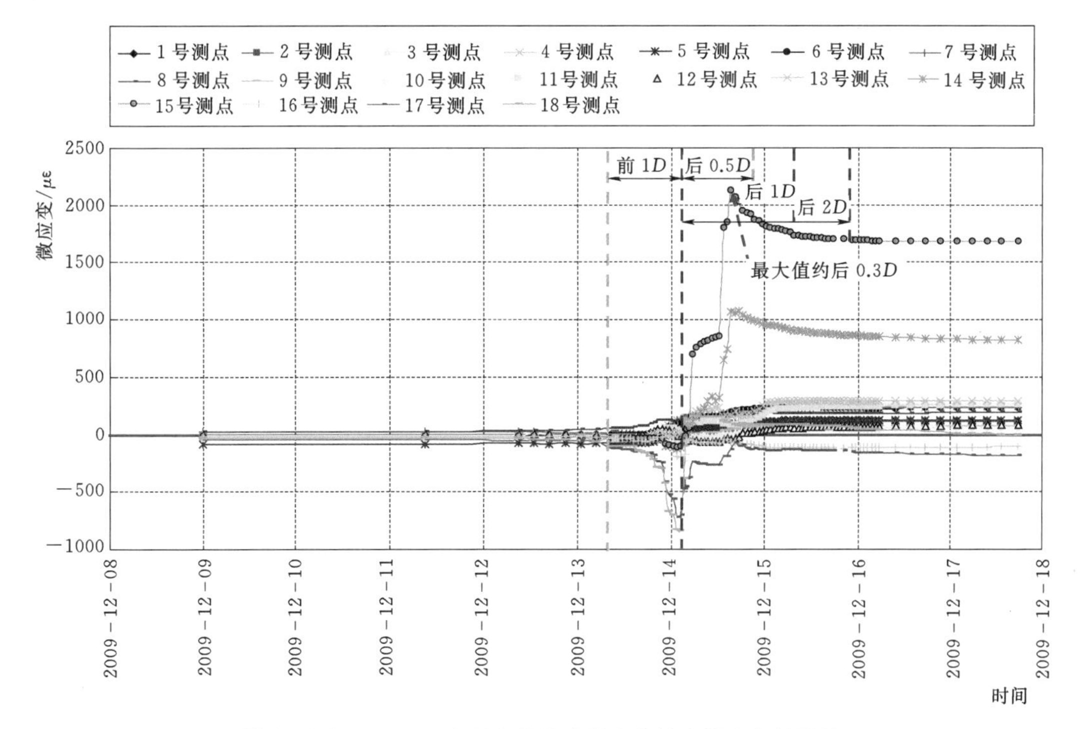

图 6-110　GX1-1 光纤布拉格光栅应变计实测应变过程线

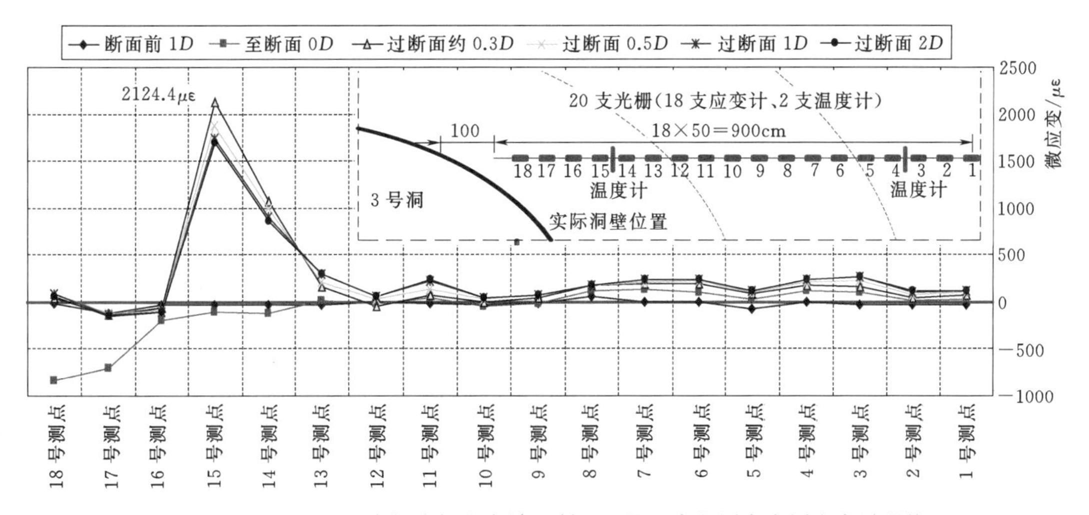

图 6-111　GX1-1 光纤光栅应变计距断面不同距离各测点实测应变过程线

由 GX1-1 光纤布拉格光栅应变计监测成果可知：

从空间上来看，总体上距 3 号 TBM 掘进隧洞较近的 18 号～13 号测点围岩变形较明显，即距 3 号 TBM 掘进洞洞壁约 4m 范围以内，实测最大应变变化值 2124.4με；距 3 号 TBM 掘进隧洞较远的 13 号～1 号测点围岩变形较小，实测最大应变变化值 263.8με。

从时间上来看，总体上在3号TBM掘进洞掘进至监测断面前围岩的变形较小，通过监测断面后0.3D时间范围内围岩变形明显，实测围岩应变变化值达到最大2124.4$\mu\varepsilon$；在0.3D～2.0D时间范围内，围岩变形较明显的测点实测应变略有减小的调整，主要原因是该应变变化属于大理岩弹性变化范围之内。距监测大于2.0D时间范围内，实测应变变化值时程曲线表现平缓，围岩的变形基本稳定。

从图6-111可明显看出，距3号TBM掘进隧洞较近的18号、17号、16号测点围岩变形较小，主要原因是该洞段围岩较破碎（由图6-124可看出），与该孔底端部位灌浆密实度有一定的关系。但15号、14号测点监测到了明显的围岩变形，较好地反映了3号TBM掘进隧洞引起围岩扰动的空间范围。建议该洞段围岩的支护深度为4～5m。

从时空分布上看，GX1-1光纤布拉格光栅应变计较好地反映了3号TBM掘进隧洞引起围岩扰动的时空范围，TBM掘进引起围岩扰动较明显的区域为通过监测断面后0～0.5D，影响深度4m左右，建议该时空区域内及时支护和注意防范岩爆发生。

6.6 深埋围岩损伤演化过程分析

6.6.1 强度包络线

在讨论锦屏深埋隧洞应力路径对破裂发展的影响时，先不考虑开挖引起的损伤和结构面的影响，即先侧重于了解隧洞开挖过程中应力路径变化的一般特征。具体采用连续力学的分析思路，即认为围岩为均质各向同性连续介质，在应力路径的不同而导致破裂发展的基础上建立和长期强度相关的判据。

这里涉及长期强度（损伤强度）和启裂强度的问题。大理岩的长期强度和启裂强度包络线是锦屏大理岩岩体力学特性研究的主要内容之一，前面已经进行了详细叙述，此处，初步反分析得到片帮线为$\sigma_3/\sigma_1=0.1$，锦屏盐塘组大理岩的强度包络线如图6-112所示。

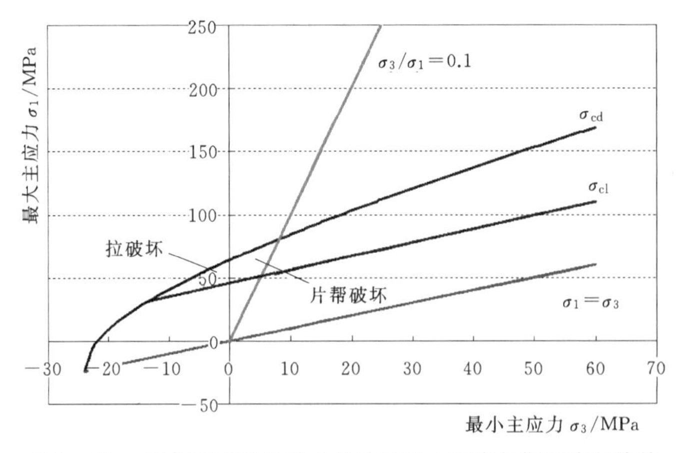

图6-112 根据室内试验建立的盐塘组大理岩长期强度包络线

6.6.2 应力演化特征

隧洞开挖以后围岩最基本的响应是围岩受力条件发生变化，其中切向应力的集中和径向应力的松弛是最基本的变化规律。隧洞开挖时在掌子面前后一定范围内都会引起应力的变化（图 6-113），其中在掌子面前方的 A、B 由于没有直接暴露出来不能被直接观察到。现场观察到的现象都在掌子面 C 及其后方 D，这些部位开挖响应体现了两个阶段的应力影响，即位于掌子面之前和被揭露以后的应力路径的变化。

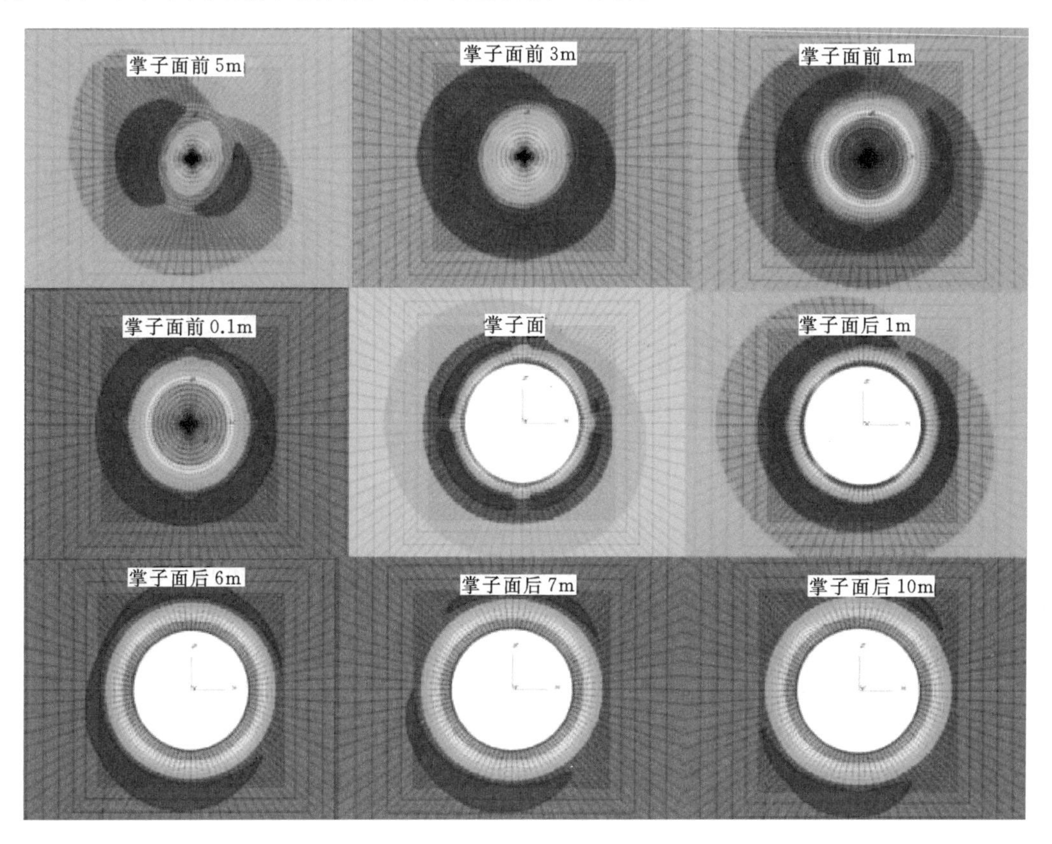

图 6-113　隧洞开挖掌子面前后应力响应

从图 6-114 可以看出，在掌子面前方 5m 就开始出现明显的应力集中现象，应力集中区主要位于南侧拱肩和北侧拱脚的隧洞边缘内侧，随着掌子面的不断向前推移，应力集中区开始逐渐扩散至隧洞边缘的外侧形成环状包围圈。当掌子面开始通过时，应力集中区

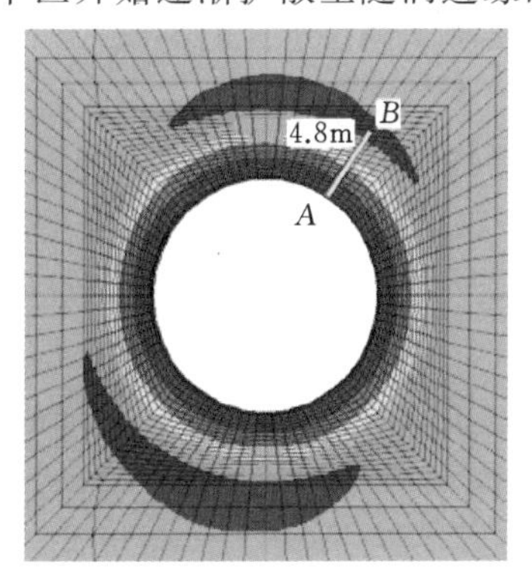

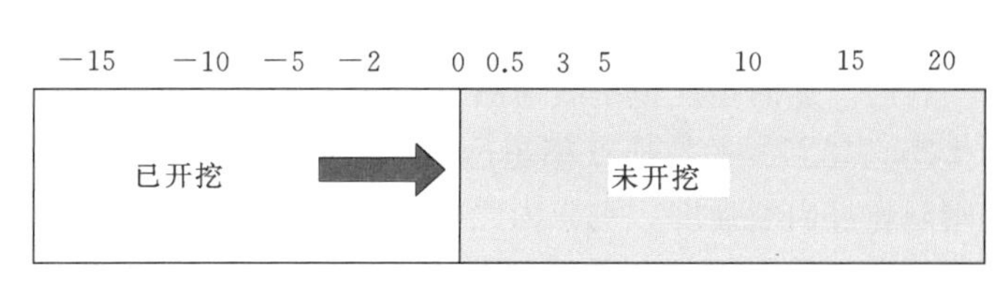

图 6-114　特征点布置图（单位：m）

分离转移，随着掌子面的不断推进，最后转移到距离隧洞边缘一定距离的范围内，并保持不变。

掌子面前方的围岩应力路径室内试验的单调加载明显不同，应力集中区大约旋转了90°。在隧洞边缘和应力集中区分别取A、B两个位置的特征点，沿隧洞掘进方向布置11个，距离掌子面的距离如图6-114右中所示，而图6-115中反映出随距离掌子面位置的应力变化情况。

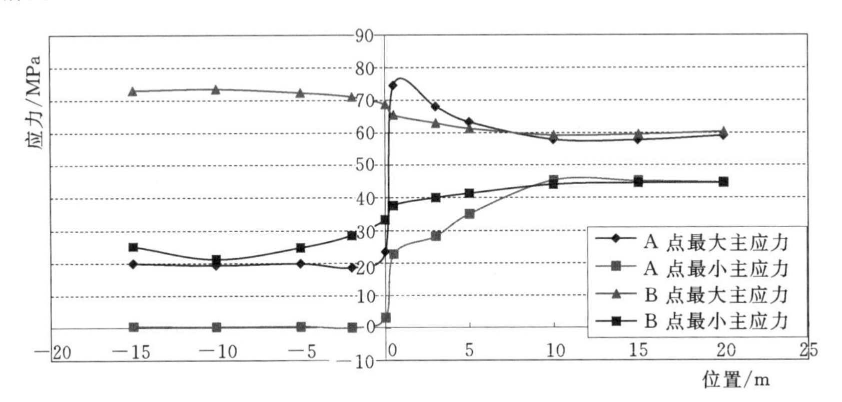

图6-115 主应力随距离掌子面位置变化曲线

显然，A、B两点由于断面位置的不同，应力的变化过程也各不相同。隧洞边缘A点在掌子面后的区域几乎无围压，最大主应力都降低到20MPa左右，显然已经超过了峰值强度进入残余强度状态，最大主应力从掌子面前到掌子面后经历了一个很大的衰减过程，反映在长期强度包络线中已经破坏。而在掌子面前方0.5m处，A点由于围压（23MPa）的存在，最大主应力能够达到75MPa，但两者的差值达到了52MPa，超过了启裂强度，也是应力集中最强烈的部位。但掌子面前3m处围压便达到了28MPa，而最大主应力却降低到67MPa，低于启裂强度；位于掌子面前10m，则基本位于开挖影响区之外。

对于位于应力集中区的B点，由于围压（最小21MPa）的存在，所有的点都能够保持较高的最大主应力，反映出锦屏大理岩的脆—延转换特性，总体低于启裂强度，处于弹性状态。掌子面前10m处，应力基本和A点重合，进入初始应力区域。

根据上面提到的URL的经验，通过声发射定位，发现掌子面前方的声发射事件大部分与微裂纹的发展有关。通过对该区域的应力分析发现应力场基本满足下面的关系：

$$\sigma_1-\sigma_3\approx 40\sim 50\text{MPa} \tag{6-31}$$

与声发射事件有关的偏应力可以看作现场岩体裂纹的启裂强度σ_{ci}。在单轴压缩情况下，现场岩体裂纹的启裂强度为40～50MPa，也就是（0.4～0.5）σ_c，这也与实验室的结论基本相符，见图6-116。

利用上述的强度包络线考察取掌子面后10m断面特征点的应力路径（图6-117）。其中1.5m、3.5m的特征点都超过了峰值强度，并且1.5m进入了残余强度，而4.5m的点则刚刚超过启裂强度，主应力之间的差值超过了50MPa，而5.5m对应的部位则没有超过启裂强度。

为了检验锦屏引水隧洞在开挖过程中的应力调整过程，在距离洞壁布置了3个空心包

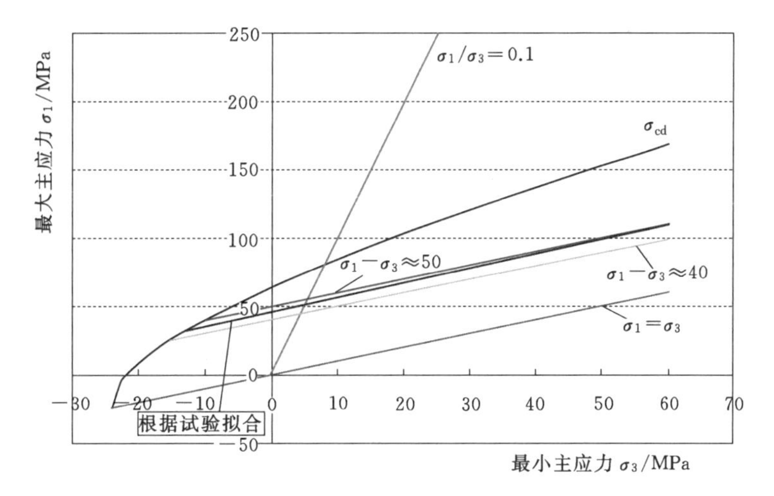

图 6-116 启裂强度包络线

体应力计，其中 1.50m 为 C_31-3、3.18m 为 C_31-2 和 4.74m 为 C_31-1。其中第二个空心包体应力计（C_31-2）在埋置过程中出现了一些问题，在 3 号引水隧洞的 TBM 掘进过程中未采集到有效数据。

图 6-118 和图 6-119 是岩块弹性模量取 30GPa、泊松比 ν 取 0.24 时，距离洞壁 4.74m（C_31-1）和 1.50m（C_31-3）的两个空心包体应力计的应力调整过程。

将监测成果和数值计算结果进行对比，得到如下结论：

（1）掌子面效应。距离洞壁 4.74m 空心包体的监测数据显示，当 3 号引水

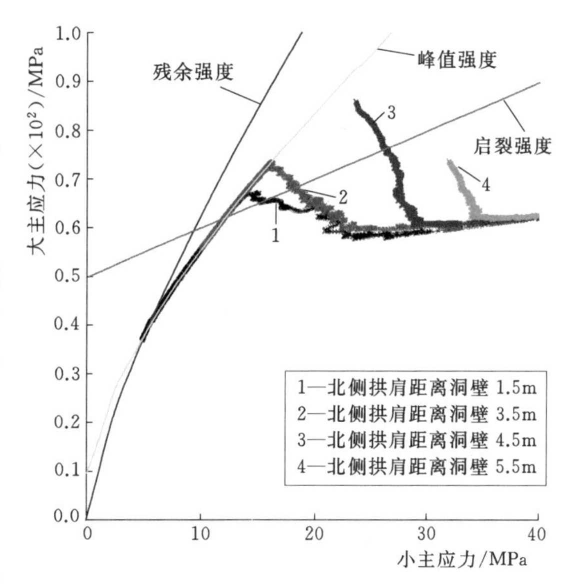

图 6-117 掌子面后 10m 断面特征点应力路径

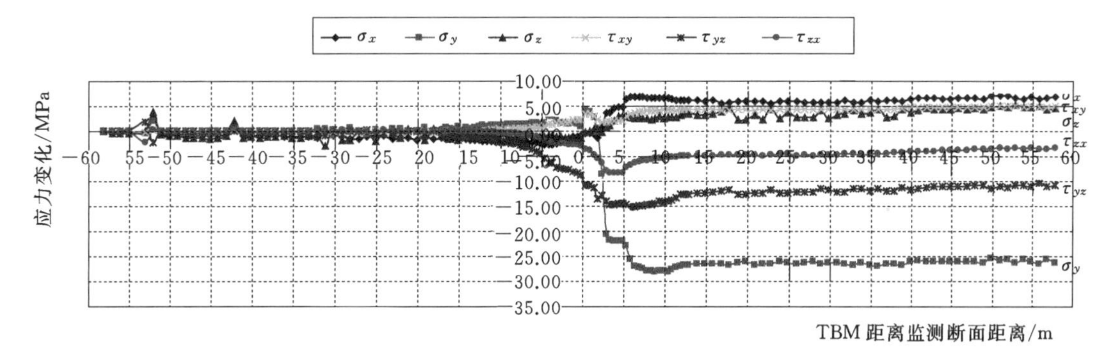

图 6-118 $E=30$GPa 时 C_31-1 应力变化曲线

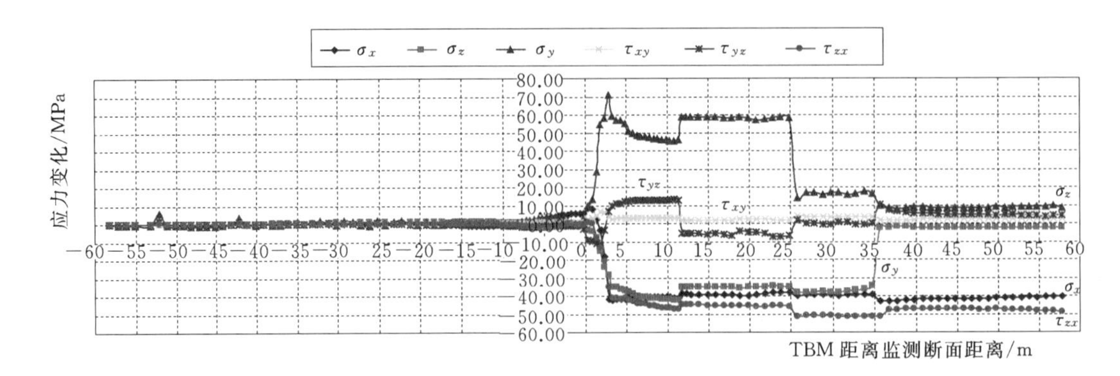

图 6-119 $E=30$GPa 时 $C_3$1-3 应力变化曲线

隧洞的掌子面距离监测断面 15m 时，空心包体的监测数据开始发生变化，当距离掌子面 5m 时开始出现明显的增长，特别是在掌子面超过监测断面 0～5m 时是应力调整最剧烈的阶段，掌子面前方应力发生变化的深度大约为 1 倍的开挖洞径，与计算成果基本相同。

(2) 启裂强度。由于距离洞壁较近，$C_3$1-3 的应力调整幅度明显大于 $C_3$1-1，最大调整幅度在 70MPa 左右，已经超过了前期确定的启裂强度，而监测成果也显示该位置的裂纹已经扩展。而 $C_3$1-1 的位置属于应力增高区域，但应力调整控制在 30MPa 以内并没有出现应变花超量程的现象，结合前面的数值计算结果，进一步证明此位置岩体的启裂强度为 40～50MPa。

(3) 损伤区范围。距离洞壁 4.74m 的 $C_3$1-1 应力计的应力变化曲线显示，该深度的围岩在 3 号引水隧洞开挖前后发生了比较大的变化，说明这个深度属于二次应力增高区域，结合声发射测试成果获得的围岩破损深度约为 5m，可以认为 $C_3$1-1 该空心包体测得的结果与声发射的测试成果是一致的，所以可以推断 TBM 掘进引起的应力调整导致的裂纹扩展范围应该在 4.75m 以内，而且应该比较接近 4.75m，而数值计算得到右侧拱肩处超过启裂强度的部位在 4.5m 左右，两者的差距并不大。

距离洞壁 1.50m 的 $C_3$1-3 空心包体应力计由于埋置深度较浅，在 3 号引水隧洞掌子面推进的过程中更容易受到围岩破裂的影响，若应力调整产生的微裂纹处于应变片位置，就可以导致该应变片读数异常。实际监测表明，当掌子面超过监测断面 3m 时，应变花由于围岩应力调整产生的裂纹而超量程，但依然可以用剩下的应变片联立方程求解方程，但获得的应力解答的精度有所降低。

由于距离洞壁较近，$C_3$1-3 的应力调整幅度明显大于 $C_3$1-1，最大调整幅度基本在 50～70MPa 之间，而根据室内试验和声发射的监测成果，锦屏盐塘组的大理岩的启裂强度为 40～50MPa，而 $C_3$1-1 的应力调整只有自重方向的调整比较大，达到 35MPa，其余均在 20MPa 以内，进一步证明了盐塘组大理岩的启裂强度包络线。

6.6.3 裂纹演化特征

将上述启裂强度判据应用到隧洞开挖过程中如图 6-120 所示。在掌子面前方，围压首先开始降低，随之在掌子面前方很小的范围内 σ_1 和 σ_3 的差值超过了 50MPa，应力集中区也发生了旋转。在掌子面前方约5m处开始出现裂纹启裂，分布在隧洞边墙以内的北侧拱脚和南侧拱肩，到达掌子面时，启裂区域已经扩散到边墙以外，并逐渐向外扩散，在启裂区域和洞壁之间为裂纹不稳定扩展区域，出现波速降低，出现宏观裂纹的破损区域。

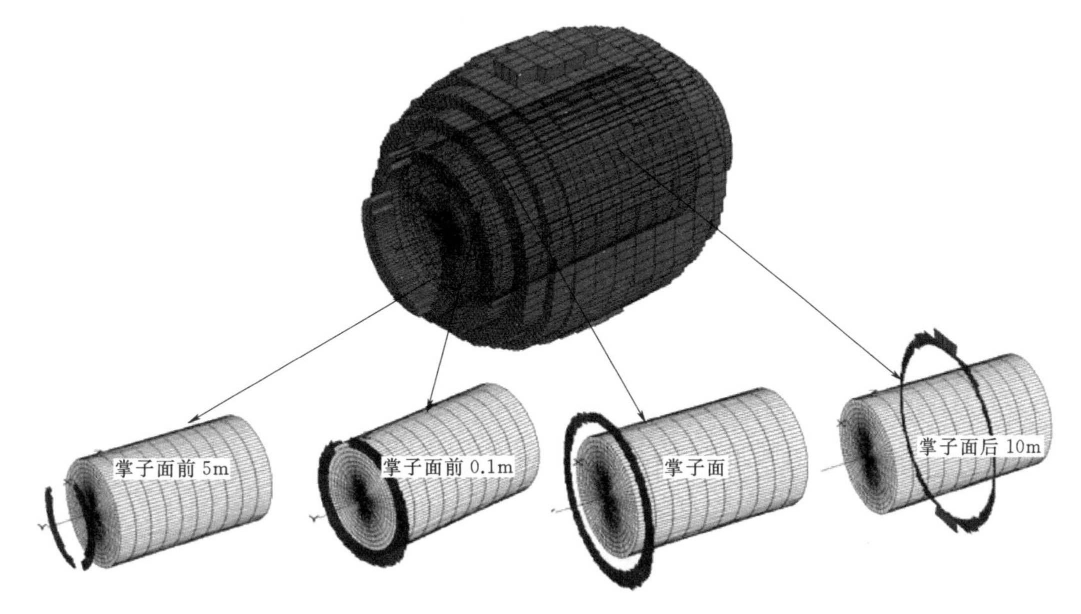

图 6-120 满足启裂强度区域分布图

根据URL的经验，监测到的声发射信号大部分与微裂纹的发展有关。声发射是指材料在外力作用下，其内部变形或裂纹扩展过程中，由应变能的瞬态释放而产生弹性波的现象。隧洞围岩的宏观破坏现象是许多微观破裂的综合表现，岩石发生破坏主要与裂纹的产生、扩展及断裂过程有关，而岩石在其微观破裂过程中将产生大量的声发射信息，故岩石声发射的多少、强弱和频率等可反映岩石的变形破坏过程。本章通过2-1号试验洞监测3号洞开挖引起的声发射信号。

TBM掘进单位长度时，监测区域内声发射事件变化规律如图6-121所示，图中横坐标负值表示TBM未掘进至监测断面，正值表示TBM已掘过监测断面，横坐标为零时表示TBM掌子面和监测断面处于同一桩号。根据监测成果可以发现围岩破裂具有如下规律：

TBM掌子面通过0～7m时围岩声发射信号最多，掌子面超过监测断面9m以后，围岩破裂的声发射信号基本已经趋于稳定，表明掌子面效应引起的应力破裂已经基本结束，后期的破裂属于大理岩的滞后破裂现象；其中距离掌子面3m时的声发射事件最多，且能量最大，这表明开挖卸荷造成的围岩损伤破裂主要集中在掌子面后7m的范围内，其中以掌子面后3m时最为集中；掌子面通过监测断面前，围岩的声发射信号较少，意味着掌子面前方监测部位的围岩破裂较轻。

TBM开挖通过声发射监测区域后，监测区域内洞径单位距离内累计声发射事件沿洞径方向的变化规律如图6-122所示，空间分布规律如图6-123所示。随着距离洞壁距离

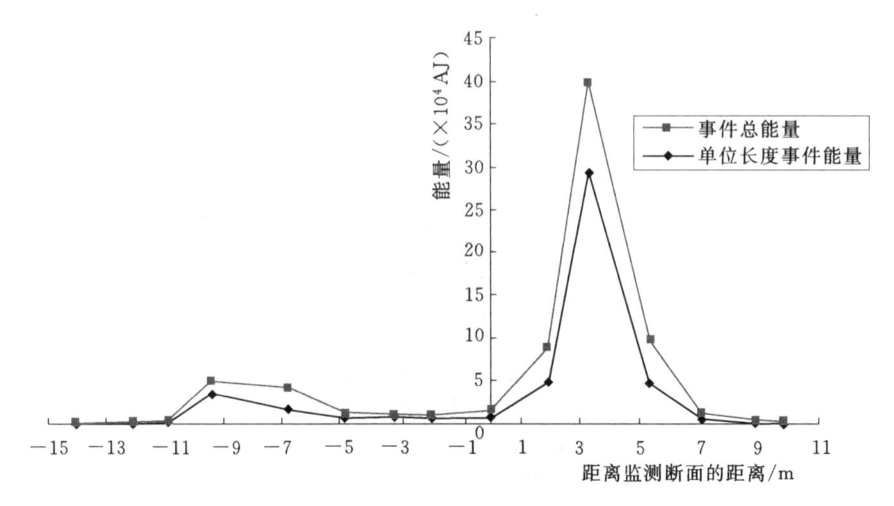

图 6－121 声发射所监测到的能量和事件数与 TBM 掌子面之间的关系

注：1AJ（阿托焦耳）$=1\times10^{-9}$J

的增加，声发射事件表现为先增加后减小的趋势，声发射事件数在距离洞壁 0～3m 范围内急剧增加，在 3～7m 范围内急剧减小，距离洞壁 3m 的界面成为声发射事件数的突变界面，并且监测成果显示 TBM 掘进过程中围岩的破裂深度最远达到 7m。

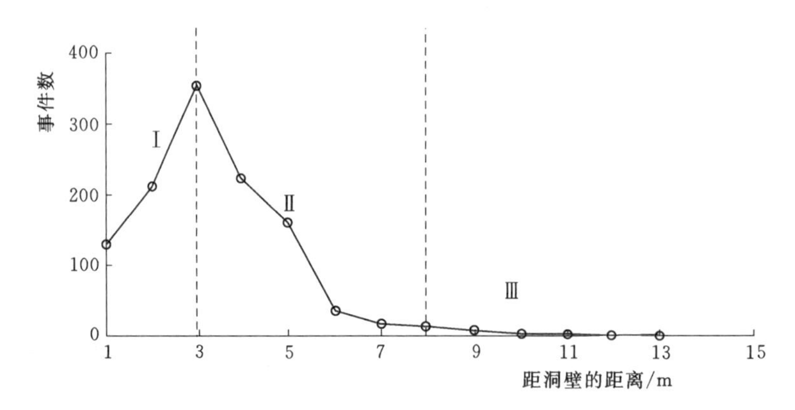

图 6－122 声发射事件与围岩损伤演化的关系

图 6－124 为根据启裂强度计算的裂纹发展区域随掌子面的距离变化过程。当通过掌子面时满足启裂条件的区域距离洞壁大约 1.5m，随着掌子面的不断推进，掌子面后 2m 左右启裂区域最大，释放的能量也最多，监测到的声发射事件也最多，与监测成果基本一致。随着距离的不断增加，区域逐渐缩小，并向外圈扩展，当距离达到 7m 时，启裂区域基本没有变化，与监测成果中声发射事件主要集中在 7m 以内的结果相符。而监测到的距边墙的距离最远为 7m，计算成果为 5.0m，存在一定的差异，可能和附近存在结构面有关。与声发射监测成果一致，数值计算的结果显示裂纹启裂区域也主要集中在右侧拱肩，如图 6－125 所示。总体而言，声发射的监测成果和利用启裂强度计算的结果基本相符，说明在现场监测中获得的声发射信号主要是与裂纹的启裂相关。

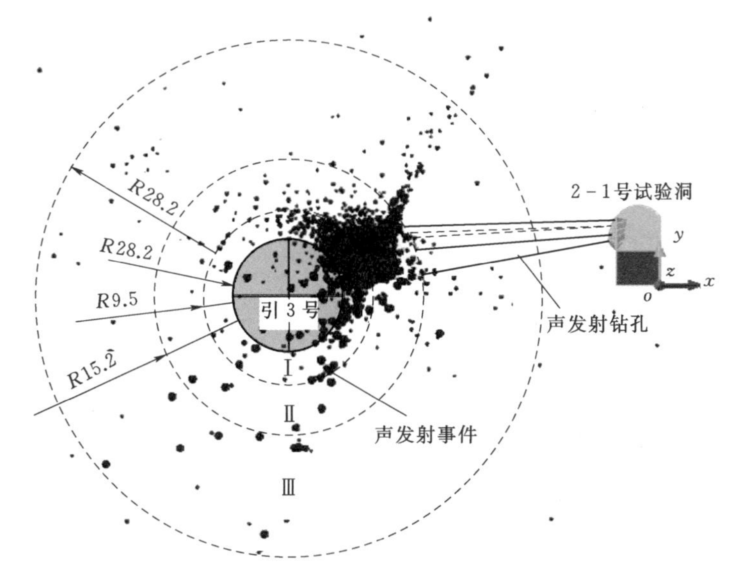

图 6-123 声发射事件与损伤区域的空间分布（单位：m）

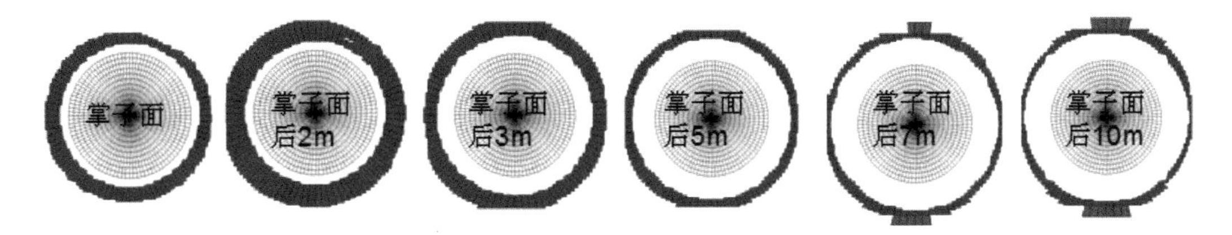

图 6-124 裂纹启裂区域随距掌子面的距离变化

6.6.4 损伤区特征

目前对于声波低波速段，尚没有资料能够说明其对应围岩的应力状态，一般认为是对应着裂纹张开区域即破损区域，主要原因是裂纹张开会相应降低波速从而形成低波速带。在 2-1 号试验洞同样布置了 2 个断面进行声波监测。其中声波监测 5-5 断面共有 3 个监测钻孔，其中 A5-5 和 B5-5 监测区域主要为右侧顶拱和右侧拱肩位置，C5-5 钻孔的监测区域主要为右侧接近底部位置，其中 B5-5 钻孔由于堵塞没有完成声波测试；6-6断面也布置了 3 个钻孔，其中 A6-6 和 B6-6 监测区域主要为右侧顶拱和右侧拱肩位置，C6-6 钻孔的监测区域主要为右侧接近底部位置。

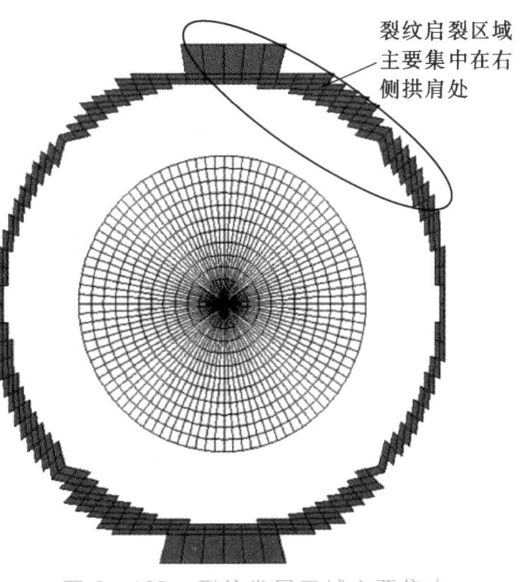

图 6-125 裂纹发展区域主要集中在右侧拱肩

图 6 - 126 为 5 - 5 监测断面的岩体松弛情况。根据 A5 - 5 钻孔和 C5 - 5 钻孔的波形特征及开挖前后的声速对比情况并结合相关地质可知，两处位置的松弛深度为分别为 3m 和 2.6m。

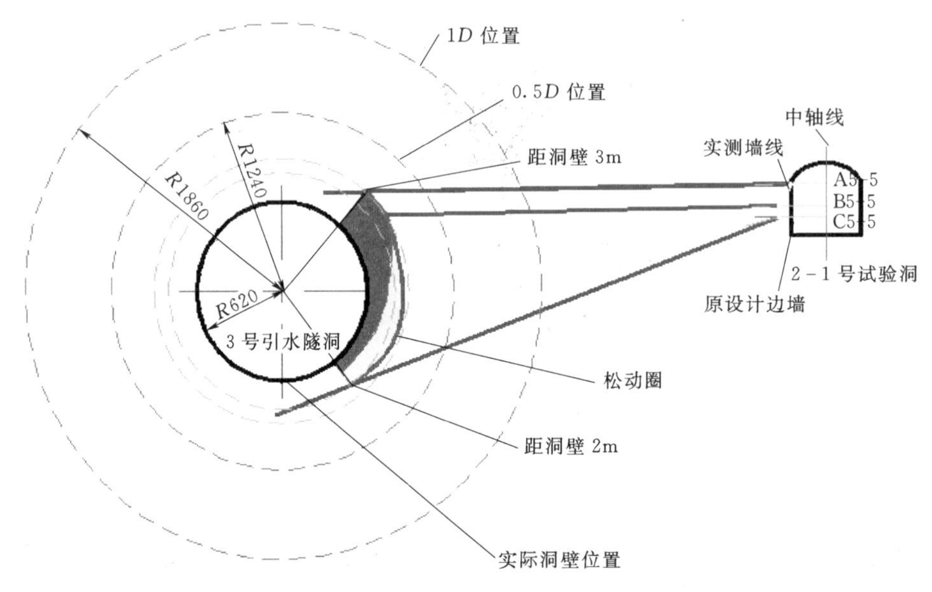

图 6 - 126　引水隧洞 2 号横通道 5 - 5 监测断面声波监测成果图（单位：mm）

图 6 - 127 为 6 - 6 监测断面的岩体松弛情况。根据 A5 - 5 钻孔、B5 - 5 钻孔和 C5 - 5 钻孔的波形特征及开挖前后的声速对比情况并结合相关地质资料可知，其松弛深度为分别为 3.2m、3m 和 1.8m。

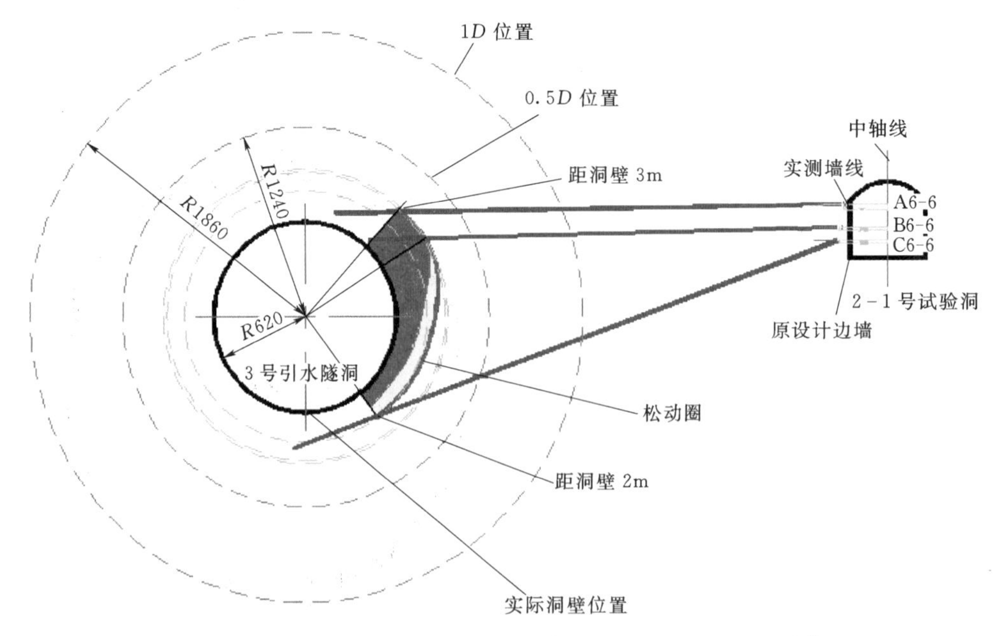

图 6 - 127　引水隧洞 2 号横通道 6 - 6 监测断面声波监测成果图（单位：mm）

将声波测试结果和片帮强度计算的区域进行对比，可以发现两者还是存在一定的差异。虽然当 $\sigma_3/\sigma_1=0.2$ 时，确定的片帮范围与声波的监测结果相差不大，但计算的片帮范围并没有表现出如声波测试成果那样沿洞周的非均匀分布的特征。特别是在右侧顶拱和右侧拱肩的应力集中区的松弛深度要大于在底部的松弛深度，而应力分布图却没有上述特征。

究其原因，应该是连续力学方法在描述损伤破裂时的本身的局限性造成的。如果破裂不严重，应力水平和强度水平之间的矛盾不突出时，可以采用连续力学的方法，即如前所述利用裂纹启裂强度计算的结果就与声发射现象吻合较好，并且能够反映出沿洞周的非均匀分布的特征；而当破裂比较严重，应力水平和强度水平之间的矛盾比较突出时，就需要用非连续力学方法代替连续力学方法。与采用连续力学方法研究围岩破裂损伤区深度不同，非连续力学方法可以直接以裂纹发育密度的方式直接展现损伤区的分布。

目前颗粒流方法 PFC 和离散元方法 UDEC/3DEC 是比较流行的非连续方法。与 UDEC/3DEC 相比，PFC 中对块体和接触的描述方式更加复杂，它从描述颗粒间接触状态和变化特征入手来反映岩体的基本物理力学性质，能反映由于岩石破裂而引起的岩体力学性质的变化。因此，在处理破裂问题时，PFC 应该是首选，只是在利用 PFC 描述岩体宏观力学特性时，与 UDEC 相比需要确定更多的细观力学参数。

通过对比同样发现，无论连续方法还是非连续方法，都存在自身的不足。连续方法需要复杂的本构模型去模拟岩体的破裂，而且并不能捕捉到从连续介质向非连续介质转换的这个过程。而非连续方法也有本身的缺点，例如模拟的结果依赖于每次分析时假设的非连续网格。而从离散元程序发展而来的颗粒流程序 PFC 被认为能够模拟从连续到非连续的转化过程，但是命令流比较难以编写，且模拟的技术依赖于分析问题的尺度。但是总体而言，PFC 依然被看做是能模拟脆性破裂时间效应的最佳分析手段。

根据前面已经完成的室内三轴压缩试验成果，反演得到小尺度岩块的力学参数，结合声波监测的成果，利用 PFC 预测的损伤区深度见图 6-128。可以看出，利用 PFC 方法能够描述损伤的非均匀分布，损伤的范围也和声波的测试结果比较吻合。

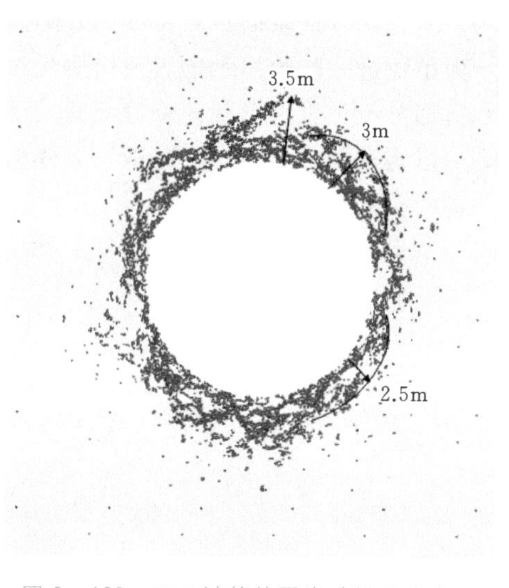

图 6-128 PFC 计算的围岩破损区分布图

6.7 本章小结

室内岩石力学试验的研究对象是小尺度岩样，因此得到的也是小尺度岩样的物理力学性质。由于岩体具有明显的尺度效应，为了将上述小尺度岩样的研究成果和认识过渡到大尺度岩体，还需要增加原位试验。原位试验对方案设计、仪器埋设、数据采集、试验数据后处理、配套理论研究和数值分析等各个环节都有相当苛刻的要求。和上述原位试验难度相对应的是原位试验成果的高价值，鉴于此，本项目在3号引水隧洞的2号横通道附近规划并实施了大型原位试验。

原位试验场埋深约1850m，采用了多种监测手段帮助了解引水隧洞的围岩开挖响应，具体的监测方法包括围岩应力变化监测、光纤布拉格光栅监测、多点位移计监测、声波监测、数字钻孔摄像，其中：通过应力监测（空心包体和弦式）可以了解隧洞开挖过程中围岩应力状态的动态发展变化；通过声发射监测可以了解围岩应力调整过程中微破裂发生的位置和范围；通过松动圈测试可以确定围岩的开挖损伤深度；通过围岩变形监测（光纤光栅和多点位移计）可以了解隧洞的变形特征；通过数字钻孔摄像可以直观地观察围岩宏观破裂发展过程。

本次原位试验显示引水隧洞掘进过程中，掌子面前方1.2倍洞径的围岩即会产生位移和应力变化，同时也会产生一些微破裂，掌子面后方0～10m的范围是应力变化最剧烈的区段。声发射监测显示掌子面前方5m至掌子面后方10m的范围是围岩损伤破裂密集产生的区段，掌子面后方超过10m区段围岩的损伤破裂基本趋于稳定。光纤光栅监测成果显示靠近洞壁围岩损伤比较严重的区域会出现滞后破裂现象，即掌子面效应完全消失后，一些浅表层的微裂纹仍会形成宏观裂纹。引水隧洞开挖后右侧拱肩的围岩损伤最为严重，深度约为3m。多点位移计测试成果显示隧洞开挖过程中围岩的变形问题并不突出，深埋隧洞的监测工作应以松动圈测试、锚杆应力监测、围岩应力监测、光纤光栅监测和声发射监测为主，辅以适量的多点位移计监测。

为了更进一步地揭示围岩损伤演化过程，针对裂纹扩展的敏感性分析了围岩损伤区范围和损伤分区，根据监测成果验证此处围岩的启裂强度，监测成果和数值计算结果比较吻合，可以为现场确定损伤区范围和岩体的启裂强度提供参考，也可以为支护设计和支护时机的选择提供科学依据。

深埋隧洞开挖损伤区检测与解译

7.1 深埋围岩开挖响应特征

岩石力学学科的诞生与深埋岩体脆性破坏密切相关。深埋岩体脆性破坏类型可以划分为应力损伤、应力节理（破裂）、片帮、岩爆和应力坍塌等几种形式。这些表现形式上的差别代表了应力和岩体强度之间矛盾的差异程度，如应力水平低于岩体峰值强度可以产生应力损伤，而开挖过程中很快达到峰值强度时则可以产生岩爆。不过，应力水平和岩体强度之间的矛盾并不是决定围岩破坏现场表现形式的唯一因素。从严格意义上讲，岩体力学特性是比岩体强度更能确切描述问题的术语。

深埋隧洞往往经过不同的岩体地质条件，在埋深条件（初始地应力量级）基本相同时，围岩破坏表现形式就和具体洞段的岩体条件密切相关。在埋深足够大的情况下，完整性良好、脆性特征围岩洞段可以出现岩爆等剧烈形式的破坏，而节理相对发育时反而不产生岩爆。但是，这并不意味着同等条件下节理发育、完整性差的洞段围岩具有更好的稳定性，而是这种条件下围岩的脆性特征减弱，围岩破坏表现为其他形式，如强烈的破裂松弛现象和应力型坍塌，体现了岩体力学特性的影响。

决定深埋围岩破坏类型的基本因素是岩体地应力水平和岩体力学特性。在硬质岩石条件下，结构面发育特征可以形成重要影响。因此，在现场观察到的围岩破坏形式不仅反映了应力水平，而且还受到结构面发育特征的影响。

白鹤滩水电站右岸导流洞开挖期间，结晶玄武岩洞段比较普遍地出现了应力型破坏（图 7-1）。受岸坡地应力场的影响，这些破坏主要出现在边墙，表现形式以形成新的应力型节理为主，且因为这种破裂张开等变形导致边墙鼓帮。然而相邻柱状节理玄武岩洞段基本没有观察到围岩破坏现象，仅出现少量的结构面张开现象，已喷护处理的喷层也没有出现裂纹。柱状节理玄武岩的强度低于结晶玄武岩，而应力型破坏程度不如结晶玄武岩洞段突出，内在原因是结构面发育导致围岩力学性质的变化，柱状节理玄武岩变形模量和脆性程度降低都不利于脆性破坏的出现，但可以预计柱状节理玄武岩洞段内的收敛变形量值更大。结构面发育程度的差异导致了围岩开挖响应方式在性质上存在一定差别，由以应力型脆性破坏为主转化为以变形破坏为主。

在深埋岩体开挖的工程实践中，出于作业和工程安全的考虑，往往希望围岩不要出现破坏现象，或者需要采取工程措施控制围岩破坏的不利影响。矿山崩落法开采则与之相反，它需要围岩充分破裂和破坏，形成小尺度的破坏块体，达到经济开采的目的。矿山崩

(a) 柱状节理玄武岩　　(b) 结晶玄武岩

图 7-1　白鹤滩水电站右岸导流洞开挖响应

落过程也充分揭露了围岩（矿体）的破坏特征，由于崩落法开采的基本条件是矿体所具备的脆性特征，因此，崩落开采充分揭露了围岩脆性响应特征和内在机理。

图 7-2 以崩落法开采为例介绍了围岩脆性响应分区及力学机理。最左侧的图形表示了脆性响应分区特征，右侧的文字和标识叙述了各区的力学含义，最右侧的说明叙述了岩体特性的变化，下方 $\sigma_3-\sigma_1$ 坐标系的曲线演示了各区演化过程的力学意义，介绍了脆性响应的力学机理。

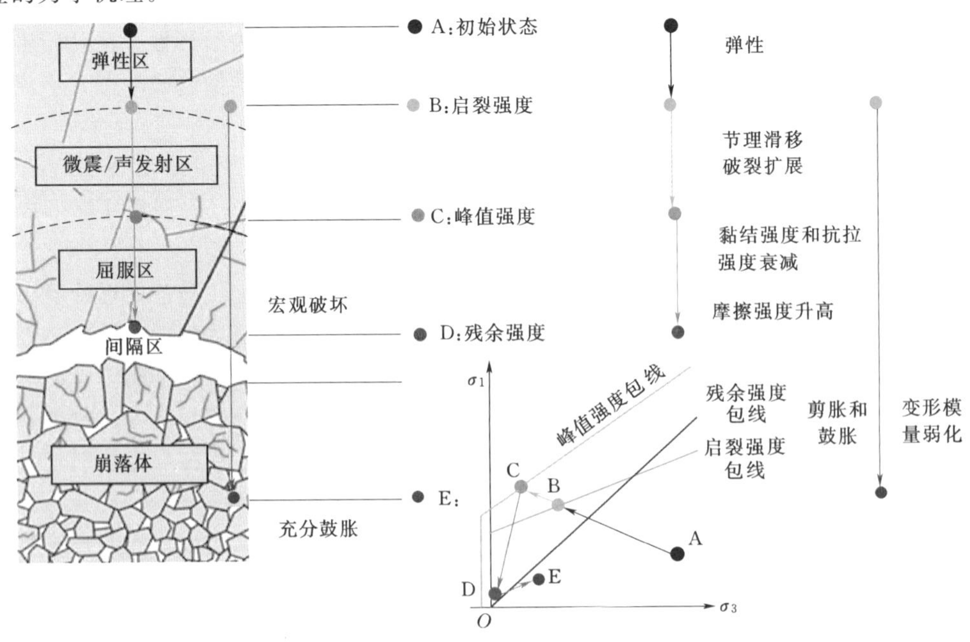

图 7-2　围岩脆性响应分区及力学机理概念图

图 7-2 左侧最顶端 A 点所在部位表示没有受到崩落区的影响，围岩处于初始状态，因此也认为围岩处于弹性状态，在 σ_3—σ_1 坐标的 A 点位于所有强度包络线的下方。从 A 点向崩落区行进过程中，崩落区的影响会开始逐渐表现出来，主要是围岩应力状态逐渐发生变化。不同于 A 点所在部位的初始状态，在到达 B 点之前，围岩特性不会出现变化，仍然处于弹性状态。当行进达到 B 点所在部位以后，围岩应力状态达到了启裂强度包络线所在位置，即可以开始导致围岩内产生破裂现象。从 B 点进一步接近崩落区时，围岩应力超过启裂强度包络线，破裂现象可以不断加剧，现场即可以检测到声发射或微震现象，二者的差别主要在于破裂程度（规模），使得破裂时产生的动力波波动特征（如频率）存在一些差异。根据经验，较大破裂产生的动力波频率相对较低一些，往往对应于微震现象。也就是说，微震和声发射现象是围岩应力超过启裂强度、但没有达到峰值强度时围岩破裂的表现。这一认识主要来源于大型矿山崩落开采技术的跨国性联合科研项目 MMT（Mass Mining Technology）成果，注意，即便是在 C 点所在部位围岩应力达到峰值强度时，该部位围岩仍然处于一定的围压环境下，围岩应力达到峰值强度并产生屈服以后的实际承载力也不会快速地显著降低，仍然具备积累高弹性应变能的能力，因此也可以出现微震现象。目前对于微震现象和围岩状态之间的关系仍然存在不同认识，仍然是岩石力学研究的兴趣点之一。

图 7-2 左图的 C 点表示了一种临界状态，即围岩应力达到峰值强度，也是围岩应力集中最强烈、微震活动最活跃的部位。从理论上讲，C 点以外靠近崩落区的围岩开始出现结构变形，围岩承载力有不同程度的降低，靠近 C 点一带降低幅度小，仍然具备良好的承载能力，理论上可以描述为屈服，现实中表现为微震和声发射现象频繁，但一般不能观察到宏观破坏现象。相反，在靠近崩落临空面，即 D 点所在部位时，围岩强度降低突出（进入残余状态），破损严重，此时虽然块体二次解体时仍然可以出现声发射和现场的声响现象，但总体上并不具备积累能量的物质条件和应力环境，属于工程中宏观破坏区。在崩落法开采过程中，这一区域范围是崩落物的物质来源；在深埋地下工程开挖过程中，这一区域则是加固重点范围。

从理论上讲，从进入 B 点所在位置开始，围岩中开始出现破裂现象，此时围岩即开始出现体积膨胀现象，变形模量因此可能受到影响。不过，只有当围岩接近 C 点所在部位时，体积膨胀和变形特性的变化才相对明显。在进入 C 点以后，围岩结构特征和承载力发生显著变化，进入力学上的非线性阶段，工程中的强度参数取值往往对应于 C 点及 C 点以内（靠近 B、A 区域）的岩体，不再适用于 C 点以外（至 D 点）。与 C 点以里的岩体相比，C 点以外岩体的黏结强度和抗拉强度会降低，而摩擦强度会增高。

7.2 深埋隧洞开挖损伤区特征

开挖以后围岩会出现损伤和应力重分布现象。根据在 URL 开展的一系列全面的室内和现场测试、原位试验、分析研究工作，围岩开挖损伤带（Excavation - Damage Zone，EDZ）被定义为开挖导致的不可恢复损伤，包括开挖方法（如爆破）释放的能量冲击形成的损伤、围岩应力重分布及其他因素如温度和湿度变化等导致裂纹扩展形成的损伤。因此，围岩损伤被定义为围岩力学和水力学特性出现的一些永久性变化，这些变化可以被定量测试。

通过钻孔摄像、声波测试以及渗透性测试，Martino 将损伤区分为内损伤区（或破裂区）和外损伤区（或破损区），见图 7-3。其中内损伤区包括主要可见的破裂，如现场的片帮、应力节理、应力破裂等围岩破坏形式都是其表现形式，与完整的岩石相比，其渗透率可以达到完整岩石渗透率的 $10^3 \sim 10^7$ 倍。URL 的内损伤区厚度一般是 10～30cm，虽然地应力水平比较高，但是大部分都是爆破引起的损伤。外损伤区主要裂纹尺度较破裂区域要小很多，一般情况下肉眼难以观察到这类细小的微裂纹，而渗透率大约是完整岩石的 1～2 倍；该区域主要是应力变化的结果，可以达到 1m 的厚度。Martino 和 Chandler 利用综合探测手段，包括钻孔电视、P 波和 S 波速度、声发射和微震监测以及钻孔渗透性测量，对比了埋深 240m 和 420m 水平钻爆法开挖的 EDZ 的大小（包含应力和爆破损伤）（图 7-4）。主要的区别是 420m 水平开挖的外损伤区范围较大，证明了外损伤区的大小更依赖于应力的大小和分布，而不是开挖方式。

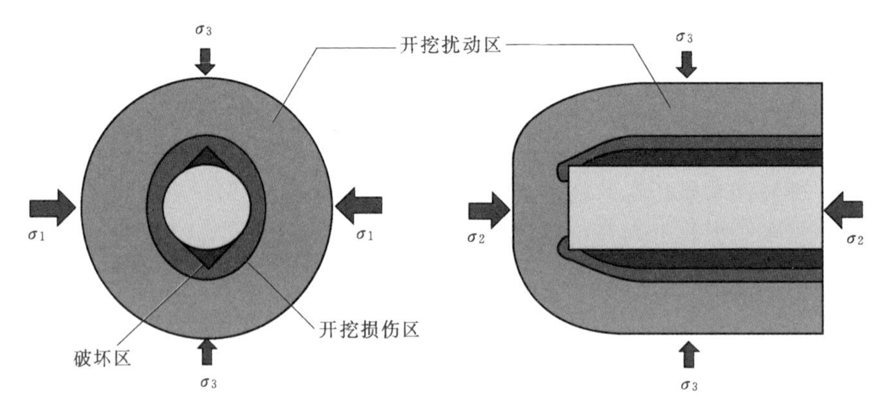

图 7-3 MBE 试验洞 EDZ 分布图[39]

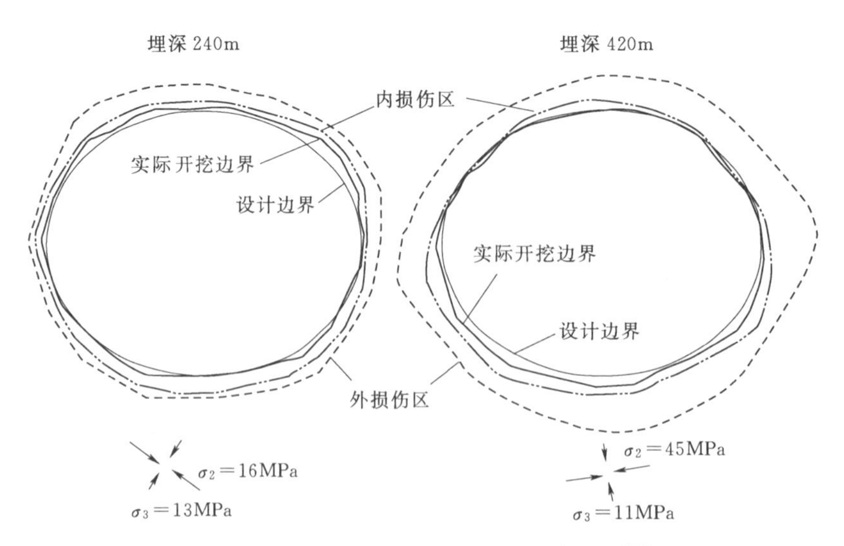

图 7-4 相同形状不同埋深 EDZ 区域对比[33]

对于内损伤区和外损伤区，其演化特征也并不相同。内损伤区由于围压水平较低，裂纹普遍张开，导致波速降低，因此，一般对应的为声波测试的低波速带；从宏观整体角度，破裂区域的岩体经过了充分屈服破坏而进入到峰后阶段甚至达到残余强度，在低围压下的破坏具有明显的脆性特征，因此片帮或者板裂破坏应该是该区域内除岩爆以外最常见的破坏形式。

对于外损伤区，随着围压的增高，大理岩的启裂强度、长期强度和峰值强度也随之增加，同时，应力应变曲线也由脆性向延性转变。裂纹的启裂和扩展都受到了限制，其长度和密度都远小于内损伤区，在厘米或毫米量级，例如图 7-5 中 URL 竖井在这个区域的裂纹长度小于 50mm，肉眼难以观察到这类细小的损伤裂纹，必须借助特殊的监测手段以确定破损范围和深度，比如声发射监测。

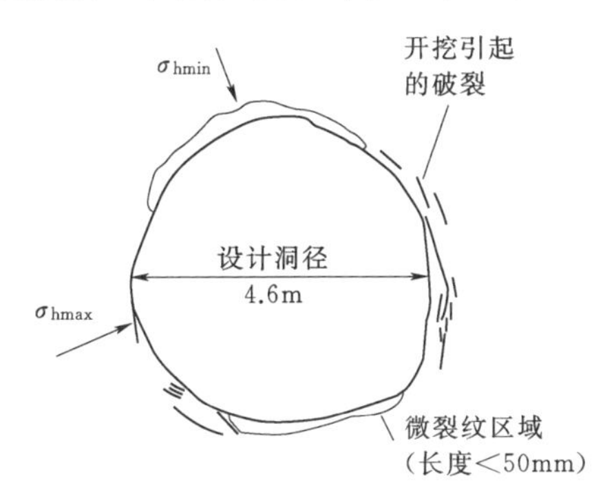

图 7-5 URL 竖井在 300m 深度水平断面上的围岩损伤分布[69]

除了具有上述开挖损伤演化以外，脆性岩石的破裂还具有时间效应，而岩石破裂的时间效应将可能对围岩的长期稳定产生重大的影响，特别是破裂的发展可能最终引起围岩的破坏，导致围岩承载力的丧失，这对长期运行的引水隧洞围岩稳定提出了考验。

在瑞典 Äspö 原位试验中，对损伤区分区进行了详细的研究[60,64-65]。分别对钻爆法和 TBM 法进行监测，根据监测成果提出了更加细致的损伤区分区方法（图 7-6）；所有损伤区中除了开挖扰动区外，都包含了对岩体性质的不可逆转的改变。

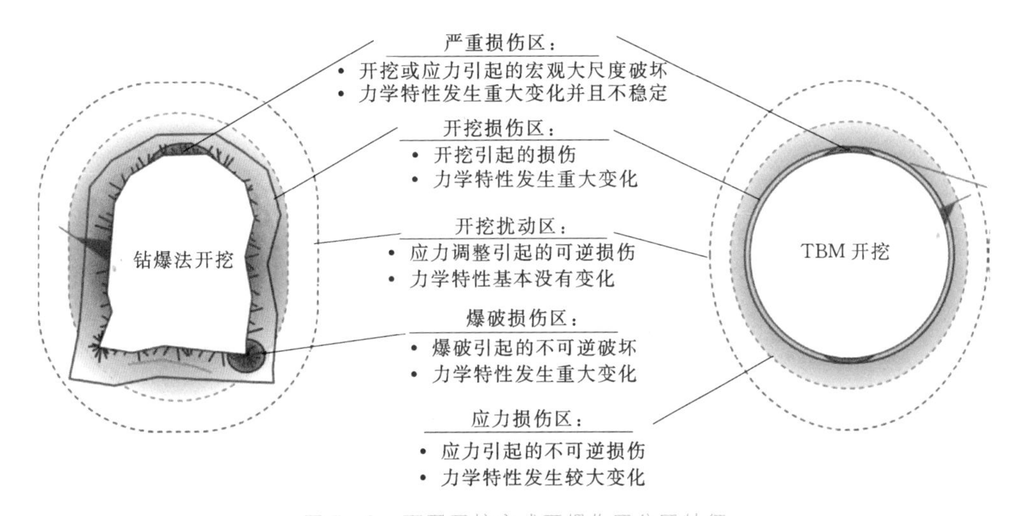

图 7-6 不同开挖方式下损伤区分区特征

应力路径对开挖损伤区的影响，这一问题实际上可以表述为，深部岩体在高应力的条件下对不同开挖方式的响应，其核心是高应力和不同开挖方式（钻爆法和 TBM）。与浅埋洞室不同的是，深埋隧洞由于地应力值较高，不同开挖方式下围岩中应力卸荷调整速率和时间效应有所不同，而这一过程最终将影响 EDZ 的孕育过程。

当采用 TBM 掘进机开挖时，盘形滚刀的破岩过程对洞壁围岩的扰动较小，Barton 认为，掌子面附近岩体中储存的变形能逐步释放，持续时间也较长，围岩应力应变曲线的连续性和过渡性较好，因此掘进机开挖时开挖边界上的地应力是一个缓慢平稳的准静态卸载过程。而在爆破过程中，除爆炸荷载的冲击效应外，伴随爆破过程发生地应力卸荷也是一个动态过程，随着地应力量级的提高，这一效应将成为一个不可忽视的效应。图 7-7 给出了不考虑地应力瞬态卸载效应（采用 Phase2 软件计算）和考虑地应力瞬态卸载效应（采用 FLAC 软件计算）时计算所得的围岩塑性区的分布情况[134]。该实例计算时采用 URL 地下试验场的地应力参数，即 $\sigma_x=60\text{MPa}$，$\sigma_y=11\text{MPa}$ 和 $\sigma_z=45\text{MPa}$，岩体采用 Mohr-Coulomb 模型，$C=20\text{MPa}$，$\varphi=40°$，$\sigma_t=5\text{MPa}$，剪胀角 $\Psi=10°$。可以看到，地应力的瞬态卸载效应对围岩塑性区的分布和深度都具有很大的影响。

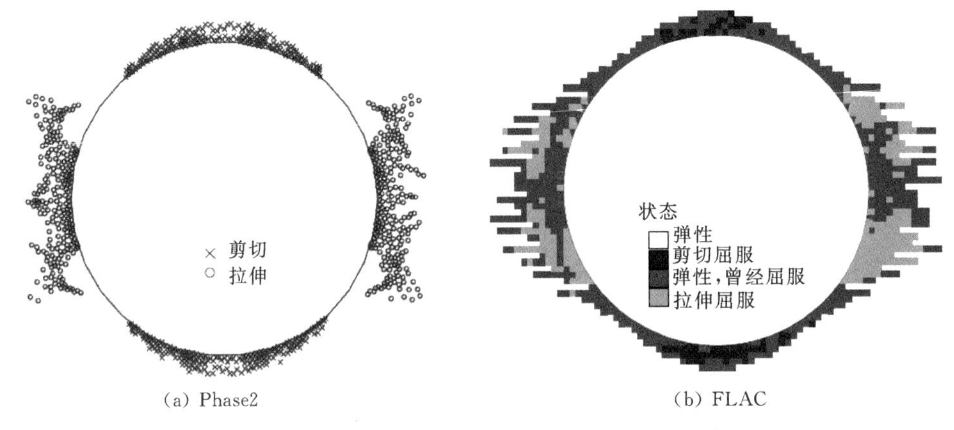

(a) Phase2 (b) FLAC

图 7-7 Phase2 和 FLAC 计算得到的塑性区对比[134]

对于锦屏二级深埋隧洞，地应力量级较 URL 试验场更高（但地应力状态要好一点，即各个方向的侧压力值相差不大），而 7 条长隧洞的开挖方式又以钻爆法为主，因此需要特别关注锦屏二级深埋隧洞开挖损伤区的孕育和构成，以便为隧洞的支护设计和长期稳定安全的运行提供参考和支持。

在 URL 建设过程中，在多个试验场地对围岩开挖损伤演化过程进行了系统研究。围岩损伤采用了多种方法进行评估，如钻爆法开挖以后的残余爆破孔半孔率、可见裂纹的形态和数量、可见破坏形态、波速变化、地下水渗透性变化、透气性变化、声发射测试等。综合这些成果对 URL 特定条件下的围岩损伤演化过程有了比较全面的认识。

URL 的一个典型特点是三个主应力的差别很大，即应力比较高，最高可达到 5.5∶1。这种应力条件下的开挖更容易导致洞周应力集中和应力松弛的两极分化，即在断面最大主应力切线方向出现强烈的应力集中，而与最小主应力相切的断面位置出现应力松弛，图 7-8 表示了这种应力状态下竖井周边围岩损伤状态和损伤性质的差别。

如图 7-8 所示，竖井开挖后在图中所示的两侧边一带的应力松弛区出现了张性破裂现象，而在图中上部偏左和下部偏右一带出现应力集中，高应力导致了长度大约 50mm 量级的微裂纹。

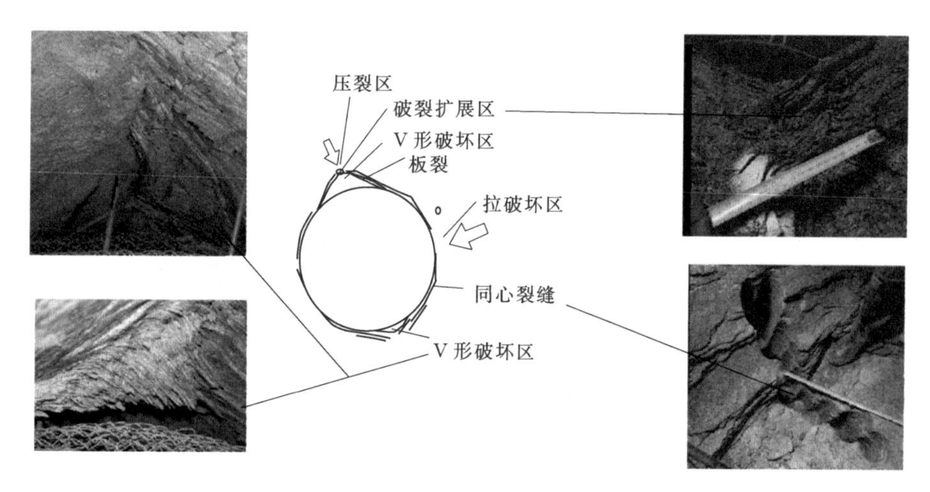

图 7-8 URL 在 420m 深度试验洞破裂损伤的演化过程和形态

URL 的 420m 深度处于近水平的第 2 破裂带下部的高应力区，试验洞开挖过程中应力集中部位的应力损伤发展成 V 形破坏区（图 7-8），最大破坏深度为 0.3 倍隧洞半径。不过，这种破坏并不是瞬时出现，从开挖到破坏区形态稳定经历了近 3 个月的发展历程，说明了破损问题的时间效应。

比较 URL 和锦屏隧洞的条件，二者在地应力场状态和岩体特性两个环节都存在显著差异。与 URL 相比，锦屏隧洞断面上主应力差要小得多，使得应力集中和应力松弛现象都不会像 URL 那样突出，围岩损伤程度因此会相对弱得多。在岩体特性方面，URL 的完整花岗岩具有非常典型的脆性特征，而锦屏大理岩的脆性特征是有条件的，这方面的差异也决定了锦屏围岩损伤会不如 URL 那样突出。

7.3 深埋隧洞开挖损伤区检测

锦屏二级深埋隧洞群包括 2 条辅助洞、4 条引水隧洞、1 条排水洞及其他交通和地下厂房洞室群，开挖方式主要包括钻爆法和 TBM 法（仅在引水隧洞部分洞段和施工排水洞采用），具备了研究高应力条件下深埋洞室在不同开挖方式下的开挖响应的独特条件。

7.3.1 检测方法及检测设备

岩体开挖损伤区的工程检测方法有：直接判断、岩体力学参数（地震波速、声波、弹模、透水率）爆前爆后对比检测、钻孔电视扫描等，其中声波检测方法由于测试精度高，在工程界得到了广泛的应用。通常采用爆前爆后岩体的纵波速度变化率 η 作为爆破损伤影响范围的判据：

$$\eta=(C_0-C_1)/C_0 \tag{7-1}$$

式中：C_0 为爆破前在岩体中测得的声波速度；C_1 为爆破后对应测试部位岩体的声波速度。

一般认为，当 $\eta>10\%$，即判定岩体受损。

图 7－9 和图 7－10 分别给出了加拿大 URL 地下试验场和锦屏引水隧洞中应力型节理的形成机制和现场照片，从中可以看到，应力型节理基本平行于自由面。

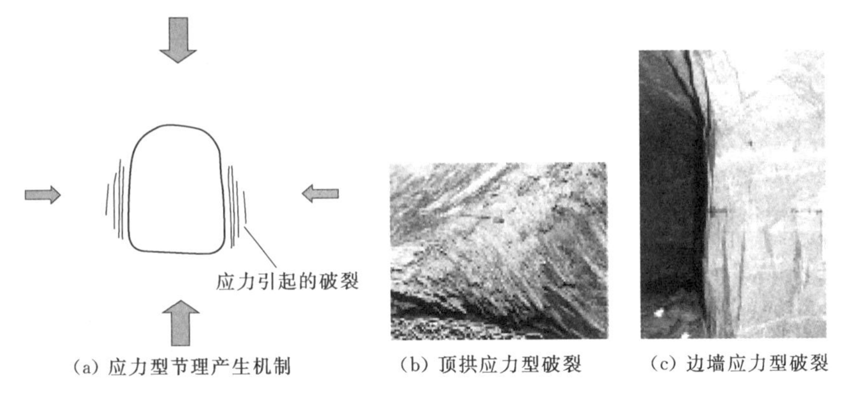

(a) 应力型节理产生机制　(b) 顶拱应力型破裂　(c) 边墙应力型破裂

图 7－9　加拿大 URL 地下试验场应力型节理（据 Cai，2001）

因此，锦屏深埋隧洞群在进行开挖损伤区检测时，测孔方向垂直于自由面方向布置，如图 7－11 所示。测试主要采用单孔一发双收换能器进行，个别部位也采用跨孔检测方法进行校验。

图 7－10　锦屏引水隧洞东端应力型节理　　图 7－11　围岩损伤区检测测孔布置

锦屏深埋隧洞群开挖损伤区检测主要采用单孔声波测试方法。单孔测试采用一发双收，由下而上沿孔壁连续观测，移动步距为 0.2m。图 7－12 给出了锦屏二级隧洞声波测试仪器及现场工作的情景。

从隧洞断面形态、隧洞轴线方向及开挖方式等方面考虑，选择了辅助洞 AK13＋595 断面及轴线基本与之垂直的 5 号横通道中部断面、1 号引水隧洞（TBM 开挖）和 2 号引水隧洞（钻爆开挖）的部分检测断面进行研究。

7.3.2　锦屏辅助洞开挖损伤区检测结果

选择辅助洞东端的两个检测断面进行了开挖损伤区检测资料进行了分析。这两个断面

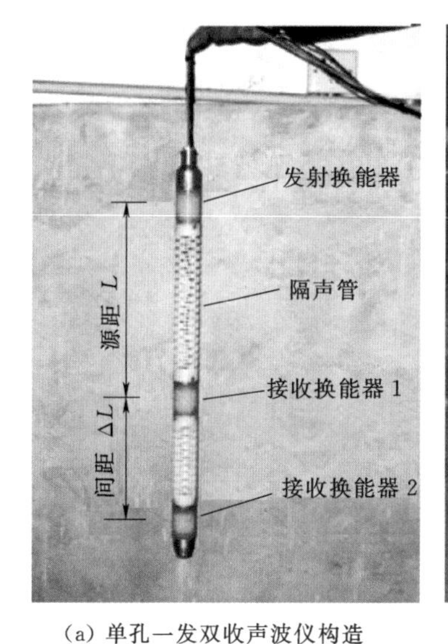

(a) 单孔一发双收声波仪构造

(b) 现场声波测试

图 7-12 锦屏二级隧洞声波测试

分别位于 5 号横通道内（检测断面Ⅰ）和 A 洞桩号 AK13＋595（检测断面Ⅱ）处，每个检测断面各布置 19 支钻孔，孔深 25m，孔径为 76mm，测孔方向与断面方向一致；除底板布置 1 支测孔外，其余 18 支测孔分成 9 组，设计每组 2 支测孔相互平行，以用于声波对穿测试。每个检测断面 9 组测孔沿断面呈扇形分布，断面位置及测孔布置见图 7-13。其中检测断面Ⅰ位置的岩性为 T_2^5y 黑白大理岩，岩体较完整，断面尺寸为 8.00m×5.77m；检测断面Ⅱ位置岩性为 T_2^5y 白色厚层状大理岩，岩体完整，断面尺寸为 11.00m×6.86m（辅助洞加宽带）。

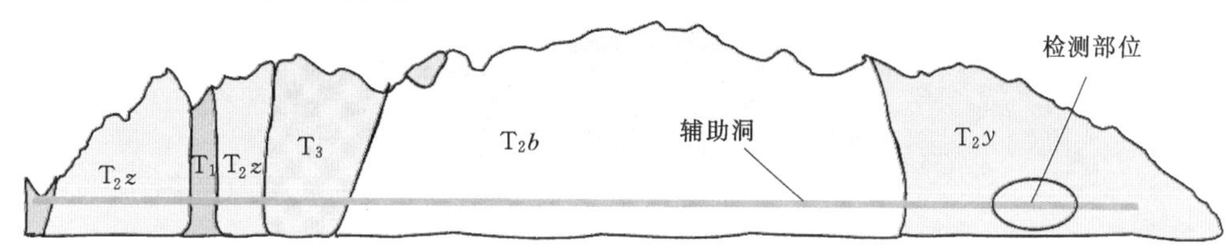

(a) 检测断面的位置

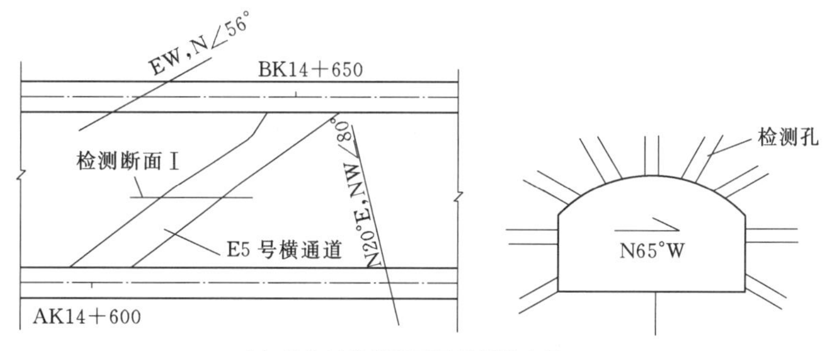

(b) 损伤区检测断面Ⅰ及测孔布置

图 7-13（一） 锦屏辅助洞开挖损伤检测断面位置及测孔布置示意图

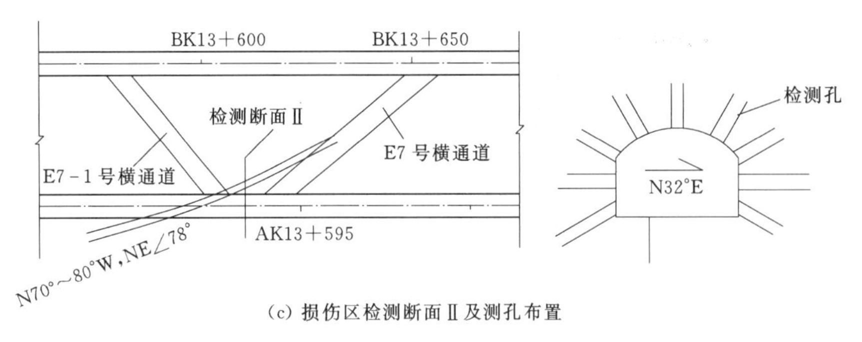

(c) 损伤区检测断面Ⅱ及测孔布置

图7-13（二） 锦屏辅助洞开挖损伤检测断面位置及测孔布置示意图

两个检测断面各取得17支测孔单孔声波记录，检测断面Ⅰ另外取得3组穿跨孔声波有效记录，检测断面Ⅱ取得6组穿跨孔声波有效记录，具体测试结果见图7-14、图7-15和表7-1。由于塌孔及水耦合等原因，有几组检测孔深度不足25m，但对于开挖损伤区检测已经足够。

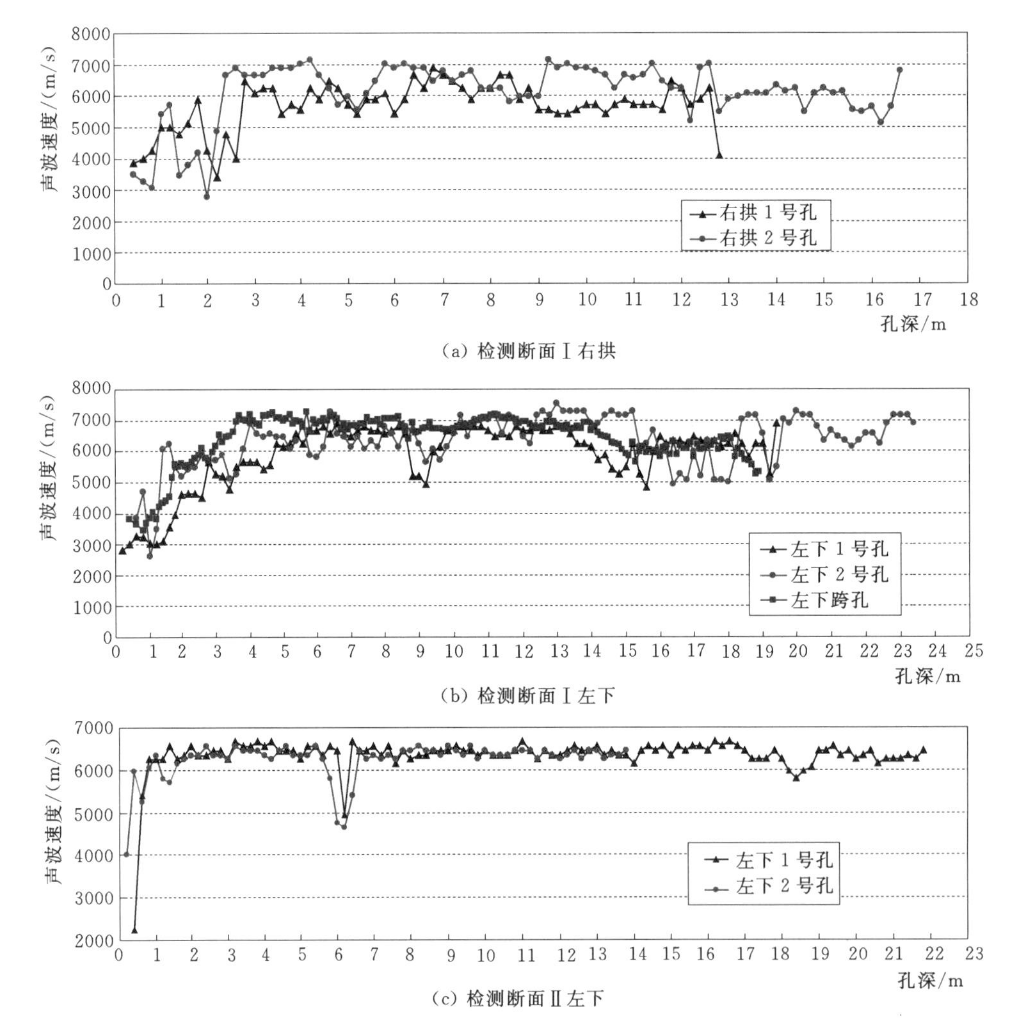

(a) 检测断面Ⅰ右拱

(b) 检测断面Ⅰ左下

(c) 检测断面Ⅱ左下

图7-14 损伤深度声波检测结果

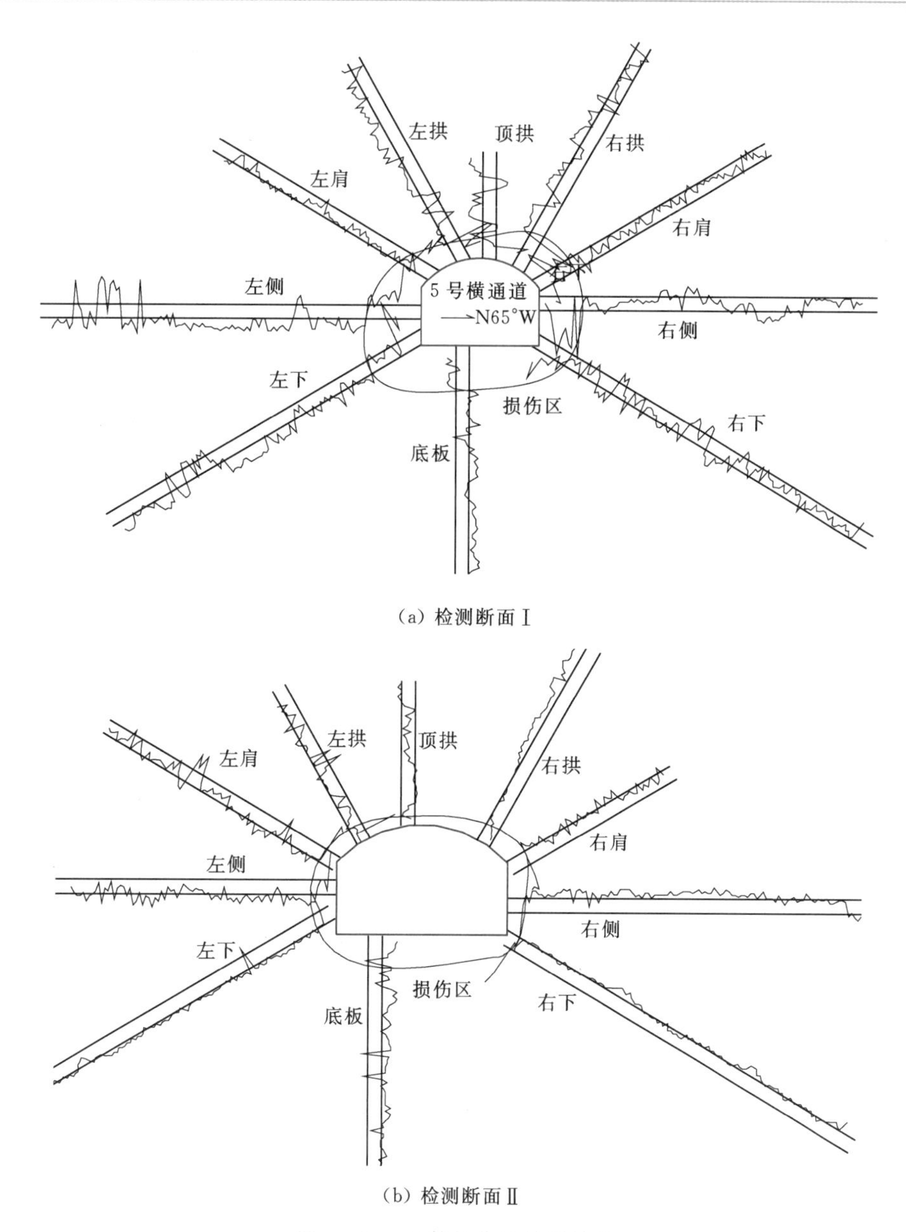

(a) 检测断面Ⅰ

(b) 检测断面Ⅱ

图7-15 开挖损伤区检测结果

表7-1 锦屏辅助洞开挖内、外损伤区检测结果

断面	断面尺寸	损伤区深度/m									
		右下	右侧	右肩	右拱	顶拱	左拱	左肩	左侧	左下	底板
断面Ⅰ	8.00m×5.77m	2.3	2.9	2.8	2.8	1.4	1.6	2.2	3.8	3.9	3.0
断面Ⅱ	11.00m×6.86m	1.2	1.2	1.4	1.2	0.6	1.2	1.0	1.4	1.6	1.8

检测断面Ⅰ各部位围岩损伤深度范围为1.4～3.9m，其中断面两侧及底板损伤深度较大，顶拱损伤深度较小，以左侧及左下侧损伤深度最大；检测断面Ⅱ松动圈断面各部位围岩

损伤深度范围为0.6～1.8m，断面左右侧壁损伤深度大致相当，拱顶略小，底板略大。（此处左、右是指逆水流方向，即面向上游的左手和右手边，左侧为南侧，右侧为北侧。）

两个检测断面相距约1000m，岩性相似，均为T_2^5y大理岩，开挖所采用的炸药类型相同，钻爆设计类似，最大的差别是断面的方位有所不同，检测断面Ⅰ测孔的方位为N65°W，基本与辅助洞轴线（N58°W）平行，检测断面Ⅱ测孔的方位为N32°E，与洞轴线垂直。可以看到，尽管检测断面Ⅰ的尺寸稍小于检测断面Ⅱ，但检测断面Ⅰ开挖损伤区的范围要明显大于检测断面Ⅱ的损伤范围。

7.3.3 锦屏引水隧洞开挖损伤区检测结果

引水隧洞全断面开挖损伤检测，每个断面布置5个检测孔（或更多），如图7-16所示。断面上布置5个检测孔，孔深10m，孔径为76mm。检测孔依顺时针方向从左至右依次编号。

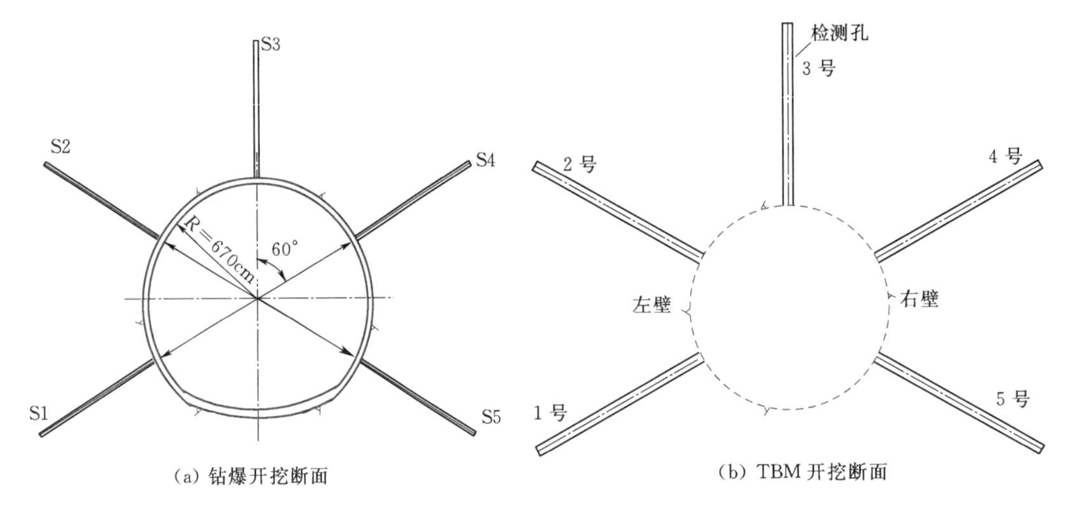

图7-16 引水隧洞松动圈检测孔布置

本节选择引水隧洞东端1号（TBM开挖）和2号（钻爆开挖）引水隧洞的部分埋深、岩性及桩号相近的检测断面进行分析，以比较高地应力条件下TBM和钻爆开挖对围岩的影响。

7.3.3.1 1号引水隧洞（TBM开挖）

选择了1号引水隧洞的引（1）15+700、引（1）15+150和引（1）14+280三个断面（图7-17）的损伤区检测资料进行分析。这几个断面的基本情况和各检测孔所得到的损伤区深度见表7-2，各检测孔的声波速度如图7-18所示。

表7-2 1号引水隧洞部分损伤区检测断面检测结果

编号	断面桩号	岩性	埋深/m	损伤深度/m				
				1号孔	2号孔	3号孔	4号孔	5号孔
1	引（1）15+700	T_2^5y	1092	3.0	2.8	1.8	2.2	2.8
2	引（1）15+150	T_2^4y	1400	2.6	2.8	2.2	1.2	1.4
3	引（1）14+280	T_2^5y	1750	1.6	1.2	1.8	1.4	1.6

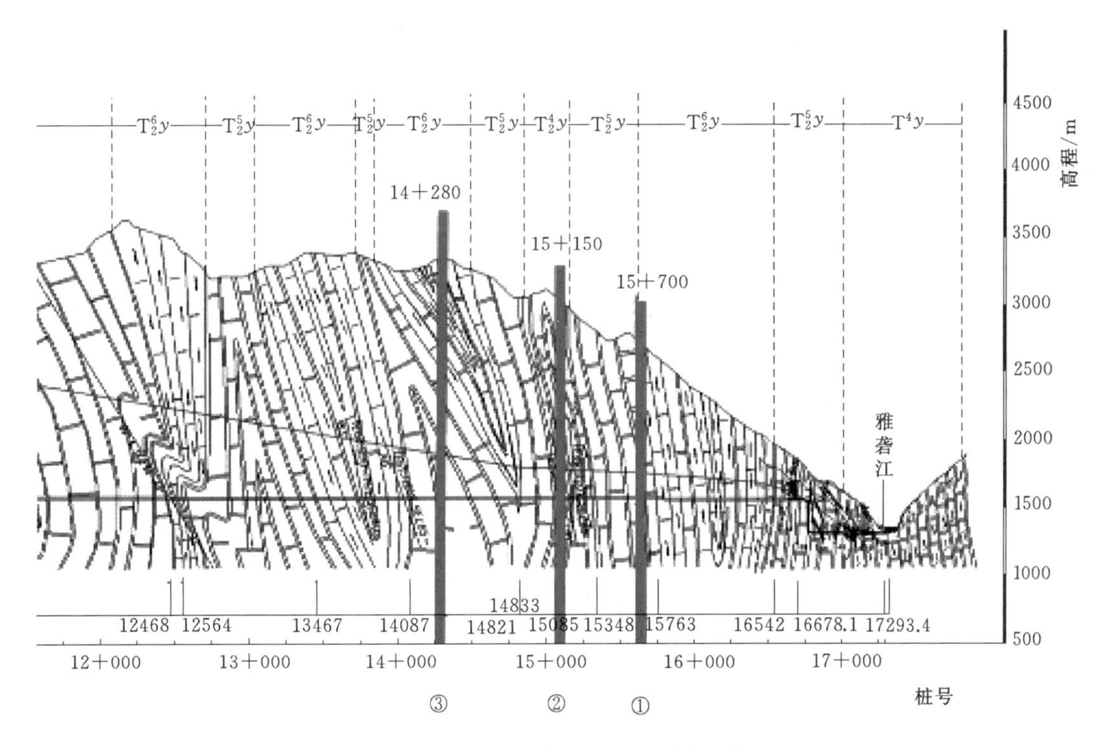

图 7-17 1号引水隧洞开挖损伤区检测断面位置示意图

从表 7-2 和图 7-19 可以看到，所选择的引水隧洞 TBM 开挖洞段开挖损伤范围在 1.2～3.0m 之间，在横断面上的分布较为均匀。和辅助洞一样，包围检测断面的开挖损伤区在横断面上的分布也是在北侧拱肩最大，说明了断面上二次应力场对开挖损伤区形态的影响。

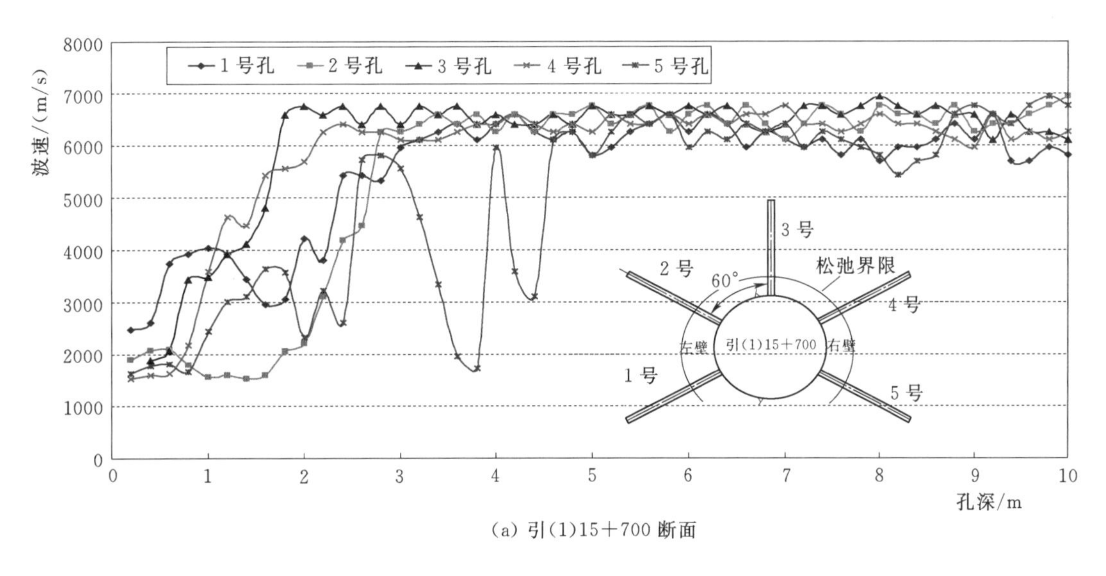

(a) 引(1)15＋700 断面

图 7-18（一） 1号引水隧洞 TBM 开挖洞段开挖损伤区检测结果

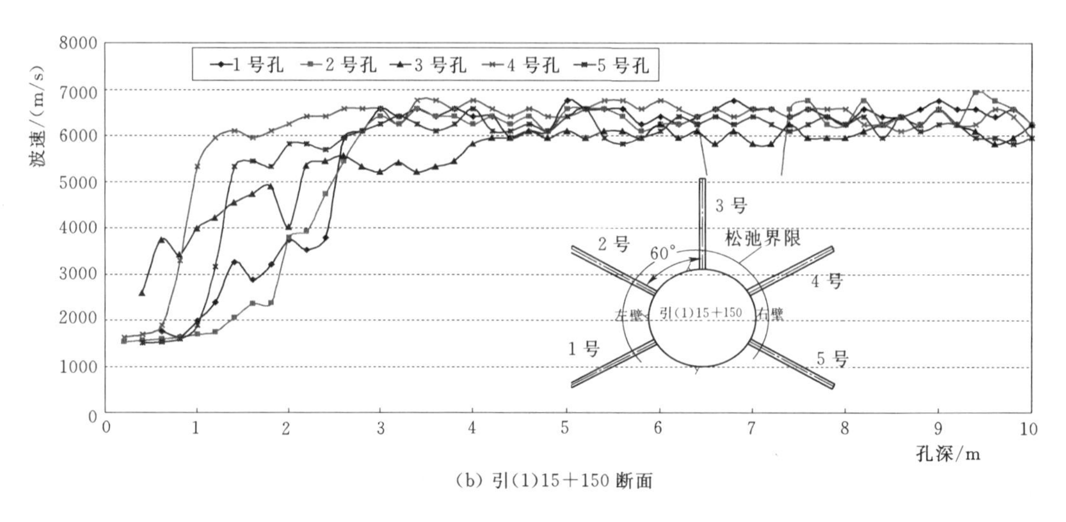

(b) 引(1)15+150 断面

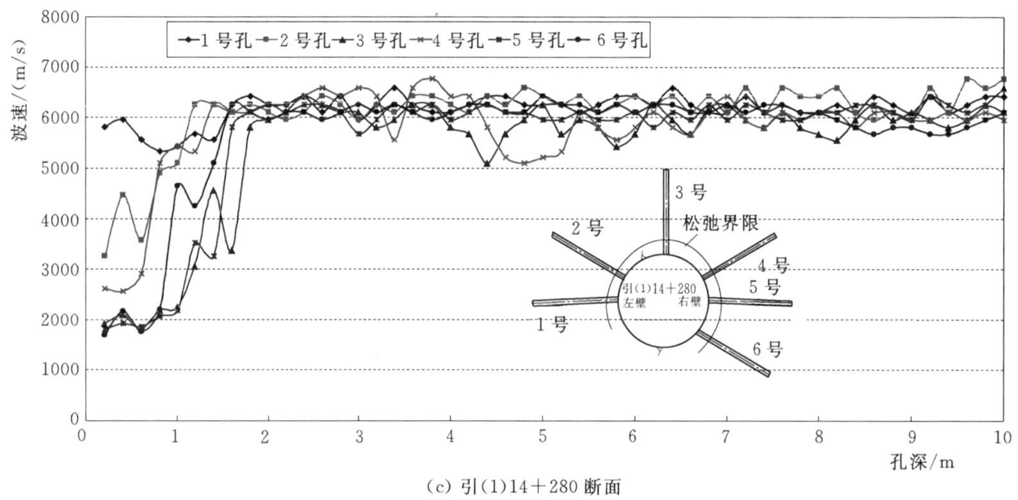

(c) 引(1)14+280 断面

图 7-18（二） 1号引水隧洞 TBM 开挖洞段开挖损伤区检测结果

7.3.3.2 2号引水隧洞（钻爆开挖）

为了和1号引水隧洞所选择的断面对应，对2号引水隧洞引（2）15+700、引（2）15+505、引（2）14+500、引（2）14+245和引（2）13+880五个断面（图7-19）的损伤区检测资料进行了分析，具体检测结果如表7-3和图7-20所示。

表 7-3　　2号引水隧洞东端部分损伤区检测断面检测结果

编号	断面桩号	岩性	埋深/m	损伤深度/m				
				1号孔	2号孔	3号孔	4号孔	5号孔
1	引（2）15+700	T_2^6y	1054	2.8	2.8	3.6	4.2	3.0
2	引（2）15+505	T_2^4y	1110	1.6	2.8	2.8	2	1.8
3	引（2）14+500	T_2^5y	1637	—	2.8	2.2	2.6	—
4	引（2）14+245	T_2^5y	1725	—	2.1	2.2	1.8	—
5	引（2）13+880	T_2^6y	1840	—	1.8	2.2	3.6	—

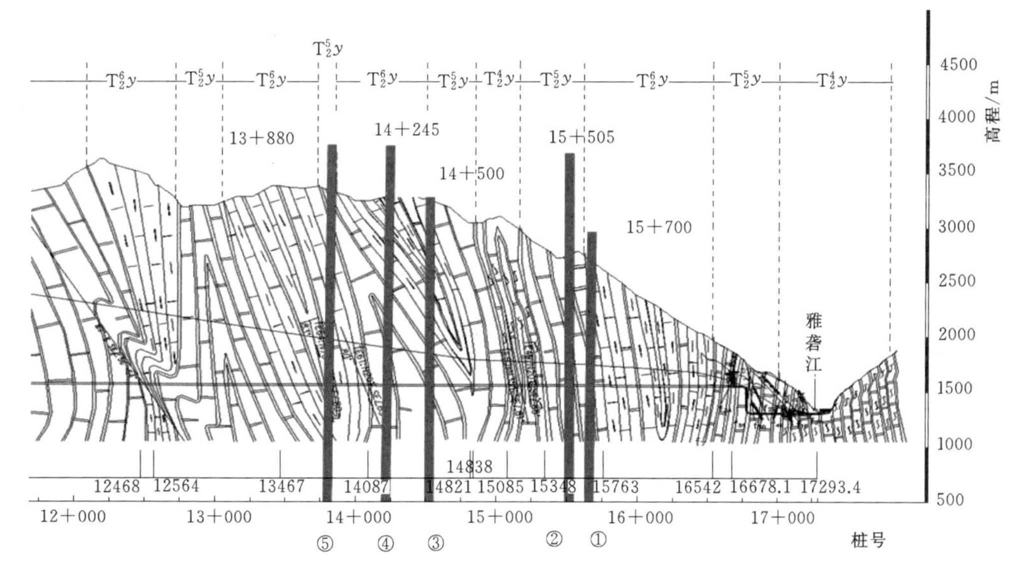

图 7-19 2号引水隧洞开挖损伤区检测断面位置示意图

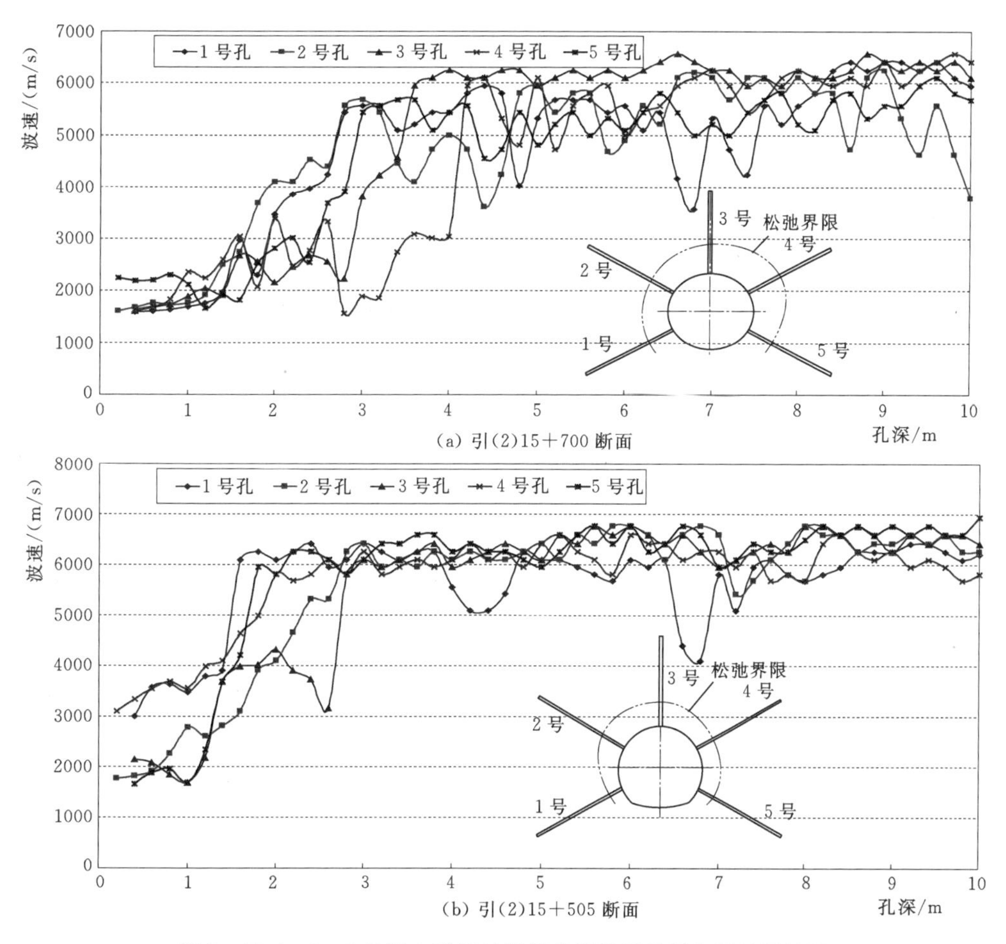

(a) 引(2)15+700 断面

(b) 引(2)15+505 断面

图 7-20 (一) 2号引水隧洞钻爆开挖洞段开挖损伤区检测结果

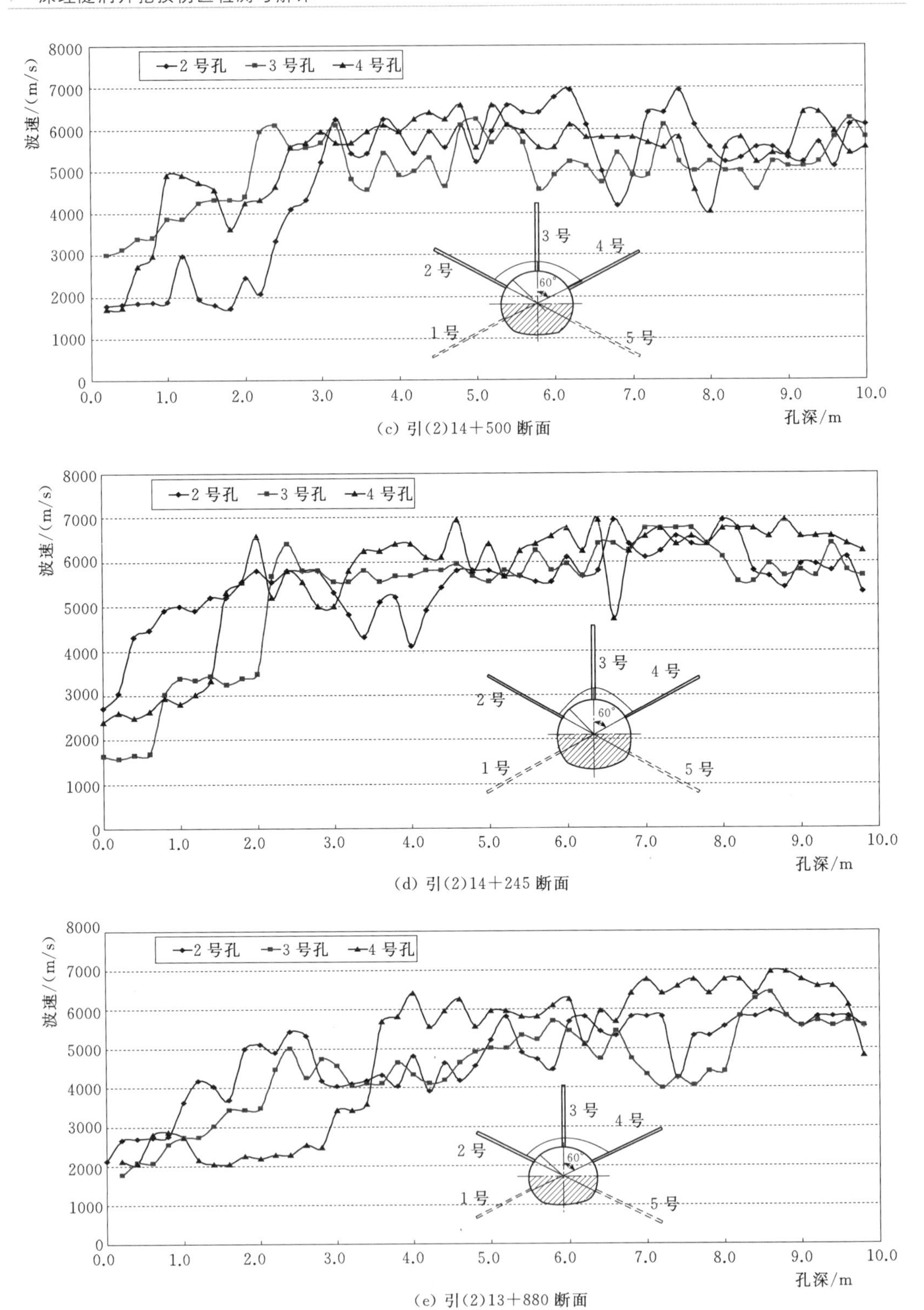

(c) 引(2)14+500断面

(d) 引(2)14+245断面

(e) 引(2)13+880断面

图7-20(二) 2号引水隧洞钻爆开挖洞段开挖损伤区检测结果

从表 7-3 和图 7-20 可以看到，钻爆开挖的洞段，检测完成的引（2）15+700 和引（2）15+505 两个断面，横断面上损伤深度最大的区域一个在南侧拱肩，一个在北侧拱肩，并不完全决定于二次应力场，说明了爆破作用对开挖损伤区形成的重要意义；另外，引（2）14+500、引（2）14+245 和引（2）13+880 三个断面由于检测时下台阶尚未开挖，只有上半断面的三个检测孔获得了检测结果，但这三个断面的最大损伤深度也并未出现在北侧（左侧）拱肩。这说明，在钻爆开挖洞段，开挖损伤区的形成除了与断面上二次应力场有关外，还与开挖断面的形状、开挖程序和方式等密切相关。

检测结果可知，在钻爆开挖和 TBM 开挖两种方式下，围岩损伤区的深度没有明显的差异，深度最大值均在 3m 左右；但 TBM 开挖条件下，损伤区内岩体的声波速度从隧洞表面往内部是平稳过渡的，而钻爆开挖条件下过渡明显较为缓慢，在表面附近存在显著的低波速带，说明伴随爆破过程的动力效应对表层围岩的损伤还是十分值得关注的。

7.4 深埋隧洞开挖损伤区特征解译

7.4.1 开挖损伤区分区特征分析

韩国的 Kwon 等在韩国原子能机构（KAERI）地下试验场的爆破开挖损伤区实测结果如图 7-21 所示，图中纵坐标表示岩体质量，通过围岩不同深度处获取的岩样进行室内试验获得，主要指标包括单轴抗压强度、室内声波检测等，其中开挖前是利用横向支洞向开挖区域钻孔获得岩芯的[135]。

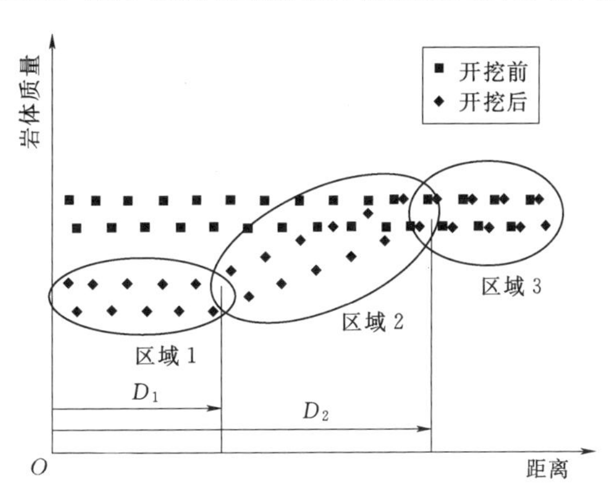

图 7-21 KAERI 地下试验场的爆破开挖损伤区实测结果[135]

从图 7-21 可以看到，爆破开挖后围岩内部明显存在岩体质量显著下降区（区域 1）和缓慢下降区（区域 2）两个区域。

与此研究类似，Martino 和 Chandler 曾仔细研究了 URL 中钻爆开挖隧洞的开挖损伤区[69]，研究结果也表明，开挖损伤区可以大致分为外损伤区（Outer Damage Zone，ODZ）和内损伤区（Inner Damage Zone，IDZ），内损伤区特征是岩体声波速度急剧下降，岩体渗透性急剧增加；而外损伤区则表现为岩体声波速度和岩体水力传导系数的缓慢下降，最终接近于未扰动岩体的水平，如图 7-22 所示［图中 MVP（micro-velocity probe）指岩体声波检测，SEPPI 指水力传导系数］。

根据上述研究成果，本文也对锦屏辅助洞开挖损伤圈检测的结果进行了细分，发现了类似的规律。

7.4.1.1 辅助洞（城门洞型、钻爆开挖）

辅助洞及其横通道断面为城门洞型，选择损伤区深度较大的横通道检测断面来进行分析，断面尺寸 8.00m×5.77m。图 7-23 给出了损伤深度最大的右侧拱肩（北侧拱肩）和

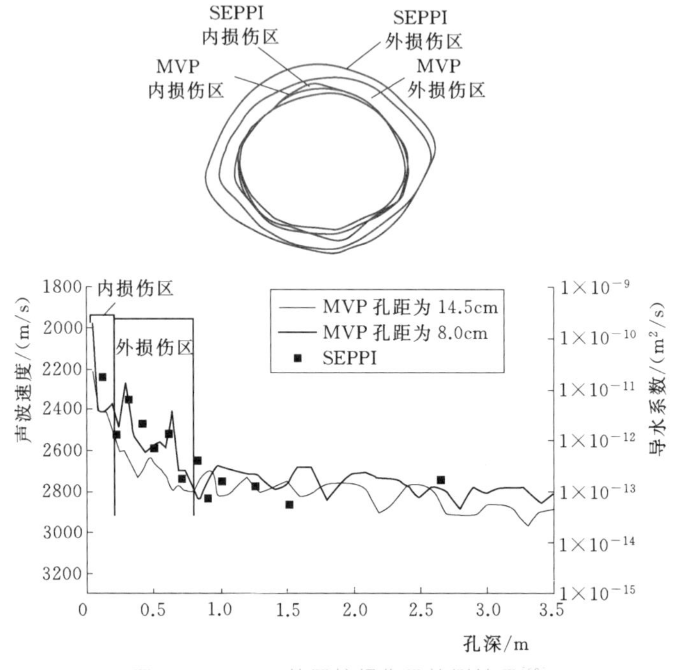

图 7-22 URL 的开挖损伤区检测结果[69]

左下（南侧底脚）两个部位损伤区内、外分区的声波检测数据及内、外损伤区的界限。其余各组检测孔所测得的内、外损伤区结果见表 7-4，同时也反映在图 7-23 中。

表 7-4 锦屏辅助洞开挖内、外损伤区检测结果

部位		右下	右侧	右肩	右拱	顶拱	左拱	左肩	左侧	左下	底板
内损伤区深度/m	断面Ⅰ	1.8	2.1	2.0	2.1	0.7	0.8	1.0	2.3	1.9	1.5
	断面Ⅱ	0.5	0.6	0.6	0.6	0.2	0.5	0.5	0.8	0.6	1.0
外损伤区深度/m	断面Ⅰ	0.5	0.8	0.8	0.7	0.7	0.8	1.2	1.5	2.0	1.5
	断面Ⅱ	0.7	0.6	0.8	0.6	0.4	0.7	0.5	0.6	1.0	0.8
内、外损伤区深度比	断面Ⅰ	3.6	2.6	2.5	3.0	1.0	1.0	0.8	1.5	1.0	1.0
	断面Ⅱ	0.7	1.0	0.8	1.0	0.5	0.7	1.0	1.3	0.6	1.3
内损伤区深度占总损伤区深度的比例	断面Ⅰ	78.3%	72.4%	71.4%	75.0%	50.0%	50.0%	45.5%	60.5%	48.7%	50.0%
	断面Ⅱ	41.7%	50.0%	42.9%	50.0%	33.3%	41.7%	50.0%	57.1%	37.5%	55.6%

从表 7-4 和图 7-23 可以看到：

（1）断面Ⅰ的内损伤区要明显大于断面Ⅱ的内损伤区，且内损伤区在断面上并不是均匀分布，而是在隧洞断面的右侧拱肩和左侧底脚两个区域较大。

（2）检测断面Ⅰ的外损伤区也要比检测断面Ⅱ的外损伤区大，在断面的右侧拱肩和左侧底脚则表现得更为明显。

（3）检测断面Ⅰ的内损伤区比外损伤区大，断面上局部区域甚至达到 3 倍以上，而断面Ⅱ的内损伤区与外损伤区差别不大，比值多在 1.0 左右。

（4）对于断面上地应力值较大的检测断面Ⅰ，内损伤区深度占总体损伤区深度的

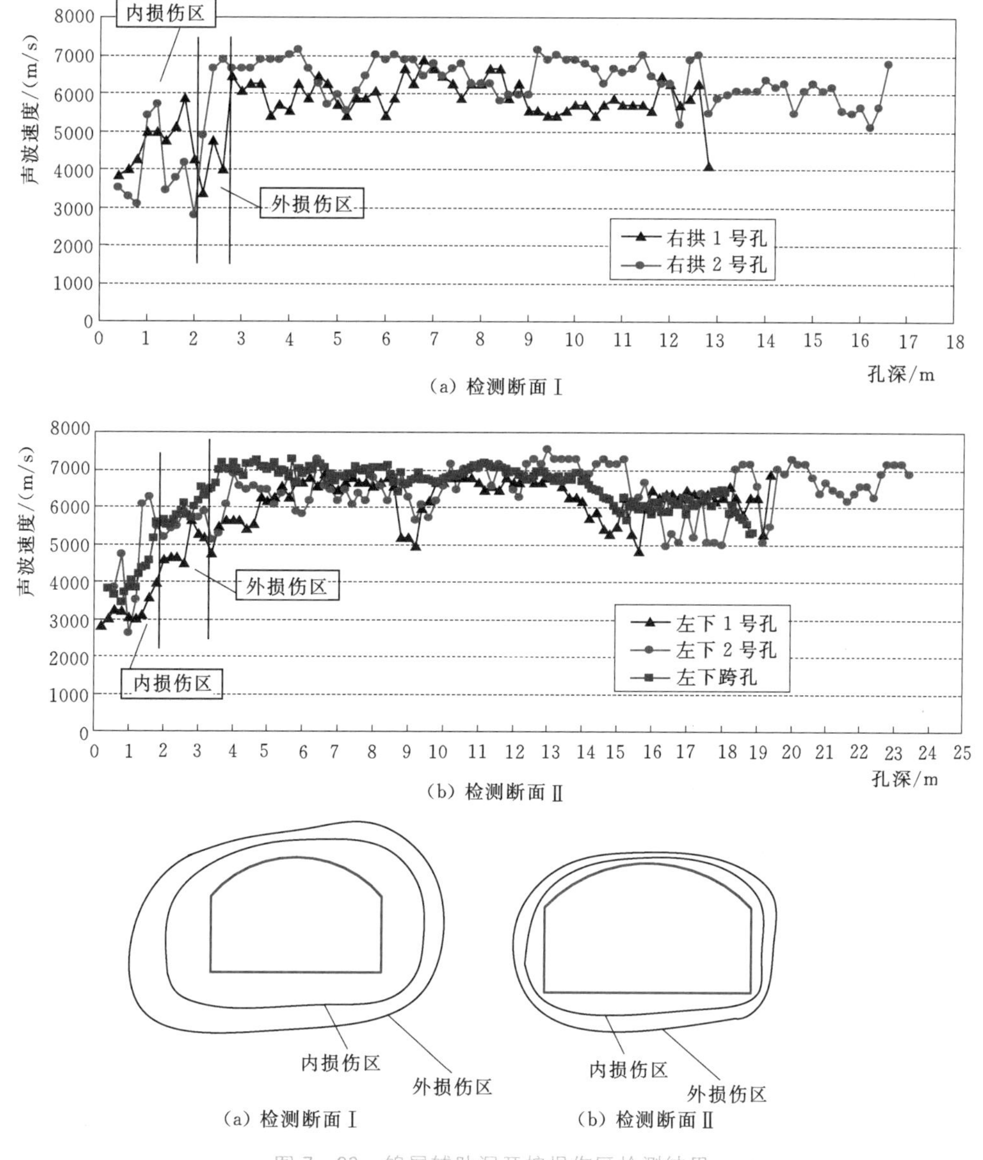

图 7-23 锦屏辅助洞开挖损伤区检测结果

50.0%～78.3%，而断面Ⅱ的内损伤区深度占总损伤区深度的 33.3%～57.1%，可见地应力较高时，内损伤区占总损伤区的比例也较大。

(5) 两个检测断面的内损伤区差别也较大，断面Ⅰ的内损伤区比断面Ⅱ的大将近一倍，这表明了地应力对内损伤区的强烈影响。

结合前面所述的锦屏辅助洞地应力分布状况，可以知道，辅助洞横通道断面的右侧拱肩和左侧底脚为压应力集中区，这就表明地应力的存在及其伴随爆破过程所发生的释放、重分布等行为对岩体开挖损伤具有显著的影响。

7.4.1.2 1 号引水隧洞（圆形、TBM 开挖）

1 号引水隧洞东端采用 TBM 开挖，开挖洞径为 13.4m，所选的三个检测断面埋深在

1092～1750m之间，岩性均为盐塘组大理岩。该洞3个检测断面内、外开挖损伤区的分区界限情况见图7-24和表7-5。

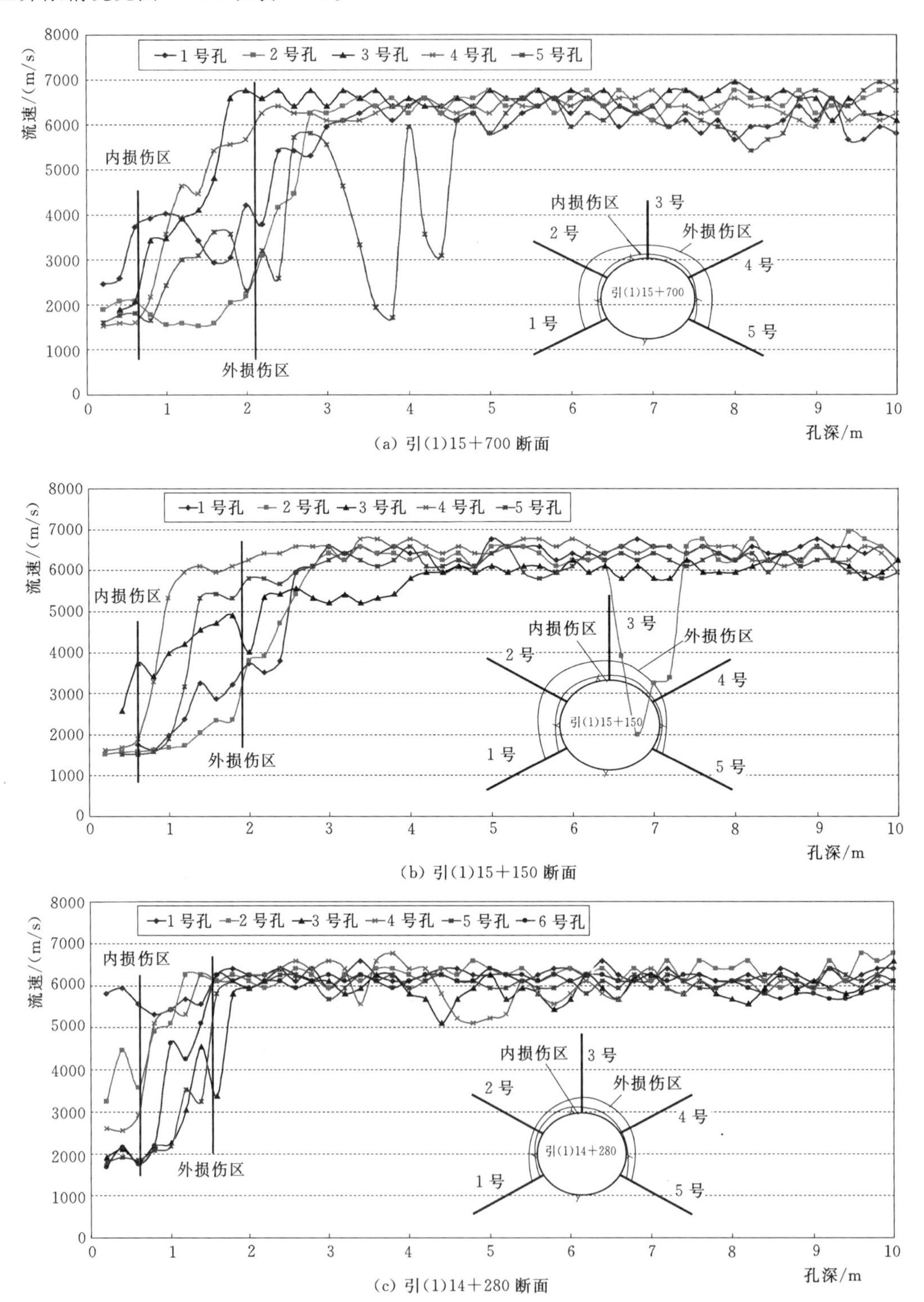

(a) 引(1)15+700断面

(b) 引(1)15+150断面

(c) 引(1)14+280断面

图7-24 1号引水隧洞TBM开挖洞段开挖损伤内、外分区

表 7-5　　1号引水隧洞东端部分损伤区检测断面检测结果

项目	断面	1号孔	2号孔	3号孔	4号孔	5号孔
内损伤区深度/m	引（1）15+700	0.80	0.70	0.60	0.50	0.80
	引（1）15+150	0.90	0.75	0.50	0.40	0.80
	引（1）14+280	0.50	0.80	0.70	0.40	0.80
外损伤区深度/m	引（1）15+700	2.20	2.10	1.20	1.70	2.00
	引（1）15+150	1.70	2.05	1.70	0.80	0.60
	引（1）14+280	1.10	0.40	1.10	1.00	0.80
内、外损伤区深度比	引（1）15+700	0.36	0.33	0.50	0.29	0.40
	引（1）15+150	0.53	0.37	0.29	0.50	1.33
	引（1）14+280	0.45	2.00	0.64	0.40	1.00
内损伤区深度与总损伤深度的比例	引（1）15+700	27%	25%	33%	23%	29%
	引（1）15+150	35%	27%	23%	33%	57%
	引（1）14+280	31%	67%	39%	29%	50%

从图 7-24 和表 7-5 可以看到，采用 TBM 开挖的隧洞中，围岩损伤区岩体的声波速度从隧洞表面向围岩深处是逐渐平稳过渡的，和未扰动区域的岩体声波速度相比明显降低区域（即内损伤区）深度较浅，绝对深度均在 80cm 以内，只占损伤区总体深度的 25%～57%。从内损伤区在隧洞横断面上分布的形态来看，也从一定程度上受到二次应力场调整分布的影响，在左侧拱肩（即北侧拱肩）较大，这和辅助洞的检测结论是相符的。

由于 TBM 开挖隧洞内 TBM 的后配套设备（图 7-25）几乎占据了所有的空间，给现场围岩开挖损伤区的声波检测钻孔和检测都带来很大的干扰。为保证隧洞的正常掘进不受影响，TBM 开挖隧洞损伤区的检测均滞后掌子面开挖 6 个月以上。而锦屏深埋隧洞工程区整体地应力较高，开挖后大理岩的松弛破坏（即破损）存在明显的时间效应，因为开挖后距离隧洞表面一定深度的围岩中岩体所承受的剪应力大于或接近岩体的裂纹启裂强度，随着时间的推移，岩体强度逐渐降低，表现出较强的强度时间效应。

(a) TBM 自带锚杆钻机

(b) TBM 后配套

图 7-25　锦屏 TBM 后配套情况

外损伤区是 TBM 开挖隧洞开挖损伤区的主要部分，其主要特征是岩体声波速度逐渐过渡到原岩声波速度。根据 URL 的研究成果，这部分损伤主要是由于隧洞应力重分布引起的。这部分区域是洞室围岩加固、支护处理的主要对象，其物理力学性质还需要进行更进一步的研究。

7.4.1.3 2号引水隧洞（马蹄形、钻爆开挖）

2号引水隧洞采用钻爆法开挖，马蹄形断面，分上下台阶开挖，洞径约13m。所选取的5个检测断面埋深在1054～1840m之间，岩性也是均为盐塘组大理岩，断面位置也与TBM开挖的1号洞检测断面基本对应，所以二者的开挖损伤区构成对比，可以研究高应力条件下不同开挖方式对围岩的影响。

图7-26和表7-6给出了2号引水隧洞5个检测断面的内、外损伤区分区界限情况。

从图7-26和表7-6可以看到，2号引水隧洞钻爆开挖的洞段，围岩的内损伤区深度基本都在1.0m以上，绝大多数都占到总体损伤区深度的50%以上，这与TBM开挖的1号引水隧洞具有本质差异。和辅助洞的检测结果类似，2号引水隧洞的内损伤区在断面上

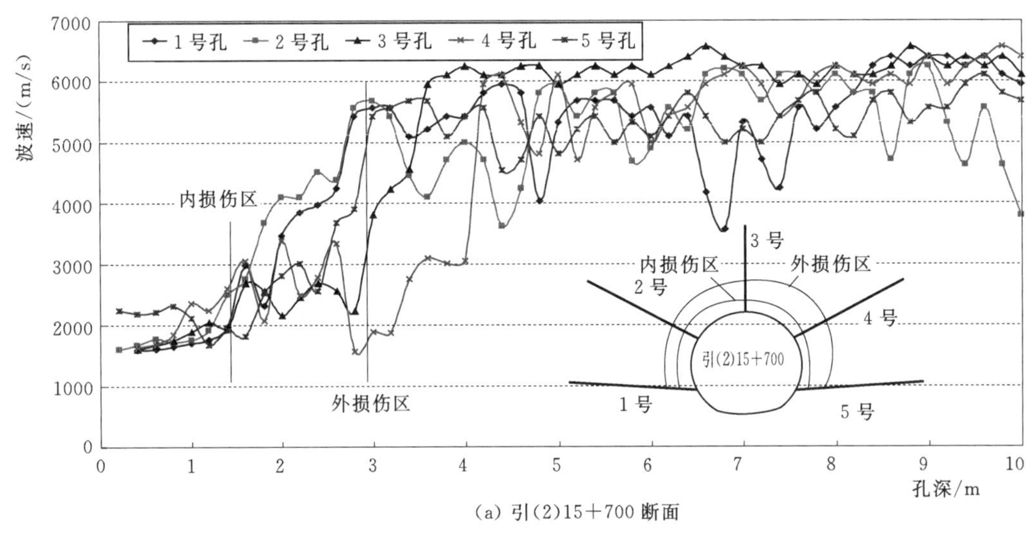

(a) 引(2)15+700 断面

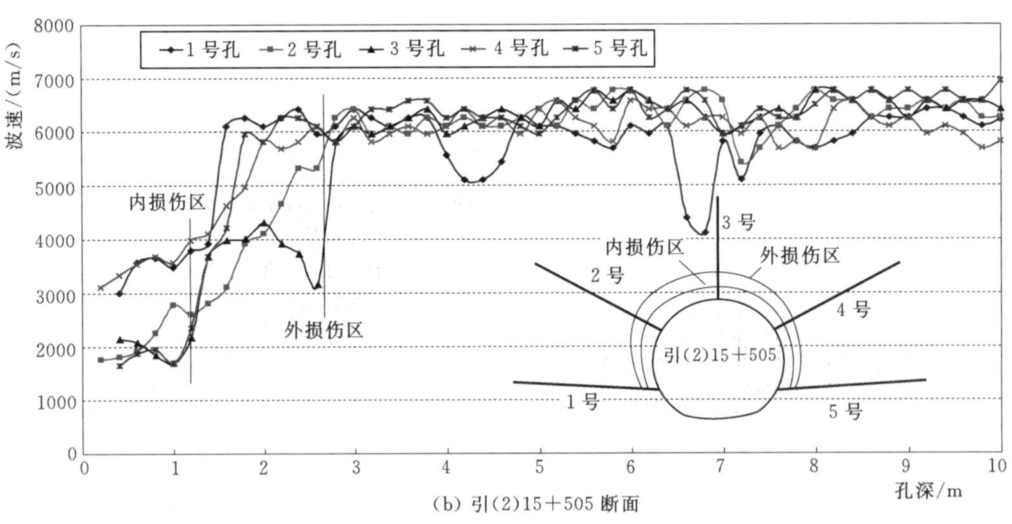

(b) 引(2)15+505 断面

图7-26（一） 2号引水隧洞TBM开挖洞段开挖损伤内、外分区

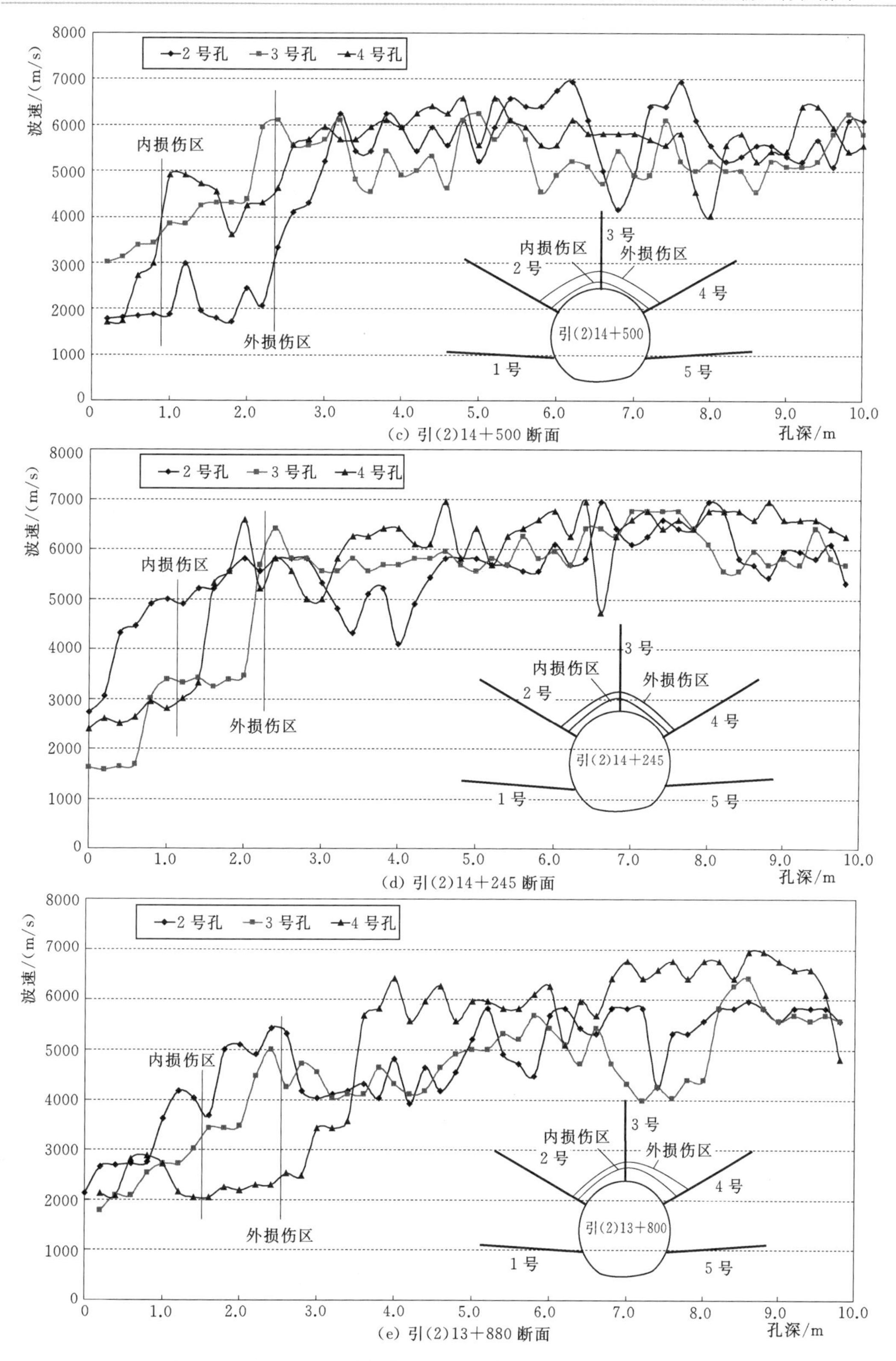

图7-26（二） 2号引水隧洞TBM开挖洞段开挖损伤内、外分区

表 7-6　　2号引水隧洞东端部分损伤区检测断面检测结果

项目	断面	1号孔	2号孔	3号孔	4号孔	5号孔
内损伤区深度/m	引（2）15+700	1.60	1.40	1.40	1.20	1.30
	引（2）15+505	1.10	1.60	1.40	1.10	1.30
	引（2）14+500	—	1.00	0.90	1.10	—
	引（2）14+245	—	1.40	1.20	1.20	—
	引（2）13+880	—	1.00	1.50	1.80	—
外损伤区深度/m	引（2）15+700	1.20	1.40	2.20	3.00	1.70
	引（2）15+505	0.50	1.20	1.40	0.90	0.50
	引（2）14+500	—	1.80	1.30	1.50	—
	引（2）14+245	—	0.70	1.00	0.60	—
	引（2）13+880	—	0.80	0.70	1.80	—
内、外损伤区深度比	引（2）15+700	1.33	1.00	0.64	0.40	0.76
	引（2）15+505	2.20	1.33	1.00	1.22	2.60
	引（2）14+500	—	0.56	0.69	0.73	—
	引（2）14+245	—	2.00	1.20	2.00	—
	引（2）13+880	—	1.25	2.14	1.00	—
内损伤区深度占总损伤深度的比例	引（2）15+700	57%	50%	39%	29%	43%
	引（2）15+505	69%	57%	50%	55%	72%
	引（2）14+500	—	36%	41%	42%	—
	引（2）14+245	—	67%	55%	67%	—
	引（2）13+880	—	56%	68%	50%	—

的分布也较为强烈地受到二次应力场分布的影响。据加拿大 URL 的研究结论，如果内损伤区的形成原因仅仅是爆炸荷载的话，那么该区域应该在隧洞横断面上均匀分布。因此，高应力条件下隧洞爆破开挖时内损伤区的形成还应与地应力的卸载和调整的过程相关。

7.4.2　内、外损伤区形成机理分析

7.4.2.1　TBM 开挖过程中地应力的调整

对常用的盘形滚刀而言，TBM 的破岩过程可分为盘刀侵入岩体和两盘刀之间岩石碎片形成两个阶段[136]。首先，盘刀在推力作用下贯入岩石，在刀尖下和刀具侧面形成高应力压碎区和放射状裂纹[137]，如图 7-27（a）所示。当盘刀在推力和扭矩作用下连续滚压掌子面时，盘刀扩大它的压碎区，并使产生的裂纹扩展，当其中一条或多条裂纹扩展到自由表面或邻近盘刀造成的裂纹时即形成岩石碎片，如图 7-27（b）所示。在硬岩中 TBM 开挖所形成的岩面见图 7-27（c），在岩面上可以看到清晰的刀痕，表明 TBM 盘刀的破岩过程对岩体的影响有限，岩体在盘刀的作用下是分块逐层剥落的。

Barton 也认为，当采用 TBM 掘进机开挖时，盘形滚刀的破岩过程对洞壁围岩的扰动较小，掌子面附近岩体中储存的变形能逐步释放，持续时间也较长，围岩应力应变曲线的

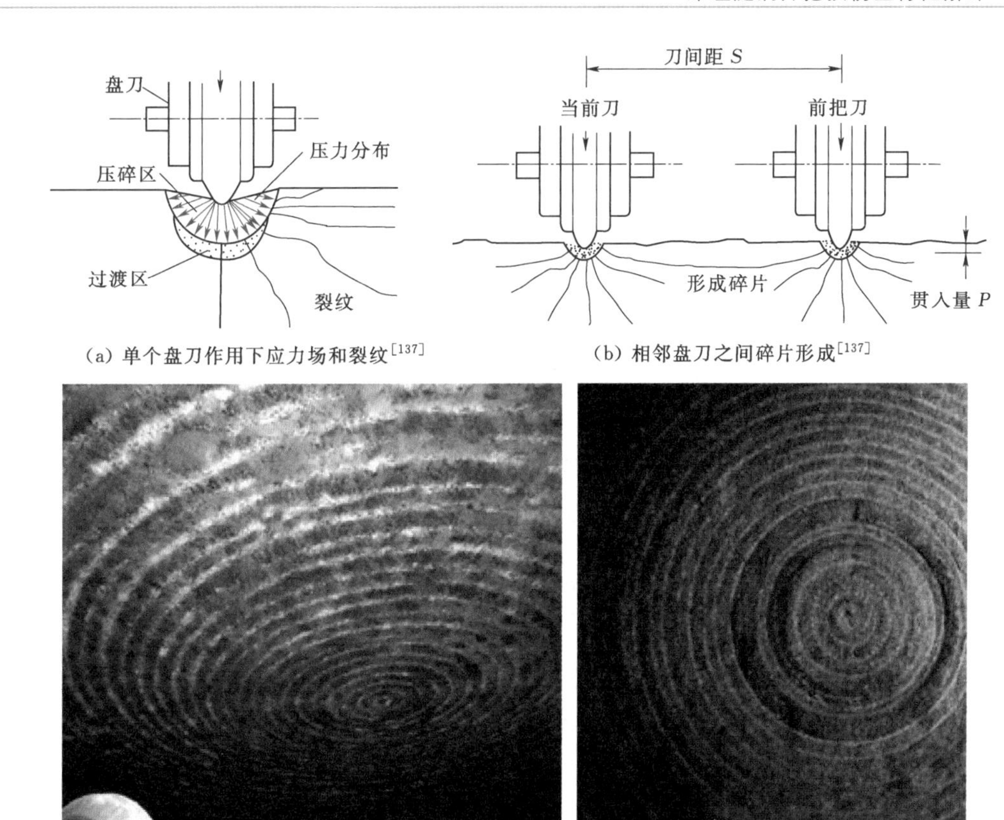

(a) 单个盘刀作用下应力场和裂纹[137]　　(b) 相邻盘刀之间碎片形成[137]

(c) 硬岩中 TBM 开挖掌子面

图 7-27　TBM 盘刀破岩过程

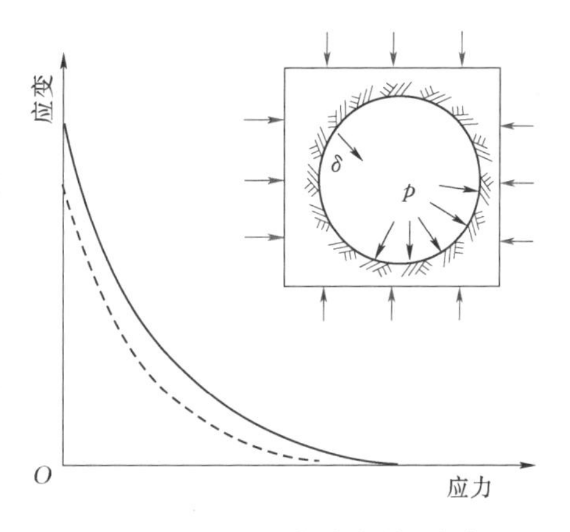

图 7-28　TBM 开挖法的隧洞应力-应变关系[138]

连续性和过渡性较好，因此掘进机开挖时开挖边界上的地应力是一个缓慢的准静态卸载过程[138]，如图 7-28 所示。

李亮等研究了地应力的存在对 TBM 盘刀破岩过程的影响，认为掌子面岩体在刀圈的挤压作用下处于三向受力状态，破岩所需的贯入力随地应力量级的增加而增加，这也说明了 TBM 盘刀破岩过程中地应力是随着破岩过程而逐步分块释放的，可以认为是一个准静态的过程[139]。

7.4.2.2　钻爆过程中地应力的调整

岩体爆破开挖过程中，裂纹首先在炮孔连线方向优先扩展。当两炮孔间裂缝面完全贯通，岩体碎块抛离新形成的开挖面后，岩体开挖荷载的卸荷过程完成。断裂动力学领域的研究表明，对理想脆性材料，裂纹动态扩展的理论极限速度可达介质的 Rayleigh 波速[140]；米克利亚耶夫则认为该值约为（C_P 为介质纵波速度）$0.38C_P$[141]。理论分析和现场爆破高速摄影资料均表明[142-143]：钻爆开挖时，炮孔内的炸药起爆后，相邻炮孔将在数十毫秒间贯通，形成新的自由面，该面上的法向应力将在贯通的瞬间卸载。于亚伦认为当应变率大于 $10^{-1}/s$ 时属于动态过程，不能忽略惯性力的作用[144]。对于隧洞全断面开挖，一般采用钻孔直径为 42mm、孔间距为 1.0～1.5m、孔深为 3～5m 的浅孔爆破。若岩体的初始地应力值较高，比如达到 20～50MPa 量级，可以估算此条件下因开挖卸荷引起的围岩应变率将可达到 10^{-1}～$10^{1}/s$ 量级，甚至更高。因此岩体原始应力场的开挖卸荷是一个实实在在的动态过程[145]。研究也表明，钻爆法开挖过程中，初始地应力的卸载是一个区别于准静态卸载的高速动态卸载过程，它将在掌子面附近的岩体中激起动态卸载应力波[146]。张正宇等在东风电站地下厂房爆破施工过程中的监测结果也表明，爆破对围岩的影响包括爆炸应力波波动影响和开挖轮廓面上初始应力瞬间释放而引起的波动影响两个方面[147]。

可以用一个简单而形象的例子对爆破开挖过程中地应力的动态卸载过程加以说明。如图 7-29（a）所示的弹簧，当给其施加压力 P 时，弹簧被压缩到平衡位置以上 Δd 处[图 7-29（b）]，这一状态为初始状态，如果压力 P 慢慢释放，弹簧只会回弹到平衡位置[图 7-29（c）]；如果压力 P 瞬间突然释放，则弹簧会回弹到平衡位置以下 Δd 处［图 7-29（d)]，此后开始在平衡位置上下振动，与准静态卸载（缓慢卸载）条件下的效果相比，在卸载瞬间相当于对处于平衡位置的弹簧突然施加了一个与 P 等值的拉力。从上面的简单例子可以看到，初始应力的高速卸除会引起动态效应。

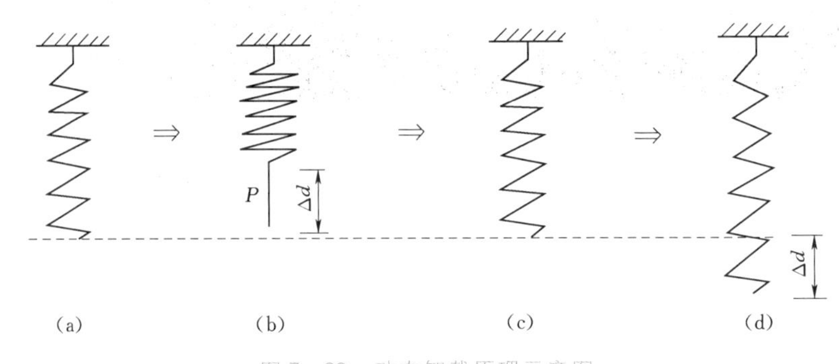

图 7-29　动态卸载原理示意图

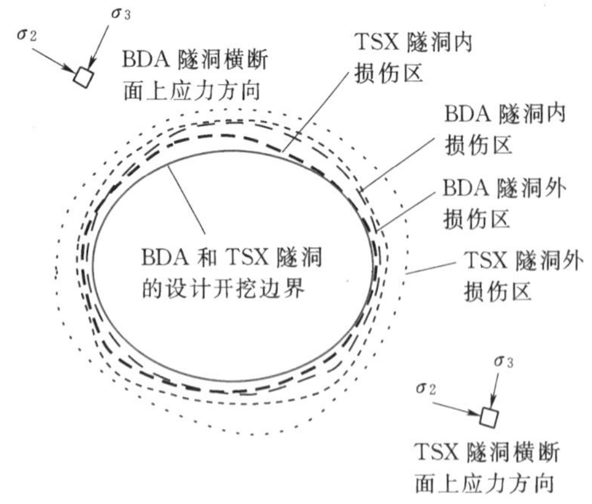

图 7-30　不同地应力水平下圆形洞室钻爆开挖损伤对比[69]

关于高地应力条件下钻爆法开挖的内、外损伤区的形成原因，URL 曾展开了细致的研究。图 7-30 给出了 URL 的钻爆法开挖损伤区检测结果[69]。

图 7-30 中 TSX 和 BDA 两条隧洞断面形状相同、洞轴线与主应力方位的关系相同，且均采用钻爆法开挖，但 TSX 隧洞埋深较大，σ_1 值达到 60MPa，BDA 隧洞埋深较浅，σ_1 值只有 26MPa。根据检测结果，BDA 隧洞内、外损伤区差别不大，且在洞周有些部位几乎重合，而 TSX 隧洞内、外

损伤区差别较大，这表明，内损伤区主要由爆炸荷载造成，而外损伤区则主要由地应力的重分布造成。

国内，薛备芳也比较了钻爆法开挖和 TBM 法开挖对围岩扰动的影响[148]，认为钻爆法开挖时炸药爆炸会造成岩石裂纹区，即直接影响区（见图 7-31 中第一影响区），而 TBM 掘进机开挖时就没有这一裂纹区。无论用哪种方法施工，对围岩都会产生一种内应力重新分配而围岩仍完整稳定的区域，即图 7-31 中的第二区域。但当掘进机开挖时，岩体中储存的变形能逐步释放，围岩应力应变曲线的连续性和过渡性较好，而采用钻爆法开挖时，开挖边界上的地应力瞬间动态释放，位移和应力都不连续，因此 TBM 掘进机开挖时的第二影响区比钻爆开挖时小，围岩支护成本明显降低。

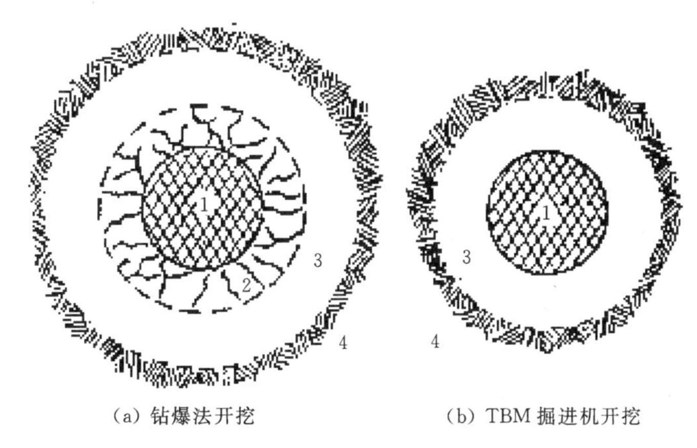

(a) 钻爆法开挖　　(b) TBM 掘进机开挖

图 7-31　两种开挖方法对圆形隧洞围岩的影响[148]

1—隧洞；2—围岩第一影响区；3—围岩第二影响区；4—围岩未扰动区

锦屏辅助洞的检测结果与上述研究具有一定的相似之处。两个检测断面均位于辅助洞东端，其最大主地应力量级在 40MPa 左右。根据检测结果，与最大主地应力平行的断面Ⅰ的内损伤区，无论损伤区的实际深度，还是占中损伤区深度的比例，均要显著大于断面Ⅱ的内损伤区。同时内损伤区在检测断面上的分布也受到二次应力场的控制。这表明，除了爆炸荷载以外，伴随爆破过程发生的地应力高速卸载也对围岩的损伤也起着相当重要的作用，以致在地应力较高时断面Ⅰ内损伤区要显著大于外损伤区。

7.4.2.3　瞬态、准静态卸载应力场的求解

以下将通过理论计算评估地应力瞬态卸载对围岩开挖损伤的影响。

1. 计算模型

为讨论问题的方便起见，设开挖隧洞的断面为圆形，开挖半径为 a_0，且处于远场地应力值为 P_0 的静水应力场中，如图 7-32（a）所示。洞壁围岩在未开挖前处于稳定状态，开挖过程中地应力从 P_0 卸载到零，这个过程用 $P(t)$ 表示，如图 7-32（b）所示。当采用钻爆法开挖时，P_0 在很短的时间（t_d）内卸载到零，这个过程是一个动卸载过程，t_d 的值需通过爆炸荷载驱动的裂缝扩展进行估算。设炮孔深度为 3m，隧洞围岩纵波波速 C_P＝4500m/s，则结合相关文献的高速摄影资料，此处取初始应力卸载时间 t_0＝2ms。

当采用 TBM 掘进机开挖时，P_0 在较长的时间 t_s 内缓慢卸载到零，这个过程是一个

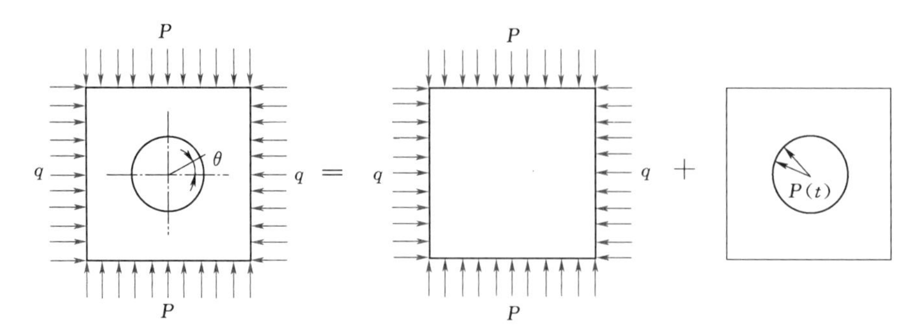

(a) 开挖边界上的地应力

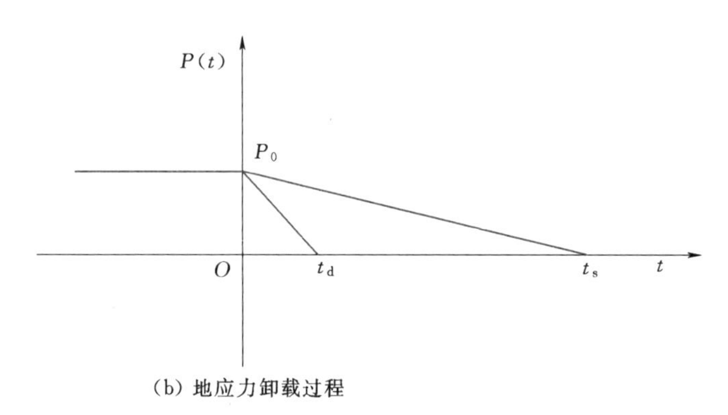

(b) 地应力卸载过程

图 7-32 圆形隧洞全断面开挖时开挖边界上的地应力卸载过程

准静态卸载过程，其卸载时间与掘进机刀盘的切岩速度有关。表 7-7 给出了一般条件下，隧洞掘进机在不同岩性区段（洞段）中开挖时所需要的掘进机推力和所能达到的掘进速度的情况。

表 7-7 隧洞掘进机的推力和掘进速度

区段岩性	泥质和砂岩混合岩层	全断面砂岩	石灰岩、页状石灰岩及泥岩互层	全断面泥岩，仰拱处少量页状石灰岩	泥岩和断层带	泥岩和断层带
平均推力/MN	1.62	2.33	2.85	2.28	1.82	1.55
平均掘进速度/(m/h)	2.30	1.30	1.47	2.46	2.35	2.36

表 7-8 给出了锦屏排水洞 TBM 在白山组 T_2b 大理岩Ⅱ类、Ⅲ类围岩中掘进时的参数即掘进速率。

表 7-8 锦屏排水洞中 TBM 的推力、掘进速度

日期	班次	掘进终止桩号	推力/psi	掘进速度/(m/h)	地层代号	围岩类别
2009-05-11	白班	SK10+803.592	900～1000	—	T_2b	Ⅱ/Ⅲ
	夜班	SK10+793.037	1000～2800	2.5	T_2b	Ⅱ/Ⅲ
2009-05-12	白班	SK10+777.182	2300～2800	2.6	T_2b	Ⅱ
	夜班	SK10+762.511	1200～3000	2.88	T_2b	Ⅱ

续表

日期	班次	掘进终止桩号	推力/psi	掘进速度/(m/h)	地层代号	围岩类别
2009-05-13	白班	SK10+753.867	900～2000	3.02	T_2b	Ⅱ
	夜班	SK10+734.952	2900～3000	2.85	T_2b	Ⅱ
2009-05-14	白班	SK10+720.904	1500～3000	3.2	T_2b	Ⅱ
	夜班	SK10+704.964	1800～3000	3	T_2b	Ⅱ
2009-05-15	白班	SK10+686.900	2800～3000	2.4	T_2b	Ⅱ
	夜班	SK10+669.793	1000～3000	2.9	T_2b	Ⅱ
2009-05-23	白班	SK10+529.975	900～2400	2.4	T_2b	Ⅲ
	夜班	SK10+513.920	1000～3000	2.7	T_2b	Ⅲ
2009-05-24	白班	SK10+502.680	1000～1600	2.5	T_2b	Ⅲ
	夜班	SK10+488.250	1000～2700	2.6	T_2b	Ⅲ
2009-05-25	白班	SK10+478.462	900～2800	2.8	T_2b	Ⅲ
	夜班	SK10+488.252	2200～2800	2.8	T_2b	Ⅲ

注 表中 psi 代表磅每平方英寸，与 MPa 的换算关系为 1psi=0.006895MPa。

由表 7-7 和表 7-8 中给出的掘进速率的平均值可以估算，当掘进机在岩石中掘进 1mm 大约需要 500ms 的时间，对应的平面应变模型，取准静态卸载时间（当然，此值还可以取得更大）$t_s=12t_d=24\text{ms}$。

2. 求解

为了便于计算，将开挖边界上地应力的卸载过程（如图 7-33 中折线①）分解为爆区的初始应力状态（线段②）和动态拉荷载（曲线③）的叠加，图中的 t_0 在准静态卸载计算时取 t_s，在动态卸载计算时取 t_d。

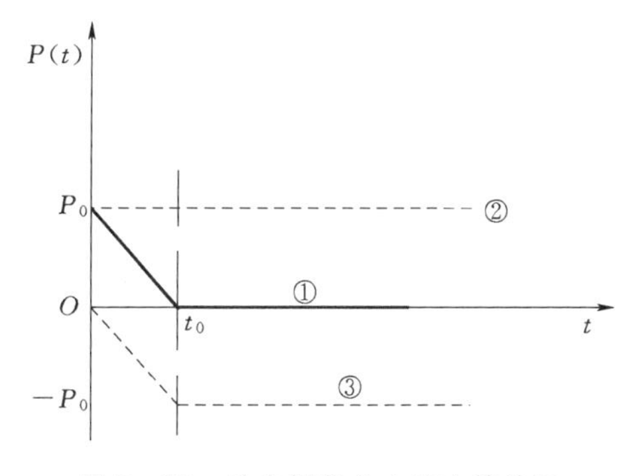

图 7-33 动态卸载应力状态等效图

考虑到实际工程岩体中存在大量的微裂纹以及卸荷过程岩体的脆性破坏现象，选用 Griffith 强度准则作为初始应力动态卸载破坏准则。规定应力以压为正，以拉为负，σ_t 表示抗拉强度，Griffith 强度理论的破坏准则为

$$\begin{cases}(\sigma_1^2-\sigma_3^2)-8\sigma_t(\sigma_1+\sigma_3)=0, & \sigma_1+3\sigma_3>0\\ \sigma_3=-\sigma_t, & \sigma_1+3\sigma_3<0\end{cases} \tag{7-2}$$

由于岩石的动态断裂强度与应变率相关，一般认为岩石的强度与应变率成正比。Olsson 常温下应变率从 $10^{-6}\sim10^4\text{s}^{-1}$ 时凝灰岩单轴抗压强度试验表明：应变率小于某一临界值时，强度随应变率的变化不大；而当应变率大于某一临界值时，强度随应变率迅速增大，这种关系可以表示为

$$\sigma_d\propto\begin{cases}\dot{\varepsilon}^{0.007}, & \dot{\varepsilon}\leqslant76\text{s}^{-1}\\ \dot{\varepsilon}^{0.35}, & \dot{\varepsilon}>76\text{s}^{-1}\end{cases} \tag{7-3}$$

爆破过程中地应力瞬态卸载所引起的岩石应变率 $\dot{\varepsilon}$ 约为 $101\mathrm{s}^{-1}$ 量级，可以认为 $\dot{\varepsilon} \leqslant 76\mathrm{s}^{-1}$，因此，地应力高速释放过程中，应变率不会对岩石强度产生显著影响。而吴刚等、王贤能、黄润秋的试验结果均表明，岩石在卸荷过程中其强度明显降低，而且岩石卸荷速度越快，其强度越低。因此，本文在计算时取岩体动、静抗拉强度值均为 $\sigma_t = 2\mathrm{MPa}$，所得的动态卸载损伤范围趋于保守。

利用 ANSYS/LS-DYNA 程序进行了求解，计算时初始地应力值取 20MPa。图 7-34 给出了侧压力系数 $\lambda = 1$、$\lambda = 2$ 和 $\lambda = 3$ 时初始地应力高速卸载（爆破开挖）和准静态卸载情况下隧洞围岩的损伤情况。

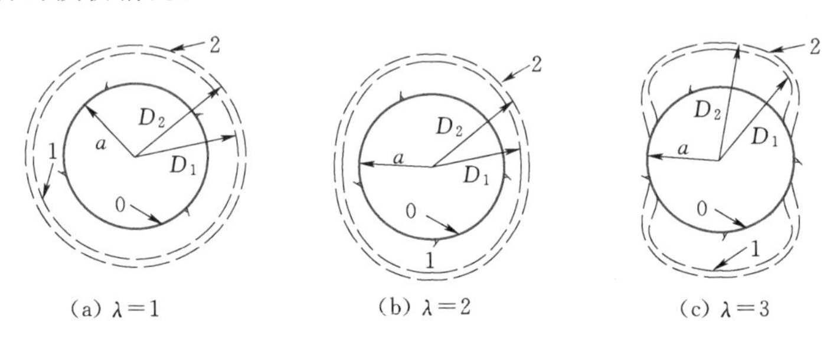

图 7-34 初始地应力卸载圆形洞室周围损伤范围

1—准静态卸载洞周损伤范围；2—高速卸载洞周损伤范围

图中外侧虚线分别为准静态、高速卸载情况下圆形洞室周围损伤范围，D_1、D_2 分别表示二者的损伤半径。具体计算结果见表 7-9（表中 θ 为隧道横截面第一象限内研究点与圆心连线和水平半径的夹角）。

表 7-9 地应力高速、准静态卸载情况下围岩损伤范围

θ/(°)	$\lambda=1.0$		$\lambda=2.0$		$\lambda=3.0$	
	D_2/a	D_1/a	D_2/a	D_1/a	D_2/a	D_1/a
0	1.53	1.42	1.34	1.23	1.00	1.00
15	1.53	1.42	1.36	1.25	1.00	1.00
30	1.53	1.42	1.41	1.30	1.20	1.00
45	1.53	1.42	1.46	1.36	1.48	1.38
60	1.53	1.42	1.52	1.42	1.61	1.52
75	1.53	1.42	1.55	1.45	1.62	1.53
90	1.53	1.42	1.55	1.45	1.61	1.52

从图 7-34 和表 7-9 可以看到，爆破开挖过程中，考虑地应力的瞬态卸载效应后，地应力卸载损伤比不考虑这一影响时要大 1.07～1.09 倍（地应力值取 20MPa），且这一影响有随地应力值的增加而增大的趋势。本文计算时采用的地应力值是 20MPa，而锦屏二级水电站引水隧洞的地应力值可达 70～100MPa，可以预见，随着地应力水平的提高，爆破开挖过程中地应力动态卸载所引起的围岩损伤范围将更大。

另外，洞室开挖后二次应力集中区的卸载损伤范围相对较大，损伤范围的分布形式由二次应力场的形态决定，这一点和锦屏辅助洞及引水隧洞的损伤区检测结果是相符的。

以上的计算结果充分说明，在高地应力条件下，隧洞开挖过程中初始地应力高速卸载效应不应该被忽略，它是造成岩体高应力开挖损伤的重要因素之一，这一动态卸载效应应该予以重视。

7.4.2.4 地应力瞬态卸载的破坏机理

FLAC 和 Phase2 是两款地下工程中常用的计算软件，前者是一款有限差分软件，后者则是一款有限元软件。事实上，当深埋隧洞采用全断面钻爆法开挖时，在起爆瞬间，开挖轮廓面上的地应力需要瞬时卸载到 0。有限差分软件 FLAC 因为考虑了惯性作用，可以较为真实地模拟这一现象。(实际上，FLAC 的计算夸大了地应力的瞬态卸载效应，它认为边界上的法向应力在一个计算步就卸载到 0，但实际上这个卸载过程虽短，也是有一个过程的。卸载过程的快慢是影响地应力瞬态卸载效应的关键因素之一。) 而有限元软件 Phase2 由于采用刚度矩阵，只是通过静态计算使系统重新达到平衡。因此，可以分别采用这两种软件来研究地应力瞬态卸载效应诱发围岩破坏的力学机制。

根据 M. Cai 的计算成果[134]，设有一圆形隧洞，直径为 10m，采用钻爆法一次性全断面开挖成型。区域地应力场采用加拿大 URL 的地应力场：$\sigma_x = 60$MPa，$\sigma_y = 11$MPa 和 $\sigma_z = 45$MPa，岩体采用 Mohr - Coulomb 弹塑性模型，破坏后残余强度为 0，其他参数是变量，通过不断变化其他参数来研究该效应的破坏机理。

图 7 - 35 给出了抗拉强度 σ_t 在 5～15MPa 之间变化，而 C、φ 值均值很高（目的是使围岩仅出现受拉破坏，而不出现受剪破坏）的情况下受拉破坏区的分布情况；而图 7 - 36 则相反，在抗拉强度 σ_t 取很高值的情况下，C 值在 20～30MPa 之间变化时（$\varphi = 40°$，剪胀角 $\psi = 10°$不变）围岩仅出现受剪破坏的情况。

对比两图可以看到，在岩体抗拉强度较低的时候，考虑或者不考虑地应力的瞬态卸载效应时，围岩破坏区的差异非常大，随着岩体抗拉强度值的提高，这种差异渐渐变小；而对受剪破坏的情况，两种方法的计算结果虽然有一些差异，但差异明显较受拉的情况时小。因此，可以认为，地应力瞬态卸载所产生的围岩破坏以受拉破坏为主。

图 7 - 37 则给出了不同侧压力系数条件下地应力瞬态卸载所产生的受拉破坏区的分布情况，可以看到，随着侧压力系数趋近于 1，受拉破坏区面积和深度均大大减小。锦屏深埋隧洞群施工区域的地应力绝对水平虽然高，但应力状态很好，根据前面的研究，侧压力系数在 0.9～1.3 之间，因此，工程开挖过程中并没有观察到十分明显的地应力瞬态卸载破坏现象，但局部区域还是需要引起重视，如辅助洞横通道等。

7.4.2.5 小结

通过锦屏辅助洞、引水隧洞围岩声波检测分析及相关计算，可以得到如下基本结论：

(1) 高地应力条件下进行钻爆开挖时，地应力赋存的方向对开挖损伤区具有较大影响。当隧洞轴线垂直于大主应力时开挖损伤区较大，隧洞轴线平行于大主应力时损伤区较小。

(2) 锦屏深埋隧洞钻爆开挖损伤区可以分为内损伤区和外损伤区，其中，前者主要由爆炸荷载和地应力高速卸载引起，其主要特征是岩体声波速度显著降低；后者主要由应力重分布引起，特征是岩体声波速度缓慢降低，到外损伤区边界附近恢复到未扰动岩体的水平。

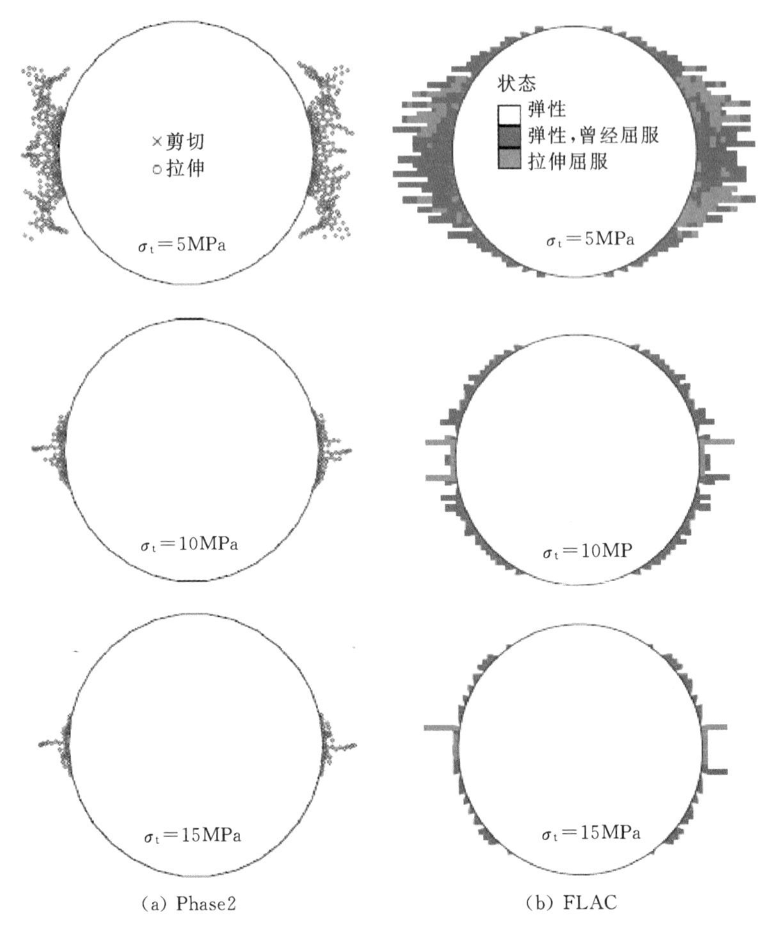

(a) Phase2　　(b) FLAC

图 7-35　地应力瞬态卸载受拉破坏区[14]

(3) 钻爆开挖的辅助洞和 2 号引水隧洞的实测岩体内损伤区深度显著大于外损伤区深度，且内损伤区在断面上的分布特性受到开挖二次应力场的影响。这表明伴随爆破过程发生的地应力瞬态卸载效应是内损伤区形成的直接原因之一，辅助洞的声波检测和数值模拟计算均证明了这一点。

(4) 钻爆开挖的隧洞，内损伤区深度可以占到总损伤区深度的 50%以上，该区域损

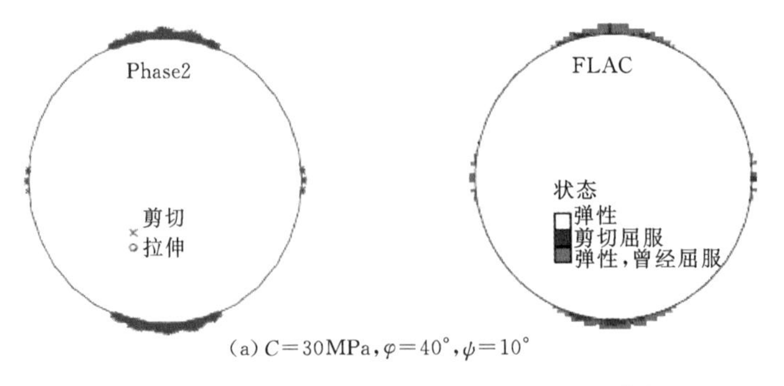

(a) $C=30$MPa，$\varphi=40°$，$\psi=10°$

图 7-36 (一)　地应力瞬态卸载受剪破坏区[14]

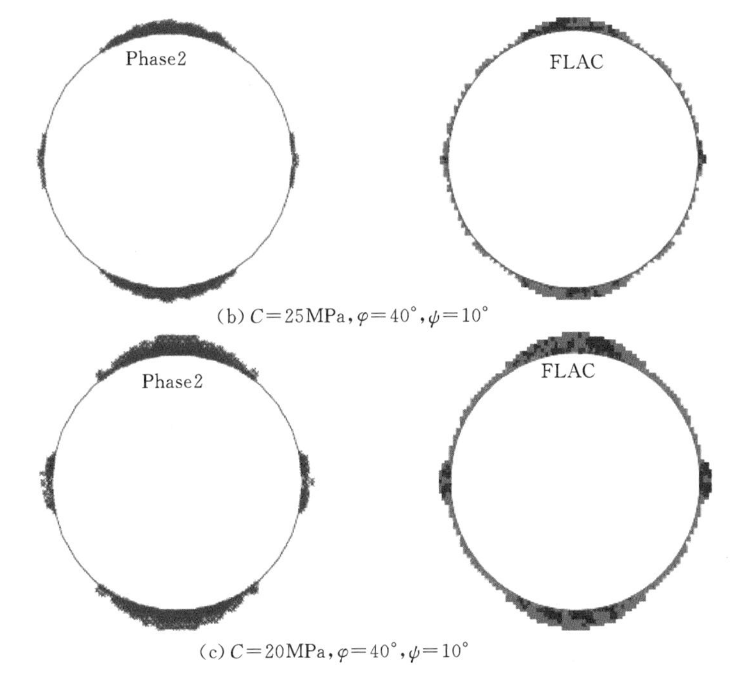

(b) $C=25\text{MPa},\varphi=40°,\psi=10°$

(c) $C=20\text{MPa},\varphi=40°,\psi=10°$

图 7-36（二） 地应力瞬态卸载受剪破坏区[14]

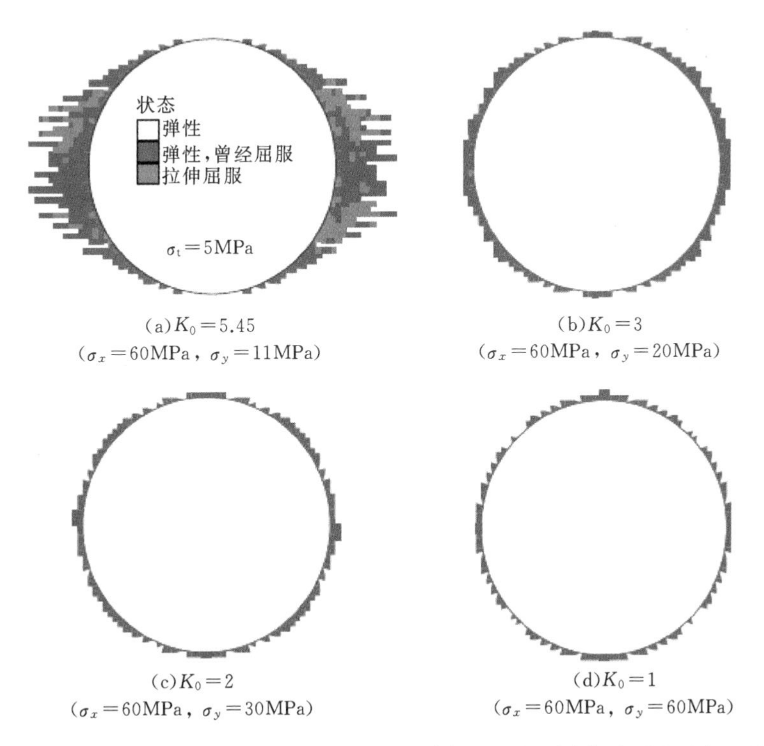

(a) $K_0=5.45$
($\sigma_x=60\text{MPa}$, $\sigma_y=11\text{MPa}$)

(b) $K_0=3$
($\sigma_x=60\text{MPa}$, $\sigma_y=20\text{MPa}$)

(c) $K_0=2$
($\sigma_x=60\text{MPa}$, $\sigma_y=30\text{MPa}$)

(d) $K_0=1$
($\sigma_x=60\text{MPa}$, $\sigma_y=60\text{MPa}$)

图 7-37 不同侧压力系数下 FLAC 软件计算地应力瞬态卸载受拉破坏区[14]

伤较为严重，岩体基本失去承载力；而 TBM 开挖洞段，内损伤区深度约占总损伤区深度的 25%～35%，该区域的形成可能更多地受到锦屏大理岩强度时间效应的影响，是表面应力松弛破坏逐渐发展的结果。

7.4.3 损伤区孕育的时间效应

锦屏深埋洞室开挖后，由于系统支护稍微滞后，造成围岩表面出现随时间推移而发生的破损现象，揭示了锦屏大理岩强度的时间效应，因此，为了解引水隧洞钻爆法开挖洞段围岩应力集中区和应力松弛区的围岩损伤状态（深度及范围）随时间的演化规律，有针对性地对引（2）13＋085 和引（2）13＋185 两个损伤区检测断面，及引水隧洞 2－1 号试验洞内声波检测长观孔进行了多次声波检测。

7.4.3.1 检测方案及检测断面

根据地应力测试及辅助洞、引水隧洞断面上高应力破坏出现的位置，初步判断：在引水隧洞断面上，高应力开挖损伤区应该在断面北侧拱肩和南侧拱脚部位深度最大，且损伤最为严重。为了测试方便，同时也为了保证测试过程的水耦合，提高测试精度，测试孔的布置见图 7－38［以引（2）13＋185 断面为例］。另外，在距离检测断面 60cm 处，在预计高应力开挖损伤最大的南侧拱脚，平行于检测孔 3 号、4 号钻设跨孔检测孔，用于和单孔检测对比。跨孔检测孔布置如图 7－39 所示［以引（2）13＋185 断面为例］。

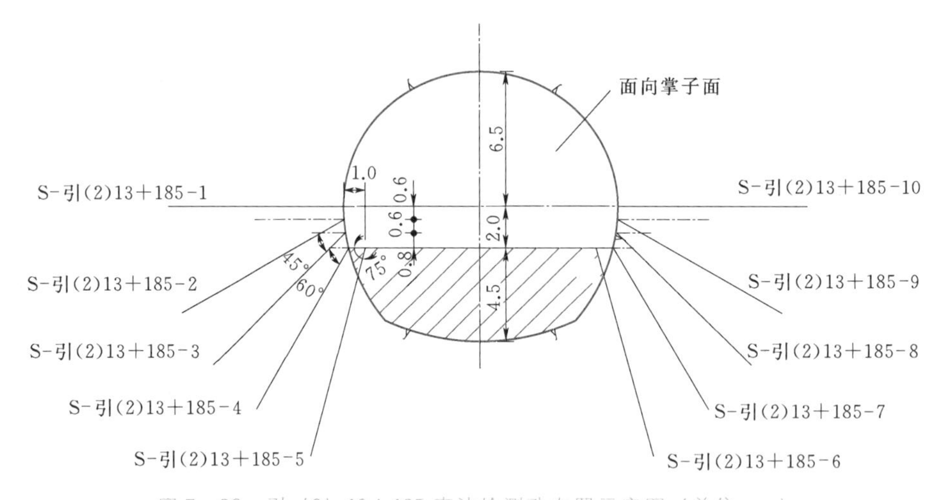

图 7－38 引（2）13＋185 声波检测孔布置示意图（单位：m）

声波检测内容包括单孔和跨孔检测，其中以单孔检测为主。声波检测仪器与前面的检测作业相同，为武汉岩海工程技术开发公司的 RS－ST01C 型声波仪。为提高精度，声波检测由下而上沿孔壁连续观测，移动步距为 0.1m。

为了监测开挖损伤区发展的时间效应，这两个断面的声波检测孔作为长期观测孔予以保留，检测计划为：开挖后即进行第一次检测，1 个月后进行第二次检测，再过 1 个月进行第三次检测，第一次测试后 5 个月进行第四次测试，最后一次（第五次）测试在第一次测试后 11 个月进行。

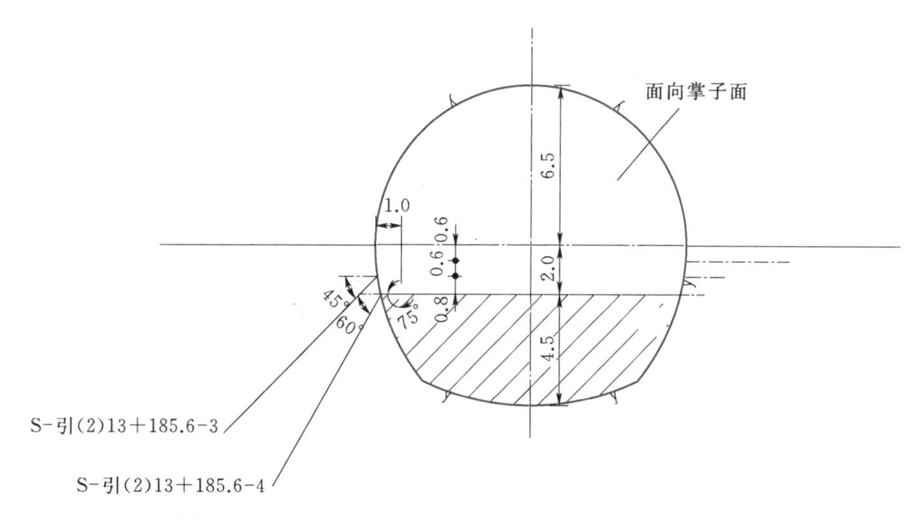

图 7-39　引（2）13+185.6 声波检测孔（跨孔检测孔）布置示意图（单位：m）

7.4.3.2　检测结果分析

图 7-40 和图 7-41 分别给出了引（2）13+185 断面两次声波检测的结果。总体而言，引水隧洞南侧拱脚（即图 7-41 中左下侧）的损伤深度较北侧拱脚（即图 7-41 中右下侧）略小，这是由于前者的围岩质量明显优于后者的缘故。

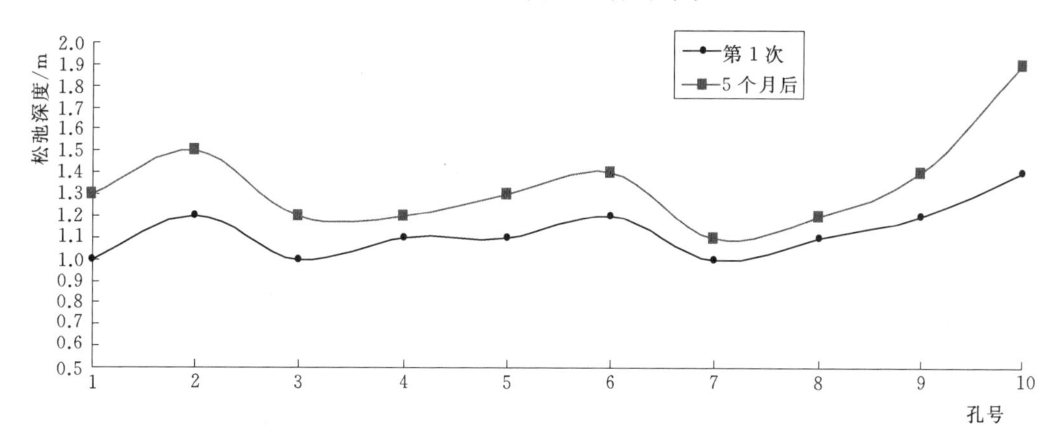

图 7-40　引（2）13+185 断面长观孔单孔测试松弛深度随时间变化曲线

可以看到，锦屏大理岩围岩中的开挖损伤区存在明显的时间效应，开挖支护后经过 5 个月，各个检测孔的损伤区深度均有不同程度的增大，其中增幅最大的位于引水隧洞南侧拱脚（即图 7-41 中左下侧），增幅为 20%左右。此检测结果一方面说明大理岩强度的时间效应，即开挖后二次应力超过岩体启裂强度后，岩体中微裂纹不断扩展贯通，造成围岩承载力不断下降；另一方面，开挖损伤区的时效特性说明二次应力场的分布对损伤区分布的影响，南侧拱脚的时效特性明显大于北侧拱脚（即图 7-41 中右下侧）。

为说明大理岩强度时间效应引起开挖损伤区孕育的时间效应，对前后两次检测得到的各测点声波速度值进行了分析。总体上，随着时间的增长，声波速度有明显的降低，尤其是孔口至 1.9m（即内损伤区）。南侧拱脚 5 个检测孔波速衰减率变化范围为 0～32.3%，

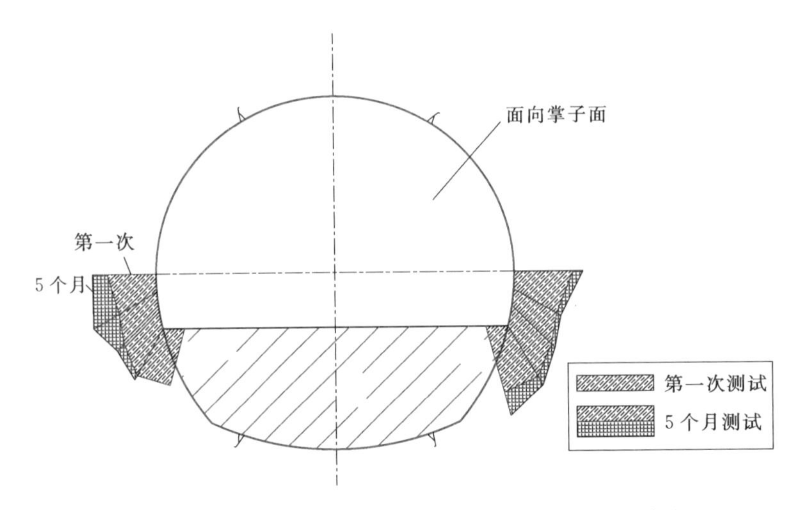

图7-41 引(2)13+185断面长观孔单孔松弛圈测试成果

平均降低率为3.3%，其中孔口至1.5m波速平均降低率为5.2%；北侧拱脚波速衰减率变化范围为0～62.8%，平均为5.4%，其中孔口至1.9m波速平均降低率为16.7%。以上结果证实，围岩开挖损伤区的内损伤区岩体声波速度随时间衰减非常明显，说明内损伤区的形成强烈地受到岩体强度时间效应的影响。

7.5 本章小结

深埋岩体脆性破坏类型可以划分为应力损伤、应力节理（破裂）、片帮、岩爆和应力坍塌等几种形式。这些表现形式上的差别代表了应力和岩体强度之间矛盾的差异程度，如应力水平低于岩体峰值强度可以产生应力损伤，而开挖过程中很快达到峰值强度时则可以产生岩爆。深埋围岩高应力破坏形式的多样性和变化性要求相应的研究工作必须具有系统性，从而为支护优化的决策提供强有力的支撑。

深埋隧洞开挖后洞周会出现损伤和应力重分布现象，形成开挖损伤区。围岩损伤是应力状态与强度之间矛盾的结果，围岩应力状态的变化决定了损伤特征。围岩由于埋深，即地应力水平的增加，非线性力学特性更加突出。围岩损伤区域可以通过波速测试、渗透测试、声发射监测等手段进行定量测量。描述和预测围岩损伤区域对支护优化设计，尤其是对确定锚杆支护深度具有重要意义。

本章从锦屏二级辅助洞和引水隧洞声波检测资料入手，分析了钻爆法和TBM法开挖条件下隧洞围岩开挖损伤区检测结果的特点，对损伤区进行了再次分区，并通过理论计算初步研究了高应力条件下深埋洞室开挖损伤区的形成机理，并将锦屏深埋隧洞钻爆开挖损伤区分为内损伤区和外损伤区，其中前者主要由爆炸荷载和地应力高速卸载引起，其主要特征是岩体声波速度显著降低；后者主要由应力重分布引起，特征是岩体声波速度缓慢降低，到外损伤区边界附近恢复到未扰动岩体的水平。

深埋围岩安全性态的监测与测试

8.1 常用监测和测试方法

围岩安全监测和测试的目的在于掌握开挖以后的围岩状况，及时了解围岩安全性，并通过调整设计方案和完善施工方法等工程手段在快速掘进和围岩稳定之间取得最佳平衡点。

深埋隧洞开挖过程中所需要开展的安全监测和测试工作的内容及技术要求，主要受到围岩潜在问题的类型、性质和主要特点的影响，概括地说，主要取决于围岩开挖响应。根据锦屏隧洞围岩开挖响应方式的研究成果，隧洞开挖以后围岩响应的主要表现方式包括围岩变形、块体破坏、破裂损伤、岩爆破坏。或者说，这几种方式可以对围岩安全造成显著影响，是需要通过监测和测试手段得到反映的主要潜在问题。

围岩变形是地下工程中最常见的基本问题，不过，从监测测试（乃至支护）的角度出发，锦屏围岩变形与常规水电站地下工程可能存在很大差别，就安全监测工作而言，这些差别表现在以下两个方面：

（1）工程中关心的变形全部是不可逆的塑性变形，总体上具有量级相对较大、作用时间长的特点，因此监测到的变形发展规律、绝对量级等都可以与常规经验存在显著差别。

（2）大理岩洞段和相对软弱围岩（绿泥石片岩和板岩）洞段的变形机理和分布存在很大的差异，对监测和测试工作提出了不同的要求。总体而言，脆性大理岩洞段的围岩变形是脆性破裂损伤发展到后期的结果，变形监测成果对围岩安全缺乏足够的“预警”意义。软弱围岩洞段的变形主要由塑性应变组成，是体现围岩安全性的重要指标。首先，锦屏深埋隧洞获得的变形量和发展趋势可能会突破传统的经验认识，可能需要建立新的理念和安全（允许）标准。其次，大理岩的变形监测结果可能不再适合于进行安全预警，需要建立新的围岩安全评价体系，并相应地引入更合理的监测方法。

硬质岩石地区浅埋地下工程开挖的主要问题实际上是结构面导致的变形和块体破坏，深埋地下工程中，结构面的作用发生了变化，对围岩安全的影响出现加剧和趋于缓和的两极分化。一般情况下，地下工程中的块体破坏采用变形和锚杆应力监测方法了解其安全状况。只有在大跨度地下工程中，特定结构面的组合存在确定性块体的稳定问题时，监测工作才针对具体的结构面，所采用的监测方法如伸缩仪、测缝计等仍然属于变形监测的范畴。

在深埋地下工程中，结构面对围岩安全的不利作用趋于加剧的主要表现，是与完整岩体的剪切面组成破坏块体，这种块体破坏可以不再需要结构面的组合。在这种破坏方式中，结构面附近围岩破裂损伤加剧可以构成这种块体破坏的内在原因之一，也就是说，块体破坏也不再单纯是结构面变形到一定程度的结果，因此，变形可能不再是了解块体稳定性的最有效方法。完整岩体的剪断破坏是破裂发展的结果，对围岩破裂状态的了解成为安全监测在另一个方面的要求。

浅埋条件下锚杆应力主要由结构面变形引起，与之不同的是，深埋条件下锚杆应力可以主要反映完整岩体破裂和破坏发展的结果，这对锚杆应力计安装、监测结果的工程解译等都可能提出了新的要求。

相比较传统的变形和块体稳定问题而言，锦屏深埋隧洞开挖以后围岩中存在的破裂损伤和岩爆属于新的问题，如何通过监测和测试手段了解这些问题的潜在风险和影响程度，显然对监测和测试工作提出了新的挑战。

在浅埋地下工程实践中，围岩变形和稳定主要受到结构面临空状态、开挖面几何形态的影响，因此，监测仪器的平面和断面布置一般也主要针对这两个方面的因素。以圆形隧洞为例，一般条件下的监测部位为顶拱和两侧边墙，存在确定性结构面时针对结构面布置。深埋地下工程围岩变形机理的变化很可能使得这种布置原则的现实有效性存在问题，断面布置优化成为需要解决的一个具体环节问题。

概括地讲，对于大理岩洞段而言，从目前的认识看，围岩破裂是最基本的开挖响应，当裂纹以缓和的形式发生和扩展时，形成了围岩的损伤和滞后破裂现象，并逐渐表现出较大和不断增大的变形。破裂发展到一定程度并与结构面组合时，可能形成块体破坏。当裂纹在较大范围内迅速扩展导致显著的能量释放时，则可能诱发岩爆现象，可见，破裂行为是大理岩洞段安全监测需要重点关注的对象。

针对深埋隧洞潜在的主要问题，监测和测试优化的首要任务是保证方法手段的合理性，其次才是有效性。因此，需要首先了解不同监测测试方法在锦屏深埋围岩中可能的力学和工程意义，特别是监测结果所指示意义与浅埋地下工程存在的差别。

对于相对软弱的围岩如绿泥石片岩和板岩而言，隧洞开挖以后的主要潜在问题是变形和变形导致的失稳，因此，针对围岩变形及其涉及的相关问题的所有监测方法仍然适用于相对软弱的围岩洞段。所不同的是，深埋条件下相对软弱围岩的变形以塑性变形为主，因此主要发生在断面最大主应力与断面相切的位置上，在监测设施的断面布置上需要考虑到这一特点。另外，塑性变形意味着部分围岩开始出现结构性破坏，现实中需要了解这种破坏的发展深度，成为监测和测试工作需要关心的另一个环节的问题。

相比较而言，针对大理岩裂纹发生和扩展的监测工作显得比较特殊，各种监测方法和手段的针对性和指示性可能与浅埋条件下存在较大的差别，深埋大理岩段各监测方法的意义与浅埋条件下的差别有以下几点：

（1）从技术上讲，声发射监测是了解裂纹发生和发展的最佳手段，目前的技术发展到不仅可以了解声发射数量，而且可以进行裂纹定位和方位解译，从技术可行性上讲，该技术手段可以帮助勾画出破损区的发展过程。并且，由于声发射监测技术可以捕捉裂纹的发生，因此比任何其他监测手段都具有“预警”作用。

（2）当裂纹发展到相当的密度以后，岩体的力学特性开始受到影响，此时围岩中的应力水平和波速可能开始衰减，因此，围岩应力监测和声波测试结果开始发生变化，从而可以反映围岩状态。原则上，只有裂纹发展到相当密度和围岩结构特性开始发生改变以后，围岩的变形量才开始显著增大。即变形主要是脆性破裂的结果，因此，此时的变形监测结果相对缺少“预警”价值，并且，较大的变形主要出现在围岩脆性破裂区内，对变形监测仪器类型和安装提出了新的要求：

1）锚杆应力：浅埋地下工程锚杆应力主要受结构面变形影响，锚杆应力监测值因此受到应力计与变形结构面空间位置关系的影响，现实中往往因此出现显著的分散性。锦屏隧洞大理岩洞段锚杆应力计很可能主要反映了围岩破裂程度的影响，而破裂程度具有显著的空间效应和时间效应。

2）钻孔电视：围岩破裂以后的状态可以采用钻孔电视技术得到直观描述，结合其他测试成果，可以帮助建立围岩宏观状态和测试成果之间的关系，比如，声波降低到什么程度时开始出现肉眼可见的宏观破损，以及波速衰减程度和破损程度之间的对应关系。

3）压应力计：喷射混凝土在锦屏深埋隧洞施工中被大量使用，且效果也被广泛认同，是最具质量保证能力的支护手段。压应力计监测可以为了解深埋隧洞喷层支护效果提供很有价值的数据资料。

8.2 锦屏二级深埋大理岩监测成果分析

锦屏隧洞已经开展的安全监测工作包括变形监测（多点位移计和收敛计）、锚杆应力监测、物探（声波和地震波）检测以及混凝土衬砌的应变监测等。

钻爆法开挖的 2 号、4 号引水隧洞掘进一般超前于 TBM 掘进，这一现场条件为从 2 号、4 号引水隧洞向 1 号、3 号引水隧洞所在位置的围岩预埋监测仪器提供了有利条件，也使得这种预埋仪器的监测结果更具有指示意义，本节的变形分析也将主要依赖这些监测资料。

8.2.1 变形监测成果分析

为了捕捉变形随掌子面推进的全程变化，锦屏隧洞利用钻爆法开挖的 2 号、4 号洞超前于 TBM 开挖的 1 号和 3 号引水隧洞的优势，在部分断面预埋了多点位移计。总体上，TBM 通过这些监测断面时，在测点位置上引起的位移变形量一般都不大，平均测值不足 10mm，最大为 23.4mm。如果认为这些测值代表了围岩最大变形，则收敛应变率平均值小于 0.2%，最大仅 0.38%，远小于对围岩变形的控制标准（1%）。

图 8-1 为引（2）15+505 断面预埋多点位移计断面，地层岩性为 T_2^5y 灰～灰黑细晶中薄层状大理岩，围岩分类为Ⅲ类，该部位的埋深约 1122m。从监测结果看，2 号洞落底开挖导致的变形量与 1 号洞全断面开挖相当，甚至略高一些，最大变形量仅为 9.49mm，而且隧洞开挖以后变形能迅速稳定，滞后变形现象不明显。类似的测试结果在锦屏深埋引水洞工程中非常普遍，显然，除非锦屏大理岩的变形特征严重偏离过去的认识水平，否则，在如此深埋部位开挖一个如此大洞径的隧洞以后，围岩变形量仅在几毫米的水平。也就是说，锦屏深埋隧洞多点位移计监测到的变形量严重偏离一般认识。

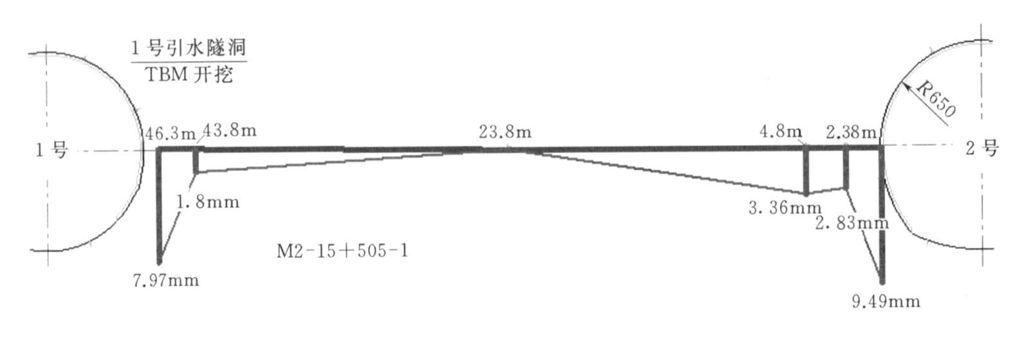

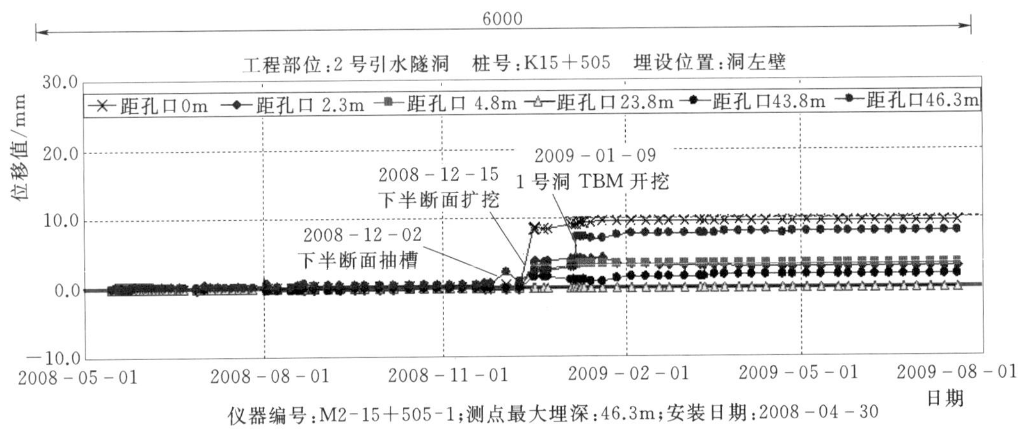

图8-1 引(2)15+505断面预埋多点位移计

结合对大理岩特性及其决定的围岩变形特点的研究成果，洞壁围岩破裂和破裂发展是导致变形的主要机制，传统的多点位移计监测技术在监测围岩这种方式的变形时显得比较粗糙。因此，大理岩洞段围岩变形不是工程中最关心的围岩开挖响应方式，也不是最本质的方式，传统的多点位移计监测技术在针对破裂导致的变形时，在灵敏性和安全预警性两个方面都很可能存在适应性不足的问题。这一方面说明变形监测可能不是最重要和最有针对性的监测内容，另一方面也要求对监测技术进行适当的改进和优化。

8.2.2 锚杆应力监测成果分析

锦屏二级深埋引水隧洞锚杆应力监测工作都在隧洞开挖以后开始，即埋设断面滞后于开挖掌子面，没有完整的预埋监测断面。

锚杆应力计读数变化是传感器所在部位围岩变形的结果，理想情况下，希望锚杆应力计所在部位围岩变形方向与锚杆轴向方向一致。

传统锚杆应力计的读数受到围岩变形机理和仪器埋设技术的影响，当围岩变形主要由结构面控制时，全长黏结埋设方式的锚杆应力计读数大小还和传感器与变形结构面之间的位置关系密切相关。在很多情况下，当结构面与传感器的距离超过大约0.6m时，传感器的响应较小。当传感器埋设于变形结构面的外侧（靠临空面一侧）时，有时还可能出现受压情况，当然，受压也还可能是传感器受到剪切过程弯曲变形受到挤压的结果。正是由于这些原因和不确定性，现实中锚杆应力监测结果可能非常分散。

深埋隧洞实践中锚杆应力计读数变化既可以是结构面变形的结果，更普遍的，还可以是传感器一带围岩破裂的结果，当破裂问题占据主要地位时，深埋隧洞围岩锚杆应力计读数更容易出现变化，也更普遍地为拉应力。从这个角度看，就全长黏结锚杆而言，锚杆应力监测结果在深埋条件下比浅埋地下工程更稳定、更具有代表性。

表 8-1 汇总了 23 个监测断面上锚杆应力监测成果中的最大值，除去两个压应力测试结果以外，其余 21 个断面最大拉应力的平均值达到 110MPa，其中大于 180MPa 的测试断面共 6 个，说明锚杆应力水平总体相对较高，且出现超限现象。

表 8-1　　锦屏二级深埋隧洞部分锚杆应力监测结果统计

基本信息			统计结果		
			最大值		主要范围/MPa
测试断面	埋深/m	岩体类别	数值/MPa	深度/m	
引（1）16+449	472	Ⅲ	51.6	2	0～50
引（1）16+130	718	Ⅲ	187.18	6	−70～150
引（1）16+050	780	Ⅲ	62.17	2	−15～50
引（1）16+022.5	794	Ⅲ	195.42	2	−12～170
引（1）15+687	1106	Ⅲ	119.06	2	2～105
引（2）16+291	576	Ⅲ	7.95	2	−1～6
引（2）15+290	1270	Ⅲ	165	6	−22～80
引（2）13+600	1840	Ⅲ	−4.5	4	−4～2.4
引（2）12+261	2009	Ⅳ	105.78	2	3～60
引（3）16+346	552	Ⅲ	80.45	6	10～50
引（3）16+338	557	Ⅲ	210.69	6	10～175
引（3）16+080	754	Ⅲ	184.23	2	0～160
引（3）16+000	823	Ⅲ	52.95	2	0～40
引（4）16+401	447	Ⅲ	80.45	2	0～45
引（4）16+250	594	Ⅲ	214.38	2	0～150
引（4）16+180	657	Ⅲ	25	4	0～20
引（4）15+830	968	Ⅱ	270	2	10～130
引（4）15+230	1216	Ⅲ	20	2	−2～15
引（4）15+000	1334	Ⅲ	84.74	2	0～20
引（4）14+950	1307	Ⅲ	57.5	2	0～10
引（4）14+000	1730	Ⅲ	63.56	2	0～40
引（4）13+800	1841.6	Ⅲ	−4	2	−1～0
引（4）13+190	1851	$Ⅲ_b$	75.84	2	0～27

表 8-1 列出的锚杆应力计安装断面全部严重滞后于开挖掌子面，因此，这些锚杆应力计监测得到的读数主要体现了围岩滞后变形或围岩破裂滞后效应的结果。围岩锚杆应力监测结果可以总结为以下两点：

(1) 所有的锚杆应力计安装都严重滞后于开挖，所监测到的锚杆应力是围岩力学特性所变化的结果，即主要是破裂随时间增长的结果，滞后变形也是破裂随时间增长的表现形式之一。

(2) 大部分情况下以距洞壁 2m 深度处的锚杆应力显著大于更深部位，根据表 8-1，在所有 23 个断面中，16 个断面的最大应力出现在 2m 深度处，即总体上以浅部受力较大。

图 8-2 所示的锚杆应力变化过程揭示了一个比较普遍的现象，就是锚杆应力增长经历了一个相对较长的过程；如果锚杆受力是围岩破裂发展的结果，这说明即便是在没有开挖影响的情况下，围岩破裂发展会经历一个相当长的历程，这与多点位移计变形监测成果存在明显差别。

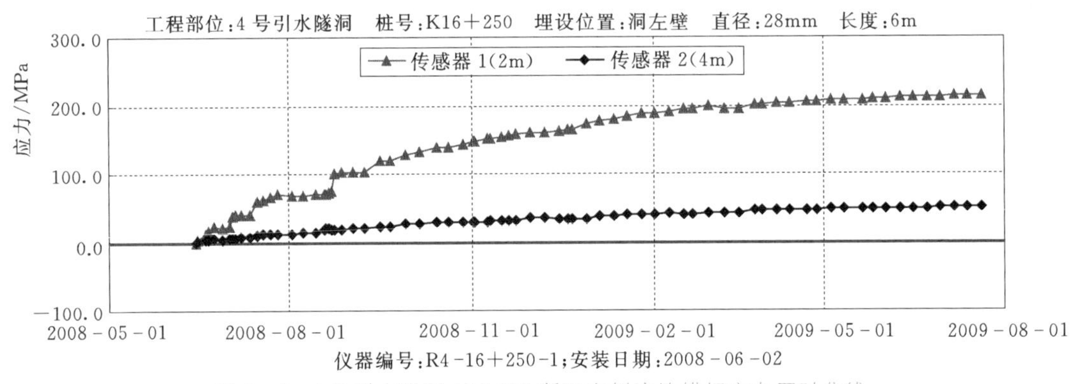

图 8-2　4 号引水隧洞 16＋250 断面南侧边墙锚杆应力历时曲线

相对的，锚杆应力计对围岩状态的变化比多点位移计更敏感，如图 8-3 所示，该断面上的多点位移计监测成果显示了围岩具有很好的变形安全性，但支护安全程度要低得多，从这个角度看，锚杆应力计监测成果比多点位移计监测结果更值得工程关注，甚至涉及围岩安全判定指标。

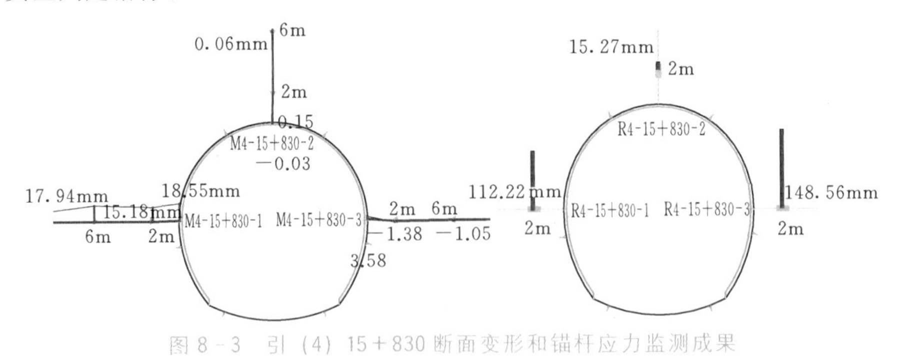

图 8-3　引 (4) 15＋830 断面变形和锚杆应力监测成果

8.2.3　声波测试成果分析

声波和地震波检测成果可以从绝对值和相对变化两个方面反映围岩状态，后者更强调了围岩质量的变化。现场开展的声波检测包括两种方式，即在隧洞侧壁沿轴向布置的测试方式和断面上布置若干测孔的方式，地震波测试点则全部沿洞轴线方向布置。

隧洞开挖以后在断面上进行声波测试获得的波速变化主要取决于地质条件的不均匀

性（如结构面的影响），隧洞开挖导致的围岩状态变化，以及围岩二次应力分布不均匀性等的影响。其中，隧洞开挖导致的围岩状态变化在深埋条件下非常普遍，是围岩破裂发展到一定程度的结果，钻爆法施工时这种影响还可能来自爆破损伤。

测试洞内（单孔和跨孔测试）或周边（跨孔测试）结构面对测试结果的影响可以非常显著，这一点已经被广泛了解和接受。

在锦屏二级深埋隧洞工程实践中，隧洞开挖导致围岩状态变化主要指高应力作用导致围岩处于不同阶段，如启裂强度以后至峰值强度之前、峰值强度以后的脆性或延性响应阶段等，即围岩内部结构发生不同方式和程度的变化，使得围岩动力学特性改变而影响声波测量结果。不过，目前还不清楚围岩特性变化方式和变化程度对声波测值的具体影响方式，这是需要深化研究的具体环节。

围岩应力状态对声波测试结果的影响方式被其他一些研究人员所揭示和报道，总体来看，测试段位于围岩应力集中区时可以出现一个纵波值增高段，国内曾有过这方面的成果报道，并采用这种方式帮助了解围岩应力分布和判断初始地应力场特征。不过，目前还没有足够的证据显示这种认识在锦屏的适用性，锦屏深埋隧洞围岩声波测试成果中很少出现应力增高区纵波速显著增高，这或许与锦屏大理岩的破裂特性密切相关，即应力增高区围岩应力超过启裂强度以后导致的声波降低起到了抵消作用。当然，这仅仅是推测，还需要确凿的测试数据进行论证。

锦屏深埋大理岩开挖以后隧洞围岩脆性损伤破裂的形成和发展可以影响到围岩的波速特性，即引起波速降低最能体现声波测试的工程价值，但二者之间的具体对应关系仍然是悬而未决的问题。与此类似的是，当延性特征上升到主导性地位时，围岩波速特性的变化也仍然不很清楚。但无论如何，从工程安全的角度考虑，需要对围岩中的波速降低带进行控制，因此，声波测试具有显著的工程意义和价值。

根据测试成果，锦屏深埋隧洞围岩低波速带的深度相对较小，一般在3m以内，平均深度大多在2.0m左右，埋深增大对围岩低波速带深度的贡献不是特别显著。根据目前的认识，隧洞围岩低波速带深度相对不大的主要原因很可能是围岩具体的脆—延转换特性，即低波速带很可能是脆性破裂占主导地位的结果，延性特性为主时有可能不会明显地导致围岩波速降低。

本小节先以TBM掘进的1号洞和钻爆法掘进的2号洞为例了解顺洞向布置的声波检测结果。图8-4中的四条曲线分别表示了1号洞北侧、1号洞南侧、2号洞北侧落底开挖段和2号洞北侧上台阶开挖段低波速带深度的分布，注意这四个不同洞段的埋深存在一定的差别，引（1）16＋200～500对应的埋深大致在800m左右一定范围内变化，引（1）14＋850～15＋800断面的埋深大致在1300m一带，而引（2）12＋650的埋深则超过了2000m。

尽管这几个洞段的埋深相差较大，测试成果显示，当完成全断面开挖以后，围岩的低波速带深度相当，测试成果的简单算术平均值在1.8～2.0m之间，而埋深更大一些的上台阶开挖以后的低波速带平均深度为1.4m。这些数据似乎说明开挖是最重要的因素，埋深的影响并不是特别显著。

当然，以上的分析主要是从统计学的角度了解总体规律，即隧洞开挖以后围岩特性变化导致波速降低的深度总体不大，测试段揭示的平均值在2.0m深度范围以内。

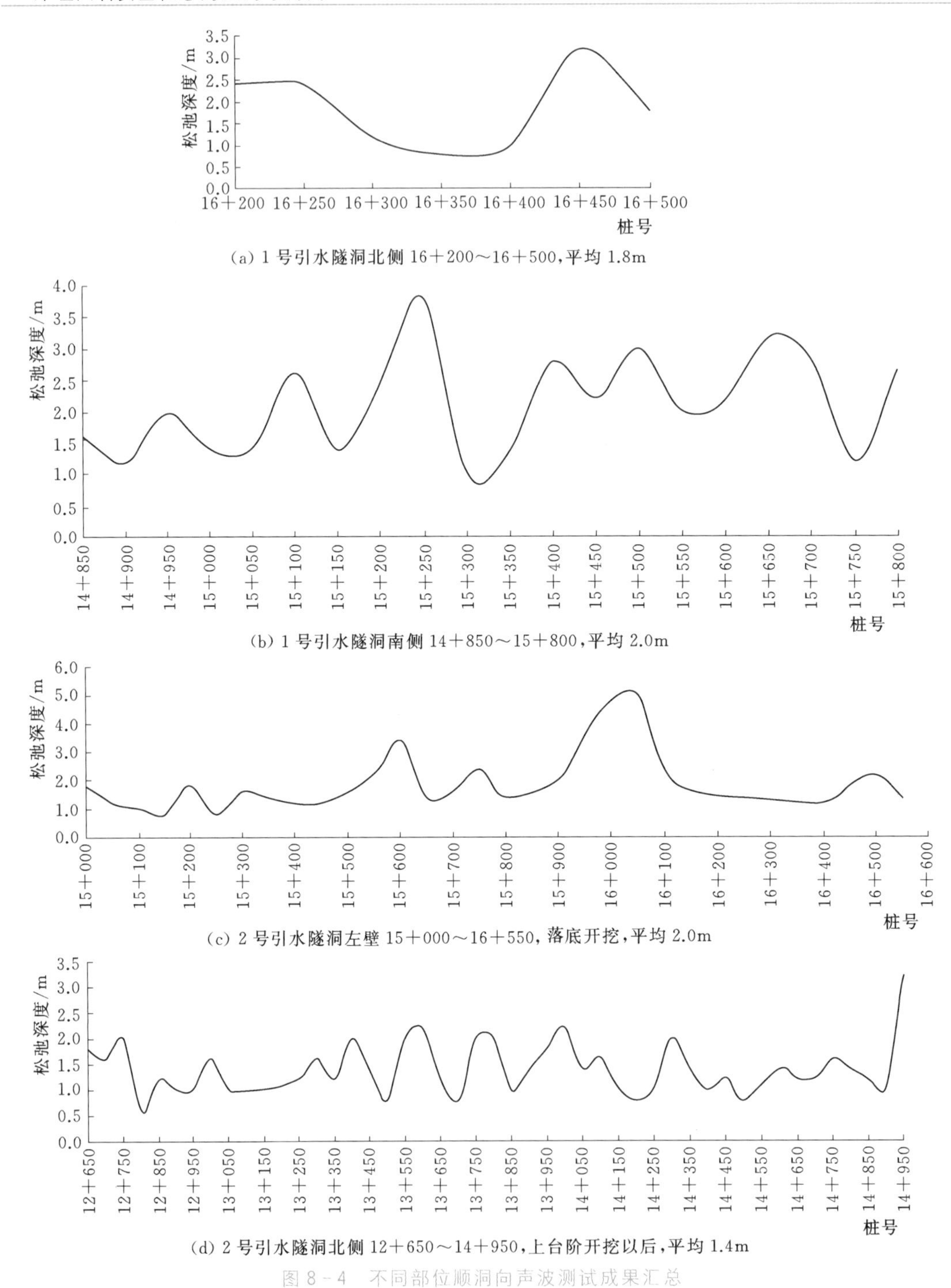

图 8-4 不同部位顺洞向声波测试成果汇总

图 8-5 汇总了1号和2号洞不同断面上的声波测试成果，图中给出了断面桩号、对应埋深、地层、测孔布置和各测孔内低波速带的深度。上述总结出的一般性规律如低波速带的深度及其随埋深变化等在该图中得到了良好反应，该图还补充给出了断面上低波速带的形态和最大深度的位置。

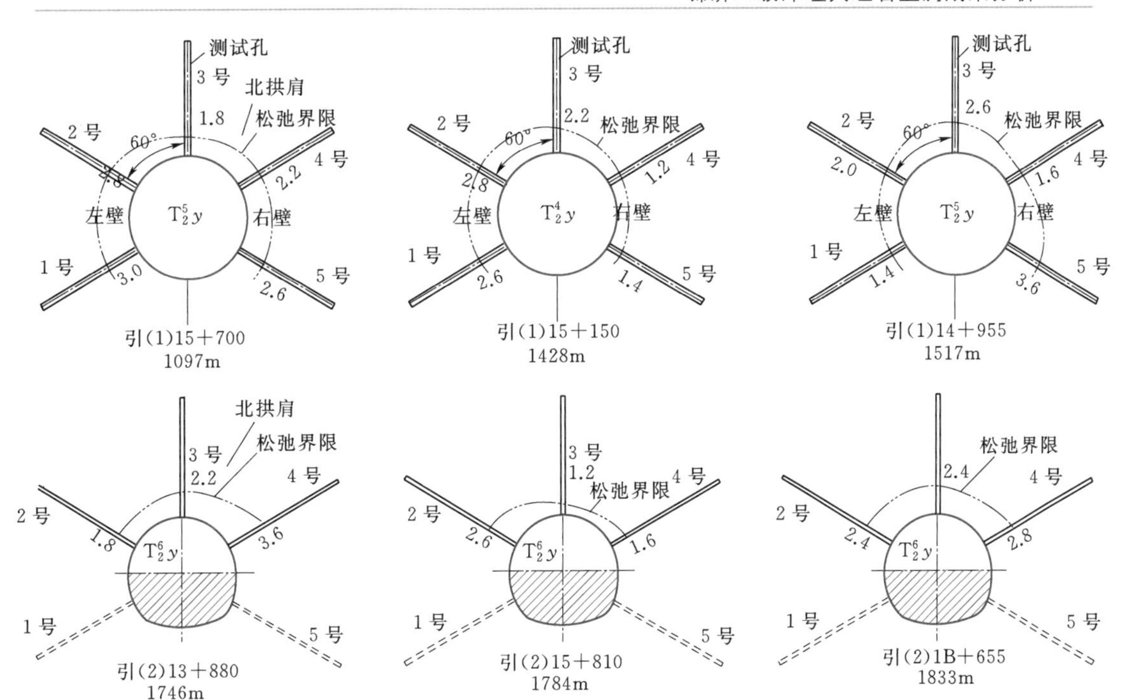

图 8-5 引（1）、引（2）洞断面声波测试成果汇总

表 8-2 将部分测试成果进行了汇总和统计，如果不考虑埋深、岩体质量等因素的影响，这些断面上所有测孔低波速带深度在断面上的平均值为 2.1～2.5m，与上述纵向测试成果大体相当，也与锚杆应力变化突出深度范围（2m）具有一致性，但与变形监测结果之间缺乏直观上的协调性。

表 8-2 部分断面声波测试成果统计表

检测桩号	埋深/m	地层	围岩类别	低波速带深度/m					备注
				北壁	北侧拱肩	拱顶	南侧拱肩	南壁	
引（1）15+700	1097	T_2^5y	Ⅱ$_b$	3.0	2.8	1.8	2.2	2.6	—
引（1）15+150	1427	T_2^4y	Ⅲ	2.6	2.8	2.2	1.2	1.4	—
引（1）14+955	1517	T_2^5y	Ⅲ	1.4	2.0	2.6	1.6	3.6	—
引（2）15+700	1079	T_2^5y	Ⅲ	2.8	2.8	3.6	4.2	3.0	—
引（2）15+505	1132	T_2^5y	Ⅱ	1.6	2.8	2.8	2.0	1.8	—
引（2）15+300	1267	T_2^4y	Ⅲ	1.2	1.6	2.8	1.4	3.2	—
引（2）14+500	1643	T_2^5y	Ⅲ		2.8	2.2	2.6		未落底
引（2）14+245	1756	T_2^5y	Ⅱ		0.8	2.2	1.6		未落底
引（2）13+880	1746	T_2^6y	Ⅲ		1.8	2.2	3.6		未落底
引（2）12+810	1750	T_2^5y	Ⅱ$_b$		2.6	1.2	1.6		未落底
引（2）12+655	1715	T_2^5y	Ⅲ$_b$		2.4	2.4	2.8		未落底
引（3）15+850	935	T_2^6y	Ⅱ	2.0	1.4	2.4	1.2	1.4	

续表

检测桩号	埋深/m	地层	围岩类别	低波速带深度/m					备注
				北壁	北侧拱肩	拱顶	南侧拱肩	南壁	
引 (3) 15+740	1028	T_2^5y	Ⅱ$_b$	1.0	1.6	2.4	1.8	1.0	
引 (3) 15+250	1293	T_2^5y	Ⅲ	1.8	1.0	1.8	1.8	2.0	
引 (3) 15+200	1319	T_2^5y	Ⅱ$_b$	1.0	3.4	3.4	3.2	1.2	
引 (3) 14+975	1418	T_2^5y	Ⅲ$_b$	2	3.2	2.6	3.8	2.8	
引 (3) 14+920	1417	T_2^5y	Ⅲ	1	3.2	2.4	2.2	1.2	
引 (3) 14+635	1560	T_2^5y	Ⅲ	1.4	2.6	2.6	3	3.4	
引 (3) 14+505	1623	T_2^5y	Ⅲ	2.6	2.6	2.4	2.2	1.4	
引 (3) 13+920	1778	T_2^6y	Ⅳ	6.2	6.4	5	5.8	3.4	
引 (4) 16+255	588	T_2^6y	Ⅲ	2.0	2.2	3.6	3.6	3.0	—
引 (4) 15+835	963	T_2^5y	Ⅱ	1.6	1.8	1.4	2.0	1.4	—
引 (4) 15+560	1019	T_2^4y	Ⅱ$_b$	1.6	1.4	0.8	1.4	1.2	—
引 (4) 15+235	1220	T_2^5y	Ⅲ	3.6	3.4	3.6	4.8	3.6	—
引 (4) 15+005	1317	T_2^5y	Ⅲ	2.0	3.6	2.4	1.6	2.4	—
引 (4) 14+939	1317	T_2^6y	Ⅱ$_b$	1.0	1.2	1.6	1.0	1.0	—
平均				2.1	2.5	2.5	2.5	2.2	

在上述统计结果中如果按岩体质量进行分别统计，在断面上5个部位的低波速带在Ⅱ类围岩中分别为1.6m、2.0m、2.0m、1.8m和1.5m，而在Ⅲ类围岩中分别为2.0m、2.5m、2.6m、2.6m和2.6m，二者之间的差异明显。现实中Ⅱ类围岩测试成果受到结构面影响较小，而Ⅲ类围岩中结构面的影响相对突出一些。由此可见，岩体质量，特别是结构面发育特征对低波速带深度有着明显的影响。

在针对Ⅱ类围岩的统计结果中，总体上低波速带深度在断面上相对均匀分布，这与断面地应力状态相符。目前的测试结果揭示顶拱一带低波速带相对较大一些，除了和地应力有关以外，还反映了2号、4号洞上台阶开挖断面形态的影响。

隧洞断面低波速带测试结果可以作为锚杆长度设计的直接依据。锦屏隧洞断面围岩低波速主要受到两个方面原因的直接影响：一是围岩屈服（破裂）程度，二是结构面的影响。根据前面相关章节中关于与结构面相关的围岩破裂损伤的研究成果，结构面的存在可以导致其附近更大深度范围内的围岩损伤，因而影响到断面上低波速带的分布。

在不受结构面影响的理想情况下，隧洞断面上低波速带的形态主要受到断面初始地应力状态的影响，即以北拱肩或南拱脚最深。这一推测结果与上述测试成果并不一致，说明结构面对低波速带测试成果产生了明显影响。

除层面以外，围岩中最发育的结构面分别为NWW向和NE向节理，其中以NWW向最发育。这三组结构面中也以NWW向节理和隧洞轴线夹角最小，与除顶拱以外其他部位声波孔的交角较大，因此相对更容易地影响到声波测试成果。根据前面的研究成果，NWW向节理在顶拱一带出现时，对顶拱一带围岩破裂损伤基本不造成影响，陡倾的

NWW 向节理在顶拱一带也难于被铅直布置的测试孔所揭露。这两个方面的因素都对顶拱一带形成大的低波速带具有抑制作用，使得结构面对顶拱一带的波速变化影响最小。

由此可见，现实中获得的顶拱一带低波速带最小的原因之一可能是锦屏隧洞围岩中发育的结构面在顶拱一带的影响较小。或者说，顶拱一带的测试结果更侧重于反映了应力导致围岩状态变化。据此推测，其他部位的测试成果可能或多或少地反映了结构面的影响。这说明真正由高应力导致的围岩低波速带深度可能相对不大，现场获得的较大深度的测试结果可能更多地受到结构面的影响。

为进一步了解高应力作用下断面上围岩低波速带的分布特征，2009 年 5 月现场专门设计了补充测试方案，在 2 号洞已实施的测试孔布置如图 8-6 右图所示。测试断面布置在岩体完整性较好的洞段，密集布置在两个拱脚一带的测试孔旨在进一步了解围岩应力分布和低波速带之间的关系。

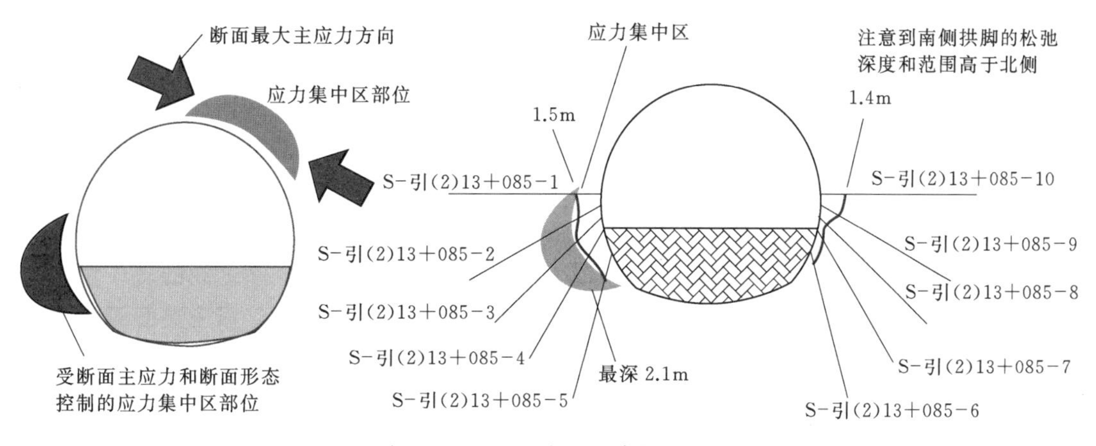

图 8-6 引 (2) 13+085 断面围岩状态声波检测成果

补充测试断面埋深大约为 1730m，为 T_2^5y 完整性良好的Ⅱ类大理岩，由于结构面不发育，低波速带主要反映了爆破振动和围岩应力作用对围岩状态改造的结果。

图 8-6 概要地表示了测试断面围岩应力集中区分布，在南侧（图中的左侧）拱脚一带因为应力集中区和拐角效应的双重影响，现场对围岩破坏特征的观察即可以判断到该部位存在的强烈高应力，即断面上高应力作用最突出的部位，这与对侧拱脚存在明显的差别。

测试成果显示，两侧边墙近水平布置钻孔内低波速带深度相当，在南侧和北侧边墙分别为 1.5m 和 1.4m。从该水平孔向下，南侧拱脚测得的低波速带深度经历了一个增大再降低的过程，最大深度为 1.8m；而北侧拱脚的低波速带深度显著减小，仅数十厘米。

以上的补充测试成果揭示，在均质完整大理岩洞段，低波速带深度总体较小一些，其中较深一些的低波度带分布部位与应力集中区所在位置一致，即强烈的应力集中导致围岩破损是形成低波速带的内在原因，此时围岩低波速带深度明显小于存在结构面影响的情形。

8.2.4 综合分析与评价

以上总结和概要地分析了变形、锚杆应力和声波测试的相关成果，并特别关注了现场采取的测试手段在锦屏现场的适应性。开展这三个方面的监测测试工作的一般目的是了解围岩状态和提供安全预警，即起到了解围岩安全状态的作用，其次是为支护设计、围岩特性和稳定性研究等提供现场数据。

就目前现场采用的监测方法和技术而言，从围岩状态安全预警的角度看，变形、锚杆应力和波速测试三种方法中以锚杆应力测试效果最佳，其次是波速测试，最后才是变形监测，其原因有以下三点：

（1）锚杆应力对围岩状态变化反应敏感，能起到预警的作用。需要注意的问题是安装时机。另外，锚杆监测结果反映的是锚杆安全，同时从一个侧面反映了围岩安全，但二者之间不一定等同。

（2）低波速带深度为了解围岩安全状况，特别是为锚杆长度设计提供了直接依据，因此具有良好的工程价值。

（3）变形监测对围岩安全性反应迟钝，按传统的变形控制标准，甚至可以出现围岩破坏强度显著降低以后的变形总量仍然满足安全标准的情形，即变形对判断围岩安全的价值显著降低，甚至是过去的经验不再适合于锦屏深埋围岩脆性破裂为主的情形，是需要特别注意的环节。此外，传统的多点位移计监测技术在锦屏深埋大理岩洞段的适用性也受到限制，在开展变形监测时可能需要适当补充其他技术手段。

总体而言，在认识了锦屏大理岩所具备的破裂特性和脆—延转换特性以后，从围岩特性的角度可以很好地理解围岩变形、锚杆应力和声波测试成果以及三者之间的一致性。

首先，大理岩所具有的破裂特性和脆—延转换特性决定了变形不是最主要的问题，围岩达到峰值乃至残余强度时的变形量相对不大，使得传统的变形控制标准在锦屏深埋大理岩洞段失去了围岩安全监测和预警的作用。现实中监测到的变形量很小，就是这种本质性特点的反映，不过，现场监测到的变形量过小还与采用的测试方法和具体的安装方式有关，多点位移计的结构特点和距离洞壁 1m 左右的埋设方式都不利于获得围岩的主要变形区域。

其次，全长黏结方式埋设的锚杆应力计可以捕捉到传感器所在段围岩破裂导致的细小变形现象，并导致锚杆受力，即便是传统的锚杆应力计，其测试精度为微应变级，比多点位移计的精度和敏感性更高。因此，多点位移计难以反映的微小变形，仍然可以被锚杆应力计所反映。二者在测试机理和精度上的差异可以帮助理解这两种测试方法获得的测试结果的差别，相对而言，锚杆应力监测成果对围岩状态和安全性的变化更敏感。

锦屏二级深埋隧洞现实中的一个问题是围岩安全性和支护安全性之间的差别，锦屏深埋大理岩洞段的围岩变形安全标准和锚杆应力安全标准之间可以存在很大的差异。全长黏结的刚性锚杆紧跟掌子面安装以后，掌子面向前推进过程中掌子面效应解除和破裂时间效应的增强，可以使得围岩锚杆受力迅速增大而超过设计允许值，导致锚杆安全问题。但相应的围岩变形量可以仍然处在可接受的标准以内，即当分别以变形和锚杆应力作为安全监测控制指标时，二者之间的矛盾可能会相应比较普遍和突出，这是安全监测和围岩支护设计中需要注意的问题。

尽管目前没有直接的数据证明大理岩脆—延转换特性可能会明显影响到破裂特性和动力学特性，即影响到围岩破损区深度和低波速带的分布深度，但从声波测试成果特别是顶拱一带低波速带深度较小的测试成果看，距洞壁一定深度以内围岩围压增高以后延性增强对抑制围岩的破裂和形势恶化作用似乎起到了非常明显的作用。因此，声波测试可以进一步帮助了解大理岩破裂、脆-延转换特性对岩体波动特性的影响，了解围岩状态和安全性，是适合于锦屏现实条件和要求的监测方法。

8.3 锦屏二级深埋围岩监测经验总结

本节以监测资料分析结果为依据，分别对深埋围岩监测手段、工作方法和布置等几个环节潜在的问题提出相关的建议意见。

从根本上讲，锦屏深埋大理岩段开挖以后可能出现的工程问题都是岩体的破裂特性和脆—延转换特性的具体表现，因此，针对这两个环节的监测和测试可以帮助认识和把握围岩安全状态。不过，尽管了解围岩状态是围岩安全监测和测试的基础，但就满足工程建设的不同要求，比如支护设计和优化、支护安全性评价等方面的要求而言，还需要补充开展其他方面的监测和测试工作。

声发射和微震监测技术是为了解围岩破裂特性专门开发的技术手段，单纯从技术角度看，这两种监测和测试技术可以很好地满足了解锦屏二级隧洞围岩破裂及其发展过程的需要。但这两种测试方法都存在现场可操作性的问题，综合地看，这两种技术手段都应该在锦屏创造条件使用，但都需要进行必要的完善。

实践证明，喷射混凝土对短时间内抑制围岩破裂乃至控制岩爆具有显著的作用和效果，但关于这种支护方式的作用机理还知之甚少，也是监测和测试优化环节需要注意和加强的具体环节内容。

目前还没有专门针对围岩脆—延转换特性进行监测和测试的专门技术和手段，不过，围岩脆—延转换最具体的表现是强度衰减程度的差别，这可以通过直接的应力监测和声波测试等手段得到揭示。因此，增加围岩应力测试具有现实必要性，它可以帮助了解测试点部位围岩的应力和强度水平，后者可以是直接判断围岩状况和安全性的指标。

现场目前开展的变形监测、锚杆应力监测、声波及地震波测试的主要意图在于了解围岩安全状况（变形控制标准）、支护安全和围岩状况。实际上，由于围岩力学行为的特殊性，上述三个方面监测和测试所获得结果的工程适用性与预期结果之间存在差别：由于围岩变形不再是反映围岩安全的首选指标，乃至不是重要指标，变形监测的作用和实际效果不如预期，是需要减少和控制的工作方法；锚杆应力监测和声波监测在一些具体环节上也存在改进的空间，综合构成了深埋大理岩洞段监测优化的内容。

锦屏深埋大理岩段围岩监测和测试优化的经验可以总结如下：

（1）试验性地开展声发射和微震监测工作，获得围岩破裂特性的基本资料，帮助了解围岩破裂特性及其对应的工程表现方式，以建立现象与本质之间的关系。

（2）适当增加围岩应力监测工作，了解围岩应力及其指示的强度变化，直接了解围岩安全性及其变化，并帮助判断围岩脆—延转化特性。

（3）适当增加喷层与围岩接触面之间的压应力测试，结合监测断面上其他手段帮助了解喷层的作用机理，为合理设计和使用喷层提供依据。

(4) 在显著减少变形监测工作的基础上适当改变监测技术，以更好地获得隧洞浅层脆性区（该区域为主要变形范围）围岩变形量。不过，这一思路主要针对完整性相对较好的大理岩洞段，完整性相对较差洞段仍然需要实施乃至加强变形监测。

(5) 在总体维持锚杆应力和地球物理测试基础上，适当改进这两种监测测试方法相关环节的技术要求，以更好地适应锦屏深埋隧洞的需要。

从以上的监测资料分析中可以看出，由于深埋大理岩段围岩变形不宜作为围岩安全控制的指标，因此，总体上讲，变形监测可以减少。在现场开展的表面变形和深部变形监测工作中，表面收敛变形监测还因为仪器安装和保护方面的问题，一般很难实现接近开挖面的安装，获得的测试成果数据可能缺失了主要部分，难以全面反映围岩状态，相对更缺乏工程实际意义。

采用多点位移计进行的深度变形监测工作可以从几个方面进行优化：首先减少测试断面，即减少测试工作量，这是由变形监测的重要性决定的；其次是结构和安装方式的优化，需要考虑适当减小锚头长度和尽可能靠近洞壁安装；再次是搭配使用其他变形监测技术，弥补多点位移计在敏感性和覆盖面方面存在的不足（推荐电阻丝式变形监测技术）。

锦屏二级深埋隧洞脆性大理岩变形的一个基本特点是弹性变形量相对不大，围岩变形主要是裂纹扩展的结果，这要求变形监测仪器，特别是开挖以后的围岩变形监测仪器具有较高的灵敏度，在裂纹扩展过程中即可以捕捉到围岩变形。另外，变形主要集中在脆性破裂区，该区的深度一般在 3m 左右，这也要求监测仪器能方便安装在该区。

8.4 本章小结

本章总结和概要地分析了变形、锚杆应力和声波测试的相关成果，并特别注意了现场采取的测试手段在现场的适应性，开展这三个方面的监测和测试工作的一般目的是了解围岩状态和提供安全预警，即起到了解围岩安全状态的作用，其次是为支护设计、围岩特性和稳定性研究等提供现场数据。

就目前现场常用的监测方法和技术而言，从围岩状态安全预警的角度看，对于深埋脆性围岩，变形、锚杆应力和波速测试三种方法中以锚杆应力测试效果最佳，其次是波速测试，最后才是变形监测。

根据上述成果，深埋硬岩段开挖以后出现的工程问题都是岩体的破裂特性的具体表现，现在开展的监测工作基本能够满足认识和把握围岩完全状态的需要，但在一些环节例如支护优化、支护安全评价等仍可能需要补充其他方面的监测和测试工作，例如声发射、微震等，这些监测技术都是为了解围岩破裂特性专门开发的技术手段，可以很好地满足了解隧洞围岩破裂及其发展过程的需要。

开挖方式对损伤区的影响

9.1 研究背景

钻爆法和 TBM 两种开挖方式对深部围岩变形破坏行为和围岩应力场及其演化特征的影响具有显著差异。相对于 TBM 开挖，钻爆法开挖的爆破振动和高应力瞬态卸荷形成的应力波对围岩的破坏更充分，松动圈范围更大。围岩爆破损伤带的作用具有两重性，即一方面减缓了表层围岩发生剧烈型破坏的风险，但同时加强了围岩缓和型破坏的程度，爆破损伤区岩体承载力降低使得这一区域的围岩积累高应力的能力有所降低。TBM 掘进时，由于卸载速率缓慢，开挖边界上的应力处于一个缓慢的准静态卸载过程，能量逐步释放，持续时间也比较长，对围岩的损伤扰动小，松动圈范围相对较小，但是围岩中封闭了较高的应力，导致了高应力集中，且力学参数场的变化梯度更大，造成围岩的后续渐进破坏更显著，提高了 TBM 掘进过程的卡机灾害风险，同时，对局部巨厚坚硬岩层，这种缓慢的应力转移易造成弹性应变能的高度聚集，提高了岩爆灾害发生的潜在风险。

目前，相关研究主要集中在钻爆法开挖方面，形成了以“开挖损伤区”为核心的研究方向。王敏强和陈胜宏以接触单元的方法来模拟盾构机的掘进开挖过程，研究中通过单元的生死设置和接触单元的向前滑移，即单元刚度的迁移法原理来实现盾构机的掘进开挖。冷先伦等在分析 TBM 掘进特点的基础上，提出能反映其特点的数值模拟方法，并在 FLAC 3D 程序中引入加卸载准则，对不同掘进速率下隧洞围岩的开挖扰动效应进行数值模拟研究。结果显示：掘进速率越快，围岩开挖扰动效应越小，围岩越稳定；隧洞围岩在开挖后变形较为均匀；在隧洞的径向，位移和应力变化较为明显的呈现为 3 个区域，即强变化区、弱变化区和平稳区；最大主应力随着洞径方向逐渐由单向应力状态向二向应力状态和三向应力状态转变，第二偏应力不变量在隧洞轴向方向形成一闭合的应力集中区。苏利军等采用颗粒流方法建立了岩石与滚刀的二维数值模型，实现了对 TBM 滚刀破岩过程的模拟。分析表明，滚刀的破岩过程可分为冲击挤压破碎、大量微裂纹生成、张拉性主裂纹扩展 3 个阶段，证实了滚刀破岩的挤压-张拉破坏理论。谭青等采用颗粒离散元法建立滚刀侵入岩体的二维模拟模型，研究双滚刀作用下岩体的动态响应机制，找出滚刀侵入过程中岩体裂纹、贯入度以及切削力三者的关系；进而在此基础上，通过数值模拟对常见切深下滚刀最优刀间距问题进行分析。

目前对 TBM 掘进围岩的损伤区演化分析较少，特别对于 TBM 掘进和钻爆法对围岩损伤区影响研究不足，导致 TBM 掘进围岩安全性分析仍采用钻爆法模拟方法，不能准确反映围岩开挖过程损伤区演化特征，可能造成设备损伤和人员伤亡，十分有必要开展钻爆法和 TBM 开挖对围岩损伤区的影响研究。

9.2 钻爆法与 TBM 开挖扰动监测对比分析

为了证实上述分析和计算中有关地应力高速卸荷动态效应的存在，利用辅引施工支洞钻爆开挖和 3 号 TBM 正在掘进通过的有利时机，进行了爆破开挖扰动和 TBM 开挖扰动的对比检测，以进一步研究不同开挖方式下开挖损伤区的构成。

9.2.1 钻爆法开挖爆破振动测试及分析

由于锦屏二级辅引施工支洞开口位置埋深较大，约 2400m，为了充分了解高应力条件下爆破开挖振动对围岩的损伤程度及对邻洞围岩稳定的影响，在 A 辅助洞 AK8＋000～AK8＋150 段所对应的辅引 2 号施工支洞段爆破开挖过程中，在 A 辅助洞进行爆破振动监测。监测区域情况见图 9－1，辅引施工支洞钻爆设计图见图 9－2。

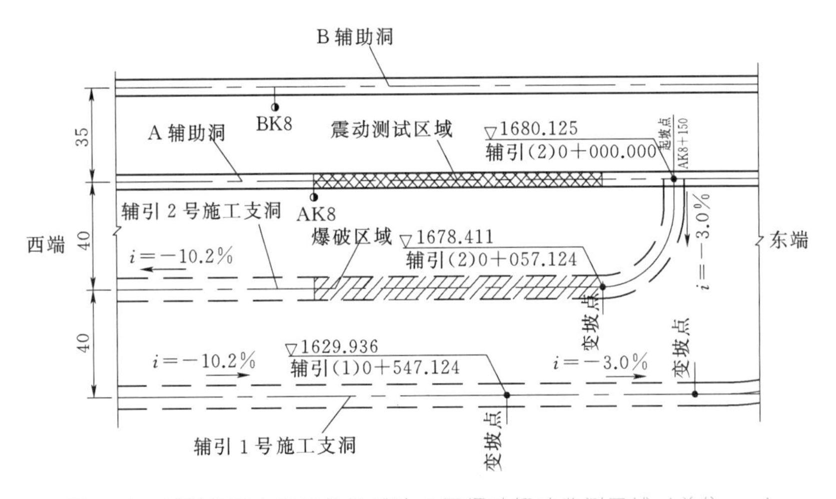

图 9－1 辅引施工支洞开挖及辅助 A 洞爆破振动监测区域（单位：m）

9.2.1.1 测点布置及监测设备

总共进行了三次爆破振动监测，每次监测布置 3～5 个测点，每个测点布置 3 个方向（垂直于测试壁面和平行于壁面两个方向）的振动传感器。图 9－3 给出了这三次测试测点布置总图，具体测点编号见表 9－1。

图 9－4 和图 9－5 则给出了测试现场及部分测点的振动传感器安装的情况。从表 9－1 可知，三次测试总共布置了 12 个测点。

工作中使用了五台（套）国产 UBOX－20016 型爆破振动记录仪，对径向、切向和垂向三个方向进行了爆破振动监测。由于 3 个测试方向的振动传感器分别与振动自计仪的 A、B、C 三个通道相连，波形输出时分别记为 CHA、CHB、CHC。设备采样频率 $4\times10^3\sim5\times10^3$ Hz，采样长度为 2s，灵敏度及频响范围见表 9－2。

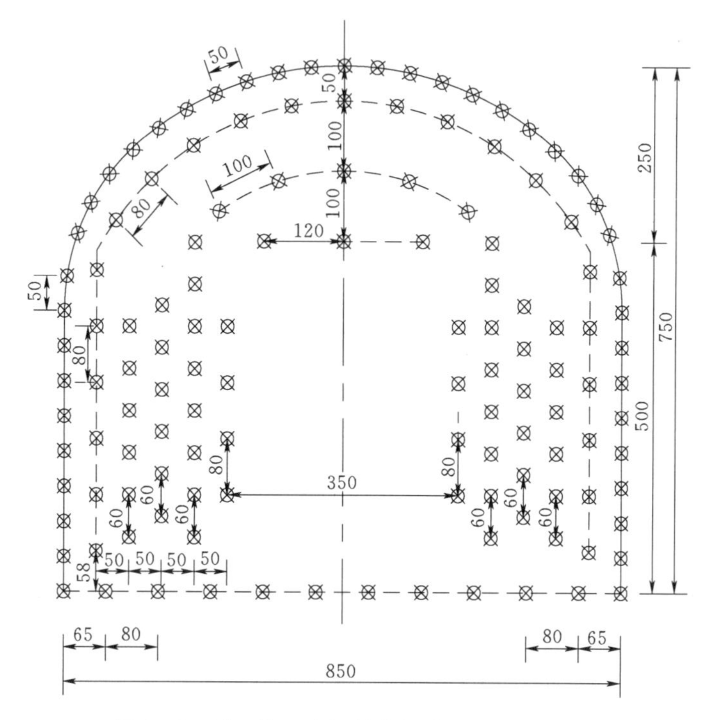

图9-2 辅引施工支洞钻爆设计图（单位：cm）

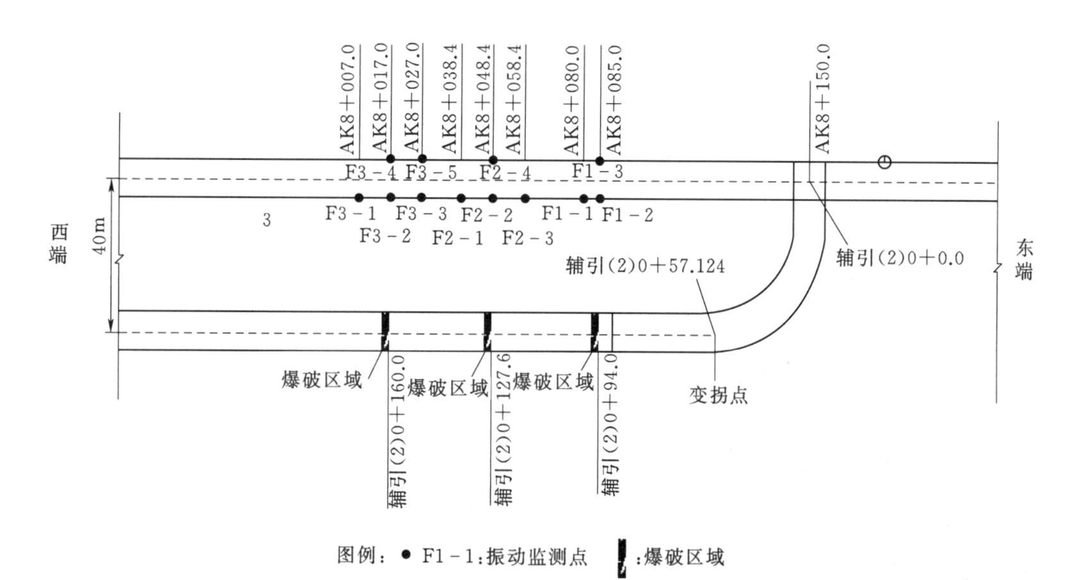

图9-3 辅引施工支洞开挖爆破振动监测测点布置图

9.2.1.2 振动测试结果

根据辅引施工支洞和A辅助洞的相对位置关系，A洞南侧边墙正对爆源，为迎爆侧，两洞中心间距40m，中间的岩壁厚约35m。在测试区域，两洞底板高程相差不大，基本可认为是在同一水平面上。

表 9-1　　辅引 2 号施工支洞爆破振动监测工作汇总

监测日期	监测时间	爆破点编号	爆破点桩号/m	监测点编号	监测位置（辅助 A 洞）
2010-01-07	19：29	F1	辅引（2）0+094.0	F1-1	南墙 AK8+080.0
				F1-2	南墙 AK8+085.0
				F1-3	北墙 AK8+085.0
2010-01-16	14：00	F2	辅引（2）0+127.6	F2-1	南墙 AK8+038.4
				F2-2	南墙 AK8+048.4
				F2-3	南墙 AK8+058.4
				F2-4	北墙 AK8+048.4
2010-01-22	17：30	F3	辅引（2）0+160.0	F3-1	南墙 AK8+007.0
				F3-2	南墙 AK8+017.0
				F3-3	南墙 AK8+027.0
				F3-4	北墙 AK8+017.0
				F3-5	北墙 AK8+027.0

表 9-2　　辅引 2 号施工支洞爆破振动监测设备参数

设备编号	灵敏度/(m/s)			频响范围/Hz
	垂向	径向	切向	
6 号	27.5	28.7	28.5	1～100
7 号	28	29.2	28.9	1～100
8 号	26.8	27.9	27.9	1～100
12 号	29.2	28.7	28.5	1～100
15 号	30.1	30.3	28.5	1～100

图 9-4　辅引施工支洞开挖爆破振动监测现场情况

表 9-3 给出了这三次测试中 11 个测点的峰值质点振动速度（PPV）和主频。

结合表 9-1，可知南侧（迎爆侧）边墙上所测得的质点峰值振动速度要明显大于北侧边墙测点（测点 F1-3、F2-4、F3-4 和 F3-5）。爆破过程中，到达北侧边墙的应力波经过了绕射，传播路径增长，其间如遇到结构面，经过反射和透射，能量已经大大衰减。

振动信号频率成分较为丰富，主频大多分布在 100～400Hz 之间，以 250Hz 左右为主，远大于地下建筑物的主频。因此，虽然振动峰值速度较大，但由于频率高，持续时间短，均没有对 A 辅助洞的稳定和安全造成显著影响。

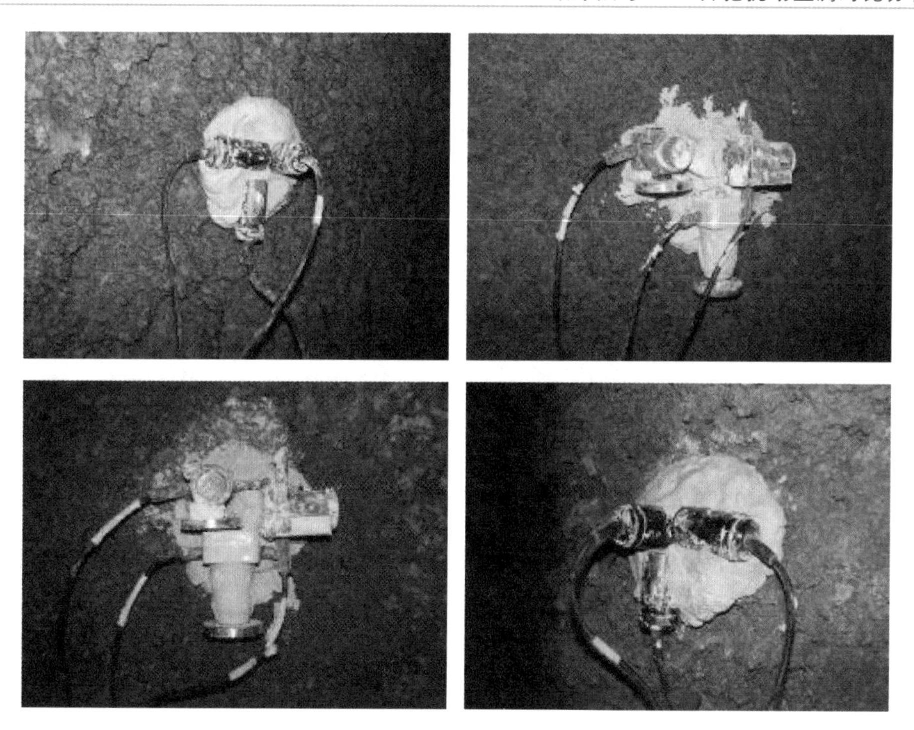

图 9-5 辅引施工支洞开挖爆破振动监测传感器安装情况

表 9-3 锦屏二级水电站辅引2号施工支洞爆破振动监测成果表

测点编号	最大单响药量/kg	振速特征					
		垂直振速/(cm/s)	主频/Hz	垂直振速/(cm/s)	主频/Hz	垂直振速/(cm/s)	主频/Hz
F1-1	25.80	6.06	84.74	12.35	256.13	11.51	106.64
F1-2		4.50	397.06	12.45	200.91	7.99	115.22
F1-3		1.49	148.53	4.02	146.63	4.01	93.34
F2-1	24.00	3.42	249.52	4.38	112.38	3.96	248.57
F2-3		3.31	249.46	4.48	164.72	3.90	201.85
F2-4		3.36	117.11	2.58	687.45	1.35	935.00
F3-1	31.20	13.29	236.13	4.49	89.50	4.53	106.64
F3-2		5.77	136.19	5.92	203.81	4.62	80.00
F3-3		5.11	205.66	7.27	79.98	6.84	162.82
F3-4		2.07	188.52	1.75	203.76	1.70	357.05
F3-5		2.80	373.33	2.72	315.24	2.15	373.33

9.2.1.3 实测爆破振动波形的频谱特性

选择第一次测试中F1-1（南侧边墙）和F1-3（北侧边墙）两个测点的振动波形来进行分析。这两个测点的实测振动波形及其相应的功率谱见图9-6。可见，北侧边墙测点所测得的振动频率成分更为丰富，且低频成分更多。

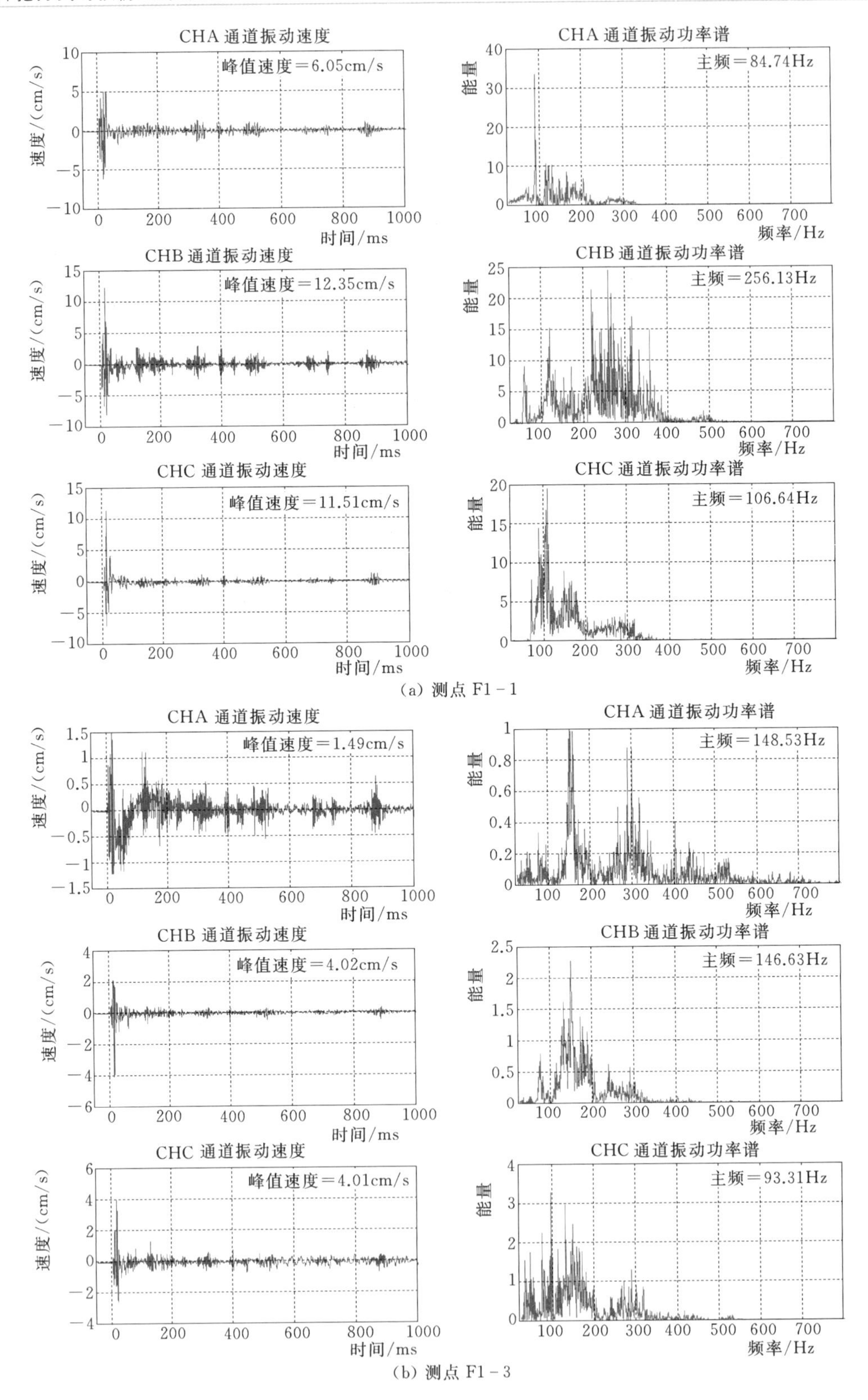

图 9-6 实测振动波形及其相应的功率谱

9.2.1.4 实测爆破振动的组成

在实际爆破施工过程中所监测到的围岩振动信号中，爆炸荷载所诱发的振动和开挖轮廓面上的地应力高速（瞬态）卸载所诱发的振动在时域中并没有明确的分界点，两种振动相互耦合、叠加在一起，利用传统的信号处理方法难以区分。近年来，信号处理领域提出的小波变换有突出被分析信号能量突变的特征，一些研究者将十分适合处理非平稳随机信号的小波变换引入到爆破振动信号处理中来，但目前利用小波变换处理爆破振动信号还处于起步阶段[149-150]。凌同华、李夕兵利用小波变换的时能分布确定了微差爆破的实际延迟时间[151]，严鹏等则利用小波变换的模极大值和时能密度方法分析了高地应力条件下实测爆破振动信号中地应力高速卸载所诱发围岩振动的到达时刻[152]。

利用此方法分析了锦屏辅引施工支洞高地应力条件下地下工程爆破过程中的实测围岩振动信号，得到了相似的结论。

1. 小波变换基本概念

设 $\psi(t)\in L^2(R)$，$L^2(R)$ 为能量有限信号空间，其傅里叶变换为 $\hat{\psi}(w)$。当 $\hat{\psi}(w)$ 满足条件

$$C_\psi=\int_R \frac{|\hat{\psi}(w)|^2}{|w|}\mathrm{d}w<\infty \tag{9-1}$$

时，称 $\psi(t)$ 为基本小波。将基本小波 $\psi(t)$ 伸缩和平移，得到小波序列：

$$\psi_{a,b}(t)=|a|^{-\frac{1}{2}}\psi\left(\frac{t-b}{a}\right) \tag{9-2}$$

式中：a、b 分别为伸缩因子和平移因子。

对任意能量有限的函数 $f(t)$，关于 $\psi(t)$ 的连续小波变换定义如下：

$$W_f(a,b)=\langle f,\psi_{a,b}\rangle=|a|^{-\frac{1}{2}}\int_R f(t)\overline{\psi}\left(\frac{t-b}{a}\right)\mathrm{d}t \tag{9-3}$$

式中：a、b 分别为伸缩因子和平移因子。

从小波变换的定义可知，小波变换的时频窗口有其独特性，平移因子 b 仅仅影响窗口在相平面时间轴上的位置，而伸缩因子 a 不仅影响窗口在频率轴上的位置，也影响窗口的形状。因此，小波变换对不同频率在时域上的取样步长是调节性的，即在低频时小波变换的时间分辨率较差，而频率分辨率较高；在高频时其时间分辨率较高，而频率分辨率较低。如从滤波器角度来考虑，则小波变换是使信号分别通过一系列带通滤波器，带通滤波器的中心频率及带宽均与伸缩因子 a 成一定比例，即在不同的 a 值下，小波变换突出信号局部特征的能力是不一样的，在对信号进行分析时，可以选取适当的 a 值来识别信号中的突变点。

2. 时能密度分析方法原理

根据 Moyal 内积定理，有下式成立：

$$\frac{1}{C_\psi}\int_R \frac{\mathrm{d}a}{a^2}\int_R |W_f(a,b)|^2\mathrm{d}b=\int_R |f(t)|^2\mathrm{d}t \tag{9-4}$$

式（9-4）表明，小波变换幅度平方的积分和被分析信号的能量成正比。在非平稳随机信号的研究中，由于受 Heisenberg 测不准原理的限制，人们不能确定时-频空间中某一点的时能密度，即某一特定时刻某一频率处的能量在概念上是不存在的。但可以把$|W_f(a,b)|^2/C_\psi$看作是(a,b)平面上的能量密度函数，因而可把$|W_f(a,b)|^2\Delta a\Delta b/(a^2C_\psi)$看作以尺度$a$和时间$b$为中心、尺度间隔为$\Delta a$、时间间隔为$\Delta b$的能量。根据能量密度的概念，可以写成：

$$\int_R |f(t)|^2 \mathrm{d}t = \int_R E(b)\mathrm{d}b \tag{9-5}$$

其中

$$E(b) = \frac{1}{C_\psi}\int_R \frac{1}{a^2}|W_f(a,b)|^2 \mathrm{d}a \tag{9-6}$$

小波变换中，尺度a在一定意义上对应于频率ω，因此式（9-6）给出了信号所有频带的能量随时间b的分布情况，称为时能密度函数。实际应用中，可以通过改变上式的积分上、下限，使积分区间落在待分析信号的某频率范围内，从而得到该频带内信号的能量密度随时间的分布特征。

3. 时能密度分析法实出能量突变点的原理

如将某次爆破作为一个系统来考虑，则每一段雷管的起爆就是向系统输入能量的过程，每一段雷管起爆必然引起系统内能量密度的改变。凌同华、李夕兵等利用小波变换的时能分布这一性质确定了微差爆破的实际延迟时间。初步研究表明，在高地应力条件下进行爆破施工时所测得的围岩振动由爆炸荷载所诱发的振动和初始地应力动态卸载所诱发的振动叠加而成，如果仅就单段围岩振动波形来看，这一段中爆炸荷载的冲击作用和开挖轮廓面上的地应力瞬态卸载都是能量源，也将引起系统能量的突变。因此，可以适当选取积分上、下限，计算单段围岩振动信号主频段内的能量密度，并画出其时能密度图。根据图中出现的突峰位置即可得到爆炸荷载所诱发的振动和开挖轮廓面上的地应力瞬态卸载所诱发振动到达的时刻，从而证实其构成成分。

这里在 3 次爆破振动测试中选取了 6 个测点的波形来进行分析，其中每次爆破选择一个南侧边墙（迎爆侧）和北侧边墙（背爆侧）的测点。为简便起见，只对第一段进行分析。该段波形中除了由爆炸荷载激发的围岩振动以外，如果还有第二个振动激励源，那么这个激励源应该就是地应力高速卸载诱发的围岩振动。

图 9-7～图 9-9 给出了这两个测点第一段振动波形的时能密度曲线，由图可见，6 个测点的垂直向第一段（MS1）振动波形的时能密度曲线均可找到两个明显的激励源，这意味着垂直于邻洞壁面的振动分量至少由两个激励源构成。根据前面的分析，这两个激励源分别是爆炸荷载和地应力高速卸载诱发的振动。

除垂直向振速外，两个水平方向振动信号的构成却相对单一，但也有几个信号可见两个激励源，这意味着该区域地应力场趋于静水应力状态，地应力高速卸载所诱发的振动只出现在垂直方向，以体积波为主。

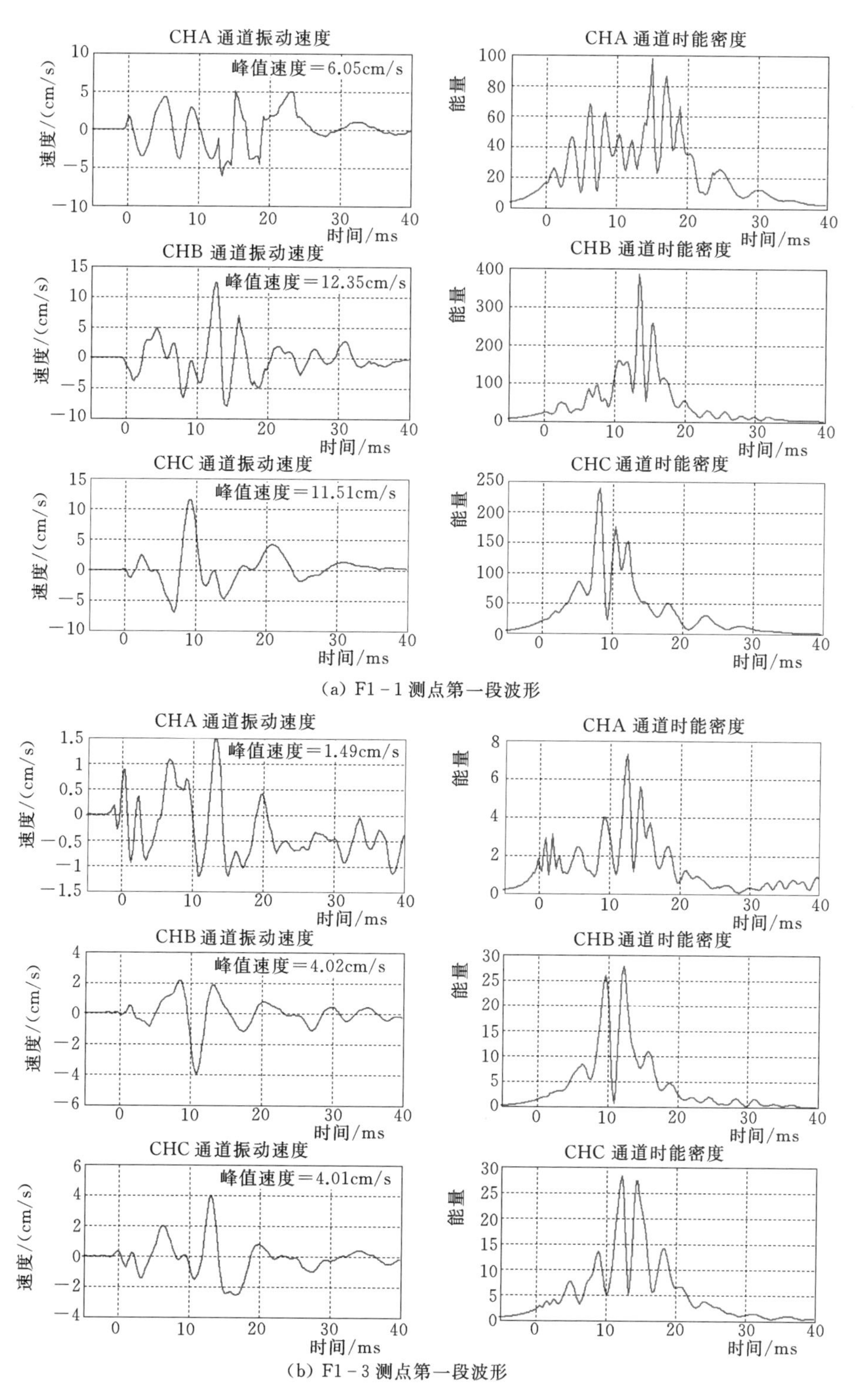

图 9-7　第一次测试第一段波形时能密度曲线

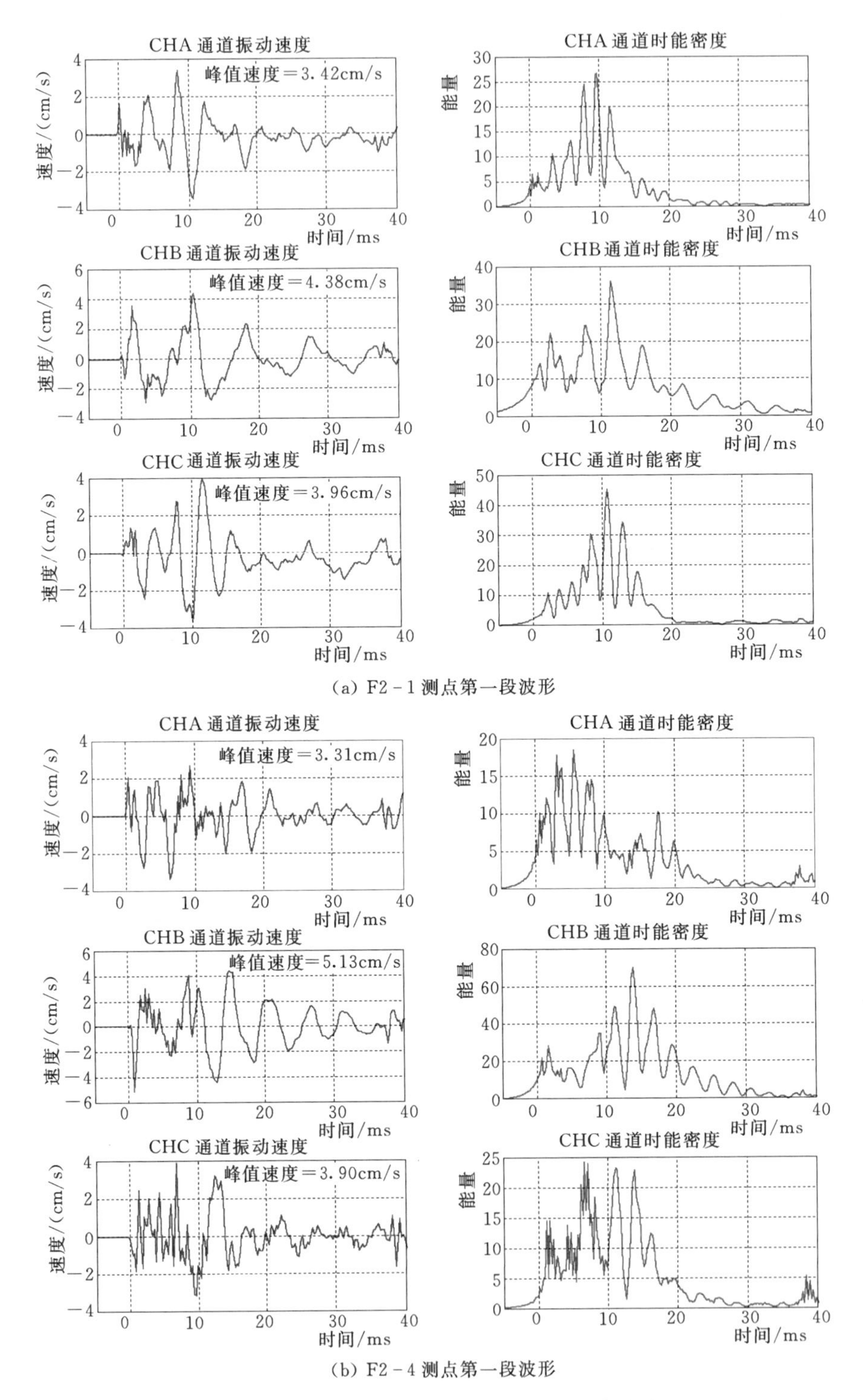

图 9-8 第二次测试第一段波形时能密度曲线

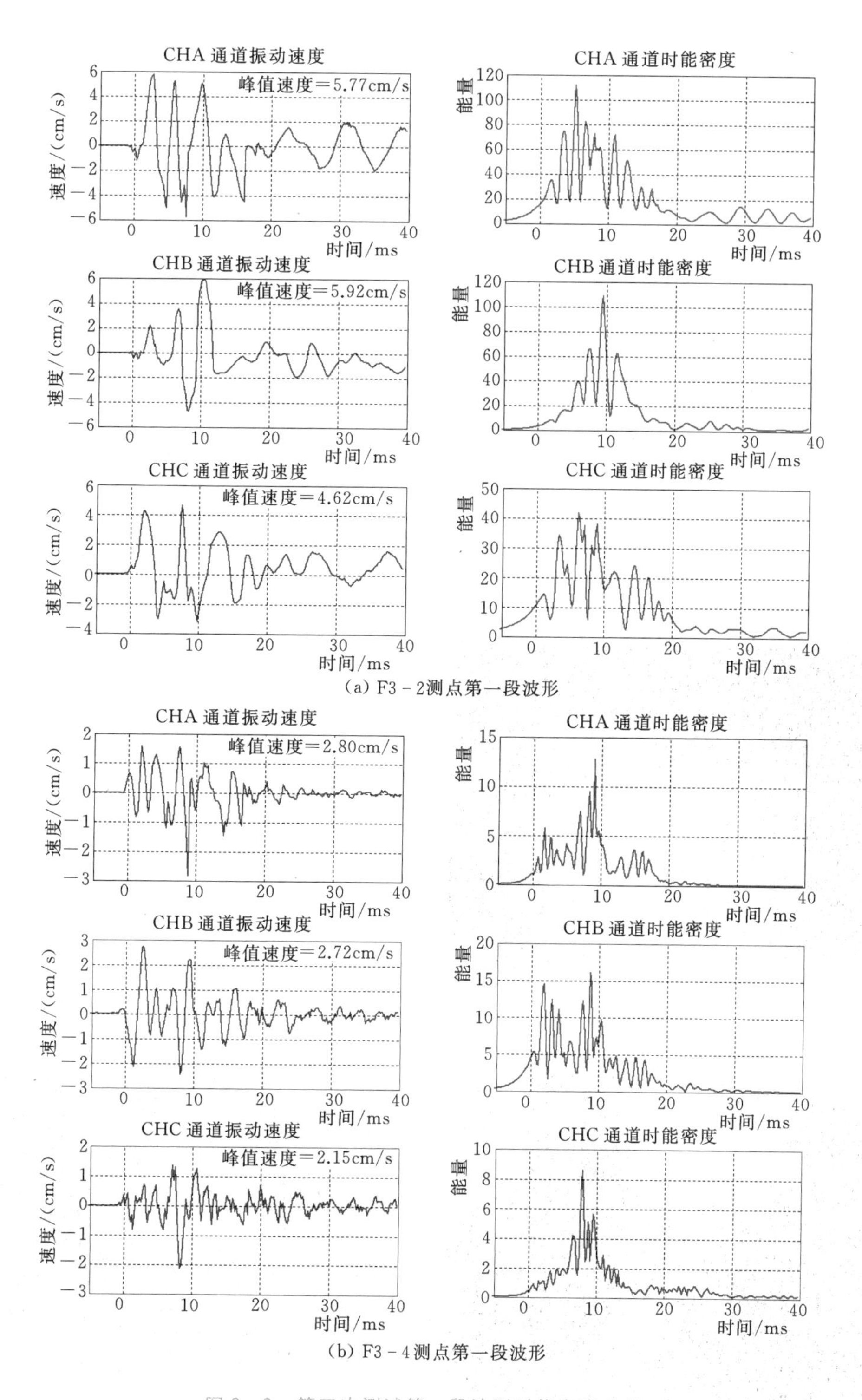

图9-9 第三次测试第一段波形时能密度曲线

9.2.2 TBM 掘进开挖扰动监测及分析

为监测 TBM 开挖过程中刀盘破岩及 TBM 轴向推力、水平向撑靴推力等因素对围岩的持续扰动，特采用围岩振动测试和声发射测试的方法，对 TBM 开挖过程诱发的围岩扰动进行了监测。基本监测情况如图 9－10 所示。

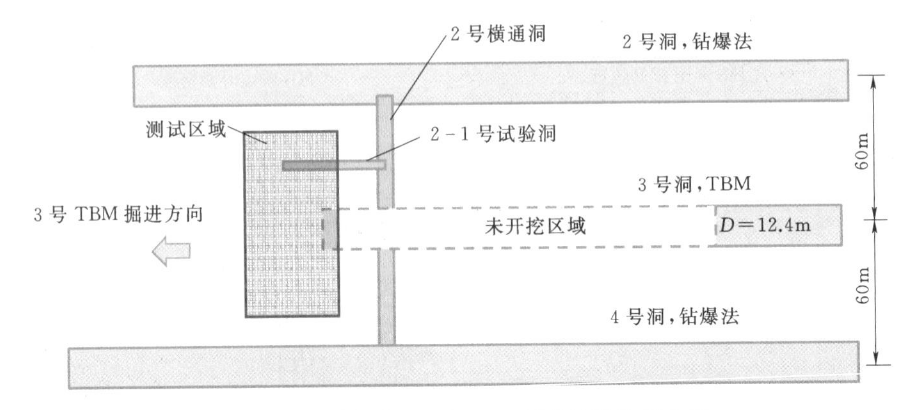

图 9－10 引水隧洞 3 号 TBM 开挖扰动监测布置

图 9－11 TBM 掘进到 2 号横通道

为了和爆破开挖诱发的围岩振动比较，由爆破振动测试和评价获得启示，利用爆破振动测试系统在邻洞（2－1 号试验洞）对 3 号 TBM 掘进通过试验洞时诱发的围岩振动进行了监测，现场测试情况如图 9－11～图 9－14 所示。TBM 开挖边界距离测试岩壁直线距离约 38m。

测试仍然采用国产 UBOX－20016 型爆破振动记录仪，对 2－1 号试验洞洞壁径向、切向和垂向三个方向进行了开挖扰动监测。设备采样频率 4000～5000Hz，采样长度为 2s。

图 9－12 试验洞内监测仪器布置

图 9－13 现场数据处理

12月9日，TBM刀盘掘过2号横通道洞壁约8～12m，可见试验洞南侧边墙上刀盘前方洞壁上的碎石被震落。

图 9-14　TBM 通过后试验洞洞壁碎石震落

考虑到 TBM 掘进是连续开挖，因此测试记录的是连续信号。为了尽可能多地采集相关信息，利用 UBOX-20016 型振动记录仪的自动分段记录功能，分 8 段记录，每段记录 2s，即一旦振动自记仪被触发，则连续不断地记录 16s 由于 TBM 开挖所诱发的围岩振动，分 8 段存储下来。

本次测试总共布置了 4 台振动自记仪，为分析简便起见，只对其中一台垂直于洞壁面的实测信号进行了分析。表 9-4 给出了由 TBM 掘进过程诱发围岩振动的峰值及主频，振动波形见图 9-15。

表 9-4　　TBM 开挖诱发围岩振动特性（测距 38m）

测点	测距/m	振速分量	振速特征	
			峰值振速/(cm/s)	主频率/Hz
1号	38.00	垂直向	0.08	91.71
2号	38.00	垂直向	0.09	92.68
3号	38.00	垂直向	0.08	91.22
4号	38.00	垂直向	0.10	93.17
5号	38.00	垂直向	0.10	91.71
6号	38.00	垂直向	0.10	92.20
7号	38.00	垂直向	0.08	92.20
8号	38.00	垂直向	0.09	91.71

可见，TBM 掘进诱发的围岩振动幅值非常小，均在 0.1cm/s 左右，频率成分也较爆破振动简单，基本上主频率为 92Hz 左右，且频域宽度很窄，几乎可以认为是单频振动。

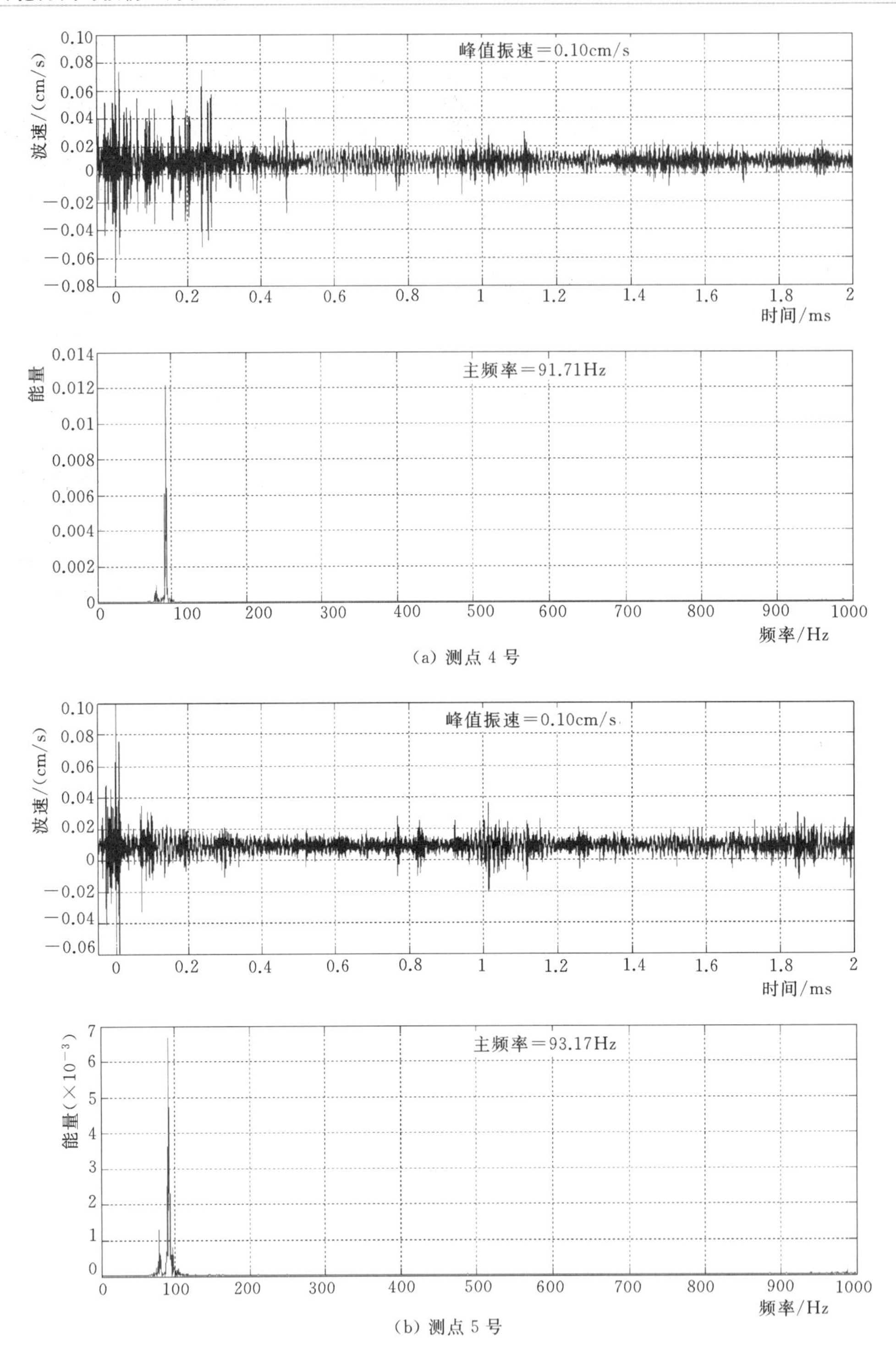

(a) 测点 4 号

(b) 测点 5 号

图 9-15 TBM 开挖扰动测试波形

由于上述测试是采用爆破振动测试系统进行测试的，所采用的振动传感器的频率响应范围一般在 10～1000Hz，频带相对较窄。TBM 掘进过程中所产生的大量高频信号可能都没有监测到，故造成测试值偏低。另外，上述振动是在 TBM 掘进隧洞的邻洞洞壁上测得的，两洞之间的岩壁厚约 35m，测距较大，加上测试区段较为破碎，TBM 掘进扰动经过结构面的多次反射、折射，强度已经大大削弱。

对比锦屏辅引施工支洞爆破开挖时所测得的爆破振动曲线和 3 号 TBM 掘进时所测得围岩扰动情况，若不考虑测试系统的适应性问题，至少可以说明如下两点：

（1）高地应力条件下围岩的爆破开挖扰动并不仅仅只包含了爆炸荷载所诱发的扰动，同时也包含了高量级的初始地应力瞬态高速卸载或调整时所诱发的围岩扰动，且这一扰动的量级和爆炸荷载所引起的围岩振动大小具有可比性。地应力值越高，其影响越大。

（2）高应力条件下 TBM 掘进时，围岩中的地应力是一个平稳的释放和调整的过程，这个过程对围岩造成的直接影响很小，但由于开挖轮廓面附近围压的迅速降低，造成浅部围岩的承载力大幅下降，因此 TBM 掘进条件下围岩的高应力破坏可能更加严重。

9.3 钻爆法与 TBM 开挖能量释放对比分析

岩石作为一种复杂的非均质地质材料，其力学响应表现出明显的非线性和各向异性特征。岩石在开挖和变形破坏（如岩爆）过程中始终不断地与外界交换着物质和能量，是一个能量耗散的损伤演化过程。能量的释放过程能够涵盖所有工程因素的影响，因此针对上一节总结的影响锦屏深埋隧洞群岩爆和高应力破坏的工程因素，拟从能量释放的角度，利用能量释放率作为主要指标，考察锦屏深埋隧洞施工过程中工程因素对岩爆及高应力破坏的影响。

9.3.1 能量释放率

9.3.1.1 能量释放率的概念

隧洞或巷道每一个进尺都将爆破掉一定体积的岩石，这部分岩石包含了一定的应变能，同时开挖面周边的围岩由于变位和应力调整也将释放一定的能量，将这两部分能量相加再除以每一个进尺所挖岩体的体积，即得到特定开挖进尺下的能量释放率[153-154]。最初南非学者 Cook 提出基于弹性本构模型的 ERR，并根据现场案例的积累将 ERR 进行分级以对应不同级别的岩爆风险[155]。Mark Board 将完备的 ERR 定义扩展到弹塑性本构和包含结构面的情形并在离散元程序 UDEC/3DEC 中加以实现。能量释放率这种方法可以帮助评估岩爆风险的等级，但是它不能指示可能的岩爆破坏位置[156]。

能量释放率实际上是描述了开挖在什么样的状态下进行，当下一步开挖在围岩应力集中区内进行时，能量释放率就高。南非的一些研究人员也试图建立能量释放率大小和围岩潜在破坏程度之间的关系（图 9-16）。

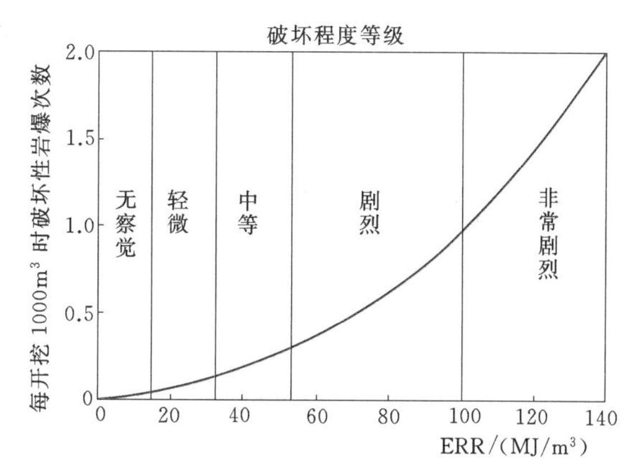

图 9-16 能量释放率（ERR）和岩体破坏程度之间关系[157]

图 9－16 表示的成果更多地是提供了一种思路，当时计算水平不可能较好地描述高应力条件下岩体的非线性行为，因此，后来的一些研究成果与图 9－16 的总结有很大的出入。

9.3.1.2 能量释放率的计算

岩体在某一应力状态下其内部所储存的应变能可以表述为

$$E_{ij}=\frac{1}{2}\sigma_{ij}\varepsilon_{ij} \tag{9-7}$$

将广义 Hoek 定律代入式（9－7），即可得到

$$E_e=\frac{1}{2E}[(1+\mu)\sigma_{ij}\varepsilon_{ij}-\mu\Theta^2] \tag{9-8}$$

式中：E、μ 分别为岩石的弹性模量和泊松比，$\Theta=\sigma_{12}+\sigma_{13}+\sigma_{23}$。

式（9－8）就是以应力张量表示的单位体积围岩弹性应变能的计算公式。利用式（9－8）求得开挖区域及其影响区域内岩体在开挖步实施前后的总能量，再除以开挖体积，即得到能量释放率。

近年来，有关学者提出了岩爆的局部能量释放率（Local Energy Release Rate，LERR）的新指标[158-160]，即在岩体中开挖地下洞室时，围岩局部集聚的应变能超过岩体的极限储存能时，单位体积的岩体突然释放的能量。该指标是单位岩体脆性破坏时释放能量大小的一种近似表示，可作为反映岩体脆性破坏强度的一种量化指标。指标的实现可在数值模拟计算中，采用弹—脆—塑性本构模型，通过追踪每个单元弹性能量密度变化的全过程，记录下单元发生破坏前后的弹性能密度差值，即为该单元的局部能量释放率，记录时忽略上述差值较小的单元，即忽略在某些复杂应力状态下可能发生延性破坏的单元释放能量，保证得到的是脆性破坏单元的能量释放率；再将单元的能量释放率乘以单元体积得到单元释放能，所有脆性破坏单元的释放能量之和即为当前开挖步引起的围岩总释放能量，简称弹性释放能（Elastic Release Energy，ERE），计算公式如下：

$$\mathrm{LERR}_i=U_{i\max}-U_{i\min} \tag{9-9}$$

$$\mathrm{ERE}=\sum_{i=1}^{n}\mathrm{LERR}_i\cdot V_i \tag{9-10}$$

式中：LERR_i 为第 i 个单元的局部能量释放率；$U_{i\max}$为第 i 个单元脆性破坏前的弹性应变能密度峰值；$U_{i\min}$为第 i 个单元脆性破坏后的弹性应变能密度谷值；V_i 为第 i 个单元的体积。

该指标的计算是基于弹—脆—塑性岩体本构模型并全程追踪单元能量变化而实现的，由此考虑了应力路径对岩体能量集聚与释放的影响，能够直接反映地下工程围岩各点的应力状态不同以及围岩各点的极限储存能不同的复杂情况，能够考虑围岩的能量释放、能量转移、塑性能耗散等一系列复杂的能量动态变化过程。

但在应用过程中，发现该指标存在如下缺陷：

（1）只计算了应力释放的单元所释放的能量，而没有考虑某些单元处于加载状态，实际上是吸收了一部分能量，因此计算总的能量释放率的时候应该考虑这两方面的情况。

（2）没有考虑被开挖掉的那部分岩体单元中所储存的能量。

(3) 每个单元的 $U_{i\max}$ 和 $U_{i\min}$ 并不是同时同步出现，如果不考虑这个过程，直接将每个单元应力历史上出现的最大能量差值罗列在一起，最终给出的局部能量释放范围可能偏大。

基于以上原因，本文在计算时，仍然直接采用了能量释放率的概念，而没有采用局部能量释放率指标。

9.3.2 不同开挖方式下的能量释放率

在给定岩体条件下，释放的能量越高，岩体潜在破坏程度越严重，即岩爆越剧烈。而能量释放水平除了受到岩体自身蓄能能力的影响外，还与开挖方式密切相关，因此，调整开挖方式就成为控制能量释放水平的一种工程策略。

9.3.2.1 计算方案及计算模型

计算以锦屏引水隧洞的开挖为对象。根据本文对不同开挖方式下围岩中应力调整过程的研究，重点关注这两种开挖方式下开挖区域及其影响区域内的能量的调整过程。

为了达到这个目的，首先要确定模拟这两种不同开挖方式的方法。目前，岩土工程和市政工程界常用的模拟开挖的数值计算方法主要有隐式的有限元方法和显式的有限差分方法。这里的关键问题是哪种方法能够真实地模拟岩体开挖过程中的应力路径。由于非线性材料的开挖响应与开挖过程中材料所经历的应力路径相关，因此，如果所采用的模拟方法不能获得真实的应力路径，将不能正确地模拟开挖过程。而在应力较高的条件下，显式方法可以较真实地模拟开挖过程，这可以用一根较长的悬臂梁在端部突然施加荷载的例子来说明，见图 9-17。

如图 9-17 所示，假定荷载 F 在 T_0 时刻突然施加于悬臂梁的左端 A。在荷载施加之前，悬臂梁中的轴向应力为 0，而在荷载施加的那一刻，A 端的应力等于 F，但梁的固定端 B 的应力仍然等于 0。这个荷载施加过程所产生的应力波将自 T_0 时刻起从 A 端向 B 端传播，一旦应力波到达 B 端，则一部分被反射，又从 B 端向 A 端传播。如此往复几个来回，最后达到平衡状态，B 端的应力最终也等于 F。这个例子说明了从悬臂梁的一端突然加载，将在梁内激起动态加载应力波。当然，从加载到达到平衡所用的时间很短，所以大多数情况下，可以认为这样的加载是一个静力过程。

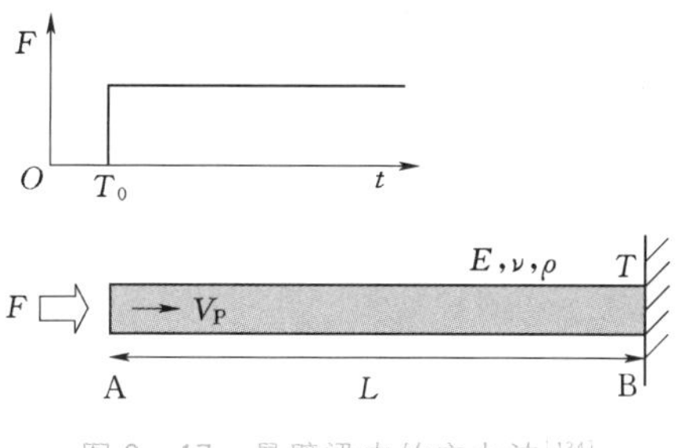

图 9-17 悬臂梁中的应力波[134]

上述物理过程可以被采用显式的有限差分计算方法的 FLAC 很好地捕捉到，如果采用隐式的有限元算法，则只能获得最终的平衡状态，而在此之前悬臂梁内所经历的应力来回传播的动力过程将被忽略掉（当然，采用有限元的动力算法也可以获得这一过程，这里仅指有限元的静力求解过程）。

本节将利用显式差分计算方法的这一特点来模拟高应力条件下爆破开挖过程中地应力的瞬态卸荷过程及这一过程对围岩能量释放过程的影响，具体用 FLAC 软件进行计算。

对于 TBM 开挖，可以理解成是采用了非常小的进尺进行连续掘进，因此当隧洞的开挖进尺小到某一极限（如25cm），就可以近似地模拟准静态开挖的过程。

计算模型以锦屏1号引水隧洞为例，开挖洞径12.4m，用很小的进尺来模拟TBM开挖。为便于比较，假定钻爆开挖的洞子也是圆形，且是全断面一次性开挖成型，利用有限元FLAC的显式积分的求解方法，可以考虑开挖过程中的惯性作用，即可以从一定程度模拟爆破开挖。

计算中围岩参数采用锦屏引水隧洞盐塘组Ⅲ类围岩（GSI=60，UCS=110MPa），地应力采用1700m埋深条件下的地应力场，计算模型如图9-18所示。

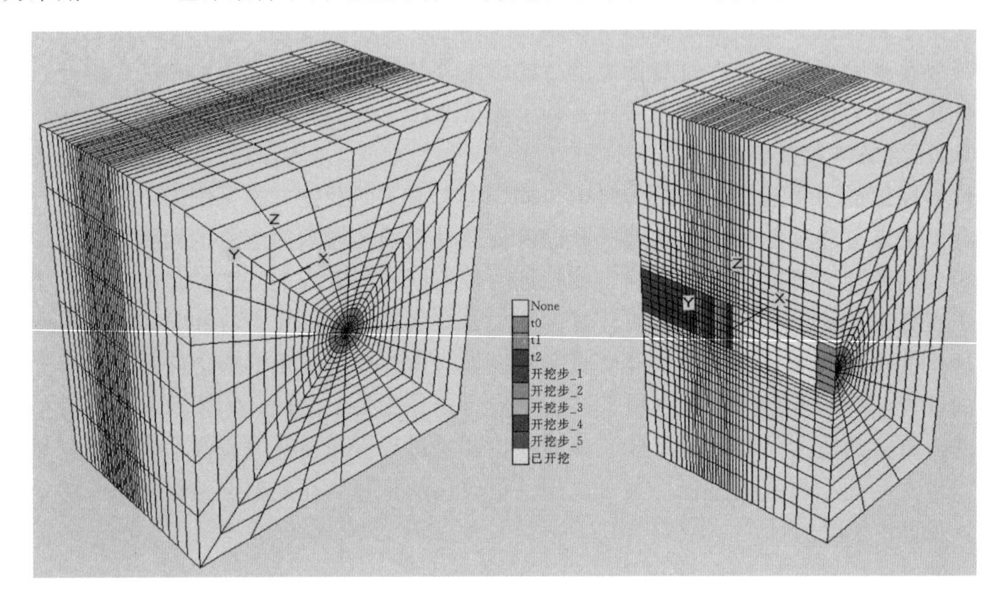

图9-18 数值计算模型

图9-18中模型的外边界为85m×72m×85m（以2m开挖进尺为例），单元个数约13000，岩体的本构关系采用Hoek-Brown本构模型。

9.3.2.2 计算结果

计算中，开挖进尺取0.25m、0.5m、1.0m、2.0m、3.0m和4.0m，每个进尺开挖5步，最终所给出的能量释放率为5个开挖步的平均值。根据前面的分析，进尺越短，则表明开挖过程中地应力瞬态卸载效应的影响也越小，越接近于TBM开挖的情形。

图9-19给出了开挖进尺为1.0m时，开挖一步后围岩中第一、第三主应力的分布情况。为了节约计算资源，计算时只统计了开挖3倍洞径以内岩体能量的变化情况，开挖进尺为1.0m时开挖一步后围岩中能量的分布情况见图9-20。

图9-21则给出了上述6种开挖进尺条件下围岩影响范围（3倍洞径）总能量随着开挖进程的变化情况。

从图9-21可以看到：

（1）开挖过程中总能量的变化曲线清楚地表达了各个开挖步所导致的能量释放过程，开挖进尺越大，能量释放越明显。且随着开挖进尺的减小，开挖过程对能量释放的影响越来越小，围岩中能量的释放过程越来越平稳，且释放的速率越来越小。

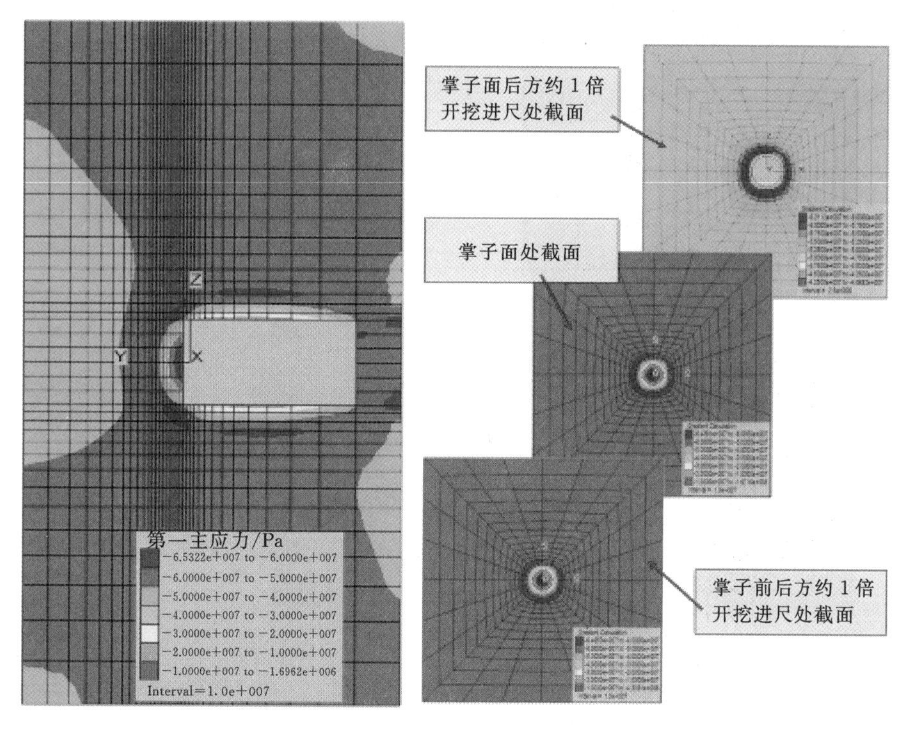

(a) 第一主应力

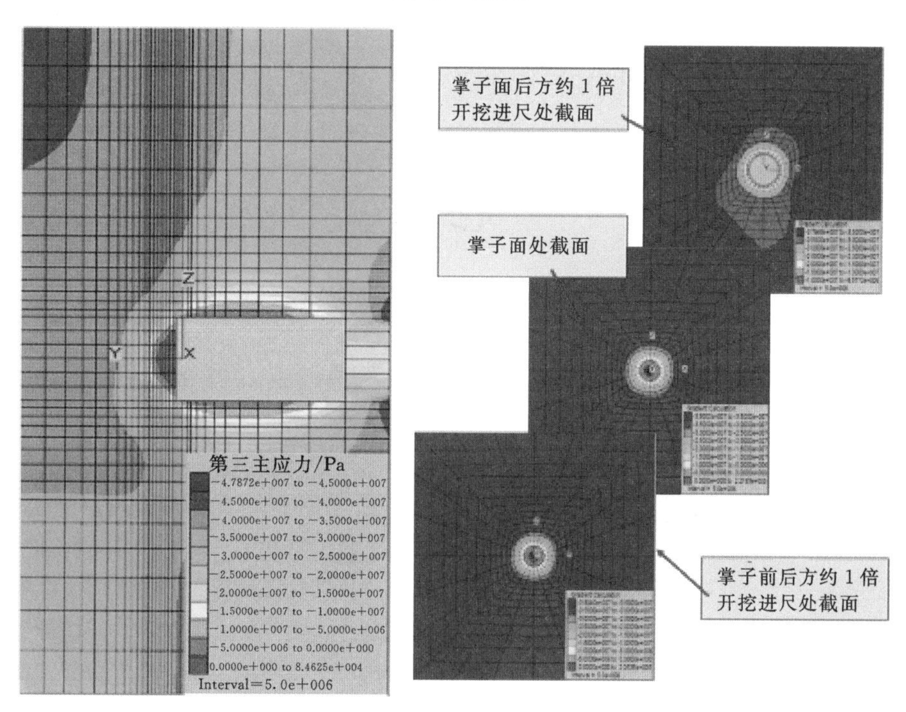

(b) 第三主应力

图 9-19　开挖进尺 1.0m 时围岩中的主应力分布

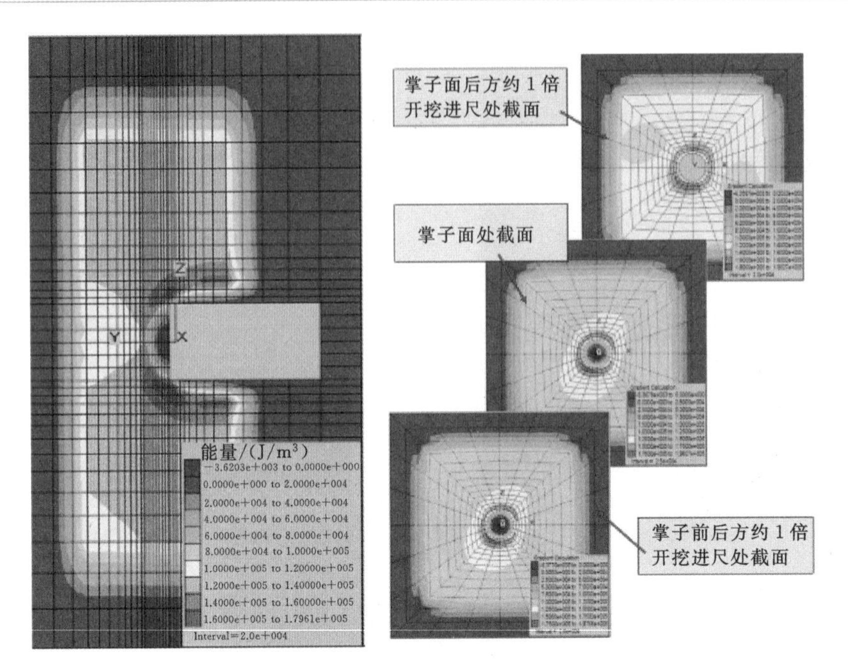

图9-20　开挖进尺1.0m时围岩中的能量分布

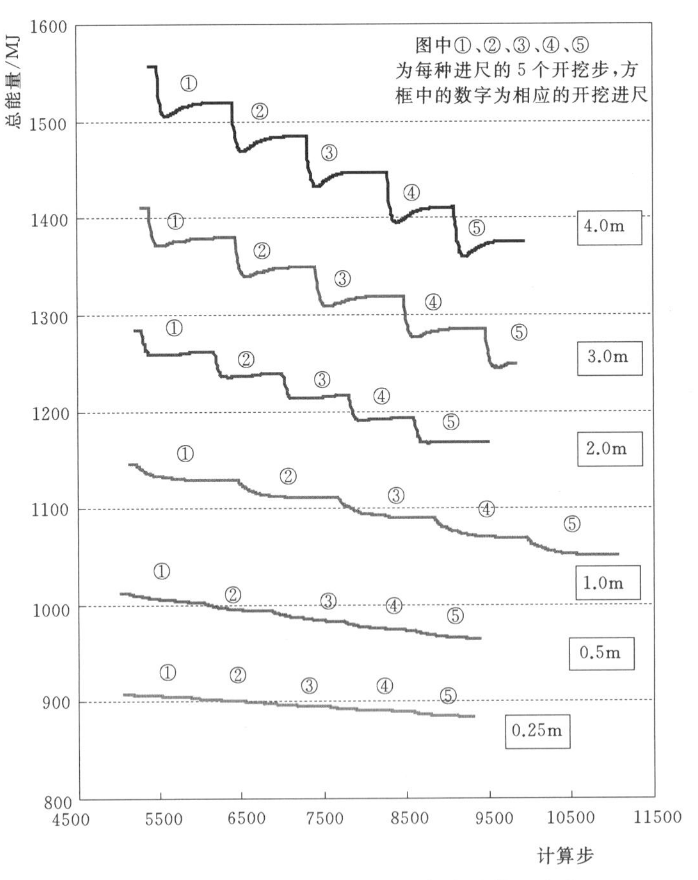

图9-21　不同开挖进尺条件下围岩中总能量变化图

(2) 当开挖进尺较大(如4.0m和3.0m)时，可以看到在开挖瞬间，岩体中能量释放呈现明显的动态效应，先急剧减小，然后再回弹，最后到达平稳状态；到进尺为0.25m时，各开挖步的影响已经不那么明显，能量的释放变成一个平稳的静态过程。这一结论证实了前面的假设，即TBM开挖可看作是采用很小的进尺进行连续掘进。进尺越小，则开挖过程中地应力卸载动态效应的影响也越小，越接近于TBM开挖的情形。

图9-22给出了不同开挖进尺下围岩中能量释放率，从图中可以看到，围岩的能量释放率随着开挖进尺的增大而增大，表明开挖进尺越大，围岩中发生岩爆的风险越高。

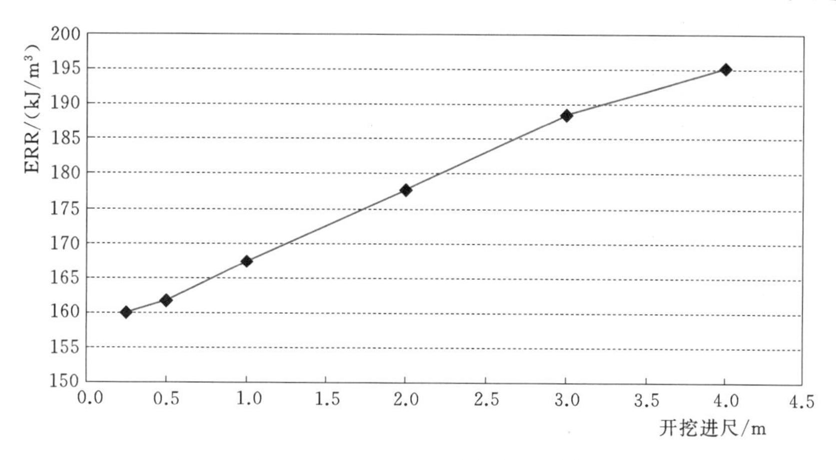

图9-22 不同开挖进尺条件下围岩能量释放率

为了更进一步研究TBM和钻爆开挖条件下围岩中能量调整变化的过程和不同进尺所对应的能量释放率，除了不断缩小进尺以模拟TBM的开挖过程外，还采用了下面的方法来模拟TBM的开挖过程。

由于TBM开挖过程时围岩中的应力经过一个平稳的过渡过程达到二次应力场，为了消除FLAC中瞬时开挖所带来的瞬态卸载效应的影响，从而较真实地模拟TBM的开挖过程，M. Cai建议了如下的计算方法[134]：首先将岩体的本构模型设置成弹性本构模型，在这一条件下进行开挖模拟，待到计算平衡，获得了弹性应力场，然后在将岩体本构模型换成目标本构模型，再次计算达到平衡，这样就可以避免应力瞬态卸载的影响，从一定的程度上模拟TBM开挖过程中应力的调整过程。这种处理方法可以概括成两步，即弹性开挖和塑性平衡。

图9-23给出了M. Cai的计算实例，图9-23(a)是一般的FLAC计算，其塑性区的形成包含了应力瞬态卸载效应，图9-23(b)是采用上述替换材料的计算方案获得的，二者有着显著的差别。

采用上述的弹性材料替换方法，对图9-24中地应力瞬态卸载效应较为明显的开挖进尺为1.0m、2.0m、3.0m和4.0m四种情况下围岩能量的变化情况再次进行了计算。

图9-24中细线(标注了开挖步)为弹性材料替换方法的计算结果，粗线为没有采用特殊方法的计算结果(即包含了地应力的瞬态卸载效应)，从中可以看到，采用了弹性材料替换计算方法以后，每个开挖步又明显分成两步，第一步为弹性开挖响应所带来的能量释放，即“弹性开挖”，后一小步为塑性材料在弹性应力场作用下的平衡过程，即“塑性平衡”。

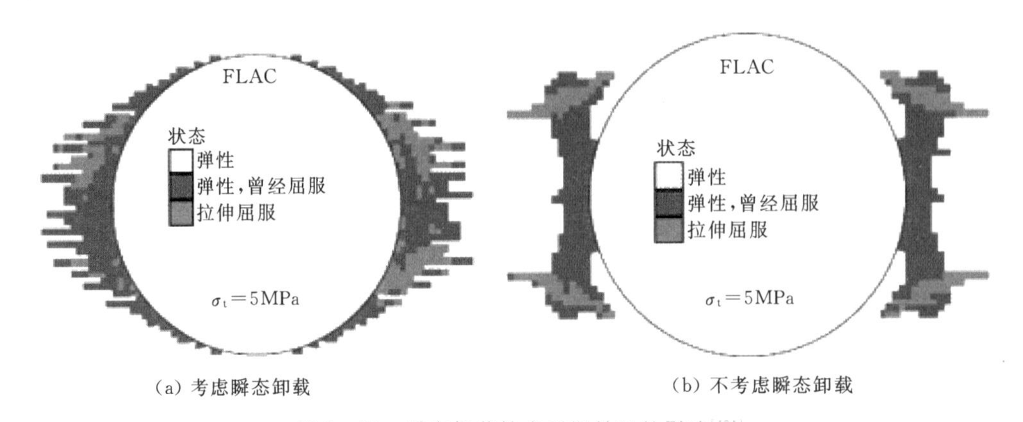

(a) 考虑瞬态卸载　　　　(b) 不考虑瞬态卸载

图 9-23　瞬态卸载效应对塑性区的影响[134]

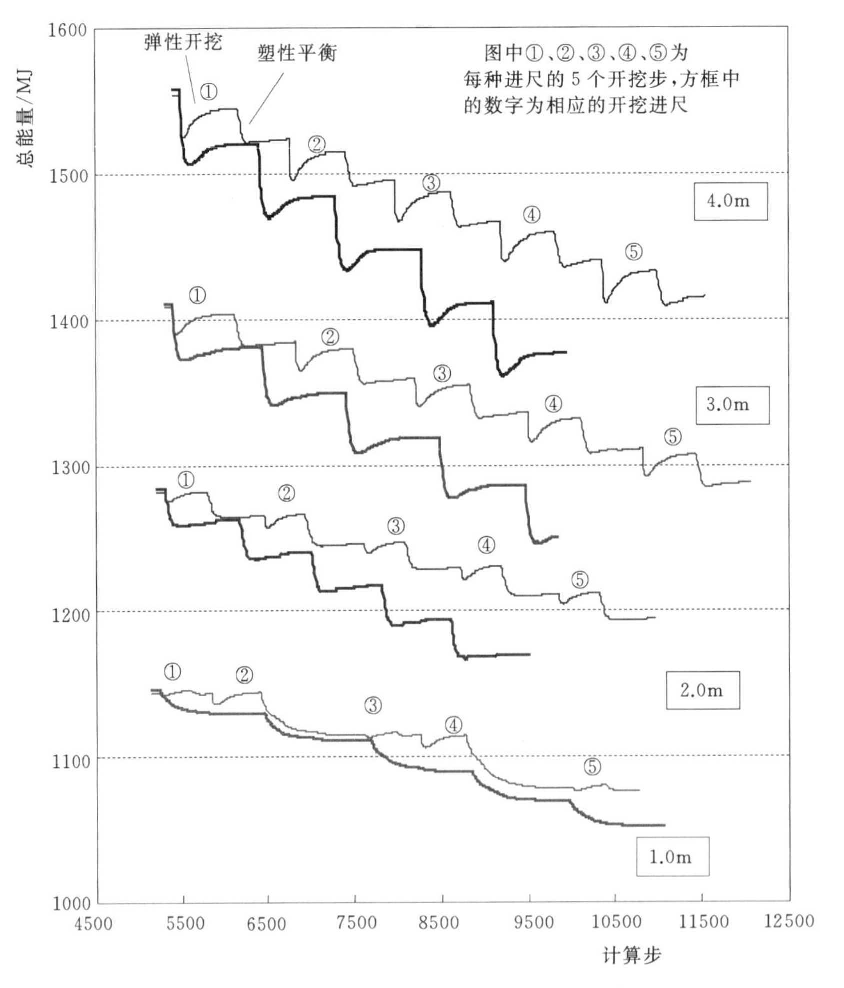

图 9-24　不同开挖进尺条件下围岩中总能量变化图

采用了弹性材料替换方法以后，整个开挖过程中岩体的能量释放过程明显变得平缓，即能量的释放率和释放速率均有明显降低，且开挖进尺越大，降低幅度越大，到开挖进尺为 1.0m 时，瞬态卸载（对应钻爆开挖）和准静态卸载（对应 TBM 开挖）所造成的能量释放率的差异已经很小。这再次表明，对钻爆开挖来讲，即使不考虑爆炸荷载的影响，由于其开挖的瞬时性导致围岩经历与 TBM 开挖不同的应力路径，最终导致了围岩能量变化过程的显著差异。

图 9-25 则给出了采用弹性材料替换方法以后所得到的不同开挖进尺下的能量释放率和图 9-22 的比较，可以看到，TBM 开挖条件下岩体的能量释放率明显要低于爆破开挖的情况。

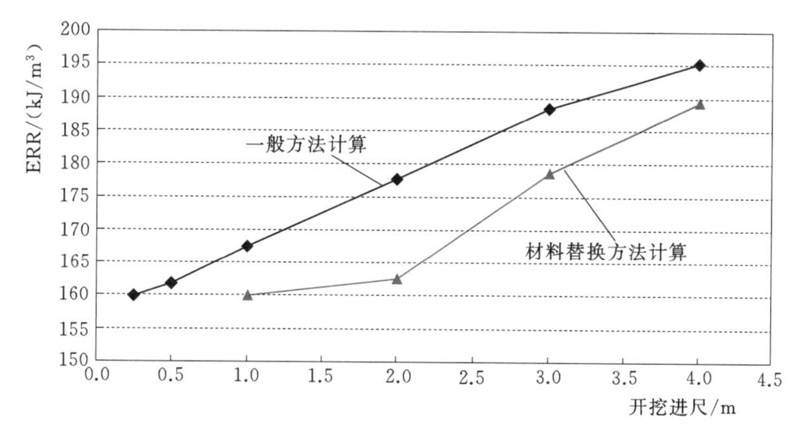

图 9-25 不同开挖进尺条件下围岩中能量释放率

综上所述，TBM 施工开挖中可以理解成是采用了非常小的进尺进行连续掘进，暂且不论 TBM 掘进工艺对围岩的保护作用，仅就这种小进尺开挖对围岩应力扰动和导致的能量释放率而言，它是钻爆法所不能做到的。因此，与钻爆法相比，TBM 施工不仅可以最大程度地维持围岩的物理状态，也可以最大限度地减轻对围岩受力状态的扰动，因此，总体上有利于对岩爆的自然性控制。但必须指出，这种优势也可以随着条件的不同而发生变化，在快速掘进条件下，如果掌子面前方围岩屈服和应力调整不充分就被开挖，则能量释放率可能维持较高的水平。因此，在 TBM 施工进入强岩爆段以后，减缓掘进速率是控制岩爆的一项主动性措施。另外，TBM 的连续掘进没有机会为安全生产规划回避时间，所有可能的岩爆都会对 TBM 造成威胁。在进入强岩爆段后，如果岩爆不可避免，那么 TBM 缺乏灵活性的缺点就会体现出来，给岩爆控制带来困难。这一问题的最佳解决途径是在 TBM 设计和制造中考虑对岩爆的防护和对爆后岩体的处理，一方面防止岩爆对机器和人员的直接损害，另一方面可以方便地排除卡机事故。

9.4 本章小结

钻爆法开挖对围岩的扰动为爆破荷载和高速动态卸载作用的结果，而 TBM 机械开挖对围压的卸荷方式为缓慢准静态卸荷，深埋隧洞 TBM 卸荷方式则为高初始围压下的缓慢准静态卸载。正因为这两种开挖方式的卸载特征存在本质差异，因而对围岩的扰动影响也存在巨大差异。本章通过系统的对比分析，揭示了钻爆法开挖和 TBM 两种开挖方式下对围岩扰动的影响：高地应力条件下围岩的爆破开挖扰动并不仅仅只包含了爆炸荷载所诱发的扰动，同时也包含了高量级初始地应力瞬态高速卸载或调整时所诱发的围岩扰动，且这一扰动的量级和爆炸荷载所引起的围岩振动大小具有可比性。地应力值越高，其影响越大；而高应力条件下 TBM 开挖时，围岩中地应力的释放和调整是一个平稳的过程，这个过程对围岩造成的直接影响很小，但由于开挖轮廓面附近围压的迅速降低，造成浅部围岩承载力的大幅下降，因此 TBM 开挖条件下围岩的高应力破坏可能更加严重。

另外，高应力条件下隧洞开挖进尺越大，能量释放越明显（钻爆条件），随着开挖进尺的减小，开挖过程对能量释放的影响越来越小（TBM 开挖），围岩中能量的释放过程越来越平稳，且释放的速率越来越小；当开挖进尺较大时，在开挖瞬间，岩体中的能量释放呈现明显的动态效应，先急剧减小，然后再回弹，最后到达平稳状态；到一定进尺时，各开挖步的影响已经不那么明显，能量的释放变成一个平稳的静态过程。

围岩的能量释放率随着开挖进尺的增大而增大，表明开挖进尺越大，围岩中发生岩爆的风险越高，也就是说钻爆条件比 TBM 开挖条件下岩爆的风险更大。与钻爆法相比，TBM 施工不仅可以最大限度地维持围岩的物理状态，也可以最大限度地减轻对围岩受力状态的扰动，因此，总体上有利于对岩爆的自然性控制。但必须指出，这种优势也可以随着条件的不同而发生变化，在快速掘进条件下，如果掌子面前方围岩屈服和应力调整不充分就被开挖，则能量释放率可能维持较高的水平。因此，在 TBM 施工进入强岩爆段以后，减缓掘进速率是控制岩爆的一项主动性措施。

10

深埋损伤围岩支护对策

10.1 支护设计历史回顾

世界上深埋围岩支护实践经验主要来自于深埋矿山和交通隧道工程建设，这些工程与锦屏深埋隧洞的一个重要差别在于工程目的决定的安全性要求。矿山、交通、水电工程安全有着不同的要求和标准，概括如下[161-162]：

（1）矿山工程对围岩安全储备的要求相对最低，甚至允许围岩出现一定程度的破坏，只要这种破坏可控、且不对正常作业造成严重影响即可。矿山巷道的使用期间相对较短，20年即算很长的使用期间，在这期间允许对围岩进行重新补强支护，现实中也往往进行大面积乃至全面性的补强支护。

（2）交通工程对围岩安全储备的要求相比矿山要高一些，但低于水电工程。深埋交通隧道运行环境也相对单一，运行期间围岩往往不再受到外荷载的作用，因此也往往允许围岩存在一定程度的缺陷，如空洞等。交通隧洞也可以相对方便地进行运行期的围岩补强处理。

（3）深埋水工隧洞对围岩安全储备的要求最高，尽管国内设计规范没有明确规定支护设计的安全标准，但在国外的实践中用支护力和支护需求比值定义的安全系数往往达到1.5。此外，水工隧洞运行期还将受到内外水的作用，即在相对恶劣的运行环境下承受长期荷载的作用，围岩补强支护对电站效益影响突出，代价高昂。

也就是说，即便世界上从其他行业深埋隧洞积累的实践经验对指导锦屏深埋围岩支护设计具有积极意义，但这些经验还不足以完全解决锦屏的问题。概括地讲，锦屏深埋隧洞围岩支护实践中需要利用施工期完成的支护系统维持运行期的长期安全，即在施工期解决运行期的问题，这是锦屏支护工作面临的重要挑战。

大致来说，20世纪40年代以前的深埋围岩支护的工程实践主要集中在南非矿山工程界，当时条件下，通过大量的工程实践，人们已经认识到钢拱架等刚性表面支护方式在控制围岩破坏，特别是岩爆破坏效果的有限性，并发展出了以“钢丝索＋锚杆”为典型代表的支护系统。

从20世纪40—80年代，深埋围岩支护工程实践中的一个重要工作内容是不断优化锚杆类型和表面支护系统，在此期间可能有多达数十种的锚杆被工程所应用，表面支护系统也由原来的钢丝索发展成为不同类型和规格的钢丝网和各种形式的喷射混凝土。

到了80年代，为有效控制矿难事故，南非政府加大了对深埋矿山岩石力学等相关问题的科研投入，深埋围岩支护设计开始得到系统总结和研究，并形成了深埋围岩支护的设计理论和设计原则，所形成的认识和经验目前仍然广泛地应用于世界上其他深埋工程实践中。概要地，当时形成的主要认识概要总结为如下几点：

(1) 支护系统必须具有良好的系统性，即锚杆和表面支护措施（喷层或钢丝网）必须有效地连接成一个整体，锚垫板起这种连接作用。

(2) 支护系统必须同时具有良好的承载力和抵抗变形能力，分别满足支护力和冲击变形的要求。

上述认识中并没有包括安装时机，这是因为在当时的深埋矿山实践中，开挖以后即及时进行支护，完成支护以后再进行下一进尺的开挖，已经成为标准的施工流程，在一些国家如加拿大已经被法律的形式所确定。

深埋围岩支护工作的系统性要求决定了表面支护必须先于锚杆的施工流程，即先喷（挂网）后锚的施工流程，且锚杆必须有锚垫板，锚垫板压住喷层或钢丝网起到连接作用，构成系统，因此也要求锚垫板必须紧密地压住表面支护，形成整体。

支护系统的承载力和抗变形能力要求对支护类型和材料的选择提出了具体的要求，这也推动了对不同支护措施力学性能的广泛深入研究。在这一环节上，从 20 世纪 80 年代开始，加拿大深埋矿山界的研究走到了世界前列。

10.2 围岩状态和支护要求分析

10.2.1 围岩应力状态与开挖响应

与其他特定地下工程一样，深埋隧洞围岩支护设计是一项实践性非常强的工作。了解隧洞开挖以后围岩状态及其对支护的要求是基本点，然后是根据这些要求针对性地选择支护类型和设计支护参数。鉴于深埋隧洞超常规的特点，建立在常规地下工程实践经验基础上的相关规范可能无法完全满足围岩支护设计和优化工作的需要，在锦屏深埋引水隧洞进入施工期以后，围岩支护类型的选择和支护参数的优化工作首先需要借鉴辅助洞的实践经验，当这种经验还不足以满足引水隧洞围岩支护锚杆类型选择和参数优化时，“读懂”隧洞开挖以后围岩状态就非常重要，它可以明确告诉工程技术人员围岩需要什么样的支护，从而作为锚杆类型选择的重要依据。锚杆参数的优化工作同样可以建立在对现场围岩状态的把握基础上，现实中还可能需要根据实际效果和施工难易程度进行适当调整，存在一个试验的过程[163]。

与浅埋隧洞不同，深埋隧洞的一个标志性特点是隧洞开挖以后围岩应力水平达到围岩峰值强度，使得洞周一部分围岩处于屈服状态，屈服后的围岩承载力有不同程度的降低。隧洞开挖以后围岩二次应力与岩体强度的矛盾越突出，或者说给定岩体条件下埋深越大时，围岩屈服区范围也越大，屈服也越严重。

图 10-1 表示了埋深 1800m 的 1 号引水隧洞Ⅱ类岩体开挖以后围岩屈服区分布和围岩应力分布，受隧洞断面上初始地应力场特征的影响，隧洞开挖以后围岩中在某个方位上出现应力集中现象，如本例中的左（北）拱肩对应部位。应力集中区与洞壁之间即为屈服

区范围，现实中的围岩破坏现象，如深埋大理岩段的片帮和岩爆、西端绿泥石片岩段的大变形，多出现在这一部位，该部位围岩成为支护参数设计针对的对象。

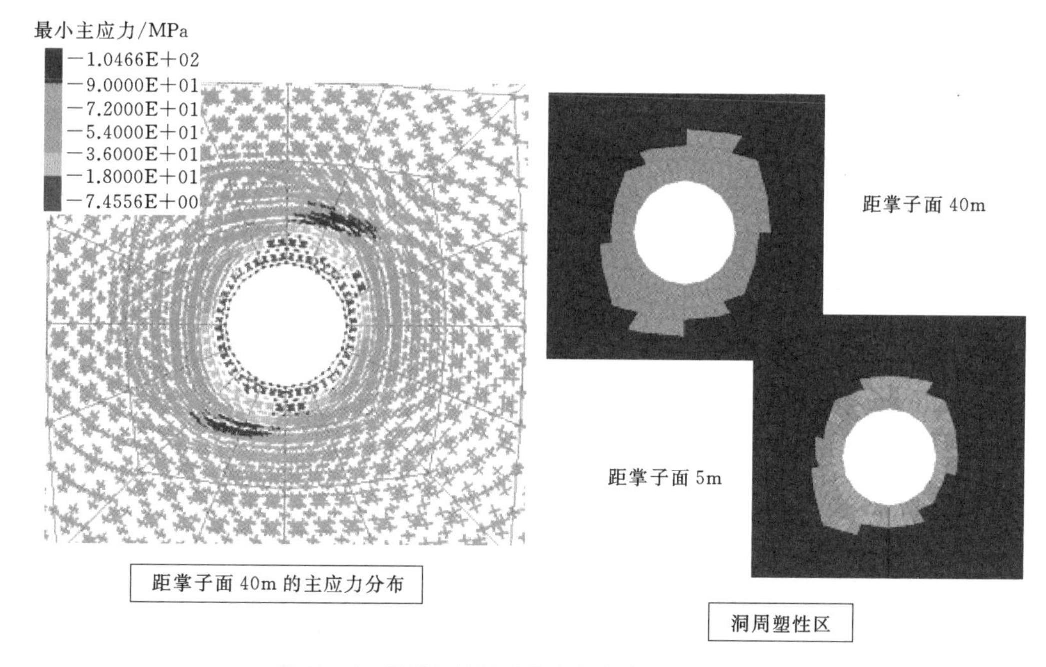

图 10-1 隧洞开挖以后围岩应力分布和围岩状态

除这个部位以外，隧洞周边其他部位也出现了屈服，也存在屈服区，不过，导致这些部位围岩发生屈服的应力变化过程不一样，一般没有经历强烈的应力集中。因此，尽管力学上同样被定义为屈服，但深层次的力学意义不同，岩体屈服一般不具备强烈的能量释放条件，一般也不以片帮或岩爆的方式出现，而多表现为围岩变形。当某些特定的结构面发育时，可以出现沿结构面的张开和剪切现象，在某些特定情况下，还可以出现类似于片帮的结构面之间完整岩石的剪断破坏。但总体上，以缓和形式的变形，特别是沿结构面的变形为主，因为这些部位围岩能量水平低，相较应力集中区部位的围岩，比较容易控制和处理。

深埋围岩应力集中区部位对应的问题，视岩体基本性质和条件主要有三大类，即相对软弱围岩的大变形问题、完整脆性岩体的脆性破坏和与结构面相关的围岩破坏。这三类问题同时存在于锦屏深埋引水隧洞，第一类如西端1号引水隧洞绿泥石片岩段的大变形，变形突出且导致支护破坏的部位多集中在顶拱到左（北）拱肩一带，对应于应力集中区的部位。

锦屏辅助洞深埋段完整脆性大理岩的岩爆破坏已经被大家所熟知，它是完整大理岩高应力破坏的一种形式，也是一种剧烈的破坏方式，表明围岩应力水平和围岩强度之间矛盾非常突出。除这种剧烈型破坏以外，完整大理岩高应力破坏还有其他的表现形式，如片帮和破裂等，反映应力水平与岩体强度之间的矛盾相对要缓和一些。

与结构面相关的围岩变形和破坏可以非常剧烈，也可以很缓和，主要取决于结构面性质及其受力状态，刚性结构面（如NE向刚性节理）在围岩应力集中区一带出现时，可以导致非常强的岩爆现象，即断裂型岩爆，而一般性结构面如 NWW 向节理出现在应力松弛区［如左（北）边墙］一带时，往往引起张开松弛。

在这些破坏方式中，断裂型岩爆最具特殊性，在围岩支护设计时应单独考虑，其他表现形式则可以视为一般情形，作为围岩系统支护设计的依据。

锦屏引水隧洞围岩主要由大理岩组成，一般不存在大变形问题，系统支护主要针对完整围岩的一般性高应力破坏和受结构面控制或影响的其他破坏方式。这里将简要地总结锦屏深埋隧洞出现的不同性质的围岩破坏方式，目的是利用这些现象判断围岩状态，为系统支护提供最直接的现场依据。

排水洞掘进到 1800m 深度以后出现了长约 30m 段的应变型岩爆，图 10－2 给出了岩爆发生以后破坏区的范围和凹坑位置，注意，之所以称之为岩爆而不是片帮，是因为它们之间的力学机理不同，现场主要表现为这种破坏，一般很少产生很薄、与开挖面基本平行的片状化现象。如果从破坏坑部位切一个剖面，应变型岩爆往往形成圆滑的凹坑，引用以前国际上的定义，称之为 V 形破坏，图 10－3 即为该岩爆段从 TBM 护盾部位开始揭露时的形态[164]。

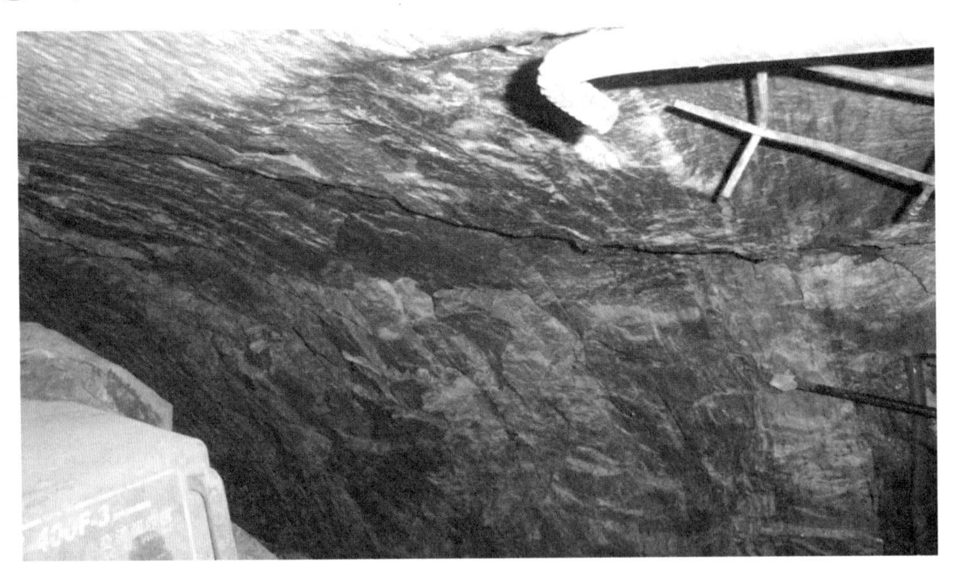

图 10－2　排水洞的应变型岩爆破坏没有明显的片状化特征

应变型岩爆的形态特征（尖棱状或舒缓状）以及破坏深度指示了围岩破坏程度和对支护的要求，如果呈舒缓状，且破坏深度一般不超过 0.5m，属于一种相对较弱的情形。应变型岩爆是应力超过岩体强度的结果，通常出现在应力变化最激烈的部位，即新开挖出来的掌子面一带。从围岩支护的角度看，在选择锚杆类型时需要特别注意锚固作用的及时性，即是否能够方便迅速安装和安装以后能否很快发挥作用。

总体而言，应变型岩爆对支护的要求取决于岩爆的强度。岩爆在很强的情况下会同时伴随强烈的声响和震动现象。但根据全世界大量地下工程的实践，破坏发生时的震动强度不是特别突出，往往在里氏 1.0 级以下，在常规喷锚支护控制能力范围内[165]。

片帮是深埋完整围岩中比应变型岩爆程度更弱一些的高应力破坏，其特点是片状化特

图 10-3 排水洞应变型岩爆形成的 V 形破坏坑

征明显，薄片状破裂往往与开挖面平行，图 10-4 是排水洞出现的弱片帮破坏。强烈的片帮破坏也可以形成 V 形破坏形态，但并不一定是破坏区内的岩体均脱离围岩，一般是残留很多薄片在破坏区内。

图 10-4 排水洞的弱片帮破坏形成的平行临空面的片状化现象

片帮可以出现在开挖面一带，也可以在滞后掌子面很多的地方出现，片帮破坏的滞后现象往往发生在脆性岩体地区，锦屏完整大理岩片帮滞后现象明显，辅助洞开挖数年以后在应力集中区还可以出现片帮现象。

从支护的角度看，对围岩片帮的控制需要考虑发生时机和程度，位于掌子面一带中等偏弱片帮的最好控制方法是有效喷护，但喷护一般是短时间内的效果很好，随着时间推移，其作用不断降低。在这种情况下，锚杆比喷层可以起到更好的作用，即在一定程度上限制片帮的发展。单纯就控制片帮破坏而言，锚杆类型选择和参数要求并不是很高，一般常规性锚杆和参数都可以满足要求。

比片帮更弱的破坏一般为破裂，完整大理岩中出现的破裂往往是微破裂发展到一定程度的结果，因此，当现场可以观察到破裂时，破裂带以内的区域应存在一个损伤带，即微小破裂发育区。需要说明的是，脆性岩石内的破裂数量是决定岩体力学特性的根本性因素，当应力水平达到岩石单轴抗压强度的40%左右时，岩体内即可以存在破裂和破裂发展现象，即存在损伤，但岩体可以仍然处于弹性状态，承载力可以不受到明显影响。也就是说，脆性岩体中存在损伤并不意味着屈服，而只有损伤比较严重（裂纹长度和间距大约在同样的量级水平）时，岩体才表现出非线性特征，损伤才开始明显影响到岩体的宏观力学特性。这就是说，受损伤的脆性岩体并不一定要求进行支护，而只有损伤严重的围岩才考虑进行支护。

根据锦屏深埋隧洞实践经验，与结构面相关的围岩变形和破坏相对比较普遍，除前面提到的断裂型岩爆相对特殊以外，从性质上讲，其他与结构面相关的变形和破坏问题一般不存在强烈的能量释放行为，不是剧烈形式的破坏，这为锚杆类型和锚固时机选择留下了很大的空间。总体地，除断裂型岩爆以外，锦屏深埋隧洞与结构面相关的其他形式的围岩变形和破坏对锚杆的要求主要表现在锚固力方面，其次才是及时性，即要求锚杆具有良好的承载力。

结构面控制或与结构面相关的围岩变形和破坏方式很多，在辅助洞比较普遍的一种是与洞轴线小交角的陡倾NWW向节理在辅助洞左（北）侧边墙出现时产生的鼓帮变形，不过，由于高应力的存在，这种鼓帮与高应力密切相关，甚至在鼓帮区两条NWW结构面之间的完整岩石被剪坏。在辅助洞，这种鼓帮变形主要还是应力松弛的结果，因此往往滞后掌子面很长一段距离出现。

从到目前为止的排水洞和引水隧洞的开挖情况看，由于这些隧洞的最终断面形态为圆形或近似圆形，缺乏高边墙结构，这组结构面的作用也大大减弱。目前在2号引水隧洞主要表现为左（北）侧边墙NWW向节理的张开，以及这种张开导致的喷层开裂，不构成决定锚杆类型和参数设计的依据。

两组或两组以上的结构面切割形成的块体破坏是结构面控制破坏的一种表现形式，钻爆法掘进时，如果开挖导致块体完全出露，破坏多以掉块的方式出现在爆破过程中，锚固需要解决的是围岩中潜在不稳定块体，这是锚杆类型选择和锚杆参数设计时的重要依据。在深埋条件下，这种块体的破坏还可能受到高应力的驱动，维持块体稳定所需要的锚固力一般要高于浅埋围岩。特别是当存在大体沿隧洞轴向延伸、长度较大的结构面时，高应力可以通过剪断结构面一侧岩体与该结构面共同组成破坏体；当这一侧岩体内存在小型结构面时（现实中也很常见），往往可以形成较大规模的破坏（图10-5）。临时锚固有望能控制这种比较严重的破坏现象，也成为锚杆类型选择和参数优化的依据。

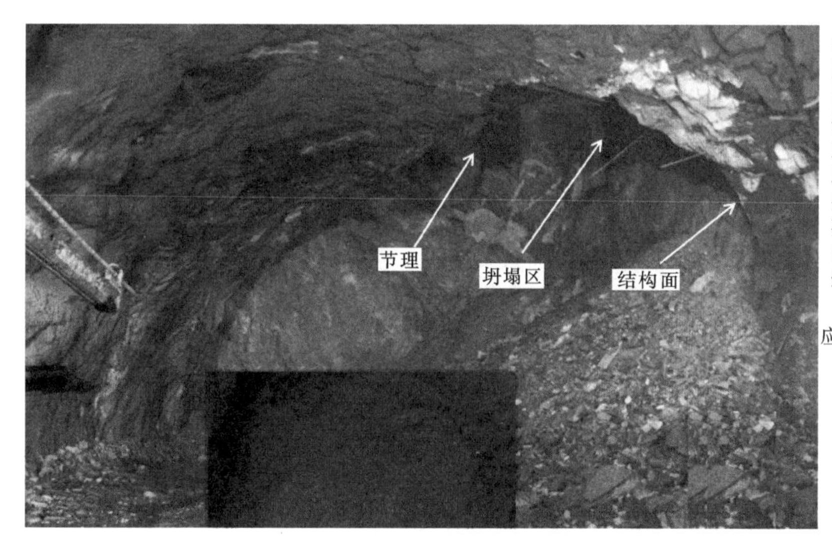

结构面走向与隧洞轴线小角度相交且位于洞周应力集中区部位，主导性结构面临空侧岩体在高应力作用下发生剪断破坏，而节理的存在加剧了破坏程度和范围。这种条件下围岩的破坏不一定需要结构面完全切割形成独立的块体，岩体可以剪断并与结构面组合形成破坏现象。

应力集中区
结构面

图 10-5　4 号引水隧洞应力集中区与结构面组合形成的坍塌破坏

TBM 掘进时破坏出现在护盾后方块体被揭露时，对正常掘进形成影响，对于水工隧洞而言，支护前一般要求清除这些块体，甚至回填破坏坑，这种条件下对锚杆类型和参数的要求不如钻爆法严格。

总体而言，在暂且不考虑施工环节因素时，锦屏深埋隧洞临时和永久结合的锚杆类型和参数优化设计时的主要依据和原则如下：

（1）锚杆不仅需要能适应 2 号隧洞进入岩爆段以后的抗冲（击）要求，即能快速发挥作用和具有良好的变形特性，同时还需要适应潜在结构面和高应力作用下块体破坏的需要，即具备良好的强度。

（2）总体地，TBM 掘进条件下，因为机头部分属于锚固作业盲区的现实，不论是高应力破坏还是与结构面相关的破坏，盲区的存在降低了对锚杆类型选择的现实要求，或者说，锚杆类型选择以适应钻爆掘进临时兼永久支护的需要为原则。

10.2.2　深埋隧洞支护要求分析

深埋隧洞围岩支护要求包括如下两个方面：①保证施工安全和施工期的围岩稳定；②施工期完成的支护系统同时能保证运行条件下围岩的长期安全性。

应该说，上述第一个方面的要求本身就充满挑战，这是因为深埋隧洞开挖以后围岩出现了不同寻常的响应方式和潜在问题，激烈的岩爆破坏和缓和方式的破裂损伤随时间发展同时并存于施工期，且可以同时出现同一洞段。因此，施工期的支护系统不仅需要帮助控制岩爆等这类剧烈型破坏对施工安全的威胁，同时还需要尽可能解决好破裂控制问题，为维持围岩长期安全提供必要的条件。

从本质上讲，由于深埋隧洞围岩破裂损伤对水工隧洞运行期的潜在不利影响，上述第②个方面的要求除了区别于世界上任何深埋矿山和交通工程，也区别于潜在水工隧洞，甚至在很大程度还区别于锦屏辅助洞。

表面上看，上述两个方面的要求与一般水工隧洞不存在区别，但问题在于深埋条件下能满足施工期要求的支护系统能否同时满足运行期要求。产生这一潜在问题的主要原因是深埋隧洞开挖以后出现的围岩破裂及随时间扩展这一新情况，围岩破裂和不断发展以后降低了围岩的承载力，而在支护和围岩共同发挥承载的设计理念中往往不考虑围岩承载力随时间的弱化问题。

简单地说，隧洞开挖以后在浅部围岩中形成了一个破裂带，影响了围岩特别是浅表围岩的承载力，并同时可能形成外水渗透通道，给支护系统形成一个外水压力圈。该破裂带的存在不仅降低了围岩的承载能力，同时还反过来形成荷载、影响到支护安全。破裂带的作用程度到底如何，以及原设计方案是否还能满足运行期安全要求，成为在施工期需要回答和解决的一个新问题。

深埋隧洞围岩破裂涉及的支护安全性论证成为施工期支护设计和优化面临的一个新问题，该潜在问题出现在运行期，但根源在施工期。因此，施工期围岩支护系统除了维护施工安全和围岩稳定以外，还需要为维护施工期安全创造条件。

10.2.3 损伤围岩支护要求分析

相比于软岩的大变形，深埋损伤围岩高应力破坏则主要依赖于柔性支护系统，钢拱架和衬砌等典型的刚性支护往往不适合于应对深埋硬岩的高应力破坏，柔性的喷锚支护系统得到广泛应用。针对深埋硬岩高应力破坏所采用支护手段的“柔性”主要体现在支护材料特性，如锚杆杆材的力学特性上，而不像滑移式拱架那样通过结构特征实现。

针对深埋硬岩高应力破坏，原则上需要采用柔性支护系统，但其必要性和对柔性的要求程度也是相对的，与高应力破坏程度相关，同时需要考虑支护的工程目的。对于民用工程，尤其是水工隧洞，都应该使用柔性支护系统，一方面是由于这类工程对围岩和支护的长期安全性要求较高，另一方面是水工隧洞运行期地下水环境复杂，对深埋脆性围岩特性具有恶化作用，即便是围岩高应力破坏风险程度相对较低，也建议采用柔性支护系统。除此之外，还需要考虑耐久性等方面的要求，充分考虑围岩和支护的长期安全性。

就保证施工安全而言，深埋高应力条件下各种破坏风险对围岩支护的基本要求可以概述如下：

（1）较低破坏风险：如较弱的破损和滞后破裂。这类问题主要影响围岩的长期安全性，对施工安全影响较小，对支护没有特别要求。

（2）中等破坏风险：表面破坏，如剥落和片帮现象等。对表层支护如喷层的要求相对较高，刚性锚杆也可以满足这类条件下的支护要求。

（3）高破坏风险：如强烈片帮和应变型岩爆等。此时需要使用柔性支护系统，考虑到发生这类强烈高应力破坏时存在的冲击特性和破坏后围岩所产生的鼓胀变形，支护设计时需要同时考察支护力、抗变形能力和抗冲击能力。

（4）极高破坏风险：指冲击性突出的岩爆破坏，尤其是构造型岩爆。此时必须使用柔性支护，对系统的抗冲击力有着突出的要求。

可见，深埋硬岩条件下的围岩支护需要同时考察支护力、抗变形能力和抗冲击能力三个方面的要求。深埋条件下地下工程开挖以后围岩屈服破坏不可避免，高应力的存在不可避免地要求支护系统具备足够的承载能力，足以有效维持围岩的强度和发挥围岩的承载能力。高应力破坏后期的鼓胀变形可以比较明显和突出，这要求支护系统适应后期大变形的需要。而强烈的高应力破坏总是以冲击波的方式出现，支护系统需要在动力冲击下不仅保持安全，而且需要通过吸收能量的方式维持围岩安全。

在了解不同潜在破坏风险程度下围岩对支护的要求以后，支护设计还需要了解不同支护方式的力学特性。图 10－6 是以加拿大矿山行业为例，给出了典型支护单元的力学特性。图中纵坐标表示了承载力，是衡量最大支护力的指标；横坐标表示变形，描述了支护单元承受变形的能力；各单元荷载-变形曲线下方的面积则描述了该支护单元的吸能，即抗冲击能力。

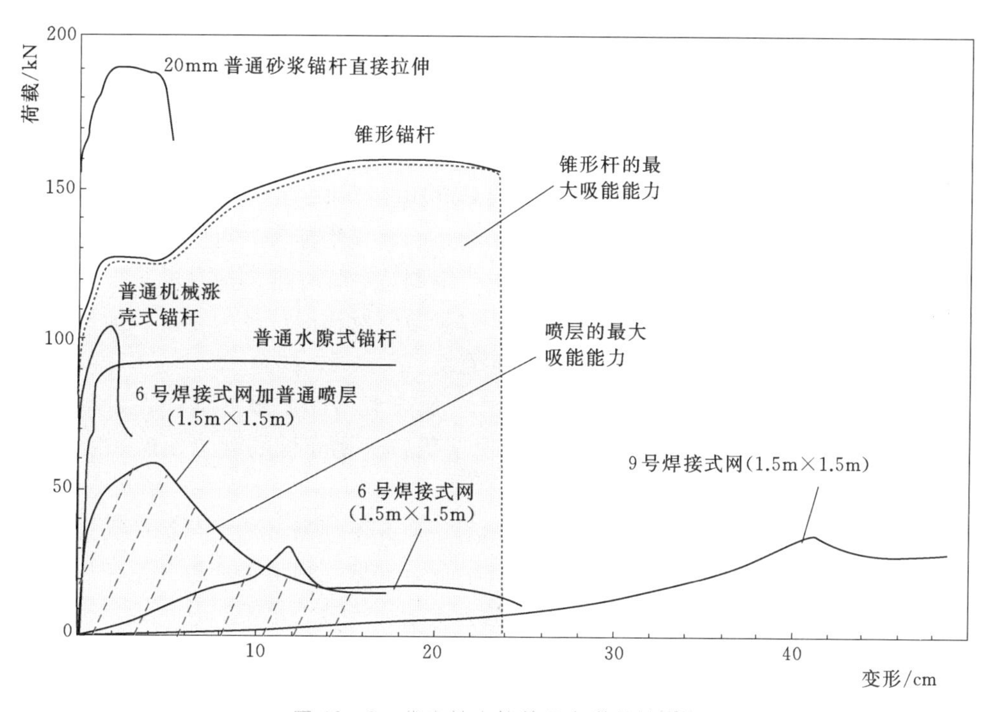

图 10－6 代表性支护单元力学特性[161]

根据图 10－6，选择碳钢为杆材的普通螺纹钢锚杆往往具备良好的承载力，但抗变形能力和抗冲击能力均显得不足。不过，这一叙述主要针对杆材的力学性质而言，并没有合理地考虑全长黏结螺纹钢锚杆的实际力学机制。实践表明，即便是采用环氧树脂作为胶结剂时，螺纹钢锚杆同样具有良好的抗吸能能力，意味着“锚杆＋黏结”构成的锚固体具有更好一些的变形能力和吸能能力。

机械涨壳式锚杆也往往采用脆性钢材生产。由于这类锚杆往往进行黏结，杆材的性能基本决定了锚固体的特性。因此，传统的机械涨壳式锚杆往往不仅承载力相对较低（端头锚固形式），而且抗冲击力和抵抗变形能力较弱。在强烈岩爆风险条件下，围岩内的动力波可以导致这类锚杆的断裂。正是这一不足，北美深埋矿山行业已经逐渐放弃使用机械涨壳式锚杆。不过，如果改进机械涨壳式锚杆的杆材或者安装后再进行二次注浆，都可以改变机械涨壳式锚杆或锚固体的性能。在很多民用工程建设中，因为对锚杆有耐久性的要求，在机械涨壳式锚杆基础上增加二次注浆的应用方式已经比较常见。在锦屏二级电站深埋隧洞的实践中，不仅增加了二次注浆，而且还有意地优化杆体的尺寸和材料性质（延伸率），大大增强了锚杆的承载力和屈服特性，应用过程中不仅没有发生断裂显现，而且对控制围岩破裂、冲击破坏表现了良好的工程适用性和效果。由此可见，锚杆的性能和效果并不与锚杆的外观类型直接相关，起决定作用的是锚杆的承载力、适应变形能力和吸能能力。

锥杆是专门针对岩爆冲击破坏设计的一种锚杆，杆体为普通圆钢锚杆和扁平状的内锚端构成，其中的内锚杆保证在冲击荷载作用下提供锚固力。锥杆发挥吸能作用主要取决于两个环节：一是杆体的涂层，保证在较高的冲击荷载下杆体和黏结体之间发生摩擦滑移；二是黏结材料的强度。当杆体和黏结体之间发生摩擦滑移时，黏结体发生破裂提供变形空间。这两个方面的共同作用保证了在强烈的冲击荷载下锚杆能随围岩出现较大的变形而不出现杆体的断裂。当锥杆具有良好的承载力时，就具备了承载力、适应变形和吸收能量三个方面的良好性能，因此在一个时期被作为强烈岩爆风险条件下的重要手段。由于当锥杆发挥作用时，要求黏结体强度和杆体强度之间具有比较严格的相关关系，强度过高的黏结体可能导致杆体的断裂，过低时锚固力受到影响，因此采用锥杆时对施工质量尤其是保持稳定和合理的黏结体强度有着很高的要求，成为限制这一锚杆推广应用的短板。

不过，锥杆的工作原理很好地演示了强岩爆风险下对锚固设计的要求，为针对特定工程条件选择以及设计合适的锚杆提供了指导性意义。

国外比较普遍使用的水胀式锚杆（Swellex）属于典型的屈服型锚杆，如图 10－6 所示。在达到锚杆峰值强度以后，锚杆并不出现承载力快速降低的现象，形如岩体的“塑性”或“延性”特征。

因为材料特性的原因，屈服型锚杆的承载力一般并不很高，这类锚杆的突出优点是吸能能力和适应变形能力，缺点是支护力偏低。为此，深埋工程实践中也大量使用加强型水胀式锚杆，它通过增加杆体尺寸和管壁厚度的方式增加承载力水平。这一现实也说明了锚杆性能并非一成不变，而是可以根据实际工程需要不断改进和优化，以适应特定工程的特定需要。从这个角度看，大型深埋工程的支护设计可能不仅仅需要选择某种现成的锚杆类型，而且是需要设计出某种特定类型的锚杆。包括水电和交通在内的民用工程行业，并没有形成标准化的锚杆生产和供应体系，很多情况下锚杆生产由承包商自己完成，此时设计工作更需要明确锚杆的性能要求。

喷层和“挂网＋喷层”的共同特征是适应变形能力好但承载力明显不足，并且后者也影响了表面支护的吸能能力（曲线下方的面积大小）。因此在硬岩条件下仅仅依赖喷层或“挂网＋喷层”的表面支护方式显然不能满足抵抗和限制围岩高应力破坏的要求：

（1）当围岩高应力破坏风险相对不高时，单纯的喷层或“挂网＋喷层”具备的适应变形能力往往可以给围岩提供一定的初期支护，但当破裂扩展导致鼓胀变形时，因为这些支护缺乏必要的承载能力，会出现喷层破裂失效的现象。即便此时安装了锚杆，如果喷层或“挂网＋喷层”不能和锚杆有效结合在一起，表面支护仍然缺乏承载力，围岩鼓胀变形还是可以导致支护失效甚至围岩破坏。

（2）当围岩存在高应力破坏风险时，冲击荷载可能超过这些支护的承载力和吸能能力，直接导致支护和围岩的破坏，无法满足工程的支护要求。

因此在深埋工程实践中，任何时候都不应该单独地将喷层等表面支护单元作为主要手段使用。

10.3 深埋隧洞围岩支护设计优化

10.3.1 钻爆法条件下围岩支护设计优化

10.3.1.1 支护要求分析

深埋围岩支护工作的系统性要求决定了表面支护必须先于锚杆的施工流程，即先喷（挂网）后锚的施工流程，且锚杆必须有锚垫板，锚垫板压住喷层或钢丝网起到连接作用，构成系统。因此也要求锚垫板必须紧密地压住表面支护，形成整体。

硬岩地区深埋围岩潜在的问题包括两大类：一是应力问题，即应力超过了围岩的承载能力而出现的各种形式的破坏；二是重力或块体问题，受结构面或应力影响，围岩中不同形式的块体稳定性问题。支护系统是为了控制这两大类问题的发生，如图 10－7 所示，此时支护系统起到三个方面的作用：①加固（reinforce），主要针对应力和围岩强度之间的矛盾，给围岩提高承载能力；②支撑（hold），起到保持围岩表面和一定深度范围内块体不坍塌的作用，即不出现脱离围岩形成安全威胁；③维持（retain），只保持浅表块体不脱离围岩。

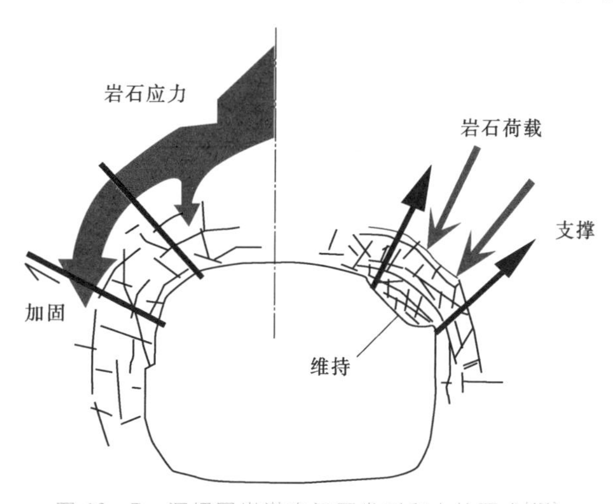

图 10－7 深埋围岩潜在问题类型和支护要求[161]

也就是说，加固、支撑和维持是硬岩地区深埋围岩对支护工作的三种基本要求，注意这种理念建立在深埋矿山围岩安全要求的基础上，显然，它允许围岩发生松弛、破裂，乃至呈破碎状，只要这些形式的“破坏”不形成脱离围岩的坍塌、导致安全事故即可。

相比而言，锦屏围岩对支护也会有这三个方面的要求，支护系统也会发生这三个方面的作用，但锦屏更强调加固环节，不希望“维持”的作用在现实中得到充分发挥。显然，所有锚杆都同时具备加固和支撑的作用，而所有的表面支护单元如钢筋网、钢丝网、喷层、衬砌、拱架等都具有维持的作用。但如果同时考虑到支护力和变形方面的要求，则不同支护单元有着不同的支护能力：

（1）全长黏结锚杆：具有刚性和支护力强的特点，室内试验显示，抗冲击力和抗变形力较差，但现场应用效果良好，这可能主要是因为试验室直接拉拔和冲击锚杆杆体，而现实中锚杆被动受力，黏结层发挥了一定的作用。水工隧洞的耐久性要求一般需要使用水泥浆或水泥砂浆为黏结剂，这样可能存在安装时间长和不能及时发挥承载力的问题，作为临时支护时可能受到这方面的限制。

（2）机械涨壳式锚杆：具有刚性高、支护力一般和抗变形力弱的特点，近年来逐渐被全长黏结锚杆所取代，但仍然广泛应用。传统的机械涨壳式锚杆不进行注浆处理，水工隧洞的耐久性要求使得传统的机械涨壳式锚杆不能作为永久支护使用，增加注浆程序以后可以解决这一问题。

（3）水胀式锚杆：是柔性屈服型锚杆的代表，具有承载力一般但抗变形力强的特点，在大变形条件下仍然可以发挥峰值承载力。增大锚杆尺寸和管壁厚度的加强水胀式锚杆是深埋围岩临时支护的理想选择，但所有水胀式锚杆都依赖锚杆和孔壁的摩擦发挥加固作用，都不具备防腐能力，不能作为水工隧洞永久锚杆使用。其他类似类型的锚杆如摩擦锚杆都具有相似的特点。

（4）钢筋网、素喷、“钢筋网＋喷层”和钢纤喷层等都是常用的表现支护系统，都只起到维持的作用，这四种常用表面支护措施的性能存在一定差别。钢筋网提供的支护力最小但可以承受大变形，素喷相对可以提供一定的支护力但性脆、易于破裂，“钢筋网＋喷层”具有最强的支护力，相对于钢纤喷层而言易于开裂一些，但同时也可以承担更大一些的变形。

（5）锚杆垫板是连接表面支护和内部支护（锚杆）的纽带，在发挥支护系统性方面具有特别重要的作用，恰恰在这个环节上往往容易被忽视，这在锦屏现实中也不例外。试验表明，合理的锚垫板可以将系统抗变形能力提高50%，其合理性通过垫板用材和几何形态实现。在围岩出现相对较大的变形时，特别是锚杆为屈服型锚杆时，垫板也需要使用屈服型材料，并且，其屈服荷载和锚杆相同；并且垫板为凹形设计，而不是平板，可以在不损失承载力的前提下吸收更多的变形。

在锦屏二级引水隧洞支护设计方案和相应的技术要求中，融合了从辅助洞支护实践总结的经验和认识，在引水隧洞实际实施的支护方案及特点可以总结如下：

（1）钻爆法掘进和TBM掘进都采用了两期支护的方式，其中一期支护为临时支护，起维护施工安全的作用。临时支护采取了喷锚支护或“挂网＋锚杆”支护，具体参数由施工承包商确定。临时的支护范围主要限于顶拱一带。比如，1号引水隧洞TBM掘进段采用“钢筋网＋水胀式锚杆”；3号引水隧洞TBM掘进段则采用“钢筋网＋水泥药卷锚杆”，2号和4号引水隧洞钻爆法开挖均采用“喷层＋水胀式锚杆”。

（2）二期支护为永久支护，在钻爆法掘进隧洞则采用增加喷层、施加系统永久锚杆和再喷护封闭的方式。

前期工作中对“喷＋网＋锚＋喷”所构成的支护系统的有效性和合理性进行了充分论证，施工实践表明，支护系统足以维持施工期围岩稳定和安全。不论是从承包商的作业能力，还是从围岩的现实需求出发，都要求锦屏二级引水隧洞实行临时和永久两期支护。临时支护系统中对锚杆的耐久性和永久安全性不做要求，以维持施工安全和控制围岩破裂为原则，因此，临时支护系统中除钻爆法掘进的岩爆风险洞段以外，都可以选择支护力强的锚杆。

临时支护系统中水胀式锚杆的实际锚固效果，特别是对浅层围岩破裂控制的有效性需要引起关注。最适合采用水胀式锚杆的情形是当隧洞遇到强岩爆风险时，它能帮助及时支护和维持支护系统的抗冲能力。

支护优化工作中涉及的一个普遍性问题是锚杆类型和参数，从实践的角度出发，前者不是一个简单的技术问题，这是因为选择不同类型锚杆的目的是有效地维持围岩稳定性，但能否实现设计意图和预期效果，还与施工承包商的设备能力及施工技术是否配套密切相关。

从技术角度上出发，锦屏二级深埋隧洞大理岩段围岩支护锚杆选择和优化可以遵循如下原则：

（1）非岩爆洞段临时支护锚杆以能立即发挥锚固作用的屈服型锚杆最佳，水胀式锚杆、摩擦锚杆、预应力锚杆、采用速凝黏结（水泥药卷和环氧树脂）的普通全长黏结锚杆都可以保证安装以后立即发挥作用，满足第一个环节的要求。是否具备屈服特性则取决于杆材的力学特性，即延伸率如何。后者可能并不是一个绝对标准，与埋深和锚杆间距有关，较小的埋深和较小锚杆间距情况下，对延伸率的要求相对低一些。锦屏的监测资料，包括预安装的监测资料显示，非岩爆冲击条件下围岩静态变形量一般都小于 20mm，从这个角度看，延伸率并不是一个主要问题。

（2）非岩爆洞段临时支护锚杆类型选择还与临时支护系统在永久支护体系中所起到的作用有关，如果永久支护完全不依赖临时支护，一些传统意义上的临时锚杆如树脂锚杆也可以使用。

（3）从锦屏隧洞施工实际出发，临时支护系统的锚杆可以选择两种类型。第一种是可以后期注浆的机械涨壳式锚杆，适当注意杆材的力学特性，以体现屈服性要求，这种锚杆安装后即生效，后期注浆可以保证其耐久性，作为永久支护系统的一部分。第二种是纯粹意义上的临时支护锚杆，即侧重立即生效而不考虑永久性要求，使用的水胀式锚杆、备选的树脂锚杆都可以满足要求，后者的锚固力更大一些。这两种锚杆的搭配使用可能最适合锦屏的现实需要。

（4）对于强岩爆段而言，临时支护成为控制岩爆的重要手段，因此有着更高的要求。单从技术角度上讲，强岩爆条件需要使用专用锚杆即“锥杆”，但国内没有供应商和生产能力；其次为加强水胀式锚杆（与现场的水胀式锚杆差异悬殊），国内也没有供应商；水泥药卷黏结的普通螺纹钢锚杆也可以起到良好的作用，锦屏隧洞现场安装技术水平和能力需要大幅度提高；锦屏现场实际上还没有证实机械涨壳式锚杆不满足岩爆控制要求，辅助洞的机械涨壳式锚杆的失败缘于安装工艺的缺陷，并非锚杆自身的问题；水胀式锚杆普遍使用缘于安装工艺要求低、但在强岩爆条件下支护力不足的缺点已经在辅助洞暴露出来；树脂锚杆还没有在锦屏工程中使用。

（5）强岩爆条件下引水隧洞临时支护锚杆类型选择需要从施工能力和锚杆性能两个方面考虑，全部采用水胀式锚杆显得过于迁就施工能力，也没有足够突出现实需要，水胀式锚杆（或树脂锚杆）和另一种类型锚杆搭配使用是优化工作的基本要求，在解决施工环节问题以后，最好是放弃水胀式锚杆。

（6）锚杆安装质量和能力需要更加引起重视，它从一个方面决定了锚杆类型选择的现实效果乃至成败。辅助洞选择水胀式锚杆并不是因为该锚杆在承载力和性能上更突出，而是更适合于承包商的作业能力。从这个角度上讲，选择锚杆类型时还需要考虑承包商的实际工作能力，在最能保证效果的情况下进行决策。

(7) 非岩爆洞段永久支护锚杆类型对是否立即发挥作用没有特别要求，侧重于锚固力和长期耐久性，因此，传统的砂浆黏结螺纹钢锚杆是最佳选择，在这一环节上基本上不存在优化问题。

为进一步了解深埋条件下、特别是具有岩爆风险条件下围岩支护类型选择的基本考虑，表10-1给出了依据加拿大深埋矿山实践总结的建议意见，其中的一些支护类型与我国水电行业有着很大差别，其破坏程度的分级建立在特定的开挖直径和支护背景条件下，与锦屏工程的可比性也相对不足。因此，不能直接引用加拿大矿山体系的具体建议，但从中可以吸收设计思想，特别是条件发生变化时的调整方法。

表10-1　岩爆条件下支护方式选择建议[164]

现场表现	破坏程度	支护建议
鼓胀、无弹射	轻微	挂网＋机械涨壳式锚杆；或螺纹钢锚杆＋喷层
	中等	挂网（或素喷）＋机械涨壳式锚杆及螺纹钢锚杆
	严重	挂网＋喷层＋屈服型锚杆及普通螺纹钢锚杆
鼓胀、有弹射	轻微	喷层＋挂网＋机械涨壳式锚杆及摩擦锚杆
	中等	喷层＋挂网＋螺纹钢锚杆＋屈服型锚杆
	严重	喷层＋挂网＋加强屈服型锚杆及普通螺纹钢锚杆
震动诱发弹射	轻微	加纤喷层＋机械涨壳式锚杆＋摩擦型锚杆
	中等	加纤喷层＋机械涨壳式锚杆＋屈服型锚杆，必要时增加挂网
	严重	加纤喷层＋挂网＋加强屈服型锚杆＋螺纹钢锚杆
掉块坍塌	轻微	素喷＋螺纹钢锚杆
	中等	挂网（或加纤喷层＋钢筋条带）＋螺纹钢锚杆＋锚索
	严重	上述基础上增加锚索

表10-1中描述的前三种破坏方式属于应力型破坏，从上到下应力作用的强度不断增强，在表面支护类型选择上，体现了从挂网为主、到增加喷层、再到加强喷层（增加钢纤维）的变化方式，即以增加喷层和提高喷层性能作为应对应力破坏剧烈程度增加的手段。也就是说，对锦屏隧洞而言，随埋深增大，围岩表面支护手段的优化可以借鉴和遵循这一思想。相对于加拿大矿山工程界的喷层而言，锦屏隧洞喷层自身质量和性能可以达到很高的水准，但喷护厚度不足。

针对上述三种条件下的锚杆类型选择方面，根据破坏程度选择锚杆类型的基本经验如下：

(1) 破坏程度较弱时以机械涨壳式锚杆、螺纹钢锚杆及摩擦锚杆为主。

(2) 破坏程度增强时以螺纹钢锚杆、普通或加强屈服型锚杆为主。

(3) 破坏程度进一步增强时加强屈服型锚杆的使用量增加，同时辅以螺纹钢锚杆。

相对于加拿大矿山的这些锚杆而言，锦屏二级隧洞使用的水胀式锚杆的支护能力介于摩擦锚杆和普通屈服型锚杆之间，总体上不能满足强岩爆风险下对支护力的要求。表10-1中所列的最后一种破坏形式，即掉块坍塌型破坏，与前几种破坏有着质的差别：前几种破坏都是直接的高应力驱动，破坏发生前岩体蕴藏了较高的能量，后者则不同，破坏前岩体内的能量水平相对较低。如果要做简单比喻，则后者相当于岩爆发生以后如何对危岩体进行处理。

在这种条件下，喷层并不是首先推荐使用的支护方式，挂网显得更有效一些。锦屏工程中的施工承包商偏向于使用拱架，也是一种合理和良好的选择（但不适合于上述几种情形）。注意在锚杆类型选择上侧重承载力高的螺纹钢锚杆乃至锚索，这里所说的锚索与国内水电工程中普遍使用的锚索有着较大区别，属于标准件，吨位为25t，长度一般在20m以内，一个钻孔内一般安装一根或两根，配套有专门的锁定配件，可以完成快速安装。

对于引水隧洞，系统锚杆参数即长度和间距的优化，总体是减小长度增加数量，这一原则适用于临时支护和永久支护。总体依据是大理岩脆—延转换特性决定的围岩开挖响应方式和表现特点，即破裂问题普遍但破裂区深度相对不大，后者主要来自声波测试成果。

10.3.1.2 支护设计与优化

锦屏二级深埋隧洞围岩支护系统优化工作主要从三个方面着手，即增强临时支护、优化永久支护时机和增加必要的测试及检测措施。

在深埋最大段，临时支护系统需要承担的荷载相对较大，加之现场深埋段岩体质量略降低一些时开挖面一带的围岩破坏开始普遍出现，且深埋段滞后破坏现象普遍，因此加强临时支护的支护强度和范围成为需要改进的第一个环节，它不仅是满足相对维持一般性岩体条件下围岩稳定的需要，同时也是帮助控制围岩破裂和维护永久支护安全的需要。

锦屏的永久支护系统足以维护围岩在施工期的稳定和安全，即使按照矿山和交通行业标准，也足以维护运行期的安全。永久支护系统优化的目的是维持运行期内外水压力，特别是外水压力作用与浅部围岩中存在破裂时的支护和围岩安全，这涉及若干环节的问题，是优化工作的重点。从设计角度上讲，需要了解原方案中的喷锚支护是否可以维持运行安全，以及在什么条件下可以或不足以维持运行安全，帮助决定是否增加衬砌和在什么条件下增加。

永久支护优化设计的具体环节具有很大的技术难度，准确和定量回答问题的最好方式是针对性的监测、测试乃至试验，因此，这些工作成为支护优化的一个不可或缺的环节或部分。在没有获得这些数据资料之前，仍然可以开展一些支护优化，但准确性相对不足，这种优化针对目前支护系统的具体问题。

非岩爆段围岩支护优化针对目前暴露的问题，按照上述支护优化设计原则，优化工作分临时支护和永久支护两个环节进行，掘进方法不同对支护优化的影响主要集中在临时支护方面。

（1）临时支护系统优化。钻爆法掘进的2号和4号洞进入大理深洞段后，支护系统在一些环节的不适应性开始表现出来，针对这些问题，钻爆法掘进条件下的临时支护系统总体上需要提高支护力和扩大支护面积，围绕这一目的采取的具体措施包括：

1）确保或增加喷层厚度：从现场实际情况看，设计的喷层厚度并不是在所有洞段都得以贯彻和实施，初期喷层厚度偏薄的情况可以在巡视中观察到。当岩体完整性相对偏差，即因为节理或隐节理相对发育导致岩体质量（如Ⅲ类）偏差时，需要严格执行设计上要求的钢纤维掺量，以保证喷层的抗拉能力。

2）增强锚固力：非岩爆段，承包商应努力使用锚固力更强的锚杆，尽可能放弃使用水胀式锚杆，推荐使用的替代锚杆类型为树脂锚杆和可注浆的机械涨壳式锚杆，但后者在确保安装质量和工艺满足要求的情况下才能使用。

加强喷层和增加锚杆支护力两项措施的目的在于提高临时支护系统的支护能力，其中的一个重要目的是控制围岩破裂。辅助洞施工期只进行了满足施工安全的临时支护，西端在这一环节执行得相对要好一些，实践表明对围岩后期破裂的控制也要好一些，辅助洞的实践经验已经证明了这一措施的有效性和必要性。

（2）永久支护系统优化建议。从定性角度，永久支护系统的优化工作主要体现在两个方面：即调整支护时机（与掌子面之间的距离）和调整锚杆参数（长度和间距），但准确确定这两个环节的具体参数却是一件很困难的工作，需要建立在系统的研究工作的基础上。

从现场实践看，围岩破裂问题并没有很好地得到控制，永久支护一般都落后在掌子面100m开外，而掌子面以后约40m即开始普遍地出现片状化的破裂现象，当结构面相对发育时，两侧边墙的宏观破裂表现得很普遍。

这些破裂需要得到控制，以尽可能维持围岩承载力，这是维护围岩和支护安全的重要保障。前述加强临时支护强度的建议是解决问题的一项措施，调整优化支护的参数配置和安装时机则是另一途径。

调整锚杆参数相对单一，原则上是用短而密、而非长而稀的配置，这得益于大理岩所具备的脆—延转换特性，脆性破坏区深度较小，需要锚固的深度也因此不大，一般6m长的锚杆即可满足要求。此外，即便是在浅部围岩充水的情况下，加密布置的锚杆对维护支护系统的运行安全有着直接的帮助。支护时机的选择涉及较多环节，从原则上讲，永久支护需要提前，即滞后掌子面的距离需要缩短。

岩爆段围岩支护优化建立在开挖时采用了应力解除爆破技术的基础上，否则，单纯靠优化支护的方式难以达到维持围岩稳定的结果。

相比较非岩爆段而言，满足岩爆控制要求的临时支护系统的支护能力和安装及时性都有很大差别，一般而言，满足岩爆控制要求的临时支护系统可以对控制围岩破裂的先期发展起到良好作用。因此，这种条件下临时支护系统优化是相对于非岩爆段而言，以满足岩爆控制要求为原则。岩爆段围岩临时支护系统优化工作的前提，就是开挖期间采用了应力解除爆破，且适当缩短了掘进进尺。建议的具体措施有以下4项：

（1）在完成出渣和岩面找平清洗以后立即进行含掌子面的所有开挖面的喷护，喷层参数执行设计标准。必要时出渣和找平清洗可以分两次进行，完成第一次作业以后即进行首期喷护，主要是顶拱、边墙上部及掌子面上部一带。

（2）完成喷护以后立即进行锚杆施工，原则上需要采用水胀式锚杆和其他高强度锚杆结合的方式，但现实中因为高强度锚杆在安装能力方面存在的问题，可以全部采用加密布置的水胀式锚杆，锚杆与喷层一定需要采用垫板连接。

（3）如果以上方式的支护系统仍然存在不足时，视具体问题，若锚杆没有破坏，则在锚杆施工前增加预制钢丝网，以能快速安装为原则，锚垫板布置在钢丝网以上。若锚杆出现破坏，则需要使用高强度锚杆，在现场不具备这类锚杆的快速施工条件时，则必须控制进尺和采用规避方式。

（4）当现场出现了围岩破坏时，对破坏区域的处理则需要增设拱架，但一定需要注意拱架主要起建立安全施工环境的作用，最终解决问题的是锚杆。

大量工程实践表明，喷锚支护系统可以帮助成功控制岩爆破坏，但这也是有条件的，通常安装质量良好的喷锚支护可以抵抗里氏 2 级微震的冲击，即不导致围岩坍塌破坏，当现场的能量水平更高时，喷锚支护系统不一定能避免破坏的产生。此外，在一般能量水平的冲击下即便喷锚支护不导致围岩坍塌，也并不能保证围岩不产生破裂，微震本身是围岩破裂和破裂发展的结果。微震发生以后围岩的破裂损伤程度如何，这种破裂损伤对围岩永久支护的要求如何等，都是锦屏二级引水隧洞面临的新问题。

10.3.2 TBM 掘进条件下围岩支护设计

锦屏二级引水隧洞 TBM 掘进下临时支护在 L1 区完成，L2 区完成部分永久支护，在 TBM 后配套设备后方增加的台架进行永久支护系统的补充施工。由于 L1 区和 L2 区的支护由 TBM 配套的设备完成，在支护时机和支护参数选择方面受到设备现状的影响，这是 TBM 掘进条件下支护设计和优化需要注意的环节。

现实中的一个问题是，TBM 的掘进进度很大程度上受到设备支护能力的影响，因此，现实中希望在条件允许的前提下尽可能方便 L1 区的支护工作，以保证掘进进度。而 1 号、3 号洞两台 TBM 掘进机在 L1 区配置的锚杆机在不接杆情况下的有效造孔深度约为 3m，即不接杆钻进条件下 L1 的锚杆径向深度只有 3m 左右。对于直径为 12.4m 的隧洞而言，径向长度为 3m 的锚杆能否有效满足维持围岩稳定的要求，或者说，在什么条件下能满足要求，是需要论证的现实问题。

在地下工程围岩锚杆长度设计方面，国际上使用最普遍的依据是 Barton 提出的设计准则，即 $L=2+0.15b$，其中 b 为洞室跨度。如果按照该设计准则：①锦屏 12.4m 直径隧洞的锚杆长度为 3.86m；②锚杆长度无需随埋深调整。

按上述设计准则，3m 有效锚固长度的锚杆不能满足要求，另外，锚杆长度无法随埋深调整可能不满足现场实际需要。注意上述设计思想实际体现了高应力问题不突出、结构面松弛破坏为主的情形，显然，不论是从基本地质条件，还是从隧洞开挖以后围岩破坏方式看，锦屏的实际条件与上述设计基础之间存在明显差别，因此，上述设计思想不能有效地适合于锦屏的情形。

在一些深埋矿山巷道实践中，现实中采取的锚杆长度设计方法表面上也是取决于开挖跨度，在硬质岩石地区，一般取 30%～40%的跨度（小于 2m 时取 2m）。但在不同深度时所取的比值有所不同，实际上是适应埋深增大以后围岩破坏深度的增加。如果把这一准则应用到锦屏工程中，锚杆长度应在 3.7～5m 之间，大于锚杆机不接杆时的钻孔径向深度。

矿山巷道的跨度一般在 6m 以内，与锦屏二级引水隧洞差别较大，二者之间可能很明显地存在一个尺寸效应问题。此外，锦屏大理岩存在的脆—延转换特性与其他很多硬质岩体存在较大的差别，这些也可能导致了锦屏二级引水隧洞围岩支护要求的特殊性。

由此可见，过去形成的锚杆长度设计经验准则，在锦屏二级引水隧洞存在不同程度的不适应性，这些经验准则都要求锦屏深埋引水隧洞采用更长一些的锚杆。锦屏能否采用 3m 长锚杆，论证工作首先需要建立一个适合于锦屏的锚杆长度设计原则，而这又取决于围岩需要加固的深度。

锦屏隧洞围岩需要加固的深度与围岩潜在破坏方式有关，具体需要考察以下几个环节：①围岩一般性高应力破坏的深度（强岩爆条件下的锚固深度另行要求）；②结构与结构面、结构面与应力组合导致的一般性围岩破坏深度；③围岩破裂损伤，强度出现比较明显下降的深度。确定了这三个深度值，即可以帮助确定所需要的锚杆长度。

隧洞开挖以后高应力破坏深度、块体破坏深度和破裂损伤深度成为确定锦屏围岩锚杆长度的基本依据，需要利用各种信息帮助确定或预测 TBM 掘进到不同埋深段时的上述破坏深度。

10.3.2.1 高应力破坏深度

在隧洞围岩开挖响应方式中叙述了围岩高应力破坏的几种类型，除构造型岩爆以外，相对缓和一些的应变型岩爆和片帮都可以形成 V 形破坏轮廓，即所谓的 V 形破坏。V 形破坏深度与断面最大应力大小和开挖断面尺寸有关，如果假设同等埋深同等岩体质量条件下排水洞和引水隧洞围岩最大应力相同，都等于围岩峰值强度，那么，可以利用先期开挖的排水洞观察到的 V 形破坏深度来推测和判断同等条件下引水隧洞开挖后可能出现的破坏深度。排水洞和引水隧洞完整围岩脆性破坏深度对应关系列于表 10-2。

表 10-2 排水洞和引水隧洞完整围岩脆性破坏深度对应关系

埋深/m		1800	2000	2100	2200	2300	2400	2500
破坏深度/m	排水洞	0.40	0.75	1.00	1.25	1.50	1.80	2.50
	引水隧洞	0.75	1.28	1.71	2.14	2.57	3.09	4.29

表 10-2 所表示的排水洞 V 形破坏出现在 1800m 埋深条件下，深度为 0.4m 左右，根据上表，如果该破坏发生在引水隧洞掘进到该部位时，其破坏深度应在 0.75m 左右。排水洞掘进到 2100m 以下发生的一些 V 形高应力破坏的深度基本都在 1.0m 以内，推测该深度条件下引水隧洞开挖后的破坏深度不超过 1.7m。由此推测，从控制围岩宏观高应力破坏的角度看，当 TBM 在 2100m 埋深以下掘进时，3m 长的锚杆可以满足控制这类破坏的要求。

但是围岩 V 形破坏多出现在完整性良好的Ⅱ类围岩，质量相对较差一些的Ⅲ类围岩中结构面相对发育，结构面所起的作用相对大一些。华东院地质工程师将围岩破坏分为应力型、结构面型和结构面＋应力组合型三种，其中的应力型主要指与结构面没有直接关系、以高应力作用为主的破坏，包括岩爆。根据统计资料，截至 2009 年 11 月，1 号～4 号引水隧洞围岩应力型破坏深度最大值为 1.0m，平均值小于 50cm。显然，纯粹的应力型破裂区深度都较小，不构成锚杆长度设计的控制因素。

10.3.2.2 破裂损伤深度

以上的叙述都是针对肉眼可见的破坏深度，现实中破裂层内部仍然存在围岩损伤现象，仍然是需要锚固的深度范围。就锦屏隧洞而言，围岩破裂损伤深度决定了锚杆长度。一般认为声波测试的低波速带与围岩损伤区域具有良好的对应关系，因此可以用低波速带的测试成功和损伤深度的预测成果来帮助确定锚杆设计长度。

利用低波速带深度测试成果和损伤深度预测成果帮助进行锚杆长度设计时还涉及两个环节的问题：①锚杆需要穿过这些区域多深才可以被工程所接受；②低波速带和损伤区围

岩实际状况和承载能力。

在很多浅埋地下工程实践中都要求永久性锚杆穿过被加固区域的深度达到2m，这种要求对于控制结构面的块体破坏是有必要的，锚杆拉拔试验结果表明，锚杆受力深度在荷载作用点以下的60cm范围内比较明显，即锚杆至少需要深入到被加固区60cm的深度。采用2m的标准既有安全储备方面的考虑，现实中变形结构面分布深度不易确定也是另一个方面的原因。

在确定锦屏隧洞起临时支护作用的锚杆长度时，显然没有必要要求锚杆长度深入到低波速带或损伤带以内2m的深度处。从现场观察看，低波速或损伤带浅层约30cm以内的深度是容易出现宏观破坏的区域，损伤严重的区域也呈V形。锦屏围岩损伤区的V形形态更平缓一些，但总体上仍然应该具有明显的局部化特征。

与结构面切割块体会发生整体移动现象不同的是，围岩损伤区域不会出现整体性的变形，因此，如果锚杆仅仅安装在损伤区域范围内，对控制损伤的扩展仍然会起到加固作用。对于结构面切割块体而言，锚杆所起到的作用更多是“支撑（hold）”或拴挂。此外，围岩损伤区不存在短期失稳问题，锚杆的作用主要是帮助限制破裂的发展，从这个角度看，临时锚杆略深入到低波速带以内1m即可满足要求。

以上考察了引水隧洞围岩高应力破坏、结构面控制块体破坏和围岩破裂损伤三种不同方式的深度，从系统锚杆长度设计的角度看，围岩破裂损伤深度决定了锚杆长度。

锦屏二级隧洞采用了多种数值方法详细研究了不同埋深条件下围岩的损伤特征，围岩破裂损伤深度的分析结果认为，对于Ⅲ类围岩而言，1900m埋深条件下围岩破裂损伤达到2.7m，可以认为接近3m有效长度锚杆的极限，再加上需要1m的附加入岩深度，可以认为当埋深超过1900m时需要6m的长锚杆才可能满足围岩稳定的要求。

现场系统支护锚杆的长度达到了6m，锚杆应力监测中在同一锚杆的不同深度部位安装了传感器，监测结果可以显示不同深度部位的锚杆应力。尽管极少数监测结果显示深部锚杆应力大于浅部，但绝大部分的监测结果显示，锚杆在浅部的受力显著大于深部。

图10-8给出了引（1）16+022断面锚杆应力监测成果，属于锚杆应力较大的情形，监测结果实际上反映了围岩破裂随时间发展的情况，显然，2m深度以内围岩变形仍然受到破裂扩展的影响，但6m深度处锚杆应力基本没有变化。这一监测结果不足以帮助论证

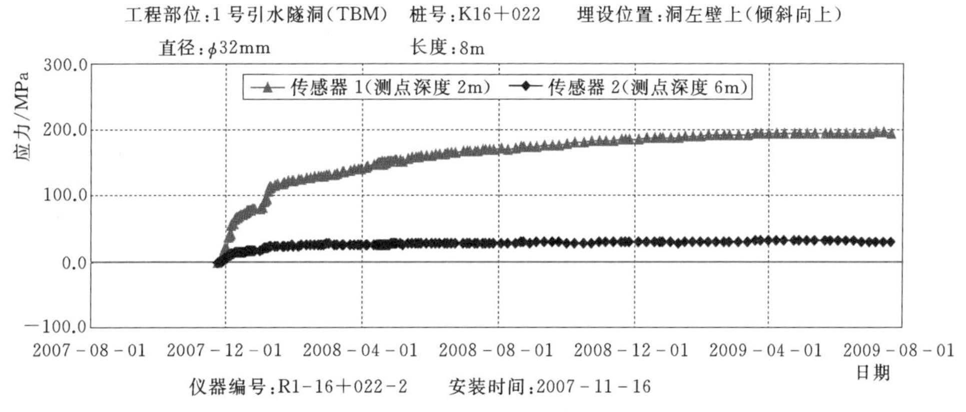

图10-8　引（1）16+022断面锚杆应力监测结果

3m 长的有效锚固段是否能满足要求，但说明了 6m 深度部位的锚杆基本不受力，即 6m 长度的锚杆是适合的。

图 10－9 所示的 2 号、4 号洞测试断面埋深分别达到 1950m 和 1800m，考虑测试时间相对较短，测试结果仍然处于变化之中，所选择的这两个断面为监测应力变化最突出的两个断面，即最差的情形。2 号洞 1950m 埋深条件下，以 2m 深度锚杆应力较大，4m 深度锚杆也受力，但较小。这说明即便浅部围岩出现了破损，但 2m 深度范围内围岩仍然保持一定的强度，其变形仍然能引起锚杆应力出现明显的变化。而 4 号洞 1800m 埋深条件下 4m 深度处锚杆基本不受力，受力深度主要在 2m 左右的深度。

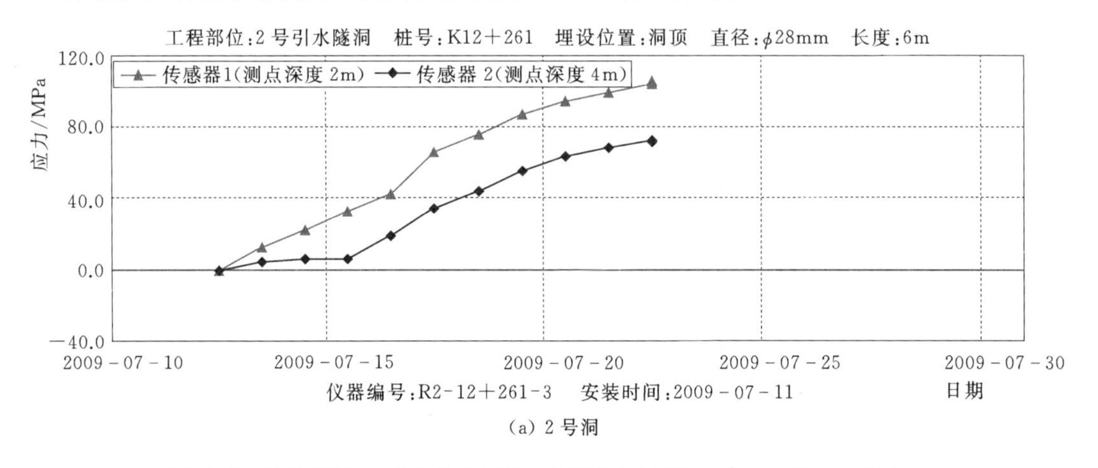

(a) 2 号洞

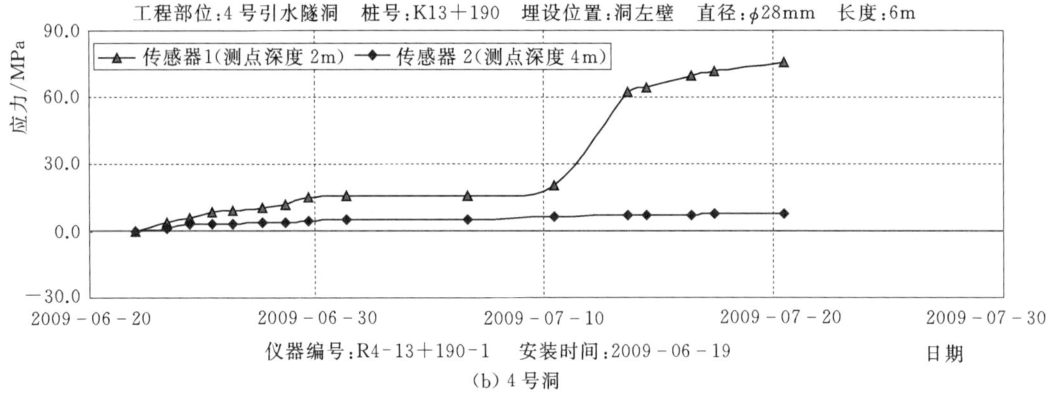

(b) 4 号洞

图 10－9 2 号、4 号洞深埋条件下锚杆应力监测结果

引用上述两个断面的监测成果的目的，是试图了解深埋段不同围岩深度条件下的锚杆受力条件，这两个实例属于锚杆应力变化最强烈的情形，且考虑到本节讨论的锚杆为临时支护锚杆，允许锚杆全长受力和锚杆应力达到极限强度。从这个角度看，上述确定的锚杆长度具有良好的合理性。

10.4 本章小结

支护技术作为控制隧洞工程围岩稳定性的核心技术，浅埋隧洞工程中已被广泛应用，是新奥法的核心技术。然而对于深埋隧洞而言，其支护设计方法仍处于研究阶段，一套完善的适用于深埋损伤围岩稳定且保证隧洞使用功效的支护设计方法是迫切需求的，它将直接面向深部工程复杂工程条件所控制的围岩稳定性问题，如该工程环境面临的高应力灾害问题。这类复杂的工程条件一方面导致了岩体力学性质的复杂性，另一方面也构成了岩体破坏失稳类型多样性，将表现出更加复杂的变形破坏模式。这就给深埋隧洞工程的支护设计带来了巨大挑战，单一或孤立的支护方法和支护类型将无法满足此类工程的支护需求，也决定了深部工程的支护设计方法将有别于传统浅埋工程的支护设计方法。

本章以锦屏二级水电站深埋隧洞工程支护和施工设计的工程实践为基础和工程案例，系统阐述了深埋隧洞支护设计流程和设计方法，围绕工程中支护各环节的关键科学问题，进行了深入的探讨和总结，在提高认识的基础上保证设计更加合理，可以为类似的工程提供直接的经验借鉴和技术支撑。

11

总 结 与 展 望

11.1 总结

对于深埋地下工程，复杂的地质条件形成了极端复杂和恶劣的外在客观环境条件，已经超出了设计规范的涉及范围，很多在工程实际中遇到的岩石力学问题在国内外都缺乏相关可供借鉴的先例和工程经验，尤其是西部地区的大型水电工程，地下洞室普遍具有大埋深、高地应力的特点，地应力与岩体强度之间的矛盾势必非常尖锐，深部岩体将不可避免地遭受损伤，形成开挖损伤区。损伤区的存在将使得围岩的内部组织结构、基本力学行为和工程响应都发生明显变化，损伤的存在不仅影响了围岩的自身承载能力，也会给地下水的流动提供通道，直接威胁到环境和人民的生命财产安全。

锦屏二级水电站的 4 条引水隧洞是世界上埋深最大、规模最大的水工隧洞群工程，一般埋深为 1500～2000m，最大埋深达到 2525m，仅自重应力已相当可观，再加上构造作用，使锦屏引水隧洞表现出强烈的高地应力特点，实测地应力超过 100MPa，工程极具代表性。因此，利用现有工程提供的得天独厚的便利条件，开展围岩损伤问题的相关研究具有重要理论价值和实践意义。

本书研究内容大体上可以分为四个部分：一是围岩损伤的诱发力学机理及演化规律；二是围岩损伤的非线性特征描述方法；三是围岩损伤的影响因素研究；四是损伤围岩的工程安全评价方法。通过室内试验、原位试验、理论分析、数值模拟等多种手段研究并揭示了围岩损伤的复杂机理和演化过程，主要研究成果如下：

（1）损伤与岩体的力学特性密切相关，本书从工程角度看待和理解岩体力学特性，对岩体力学特性进行了深化研究，综合利用声发射、声波、应力-应变曲线确定了不同围压条件下大理岩的损伤特征强度，为深埋岩石损伤程度评价提供了可靠依据。围绕深埋岩体特性进行了大量的试验和科学研究工作，特别是为设计工作配套的围岩稳定研究涉及了岩体力学特性，包括深埋岩体特征强度、深埋高围压条件下岩体强度准则和强度参数取值、破坏后非线性行为的描述方法等，对此均进行了重点研究。

（2）为了检测深部岩石的损伤特征，进行了大量系统的试验研究，包括岩石压缩试验，辅以声发射、声波、CT 扫描等先进的监测手段，全面揭示了岩石的损伤特征，深入了解分析了岩石在受力过程中内部裂纹的不同活动状态对其宏观力学性质的影响。

（3）针对深埋硬岩破裂损伤扩展时间效应，开展了疲劳破坏特性试验，提出了硬岩强度时间效应的测定方法和长期稳定荷载作用下脆性岩石破裂模式的预测方法，揭示了时效破裂的力学机理和表现形式，在细观颗粒流程序 PFC 中通过在平行黏结模型中引入损伤速率概念，提出了平行黏结应力腐蚀模型，实现了大理岩破裂扩展的时间效应的模拟，更加真实地反映了岩石的应力腐蚀过程，为评价围岩长期稳定提供了重要手段。

（4）在深部硬岩力学特性研究的深入认知基础上，分别针对完整岩体和复杂构造控制下岩体的开挖力学响应分析方法问题、开挖损伤演化规律问题开展了深入的研究，建立了岩体的启裂强度和损伤强度判据，并将此判据成功应用到工程的现场实践中。引入非连续介质力学理论和方法，有效地揭示了高应力诱发破裂演化和损伤发展的细观机制，分析了结构面对围岩应力场和变形场的影响作用。

（5）开展了深埋隧洞大型现场原位试验，利用声波、声发射、三向岩石应力、光纤光栅等现场试验测试技术，高精度、全过程捕捉了围岩时效破裂演化过程，揭示了深埋条件下岩体损伤的孕育过程及损伤岩体的物理力学特性随损伤发展的时效机制，实现了研究成果与工程应用的相互转化。

（6）从锦屏二级深埋隧洞现场实际声波检测资料入手，分析了钻爆法和 TBM 开挖条件下隧洞围岩开挖损伤区检测结果的特点，对损伤区进行了再次分区，通过理论计算，分析了高应力条件下深埋洞室开挖损伤区的形成机理，并对钻爆法与 TBM 两种开挖扰动的监测成果和能量释放进行了对比分析。

（7）系统分析了变形、锚杆应力和声波测试的相关成果和现场适应性，发现围岩变形不再是反映围岩安全的首选指标，提出了以围岩破裂和应力扰动监测为主、变形监测为辅的深埋硬岩监测准则，实现了围岩开挖力学响应的及时有效捕捉。

（8）以锦屏二级水电站深埋隧洞工程支护和施工设计的工程实践为基础和工程案例，针对深埋围岩损伤问题，系统阐述了深埋隧洞支护设计流程和设计方法；围绕工程中支护各环节的关键科学问题进行了深入研究，揭示了围岩状态和支护要求之间的相互关系；分别针对钻爆法和 TBM 两种开挖方式提出了支护设计优化方法，可以为类似的工程提供直接的经验借鉴和技术支撑。

11.2 展望

本书中对于深埋围岩损伤的研究，受现场条件和技术能力的限制，现场其他影响因素，例如爆破损伤、分步开挖、岩爆冲击等，并没有纳入进来，有待于后期进一步完善。在室内试验检测岩石损伤的过程中，受人员经验、设备及试验时间安排等诸多因素的影响，其中的部分现象尚没有得到合理的解答和清楚的认识，需要在今后再次开展相关试验进行弥补。另外，现场围岩损伤区扩展的时间效应问题，虽然已经依靠理论方法进行了解读，但由于现有的监测资料仅为短短数年内获得的，对成果的验证也还需要时间的检验。

参　考　文　献

[1] 张春生，侯靖，褚卫江，等. 深埋隧洞岩石力学问题与实践 [M]. 北京：中国水利水电出版社，2016.

[2] HOEK E. Rock Engineering [M]. Rotterdam：A. A. Balkema Publishers，2005.

[3] MARTIN C D，CHANDLER N A. The progressive fracture of Lac du Bonnet granite [J]. International Journal of Rock Mechanics and Mining Sciences，1994，31 (6)：643 - 659.

[4] MARTIN C D. The strength of massive Lac du Bonnet granite around underground opening [D]. Winnipeg：University of Manitoba，1993.

[5] BIENIAWSKI Z T. Mechanism of brittle fracture of rock，Parts Ⅰ，Ⅱ and Ⅲ [J]. International Journal of Rock Mechanics and Mining Sciences & Geomechanics Abstracts，1967，4 (4)：395 - 430.

[6] SOULEY M，HOMAND F，PEPA S，et al. Damage - induced permeability changes in granite：a case example at the URL in Canada [J]. International Journal of Rock Mechanics and Mining Sciences，2001，38 (2)：297 - 310.

[7] MARTIN C D. Seventeenth Canadian Geotechnical Colloquium：The effect of cohesion loss and stress path on brittle rock strength [J]. Canadian Geotechnical Journal，1997，34 (4)：698 - 725.

[8] 葛修润. 岩石疲劳破坏的变形控制律、岩土力学试验的实时 X 射线 CT 扫描和边坡坝基抗滑稳定分析的新方法 [J]. 岩土工程学报，2008，30 (1)：1 - 20.

[9] 曹广祝，仵彦卿，丁卫华，等. 单轴-三轴和渗透水压条件下砂岩应变特性的 CT 试验研究 [J]. 岩石力学与工程学报，2005，24 (增 2)：5733 - 5737.

[10] 陈四利，冯夏庭，李邵军. 岩石单轴抗压强度与破裂特性的化学腐蚀效应 [J]. 岩石力学与工程学报，2003，22 (4)：547 - 551.

[11] MAS IVARS D，PIERCE M，REYES - MONTES J，et al. Caving mechanics—executive summary [R]. Itasca Consulting Group，Inc.. Report to Mass Mining Technology (MMT) Project，ICG08 - 2292 - 1 - T9 - 12R2，2008.

[12] SITHARAM T G，LATHA G M. Simulation of excavations in jointed rock masses using a practical equivalent continuum approach [J]. International Journal of Rock Mechanics and Mining Sciences，2002，39 (4)：517 - 525.

[13] HORRI H，NEMAT - NASSER S. Brittle failure in compression：splitting，faulting and brittle - ductile transition [J]. Philosophical Transactions of the Royal Society of London，1986，319 (1549)：337 - 374.

[14] CAI M，KAISER P K，TASAKA Y，et al. Generalized crack initiation and crack damage stress thresholds of brittle rock masses near underground excavations [J]. International Journal of Rock Mechanics and Mining Sciences，2004，41 (5)：833 - 847.

[15] 孙建生，永井哲夫，樱井春辅. 一个新的节理岩体力学分析模型及其应用 [J]. 岩石力学与工程学报，1994，13 (3)：193 - 204.

[16] 朱维申，程峰. 能量耗散本构模型及其在三峡船闸高边坡稳定性分析中的应用 [J]. 岩石力学与工程学报，2000，19 (3)：261 - 264.

[17] LEMAITRE J，SERMAGE J P，DESMORAT R. A two scale damage concept applied to fatigue [J]. International Journal of Fracture，1999，67：67 - 81.

[18] 谢和平. 大理岩微观断裂的分形模型研究 [J]. 科学通报，1989，34 (5)：365-368.
[19] 于广明，潘永战，曹善忠，等. 基于协同学分析的岩体累积损伤力学模型研究 [J]. 岩石力学与工程学报，2012，31 (增1)：3051-3054.
[20] 李术才，王刚，王书刚，等. 加锚断续节理岩体断裂损伤模型在硐室开挖与支护中的应用 [J]. 岩石力学与工程学报，2006，25 (8)：1582-1590.
[21] 陶振宇，曾亚武，赵震英. 节理岩体损伤模型及验证 [J]. 水利学报，1991 (6)：52-58.
[22] 杨更社，刘慧. 基于 CT 图像处理技术的岩石损伤特性研究 [J]. 煤炭学报，2007，32 (5)：463-468.
[23] COOK N G W. The design of underground excavations [C]//Proceedings of 8th U. S. Symposium on Rock Mechanics，University of Minnesota，Am. Inst. Min. Metall.，Petrol. Engins.，New York，1967：167-193.
[24] KEMENY J M，COOK N G W. Determination of rock fracture parameters from crack models for failure in compression [C]//28th，U. S. Symposium on Rock Mechanics，1987.
[25] 李术才. 加锚断续节理岩体断裂损伤模型及其应用 [D]. 武汉：中国科学院武汉岩土力学研究所，1996.
[26] 陈卫忠. 节理岩体损伤断裂时效机理及其工程应用 [D]. 武汉：中国科学院武汉岩土力学研究所，1997.
[27] 张强勇，朱维申，向文，等. 节理岩体断裂破坏强度计算及工程应用 [J]. 山东大学学报（工学版），2005，35 (1)：98-101.
[28] 朱维申，申晋，赵阳升. 裂隙岩体渗流耦合模型及在三峡船闸分析中的应用 [J]. 煤炭学报，1999，24 (3)：289-293.
[29] 徐靖南，朱维申，白世伟. 压剪应力作用下多裂隙岩体的力学特性-断裂损伤演化方程及试验验证 [J]. 岩土力学，1994，15 (12)：1-12.
[30] FAIRHURST C. Nuclear waste disposal and rock mechanics：contributions of the Underground Research Laboratory (URL)，Pinawa，Manitoba，Canada [J]. International Journal of Rock Mechanics and Mining Sciences，2004，41 (8)：1221-1227.
[31] 肖建清，冯夏庭，林大能. 爆破循环对围岩松动圈的影响 [J]. 岩石力学与工程学报，2010，29 (11)：2248-2255.
[32] 唐春安，李连崇，梁正召，等. 软弱夹层对深部地下洞室围岩损伤模式的影响 [J]. 地下空间与工程学报，2009，5 (5)：856-859.
[33] 陈明，胡英国，卢文波，等. 锦屏二级水电站引水隧洞爆破开挖损伤特性研究 [J]. 岩土力学，2011，32 (5)：1571-1537.
[34] 胡大伟，周辉，谢守益，等. 峰后大理岩非线性渗流特征及机制研究 [J]. 岩石力学与工程学报，2009，28 (3)：451-458.
[35] 薛备芳. 掘进机开挖法与钻爆法对围岩稳定性影响比较 [J]. 水利电力施工机械，1995，17 (4)：16-17.
[36] 卢文波，金李，陈明，等. 节理岩体爆破开挖过程的动态卸载松动机理研究 [J]. 岩石力学与工程学报，2005，24 (增1)：4653-4657.
[37] 刘宁，张春生，褚卫江. 深埋大理岩破裂扩展时间效应的颗粒流模拟 [J]. 岩石力学与工程学报，2011，30 (10)：1989-1996.
[38] 刘宁，张春生，等. 锦屏深埋大理岩破裂扩展的时间效应试验及特征研究 [J]. 岩土力学，2012，33 (8)：2437-2443.
[39] READ R S. 20 Years of Excavation Response Studies at AECL's Underground Research Laboratory [J]. International Journal of Rock Mechanics and Mining Sciences，2004，41 (8)：1251-1275.

[40] MARTIN C D, READ R S, MARTINO J B. Observations of brittle failure around a circular test tunnel [J]. International Journal of Rock Mechanics and Mining Sciences, 1997, 34 (7): 1065-1073.

[41] READ R S, MARTIN C D. Technical summary of AECL's Mine-by Experiment: Phase 1 excavation response [R]. Atomic Energy of Canada Limited Report, AECL-11311, 1996.

[42] CUNDALL P A, POTYONDY D O, LEE C A. Micromechanics-based models for fracture and breakout around the Mine-by Experiment tunnel [C]// Designing the Excavation Disturbed Zone for a Nuclear Repository in Hard Rock Proceedings, EDZ Workshop, Winnipeg: Canadian Nuclear Society, 1996.

[43] READ R S. CHANDLER N A. Minimizing excavation damage through tunnel design in adverse stress conditions [C]// Proceedings of the 23rd General Assembly—Int. Tunnel. Assoc., World Tunnel Congress'97, Vienna, Balkema: Rotterdam, 1997.

[44] POTYONDY D O, CUNDALL P A. A bonded-particle model for rock [J]. International Journal of Rock Mechanics and Mining Sciences, 2004, 41 (8): 1329-1364.

[45] POTYONDY D O. Simulating stress corrosion with a bonded-particle model for rock [J]. International Journal of Rock Mechanics and Mining Sciences, 2007, 44 (5): 677-691.

[46] PIERCE M, MAS IVARS D, CUNDALL P, et al. A synthetic rock mass model for jointed rock [R]. Eberhardt E. Proceedings of the 1st Canada-US rock mechanics symposium, Vancouver. London: Taylor & Francis, 2007.

[47] 李晓昭，安英杰，俞缙，等. 岩芯卸荷扰动的声学反应与卸荷敏感岩体 [J]. 岩石力学与工程学报，2003，22 (12)：2086-2092.

[48] 俞缙，赵维炳，李晓昭，等. 基于小波变换的岩芯卸荷扰动声学反应分析 [J]. 岩石力学与工程学报，2007，26 (s1)：3558-3564.

[49] 葛修润，任建喜. 岩石细观损伤扩展规律的 CT 实时试验 [J]. 中国科学 (E 辑)，2000 (4)：104-111.

[50] 丁卫华，仵彦卿，蒲毅彬，等. 基于 X 射线 CT 的岩石内部裂纹宽度测量 [J]. 岩石力学与工程学报，2003，22 (9)：1421-1425.

[51] 赵兴东，唐春安，李元辉，等. 花岗岩破裂全过程的声发射特性研究 [J]. 岩石力学与工程学报，2006，25 (增 2)：3673-3677.

[52] 李夕兵，万国香，周子龙. 岩石破裂电磁辐射频率与岩石属性参数的关系 [J]. 地球物理学报，2009，52 (1)：253-259.

[53] 王立凤，王继军，陈小斌，等. 岩石破裂电磁辐射 (EMR) 现象实验研究 [J]. 地球物理学进展，2007，22 (3)：715-719

[54] 谢强，钱惠国，蒋爵光. 扫描电镜下岩石破裂过程的连续观察及其破坏机制分析 [C]// 第四届全国工程地质大会论文选集，1992.

[55] READ R S. Interpreting excavation-induced displacements around a tunnel in highly stressed granite [D]. Winnipeg: University of Manitoba, 1994.

[56] YOUNG R P, COLLINS D S, REYES J M, et al. Quantification and interpretation of acoustic emission and microseismicity at the Underground Research Laboratory [J]. International Journal of Rock Mechanics and Mining Sciences, 2004, 41 (8): 612-623.

[57] THOMPSON P M, CHANDLER N A. In situ stress determinations in deep boreholes at the Underground Research Laboratory [J]. International Journal of Rock Mechanics and Mining Sciences, 2004: 41 (8): 578-598.

[58] READ R S, MARTIN C D. Technical summary of AECL's Mine-by Experiment: Phase 1 excava-

tion response [R]. Atomic Energy of Canada Limited Report, AECL - 11311, 1996.

[59] KWON S, LEE C S, CHO S J, et al. An investigation of the excavation damaged zone at the KAERI underground research tunnel [J]. Tunnelling and Underground Space Technology, 2009, 24 (1): 1 - 13.

[60] MALMGREN L, SAIANG D, TOYRA J, et al. The excavation disturbed zone (EDZ) at Kiirunavaara mine, Sweden—by seismic measurements [J]. Journal of Applied Geophysics, 2007, 61 (1): 1 - 15.

[61] LIN M, KICKER D, DAMJANAC B, et al. Mechanical degradation of emplacement drifts at Yucca Mountain—A modeling case study—Part Ⅰ: Nonlithophysal rock [J]. International Journal of Rock Mechanics and Mining Sciences, 2007, 44 (3): 351 - 367.

[62] LIN M, KICKER D, DAMJANAC B, et al. Mechanical degradation of emplacement drifts at Yucca Mountain—A modeling case study—Part Ⅱ: Lithophysal rock [J]. International Journal of Rock Mechanics and Mining Sciences, 2007, 44 (3): 368 - 399.

[63] BYLE W, BODVARSSON G S, PATTERSON R, et al. Overview of scientific investigations at Yucca Mountain - the potential repository for high - level nuclear waste [J]. Journal of Contaminant Hydrology, 1999, 38 (3): 3 - 24.

[64] ASK D. New developments in the integrated stress determination method and their application to rock stress data at the ÄSPÖ HRL, Sweden [J]. International Journal of Rock Mechanics and Mining Sciences, 2005, 43 (1): 107 - 126.

[65] ASK D. New developments in the integrated stress determination method and their application to rock stress data at the Äspö HRL, Sweden [J]. International Journal of Rock Mechanics and Mining Sciences, 2006, 43 (1): 107 - 126.

[66] BOSSART P, THURY M. The Mont Terri rock laboratory, a new international research project in a Mesozoic shale formation, in Switzerland [J]. Engineering Geology, 1999, 52 (3): 347 - 359.

[67] AOKI K, YOSHIDA H, SEMBA T, et al. Overview of the stability and barrier functions of the granitic geosphere at the Kamaishi Mine: relevance to radioactive waste disposal in Japan [J]. Engineering Geology, 2000, 56 (1): 15 - 162.

[68] BACKBLOM G, MARTIN C D. Recent experiments in hard rocks to study the excavation response: implications for the performance of a nuclear waste geological repository [J]. Tunneling and Underground Space Technology, 1999, 14 (3): 377 - 394.

[69] MARTINO J B, CHANDLER N A. Excavation - induced damage studies at the Underground Research Laboratory [J]. International Journal of Rock Mechanics and Mining Sciences, 2004, 41 (8): 1413 - 1426.

[70] TSANG C F, BERNIER F, DAVIES C. Geohydromechanical processes in the Excavation Damaged Zone in crystalline rock, rock salt, and indurated and plastic clays - in the context of radioactive waste disposal [J]. International Journal of Rock Mechanics and Mining Sciences, 2005, 42 (1): 109 - 125.

[71] SCHOENBERG M. Elastic wave behaviour across linear slip interfaces [J]. Journal of the Acoustical Society of America, 1980, 68 (5): 1516 - 1521.

[72] MILLER R K. An approximate method of analysis of the transmission of elastic waves through a frictional boundary [J]. Journal of Applied Mechanics, 1977, 44: 652 - 656.

[73] MILLER R K. The effects of boundary friction on the propagation of elastic waves [J]. Bulletin of the Seismological Society of America, 1978, 68 (4): 987 - 998.

[74] PYRAK - NOLTE L J, MYER L R, COOK N G W. Transmission of seismic waves across single

natural fractures [J]. Journal of Geophysics Research, 1990, 95 (B6): 8617 - 8638.

[75] PYRAK - NOLTE L J. The seismic response of fractures and the interrelations among fracture properties [J]. International Journal of Rock Mechanics and Mining Sciences & Geomechanics Abstracts, 1996, 33 (8): 787 - 802.

[76] KAISER P K, DIEDERICHS M S, EBERHARDT E. Damage initiation and propagation in hard rock during tunnelling and the influence of near - face stress rotation [J]. International Journal of Rock Mechanics and Mining Sciences, 2004, 41 (5): 785 - 812.

[77] DIEDERICH M S. The 2003 Canadian Geotechnical Colloquium: Mechanistic interpretation and practical application of damage and spalling prediction criteria for deep tunnelling [J]. Canadian Geotechnical Journal, 2003, 44 (6): 1082 - 1116.

[78] LAU J S O, CHANDLER N A. Innovative laboratory testing [J]. International Journal of Rock Mechanics and Mining Sciences, 2004, 41 (8): 1427 - 1445.

[79] POTYONDY D O. Simulating stress corrosion with a bonded - particle model for rock [J]. International Journal of Rock Mechanics and Mining Sciences, 2007, 44 (5): 677 - 691.

[80] MARTIN C D. Seventeenth Canadian Geotechnical Colloquium: The effect of cohesion loss and stress path on brittle rock strength [J]. Canadian Geotechnical Journal, 1997, 34 (4): 698 - 725.

[81] HAJIABDOLMAJID V, NAKAGAWA S, NIHEI K T, et al. Shear - induced conversion of seismic waves across single fractures [J]. International Journal of Rock Mechanics and Mining Sciences, 2000, 37: 203 - 218.

[82] CAI J G, ZHAO J. Effects of multiple parallel fractures on apparent wave attenuation in rock masses [J]. International Journal of Rock Mechanics and Mining Sciences, 2000, 37 (4): 661 - 682.

[83] PYRAK - NOLTE L J, MYER L R, COOK N G W. Anisotropy in seismic velocities and amplitudes from multiple parallel fractures [J]. Journal of Geophysics Research, 1990, 95 (B7): 11345.

[84] MYER L R, HOPKINS D, PETERSON J E, et al. Seismic wave propagation across multiple fractures [J]. Fractured and Jointed Rock Masses, 1995, 105 - 110.

[85] MYER L R, HOPKINS D, COOK N G W. Effects of contact area of an interface on acoustic wave transmission characteristics [C] // ASHWORTH E. Research of engineering applications in rock masses, 1985: 565 - 572.

[86] EBERHARDT E, STEAD D, STIMPSON B, et al. Changes in acoustic event properties with progressive fracture damage [J]. International Journal of Rock Mechanics and Mining Sciences, 1997, 34 (3 - 4), No. 071B.

[87] MYER L R, PYRAK - NOLTE L J, COOK N G W. Effects of single fractures on seismic wave propagation [C] // Proceedings of ISRM Symposium on Rock Joints, Loen, Norway, 1990: 467 - 474.

[88] MYER L R. Hydromechanical and seismic properties of fractures [C] // Proceedings of the 7th International Congress on Rock Mechanics, 1991, 1: 397 - 404.

[89] MYER L R, NIHEI K T, NAKAGAWA S. Dynamic properties of interfaces [C] // Proceedings of the 1st International Conference on Damage and Failure of Interfaces, Vienna, Austria, 1997: 47 - 56.

[90] PYRAK - NOLTE L J, NOLTE D D. Wavelet analysis of velocity dispersion of elastic interface waves propagating along a fracture [J]. Geophysical Research Letters, 1995, 22 (11): 1329 - 1332.

[91] COOK N G W. Natural fractures in rock：mechanical，hydraulic and seismic behaviour and properties under normal stress [J]. International Journal of Rock Mechanics and Mining Sciences & Geomechanics Abstracts，1992，29 (3)：198 - 223.

[92] GU B，NIHEI K T，MYER L R，et al. Fracture interface waves [J]. Journal of Geophysical Research，1996，101 (B1)：827 - 835.

[93] 杨更社，孙钧，谢定义. 岩石损伤监测技术及进展 [J]. 煤炭学报，1998，23 (4)：401 - 405.

[94] SCHMIDTKE R H，LAJTAi E Z. The long - term strength of Lac du Bonnet granite [J]. International Journal of Rock Mechanics and Mining Sciences & Geomechanics Abstracts，1985，22 (6)：461 - 465.

[95] LIN Q X，LIU Y M，THAM L G，et al. Time - dependent strength degradation of granite [J]. International Journal of Rock Mechanics and Mining Sciences，2009，46 (7)：1103 - 1114.

[96] LIN Q X，THAM L G，YEUNG M R，et al. Failure of granite under constant loading [C]// International Journal of Rock Mechanics and Mining Sciences：Proceedings of the ISRM SINOROCK 2004 Symposium，2004，41 (S1)：49 - 54.

[97] LIN Q X. Strength degradation and damage micromechanism of granite under long - term loading [D]. Hong Kong：The University of Hong Kong，2006.

[98] Itasca Consulting Group Inc.. PFC2D (particle flow code in 2D) theory and background [R]. Minnesota，USA：Itasca Consulting Group Inc.，2008.

[99] 尹双增. 断裂·损伤理论及应用 [M]. 北京：清华大学出版社，1992.

[100] 周群力，余泳琼，王良之. 岩石压剪断裂核的试验研究 [J]. 固体力学学报，1991，12 (4)：329 - 336.

[101] SHAH S P. Experimental method for determining fracture process zone and fracture parameter [J]. Engineering Fracture Mechanics，1990，35 (1)：3 - 14.

[102] 李江腾，曹平，袁海平. 岩石亚临界裂纹扩展试验及门槛值研究 [J]. 岩土工程学报，2006，28 (3)：415 - 418.

[103] 罗礼. 用双扭方法测试岩石的亚临界裂纹扩展速度和断裂韧度 [D]. 长沙：中南大学，1988.

[104] 袁海平，曹平，周正义. 金川矿岩亚临界裂纹扩展试验研究 [J]. 中南大学学报：自然科学版，2006，37 (2)：381 - 384.

[105] KIRBY S H，MCCORMICK J W. Inelastic properties of rocks and minerals：strength and rheology [C]// Practical Handbook of Physical Properties of Rocks and Minerals. CARMICHAEL R S. Boca Raton，Florida：CRC Press，1989：178 - 297.

[106] XU S Y，KING M S. Attenuation of elastic waves in a cracked solid [J]. Geophysical Journal International，1990，101 (1)：169 - 180.

[107] HUDSON J A. Attenuation due to second order scattering in material containing cracks [J]. Geophysical Journal International，1990，102 (2)：485 - 490.

[108] HILLIG W B，CHARLES R J. Surfaces，stress - dependent surface reactions，and strength [C]// ZACKAY V. High strength materials. New York：Wiley，1965：682 - 705.

[109] WIEDERHORN S M，BOLZ L H. Stress corrosion and static fatigue of glass [J]. Journal of American Ceramic Society，1970，53 (10)：543 - 548.

[110] FREIMAN S W. Fracture and the structure of silica [C]// CLARK D E，FOLZ D C，SIMMONS J H. Surface - active processes in materials (Ceramic transactions vol. 101). Westerville，Ohio：Journal of American Ceramic Society，2000：25 - 38.

[111] DOVE P M. Geochemical controls on the kinetics of quartz fracture at subcritical tensile stresses [J]. Journal of Geophysical Research，1995，100 (B11)：22349.

[112] ATKINSON B K, MEREDITH P G. The theory of subcritical crack growth with applications to minerals and rocks [M] // ATKINSON B K. Fracture mechanics of rock. London: Academic Press, 1987: 111 - 166.

[113] ANDERSON T L. Fracture mechanics: fundamentals and applications [C]. Boca Raton, Florida: CRC Press, 1991.

[114] ASHBY M F, HALLAM S D. The failure of brittle solids containing small cracks under compressive stress states [J]. Acta Metallurgy, 1986, 34 (3): 497 - 510.

[115] NEMAT - NASSER S, OBATA M M. A microcrack model of dilatancy in brittle material [J]. Journal of Applied Mechanics, 1988, 55 (2): 24 - 35.

[116] NEMAT - NASSER S, HORII H. Compression - induced nonlinear crack extension with application to splitting, exfoliation, and rockburst [J]. Journal of Geophysical Research, 1982, 87 (B8): 6805 - 6821.

[117] BRACE W F, BOMBOLAKIS E G. A note on brittle crack growth in compression [J]. Journal of Geophysical Research, 1963, 68 (B12): 3709 - 3713.

[118] BRACE W F. Dependence of fracture strength of rocks on grain size [J]. Bulletin of the Mineral Industries Experiment Station Mining Engineering Series. Rock Mechanics. 1961, 76: 99 - 103.

[119] HORRI H, NEMAT - NASSER S. Brittle failure in compression: splitting, faulting, and brittle - ductile transition [J]. Phil Trans Royal Soc London, 1986 (319): 337 - 374.

[120] WONG T F. A note on the propagation behaviour of a crack nucleated by a dislocation pileup [J]. Journal of Geophysical Research, 1990, 95 (B6): 8639 - 8646.

[121] BRACE W F, BOMBOLAKIS E G. A note on brittle crack growth in compression [J]. Journal of Geophysical Research, 1963, 68 (6): 3709 - 3717.

[122] KACHANOV M L. A microcrack model of rock inelasticity part Ⅰ: friction sliding on microcracks [J]. Mech. Mater., 1982a, 1 (1): 19 - 27.

[123] KACHANOV M L. A microcrack model of rock inelasticity part Ⅱ: propagation on microcracks [J]. Mech. Mater., 1982b, 1 (1): 29 - 41.

[124] NEMAT - NASSER S, HORRI H. Compression - induced nonlinear crack extension with application to splitting, exfoliation and rockburst [J]. Journal of Geophysical Research, 1982, 87 (B8): 6805 - 6821.

[125] HORRI H, NEMAT - NASSER S. Compression - induced microcrack growth in brittle solids: Axial splitting and shear failure [J]. Journal of Geophysical Research, 1985, 90 (B4): 3105 - 3125.

[126] NEMAT - NASSER S, Obata M. A microcrack model of dilatancy in brittle materials [J]. Journal of Applied Mechanics, 1988, 55 (1): 24 - 35.

[127] KEMENY J M. A model for non - linear rock deformation under compression due to subcritical crack growth [J]. International Journal of Rock Mechanics and Mining Sciences & Geomechanics Abstracts, 1991, 28 (6): 459 - 467.

[128] 刘斌，葛宁洁. 不同温压条件下蛇纹岩和角闪岩中波速与衰减的各向异性 [J]. 地球物理学报，1998，41 (3): 371 - 381.

[129] BLAIR S C, COOK N G W. Analysis of compressive fracture in rock using statistical techniques: Part Ⅰ. A non - linear rule - based model, Part Ⅱ. Effect of microscale heterogeneity on macroscopic deformation [J]. International Journal of Rock Mechanics and Mining Sciences, 1998, 35 (7): 837 - 861.

[130] KEMENY J M, COOK N G W. Crack models for the failure of rock under compression [C] // Pro-

ceedings of 2nd International Conference Constitutive Laws for Engineering Materials. Tucson, 1987：879 - 887.

[131] 张春生，陈祥荣，侯靖，等. 锦屏二级水电站深埋大理岩力学特性研究 [J]. 岩石力学与工程学报，2010，29 (10)：1999 - 2009.

[132] READ R S，CHANDLER N A，DZIK E J. In situ strength criteria for tunnel design in highly - stressed rock masses [J]. International Journal of Rock Mechanics and Mining Sciences，1998，35 (3)：261 - 278.

[133] CHANDLER N A. Developing tools for excavation design at Canada's Underground Research Laboratory [J]. International Journal of Rock Mechanics and Mining Sciences，2004，41：1229 - 1249.

[134] CAI M. Influence of stress path on tunnel excavation response - numerical tool selection and modeling strategy [J]. Tunnelling and Underground Space Technology，2008，23：618 - 628.

[135] KWON S，LEE C S，CHO S J，et al. An investigation of the excavation damaged zone at the KAERI underground research tunnel [J]. Tunnelling and Underground Space Technology，2009，24 (1)：1 - 13.

[136] 龚秋明，赵坚，张喜虎. 岩石隧道掘进机的施工预测模型 [J]. 岩石力学与工程学报，2004，23 (增 2)：4709 - 4714.

[137] 刘志杰，腾弘飞，史彦军，等. TBM 刀盘设计若干关键技术 [J]. 中国机械工程，2008，19 (16)：1980 - 1985.

[138] BARTON A A N. TBM tunneling in jointed and faulted rock [M]. Rotterdam：Balkema，2000：61 - 64.

[139] 李亮，傅鹤林. TBM 破岩机理及刀圈改形技术研究 [J]. 铁道学报，2000，22 (增)：8 - 10.

[140] BROBERG K B. Constant velocity crack propagation - dependence on remote load [J]. International Journal of Solids and Structures，2002，39：6403 - 6410.

[141] П. Г. 米克利亚耶夫. 断裂动力学 [M]. 陈石卿，等，译. 北京：国防工业出版社，1984.

[142] 李清，杨仁树，李均雷，等. 爆炸荷载作用下动态裂纹扩展试验研究 [J]. 岩石力学与工程学报，2005，24 (16)：2912 - 2916.

[143] 陈静曦. 裂纹扩展速度监测分析 [J]. 岩石力学与工程学报，1998，17 (4)：425 - 428.

[144] 于亚伦. 岩石动力学 [M]. 北京：北京科技大学出版社，1990.

[145] 严鹏，卢文波，许红涛. 高地应力条件下隧洞开挖动态卸荷的破坏机理初探 [J]. 爆炸与冲击，2007，27 (3)：283 - 288.

[146] 卢文波，金李，陈明，等. 节理岩体爆破开挖过程的动态卸载松动机理研究 [J]. 岩石力学与工程学报，2005，24 (增 1)：4653 - 4657.

[147] 张正宇，张文煊，吴新霞，等. 现代水利水电工程爆破 [M]. 北京：中国水利水电出版社，2003.

[148] 薛备芳. 掘进机开挖法与钻爆法对围岩稳定性影响比较 [J]. 水利电力施工机械，1995，17 (4)：16 - 17.

[149] 何军，于亚伦，梁文基. 爆破振动信号的小波分析 [J]. 岩土工程学报，1998，20 (1)：47 - 50.

[150] 黄文华，徐全军，沈蔚. 小波变换在判断爆破地震危害中的应用 [J]. 工程爆破，2001，7 (1)：24 - 27.

[151] 凌同华，李夕兵. 基于小波变换的时能分布确定微差爆破的实际延迟时间 [J]. 岩石力学与工程学报，2004，23 (13)：2260 - 2270.

[152] 严鹏，卢文波，罗忆，等. 基于小波变换时能密度分布的爆破开挖过程中地应力瞬态卸载振动时刻识别 [J]. 岩石力学与工程学报，2009，28 (增 1)：2836 - 2844.

[153] 谢和平，彭瑞东，鞠杨，等. 岩石破坏的能量分析初探 [J]. 岩石力学与工程学报，2005，24 (15)：2603-2608.

[154] 赵阳升，冯增朝，万志军. 岩体动力破坏的最小能量原理 [J]. 岩石力学与工程学报，2003，22 (11)：1781-1783.

[155] COOK N G W，HOEK E，PRETORIUS J P G，et al. Rock mechanics applied to the study of rockbursts [J]. Journal of the South African Institute of Mining and Metallurgy，1966，66 (10)：436-528.

[156] 褚卫江. 深埋条件下隧洞围岩稳定与结构安全评估 [D]. 杭州：中国水电顾问集团华东勘测设计研究院，2009.

[157] 朱焕春. 锦屏二级水电站引水隧洞围岩稳定、动态支护设计及岩爆专题研究——沿线地应力和岩体力学特性阶段性成果报告 [R]. 武汉：Itasca（武汉）咨询有限公司，2009.

[158] 苏国韶. 高地应力下大型地下洞室群稳定性分析与智能化研究 [D]. 武汉：中国科学院，2006.

[159] 冯夏庭，陈炳瑞，张传庆，等. 岩爆孕育过程的机制、预警与动态调控 [M]. 北京：科学出版社，2013：1-3.

[160] 刘宁，张春生，褚卫江，等. 深埋隧洞岩爆风险尺寸效应问题探讨 [J]. 岩石力学与工程学报，2017，36 (10)：2514-2521.

[161] 朱焕春，吴家耀，朱永生，等. 锦屏二级水电站引水隧洞围岩稳定、动态支护设计专题研究——2010 年阶段性总结报告 [R]. 武汉：Itasca（武汉）咨询有限公司，2010.

[162] 张春生，侯靖，褚卫江，等. 深埋隧洞中的岩石力学问题与实践 [M]. 北京：中国水利水电出版社，2016.

[163] 刘宁，张春生，褚卫江. 深埋围岩破裂损伤深度分析与锚杆长度设计 [J]. 岩石力学与工程学报，2015，34 (11)：2278-2284.

[164] 刘宁，张春生，褚卫江. 锦屏深埋大理岩破裂特征与损伤演化规律 [J]. 岩石力学与工程学报，2012，31 (8)：1606-1613.

[165] 刘宁，张春生，单治钢，等. 岩爆风险下深埋长大隧洞支护设计与工程实践 [J]. 岩石力学与工程学报，2019，38 (增 1)：2934-2943.